Multisim 14.3 中文版 电路设计与仿真自学速成

王 成 闫少雄 编著

人民邮电出版社
北京

图书在版编目（CIP）数据

Multisim 14.3中文版电路设计与仿真自学速成 / 王成，闫少雄编著. -- 北京 : 人民邮电出版社，2024.9
ISBN 978-7-115-62994-4

Ⅰ. ①M… Ⅱ. ①王… ②闫… Ⅲ. ①电子电路－电路设计－计算机辅助设计②电子电路－计算机仿真－应用软件 Ⅳ. ①TN702

中国国家版本馆CIP数据核字(2023)第198601号

内容提要

本书以Multisim 14.3中文版为平台，讲述了电路设计与仿真相关知识。全书共12章，内容包括EDA设计基础知识、Multisim 用户界面、电路原理图设计基础、电路的基本分析方法、测量仪器电路分析、电路模型分析、信号放大电路、电源电路、PCB设计基础、PCB的设计、PCB设计后续操作、51系列单片机CAN总线电路设计实例等内容。

本书可以作为各种培训机构的培训参考用书，也可以作为电子设计爱好者的自学辅导书。

本书随书配送的电子资料包含全书实例的源文件和同步操作视频文件，供读者学习参考。

◆ 编　　著　王　成　闫少雄
　责任编辑　李　强
　责任印制　马振武
◆ 人民邮电出版社出版发行　　北京市丰台区成寿寺路11号
　邮编　100164　　电子邮件　315@ptpress.com.cn
　网址　https://www.ptpress.com.cn
　北京天宇星印刷厂印刷
◆ 开本：787×1092　1/16
　印张：21.25　　　2024年9月第1版
　字数：543千字　　2024年9月北京第1次印刷

定价：99.80元

读者服务热线：(010)53913866　印装质量热线：(010)81055316
反盗版热线：(010)81055315
广告经营许可证：京东市监广登字20170147号

前言

Multisim 是一款主要应用于开发和仿真的软件，是美国 NI 公司（美国国家仪器公司）出品的系列开发软件之一，Multisim 并未局限于电子电路的虚拟仿真，其在 LabVIEW VI、单片机仿真等方面都有许多创新和提高，属于 EDA 技术的高层次范畴。

一、本书特色

本书具有以四大特色。

（1）针对性强

本书编著者根据自己多年在计算机辅助电子设计领域工作和教学的经验，针对初级用户学习 Multisim 的难点和疑点，由浅入深、全面细致地讲解了 Multisim 在电路设计与仿真应用领域的各种功能和使用方法。

（2）提升技能

本书从全面提升 Multisim 工程设计能力的角度出发，结合大量实例来讲解如何利用 Multisim 进行工程设计，让读者真正懂得电路设计与仿真技术并能够独立地完成各种工程设计。

（3）内容全面

本书在有限的篇幅内，讲解了 Multisim 的常用功能，内容涵盖了 Multisim 基本操作、电路设计、电路仿真等知识。读者通过学习本书，可以较为全面地掌握 Multisim 相关知识。

（4）知行合一

本书结合大量的电路设计与仿真实例，详细讲解了 Multisim 的知识要点，读者在学习实例的过程中不但能潜移默化地掌握 Multisim 操作技巧，同时还能培养工程设计实践能力。

二、电子资源使用说明

本书除传统的书面讲解外，还随书配送了电子资源。该电子资源包含了全书实例的源文件，以及全部实例操作视频文件。

在电子资源中有两个重要的目录希望读者关注，“源文件”目录下是本书所有实例操作需要的源文件，“结果文件”目录下是本书所有实例操作的结果文件，“动画”目录下是本书所有实例操作视频文件。

读者可以扫描下面二维码，关注信通社区公众号，输入“62994”获取本书电子资源，也可以加入 QQ 群 822618744 获取。

三、本书服务

1. 软件的获取

读者在按照本书上的实例进行操作练习，以及使用 Multisim 进行工程设计时，需要事先在计算机上安装相应的软件。读者可访问 NI 公司的官方网站下载试用版软件，或到当地经销商处购买正版软件。

2. 关于本书的技术问题或有关本书信息的发布

读者遇到有关本书的技术问题，可以加入 QQ 群 822618744 直接留言，我们将尽快回复。

四、本书编写人员

本书由陆军工程大学石家庄校区的王成副教授和中国电子科技集团公司第五十四研究所的闫少雄编著。其中王成编写了第 1～6 章，闫少雄编写了第 7～12 章。

本书虽经作者几易其稿，但由于时间仓促加之编著者水平有限，书中存在不足之处在所难免，望广大读者联系 714491436@qq.com 批评指正。

编著者

Contents 目录

第1章 EDA设计基础知识

电子设计自动化（EDA）技术是在电子计算机辅助设计（CAD）技术的基础上发展起来的计算机设计软件系统。它是计算机技术、信息技术和计算机辅助制造（CAM）、计算机辅助测试（CAT）、计算辅助工程（CAE）等技术发展的产物。

本章将从EDA技术的发展历史讲起，介绍EDA技术的应用、常用EDA软件及Multisim，使读者能对Multisim软件的EDA技术有一个大致的了解。

1.1 EDA技术概述

EDA技术涉及的内容非常广泛，广义上讲只要以计算机为工作平台，利用计算机技术辅助电子系统的设计都可以被归类到EDA的范畴内。目前，EDA技术主要能辅助进行3方面的设计工作，即集成电路（IC）设计、电子电路仿真设计及印制电路板（PCB）设计。

1.1.1 EDA技术的发展

现代电子电路设计的核心是EDA技术，EDA技术依靠功能强大的计算机，在EDA软件平台上，对以硬件描述语言（HDL）为系统逻辑描述手段完成的设计文件自动完成逻辑编译、化简、分割、综合、优化和仿真，直至下载到复杂可编程逻辑器件（CPLD）、现场可编程门阵列（FPGA）或专用集成电路（ASIC）芯片中，实现既定的电子电路设计功能。EDA技术使得电子电路设计者的工作仅限于利用HDL和EDA软件平台来实现系统硬件功能，极大地提高了设计效率，缩短了设计周期，节省了设计成本。

20世纪末，数字电子技术得到了飞速发展，有力地推动和促进了社会生产力和社会信息化程度的提高，数字电子技术的应用已经渗透到人类生活的各个方面。从计算机到手机，从数字电话到数字电视，从家用电器到军用设备，都采用了数字电子技术。

微电子技术的进步是现代数字电子技术发展的基础。目前，在硅片单位面积上集成的晶体管数量越来越多，1978年推出的Intel 8086微处理器芯片集成的晶体管数量是超过2万，到2000年推出的奔腾4微处理器芯片的集成度达千万级别。原来需要由成千上万只电子元器件组成的计算机主板或电视机电路，而现在仅用几片超大规模集成电路就可以代替，现代集成电路已经能够实现单片系统（SOC）的功能。

EDA是在20世纪90年代初从CAD、CAM、CAT和CAE的概念发展而来的。一般把EDA技术的发展分为 CAD、CAE 和 EDA 3 个阶段。

CAD 阶段是 EDA 技术发展的早期阶段。20 世纪 70 年代为 CAD 阶段，建立了国际通用的 SPICE（集成电路模拟的仿真程序）标准模型，并逐步开始利用计算机辅助进行 IC 版图编辑、PCB 布局布线，取代了手工操作，产生了 CAD 的概念。

CAE 是在 CAD 工具逐步完善的基础上发展起来的，20 世纪 80 年代为 CAE 阶段，新增了电路功能设计和结构设计，并且通过网络表将两者结合在一起，实现了工程设计，CAE 的主要功能是原理图输入、逻辑仿真、电路分析、自动布局布线、PCB 后分析等。

20 世纪 90 年代以后进入 EDA 阶段，随着可编程逻辑器件的迅速发展，出现了功能强大的全线 EDA 工具。具有较强抽象描述能力的硬件描述语言（VHDL）及高性能综合工具的使用，使过去单功能电子产品开发转向系统级电子产品开发（SOC），开始实现“概念驱动工程 CDE”。人们开始追求贯彻整个设计过程的自动化，这就产生了 EDA 技术。

随着集成电路规模的扩大、半导体技术的发展，EDA 技术的重要性急剧增加。这些工具的使用者包括半导体器件制造中心的硬件技术人员，他们的工作是操作半导体器件制造设备并管理整个工作车间。一些以设计为主要业务的公司，也会使用 EDA 软件来评估制造部门是否能够适应新的设计任务。EDA 工具还被用来将设计的功能导入类似 FPGA 的半定制可编程逻辑器件，或者生产全定制的 ASIC。

1.1.2 EDA 技术的应用

电子产品从系统设计、电路设计到芯片设计、PCB 设计都可以用 EDA 工具完成，其中电路仿真分析、规则检查、自动布局布线是计算机操作取代人工操作的最有效部分。利用 EDA 工具，可以大大缩短设计周期，提高设计效率，降低设计风险。

EDA 技术已经在电子设计领域得到了广泛应用，EDA 在教学与科研方面同样发挥着巨大的作用。

在教学方面，有些理工类的高校（特别是以电子信息类专业为优势专业的高校）都开设了 EDA 课程，主要是让学生了解 EDA 的基本概念和基本原理，掌握用 HDL 编写规范，掌握逻辑综合的理论和算法，使用 EDA 工具进行电子电路课程的实验并从事简单系统的设计。一般学习电路仿真工具（如 EWB、PSPICE）和 PLD 开发工具（如 Altera/Xilinx 的器件结构及开发系统）的使用，为今后工作打下基础。

在科研方面，主要利用电路仿真工具（EWB 或 PSPICE）进行电路设计与仿真；利用 VI 进行产品测试；将 CPLD/FPGA 实际应用到仪器设备中；从事 PCB 设计和 ASIC 设计等。

在我国，EDA 技术已渐趋成熟，不过大部分设计工程师面向的是 PC 主板和小型 ASIC 领域，仅有小部分的设计人员开发复杂的片上系统器件。

1.1.3 EDA 软件功能

EDA 软件具有以下功能。

（1）电路设计

电路设计主要指原理电路的设计、PCB 设计、ASIC 设计、可编程逻辑器件设计和最小编码单元（MCU）设计。具体地说，就是设计人员可以在 EDA 软件的图形编辑器中，利用 EDA 软件提供的图形工具（包括通用绘图工具盒）准确、快捷地画出产品设计所需要的电路原理图和 PCB 图。

（2）电路仿真

电路仿真是利用 EDA 软件的模拟功能对电路环境（含电子元器件及仿真测试仪器）和电路工作过程（从激励到响应的全过程）进行仿真。这个工作对应着传统电子电路设计中的电路搭建和性能测试，即设计人员将目标电路的原理图输入由 EDA 软件建立的仿真器，利用 EDA 软件提供的仿真工具（包括仿真测试仪器和电子元器件仿真模型的参数库）对电路的实际工作情况进行仿真，仿真的真实程度主要取决于电子元器件仿真模型的逼真程度。由于其不需要真实电路环境的介入，因此花费少、效率高，而且显示结果快捷、准确、形象。

（3）系统分析

系统分析就是应用 EDA 软件自带的仿真算法包对所设计电路的系统性能进行仿真计算，设计人员可以利用仿真得出的数据对该电路的静态特性（如直流工作点等静态参数）、动态特性（如瞬态响应等动态参数）、频率特性（如频谱、噪声、失真等频率参数）、系统稳定性（如系统传递函数、零点和极点参数）等系统性能进行分析，最后，通过分析结果改进和优化该电路。有了这个功能以后，设计人员就能以简单、快捷的方式对所涉及电路的实际性能进行较为准确的描述。同时，非设计人员也可以通过使用 EDA 软件的这个功能深入了解实际电路的综合性能，为其对这些电路的应用提供依据。

1.1.4 EDA 设计流程

利用 EDA 技术进行电路设计的大部分工作是在 EDA 软件工作平台上进行的，EDA 设计流程如图 1-1 所示。

EDA 设计流程包括设计准备、设计输入、设计处理和器件编程 4 个步骤，以及相应的功能仿真、时序仿真和器件测试 3 个设计验证过程。

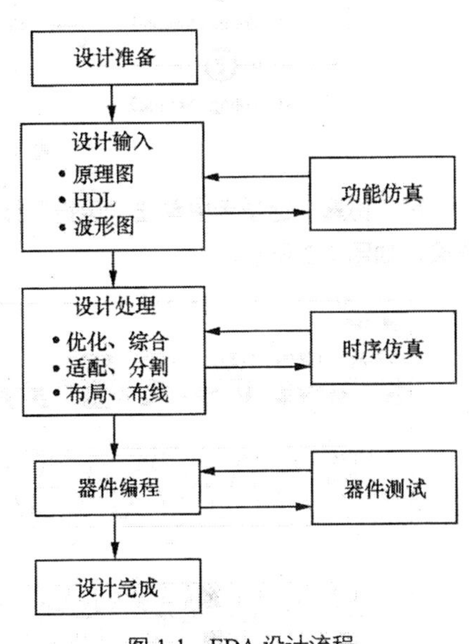

图 1-1 EDA 设计流程

1.2 常用 EDA 软件

与传统 CAD 软件相比，EDA 软件采用自顶向下的设计方法，EDA 软件也具备与之相适应的设计环境，如采用 VHDL（超高速集成电路硬件描述语言）、丰富的模型库支持和与工艺无关的设计输入方式等。EDA 设计工具依靠标准的程序化模型或模型库的支持，使得所设计的电路具有仿真和进行各种分析的基本条件，且具有重复利用的功能，产生了所谓的 IP 核或芯片 IP 核。而传统的 CAD 软件只是一种辅助作图工具，图形背后没有深层的物理含义。

EDA 技术已经成为集成电路、PCB、电子整机系统设计的主要技术手段，主要包括以下几种设计工具。

1.2.1 电子电路设计与仿真工具

电子电路设计与仿真工具一般都有海量而齐全的电子元器件库和先进的 VI、仪表，便于进行仿真与测试。电子电路设计与仿真工具包括 PSPICE、EWB、Matlab 等。

Matlab 中的 Simulink 提供了一些按功能分类的基本系统模块，用户只需要知道这些模块的输入输出及模块的功能，而不必考察模块内部是如何实现这些功能的，通过对这些基本系统模块的调用，再将它们连接起来就可以构成所需要的系统模型（以“.slx”格式的文件进行存取），进而进行仿真与分析。

图 1-2 所示为使用 Simulink 绘制的三相异步电机仿真模型“Three_phase_motor.slx”。

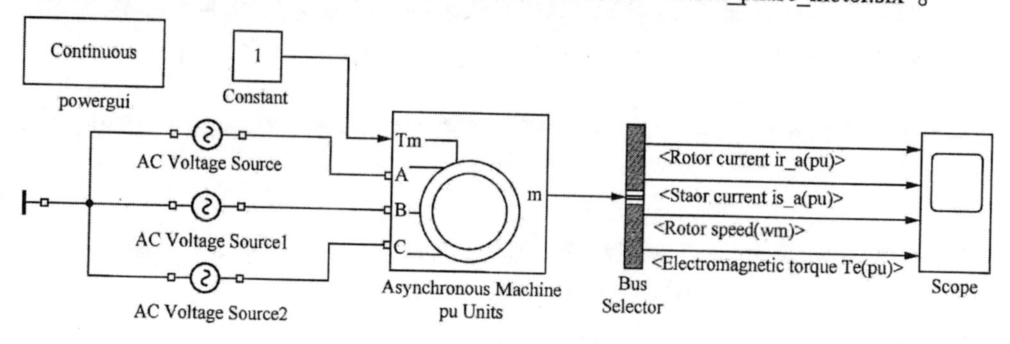

图 1-2　三相异步电机仿真模型

在“仿真”选项卡中单击“运行”按钮，编译完成后，双击打开示波器 Scope，即可看到仿真结果，如图 1-3 所示。

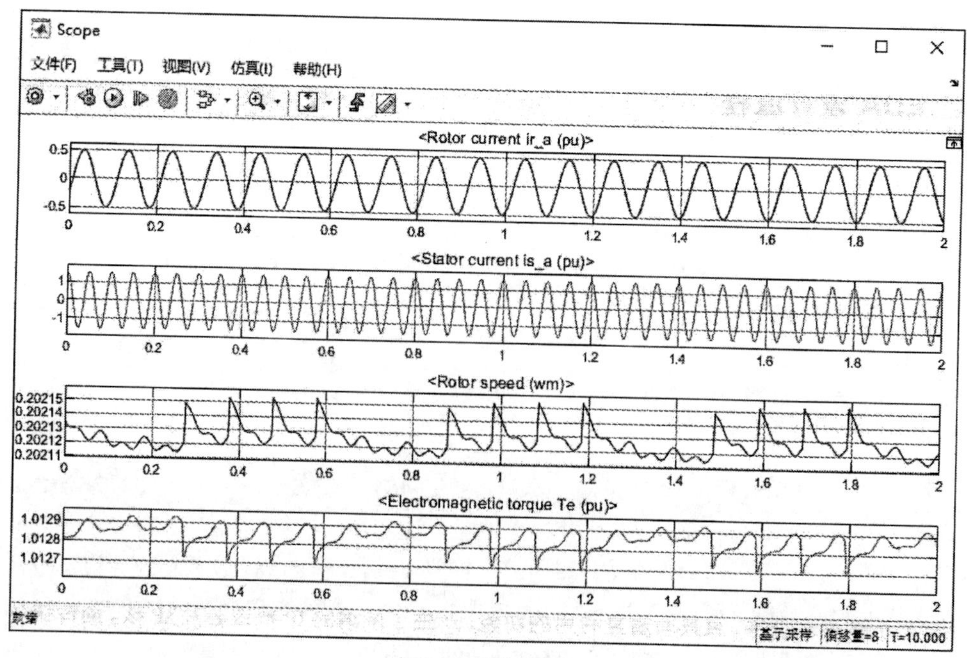

图 1-3　仿真结果

1.2.2　PCB 设计软件

PCB 设计软件种类很多，如 Altium Designer、Protel、OrCAD、TANGO、PowerPCB、PCB Studio 等。

Altium Designer 的混合信号电路仿真工具，在电路原理图设计阶段实现对数模混合信号电路的功能设计仿真，配合简单易用的参数配置窗口，完成基于时序、离散度、信噪比等多种数据的分析。

Altium Designer 可以在电路原理图中提供完善的混合信号电路仿真功能，除了对 XSPICE 标准的支持，还支持对 PSPICE 模型和电路的仿真。

Altium Designer 既可以在电路原理图内又可以在 PCB 编辑器内实现信号完整性分析，图 1-4 所示为 Bluetooth_ Sentinel.PrjPcb 在 PCB 编辑环境下进行信号完整性分析的工程文件。

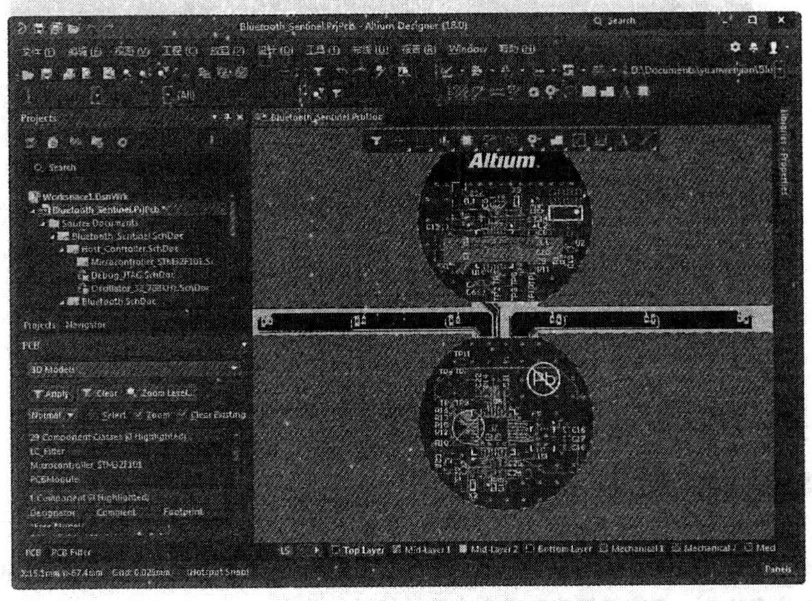

图 1-4　工程文件

在该电路中至少需要一块集成电路，因为集成电路的引脚可以作为激励源输出到被分析的网络上。像电阻、电容、电感等被动元器件，如果没有激励源的驱动，是无法给出仿真结果的。图 1-5、图 1-6 以波形的方式在图形界面下给出反射和串扰的波形分析结果。

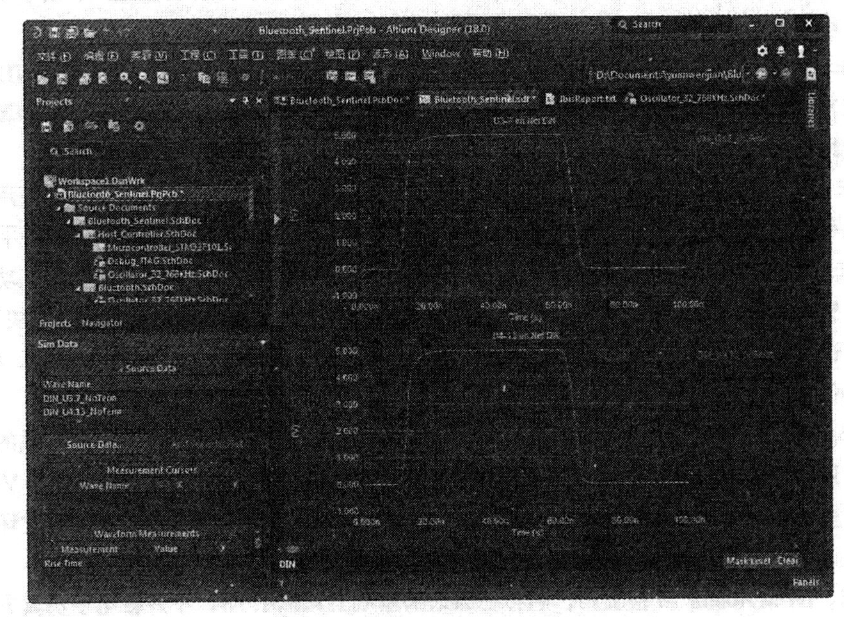

图 1-5　反射分析的波形分析结果

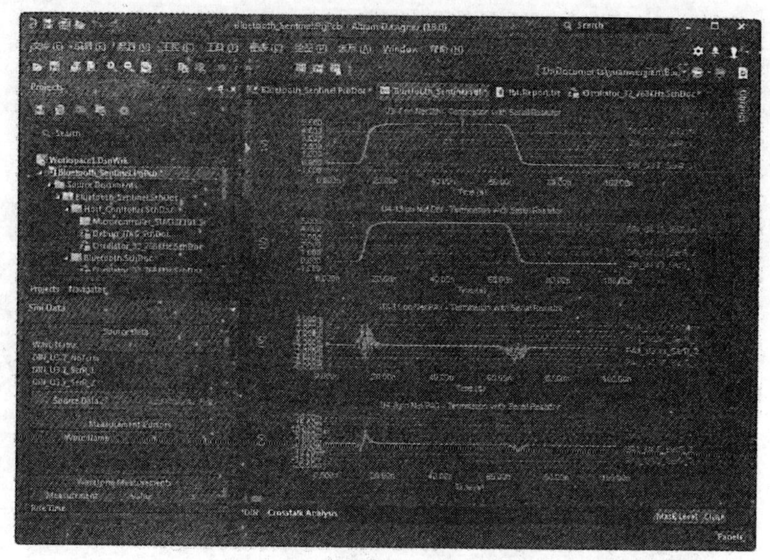

图 1-6　串扰分析的波形分析结果

1.3 Multisim 概述

最初的 Multisim 是加拿大图像交互技术公司（IIT 公司）在 EWB 5.0 的基础上推出的更高版本的电路设计与仿真软件，适用于模拟和数字电路的设计与仿真。

1.3.1 Multisim 的发展

20 世纪 80 年代，加拿大 IIT 公司推出了基于 Windows 操作系统的仿真工具——EWB，适用于板级的仿真/数字电路板的设计工作。因界面形象直观、操作方便、分析功能强大、易学易用而得到迅速推广，随后又推出了 EWB 4.0、EWB 5.0。

1996 年，IIT 公司推出 EWB 5.0，在 EWB 5.0 后，从 EWB 6.0 开始，IIT 公司对 EWB 进行了较大变动，将其名称改为 Multisim，也就是 Multisim 2001，它允许用户自定义电子元器件属性，可以把一个子电路当作一个电子元器件使用。

2003 年，IIT 公司推出 Multisim 7.0，增加了 3D 元器件及安捷伦科技有限公司的万用表、示波器、函数信号发生器等仿实物的虚拟仪表，使得虚拟电子工作平台更加接近实际的实验平台。

2004 年，IIT 公司推出 Multisim 8.0，在功能和操作方法上既继承了前者优点，又在功能和操作方法上有了较大改进，极大地扩充了电子元器件数据库，提升了仿真电路的实用性。增加了瓦特计、失真仪、频谱分析仪、网络分析仪等测试仪表，扩充电路的测试功能。支持基于 VHDL 和 Verilog 语言的电路仿真和设计。

2005 年，IIT 公司被美国 NI 公司收购，推出 Multisim 9.0，其与之前的版本有着本质的区别。不止拥有大容量的电子元器件库、强大的仿真分析能力、多种常用的虚拟仪器仪表，还与 VI（虚拟仪器）软件完美结合，提高了模拟及测试性能。Multisim 9.0 继承了 LabVIEW8 图形开发环境软件和 SignalExpress 交互测量软件的功能。该系列组件包括 Ultiboard 9 和 Ultiroute 9。

2007 年，NI Multisim 10 被发布，名称在原来的基础上添加了 NI，不只在电子仿真方面的功能有诸多提高，在 LabVIEW 技术应用、使用 MultiMCU 进行单片机仿真、MultiVHDL 在 FPGA 和 CPLD

中的仿真应用、MultiVerilog 在 FPGA 和 CPLD 中的仿真应用、Commsim 在通信系统中的仿真应用等方面的功能同样强大。

2010 年，NI Multisim 11.0 被发布，它包含 NI Multisim 和 NI Ultiboard 产品。引入经过全新设计的电路原理图网表系统，改进了虚拟接口，以创建更明确的电路原理图；通过更快地创建大型电路原理图，缩短了文件加载时间，并且节省了打开用户界面的时间，有助于用户使用 NI Multisim 11.0 更快地完成工作；NI Multisim 捕捉和 Ultiboard 布局之间的设计同步化比以前更好，在为设计更改提供最佳透明度的同时，可以对更多属性进行注释。

2012 年，NI Multisim 12.0 被发布，它 NI Multisim 12.0 与 LabVIEW 前所未有地紧密集成，可实现模拟和数字系统的闭环仿真。使用该全新的设计方法，工程师可以在结束桌面仿真之前验证模拟电路（如用于功率应用）FPGA 数字控制逻辑。NI Multisim 专业版为满足布局布线和快速原型需求进行了优化，使其能够与 NI 硬件[如 NI 可重新配置 I/O（RIO）FPGA 平台和用于原型校验的 PXI 平台]无缝集成。

2013 年，NI Multisim 13.0 被发布，提供了针对模拟电子电路、数字电子电路及电力电子电路的全面电路分析工具。这一图形化互动环境可帮助教师巩固学生对电路理论的理解，将课堂学习与动手实验学习有效地衔接起来。NI Multisim 的这些高级分析功能也同样被应用于各行各业，帮助工程师通过混合模式仿真探索设计决策，优化电路行为。

2015 年，NI Multisim 14 被发布，进一步提升了强大的仿真技术，可帮助教学、科研和设计人员分析模拟电子电路、数字电子电路和电力电子电路。新增的功能包括全新的参数分析、新嵌入式硬件的集成及通过用户可定义的模板简化设计。NI Multisim 标准服务项目（SSP）客户还可参加在线自学培训课程。

注：下文将 NI Multisim 称为 Multisim。

1.3.2 Multisim 的功能

Multisim 软件是一个专门用于电子电路仿真与设计的 EDA 软件，Multisim 计算机仿真与 VI 技术可以很好地解决理论教学与实际动手实验相脱节这一问题。

1. 直观的图形操作界面

整个操作界面就像一个电子实验工作台，绘制电路所需要的电子元器件和仿真所需要的测试仪器均可直接拖曳到屏幕上，轻点鼠标可用导线将它们连接起来，软件仪器的控制面板和操作方式都与实物相似，测量数据、波形和特性曲线如同在真实仪器上看到的。

2. 丰富的电子元器件

提供了世界主流电子元器件提供商的超过 17 000 种电子元器件，同时能方便地对电子元器件的各种参数进行编辑修改，能利用模型生成器及代码模式创建模型等功能，创建自己的电子元器件。

3. 强大的仿真能力

以 SPICE3F5 和 XSPICE 的内核作为仿真的引擎，通过 EWB 带有的增强设计功能对数字和混合模式的仿真性能进行优化。包括 SPICE 仿真、射频（RF）仿真、MCU 仿真、VHDL 仿真、电路向导等功能。

4. 丰富的测试仪器

提供了 22 种 VI 进行电路动作的测量。

5. 独特的 RF 模块

提供基本 RF 电路的设计、分析和仿真。射频模块由 RF-specific（射频特殊元件，包括自定义的 RF SPICE 模型）、用于创建用户自定义的 RF 模型的模型生成器、两个 RF-specific 仪器（频谱分析仪和网络分析仪）、一些 RF-specific 分析（电路特性、匹配网络单元、噪声系数）等组成。

6. 强大的 MCU 模块

支持 4 种类型的单片机芯片，支持对外部的随机存储器（RAM）、只读存储器（ROM）、键盘和 LCD 等外围设备的仿真，分别对 4 种类型单片机芯片提供汇编和编译支持；所建项目支持 C 代码、汇编代码及十六进制代码，并兼容第三方工具源代码；包含设置断点、单步运行、查看和编辑内部 RAM、特殊功能寄存器等高级调试功能。

7. 完善的后续处理

对分析结果进行的数学运算操作类型包括算术运算、三角运算、指数运行、对数运算、复合运算、向量运算和逻辑运算等。

8. 详细的报告

能够呈现材料清单、电子元器件详细报告、网络报表、电路原理图统计报告、多余门电路报告、模型数据报告、交叉报表 7 种报告。

传统的电子线路设计开发，通常需要制作一块试验板或者在面包板上进行模拟试验。工程师可以利用 Multisim 提供的虚拟电子器件和仪器、仪表搭建、仿真和调试电路，从而减少电路的设计成本和研发周期。

第 2 章

Multisim 用户界面

Multisim 软件集成了行业标准 SPICE 仿真及交互式电路图环境，可即时可视化电子电路行为并加以分析。其直观的操作界面可帮助教育工作者强化学生对电路理论的理解，有助于学生高效地记忆工程课程的理论。Multisim 在设计流程中添加了强大的电路仿真和分析功能，可帮助研究和设计人员减少 PCB 原型迭代次数，从而节省开发成本。

本章将对 Multisim 14.3 的界面环境及属性设置和环境设置作介绍，以使读者能对该软件有一个大致的了解。

2.1 Multisim 14.3 编辑环境

Multisim 最突出的特点之一是用户界面友好，它可以使电路设计者方便、快捷地使用虚拟元件、仪器仪表进行电路设计和仿真。在该环境中可以精确地进行电路分析，深入理解电子电路的原理，同时还可以大胆地设计电路，不必担心损坏实验设备。

启动 Multisim 14.3，打开图 2-1 所示的 Multisim 14.3 初始化界面，完成初始化后，便可进入 Multisim 14.3 主窗口，如图 2-2 所示。

图 2-1　Multisim 14.3 初始化界面

Multisim 14.3 主窗口类似于 Windows 的界面风格，主要包括标题栏、菜单栏、工具栏、工作区域、电子表格视图、状态栏及项目管理器 7 个部分。

下面简单介绍 Multisim 14.3 编辑环境的主要组成部分。

- 标题栏：显示当前打开软件的名称及当前文件的路径、名称。
- 菜单栏：同所有的标准 Windows 应用软件一样，Multisim 采用的是标准的下拉式菜单。
- 工具栏：在工具栏中收集了一些比较常用的功能，将它们图标化以方便用户操作使用。
- 项目管理器：将在工作区域左侧显示的窗口统称为“项目管理器”，在此窗口中只显示“设计工具箱”，可以根据需要打开和关闭文件，显示工程项目的层次结构。
- 工作区域：用于进行电路原理图绘制、编辑的区域。
- 电子表格视图：在工作区域下方显示的窗口，也可称为“信息窗口”，在该窗口中实时显示文件运行阶段消息。
- 状态栏：在进行各种操作时状态栏都会实时显示一些相关的信息，所以在设计电路的过程中应及时查看状态栏。

在上述图形界面中，除了标题栏和菜单栏外，用户可以根据需要打开或关闭其余的各部分。

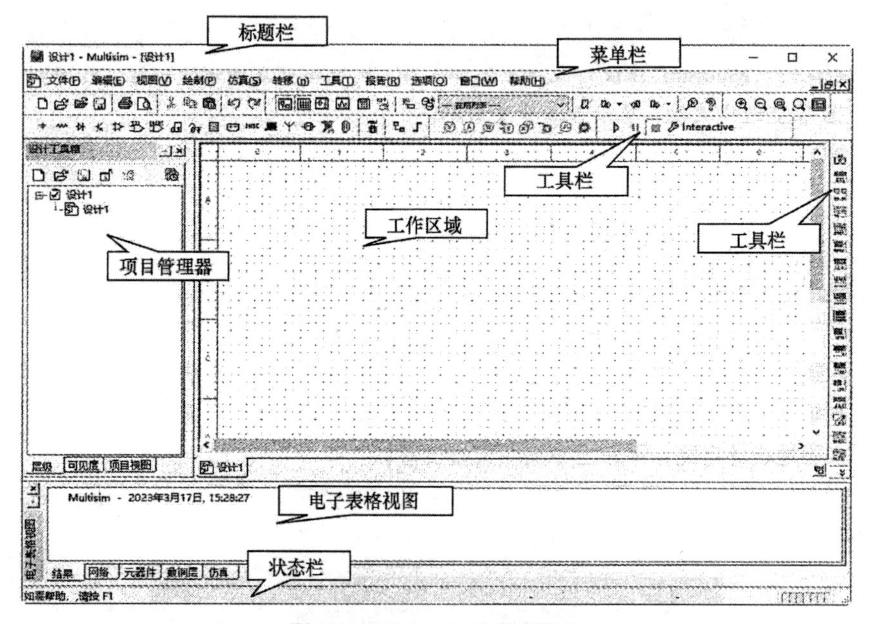

图 2-2　Multisim 14.3 的主窗口

2.1.1　菜单栏

菜单栏位于界面的上方，设计过程中，对原理图的各种编辑操作都可以通过菜单栏中的相应命令来完成。菜单栏包括文件、编辑、视图、绘制、仿真、转移、工具、报告、选项、窗口、帮助 11 个菜单。

1. “文件”菜单

该菜单提供了文件的打开、新建、保存等操作，如图 2-3 所示。

- 设计：用于新建一个文件，当启动 Multisim 14.3 时，总是自动打开一个新的无标题电路窗口。
- 打开：用于打开已有的 Multisim 14.3 可以识别的各种文件。

图 2-3　“文件”菜单

- 打开样本：用于打开系统自带样例文件，如果需要，可以通过改变路径或驱动器找到所需要的文件。
- 关闭：关闭当前文件。
- 全部关闭：关闭当前打开的所有文件。
- 保存：用于保存当前的文件。单击“保存”命令后将显示一个标准的“另存为”对话框（在新建文件的情况下）或直接更新原有文件内容。当然根据需要也可以选择所需要的路径或驱动器。对于 Windows 用户，文件的扩展名将会被自动定义为“.ms14”。
- 另存为：用于另存当前的文件。
- 全部保存：用于保存所有文件。
- Export template：将当前文件保存为模板文件输出。
- 片断：将选中对象保存为片段，以便后期使用。
- 项目与打包：选择该命令，弹出子菜单，子菜单选项包含关于项目文件的新建项目、打开项目、保存项目、关闭项目、项目打包、项目解包、项目升级和版本控制。
- 打印：打印电路工作区域内的电路原理图。
- 打印预览：预览打印的电路图文件。
- 打印选项：包括“打印仪器”命令和“电路图打印设置”命令。
- 最近设计：选择打开最近打开过的文件。
- 最近项目：选择打开最近打开过的项目。
- 文件信息：显示当前文件的基本信息。选择该命令，弹出“文件信息”对话框，显示“文件信息”“应用”“应用程序版本”“创建日期”“上一位用户”“设计中含有：”等信息。
- 退出：用于退出 Multisim 14.3。

2.“编辑”菜单

该菜单在电路绘制过程中，提供对电路和元器件进行剪切、粘贴、旋转等操作命令，共 23 个命令，如图 2-4 所示，以下介绍常用部分。

- 撤销：取消前一次操作。
- 重复：重复前一次操作。
- 剪切：剪切所选择的元器件，放在剪贴板中。
- 复制：将所选择的元器件复制到剪贴板中。
- 粘贴：将剪贴板中的元器件粘贴到指定的位置。
- 选择性粘贴：将剪贴板中的子电路粘贴到指定的位置。
- 删除：删除所选择的元器件。
- 删除多页：删除多页面。
- 全部选择：选择电路中所有的元器件、导线和仪器仪表。
- 查找：查找电路原理图中的元器件。

3.“视图”菜单

该菜单用于控制仿真界面上显示的内容的操作命令，如图 2-5 所示。

4.“绘制”菜单

该菜单提供了在电路工作区域内放置元器件、探针、总线和文本等命令，如图 2-6 所示。

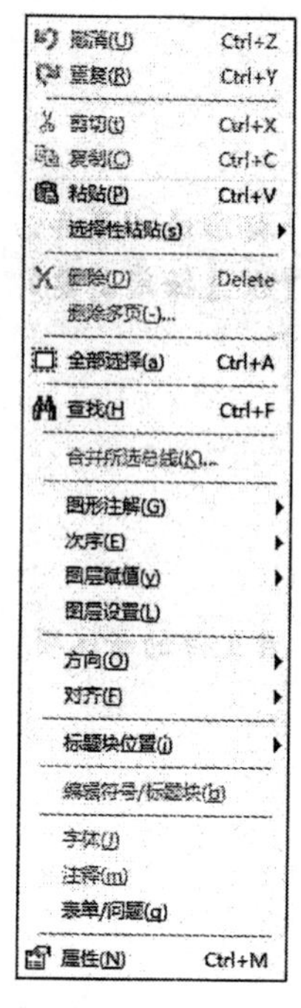

图 2-4 “编辑”菜单

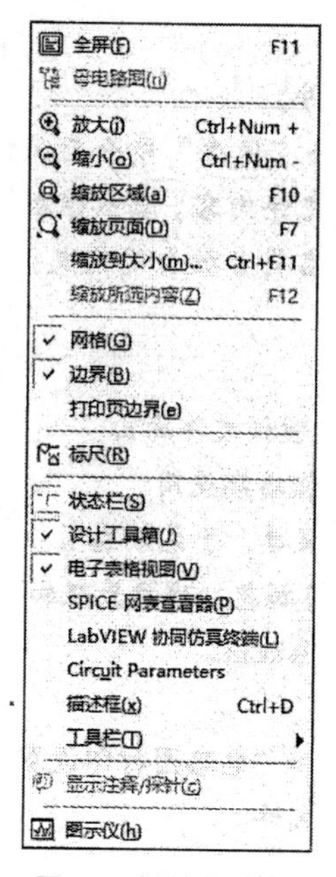

图 2-5 “视图”菜单

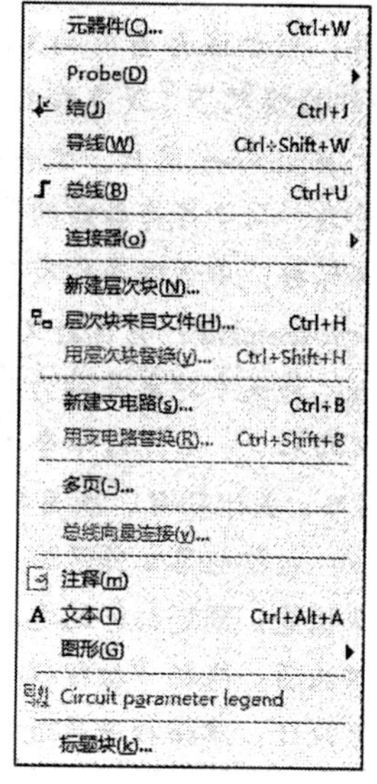

图 2-6 “绘制”菜单

5. “仿真”菜单

该菜单提供 18 个电路仿真设置与操作命令，如图 2-7 所示。

6. “转移”菜单

该菜单提供 6 个传输命令，如图 2-8 所示。

7. “工具”菜单

该菜单提供 18 个元器件和电路编辑或管理命令，如图 2-9 所示。

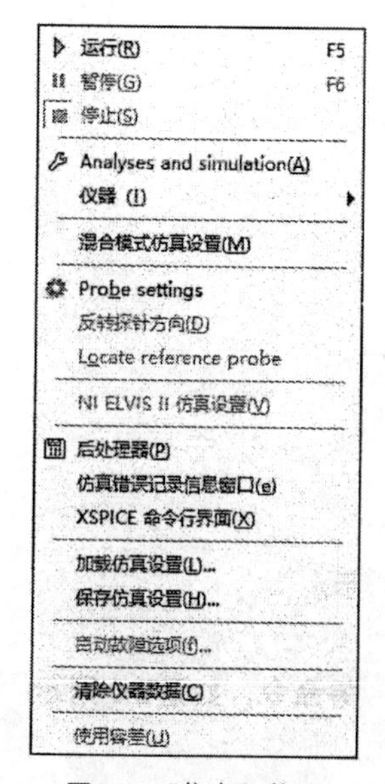

图 2-7 “仿真”菜单

图 2-8 “转移”菜单

图 2-9 “工具”菜单

8. “报告”菜单

该菜单提供材料单等 6 个报告命令，如图 2-10 所示。

9. “选项”菜单

该菜单提供 4 个电路界面和电路某些功能的设定命令，如图 2-11 所示。

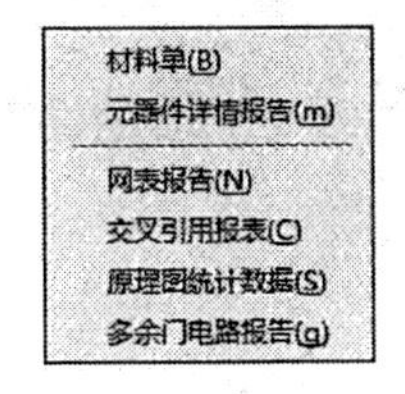

图 2-10 “报告”菜单

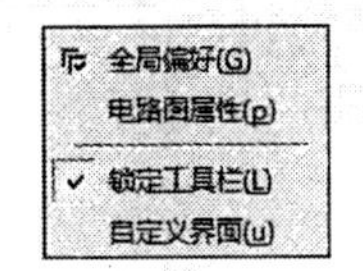

图 2-11 “选项”菜单

10. “窗口”菜单

该菜单用于对窗口进行纵向排列、横向排列、打开、隐藏及关闭等操作，如图 2-12 所示。

11. “帮助”菜单

该菜单用于打开各种帮助信息，如图 2-13 所示。

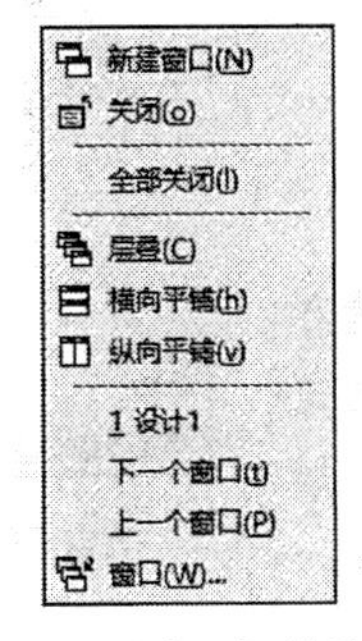

图 2-12 “窗口”菜单

图 2-13 “帮助”菜单

2.1.2 工具栏

选择菜单栏中的“选项”→“自定义界面”命令，系统弹出图 2-14 所示的“自定义”对话框，打开“工具栏”选项卡，对工具栏中的功能按钮进行设置，以便用户创建自己的个性工具栏。

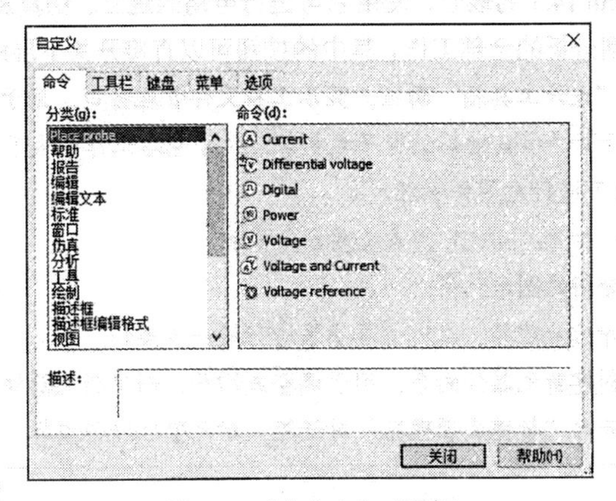

图 2-14 “自定义”对话框

在电路原理图的设计界面中，Multisim 14.3 提供了丰富的工具栏，在图 2-14 所示的“工具栏”

选项卡中勾选用户需要的工具栏，则该工具栏显示在软件界面中。

选择菜单栏中的“选项”→“锁定工具栏”命令，取消“锁定工具栏”命令前的√，将显示浮动的工具栏，可任意拖动工具栏，如图 2-15 所示。

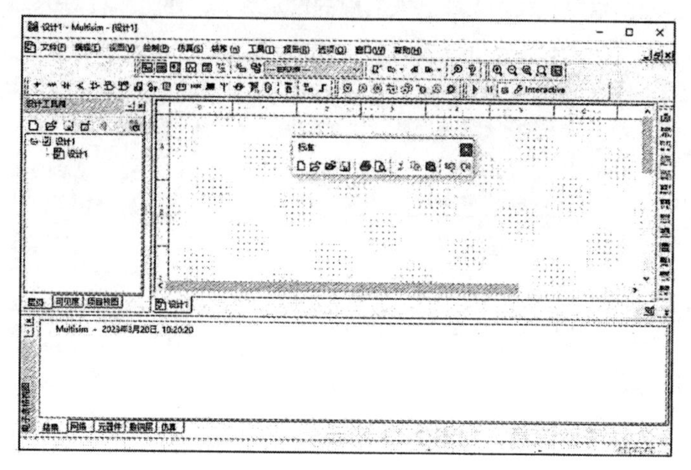

图 2-15　显示浮动的工具栏

下面介绍绘制电路原理图常用的工具栏。

1.“标准”工具栏

在“标准”工具栏中为用户提供了一些常用的文件操作快捷方式，如设计、打开、直接打印、复制、粘贴等，以按钮图标的形式表示，如图 2-16 所示。如果将鼠标指针悬停在某个按钮图标上，则该按钮所要完成的功能就会在图标下方显示出来，便于用户操作。

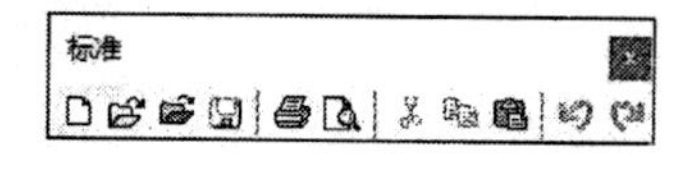

图 2-16　“标准”工具栏

2.“视图”工具栏

“视图”工具栏中为用户提供了一些视图显示的操作方法，如放大、缩小、缩放区域、缩放页面、全屏等，用户可以方便地调整所编辑电路的视图大小，如图 2-17 所示。

图 2-17　“视图”工具栏

3.“主”工具栏

“主”工具栏是 Multisim 14.3 的核心，使用它可进行电路的建立、仿真及分析，并最终输出设计数据等，完成对电路从设计到分析的全部工作，其中的按钮可以直接开关下层的工具栏，如图 2-18 所示。

- 设计工具箱：打开“设计工具箱”面板，显示工程文件管理窗口，用于层次项目栏的开启。
- 电子表格视图：用于开关当前电路的电子数据表，位于电路工作区域下方，可以显示当前电路工作区域内所有元器件的细节并可进行元器件管理。
- SPICE 网表查看器：打开“SPICE 网表查看器”面板。
- 图示仪：用于显示分析的图形结果。
- 后处理器：用以打开后处理器，以对仿真结果进行进一步操作。
- 元器件向导：打开创建新元器件向导，用于调整或增加、创建新元器件。
- 数据库管理器：可开启“数据库管理器”对话框，对元器件进行编辑。

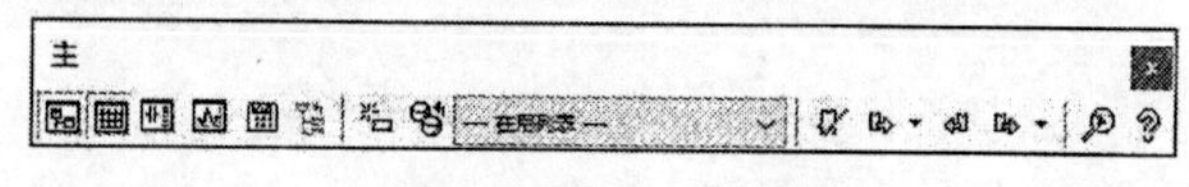

图 2-18　“主”工具栏

4. “元器件”工具栏

“元器件”工具栏将元器件模型分门别类地放到 18 个元器件库中，每个元器件库放置同一类型的元器件，单击“元器件”工具栏中的某一个元器件库图标即可打开该元器件库。通常放在工作区域的左边，也可以任意移动。除了这 18 个元器件库按钮，“元器件”工具栏还包括“层次块来自文件”“总线”按钮，如图 2-19 所示。

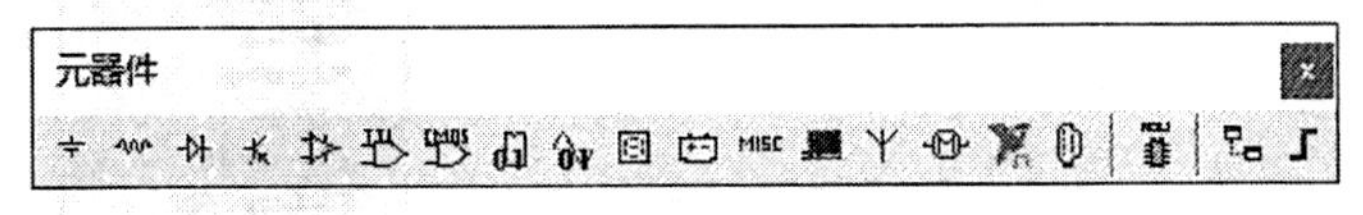

图 2-19 “元器件”工具栏

5. “Simulation（仿真）”工具栏

“Simulation”工具栏是运行仿真的一个快捷键，电路原理图输入完毕，连接上 VI 后（没连接 VI 时开关为灰色，即不可用），单击它，即运行或停止仿真。如图 2-20 所示。

图 2-20 “Simulation”工具栏

6. “Place probe（放置探针）”工具栏

“Place probe”工具栏由 8 个按钮组成，如图 2-21 所示。

7. “虚拟”工具栏

“虚拟”工具栏由 9 个按钮组成，如图 2-22 所示。

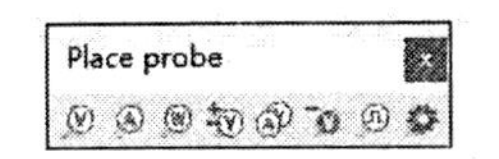

图 2-21 “Place probe”工具栏

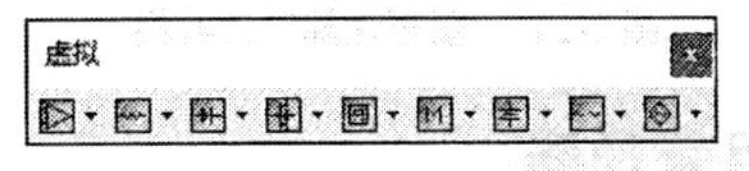

图 2-22 “虚拟”工具栏

按钮从左到右依次是显示/隐藏模拟系列、显示/隐藏基本系列、显示/隐藏二极管系列、显示/隐藏晶体管系列、显示/隐藏测量系列、显示/隐藏其他系列、显示/隐藏功率源系列、显示/隐藏额定系列、显示/隐藏信号源系列。

8. “仪器”工具栏

“仪器”工具栏如图 2-23 所示，它是进行虚拟电子实验和电子设计仿真的特殊窗口。

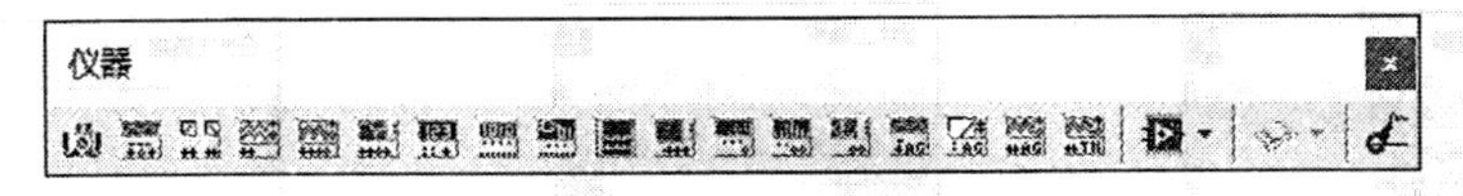

图 2-23 “仪器”工具栏

“仪器”工具栏从左到右分别为万用表、函数发生器、瓦特计、示波器、4 通道示波器、波特测试仪、频率计数器、字发生器、逻辑变换器、逻辑分析仪、IV 分析仪、失真分析仪、光谱分析仪、网络分析仪、Agilent 函数发生器、Agilent 万用表、Agilent 示波器、Tektronix 示波器、LabVIEW 仪器、NI ELVISmx 仪器和电流探针。

9. “图形注解”工具栏

“图形注解”工具栏用于在电路原理图中绘制所需要的标注信息，不代表电气连接，如图 2-24 所示。

10. 调用工具栏

用户可以尝试操作其他的工具栏。总之，在“视图”菜单下的“工具栏”的子菜单中列出了所有电路原理图设计的工具栏，在工具栏名称左侧有“√”标记则表示该工具栏已经被打开了，否则该工具栏是被关闭的，如图 2-25 所示。

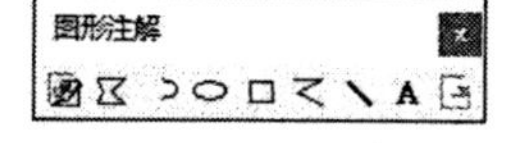

图 2-24 “图形注解”工具栏

图 2-25 “工具栏”命令的子菜单

2.1.3 项目管理器

在电路原理图设计中经常用到的工作面板有“设计工具箱”面板、“SPICE 网表查看器”面板及“LabVIEW 协同仿真终端”面板。

1. “设计工具箱”面板

“设计工具箱”面板如图 2-26 所示，基本位于工作区域左侧，主要用于层次电路的显示。启动软件，将默认创建的“设计 1”以分层的形式显示出来。

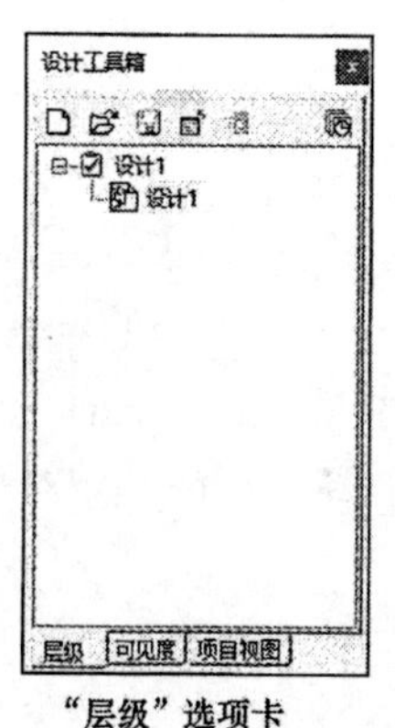

“层级”选项卡

“可见度”选项卡

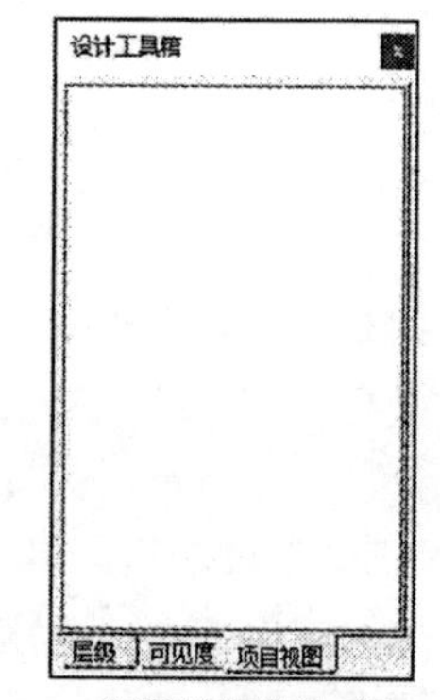

“项目视图”选项卡

图 2-26 “设计工具箱”面板

该面板显示 3 个选项卡，如图 2-26 所示。

（1）“层次”选项卡用于对不同电路进行分层显示。

（2）“可见度”选项卡用于显示同一电路的不同页，包括“原理图攫取”“固定注解”两个选项组，在这两个选项组下勾选不同的复选框，可在电路原理图中显示对应属性，如勾选“标签与值”复选框，则在电路原理图中显示标签与值，如图 2-27 所示。反之，取消勾选该复选框，则不显示标签与值，如图 2-28 所示。

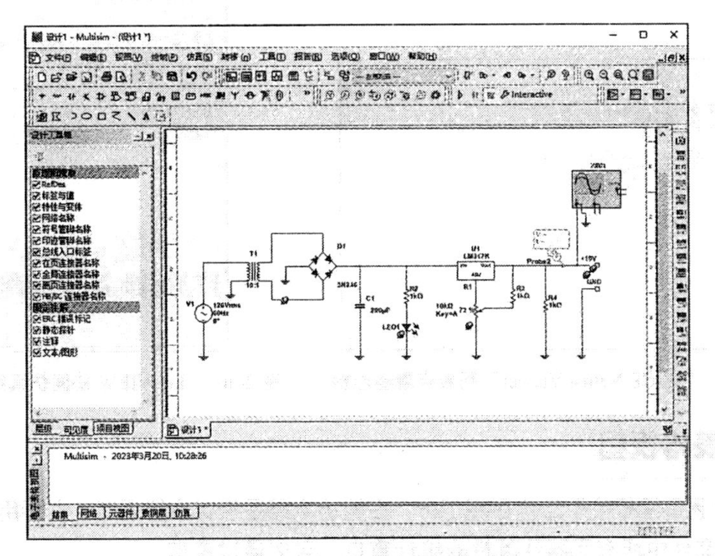

图 2-27　勾选“标签与值”复选框

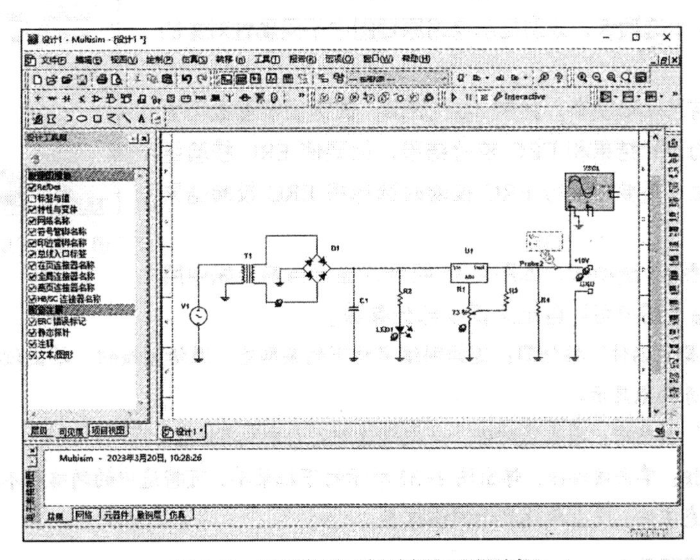

图 2-28　取消勾选“标签与值”复选框

（3）“项目视图”选项卡用于显示同一电路的不同页。

2.“SPICE Netlist Viewer（SPICE 网表查看器）”面板

“SPICE Netlist Viewer（SPICE 网表查看器）”面板如图 2-29 所示。在该面板中显示 SPICE 网表的输入输出情况。单击菜单栏中的“视图”→“SPICE 网表查看器”命令，可控制该面板的打开与关闭。

3.“LabVIEW 协同仿真终端”面板

“LabVIEW 协同仿真终端”面板如图 2-30 所示。在该面板中显示使用 LabVIEW 元器件的情况，显示输入、输出与未使用信息。单击菜单栏中的“视图”→“LabVIEW 协同仿真终端”命令，可控制该面板的打开与关闭。

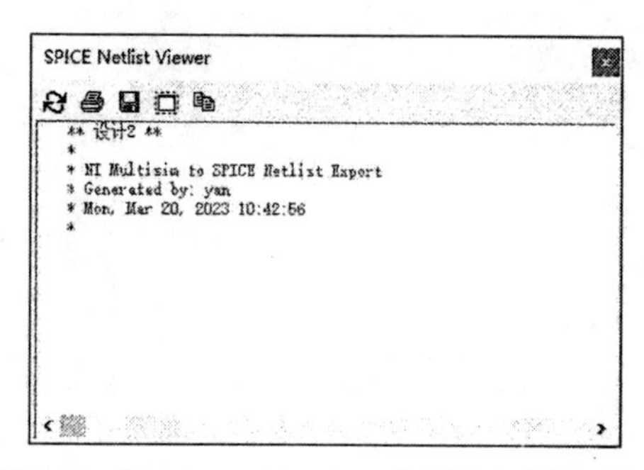

图 2-29 “SPICE Netlist Viewer”网表查看器面板

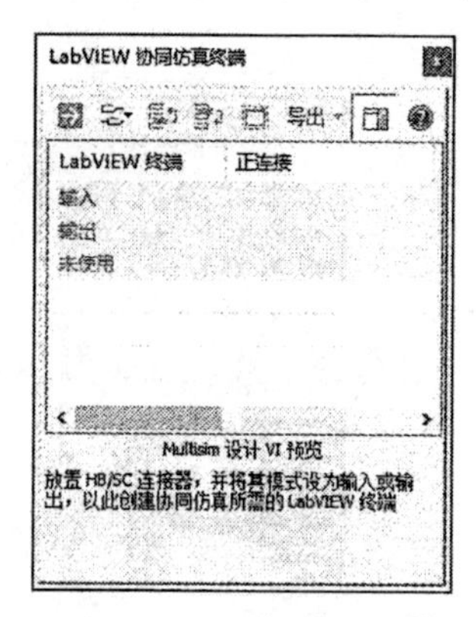

图 2-30 “LabVIEW 协同仿真终端”面板

2.1.4 电子表格视图

“电子表格视图”面板位于工作区域下方，在检验电路是否存在错误时，主要用来显示电路检验结果及当前电路文件中所有元器件属性的统计窗口，可以通过该窗口改变元器件部分或全部的属性，如图 2-31 所示。

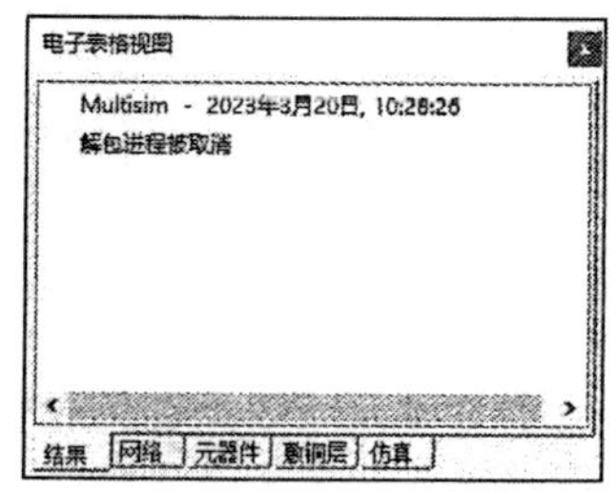

图 2-31 “电子表格视图”面板

该面板包括 5 个选项卡，分别显示电路原理图中不同属性对象的信息。

（1）打开“结果”选项卡，如图 2-31 所示，该选项卡面板可显示电路中元器件的查找结果和 ERC 校验结果，但要使 ERC 校验结果显示在该页面上，需要在运行 ERC 校验时选择将 ERC 校验结果显示在面板上。

（2）打开“网络”选项卡，如图 2-32 所示，显示当前电路中所有网络的相关信息，用户可以自定义修改部分参数。

- “前往并选择元器件”按钮：选择网络名称下的某网络，激活该按钮。单击该按钮，选中网络显示在工作区域中央并高亮显示。
- “全部选择”按钮：单击该按钮，一次性选中列表中所有网络。
- “导出”按钮：单击该按钮，弹出图 2–33 所示的下拉菜单，可将选中的网络以不同形式导出，导出不同格式的网络信息文件，更直观地显示网络信息。

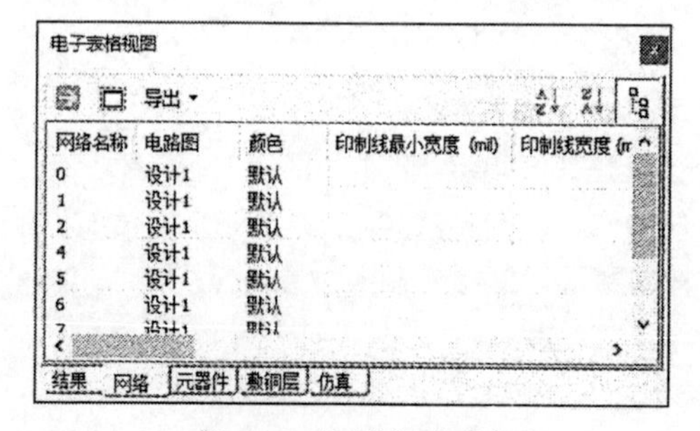

图 2-32 “网络”选项卡

图 2-33 “导出”下拉菜单

（3）打开“元器件”选项卡，如图 2-34 所示，显示当前电路中所有元器件的相关信息，部分参数用户可自定义修改。

单击“替换所选元器件”按钮：在不选中任何元器件的情况下，激活该按钮。单击该按钮，在列表框中或在工作区域中单击元器件，该元器件进入编辑状态，激活元器件所有属性，用户可对元器件进行修改编辑。

（4）打开“敷铜层”选项卡，如图 2-35 所示，显示电路原理图图层使用信息。

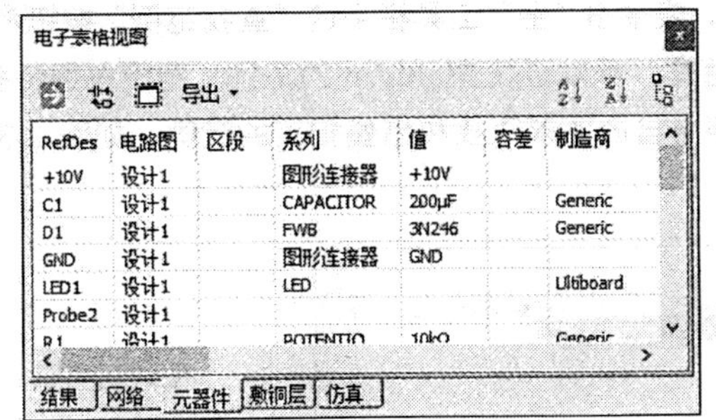

图 2-34 “元器件”选项卡

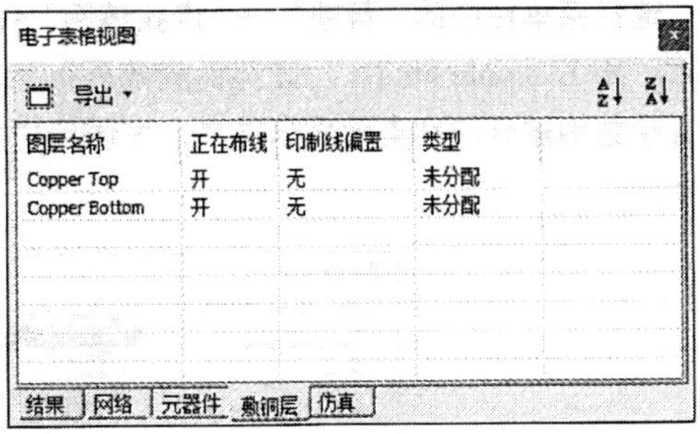

电子表格视图

导出

图层名称	正在布线	印制线偏置	类型
Copper Top	开	无	未分配
Copper Bottom	开	无	未分配

结果 网络 元器件 敷铜层 仿真

图 2-35 “敷铜层”选项卡

- “升序”按钮：按照名称首字母进行升序排列。
- “降序”按钮：按照名称首字母进行降序排列。

（5）打开“仿真”选项卡，如图 2-36 所示，显示仿真结果。

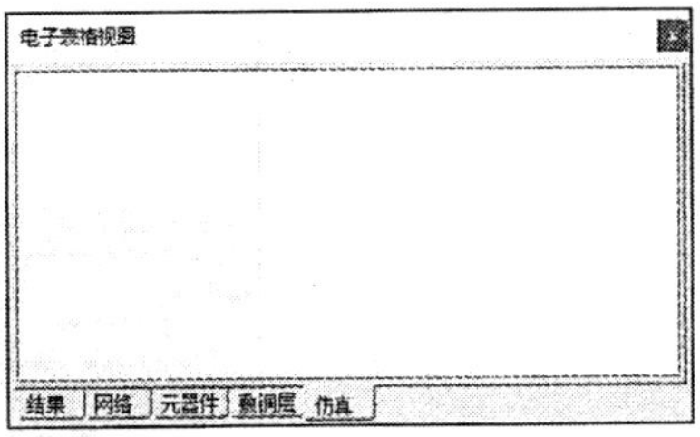

电子表格视图

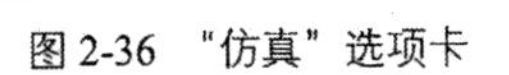

图 2-36 “仿真”选项卡

2.2 Multisim 14.3 的帮助系统

为了让用户更快地掌握 Multisim 14.3，各个版本的 Multisim 都提供了丰富的帮助文件和完善的帮助系统，Multisim 14.3 也不例外，提供了帮助文件及由丰富的实例构成的本地帮助系统，作为其帮助系统的重要组成部分，NI 的网络帮助系统也发挥着重要的作用，包括一些在线电子文档和电子书。

这一节将主要介绍如何获取 Multisim 14.3 的帮助文件，这对于初学者快速掌握 Multisim 是非常重要的。

2.2.1 使用目录和索引查找在线帮助

Multisim 14.3 可以通过帮助文件的目录和索引来查找在线帮助。

选择菜单“帮助”→“Multisim 帮助”命令，或单击“主”工具栏中的“Multisim 帮助”按钮，或按下 F1 键，都可以打开 Multisim 的帮助文件，如图 2-37 所示，在这里用户可以使用目录、搜索和索引来查找在线帮助。

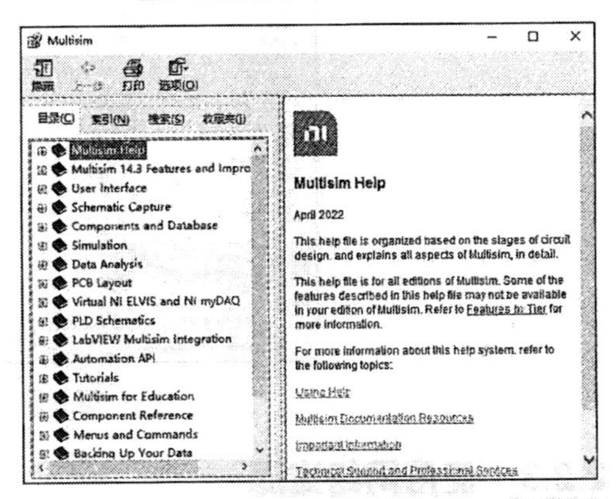

图 2-37 查看 Multisim 的帮助文件

用户可以根据目录和索引查看某个感兴趣的对象的帮助信息，也可以打开搜索页，直接用关键词搜索帮助信息。

在这里用户可以找到最为详尽的 Multisim 中的每个对象的使用说明及其相关对象的使用说明的链接，可以说 Multisim 的帮助文件是学习 Multisim 的最为有力的工具之一。

2.2.2 查找 Multisim 范例

学习和借鉴 Multisim 中的范例不失为一种快速、深入学习 Multisim 的好方法。

选择菜单栏中的“帮助”→“查找范例”命令，或单击“主”工具栏中的“查找范例”按钮，弹出“NI Example Finder（NI 范例查找器）”对话框，可以查找 Multisim 的范例。范例按照任务和目录结构被分门别类地显示出来，方便用户按照各自的需求查找和借鉴相应的范例，如图 2-38 所示。

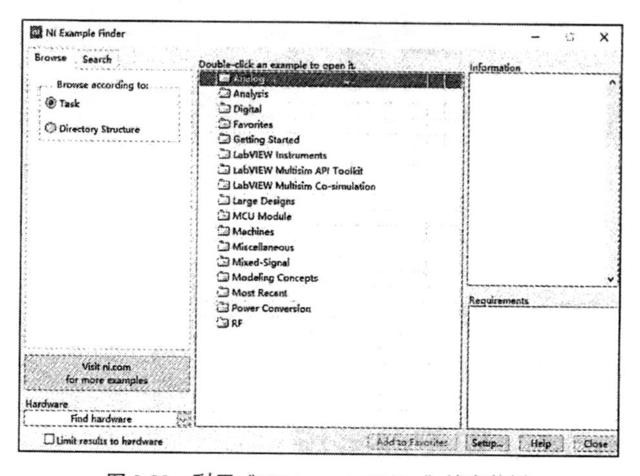

图 2-38　利用“NI Example Finder”搜索范例

另外，也可以利用搜索功能，使用关键字来查找范例，单击“Search（搜索）”选项卡，如图 2-39 所示，在左侧“Search”选项栏中单击“Search（搜索）”按钮，即可以查找范例。

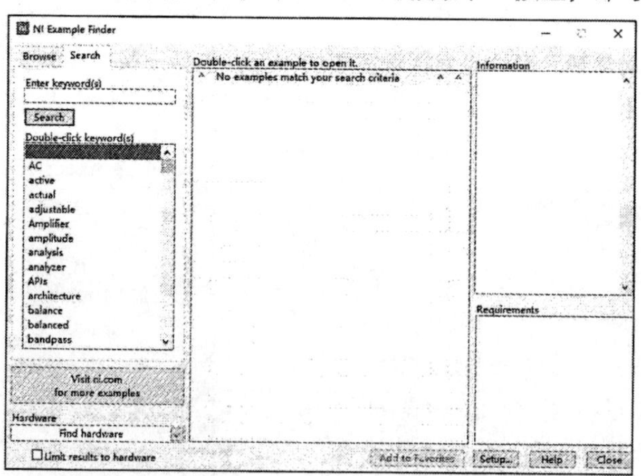

图 2-39　“Search”选项卡

2.2.3 使用网络资源

Multisim 14.3 不仅仅为用户提供了丰富的本地帮助资源，在网络上还有更加丰富的学习

LabVIEW 的资源，这些资源被称为学习 Multisim 的有力助手和工具。

NI 的官方网站无疑成为了最权威的学习 Multisim 的网络资源，它为 Multisim 提供了非常全面的帮助与支持，如图 2-40 所示。

图 2-40　NI 官方网站

在 NI 的官方网站上选择“产品与服务”→“电路设计套件”，可得到关于 Multisim 的非常详细的介绍，如图 2-41 所示。

图 2-41　电路设计套件页面

另外，在 NI 的官方网站上还有一个专门下载 Multisim 的网址，选择“技术支持”→“热门软件下载”，如图 2-42 所示。在这里用户可以找到 Multisim 的软件下载资源，如图 2-43 所示。

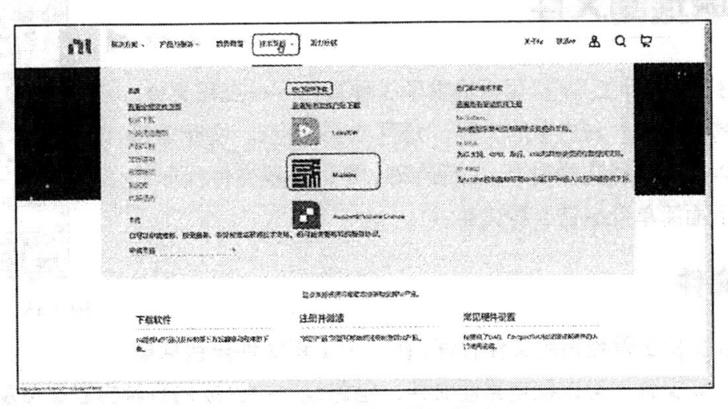

图 2-42　“技术支持”菜单

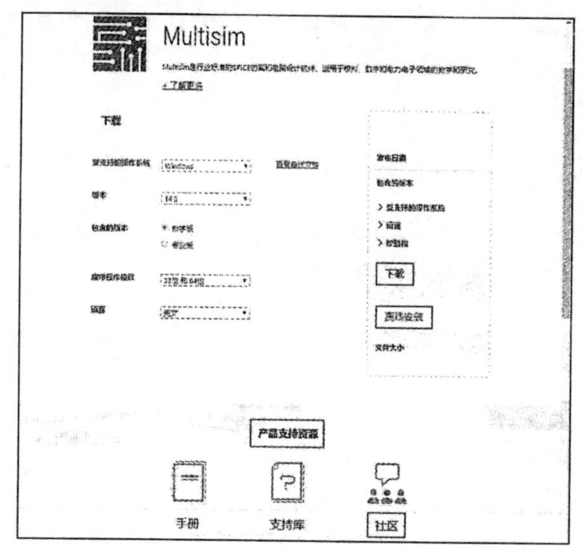

图 2-43　Multisim 软件下载

另外，在该网页下选择“产品支持资源”→“社区”，弹出专门讨论 Multisim 相关问题的 NI 在线社区，如图 2-44 所示。在这里用户可以找到学习 Multisim 的各种资源，并且可以和来自世界各地的 Multisim 设计人员讨论有关 Multisim 的具体问题。

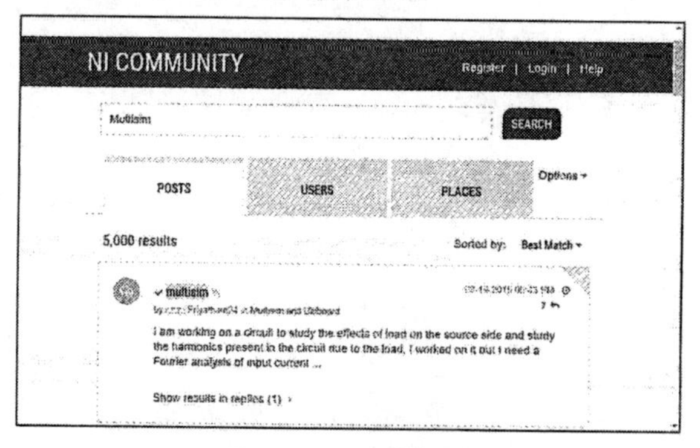

图 2-44　NI 在线社区

2.3 电路原理图文件

Multisim 14.3 的“设计工具箱”面板提供了 3 种文件——工程文件、设计电路时生成的图页文件和支电路文件，如图 2-45 所示。设计电路时生成的文件可以放在工程文件夹中，在保存时，是以工程文件的形式进行整体保存。下面简单介绍这 3 种文件。

图 2-45　“设计工具箱”面板

2.3.1 工程文件

Multisim 14.3 支持工程级别的文件管理，在一个工程文件里包括电路设计中生成的一切文件。可以把电路图文件、电路设计中生成的各种报表文件及元器件的集成库文件等放在一个工程文件中，这样非常便于进行文件管理。一个工程文件类似于 Windows 系统中的

“文件夹”，在工程文件中可以执行对文件的各种操作，如新建、打开、关闭、复制与删除等。

如图 2-45 所示，默认打开的“.ms14”的工程文件“设计 1”，自动添加同名的图页文件“设计 1”。

选择菜单栏中的“文件”→“设计”命令或单击“标准”工具栏中的“设计”按钮，或按下“Ctrl+N”组合键，系统弹出“New Design（新建设计文件）”对话框，在该对话框中可以创建一个新的电路原理图设计文件，如图 2-46 所示。

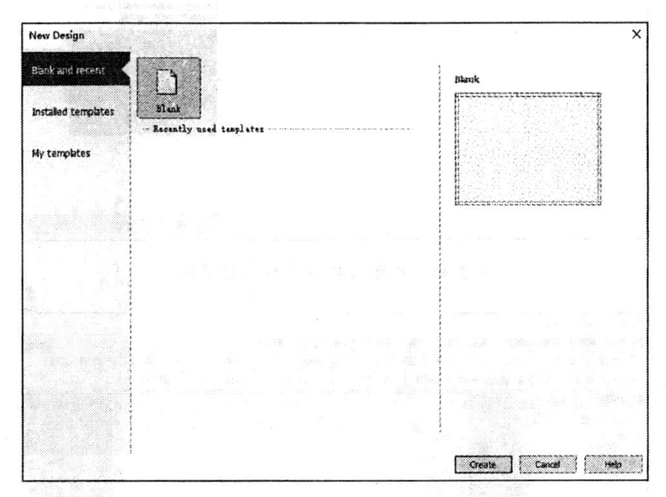

图 2-46 “New Design”对话框

下面介绍 3 种新建工程文件的方法。

1. 空白设计文件

在“New Design”对话框中，默认选择“Blank and recent”选项，如图 2-46 所示，在对话框右侧显示空白设计文件缩略图，不带标题栏，带图纸边界，单击 Create 按钮，创建空白设计文件，如图 2-47 所示。

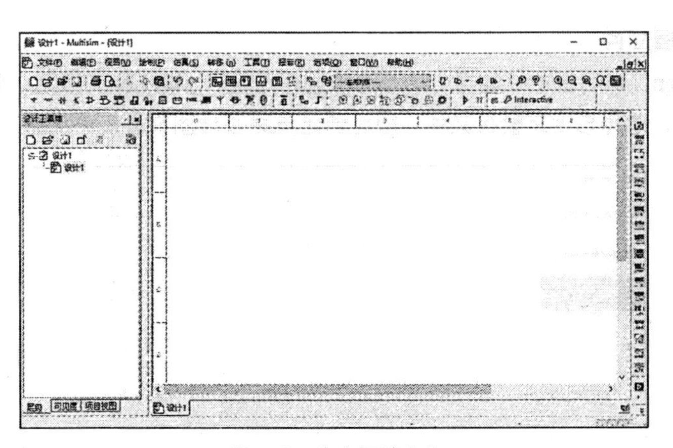

图 2-47 空白设计文件

2. 系统安装模板文件

在“New Design”对话框中，选择“Installed templates”选项，显示系统安装的 7 种模板文件，如图 2-48 所示。在对话框右侧显示所选中的第一种“NI myDAQ”模板文件的预览图，单击 Create 按钮，弹出进度提示对话框，进度更新完成后，创建带模板的电路原理图文件，如图 2-49 所示。

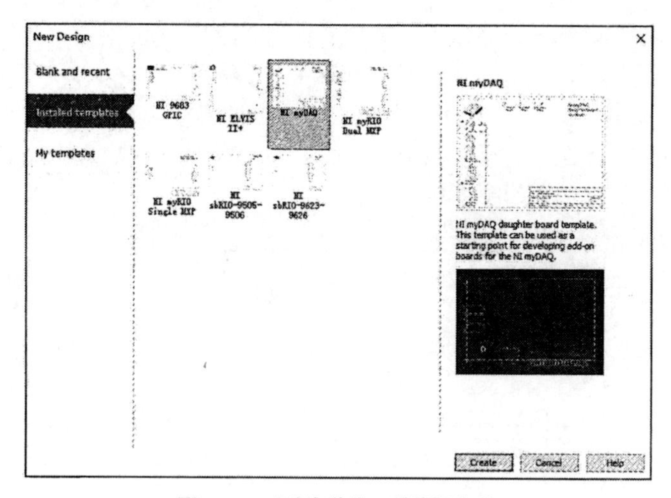

图 2-48　系统安装的 7 种模板文件

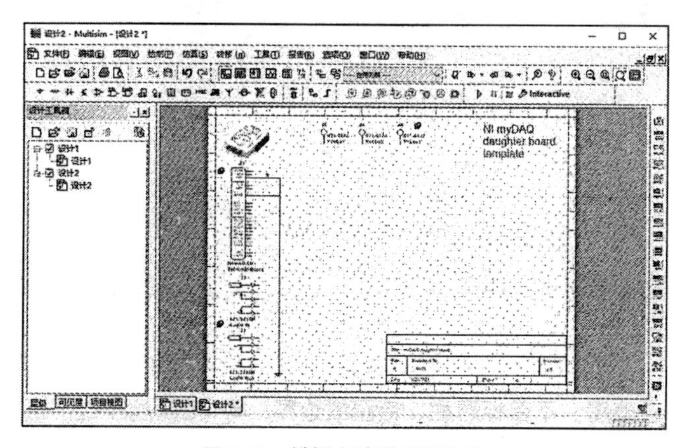

图 2-49　模板电路原理图文件

3. 自定义模板文件

在“New Design”对话框中，选择“My templates”选项，如图 2-50 所示，单击 Browse... 按钮，弹出“打开”对话框，选择自定义模板文件，即可创建电路原理图文件。

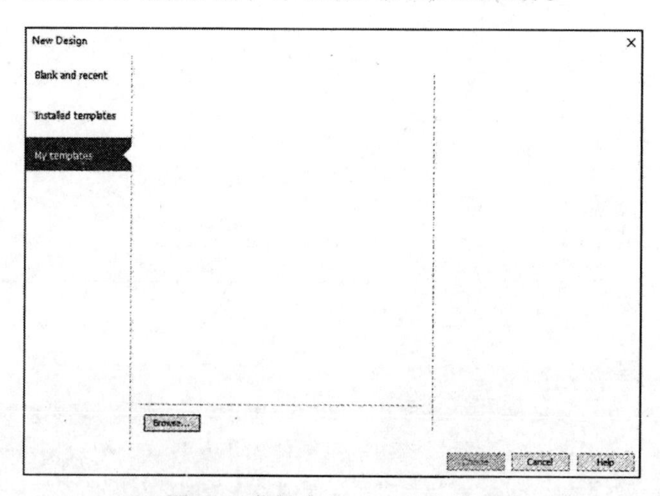

图 2-50　选择“My templates”选项

2.3.2 图页文件

图页文件是指实际包含电路原理图的文件，内容上独立于工程文件之外的文件，又不能单独保存成独立的文件。

在 Multisim 14.3 中，通常这些图页文件显示在工程文件的下一个级别上。新建的空白设计文件自动包含一个图页文件，默认名称为“设计 1”。

选择菜单栏中的“绘制”→“多页”命令，弹出图 2-51 所示的“页面名称”对话框，由于设计文件默认创建一张图页，因此新建页面默认名称为 2。

单击“确定”按钮，在该设计文件夹下创建图页文件，如图 2-52 所示。“设计 1”文件下包括两个图页文件“设计 1#1”“设计 1#2”。

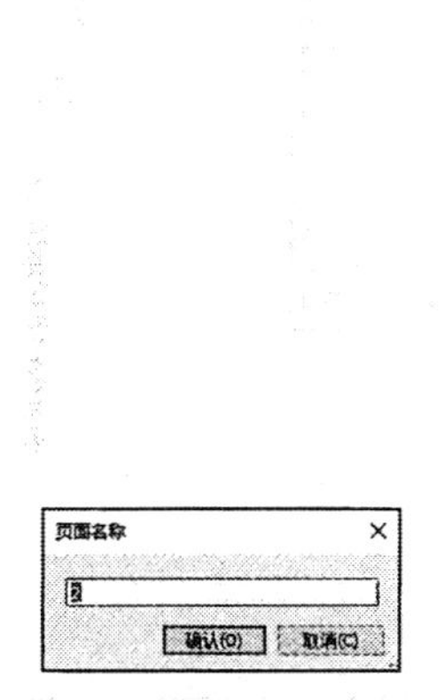

图 2-51 “页面名称”对话框

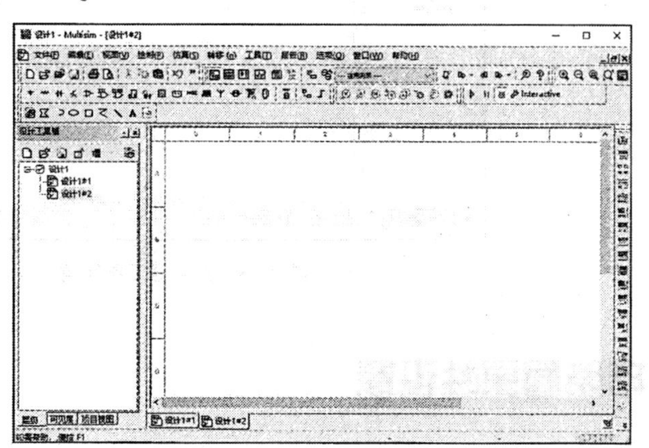

图 2-52 创建图页文件

2.3.3 支电路文件

支电路是由用户自己定义的一个电路（相当于一个电路模块），可存放在自定义元器件库中供用户进行电路设计时反复调用，在图页文件下一级中显示。

选择菜单栏中的“绘制”→“新建支电路”命令，或按下“Ctrl+B”组合键，弹出图 2-53 所示的“支电路名称”对话框。

在该对话框中输入支电路符号的文件名称，单击“确认”按钮，鼠标指针将变为十字形状，并带有一个符号标志，在电路原理图工作区域适当位置放置支电路符号 SC1，如图 2-54 所示。

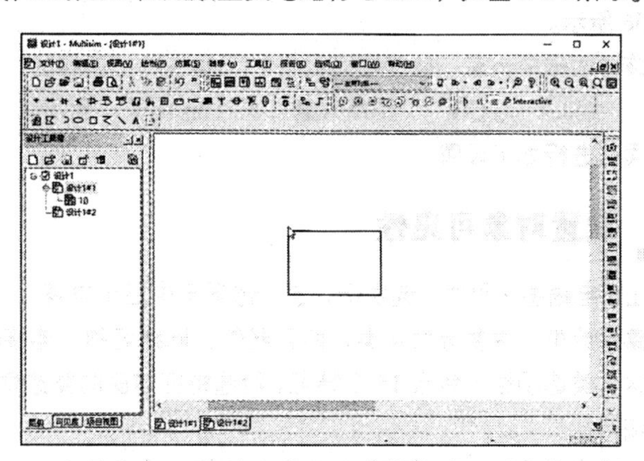

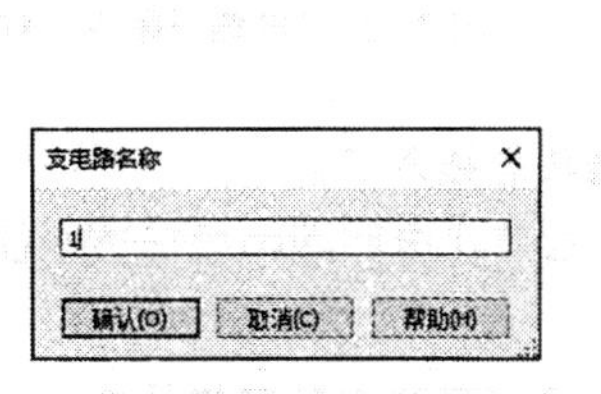

图 2-53 “支电路名称”对话框

图 2-54 放置支电路符号 SC1

在设计工具箱“层级”选项卡下添加支电路 1（SC1），位于电路原理图“设计 1#1”的下一层级中。

双击 SC1 或在“层级”选项卡下单击支电路 1（SC1），切换到支电路工作环境中，如图 2-55 所示。

利用支电路可使大型的、复杂系统的电路设计模块化、层次化，从而提高设计效率与设计文档的简洁性、可读性，实现设计的重用，缩短产品的开发周期。

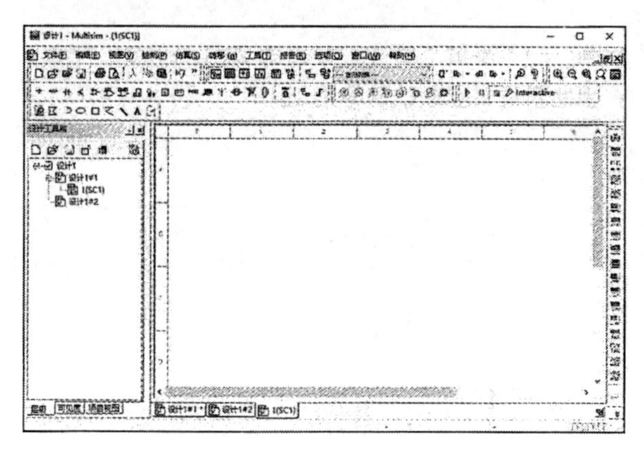

图 2-55　支电路工作环境

2.4 电路图属性设置

在电路原理图的绘制过程中，可以根据所要设计的电路图的复杂程度，先对图纸进行设置。虽然在进入电路原理图的编辑环境时，Multisim 14.3 系统会自动给出相关的图纸默认参数，但是在大多数情况下，这些默认参数不一定适合用户的需求，尤其是图纸尺寸。用户可以根据设计对象的复杂程度来对图纸的尺寸及其他相关参数进行重新定义。

选择菜单栏中的“编辑”→“属性”命令，或选择菜单栏中的“选项”→“电路图属性”命令，或在编辑窗口中单击鼠标右键，在弹出的鼠标右键快捷菜单中选择“属性”命令，或按下“Ctrl+M”组合键，系统将弹出“电路图属性”对话框，如图 2-56 所示。

图 2-56　“电路图属性”对话框

在该对话框中，有“电路图可见性”“颜色”“工作区”“布线”“字体”“PCB”“图层设置”7 个选项卡，利用其中的选项可进行如下设置。

2.4.1 设置对象可见性

单击“电路图可见性”选项卡，这个选项卡中显示电路图包含对象的分类，主要分为 4 类，即元器件、网络名称、连接器和总线入口。

在这 4 类选项组下包含 15 个特征，勾选特征前面的复选框，即可在电路图中显示该特征，反之，不显示该特征。

在“网络名称”选项组下包含 3 个单选钮，选择其中之一，设置网络名称显示状态。

2.4.2 设置图纸颜色

在“颜色”选项卡中，单击“颜色方案”下拉列表，显示 5 种程序预制的颜色方案，包括白色背景、黑色背景、白与黑、黑与白和自定义。默认选择“白色背景”，如图 2-57 所示。在选项卡右侧显示选中颜色方案对应的预览视图。

选择“自定义”方案，由用户指定颜色。激活下面 10 种设置对象，默认颜色设置如图 2-58 所示。单击设置对象对应的颜色框，弹出“颜色”对话框，在“标准”选项卡下选择图纸的颜色，如图 2-59 所示。

打开“自定义”选项卡，精确设置图纸颜色，如图 2-60 所示。单击“确认”按钮，即可完成修改。

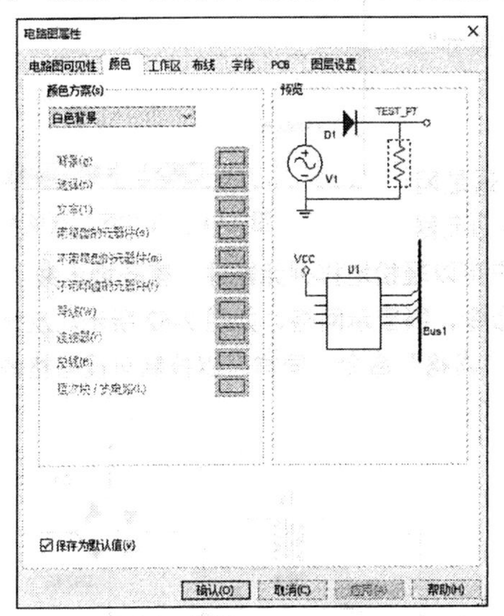

图 2-57 “颜色”选项卡

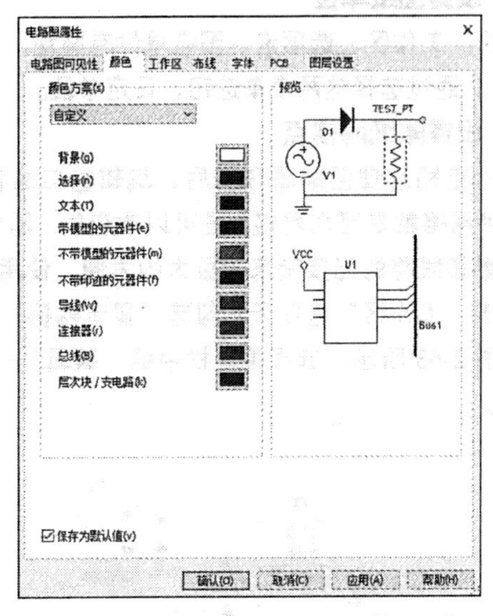

图 2-58 “自定义”方案

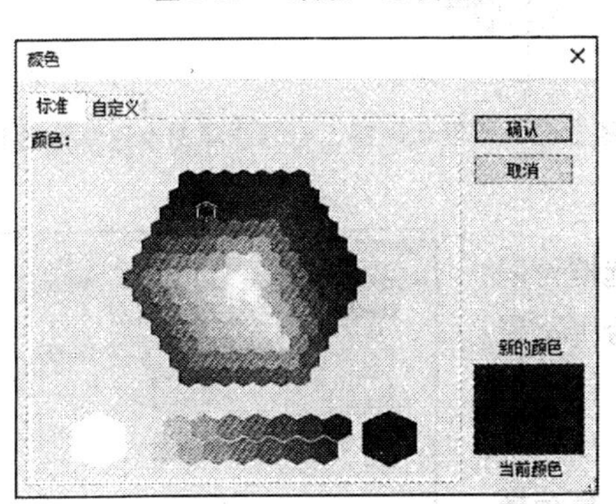

图 2-59 “标准”选项卡

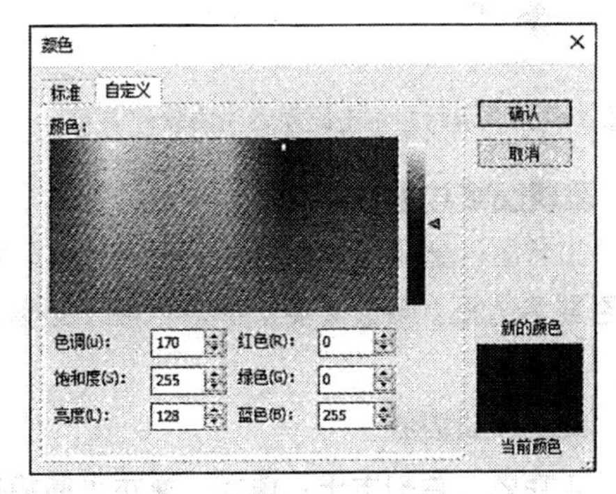

图 2-60 “自定义”选项卡

1. 设置图纸尺寸

单击“工作区”选项卡，如图 2-61 所示。这个选项卡的下半部分为图纸尺寸的设置区域。Multisim 14.3 给出了两种图纸尺寸的设置方式，一种是标准风格，另一种是自定义风格，用户可以根据设计需要选择这两种图纸尺寸的设置方式，默认的格式为图纸标准样式。

（1）使用标准风格的设置方式设置图纸，可以在“电路图页面大小”下拉列表框中选择已定义好的图纸标准尺寸，包括公制图纸尺寸（A0～A4）、英制图纸尺寸（A～E）及其他格式（法定、执行、对开）的图纸尺寸。

（2）在“自定义大小”选项框中设置图纸，用户在“宽度”“高度”文本框中可以分别输入自定义的图纸尺寸。

2. 设置图纸方向

单击“工作区”选项卡，用户可在“方向”选项组下设置图纸方向，可以将图纸设置为水平方向，即横向，也可以将图纸设置为垂直方向，即纵向。一般在绘制图纸和显示图纸时将图纸设为横向，在打印输出图纸时可根据需要将图纸设为横向或纵向。

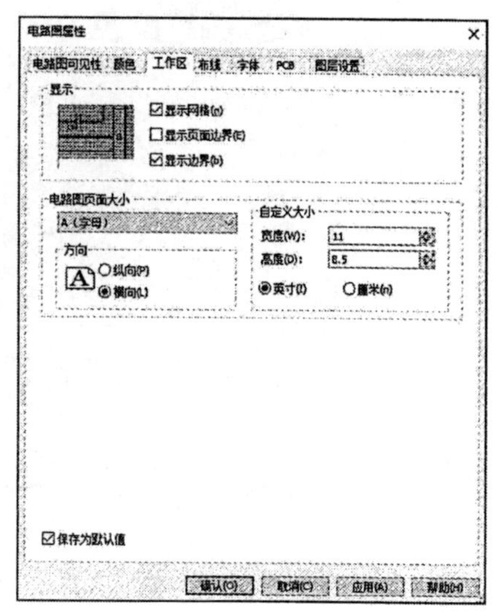

图 2-61 “工作区”选项卡

3. 设置图纸单位

单击“工作区”选项卡，图纸单位有两种，“英寸”“厘米”。通过选择这两个单选钮，设定单位。

4. 设置图纸网格点

进入电路原理图编辑环境后，编辑窗口的背景是网格，这种网格就是可视网格，是可以改变的。网格为元器件的放置和线路的连接带来了极大的方便，使用户可以轻松地排列元器件，整齐地走线。

单击“工作区”选项卡，勾选“显示网格”命令，则显示网格，如图 2-62 所示。反之，不显示，如图 2-63 所示。选择菜单栏中的“编辑”→“网格”命令，同样可以控制可视网格的显示与不显示。

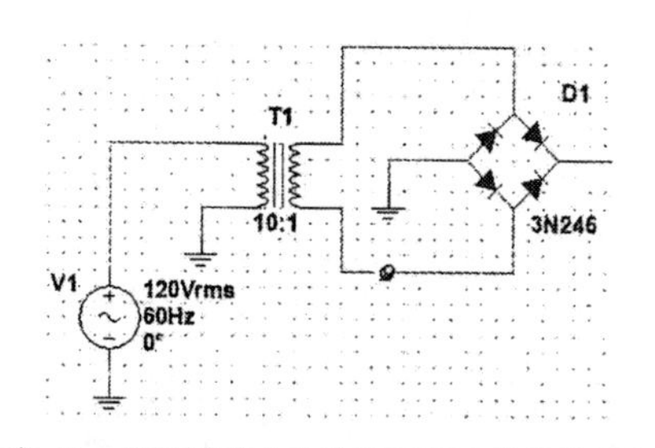

图 2-62 显示网格（电路原理图由软件绘制）

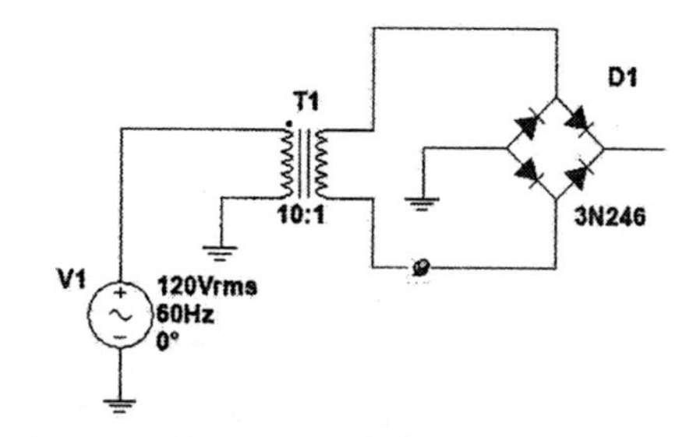

图 2-63 不显示网格（电路原理图由软件绘制）

5. 设置图纸边框

在“工作区”选项卡中，通过“显示边界”复选框可以设置是否显示边框。勾选该复选框表示显示边框，否则不显示边框。

6. 设置页面边界

在“工作区”选项卡中，通过“显示页面边界”复选框可以设置是否显示页面边界。勾选该复选框表示显示页面边界，否则不显示页面边界。

2.4.3 设置线宽

在“布线”选项卡中，设置导线宽度与总线宽度，在线宽文本框左侧显示预览图，默认状态下，导线宽度为 1，总线宽度为 3，如图 2-64 所示。

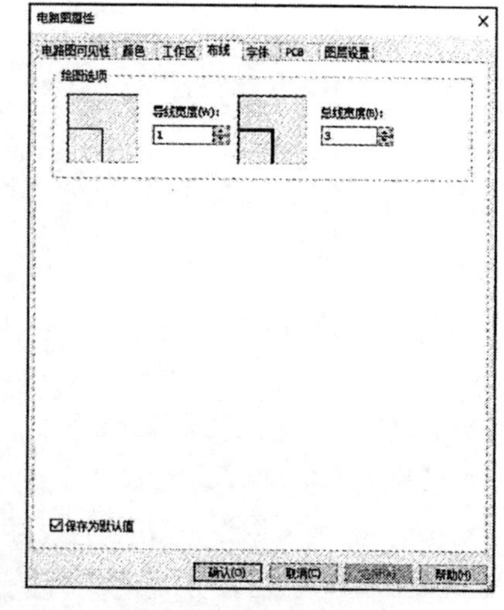

图 2-64 “布线”选项卡

2.4.4 设置图纸所用字体

将“字体”选项卡分为属性设置、对象设置两部分。

在该选项卡上半部分设置字体属性。可设置字体种类、字形、大小。同时还可设置字体对齐方式为左对齐、居中、右对齐，预览字体属性设置结果。

在该选项卡下半部分设置要更改的字体包括的对象，对象种类包括电路原理图中的元器件引脚文字和注释文字等，勾选对象前的复选框即可将字体设置应用到该类型中。在“应用到”选项组下选择“整个电路”选项，将更改应用到整个电路中。通常字体采用默认设置即可，如图 2-65 所示。

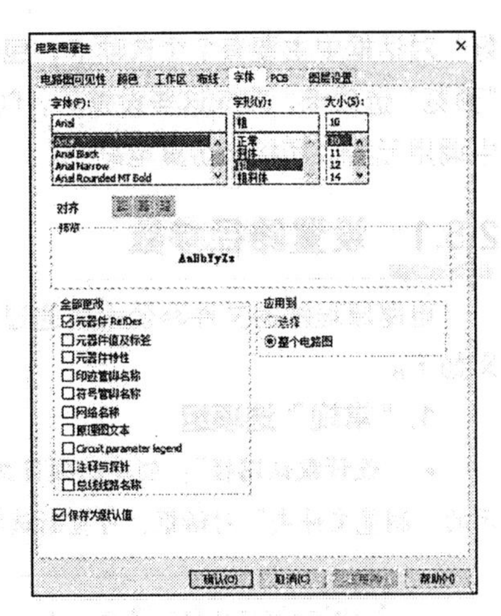

图 2-65 “字体”选项卡

2.4.5 设置 PCB 信息

“PCB”选项卡如图 2-66 所示。包括接地选项、单位设置、敷（覆）铜层、PCB 设置这 4 个选项组。在“单位”下拉列表中包括 5 种形式，mil、nm、mm、μm、英寸（1 英寸=2.54 厘米）。在“敷铜层”设置层对、单层层叠、顶、底、内层的数目。在“PCB 设置”选项组下设置管脚（引脚）交换与栅极交换。

注：在行业中，软件中的“敷铜”常写作“覆铜”，“管脚”写作“引脚”。

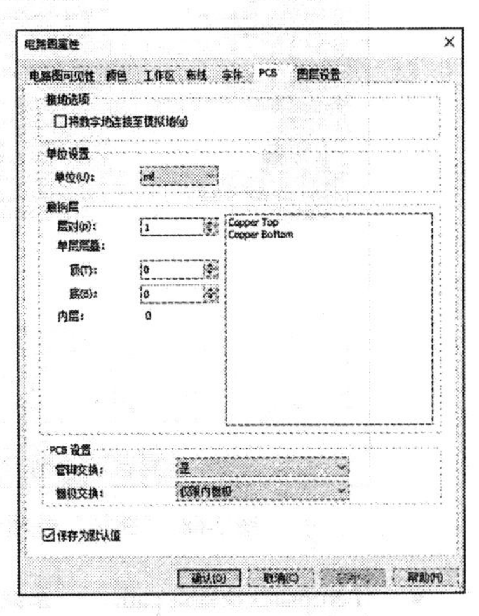

图 2-66 “PCB”选项卡

2.4.6 设置图层信息

图层信息记录了电路原理图的默认信息和更新纪录。这项功能可以使用户更系统、更有效地对自己设计的图纸图层进行管理。

建议用户对此项进行设置。当电路原理图中包含很多图层时，图层参数信息就显得非常有用了。

“图层设置”选项卡包括“固定图层”“自定义图层”两个选项组，如图 2-67 所示。在“固定图层”列表中显示电路原理图默认的固有图层；在“自定义图层”列表框右侧单击“添加”按钮，即可添加自定义图层，并可对自定义图层进行删除、重命名操作。“固定图层”不能进行此类操作。

2.5 设置电路原理图工作环境

在电路原理图的绘制过程中，其效率和正确性往往与环境参数的设置有着密切的关系。环境参数的设置合理与否，直接影响电路设计过程中软件的功能是否能得到充分的发挥。

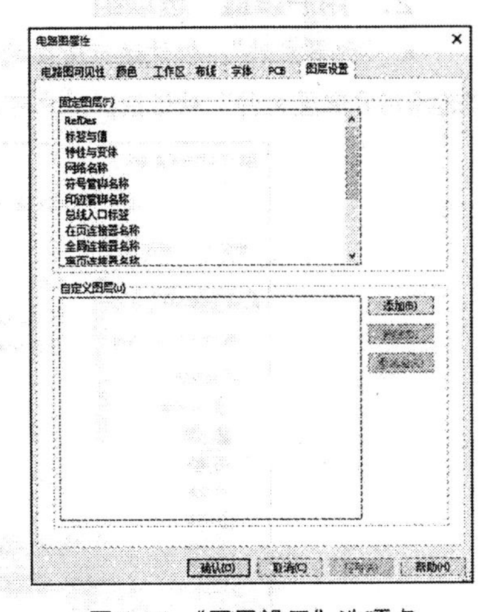

图 2-67 “图层设置”选项卡

选择菜单栏中的“选项”→“全局偏好”命令，系统将弹出“全局偏好”对话框。在“全局偏好”对话框中主要有 7 个选项卡，包括“路径”“消息提示”“保存”“元器件”“常规”“仿真”“预览”选项卡，完成这些设置后，创造一个更适合自己的工作界面，用户可以更方便地在工作窗口中调用元器件和绘制仿真电路图。

2.5.1 设置路径参数

电路原理图的文件路径设置通过“路径”选项卡来实现，如图 2-68 所示，其中各主要参数的含义如下。

1.“常规”选项组

- “设计默认路径”：创建的项目文件默认路径，单击“设计默认路径”右侧按钮，弹出图 2-69 所示的“浏览文件夹”对话框，可重新选择文件默认路径。

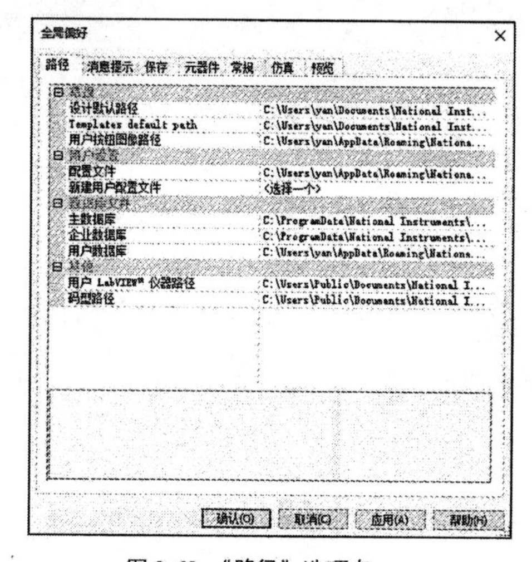

图 2-68 “路径”选项卡

图 2-69 “浏览文件夹”对话框

- “Templates default path”：系统提供的模板文件的默认路径。
- “用户按钮图像路径”：软件中使用到的用户按钮图像的路径。

2.“用户设置”选项组

- “配置文件”：软件运行使用的配置文件路径，单击“配置文件”右侧按钮，弹出图 2-70 所示的“选择用户配置文件”对话框，用户可选择需要的配置文件。

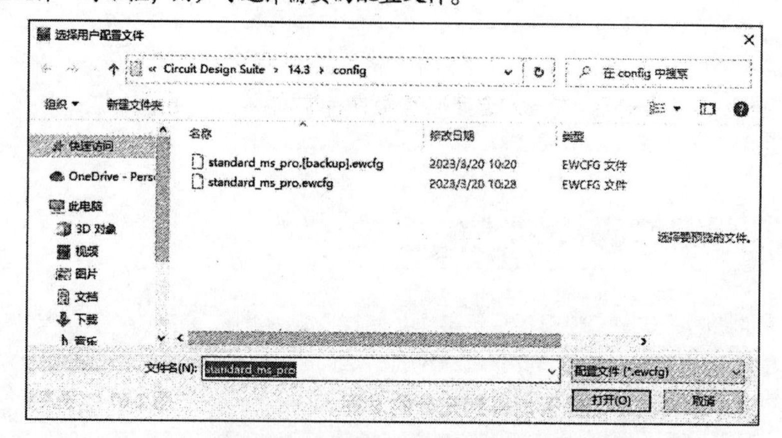

图 2-70 “选择用户配置文件”对话框

- “新建用户配置文件”：该下拉列表包括 3 种选择“从模板创建”“从当前设置创建”“创建新的空文件”，从中选择任一种，均可创建新的配置文件。

3.“数据库文件”选项组

该选项组用于设置数据库文件路径，包括 3 种类型“主数据库”“企业数据库”“用户数据库”。

4.“其他”选项组

该选项组用于设置其他类型文件的默认路径。包括“用户 LabVIEW 仪器路径”“码型路径”。

2.5.2 设置消息提示参数

消息提示的参数设置通过“消息提示”选项卡来实现，如图 2-71 所示。该选项卡主要用来设置显示消息提示的情况，其中各主要参数的含义如下。

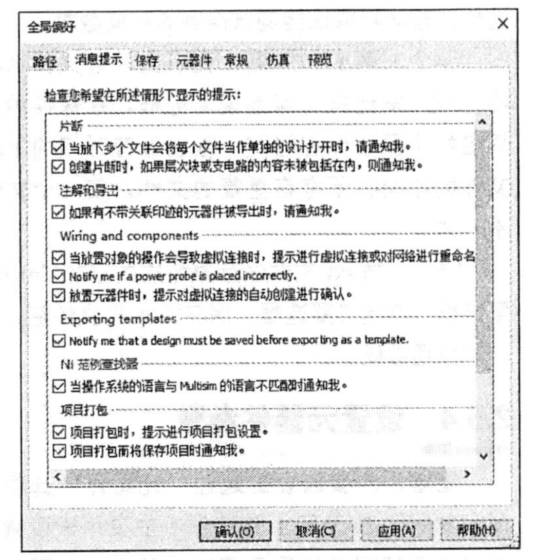

图 2-71 “消息提示”选项卡

1.“片段”选项组

- 当放下多个文件会将每个文件当作单独的设计打开时，请通知我。
- 创建片段时，如果层次块或支电路的内容未被包括在内，则通知我。

2.“注解和导出”选项组

- 如果有不带关联印迹的元器件被导出时，请通知我。

3.“Wiring and components（导线和元器件）”选项组

- 当放置对象的操作会导致虚拟连接时，提示进行虚拟连接或对网络进行重命名。
- Notify me if a power probe is placed incorrectly：当电源指针放置的位置错误时，显示提示。
- 放置元器件时，提示对虚拟仪器连接的自动创建进行确认。

4.“Exporting templates（输出模板）”选项组

- Notify me that a design must be saved before exporting as a template：当设计文件在输出为模板文件之前被保存时，显示提示。

5.“NI 范例查找器”选项组

- 当操作系统的语言与 Multisim 的语言不匹配时通知我。

6.“项目打包”选项组

- 项目打包时，提示进行项目打包设置。
- 项目打包而将保存项目时通知我。

2.5.3 设置文件保存参数

文件保存的参数设置通过“保存”选项卡来实现，如图 2-72 所示。该选项卡主要用来设置文件保存的情况，其中各主要参数的含义如下。

（1）“创建一个‘安全副本’”复选框：勾选该复选框，在保存文件的同时创建一个安全副本，在保存的文件损坏或无法使用的情况下，安全副本可恢复成原文件。

（2）“自动备份”复选框：勾选该复选框，系统自动在间隔一定时间创建备份文件，防止出现故障来不急保存文件从而丢失数据的情况出现。间隔的时间越短，保存的数据文件越完整，但频繁备份文件产生无用文件，影响运行速度，默认情况下，设置备份间隔时间为 5 分钟。

（3）“用仪器保存仿真数据”复选框：勾选该复选框，自动获取仪器测试得到的实验数据。

（4）“附上时间戳，让正向注解文件名称具有唯一性”复选框：勾选该复选框，在保存的注解文件名称中显示保存时间，根据保存时间的不同确定文件的不同，不存在重复的文件，每一个文件都是唯一的。

（5）“将.txt 文件保存为纯文本（非 Vnicode）”复选框：勾选该复选框，保存“.txt”文件后，文件内容不包括编码。

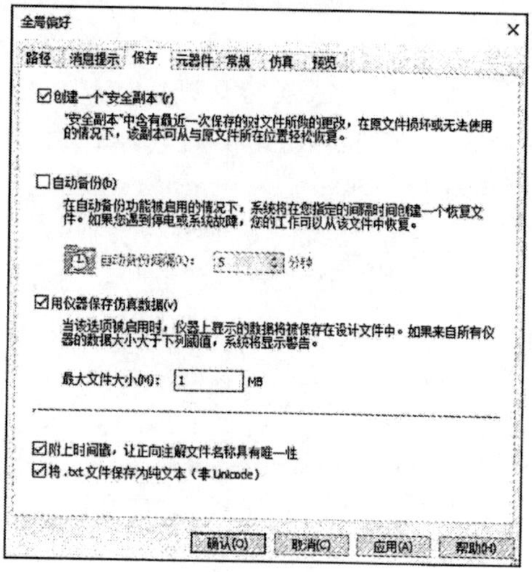

图 2-72 “保存”选项卡

2.5.4 设置元器件参数

元器件的参数设置通过“元器件”选项卡来实现，如图 2-73 所示。该选项卡主要用来设置元器件在电路原理图中的显示情况，其中各主要参数的含义如下。

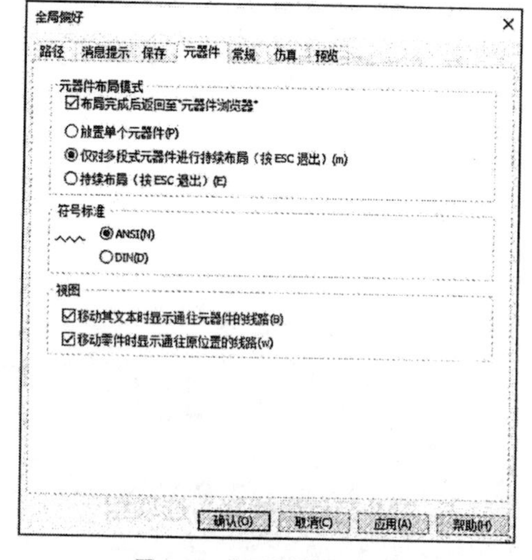

图 2-73 “元器件”选项卡

1.“元器件布局模式”选项组

该选项组主要关于元器件放置方式的设置。

- “布局完成后返回至‘元器件浏览器’”复选框：勾选该复选框，在完成元器件放置后，返回至“元器件浏览器”。
- “放置单个元器件”单选按钮：选择该单选按钮，从元器件库中取出元器件后，只能放置元器件一次。
- “仅对多段式元器件进行持续布局（按 ESC 退出）”单选按钮：选择该单选按钮，如果从元器件库中选择的是多部件元器件，则可以连续放置元器件。
- “持续布局（按 ESC 退出）”单选按钮：选择该单选按钮，从元器件库中选择元器件后可以连续放置，要停止放置元器件，可按下 ESC 键退出。

2.“符号标准”选项组

该选项组关于选择元器件符号模式的设置，其中，ANSI 项表示采用美国标准元器件符号，DIN 项表示采用欧洲标准元器件符号，建议用户选择 DIN，即选取元器件符号模式为欧洲标准模式，我国元器件符号模式与欧洲标准模式大致相同。

3.“视图”选项组

该选项组用于选择相移路线。包括“移动其文本时显示通过元器件的线路”“移动零件时显示通往原位置的线路”两个复选框。

2.5.5 设置常规参数

常规参数设置通过“常规”选项卡来实现，如图 2-74 所示。该选项卡主要用来设置电路原理图中的常规情况，其中各主要参数的含义如下。

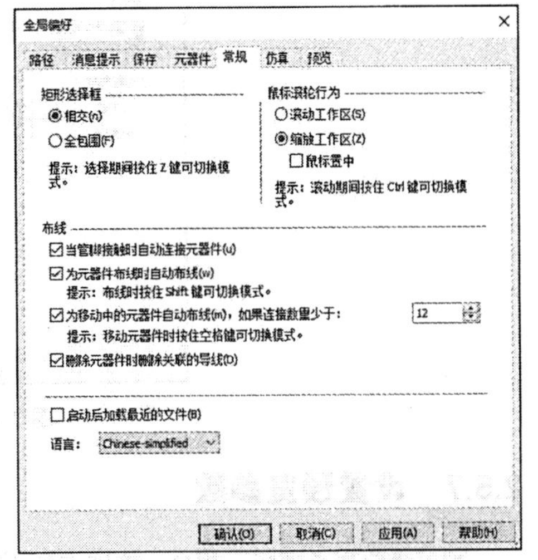

图 2-74 “常规”选项卡

1. “矩形选择框”选项组

该选项组用于设置在选择对象时矩形框的使用方法，矩形框在何种情况下选中对象，包括相交、全包围。注意，选择期间按住 Z 键可切换模式。

2. “鼠标滚轮行为”选项组

该选项组用于设置鼠标滚轮行为的作用。包括滚动工作区、缩放工作区。

3. “布线”选项组

在该选项组下设置在何种情况下激活“布线”操作。

- “当管脚（引脚）接触时自动连接元器件”复选框：勾选该复选框后，当两元器件在放置过程中引脚接触后，则自动连接接触的两个引脚。
- “为元器件布线时自动布线”复选框：勾选该复选框后，在为元器件布线时，选择的元器件可自动连接。

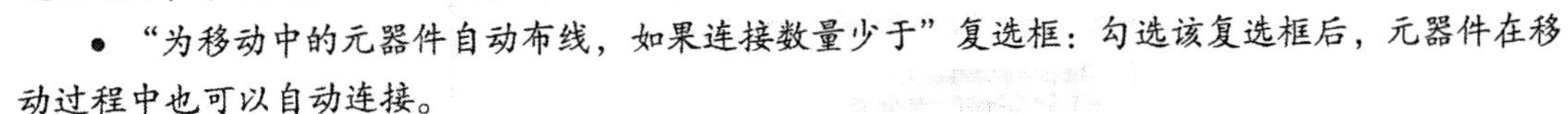

- “为移动中的元器件自动布线，如果连接数量少于”复选框：勾选该复选框后，元器件在移动过程中也可以自动连接。
- “删除元器件时删除关联的导线”复选框：勾选该复选框后，在删除某元器件后，与之相连接的导线随之被自动删除。

4. “其余”选项组

- “启动后加载最近的文件”复选框：勾选该复选框后，在启动 Multisim 时，自动打开上次最后关闭的文件。
- 语言：默认有 3 种语言“Chinese-simplified（简体中文）、English（英语）、German（德语）。执行该操作同样可检验是否执行汉化操作。

2.5.6 设置仿真参数

仿真参数设置通过“仿真”选项卡来实现，如图 2-75 所示。该选项卡主要用来设置电路原理图在仿真过程中需要设置的参数，其中各主要参数的含义如下。

1. “网表错误”选项组

在该选项组下显示在发生网表错误时与发出网表警告时，系统的操作有 3 种方法，即提示我、取消仿真/分析、进行仿真/分析。

2. “曲线图”选项组

在该选项组下设置曲线图及仪器的默认背景色为黑色，也可选择白色。

3. “正相移方向”选项组

在该选项组下选择正相移方向为左移或右移，在该选项组右侧显示缩略图。

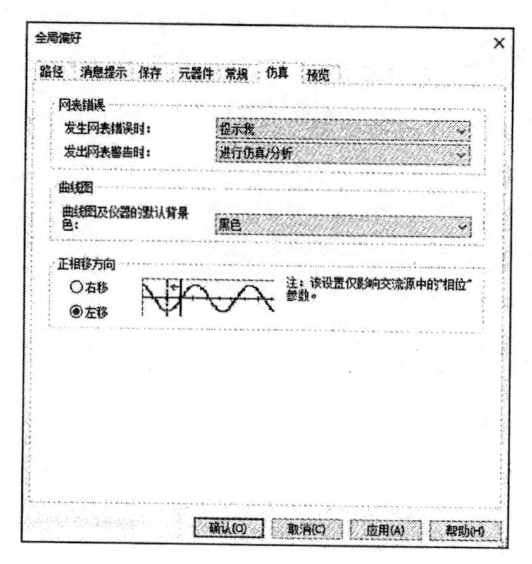

图 2-75 “仿真”选项卡

2.5.7 设置预览参数

预览参数设置通过“预览”选项卡来实现，如图 2-76 所示。该选项卡主要用来设置电路原理图在各窗口中的预览方式。

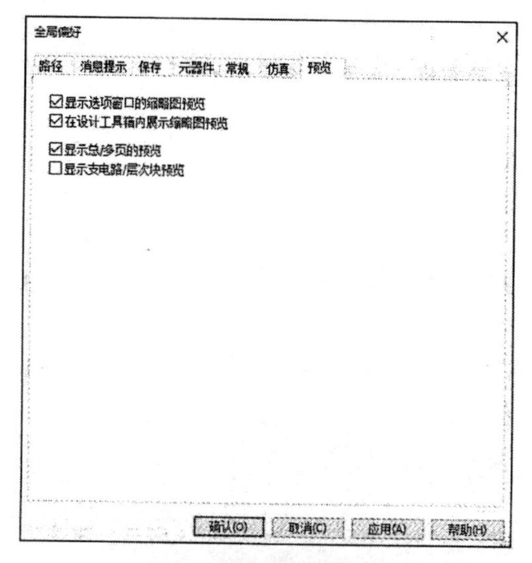

图 2-76 “预览”选项卡

第3章 电路原理图设计基础

只有先设计符合需要和规则的电路原理图，然后才能顺利地对其进行仿真分析，最终才有用于生产的PCB设计文件。电路原理图有两个基本要素，即元器件符号和连接线路。绘制电路原理图的主要操作就是将元器件符号放置在电路原理图图纸上，然后用线将元器件符号中的引脚连接起来，建立正确的电气连接。

3.1 电路原理图的设计

电路原理图设计是电路设计的第一步，是制板、仿真等后续步骤的基础。因此，一幅电路原理图正确与否，直接关系整个电路设计的成败。另外，为了方便自己和他人读图，保证电路原理图的美观、清晰和规范也是十分重要的。

3.1.1 电路原理图设计流程

为了让用户对电路设计过程有一个整体的认识和理解，下面介绍一下电路原理图设计的总体设计流程。

电路原理图的绘制是 Multisim 电路仿真的基础，电路原理图基本设计流程如图 3-1 所示。

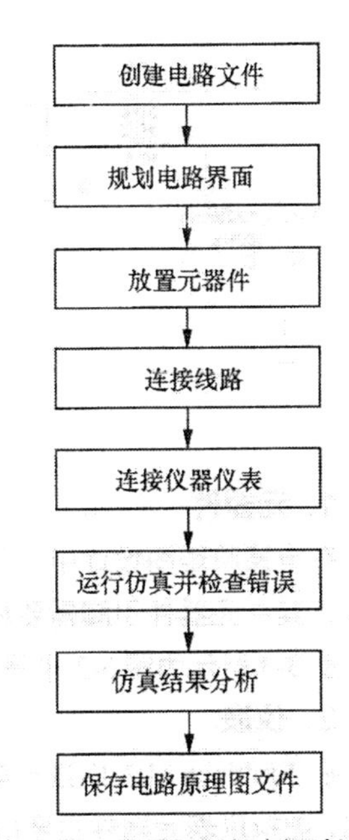

图 3-1 电路原理图基本设计流程

1. 创建电路文件

运行 Multisim 14.3，它会自动创建一个默认标题的新电路文件，该电路文件可以在保存时重新被命名。

2. 规划电路界面

在进入 Multisim 14.3 后，需要根据具体电路的组成来规划电路界面，如图纸的大小及摆放方向、电路颜色、元器件符号标准、栅格等。

3. 放置元器件

Multisim 14.3 不仅提供了数量众多的元器件符号图形，而且还设计了元器件模型，并分门别类地将元器件存放在各个元器件库中。放置元器件就是将电路中所用的元器件从元器件库中放置到电路工作区域内，并对元器件的位置进行调整，对元器件的编号、封装进行定义等。

4. 连接线路

Multisim 14.3 具有非常方便的连线功能，有自动与手工两种连线方法。

5. 连接仪器仪表

电路原理图连接好后，根据需要将仪表从仪表库中接入电路，以供实验分析使用。

6. 运行仿真并检查错误

电路原理图绘制好后，运行仿真并观察仿真结果。如果电路存在问题，需要对电路的参数和设置进行检查和修改。

7. 仿真结果分析

通过仪器测试得到的仿真结果对电路原理图进行验证，观察仿真结果和电路设计目的是否一致。如果不一致，则需要对电路进行修改。

8. 保存电路原理图文件

保存电路原理图文件和打印输出电路原理图及各种辅助文件。

3.1.2 电路原理图的组成

电路原理图，即电路板工作原理的逻辑表示，主要由一系列具有电气特性的符号构成。图 3-2 所示是一张用 Multisim 14.3 绘制的电路原理图，在电路原理图上用符号表示电路板的所有组成部分。

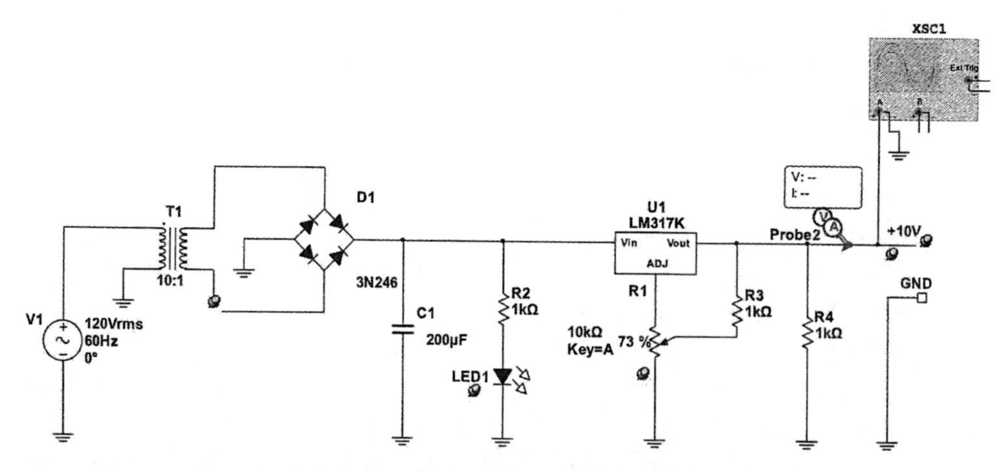

图 3-2 用 Multisim 14.3 绘制的电路原理图

1. 元器件

在电路原理图设计中，元器件以元器件符号的形式出现。元器件符号主要由元器件引脚和边框组成，其中元器件引脚需要和实际元器件一一对应。

图 3-3 所示为图 3-2 中采用的一个元器件符号 LED1，该符号在 PCB 上对应的是一个 LED。

2. 仪表

在 Multisim14.3 中进行电路原理图设计中，虚拟仪表元器件是必不可少的。与一般元器件符号相同，虚拟仪表元器件主要由元器件引脚和边框组成，其中元器件引脚需要和实际元器件一一对应。

图 3-4 所示 XSC1 为图 3-2 中采用的一个示波器符号 XSC1。

图 3-3　元器件符号 LED1（软件库中的元器件符号）

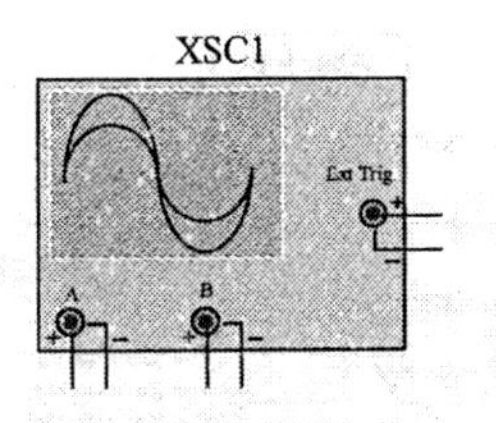

图 3-4　元器件符号 XSC1

3. 导线

在电路原理图设计中，导线也有自己的符号，它以线段的形式出现。在 Multisim 14.3 中还提供了总线，用于表示一组信号，它在 PCB 上对应的是一组由铜箔组成的有时序关系的导线。

4. 丝印层

丝印层是 PCB 上元器件的说明文字，对应于电路原理图上元器件的说明文字。

5. 端口

在电路原理图编辑器中引入的端口不是指硬件端口，而是为了建立跨电路原理图的电气连接而引入的具有电气特性的符号。在电路原理图中采用了一个端口，该端口就可以和其他电路原理图中同名的端口建立一个跨电路原理图的电气连接。

6. 网络标号

网络标号和端口类似，通过网络标号也可以建立电气连接。电路原理图中的网络标号必须附加在导线、总线或元器件引脚上。

7. 电源符号

这里的电源符号只用于标注电路原理图上的电源网络，并非实际的供电元器件。

总之，绘制的电路原理图由各种元器件组成，它们通过导线建立电气连接。在电路原理图上除了元器件，还有一系列其他组成部分辅助建立正确的电气连接，使整个电路原理图能够和实际的 PCB 对应起来。

3.2　元器件放置

在图纸上放置好电路设计所需要的各种元器件是最基本的操作。

3.2.1　所有元器件库

在 Multisim 14.3 的主数据库中，包含大量元器件，可以按照组别对元器件进行分类，对于不知道属于哪个组别的元器件，直接在整个元器件组别中进行选择。

选择菜单栏中的“绘制”→“元器件”命令，或按下“Ctrl+W”组合键，或单击鼠标右键选择“放置元器件”命令，弹出“选择一个元器件”对话框，显示全部元器件，如图 3-5 所示。

默认情况下，只有“主数据库”包含元器件，因此在“数据库”下拉列表中默认选择“主数据库”。在“组”下拉列表中选择元器件组，默认在“组”下拉列表中选择“所有组”，该组别中包含所有的元器件。

在“系列”下拉列表中选择相应的系列，这时，在元器件区弹出该系列的所对应的元器件列表，选择一种元器件，在功能区出现该元器件的信息。

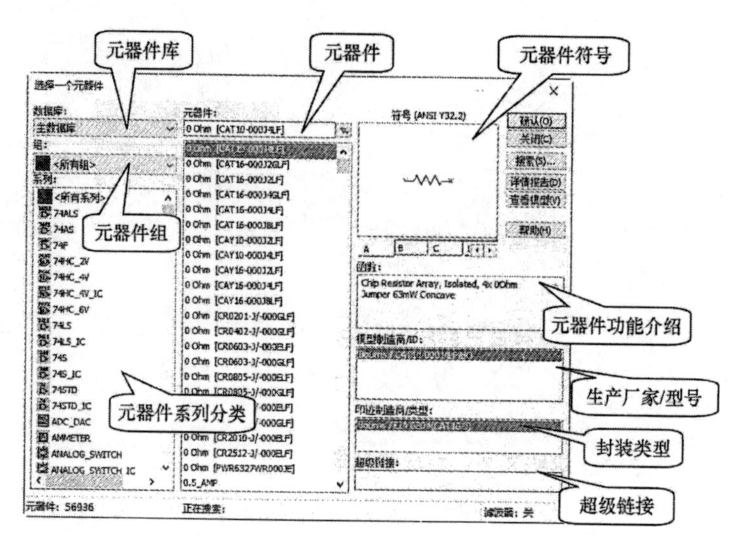

图 3-5 “选择一个元器件”对话框

3.2.2 分类元器件库

在放置元器件符号前，需要知道元器件符号在哪一类元器件库中，直接打开该类元器件库。打开元器件库对话框的方法如下。

单击“元器件”工具栏中的任一按钮，弹出“选择一个元器件”对话框，在“组”下拉列表中选择“Sources”，显示电源类元器件库，如图 3-6 所示。

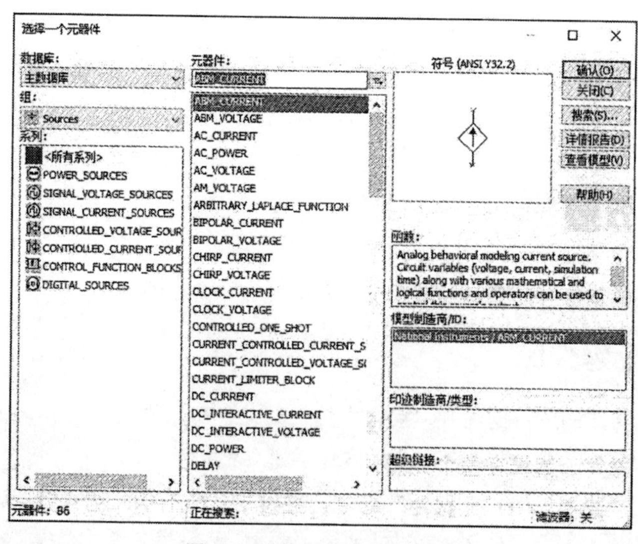

图 3-6 显示电源类元器件库

3.2.3 查找元器件

Multisim 14.3 提供了强大的元器件搜索功能，可以帮助用户轻松地在元器件库中定位元器件。

在“选择一个元器件”对话框中，单击“搜索”按钮，弹出“元器件搜索”对话框，如图 3-7 所示。在该对话框中用户可以搜索需要的元器件。

（1）“组”“系列”下拉列表框：用于选择所查找元器件所在的组与系列，系统会在选择的元器件类别中查找。

（2）“函数”文本框：输入需要查找的函数关键词。

（3）“元器件”文本框：输入需要查找的元器件关键词。

（4）“模型 ID”文本框：输入需要查找的元器件对应的模型 ID 关键词。

（5）“模型制造商”文本框：输入需要查找的元器件对应的模型制造商关键词。

（6）“印迹类型”文本框：输入需要查找的元器件对应的印迹类型关键词。

设置的关键词越多，查找越精确，如图 3-8 所示。在该选项的文本框中，可以输入一些与查询内容有关的过滤语句表达式，有助于使系统进行更快捷、更准确的元器件查找。在“元器件”文本框中输入“res”，单击“搜索”按钮后，系统开始搜索。

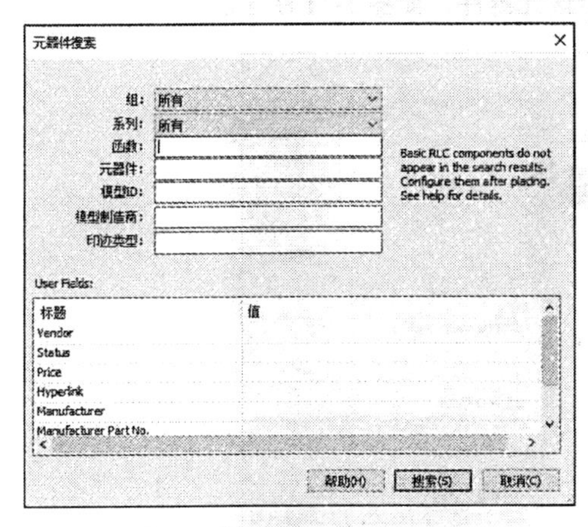

图 3-7 “元器件搜索”对话框

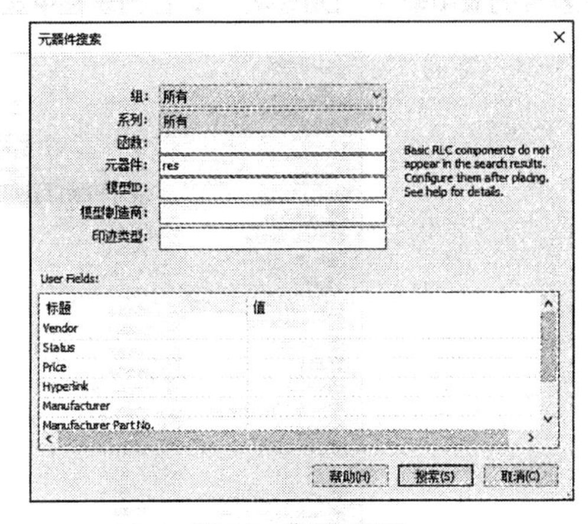

图 3-8 查找元器件

1. 显示查找到的元器件及其所属元器件库

执行上述操作，查找到元器件“res”后的“搜索结果”对话框，如图 3-9 所示。可以看到，符合搜索条件的元器件名称、描述、所属元器件库文件及封装形式在该面板上被一一列出，供用户浏览参考。

2. 加载查找到元器件的元器件库

单击“确认”按钮，则打开元器件所属元器件文件库，如图 3-10 所示。

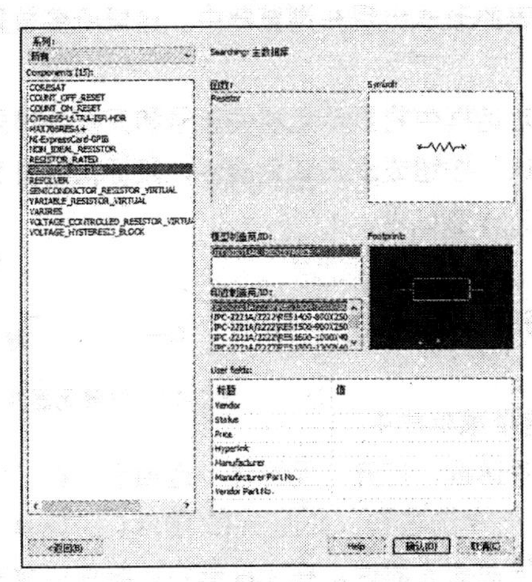

图 3-9 查找到元器件

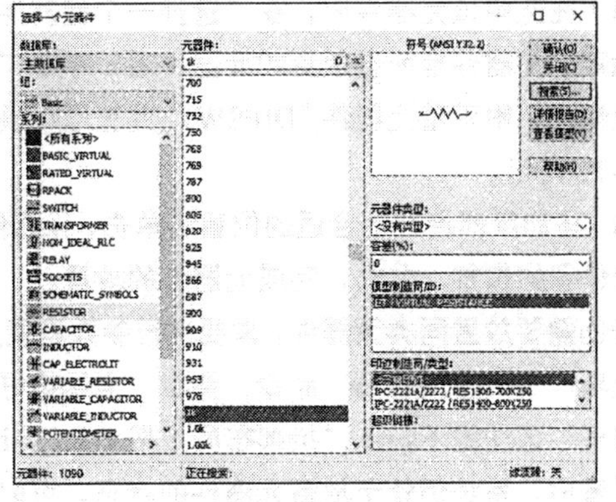

图 3-10 显示加载结果

3.2.4 放置元器件

在元器件库中找到元器件后，加载该元器件，以后就可以在电路原理图上放置该元器件了。在 Multisim 14.3 中，元器件的放置是通过“选择一个元器件”对话框来实现的。下面以放置开关元器件“DIPSW1”为例，对元器件的放置过程进行详细说明。

在放置元器件之前，应该先选择所需要的元器件，并且确认所需要的元器件所在的元器件库文件已经被加载。若没有加载元器件库文件，请先按照前面介绍的方法进行加载，否则系统会提示所需要的元器件不存在。

（1）打开“选择一个元器件”对话框，选择所要放置元器件所属的元器件库文件。在这里，需要的元器件“DIPSW1”在“主数据库”→“Basic”→“SWITCH”系列下，打开这个元器件库，在元器件列表中输入“DIPSW1”，在列表栏中显示该元器件，如图 3-11 所示。

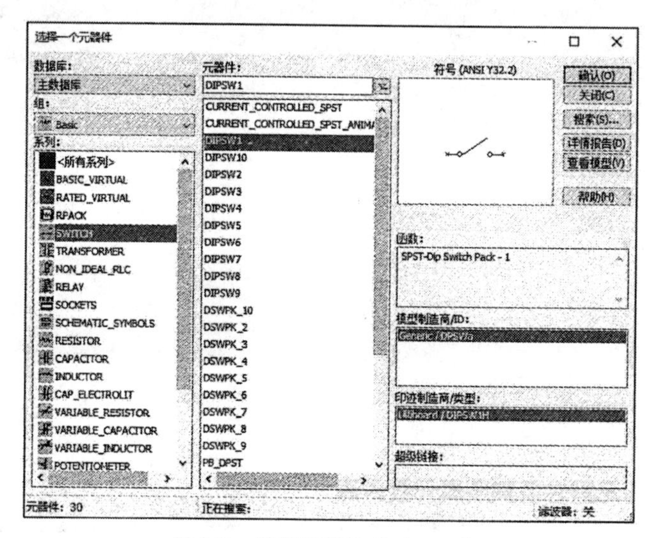

图 3-11 选择元器件“DIPSW1”

（2）在浏览器中选中所要放置的元器件，该元器件将高亮显示，此时可以放置该元器件的符号。元器件库中的元器件有很多，为了快速定位元器件，可以在上面的文本框中输入所要放置元器件的名称或名称的一部分，包含输入内容的元器件会以列表的形式出现在浏览器中。这里所要放置的元器件为“DIPSW1”。

（3）在选中该元器件后，在“选择一个元器件”对话框中将显示元器件符号和元器件模型的预览。确定该元器件是所要放置的元器件后，单击“确认”按钮或双击该元器件，鼠标指针将变成十字形状光标并附带着元器件“DIPSW1”的符号出现在工作窗口中，如图 3-12 所示。

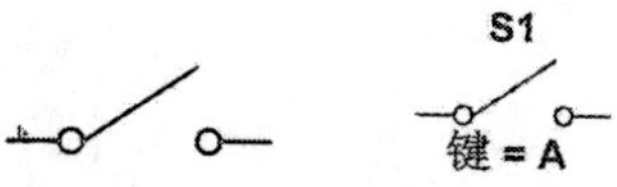

（4）移动鼠标指针到合适的位置后单击，元器件将被放置在鼠标指针停留的位置。此时，完成元器件的放置。

S1
键 = A

图 3-12 放置元器件

若仍需要放置同类元器件，需要进行参数设置。选择菜单栏中的“选项”→“全局偏好”命令，弹出“全局偏好”对话框，打开“元器件”选项卡，在“元器件布局模式”选项组下勾选“持续布局（按 ESC 退出）”单选按钮，如图 3-13 所示。完成单个元器件的放置后，系统仍处于放置元器件的状态，可以继续放置元器件。在完成选中元器件的放置后，单击鼠标右键或者按下“Esc”键退出放置元器件的状态，结束元器件的放置。

（5）完成多个元器件的放置后，可以对元器件的位置进行调整，设置这些元器件的属性。重复上述步骤，可以放置其他元器件。

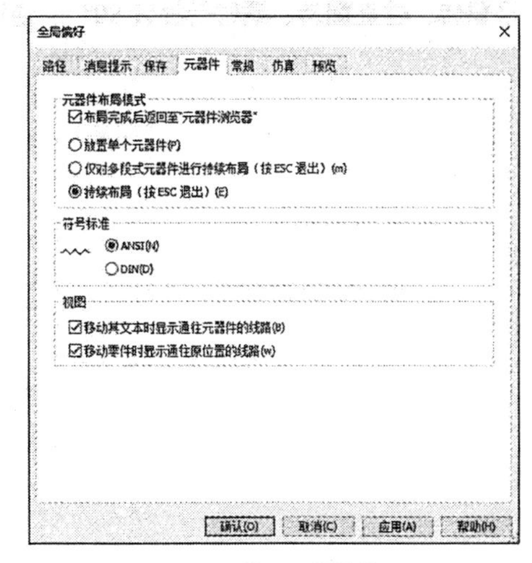

图 3-13　设置元器件放置

删除多余的元器件有以下两种方法。

- 选中元器件，按下"Delete"键即可删除该元器件。
- 选中元器件，选择菜单栏中的"编辑"→"删除"命令，或者按下"E+D"组合键进入删除操作状态，将鼠标指针移至要删除元器件的中心，单击即可删除该元器件。

3.3 调整元器件位置

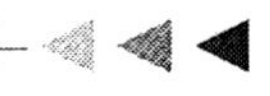

元器件被放置时，其初始位置并不是很准确。在进行连线前，需要根据电路原理图的整体布局对元器件的位置进行调整。这样不仅便于布线，也会使所绘制的电路原理图清晰、美观。元器件位置的调整实际上就是利用各种命令将元器件移动到图纸上指定的位置，并将元器件旋转为指定的方向。

3.3.1 元器件的移动

在实际电路原理图的绘制过程中，最常用的方法是直接使用鼠标来实现元器件的移动。

（1）使用鼠标移动未选中的单个元器件。将鼠标指针指向需要移动的元器件（不需要选中），按住鼠标左键不放，此时鼠标指针会自动滑到元器件的电气节点上。拖动鼠标指针，元器件会随之一起移动。在元器件到达合适的位置后，释放鼠标左键，元器件即被移动到当前鼠标指针的位置。

（2）使用鼠标移动已选中的单个元器件。如果需要移动的元器件已经处于选中状态，则将鼠标指针指向该元器件，同时按住鼠标左键不放，拖动元器件到指定位置后释放鼠标左键，元器件即被移动到当前鼠标指针的位置。

（3）使用鼠标移动多个元器件。在需要同时移动多个元器件时，首先应将要移动的元器件全部选中，然后在其中任意一个元器件上按住鼠标左键并拖动该元器件，在元器件到达合适的位置后释放鼠标左键，则所有选中的元器件都被移动到了当前鼠标指针所在的位置。

（4）使用键盘移动元器件。元器件在被选中的状态下，可以使用键盘来移动元器件。

- "Left"键：每按一次，元器件左移 1 个网格单元。
- "Right"键：每按一次，元器件右移 1 个网格单元。
- "Up"键：每按一次，元器件上移 1 个网格单元。
- "Down"键：每按一次，元器件下移 1 个网格单元。

3.3.2 元器件的旋转

（1）对于元器件的旋转，系统提供了相应的菜单命令。选择菜单栏中的"编辑"→"方向"命令，其子菜单如图 3-14 所示。

（2）除了利用菜单命令移动元器件，单击鼠标右键弹出快捷菜单，如图 3-15 所示，同样包括水平翻转、垂直翻转、顺时针旋转 90° 、逆时针旋转 90° 。

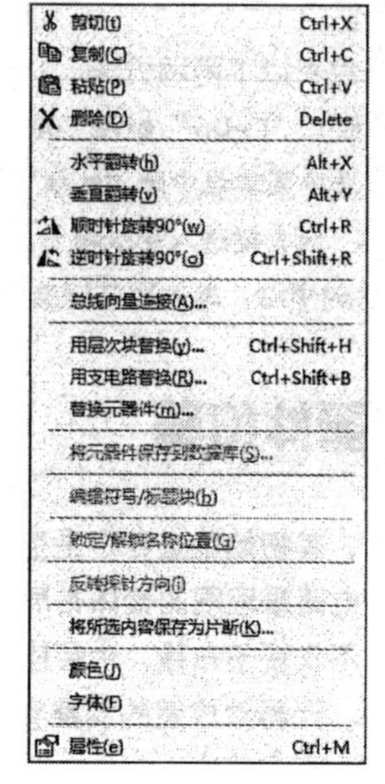

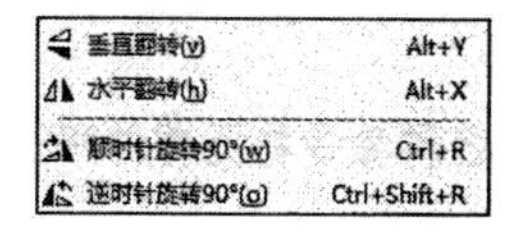

图 3-14 “方向”命令子菜单

图 3-15 快捷菜单

（3）单击要旋转的元器件并按住鼠标左键不放，按下面的功能键，即可实现旋转。旋转至合适的位置后放开鼠标左键，即可完成元器件的旋转。

- “Alt+X”组合键：被选中的元器件上下对调。
- “Alt+Y”组合键：被选中的元器件左右对调。
- “Ctrl+R”组合键：每按一次，被选中的元器件顺时针旋转 90° 。
- “Ctrl+Shift+R”组合键：每按一次，被选中的元器件逆时针旋转 90° 。

在 Multisim 14.3 中，还可以同时旋转多个元器件，其方法是先选定要旋转的元器件，然后单击其中任何一个元器件并按住鼠标左键不放，再按下功能键，即可将选定的元器件旋转，放开鼠标左键完成操作。

3.3.3 元器件的对齐

在布置元器件时，为使电路图美观以及连线方便，应将元器件摆放整齐、清晰，这就需要使用 Multisim 14.3 中的对齐功能。

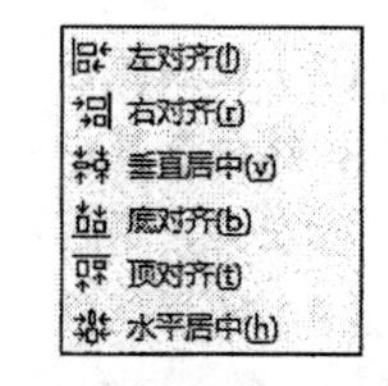

图 3-16 “对齐”子菜单

选择菜单栏中的“编辑”→“对齐”命令，其子菜单如图 3-16 所示。其中各命令的说明如下。

- “左对齐”命令：将选定的元器件向左边的元器件对齐，如图 3−17（b）所示。
- “右对齐”命令：将选定的元器件向右边的元器件对齐。
- “垂直居中”命令：将选定的元器件向最上面元器件和最下面元器件的中间位置对齐，如图 3−17（c）所示。
- “底对齐”命令：将选定的元器件向最下面的元器件对齐。
- “顶对齐”命令：将选定的元器件向最上面的元器件对齐。
- “水平居中”命令：将选定的元器件在最左边元器件和最右边元器件之间等间距对齐。

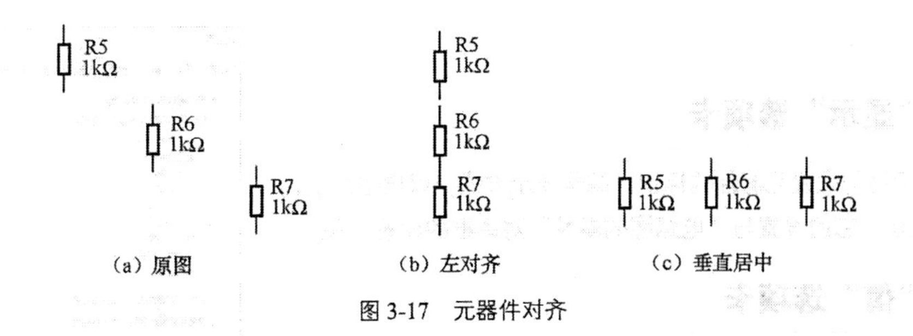

图 3-17　元器件对齐

3.4　元器件属性编辑

在电路原理图上放置的所有元器件都具有自身的特定属性，在放置好每一个元器件后，都应该对其属性进行正确的编辑和设置，以免后面的网络表生成及 PCB 的制作产生错误。

通过对元器件的属性进行设置，一方面可以确定后面生成的网络表的部分内容，另一方面也可以设置元器件在图纸上的摆放效果。此外，在 Multisim 14.3 中还可以设置元器件的所有引脚。

双击电路原理图中的元器件，或者选择菜单栏中的“编辑”→“属性”命令，或者按下“Ctrl+M”组合键，系统会弹出相应的属性设置对话框，以电阻为例，如图 3-18 所示。

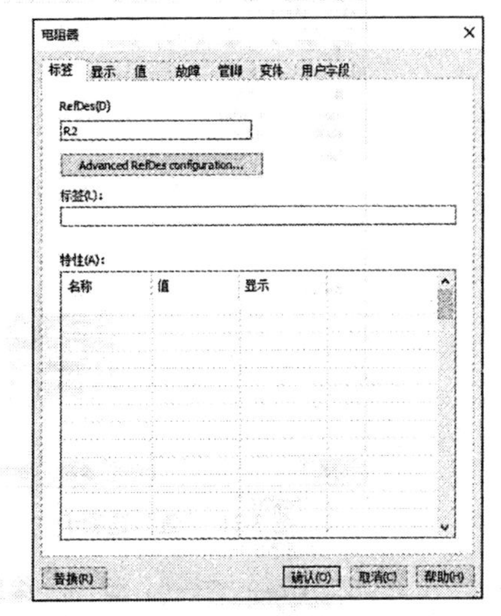

图 3-18　元器件属性设置对话框（以电阻为例）

3.4.1　“标签”选项卡

在某元器件属性设置对话框中，“标签”选项卡用于设置元器件的标志和编号。编号是由系统自动分配的，必要时用户可以修改编号，但必须保证编号的唯一性，如图 3-18 所示。

（1）单击 Advanced RefDes configuration... 按钮，弹出“重命名元器件位号”对话框，如图 3-19 所示，在该对话框中设置元器件编号。

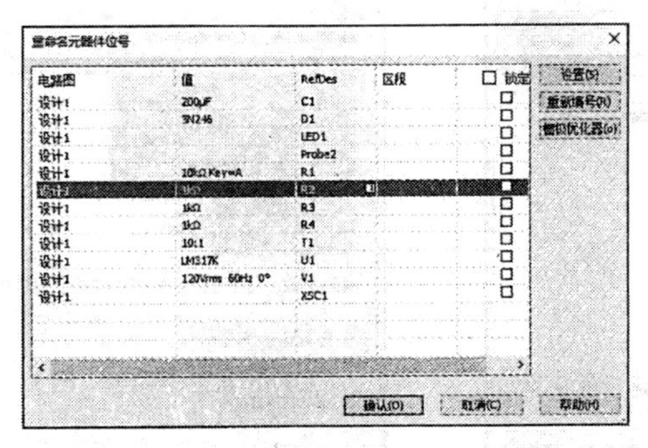

图 3-19　“重命名元器件位号”对话框

（2）单击“替换”按钮，弹出“选择一个元器件”对话框，在该对话框中选择替换该元器件的对象。

3.4.2 “显示”选项卡

该选项卡用于设置元器件的标识、编号显示方式，以电阻为例，如图 3-20 所示。它的设置与“电路图的属性”对话框的设置有关。

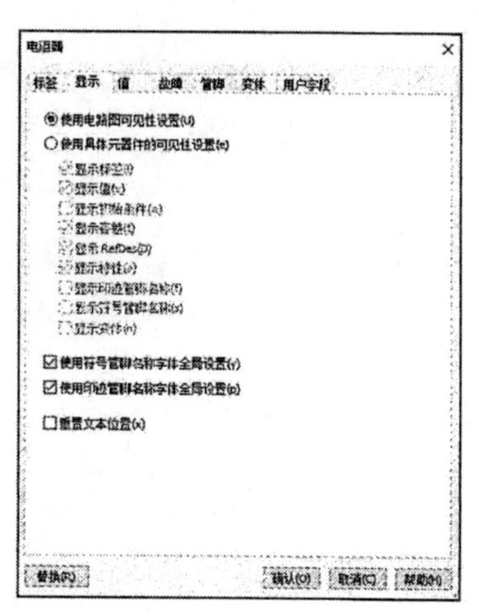

图 3-20 “显示”选项卡

3.4.3 “值”选项卡

该选项卡显示该元器件的 Source location（库位置）、值（元器件名称）、印迹、制造商、函数、超级链接，下文以三端稳压器为例进行介绍，如图 3-21 所示。

（1）单击在数据库中编辑元器件按钮，弹出图 3-22 所示的“元器件属性”对话框，在“符号”选项卡中对元器件进行编辑。

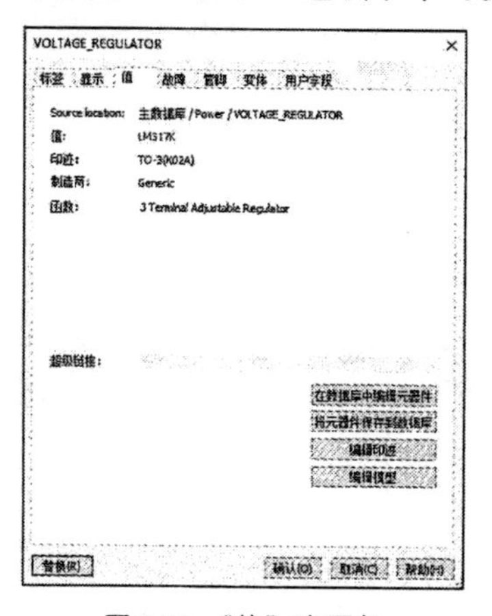

图 3-21 “值”选项卡

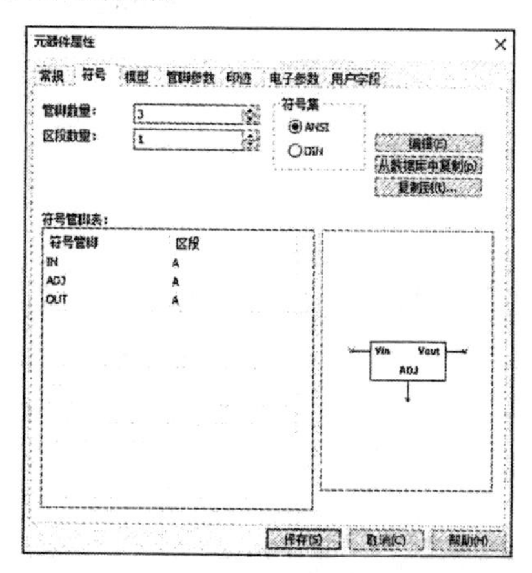

图 3-22 “元器件属性”对话框

（2）单击编辑印迹按钮，弹出“编辑印迹”对话框，对该元器件的印迹进行编辑，同时可修改“符号管脚（引脚）”与“封装管脚（引脚）”。如图 3-23 所示。

（3）单击编辑模型按钮，弹出“编辑模型”对话框，在“模型”列表里显示了该元器件模型参数，并可进行修改，如图 3-24 所示。单击重置为默认值(d)按钮，重置修改结果。

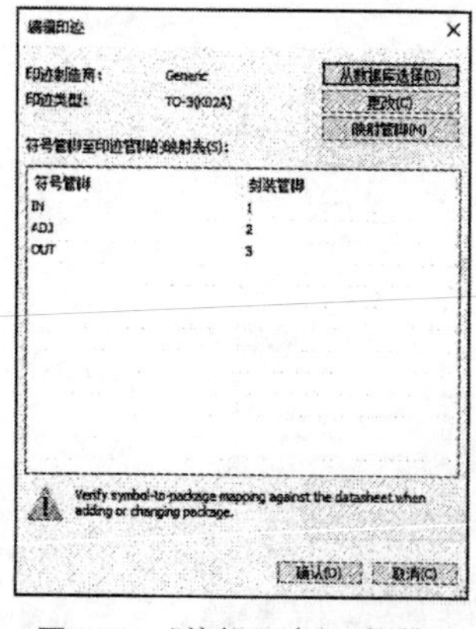

图 3-23 “编辑印迹”对话框

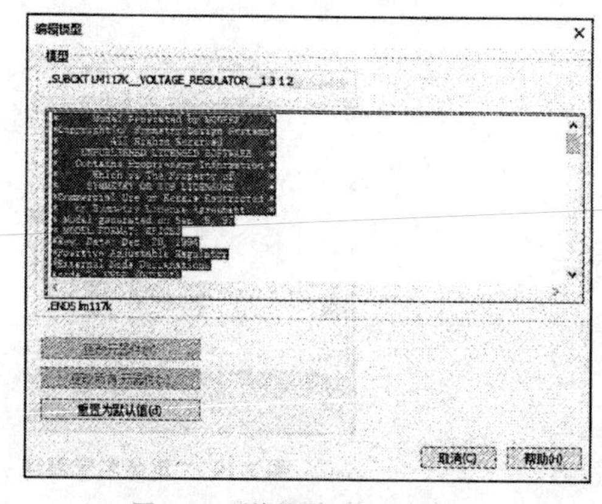

图 3-24 “编辑模型”对话框

3.4.4 “故障”选项卡

该选项卡用于人为设置元器件的隐含故障，为电路的故障分析提供了方便，如图 3-25 所示。有 4 种故障设置方法：无、打开、短、泄露。

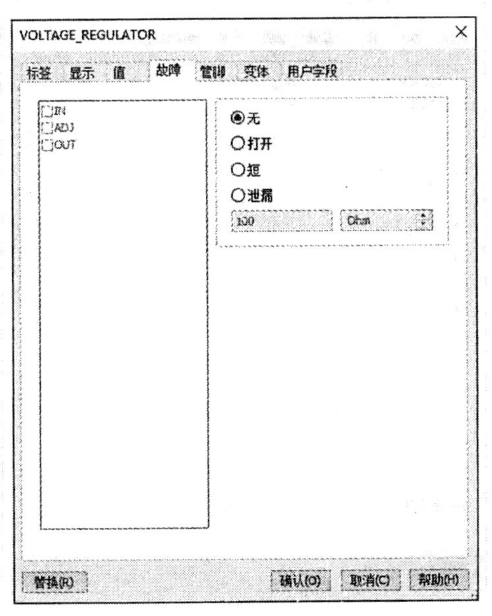

图 3-25 “故障”选项卡

3.4.5 “管脚（引脚）”选项卡

该选项卡中显示元器件所有引脚的名称、类型、网络、ERC 状态、NC。可根据需要对引脚参数进行修改，如图 3-26 所示。

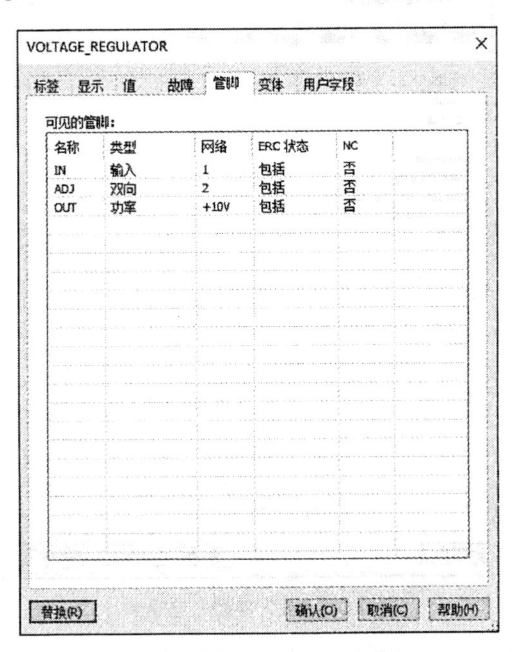

图 3-26 “管脚（引脚）”选项卡

3.4.6 “变体”选项卡

在该选项卡中，显示元器件包含的“变体”，变体状态为含、不含，如图 3-27 所示。

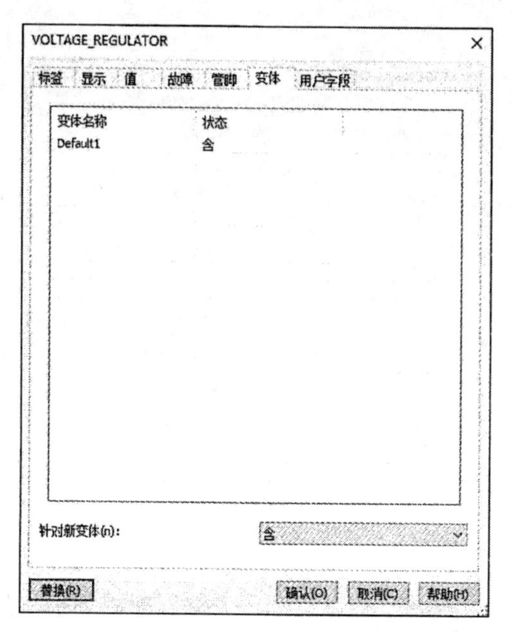

图 3-27 “变体”选项卡

3.4.7 “用户字段”选项卡

在该选项卡中显示默认的用户字段，在默认状态下不进行修改，如图 3-28 所示。

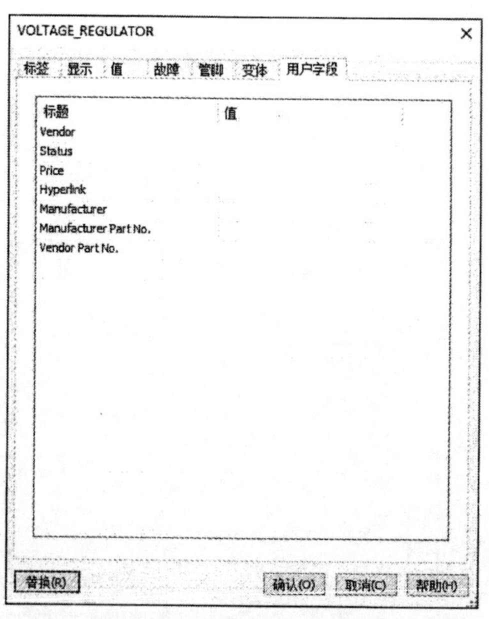

图 3-28 “用户字段”选项卡

完成元器件参数设置后，单击“确认”按钮，关闭对话框。

3.5 电路连接

简单电路包括单页图纸，设计简单。在 Multisim 14.3 中，对电路原理图进行连接的操作方法有 3 种。下面简单介绍这 3 种方法。

1. 使用菜单命令

菜单栏中的“绘制”菜单就是电路原理图连接工具菜单，如图 3-29 所示。在该菜单中，提供了放置各种元器件的命令，也包括导线、总线、连接器等连接工具的放置命令。

2. 右键快捷命令

在工作区域内单击鼠标右键，快捷命令分别与“绘制”菜单栏中的按钮一一对应，如图 3-30 所示。直接选择快捷命令中的相应按钮，即可完成相同的功能操作。

图 3-29 “绘制”菜单

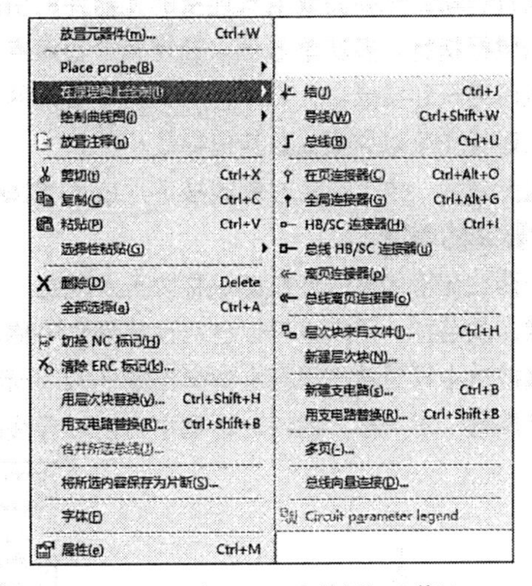

图 3-30 “在原理图上绘制”子菜单

3. 使用快捷键

上述各项命令都有相应的快捷键。例如，绘制总线的快捷键是“Ctrl+U”组合键，绘制结的快捷键是“Ctrl+J”组合键等。使用快捷键可以大大提高操作速度。

3.5.1 导线连接

导线是电气连接中最基本的组成单位，Multisim 包括自动连线与手动连线两种方法，自动连线为 Multisim 特有，选择引脚间的最优路径完成连接，它可以避免连线通过元器件和连线重叠。手工连线要求用户控制连线路径。可以将自动连线与手工连线结合使用。

> **提示**
>
> 元器件之间电气连接的主要方式是通过导线来连接。导线是电路原理图中最重要、用得最多的图元，不同于一般的绘图工具，它具有电气连接的意义。

1. 自动连线

将鼠标指针指向要连接的元器件的引脚上，鼠标指针自动变为实心圆圈状，激活连线功能，单击并移动鼠标指针，即可拉出一条虚线。如果要从某点转折，则在该处单击，固定该点，确定导线的拐弯位置。然后移动鼠标指针，将鼠标指针放置到终点引脚处，显示红色实心圆，单击，即可完成自动连线，如图 3-31 所示。若连接点与其他元器件距离太近，可能导致连线不成功。

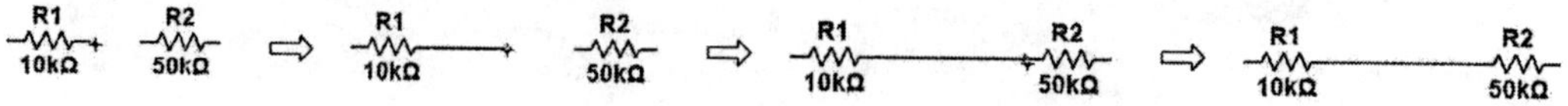

图 3-31　自动连线（由软件绘制的电路原理图）

2. 手动连线

选择菜单栏中的“绘制”→“导线”命令，或选择右键命令“在原理图上绘制”→“导线”命令，或按下“Ctrl+Shift+W”组合键，此时鼠标指针变成实心圆圈状，激活导线命令。

将鼠标指针移动到想要完成电气连接的元器件的引脚上，单击放置导线的起点，电气连接很容易完成。移动鼠标指针，多次单击可以确定多个固定点，最后放置导线的终点（出现红色的实心圆圈符号），表示电气连接成功，完成两个元器件之间的电气连接。此时鼠标指针仍处于放置导线的状态，重复上述操作可以继续放置其他导线。

导线放置完毕后，单击鼠标右键或按下“Esc”键即可退出该操作。

3. 设置导线的属性。

任何一个建立起来的电气连接都被称为一个网络，每个网络都有自己唯一的名称。系统为每一个网络设置默认的名称，用户也可以自行设置网络名称。

双击导线或选中导线单击鼠标右键弹出图 3-32 所示的快捷菜单，选择“属性”命令，弹出图 3-33 所示的“网络属性”对话框，在该对话框中可以对导线的颜色、线宽等参数进行设置。

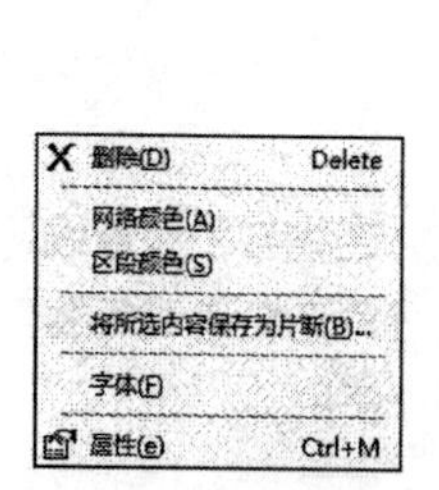

图 3-32　快捷菜单

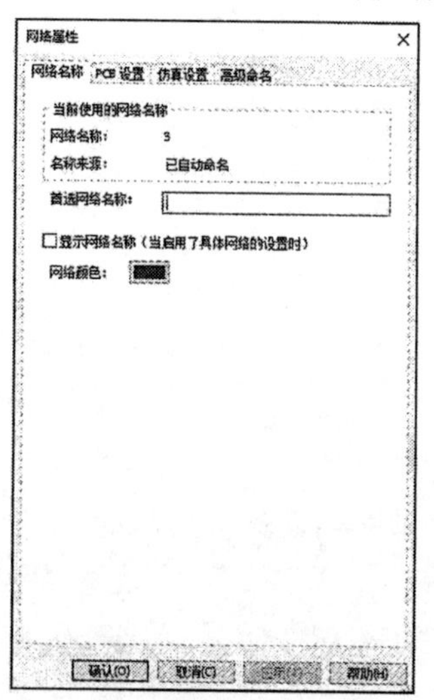

图 3-33　“网络属性”对话框

4. 命名

在“网络名称”选项卡下，显示当前默认的以数字排序的网络名称。

（1）勾选“显示网络名称（当启用了具体网络的设置时）”复选框，在“首选网络名称”文本框中输入要修改的网络名称，则在选中的导线上方显示输入的网络名称，结果如图 3-34 所示。

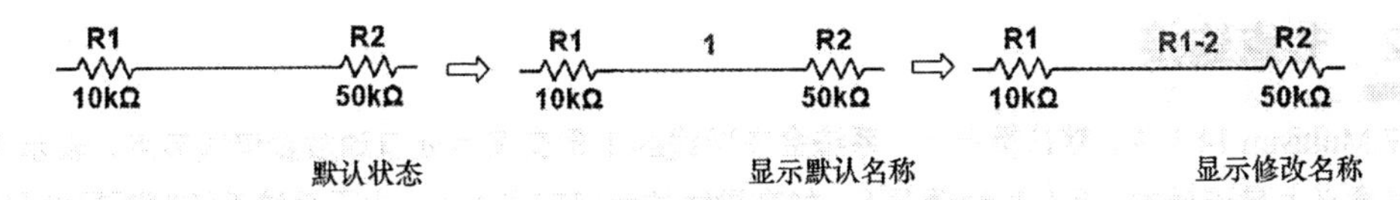

图 3-34　设置网络名称（由软件绘制的电路原理图）

（2）在“高级命名”选项卡下显示复杂的命名格式，在特殊情况下使用该操作设置网络名称。

（3）在“网络名称”选项卡下，单击“网络颜色”颜色框，系统将弹出图 3-35 所示的“颜色”对话框，在该对话框中可以选择并设置需要的导线颜色。系统默认设置导线颜色为红色。为了区分导线，将导线设置为不同颜色，如图 3-36 所示。

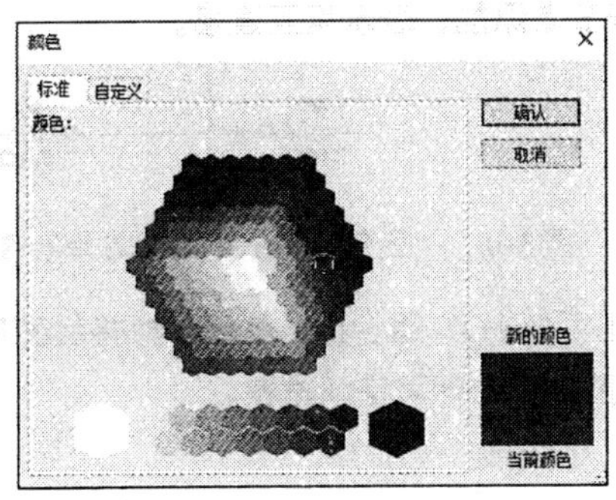

图 3-35　“颜色”对话框

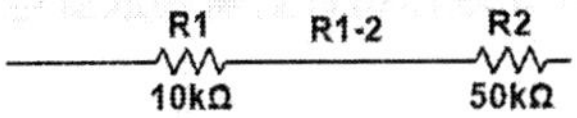

图 3-36　修改导线颜色（由软件绘制的电路原理图）

（4）在“PCB 设置”选项卡下，显示“印制线宽度”的默认值、最大值、最小值，“印制线长度”的最大值、最小值，“间隙”选项组下印制线到不同区域的间隙，如图 3-37 所示。在实际情况中应该参照与其相连接的元器件印制线的宽度进行选择。

（5）仿真分析参数

在“仿真设置”选项卡中，勾选“对瞬态分析使用 IC”“对 DC 使用 NODESET”复选框，添加仿真参数，为元器件进行仿真分析提供条件，如图 3-38 所示。

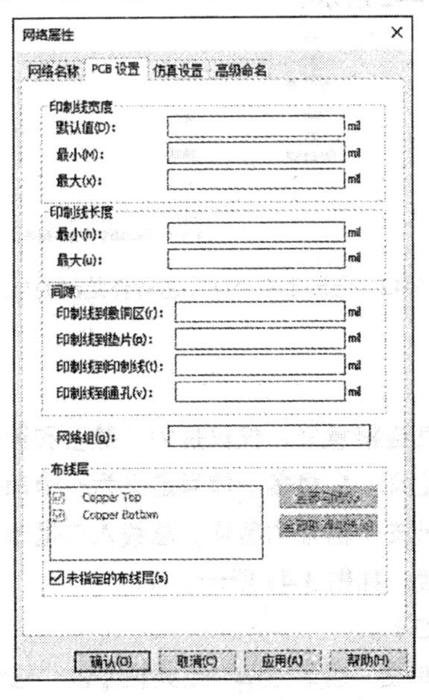

图 3-37　“PCB 设置”选项卡

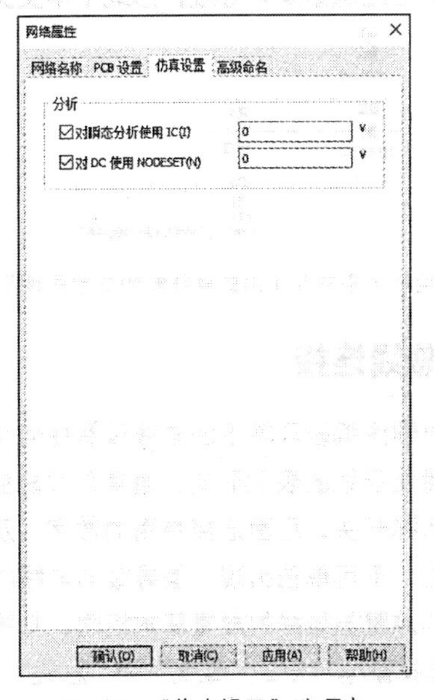

图 3-38　“仿真设置”选项卡

3.5.2 节点连接

在 Multisim 14.3 中，默认情况下，系统会在导线的 T 形交叉点处自动放置电气节点，表示所画线路在电气意义上是连接的。但在其他情况下，如在导线的十字交叉点处，由于系统无法判断导线是否连接，因此不会自动放置电气节点。如果导线确实是相互连接的，就需要用户自己手动放置电气节点。

“节点”是一个小圆点，一个“节点”最多可以连接来自 4 个方向的导线。可以直接将“节点”插入连线。

将节点应用于相互交叉的导线中，交叉导线分为 T 形交叉与十字交叉 2 种。在 T 形交叉点处，导线连接后自动添加节点表示相连接，如图 3-39 所示。在十字交叉点处，程序不自动放置节点，表示不相连，如图 3-40 所示。若有需要，可自行进行节点添加，表示相互连接。

图 3-39 T 形交叉相连（由软件绘制的电路原理图）　　图 3-40 十字交叉不相连（由软件绘制的电路原理图）

选择菜单栏中的“绘制”→“结”命令，或按下“Ctrl+J”组合键，此时鼠标指针变成一个电气节点符号。移动鼠标指针到需要放置电气节点的地方，单击即可完成放置。

提示

一般的，先绘制相交导线，最后添加节点的方法是错误的，利用此种方法绘制的相交导线没有真正相连。

绘制十字交叉导线有以下 2 种方法。

（1）在导线交叉处放置一个节点，再绘制与该节点相交的 4 条导线，形成十字交叉导线。

（2）先绘制一条导线，再绘制一条导线形成 T 形交叉，在交叉处自动添加节点，如图 3-41 所示，最后在交叉处绘制第 4 条导线，形成十字交叉，如图 3-42 所示。

图 3-41 绘制 T 形交叉（由软件绘制的电路原理图）　　图 3-42 绘制十字交叉（由软件绘制的电路原理图）

3.5.3 总线连接

电路原理图编辑环境下的总线没有任何实质的电气连接意义，仅仅是为了绘图和读图方便而采取的一种简化连线的表现形式。通常总线总会有网络定义，会将多个信号定义为一个网络，网络名称以总线名称开头，后面连接想用的数字，及总线各分支子信号的名称。总线入口是单一导线与总线的连接线，不可单独出现，是导线与总线的连接过渡，如图 3-43 所示。

总线的放置与导线的放置基本相同，其操作步骤如下。

（1）选择菜单栏中的“绘制”→“总线”命令，或单击“图形注解”工具栏中的“总线”按钮，或单击鼠标右键，选择“在原理图上绘制”→“总线”命令，或按下“Ctrl+U”组合键，此时鼠标指针变成实心圆点形状。

（2）将鼠标指针移动到想要放置总线的起点位置，单击确定总线的起点，然后拖动鼠标指针，单击确定多个固定点，最后确定总线的终点，如图 3-44 所示。总线不必与元器件的引脚相连，它只是为了方便绘制总线分支线而设定的。

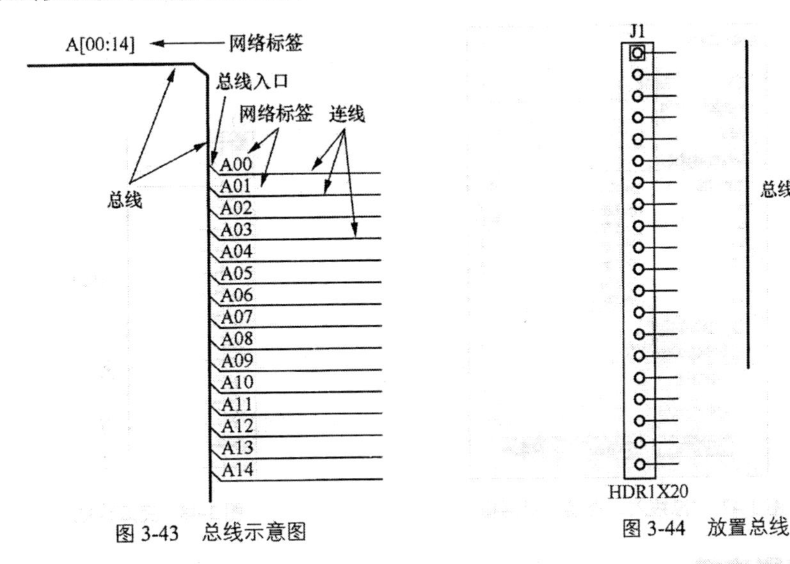

图 3-43　总线示意图　　　　图 3-44　放置总线

（3）设置总线的属性。双击总线，弹出图 3-45 所示的“总线设置”对话框，在该对话框中可以对总线的属性进行设置。

总线属性设置对话框中的选项与导线属性设置对话框中的选项类似，这里不再赘述。

完成了总线的绘制，下一步还要将各信号线连接在总线上，在连线过程中，如果需要与总线相交，则相交处为一段斜线段。

（1）选择菜单栏中的“绘制”→“导线”命令，在图 3-46 中捕捉总线起点，向右侧拖动，在正对总线处，显示悬浮的总线入口。此时，从引脚引出的连线被自动分配给总线，与总线的相交处自动添加一小段斜线，如图 3-46 所示。

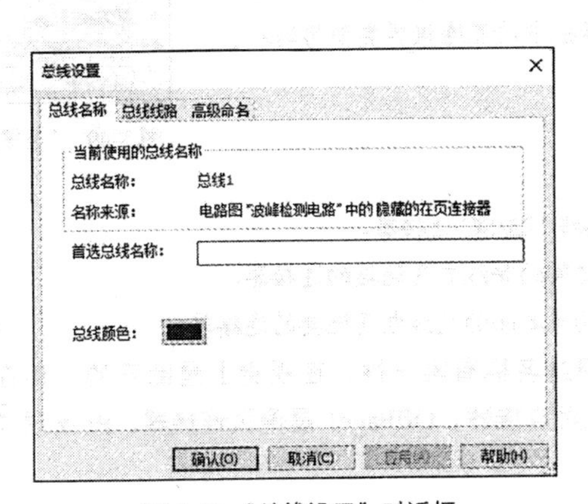

图 3-45　“总线设置”对话框

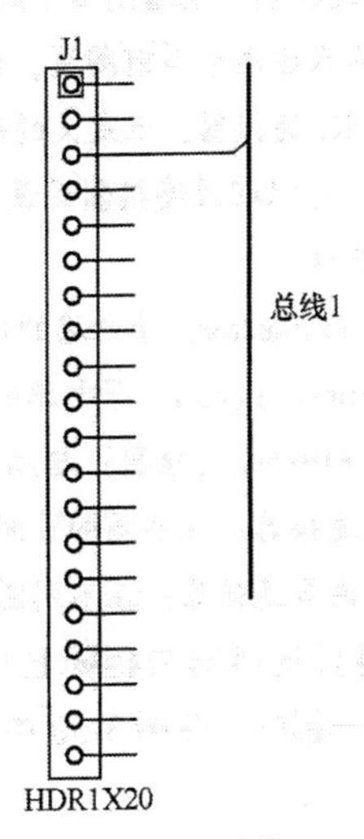

图 3-46　显示总线入口

（2）同时自动弹出“总线入口连接”对话框，在该对话框中显示总线与总线线路名称，如图 3-47 所示。

（3）单击对话框中的“确认”按钮，总线入口到线上自动附着输入的网络名称，标志着这两条线的关系不仅仅是相交而且是在同一网络，结果如图 3-48 所示。

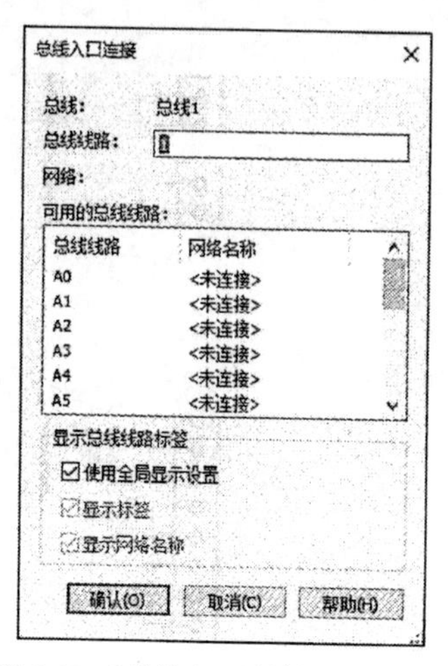

图 3-47 “总线入口连接”对话框

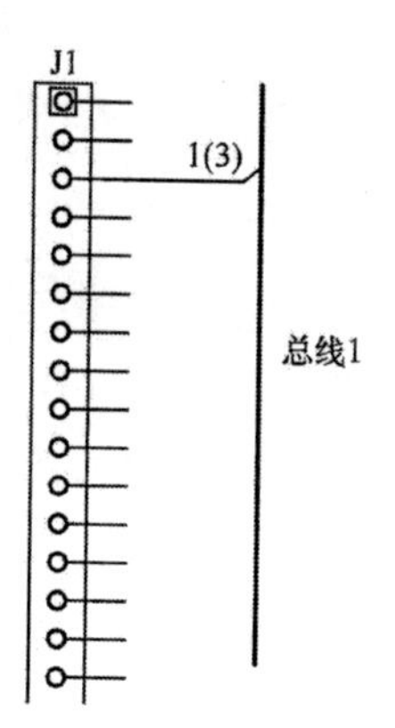

图 3-48 完成连线

3.5.4 连接器连接

当在同一张图纸上设计电路原理图时，两点之间的电气连接可以直接使用导线连接，也可以通过连接器（设置相同的网络标签）连接。使用连接器同样可以实现两点之间（同个图纸之间或不同图纸之间）的电气连接。

选择菜单栏中的“绘制”→“连接器”命令，弹出图 3-49 所示的子菜单，显示各种连接器命令。下面介绍各个连接器命令。

- 在页连接器：在同一张图纸上表示两点之间的导线电气连接的连接器。
- 全局连接器：电路图页中的连接器，包括在页与全局。全局连接器应用范围广，不只适用于当前图页，还可以应用在当前打开的其余图纸中。
- HB/SC 连接器：未定义的输入/输出端口，是子电路连接其上层电路的主要端点。可以在该连接器的属性设置对话框中设置连接器类型为输入、输出连接器端口。
- Input connector：子电路的输入端口。
- Output connector：子电路的输出端口
- 总线 HB/SC 连接器：与总线连接的总线 HB/SC 连接器。
- 离页连接器：在不同图页间表示两点之间的导线电气连接的连接器。
- 总线离页连接器：在不同图页间表示两点之间的总线电气连接的连接器。

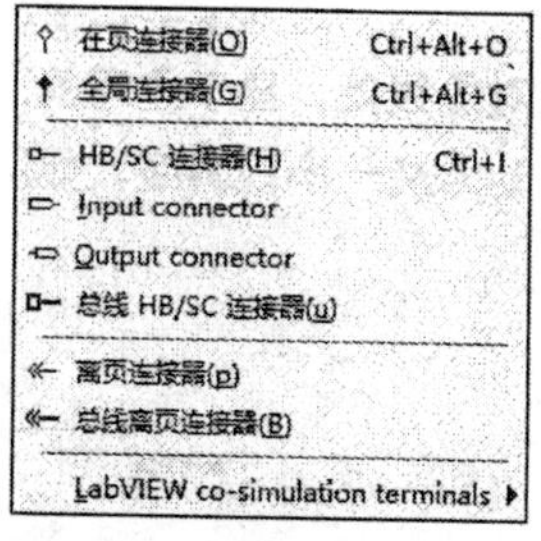

图 3-49 “连接器”子菜单

在页/离页连接器或相同名称的端口网络名称有唯一性，在视觉上是断开的，但在电气关系上是连接在一起的。在图 3-50 中，VE 是在页连接器，OffPage1 是离页连接器，Peak 是总线 HB/SC 连接器。

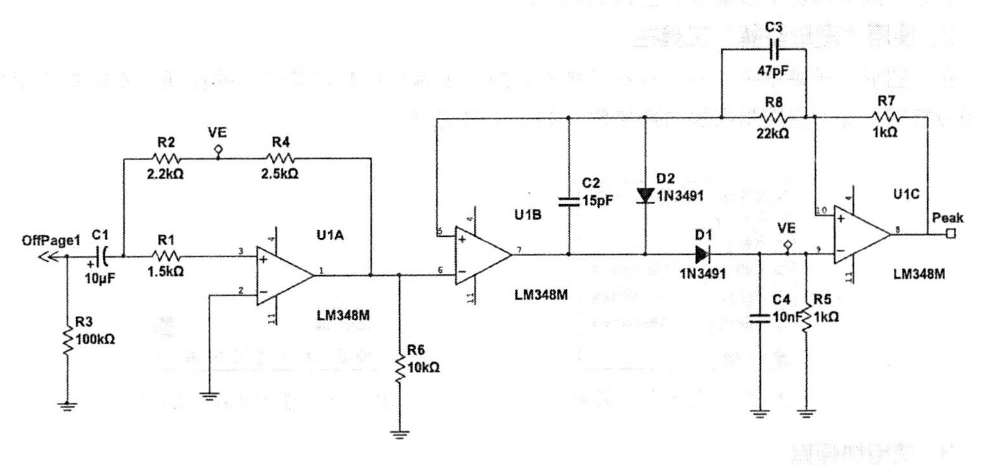

图 3-50　连接器示例（由软件绘制的电路图）

双击在页连接器，弹出“在页连接器”对话框，如图 3-51 所示。在该对话框中可以确定连接器名称。在“可用的连接器（点击以连接）”列表框中显示了当前电路图中的其余在页连接器，双击“〈新建〉”命令，可新建连接器。

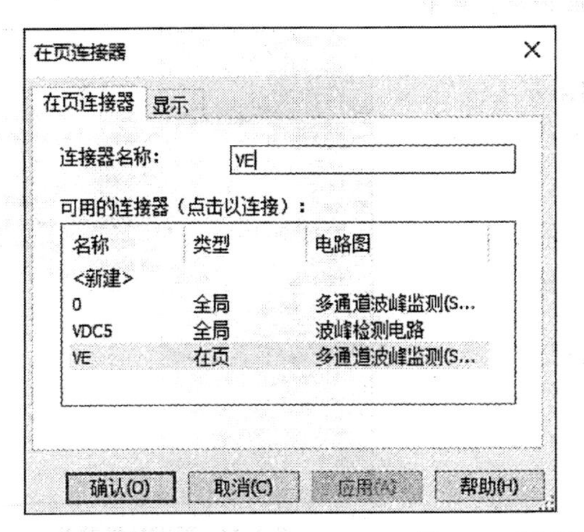

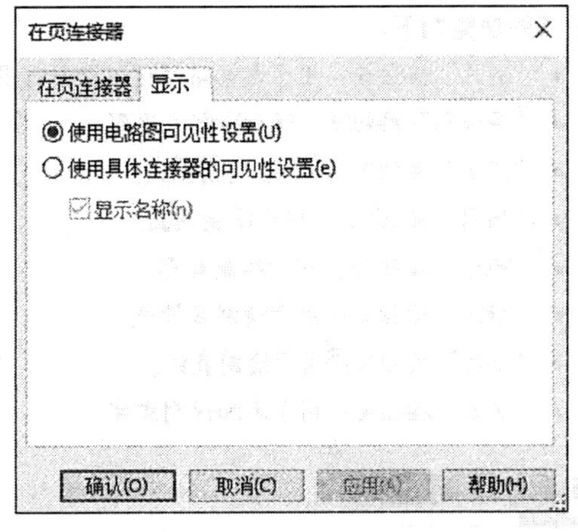

图 3-51　“在页连接器”对话框

3.6　图形注解

在电路原理图编辑环境中，图形注解用于在电路原理图中绘制各种标注信息，使电路原理图更清晰，数据更完整，可读性更强。

图形注解工具中的各种图元均不具有电气连接特性，所以系统在进行 ERC（电气规则检查）及转换成网络表时，不会对它们产生任何影响，也不会被添加到网络表数据中。

Multisim 14.3 提供了 4 种对电路原理图进行图形注解的操作方法。

1. 使用菜单命令

选择菜单栏中的“绘制”→“图形”命令，显示图形连接工具菜单，“图形”子菜单如图 3-52

所示。该子菜单提供了放置各种图形的命令。

2. 使用“图形注解”工具栏

在“图形”子菜单中，各命令在“图形注解”工具栏中有与其对应的按钮，直接单击工具栏中的相应按钮，即可完成相同的功能操作，如图 3-53 所示。

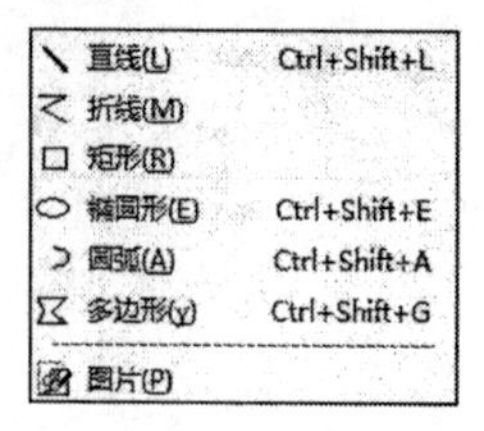

图 3-52 “图形”子菜单

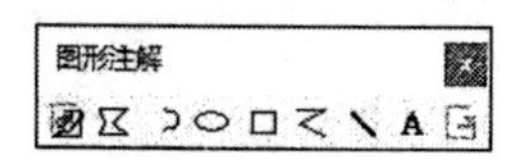

图 3-53 “图形注解”工具栏

3. 使用快捷键

上述各项命令都有对应的快捷键。例如，绘制直线的快捷键是“Ctrl+Shift+L”，绘制圆弧的快捷键是“Ctrl+Shift+A”等。使用快捷键可以大大提高操作速度。

4. 使用右键命令

在工作区单击鼠标右键，弹出快捷菜单，如图 3-54 所示，选择“绘制曲线图”命令，弹出的子菜单命令与“图形”子菜单中的各项命令具有对应关系。其中各按钮的功能如下。

- “图片”按钮：用于在电路原理图上粘贴图片。
- “多边形”按钮：用于绘制多边形。
- “圆弧”按钮：用于绘制圆弧线。
- “椭圆”按钮：用于绘制椭圆。
- “矩形”按钮：用于绘制矩形。
- “折线”按钮：用于绘制多段线。
- “直线”按钮：用于绘制直线。
- “文本”按钮A：用于添加说明文字。

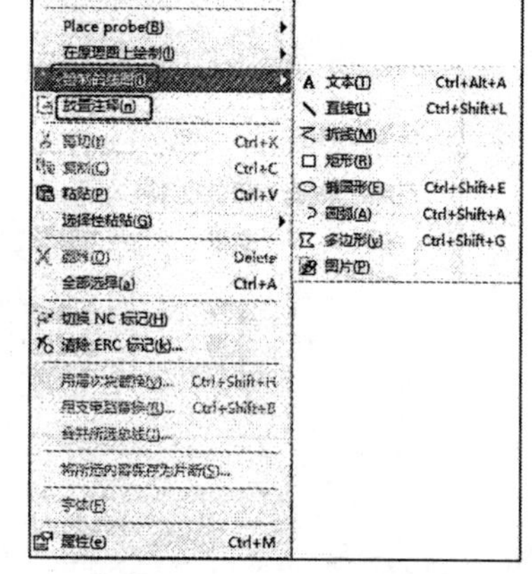

图 3-54 绘图快捷菜单

3.6.1 绘制直线

在电路原理图中，可以用直线来绘制一些注释性的图形，如表格、箭头、虚线等，或者在编辑元器件时绘制元器件的外形。直线在功能上完全不同于前面介绍的导线，它不具有电气连接特性，不会影响到电路的电气连接结构。

（1）选择菜单栏中的“绘制”→“图形”→“直线”命令，或单击“图形注解”工具栏中的“直线”按钮，此时鼠标指针变成实心圆点形状。

（2）移动鼠标指针到需要放置直线的位置处，单击确定直线的起点，按住鼠标左键不放，拖动鼠标指针，在适当位置松开鼠标左键，一条直线绘制完毕。

在直线绘制过程中，按住 Shift 键绘制水平或垂直直线，否则绘制任意方向直线，如图 3-55 所示。

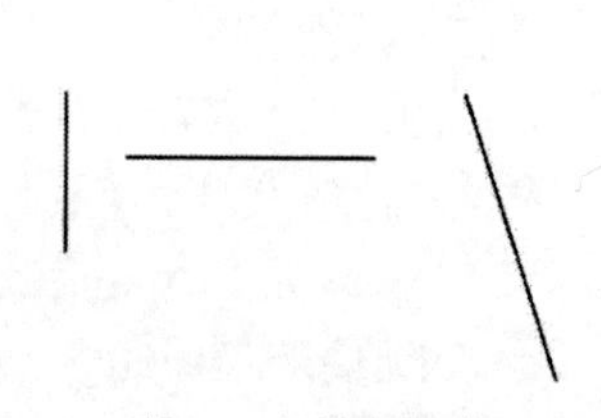

图 3-55 绘制直线

选中绘制的直线，直线左右两侧端点处显示蓝色实心矩形框，将

鼠标指针放在一侧矩形框上拖动，调整直线长度及倾斜角度，结果如图 3-56 所示

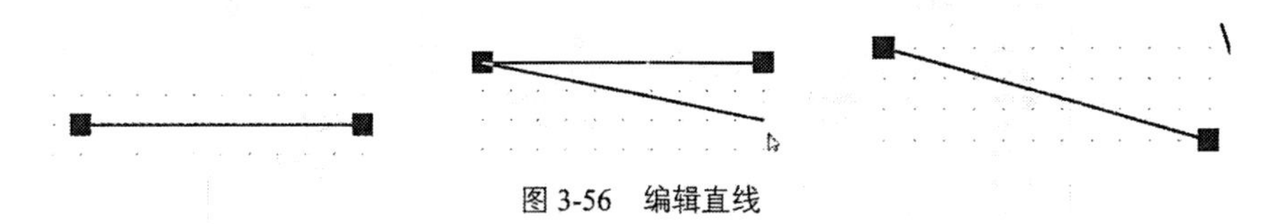

图 3-56　编辑直线

3.6.2　绘制圆弧

圆弧与椭圆弧的绘制过程类似，圆弧实际上是椭圆弧的一种特殊形式，执行该命令绘制的圆弧或椭圆弧均为半圆弧或半椭圆弧，如图 3-57 所示。

① 选择菜单栏中的“绘制”→“图形”→“圆弧”命令，或者单击“图形注解”工具栏中的“圆弧”按钮⊃，这时鼠标指针变成实心圆点形状。

② 移动鼠标指针到需要放置椭圆弧的位置处，单击确定圆弧的中心，按住鼠标左键向外拖动，确定圆弧长轴的长度、短轴的长度，如图 3-58 所示，放开鼠标左键，从而完成圆弧的绘制，如图 3-59 所示。

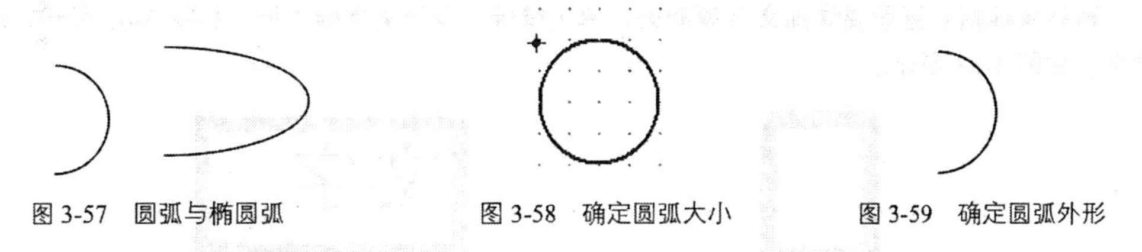

图 3-57　圆弧与椭圆弧　　图 3-58　确定圆弧大小　　图 3-59　确定圆弧外形

③ 选中绘制的圆弧，在圆弧上、下、左、右 4 个方向的端点处显示蓝色实心矩形框，将鼠标指针放在一侧矩形框上拖动，调整圆弧外形，结果如图 3-60 所示。

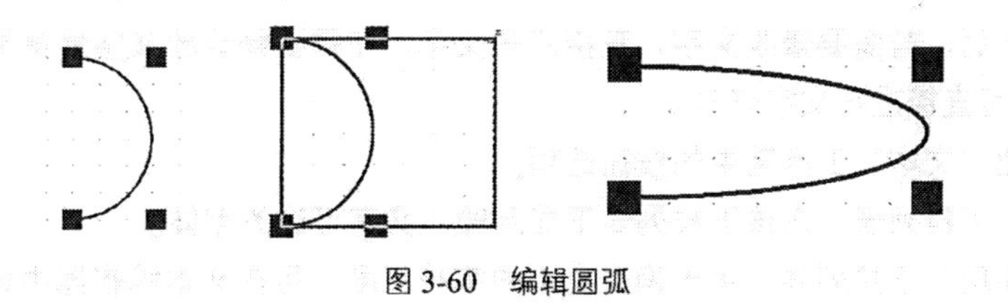

图 3-60　编辑圆弧

3.6.3　添加图片

有时在电路原理图中需要放置一些图片文件，如各种厂家标志、广告等。使用粘贴图片命令可以实现图片的添加。添加图片的步骤如下。

① 选择菜单栏中的“绘制”→“图形”→“图片”命令，或单击“图形注解”工具栏中的“图片”按钮，弹出“打开”对话框，如图 3-61 所示，选择需要插入的图片路径，支持导入多种格式的图片。

② 选择图片文件后，单击“打开”按钮，这时鼠标指针上带有一个矩形框，移动鼠标指针到需要放置图片的位置处，单击鼠标确定图片放置位置，这时所选的图片将被添加到电路原理图窗口中。

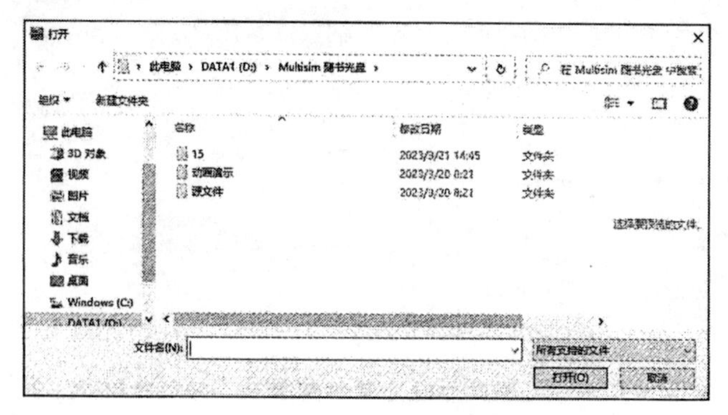

图 3-61 “打开”对话框

3.6.4 添加单行文字说明

在绘制电路原理图时，为了提升电路原理图的可读性，设计者会在电路原理图的关键位置添加文字说明，最简单的方法是直接在电路工作区域输入文字或在文本描述框中输入文字。

选择菜单栏中的“绘制”→“文本”命令，或单击“图形注解”工具栏中的“文本”按钮**A**，或按“Ctrl+T”组合键，启动放置文本命令。

移动鼠标指针至需要添加文字说明处，单击鼠标，显示文字输入框，如图 3-62 所示，即可输入文字。如图 3-63 所示。

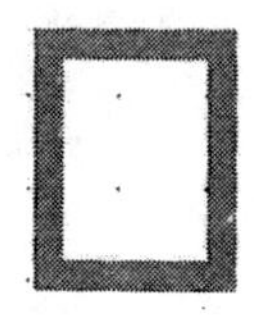

图 3-62 显示文字输入框

图 3-63 放置文本

在放置状态下，弹出“文本”工具箱，可对输入的文本进行设置，如图 3-64 所示。

完成文字输入后，若需要修改文字，直接双击文字，在需要修改的文字外侧显示矩形框，弹出“文本”工具箱，可直接进行文字修改。

下面详细介绍“文本”工具箱中的按钮选项。

（1）“字体”下拉列表：在该下拉列表下显示输入文字可选的字体。

（2）“文字高度”下拉列表：用于确定文本的字符高度，可在文本编辑器中设置输入新的字符高度，也可从此下拉列表中选择已设定过的字符高度值。

（3）“加粗”**B**和“斜体”*I*按钮：用于设置文本的加粗或斜体效果，如图 3-65 所示。

（4）“颜色”按钮**A**：用于在文字上添加颜色，下拉列表中的颜色方案如图 3-66 所示。

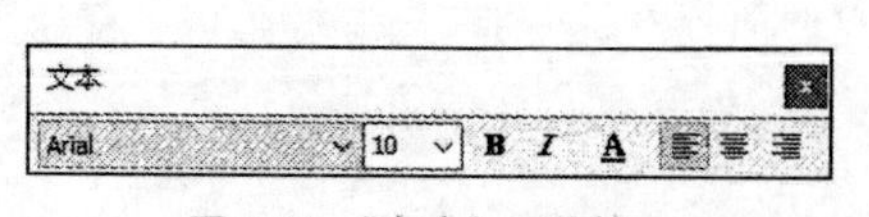

图 3-64 “文本”工具箱

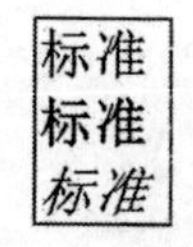

图 3-65 文本样式

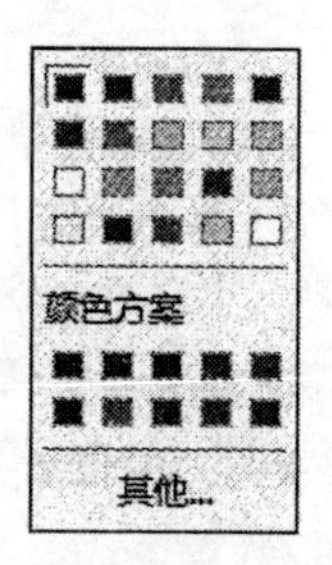

图 3-66 颜色方案

（5）对齐方式：设置文字对象的对齐方式，包括左对齐、右对齐、居中 3 种方式。

3.6.5 添加多行文本注释

如果在电路原理图中需要添加大段的文字说明，就需要用到文字注释了。使用文字注释可以在电路原理图中放置多行文本，并且字数没有限制，文字注释仅仅是对用户所设计的电路进行说明，本身不具有电气意义。

选择菜单栏中的“绘制”→“注释”命令，或在电路原理图的空白区域单击鼠标右键，在弹出的菜单中选择“放置注释”命令，或按下“Ctrl+D”组合键，鼠标指针变为状。

移动鼠标指针至需要添加文字说明处，单击鼠标，显示图 3-67 所示的文字输入框，输入所需要的对象。

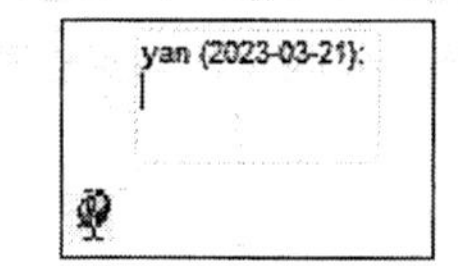

图 3-67 显示文字输入框

单击文本描述左下方的按钮，弹出图 3-68 所示的“注释特性”对话框，该对话框包括两个选项卡。

（1）“显示”选项卡

在该选项卡中设置注释文字的颜色、大小及可见度。注释文字的颜色包括背景颜色、文本颜色。颜色的设置选项包括系统（工具提示）与自定义，选择“自定义”单选按钮，激活“选择颜色”按钮，单击该按钮，弹出“颜色”对话框，在该对话框中选择颜色。

注释文本框的大小有两种设置方法，在“大小”选项组下，勾选“自动调整大小”复选框，可自动调整注释文本框的大小；取消该复选框的勾选，直接在“宽度”“高度”文本框中输入参数值。需要注意的是，若勾选“自动调整大小”复选框，则无法修改参数值。

在“注释文本”列表框中可输入需要的文字。

（2）“字体”选项卡

在该选项卡下设置注释文字的字体、字形、大小及应用范围。

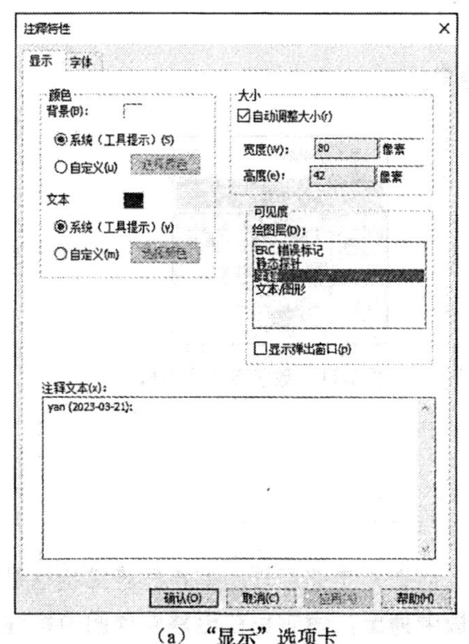

（a）“显示”选项卡

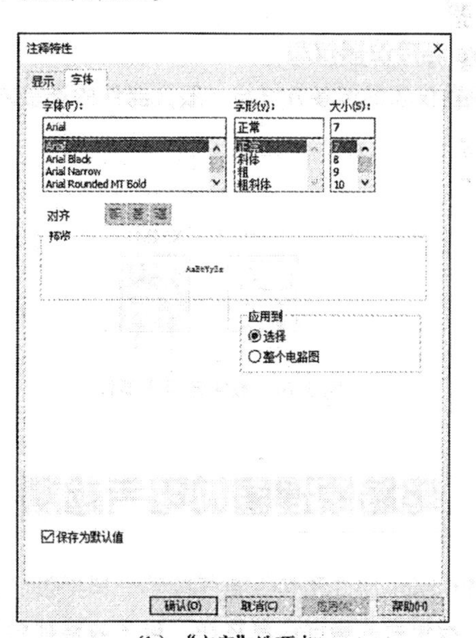

（b）“文字”选项卡

图 3-68 “注释特性”对话框

3.7 连接仪器仪表

Multisim 14.3 的仪器库存放有数字多用表、函数信号发生器、示波器、波特图仪、信号发生器、逻辑分析仪、逻辑转换仪、瓦特表、失真度分析仪、网络分析仪、频谱分析仪 11 种仪器仪表可供使用，仪器仪表以图标形式存在，每种类型均可使用多台。

1. 仪器库

仪器被存放在仪器库栏，显示在“仪器”工具栏中，是进行虚拟电子实验和电子设计仿真的最快捷而又形象的特殊窗口，共有 21 个按钮，如图 3-69 所示。这些虚拟仪器仪表的参数设置、使用方法和外观设计与实验室中的真实仪器基本一致。

图 3-69 “仪器”工具栏

2. 仪器的选用

从仪器库中选择选用的仪器图标，用鼠标指针将它拖曳到电路工作区域内即可，类似元器件的拖曳。数字万用表的图标如图 3-70 所示，图标上有对应的接线柱。

3. 仪器仪表参数的设置

（1）设置仪器仪表参数

双击仪器图标即可打开仪器面板，可以用鼠标操作仪器面板上相应按钮及参数设置对话框的设置数据，数字万用表的面板如图 3-71 所示。

（2）改变仪器仪表参数

在测量或观察过程中，可以根据测量或观察结果来改变仪器仪表参数的设置，如示波器、逻辑分析仪等。

4. 连接仪器仪表

仪器仪表的连接方法与一般元器件的连接方法相同。

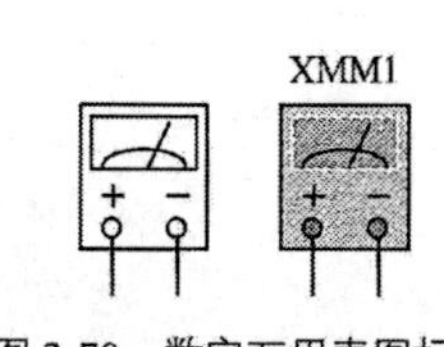

图 3-70 数字万用表图标

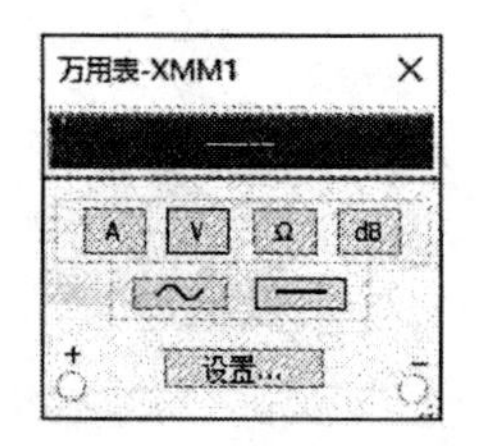

图 3-71 数字万用表面板

3.8 电路原理图的电气检测

Multisim 14.3 和其他电气软件一样提供了 ERC，可以对电路原理图的电气连接特性进行自动检查，检查后的错误信息将在“电子表格视图”面板中列出，同时也在电路原理图中标注出来。用户可以对 ERC 进行设置，然后根据面板中所列出的错误信息来对电路原理图进行修改。

3.8.1 电路原理图的自动检测

电路原理图的自动检测机制只是按照用户所绘制电路原理图中的连接进行检测，系统并不知道电路原理图的最终效果，所以如果检测后的“Messages（信息）”面板中并无错误信息出现，并不表示该电路原理图的设计完全正确。用户还需要将网络表中的内容与所要求的设计反复对照和修改，直到完全正确为止。

1. 电器法则查验

选择菜单栏中的“工具”→“电器法则查验”命令，系统弹出图 3-72 所示的“电器法则查验”对话框，所有与 ERC 有关的选项都可以在该对话框中进行设置。

“电器法则查验”对话框中包括以下 2 个选项卡。

（1）“ERC 选项”选项卡

用于设置电路原理图的 ERC。当进行文件的编译时，系统将根据该选项卡中的设置进行电气规则检查。

该选项卡的设置一般采用系统的默认设置，但针对一些特殊的设计，用户则需要了解其中各项的含义。如果想改变系统的设置，当系统出现错误时是不能导入网络表的，用户可以在这里设置系统可忽略一些设计规则的检测。

（2）“ERC 规则”选项卡

用于设置电路连接方面的规则检查。当对文件进行编译时，系统通过该选项卡的设置可以对电路原理图中的电路连接进行检测，如图 3-73 所示。

在“ERC 规则”选项卡中，用户可以定义一切与违反电气连接特性有关的报告错误等级，特别是元器件引脚、端口和电路原理图符号上端口的连接特性。当对电路原理图进行编译时，错误信息将在电路原理图中显示出来。

要想改变错误等级的设置，单击选项卡中的颜色块即可，每单击一次便改变一次，共包括 3 种错误等级，即“确认”“警告”“错误”。当对工程文件进行编译时，该选项卡的设置与“Error Reporting（报告错误）”选项卡中的设置将共同对电路原理图进行电气特性的检测。所有违反规则的连接都将以不同的错误等级在“Messages（信息）”面板中显示出来。

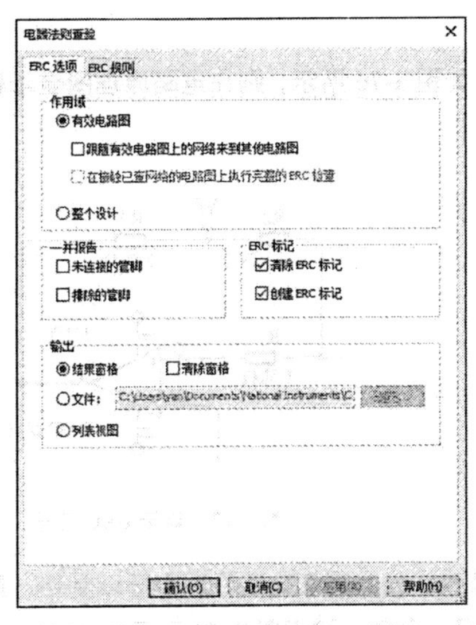

图 3-72 “电器法则查验”对话框

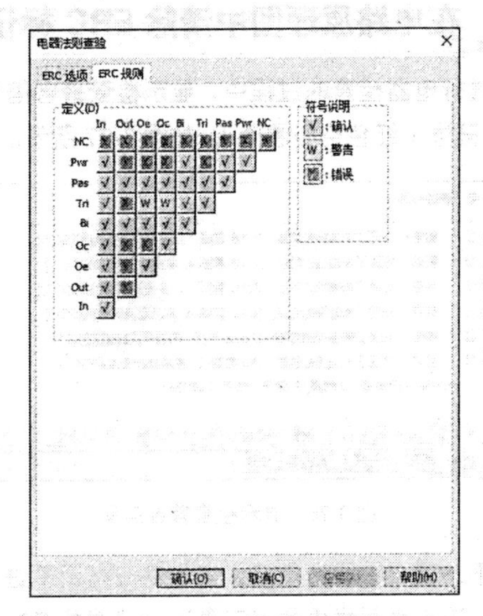

图 3-73 “ERC 规则”选项卡

单击“确认”按钮，即刻执行检测，在“电子表格视图”面板的“结果”选项卡中显示检测结果，如图 3-74 所示。

当电路原理图绘制无误时，“电子表格视图”面板中将为空，如图 3-74 所示。当出现错误的等级为“错误”或“警告”时，在“电子表格视图”面板中将显示错误数、警告数，并显示原因，同时，在电路原理图错误处显示 ERC 符号。

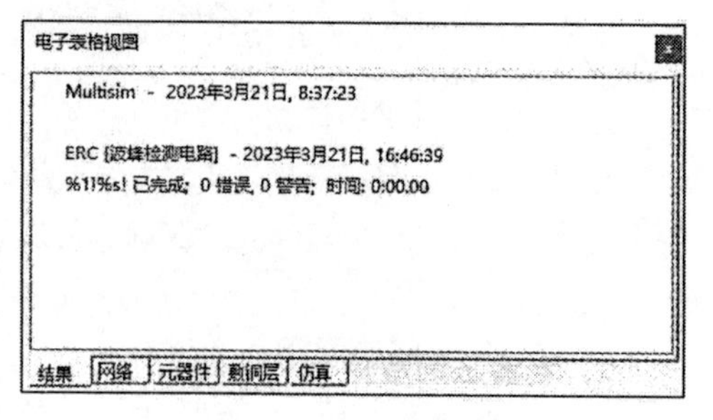

图 3-74　显示检测结果

2. 修改电路原理图

（1）在“电子表格视图”面板中双击错误的详细信息选项，工作窗口将跳转到该对象上。除了该对象，其他所有对象均处于被遮挡状态，跳转后只有该对象可以进行编辑，如图 3-75 所示。

（2）选择菜单栏中的“绘制”→“导线”命令，放置导线。

（3）重新对电路原理图进行检测，检查是否还有其他错误。

（4）保存调试成功的电路原理图。

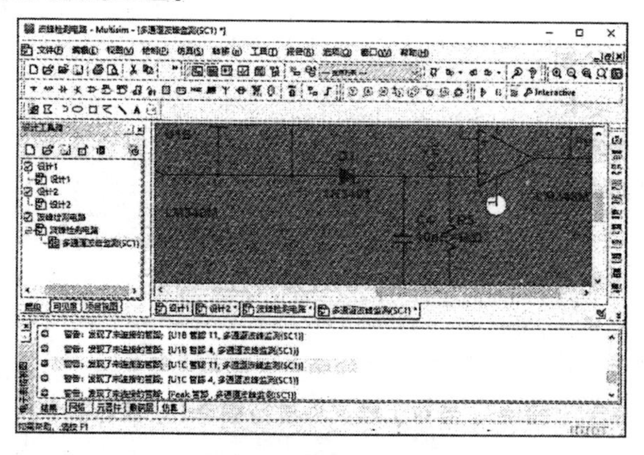

图 3-75　显示错误信息

3.8.2　在电路原理图中清除 ERC 标记

在进行电器检查的过程中，显示检查警告信息，如图 3-76 所示，则在电路原理图显示警告处显示 ERC 符号（红色空心圆圈），如图 3-77 所示。

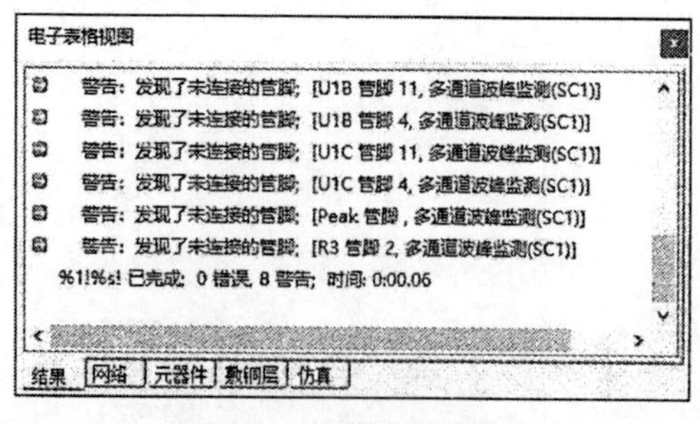

图 3-76　显示检查警告信息

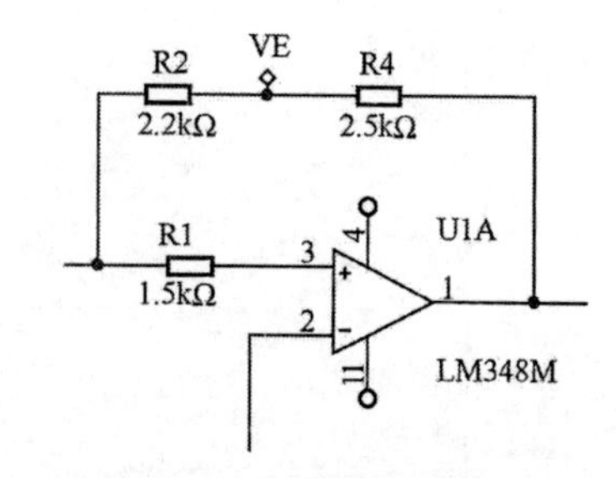

图 3-77　显示 ERC 符号

若不妨碍继续设计电路，可忽略该标记不进行修改，但为保证电路原理图显示完整，需要清除该标记，选择菜单栏中的“工具”→“清除 ERC 标记”命令，弹出图 3-78 所示的“ERC 标记删除范围”对话框，选择“仅有效电路图”或“整个设计”，单击“确认”按钮，执行操作，在电路原理图中清除 ERC 标记，结果如图 3-79 所示。

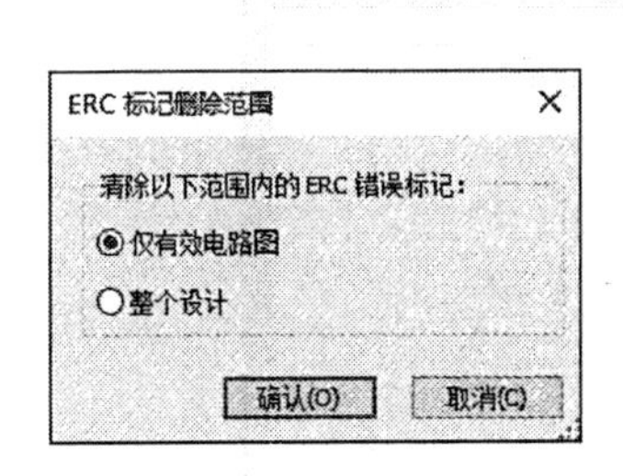

图 3-78 “ERC 标记删除范围”对话框

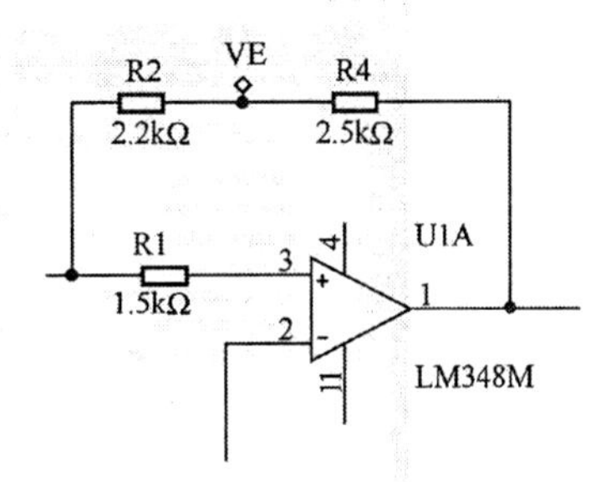

图 3-79 清除 ERC 标记

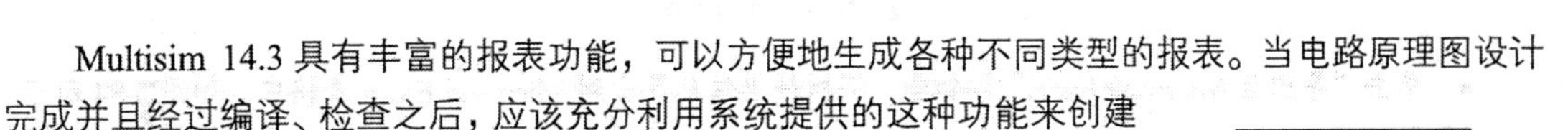

3.9 报表输出

Multisim 14.3 具有丰富的报表功能，可以方便地生成各种不同类型的报表。当电路原理图设计完成并且经过编译、检查之后，应该充分利用系统提供的这种功能来创建各种电路原理图的报表文件。

选择菜单栏中的“报告”命令，弹出图 3-80 所示的子菜单，显示 6 种报表类型，借助于这些报表，用户能够从不同的角度更好地掌握整个工程项目的设计信息，以便为下一步的设计工作做好充足的准备。

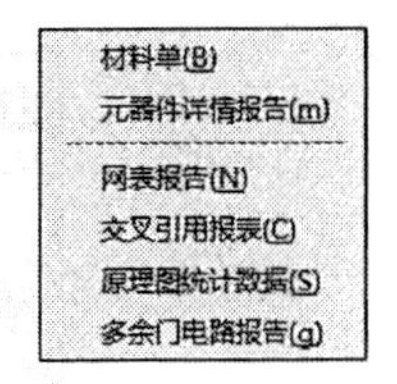

图 3-80 “报表”子菜单

3.9.1 材料单

元器件报表主要用来列出当前工程中用到的所有元器件的标识、封装形式、库参考等，相当于一份元器件清单。依据这份报表，用户可以详细查看工程中元器件的各类信息，同时，在制作 PCB 时，它也可以作为元器件采购的参考。

选择“材料单”命令，弹出图 3-81 所示的“材料单”对话框，显示电路原理图中的所有材料清单，及使用的元器件种类及数量。

- 单击“保存”按钮，则产生一个当前电路原理图的材料单报表文件，如图 3-82 所示。

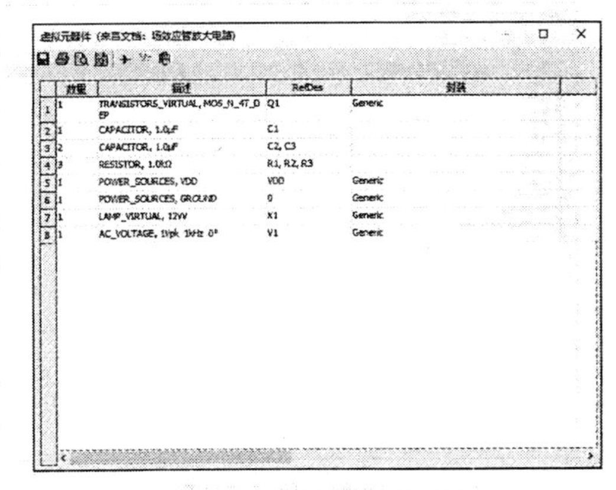

图 3-81 “材料单”对话框

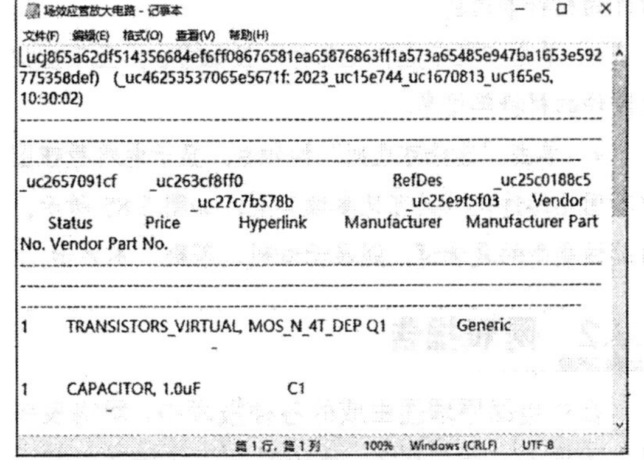

图 3-82 材料单报表文件

- 单击“发送到打印机”按钮，打印该材料单。

- 单击“打印预览”按钮，显示该材料单的预览设置，如图 3-83 所示。

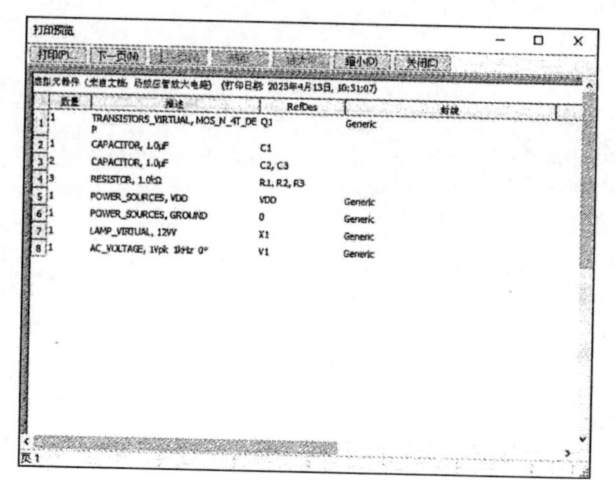

图 3-83　打印预览

- 单击“导出至 Microsoft Excel”按钮，将材料单信息导出到 Microsoft Excel 表格中，如图 3-84 所示。

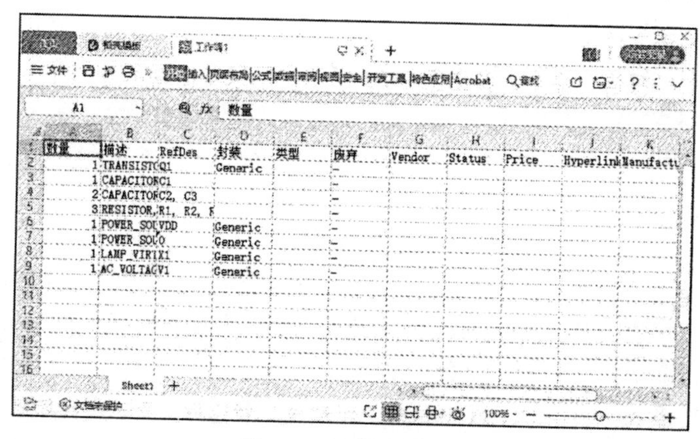

图 3-84　导出到表格中

- 单击“显示真实元器件”按钮，显示真实元器件的材料单信息。
- 单击“显示虚拟元器件”按钮 Vir，显示虚拟元器件的材料单信息。
- 单击“选择可见列”按钮，显示电路原理图中所用元器件材料的可见参数类型，如图 3-85 所示，勾选该类型的复选框，则显示该列，否则，不显示。

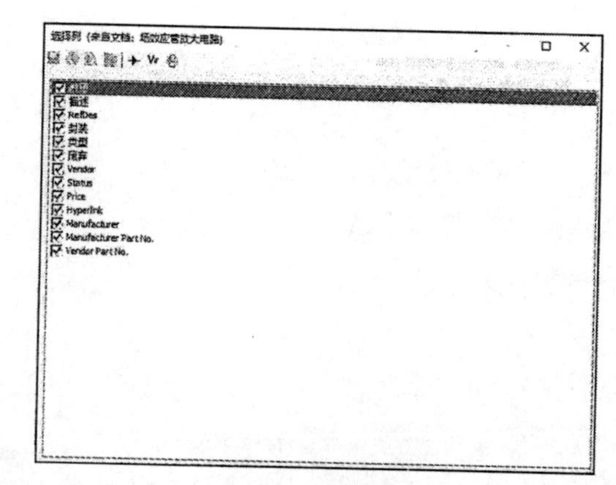

图 3-85　显示可见列

3.9.2　网表报告

在由电路原理图生成的各种报表中，网络表是最为重要的。所谓网络，指的是彼此连接在一起的一组元器件引脚，一个电路实际上就是由若干网络组成的。而网络表就是对电路或者电路原理图的一个完整描述，描述的内容包括两个方面。一是电路原理图中所有元器件的信息（包括元器件标识、元器件引脚和 PCB 封装形式等），二是网络的连接信息（包括网络名称、网络节点等），这些都是进行 PCB 布线、设计 PCB 不可缺少的依据。

只有正确的电路原理图才可以创建完整无误的网络表，从而进行 PCB 设计。而电路原理图绘制完成后，无法用肉眼直观地检查出错误，需要进行 ERC 检查、元器件自动编号、属性更新等操作，完成这些步骤后，才可进行网络表的创建。

选择“网表报告”命令，弹出图 3-86 所示的“网表报告”对话框，显示电路原理图中的所有网络，同时一一对应该网络连接的元器件引脚。

网表报告（来自文档：场效应管放大电路）

	网络	电路图	元器件	管脚
1	0	场效应管放大电路	V1	2
2	0	场效应管放大电路	X1	2
3	0	场效应管放大电路	地线	1
4	0	场效应管放大电路	R3	2
5	0	场效应管放大电路	C3	2
6	0	场效应管放大电路	R1	2
7	1	场效应管放大电路	R1	1
8	1	场效应管放大电路	Q1	G
9	1	场效应管放大电路	C1	2
10	2	场效应管放大电路	Q1	S
11	2	场效应管放大电路	R3	1
12	2	场效应管放大电路	C3	1
13	3	场效应管放大电路	C2	1
14	3	场效应管放大电路	R2	2
15	3	场效应管放大电路	Q1	D
16	4	场效应管放大电路	X1	1
17	4	场效应管放大电路	C2	2
18	5	场效应管放大电路	V1	1
19	5	场效应管放大电路	C1	1
20	VDD	场效应管放大电路	VDD	VDD
21	VDD	场效应管放大电路	R2	1

图 3-86　网络“报告”对话框

3.9.3　元器件详情报告

选择“元器件详情报告”命令，弹出“选择一个要打印的元器件”对话框，选择元器件，单击详情报告(D)按钮，显示选中元器件的具体信息，“报告窗口”对话框如图 3-87 所示，包括显示元器件的模型参数，包括数据库名称、系列、组等元器件库路径与作者、日期等参数。

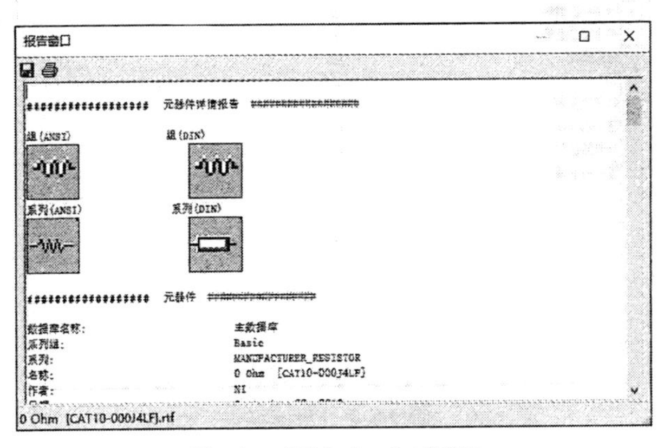

图 3-87　“报告窗口”对话框

3.9.4　交叉引用报表

交叉引用报表显示元器件所在元器件库及元器件库路径等详细信息。

选择“交叉引用报表”命令，弹出图 3-88 所示的“交叉引用报表”对话框，显示交叉引用报表参数。

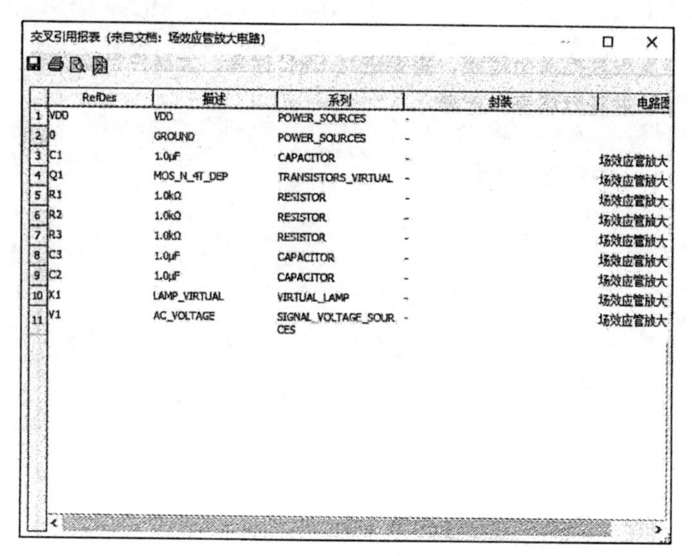

	RefDes	描述	系列	封装	电路图
1	VDD	VDD	POWER_SOURCES	-	
2	0	GROUND	POWER_SOURCES	-	
3	C1	1.0µF	CAPACITOR	-	场效应管放大
4	Q1	MOS_N_4T_DEP	TRANSISTORS_VIRTUAL	-	场效应管放大
5	R1	1.0kΩ	RESISTOR	-	场效应管放大
6	R2	1.0kΩ	RESISTOR	-	场效应管放大
7	R3	1.0kΩ	RESISTOR	-	场效应管放大
8	C3	1.0µF	CAPACITOR	-	场效应管放大
9	C2	1.0µF	CAPACITOR	-	场效应管放大
10	X1	LAMP_VIRTUAL	VIRTUAL_LAMP	-	场效应管放大
11	V1	AC_VOLTAGE	SIGNAL_VOLTAGE_SOURCES	-	场效应管放大

图 3-88 “交叉引用报表”对话框

3.9.5 原理图统计数据报告

选择“原理图统计数据”命令，弹出图 3-89 所示“原理图统计数据报告”对话框，显示设计文件的各个项目（元器件、网络和页等）在系统中的数目。

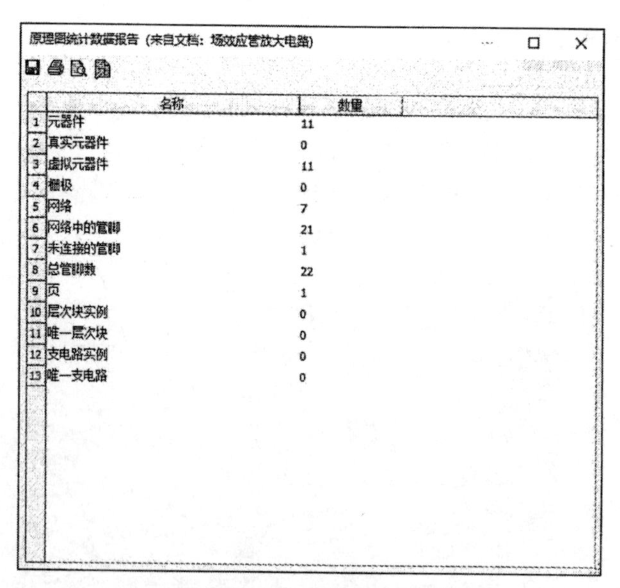

	名称	数量
1	元器件	11
2	真实元器件	0
3	虚拟元器件	11
4	栅极	0
5	网络	7
6	网络中的管脚	21
7	未连接的管脚	1
8	总管脚数	22
9	页	1
10	层次块实例	0
11	唯一层次块	0
12	支电路实例	0
13	唯一支电路	0

图 3-89 “原理图统计数据报告”对话框

3.9.6 多余门电路报告

选择“多余门电路报告”命令，弹出图 3-90 所示“多余门电路报告“对话框，显示电路图中包含门电路的元器件，即多部件元器件。

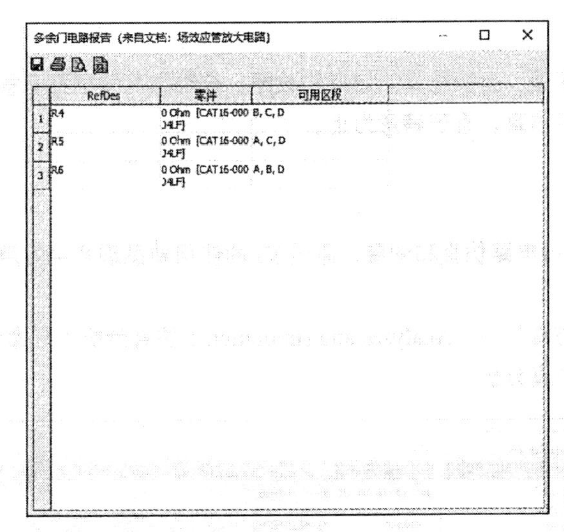

图 3-90 “多余门电路报告”对话框

3.10 电路仿真

所谓电路仿真，就是用户直接利用 EDA 软件所提供的功能和环境，对所设计电路的实际运行情况进行模拟的过程。

3.10.1 电路仿真步骤

下面来介绍一下 Multisim 14.3 电路仿真的具体操作步骤。

1. 编辑仿真电路原理图

绘制仿真电路原理图时，图中所使用的元器件都必须具有仿真属性。如果某个元器件不具有仿真属性，则在进行仿真时将出现错误信息。对仿真元器件的属性进行修改，需要增加一些具体的参数设置，如三极管的放大倍数、变压器的原边和副边的匝数比等。

2. 设置仿真激励源

所谓仿真激励源就是输入信号，它使电路可以开始工作。常用仿真激励源有直流源、脉冲信号源及正弦信号源等。

放置好仿真激励源之后，需要根据实际电路的要求修改其属性参数，如仿真激励源的电压电流幅度、脉冲宽度、上升沿和下降沿的宽度等。

3. 放置节点网络标号

将这些网络标号放置在需要测试的电路位置上。

4. 设置仿真方式及参数

不同的仿真方式需要设置不同的参数，显示的仿真结果也不同。用户要根据具体电路的仿真要求设置合理的仿真方式。

5. 执行仿真命令

以上设置完成后，执行菜单栏中的“仿真”→“运行”命令，启动仿真命令。若仿真电路原理图中没有错误，系统将给出仿真结果；若仿真电路原理图中有错误，系统自动中断仿真，显示仿真电路原理图中的错误信息。

6. 分析仿真结果

用户可以在文件中查看、分析仿真的波形和数据。若对仿真结果不满意，可以修改仿真电路原理图中的参数，再次进行仿真，直到满意为止。

3.10.2 交互仿真

交互仿真是对 VI 进行电路仿真和测量，通过 VI 的使用熟悉现实中万用表、示波器等常用仪表的使用。

选择菜单栏中的“仿真”→“Analyses and simulation（仿真分析）”命令，弹出图 3-91 所示对话框，进行不同方式的仿真分析。

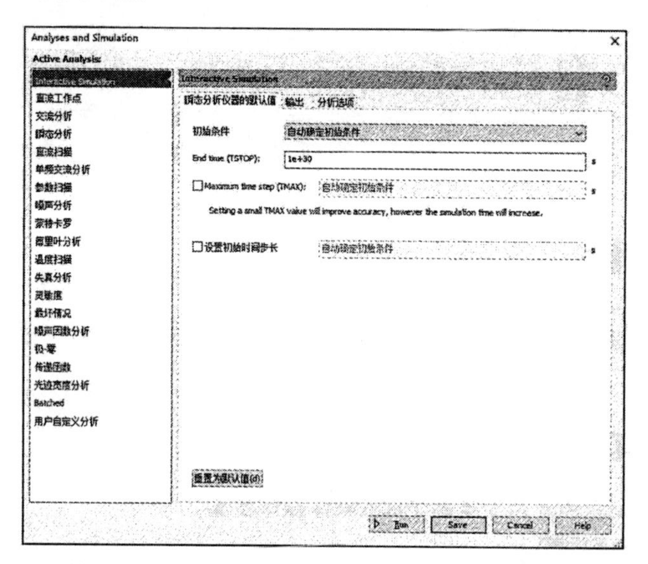

图 3-91 “Analyses and Simulation（仿真分析）”对话框

1. 交互仿真参数

在“Interactive Simulation（交互仿真）”选项卡中显示仿真参数的设置。包含瞬态分析仪器的默认值、输出、分析选项 3 个选项卡。

（1）“瞬态分析仪器的默认值”选项卡

- “初始条件”下拉列表：在该下拉列表中显示 4 个条件，包括“设为零”“用户自定义”“计算直流工作点”“自动确定初始条件”。
- “End time（TSTOP）”文本框：写入截止时间。
- “Maximum time step（TMAX）”复选框：勾选该复选框，设置最大间隔时间。
- “设置初始时间步长”复选框：勾选该复选框，设置初始时间步长。

（2）“输出”选项卡

“仿真结束时在检查踪迹中显示所有器件参数”复选框：勾选该复选框，在仿真结束后，显示元器件信息。

（3）“分析选项”选项卡

在该选项卡下显示分析参数，如图 3-92 所示。

① “SPICE 选项”选项组：在该选项组下设置在进行 SPICE 仿真时“使用 Multisim 默认值”或“使用自定义设置”，如果选择第二项则激活“自定义”按钮，单击该按钮，弹出“自定义分析选项”

对话框，如图 3-93 所示，设置 SPICE 仿真参数。

② “其他选项”选项组：在该选项组下选择仿真运行速度设置方式，包括“Limit maximum simulation speed to real time（实时限制最大速度）”“Simulate as fast as possible（快速）”两种。

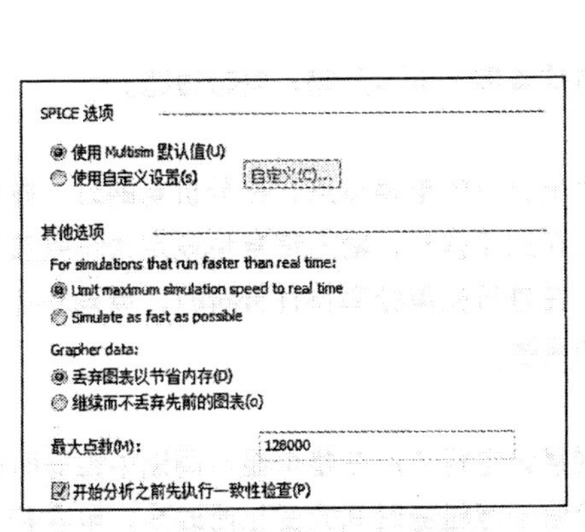

图 3-92 “分析选项”选项卡

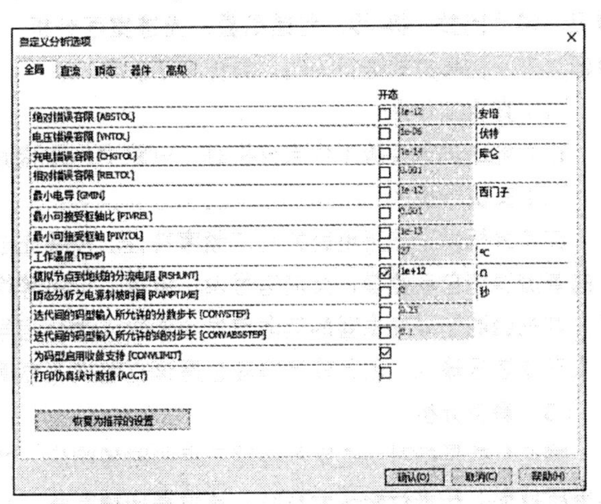

图 3-93 “自定义分析选项”对话框

③“Grapher data（记录数据）”选项组：设置仿真过程数据的处理方式，包括“丢弃图表以节省内存”“继续而不丢弃先前的图表”两种。由于仿真程序在计算上述数据时要花费很长的时间，因此在进行电路仿真时，用户应该尽可能少地设置需要计算的数据，只需要观测电路中节点的一些关键信号波形即可。因此默认选择“丢弃图表以节省内存”选项。

④“最大点数”：在该文本框中输入最大点数值，默认值为 128 000。

⑤“开始分析之前先执行一致性检查”复选框：勾选该复选框，在进行仿真分析的过程中，首先进行一致性检查再进行其他分析。

- Run：单击该按钮，运行仿真分析。
- Save：单击该按钮，保存仿真分析设置的参数。
- Help：单击该按钮，弹出帮助文件，如图 3-94 所示。

上面讲述的是在仿真进行前需要完成的常规参数设置，而对于用户具体选用的仿真方式，还需要进行一些特定参数的设定。

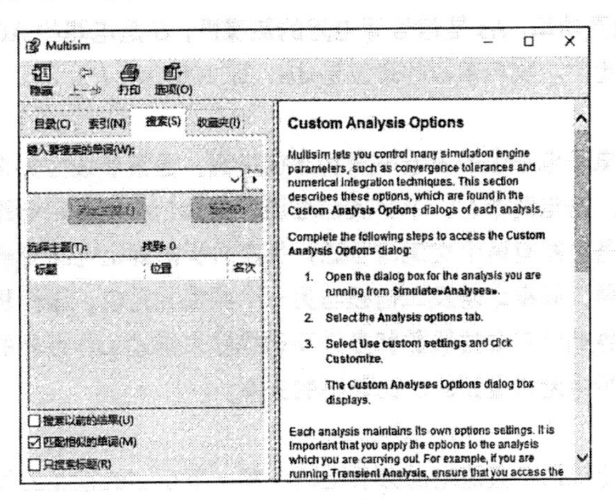

图 3-94 帮助文件

2. 交互仿真方式

Multisim 提供了 19 种交互仿真方式，分别为直流工作点、交流分析、瞬态分析、直流扫描、单频交流分析、参数扫描、噪声分析、蒙特卡罗、傅里叶分析、温度扫描、失真分析、灵敏度、最坏情况、噪声因数、极-零、传递函数、光迹宽度分析、Batched（批处理）、用户自定义分析。对其中部分交互仿真方式进行说明，具体如下。

（1）直流工作点

在对电路进行直流工作点分析时，电路中的交流源将被置零，电容开路，电感短路。

（2）交流分析

交流分析用于分析电路的交流频率特性。需要先选定被分析的电路节点，在分析电路时，电路中的直流源将自动置零，交流信号源、电容、电感等均处在交流模式，输入信号也设定为正弦波形式。若把函数信号发生器的其他信号作为输入激励信号，在进行交流频率特性分析时，会自动把它作为正弦信号输入。因此输出响应也是该电路交流频率的函数。

（3）瞬态分析

瞬态分析是指对所选定的电路节点的时域响应，即观察该电路节点在整个显示周期中每一时刻的电压波形。在进行瞬态分析时，直流源保持常数，交流信号源随着时间的变化而改变，电容和电感都是能量存储模式元件。

（4）傅里叶分析

傅里叶分析方法用于分析一个时域信号的直流分量、基频分量和谐波分量。即对被测电路节点处的时域变化信号进行离散傅里叶变换，求出它的频域变化规律。在进行傅里叶分析时，必须首先选择被分析的电路节点，一般将电路中的交流激励源的频率设定为基频，在电路中有几个交流激励源时，可以将基频设定在这些频率的最小公因数上。譬如有一个 10.5kHz 和一个 7kHz 的交流激励源信号，则基频可取 0.5kHz。

（5）噪声分析

噪声分析用于检测电子线路输出信号的噪声功率幅度，用于计算、分析电阻或晶体管的噪声对电路的影响。在进行噪声分析时，假定电路中各噪声源是互不相关的，因此它们的数值可以分开计算。总的噪声是各噪声在该电路节点的和（用有效值表示）。

（6）噪声因数

噪声因数主要用于研究元器件模型中的噪声参数对电路的影响。在 Multisim 14.3 中，噪声系数定义如下。*No* 是输出噪声功率，*Ns* 是信号源电阻的热噪声，*G* 是电路的 AC 增益（即二端口网络的输出信号与输入信号之比）。噪声系数的单位是 dB，即 $10\log_{10}(F)$。

（7）失真分析

失真分析用于分析电子电路中的谐波失真和互调失真，通常非线性失真会导致谐波失真，而相位偏移会导致互调失真。若电路中有一个交流信号源，失真分析能确定电路中每一个节点的二次谐波和三次谐波的复值，若电路有两个交流信号源，失真分析能确定电路变量在 3 个不同频率处的复值，即两个频率之和、两个频率之差及二倍频与另一个频率的差值。该分析方法是对电路进行小信号的失真分析，采用多维的沃尔泰拉级数和多维泰勒级数来描述工作点处的非线性。这种分析方法尤其适合观察在瞬态分析中无法看到的、比较小的失真。

（8）直流扫描

直流扫描是利用一个或两个直流电源分析电路中某一节点上的直流工作点的数值变化情况。

注意

如果电路中有数字器件，可将其当作一个大的接地电阻处理。

（9）灵敏度

灵敏度分析是分析电路特性对电路中元器件参数的敏感程度。灵敏度分析包括直流灵敏度分析和交流灵敏度分析。直流灵敏度分析的仿真结果以数值的形式显示，交流灵敏度分析的仿真结果以曲线的形式显示。

（10）参数扫描

参数扫描指采用参数扫描方法分析电路，可以较快地获得某个元器件的参数，以及分析其在一定范围内变化时对电路的影响。相当于该元器件每次取不同的值，进行多次仿真。对于数字器件，在进行参数扫描分析时将被视为高阻接地。

（11）温度扫描

使用温度扫描可以同时观察在不同温度条件下的电路特性，相当于该元器件每次取不同的温度值进行多次仿真。可以通过“温度扫描分析”对话框，选择被分析元器件温度的起始值、终值和增量值。在进行其他分析的时候，电路的仿真温度默认值被设定为 27℃。

（12）极-零

该分析方法是一种对电路的稳定性分析相当有用的工具。该分析方法可以用于交流小信号电路传递函数中零点和极点的分析。通常先进行直流工作点分析，对非线性器件求得线性化的小信号模型。在此基础上再分析传输函数的零点、极点。极-零点分析主要用于模拟小信号电路的分析，进行分析时数字器件将被视为高阻接地。

（13）传递函数

使用传递函数可以分析一个源与两个节点的输出电压或一个源与一个电流输出变量之间的直流小信号，也可以用于计算输入和输出阻抗。需要先对模拟电路或非线性器件进行直流工作点分析，求得线性化的模型，然后再进行小信号分析。输出变量可以是电路中的节点电压，输入必须是独立源。

（14）最坏情况

该分析方法是一种统计分析方法。它可以使你观察到在元器件参数变化时，电路特性变化的最坏可能。适合于对模拟电路直流和小信号电路的分析。所谓最坏情况是指电路中的元器件参数在其容差域边界点上取某种组合时所引起的电路性能的最大偏差，而最坏情况分析是在给定电路元器件参数容差的情况下，估算出电路性能相对于标称值时的最大偏差。

（15）蒙特卡罗

蒙特卡罗仿真方式指采用统计分析方法来观察给定电路中的元器件参数按选定的误差分布类型在一定的范围内变化时，对电路特性产生的影响。利用这些分析的结果，可以预测电路在批量生产时的成品率和生产成本。

（16）光迹宽度分析

光迹宽度分析主要用于计算电路中电流流过时所需要的最小导线宽度。

（17）Batched

在实际电路分析中，通常需要对同一个电路进行多种分析，如对于一个放大电路，为了确定该放大电路的静态工作点，需要进行直流工作点分析；为了了解其频率特性，需要进行交流分析；为了观察输出波形，需要进行瞬态分析。Batched（批处理）分析可以依序执行不同的分析功能。

3.10.3 探针

Multisim14.3 提供的探针可以测量各种数据，在进行电路仿真时，将测量探针和电流探针连接到电路中的测量点，测量探针可测量出该点的电压/电流/功率等，但无法将电流波形在示波器中显示。在某些程度上，电压探针、电流探针可以替代电压表和电流表等仪表。

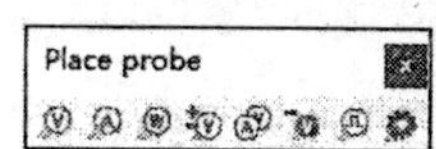

图 3-95 “Place probe”工具栏

1. 放置探针

单击图 3-95 中的“Place probe（放置探针）”工具栏中的探针按钮，放置不同功能的探针，探针符号如图 3-96 所示，单击鼠标右键，结束放置探针操作。

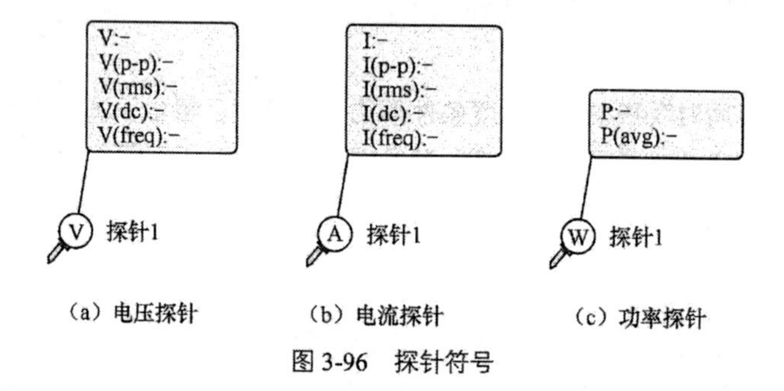

（a）电压探针　（b）电流探针　（c）功率探针

图 3-96 探针符号

2. 设置探针属性

双击电压探针图标，或选择菜单栏中的“仿真”→“Probe settings（探针设置）”命令，弹出 “Probe Settings”对话框，如图 3-97～图 3-99 所示。

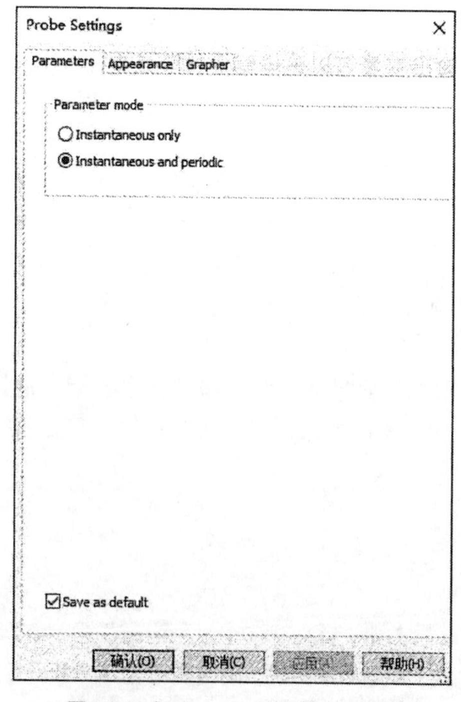

图 3-97 “Parameters（参数）”选项卡

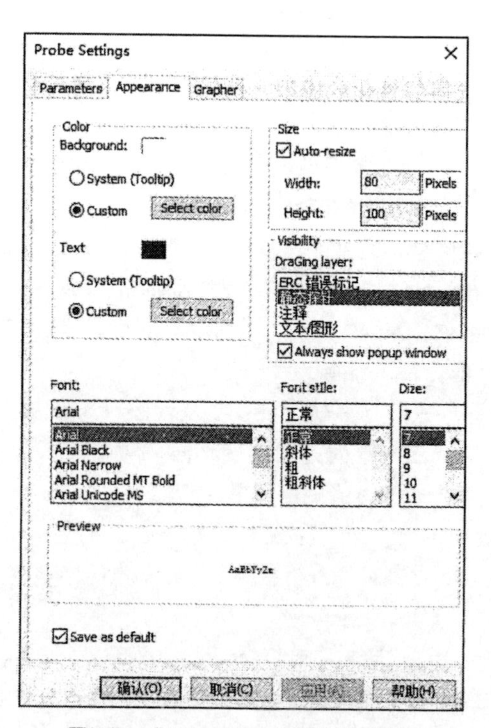

图 3-98 “Appearance（外观）”选项卡

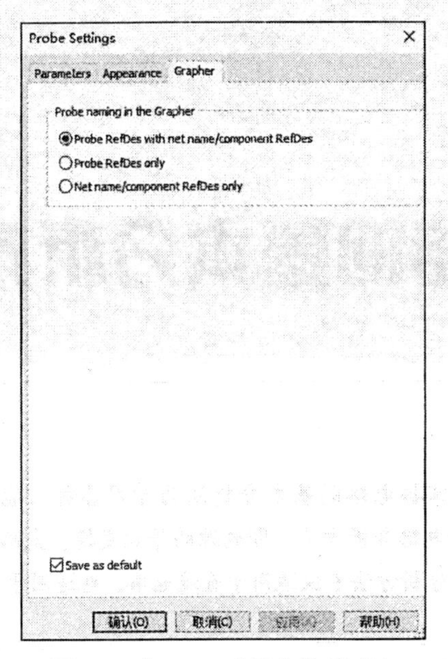

图 3-99 “Grapher（图表）”选项卡

（1）“Parameters”选项卡

选择参数模式，包括“Instantaneous only（瞬态）”“Instantaneous and periodic（瞬态和周期）”两种。

（2）“Appearance”选项卡

设置探针的背景色、文本颜色和大小、显示字体的字形和字号。

（3）“Grapher”选项卡

显示探针命名规则：Probe RefDes with net name/component RefDes（探针序号和元器件网络名称序号）、Probe RefDes only（探针序号）、Net name/component RefDes only（元器件网络名称序号）。

3. 电流钳

选择菜单栏中的“仿真”→仪器”→“电流探针”命令，在电路原理图中放置电流探针，如图 3-100 所示，也就是电流钳，它能够将流经的电流转成电压并输入示波器进行显示。

双击图纸上的电流钳，打开的设置界面如图 3-101 所示，可设置电压与电流之比，也就是电流钳在流经单位电流时输出的电压大小。默认设置为 1V/mA，如果回路中流过的电流是 1mA，则电流钳输出的电压为 1V。

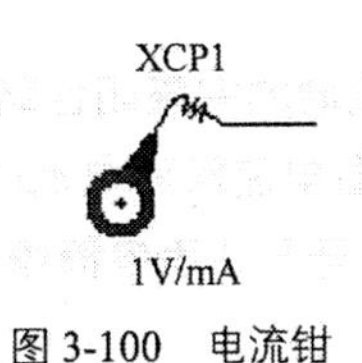

图 3-100 电流钳

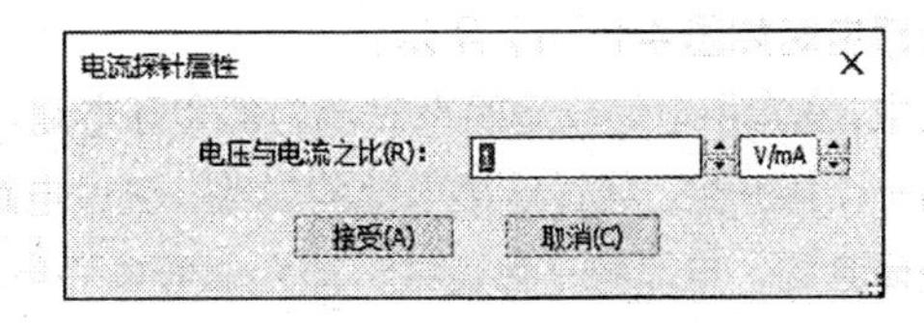

图 3-101 “电流探针属性”对话框

第 4 章

电路的基本分析方法

电路是电子技术的基础，掌握电路的基本分析法为学习各种功能电路打下基础。

本章介绍基本定理与常用的电路分析方法，即电源的等效变换、支路电流法、节点电压法、叠加原理和戴维南定理。这些基本定律与分析方法不仅适用于直流电路，也适用于交流电路。

4.1 电路基本知识

电路是电流的通路，由电路元（器）件按一定要求连接而成，构成一条或多条导电路径。电路的基本功能是实现电能的传输和分配或电信号的产生、传输、处理加工及利用。

4.1.1 电路的组成

电路由若干电路元器件或电气设备按照一定方式用导线连接起来，通常由电源、负载和中间环节 3 个部分组成。

（1）电源是将各种非电能（如热能、化学能、机械能、水能、原子能等）转换成电能的装置，如发电机和蓄电池等。

（2）负载是将电能转换成其他形式的能量（如机械能、光能和热能）的装置。如电动机、照明灯和电炉等。

（3）中间环节是连接电源和负载的部分，主要起控制、保护和测量的作用，包括变压器、控制开关和保护装置等。

生活中使用的手电筒如图 4-1（a）所示，其中电池组是电源，灯泡是负载，滑动开关是中间环节，手电筒内部电路如图 4-1（b）所示。

电路理论中，通常用电路原理图来表示内部实际电路。电路是电流流动的完整闭合路径（回路）。电流从电池的一个极开始，经过连接电池的导线，流过电路的负载，接着电流回到电池的另一个极。如果电路不是闭合的，电流将不会流过，即合上开关手电筒发光，而断开开关手电筒熄灭。如果电路中没有完整的路径让电流流动，则电路中就没有电流。

在电路原理图中，各种电器元器件均采用统一规定的图形符号来表示。图 4-1（c）就是手电筒的电路原理图。

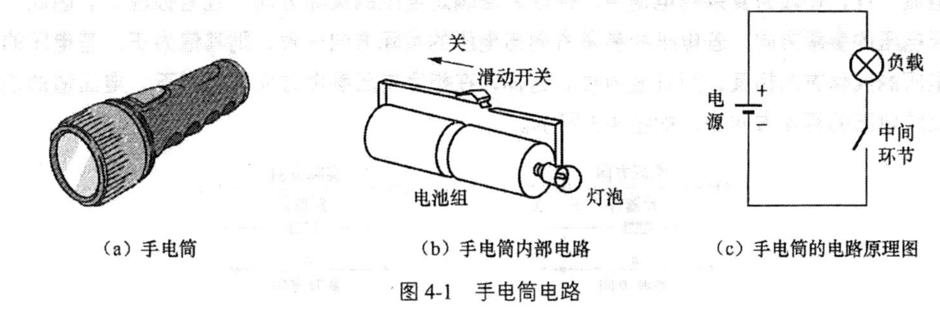

（a）手电筒　　（b）手电筒内部电路　　（c）手电筒的电路原理图

图 4-1　手电筒电路

电路的作用主要有两个。

一是电能的传输和转换，如发电厂电动机组产生的电能，通过变压器、输电线路送到千家万户的电力系统。

二是信号的传输和处理，如各种测量电路、放大电路，以及声音、图像或文字处理电路。

4.1.2　电路的基本物理量

1. 电流

有规则的带电粒子定向运动形成电流，其大小等于单位时间内通过导体横截面的电荷量，即如式（4-1）所示。

$$i = \frac{\mathrm{d}q}{\mathrm{d}t} \tag{4-1}$$

大小和方向均随时间变化的电流被称为交流电流，用小写字母 i 表示；方向不随时间变化的电流被称为直流电流，用大写字母 I 表示。在国际单位制中，电流的单位为安培（A），常用的还有毫安（mA），微安（μA）等，$1\text{A}=10^3\text{mA}$，$1\text{mA}=10^3\mu\text{A}$。

习惯上规定正电荷运动的方向或负电荷运动的反方向为电流的实际方向。

在进行电路分析和计算时，一段电路电流的实际方向很难预先判断出来，在电路中就无法标明电流的实际方向。为了便于进行电路分析和计算，可以任意选定一个方向作为电流的方向，这个方向就被称为电流的参考方向，有时又被称为电流的正方向。电流的参考方向一般用实线箭头表示。如果电流的实际方向与参考方向一致，则电流为正值，即 $i>0$，如图 4-2（a）所示；如果电流的实际方向与参考方向不一致，则电流为负值，即 $i<0$，如图 4-2（b）所示。这样，在指定电流参考方向的情况下，通过电流值的正和负就可以反映电流的实际方向。

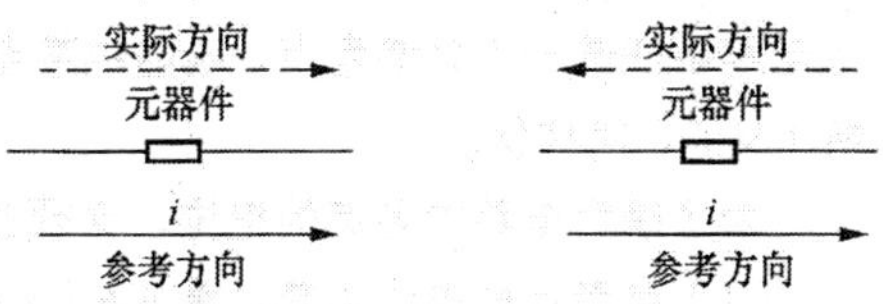

实际方向　元器件　i　参考方向　　实际方向　元器件　i　参考方向

（a）$i>0$　　（b）$i<0$

图 4-2　电流的参考方向与实际方向的关系

2. 电压与电动势

电荷在电路中运动，必然受到电场力的作用，电路中电场力把单位正电荷从电路中 a 点移动到 b 点所做的功被称为 a、b 两点间的电压，用 U_{ab} 表示，即如式（4-2）所示。

$$U_{ab} = \frac{\mathrm{d}W_{ab}}{\mathrm{d}q} \tag{4-2}$$

电压的实际方向是从高电位（“+”极性）指向低电位（“−”极性），即指向电位降低的方向。在国际单位制中，电压的单位是伏特（V），简称伏。

与电流一样，在较为复杂的电路中，往往无法确定电压的实际方向（或者极性）。因此，可以任意选择电压的参考方向。若电压的参考方向与电压的实际方向一致，则其值为正；若电压的参考方向与电压的实际方向相反，则其值为负。这样，在指定电压参考方向的情况下，电压值的正和负就可以反映电压的实际方向了，如图 4-3 所示。

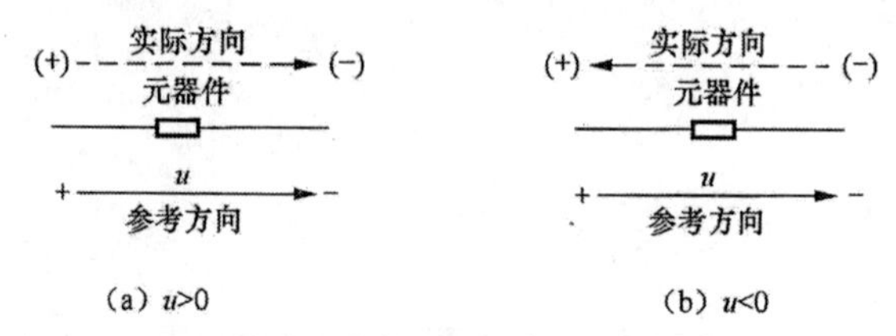

图 4-3　电压的参考方向与电压的实际方向之间的关系

电源电动势是用来表示电源将其他形式的能量转换为电能的能力。在图 4-4 中，电源的电动势，在数值上等于电源将单位正电荷 q 从低电位（b 点）经电源内部移到电源的正极高电位（a 点）所做的功 W_{ba}，即如式（4-3）所示。

$$E=\frac{W_{ba}}{q} \tag{4-3}$$

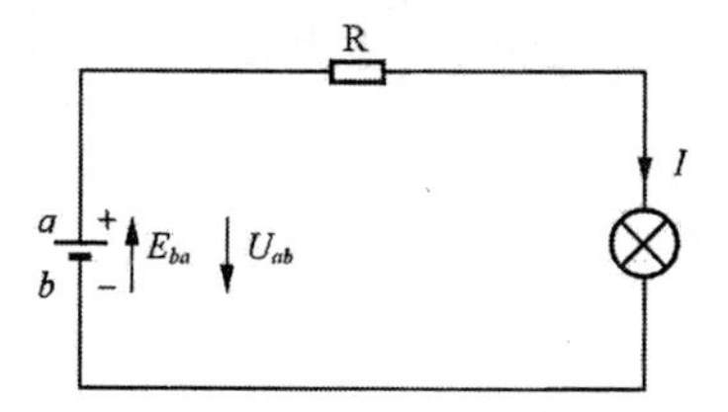

图 4-4　电动势 E、电压 U 和电流 I 之间的关系

在电路中，电压也被称为两点间的电位差，即如式（4-4）所示。

$$U_{ab}=V_a-V_b \tag{4-4}$$

电源电动势的实际方向为电源的负极指向正极，即从低电位指向高电位。

提示

为了方便起见，可以将同一个元器件或同一段电路上的电压和电流的参考方向设定为一致，将两方向作为关联参考方向，如图 4-5 所示。

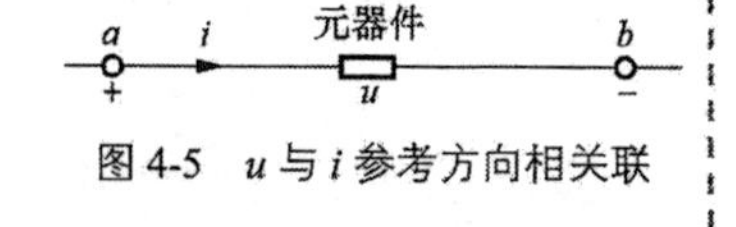

图 4-5　u 与 i 参考方向相关联

3. 电位

电位就是指电场力把单位正电荷从电路中某点移到参考点所做的功，为了方便分析电路，在指定电路中任选一点为参考点，电路中某点的电位即该点与参考点之间的电压，用 V_A 表示，单位是伏特（V），简称伏。

为了确定电路中各点的电位，必须在电路中选取一个参考点。

（1）参考点的电位为零，图 4-6（a）中，V_O=0。

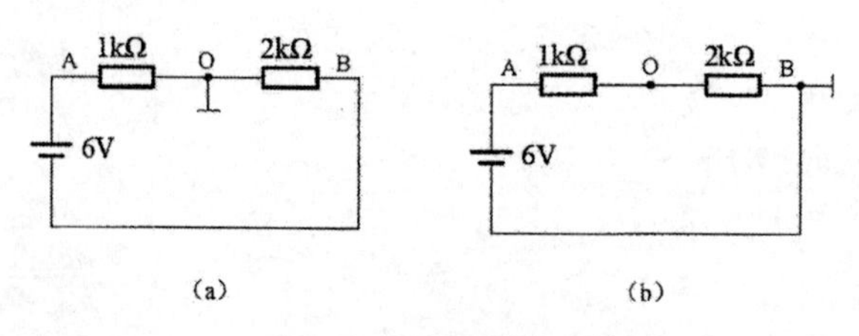

图 4-6　电位的计算示例

（2）其他各点的电位为该点与参考点之间的电位差。在图 4-6（a）中，A、B 两点的电位分别如式（4-5）所示。

$$V_A = V_A - V_O = U_{AO} = 2\text{V}$$
$$V_B = V_B - V_O = U_{BO} = -4\text{V} \tag{4-5}$$

（3）选取不同的参考点，电路中各点的电位也不同，但任意两点间的电位差（电压）不变。如选取点 B 为参考点，如图 4-6（b）所示，则如式（4-6）所示。

$$V_B = 0$$
$$V_A = V_A - V_B = U_{AB} = 6\text{V} \tag{4-6}$$

但 A、B 两点间的电压不变，仍然为 U_{AB}=6V。

通过以上分析可得出电压是绝对的，电位是相对的，电路中某一点的电位是相对于参考点来说的，随着参考点的改变而改变。

由于汽车电源到用电设备采用的是单线制，蓄电池负极搭铁，这样可以简化线路，便于检查。所有搭铁点的电位均为 0V，蓄电池每单格电池正极的电位为 2V，正极桩的电位是 12V。

4. 功率

在直流电路中，a、b 两点间的电压为 U，电路的电流为 I，则在 t 时间内，电荷 Q 受电场力作用，从 a 点移动到 b 点，电场力所做的功如式（4-7）所示。

$$W = UQ = UIt \tag{4-7}$$

电阻元件在 t 时间内所消耗的电能如式（4-8）所示。

$$W = UIt = I^2Rt = \frac{U^2}{R}t \tag{4-8}$$

电气设备在单位时间内消耗的电能被称为电功率（简称功率），用 P 表示，单位为瓦特（W），当电压、电流取的参考方向一致时，电阻吸收或消耗的功率如式（4-9）所示。

$$P = \frac{W}{t} = UI = I^2R = \frac{U^2}{R} \tag{4-9}$$

在实际电路中，对负载而言，电压和电流的实际方向是一致的，所以负载上的电压和电流取相同的参考方向，即关联参考方向。功率 $P=UI$，若 $P>0$，说明这段电路吸收功率，如图 4-7（a）所示。

若电路中的电压和电流取相反的参考方向，即非关联参考方向，功率 $P=-UI$，若 $P<0$，说明这段电路释放功率，如图 4-8（b）所示。

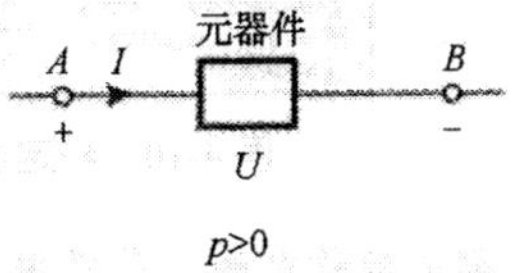

元器件 A I B + − U p>0

(a) U 与 I 参考方向相关联

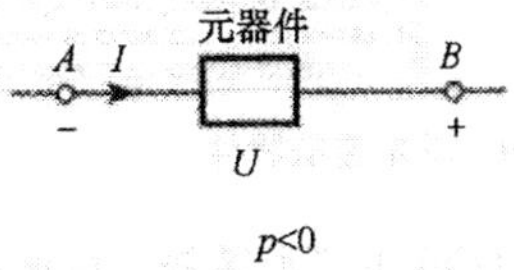

元器件 A I B − + U p<0

(b) U 与 I 参考方向非关联

图 4-7　元器件的功率

4.2 元器件

由于电子产品是由众多的元器件构成的，所以电路图就会通过元器件对应的电路符号反映电路的构成。

4.2.1 基本元器件库

单击“元器件”工具栏中的“放置基本”按钮 ，主数据库中“Basic”库的“系列”栏中包含以下几种元器件系列，如图 4-8 所示，常用元器件介绍如下。

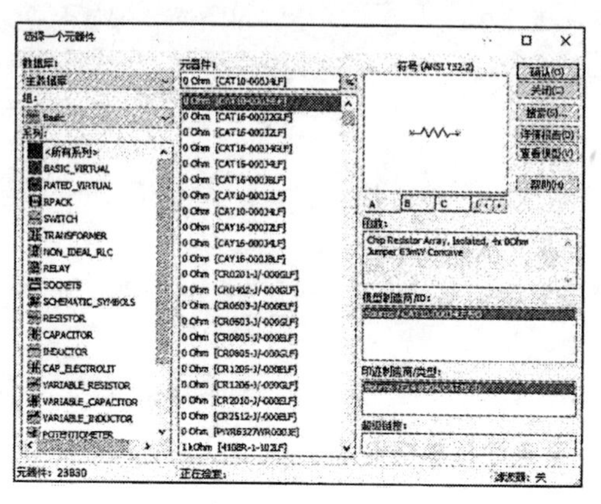

图 4-8 “Basic”库

- 基本虚拟器件（BASIC_VIRTUAL）：包含一些常用的虚拟电阻、电容、电感、继电器、电位器、可调电阻、可调电容等，其“元器件”栏内容如图 4–9 所示。
- 额定虚拟器件（RATED_VIRTUAL）：包含额定电容、电阻、电感、三极管、电机、继电器等，其“元器件”栏内容如图 4–10 所示。

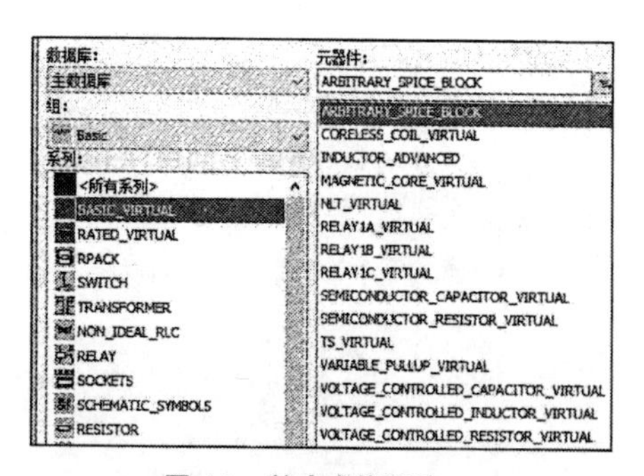

图 4-9 基本虚拟器件

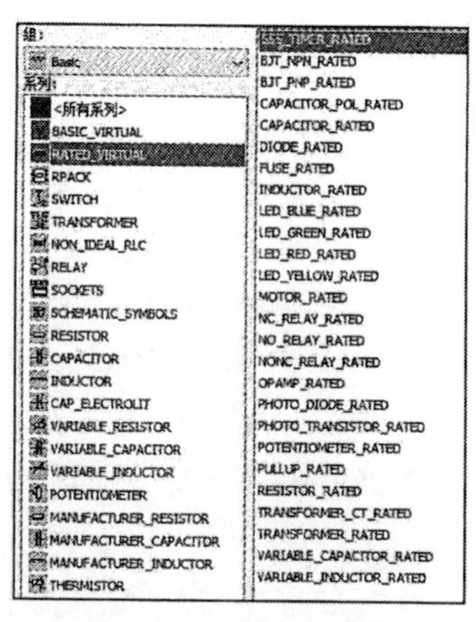

图 4-10 额定虚拟器件

- 电阻（RESISTOR）：“元器件”栏中列出的电阻都是标称电阻，是根据真实电阻元器件而设计的，其电阻值不能改变。
- 排阻（RESISTOR PACK）：相当于将多个电阻并联封装在一个壳内，它们具有相同的阻值。
- 电位器（POTENTIOMETER）：即可调电阻，可以通过旋转或滑动其旋钮（或滑块）来动态调节电阻值，顺时针旋转表示增加电阻值，逆时针表示减小电阻值，调节的增量可以设置。
- 电容（CAPACITOR）：所有电容都是无极性的，不能改变参数，没有考虑误差，也未考虑耐压大小。
- 电解电容（CAP_ELECTROLIT）：所有电容都是有极性的，“+”极性端子需要接直流高电位。

- 可变电容（VARIABLE_CAPACITOR）：电容量可在一定范围内调整，使用情况和电位器类似。
- 电感（INDUCTOR）：使用情况和电容、电阻类似。
- 可变电感（VARIABLE_INDUCTOR）：使用方法和电位器类似。
- 开关（SWITCH）：包括电流控制开关、单刀双掷开关（SPDT）、单刀单掷开关（SPST）、时间延时开关（TD_SW1）、电压控制开关。
- 变压器（TRANSFORMER）：包括线形变压器模型，变比 $N=V_1/V_2$，V_1是初级线圈电压、V_2是次级线圈电压，次级线圈中心抽头的电压是 V_2的一半。这里的变比不能直接改动，若要变动，则需要修改变压器的模型。使用时要求变压器的两端都接地。
- 继电器（RELAY）：继电器的触点开合是由加在线圈两端的电压大小决定的。
- 插座/管座（SOCKETS）：与连接器类似，为一些标准形状的插件提供位置，以方便进行 PCB 设计。
- 电路图符号（SCHEMATIC_SYMBOLS）：包含各种电路图中的常用符号，如熔断器、灯泡、二极管、开关等普通元器件。

4.2.2 基本元器件工具栏

选择菜单栏中的“视图”→“工具栏”→“基本”命令，打开图 4-11 所示的“基本”元器件库，显示不同类型的基本元器件，如电阻、电容等。

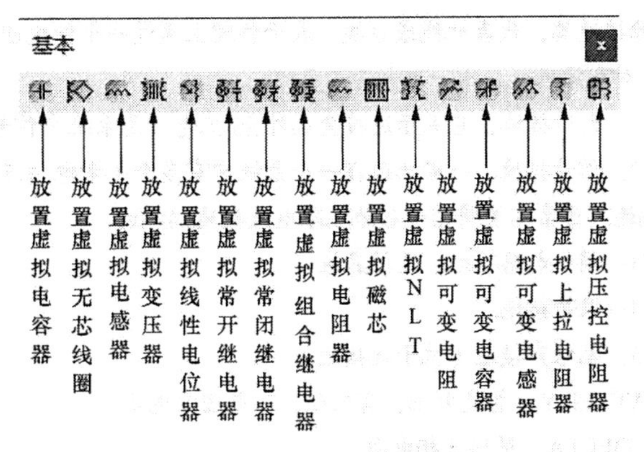

图 4-11 “基本”工具栏

4.3 电源

电源是任何电路中都不可缺少的重要组成部分，它是电路中电能的来源。实际电源有电池、发电机、信号源等。电压源和电流源是从实际电源抽象得到的电路模型。

4.3.1 电源库

电源是将其他形式的能量转换成电能并向电路（电子设备）提供电能的装置。常见的电源是干电池（直流电源）与家用的 110～220V 交流电源。

单击“元器件”工具栏中的“放置源”按钮，“Sources”库的“系列”栏包含以下几种元器件系列，如图 4-12 所示。

① 电源（POWER_SOURCES）：包括常用的交直流电源、数字地、地线、星形三相电源或三角形三相电源、VCC、VDD、VEE、VSS 电压源，其“元器件”栏下内容如图 4-13 所示。

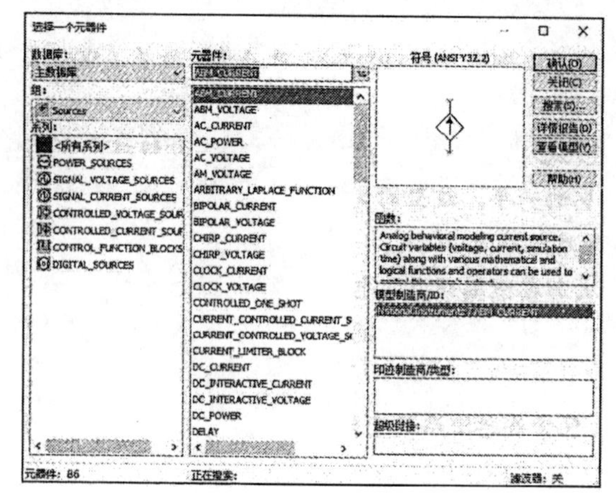

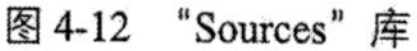

图 4-12 “Sources”库

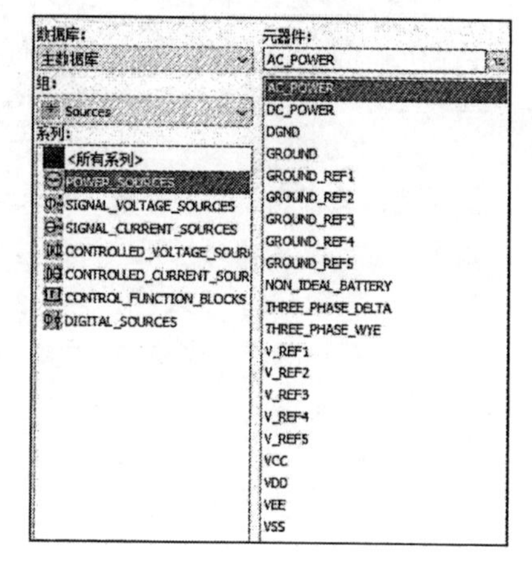

图 4-13 常用电源

- AC_POWER：稳压型交流电源，理想电压源（恒压源），忽略内电阻的电压源。
- DC_POWER：稳压型直流电源。
- DGND：数字地，通常用于数字电路。
- GROUND：电源接地端，代表地线或 0 线。表示物理上通过一个低电阻的导体接入大地。如墙体上三孔插座中的接地口。对电源来说，是一个电源的负极。
- GROUND_REF1：大地接地，它表示连接金属外壳/机壳，是系统中信号和电源的公共连接点。
- GROUND_REF2：信号接地，一般出现在一个系统中有多个参考电位点的情况下，只表示零电位点，并没有真正跟地面相连。通常需要将信号接地端跟电线接地端相连。
- GROUND_REF3：弱电电路接地，连接底板。
- GROUND_REF4：保护接地。
- GROUND_REF5：无噪声接地（抗干扰接地）。
- NON_IDEAL_BATTERY：智能电池，有内阻，不是理想电源。
- THREE_PHASE_DELTA：星形三相电源。
- THREE_PHASE_WYE：三角形三相电源。
- V_REF1~V_REF5：参考电压。
- VCC：模拟电源。连接到三极管集电极（C）的电源。
- VDD：数字电路中器件内部的工作电压，一般情况下，VCC>VDD。连接到场效应管的漏极（D）的电源。
- VEE：发射极电源电压，连接到三极管发射极（E）的电源。一般为负电源或者地。
- VSS：电路公共接地端电压（源极电源电压）。连接到场效应管的源极（S）的电源。一般为负电源或者地。

② 电压信号源（SIGNAL_VOLTAGE_SOURCES）：包括交流信号电压源、时钟信号电压源、脉冲信号电压源、指数信号电压源、调频信号电压源、调幅信号电压源等多种形式的电压源，其“元器件”栏内容如图 4-14 所示。

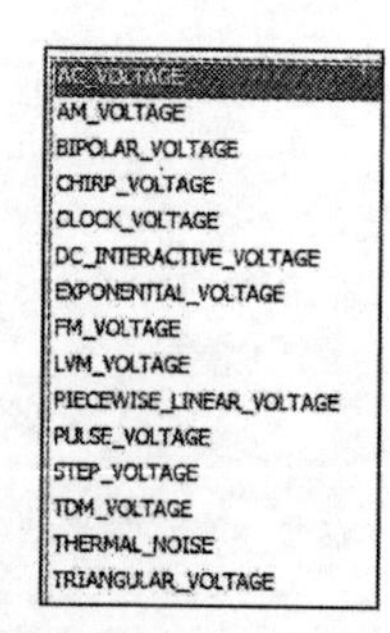

图 4-14 电压信号源

③ 电流信号源（SIGNAL_CURRENT_SOURCES）：包括交流信号电流源、时钟信号电流源、脉冲信号电流源、指数、调频信号电流源等多种形式的电流源，其“元器件”栏内容如图 4-15 所示。

④ 受控电压源（CONTROLLED_VOLTAGE_SOURCES）：包括电压控制电压源和电流控制电压源，其“元器件”栏下内容如图 4-16 所示。

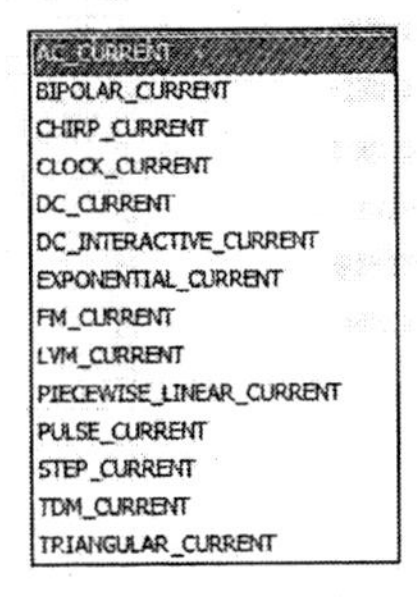

图 4-15　电流信号源

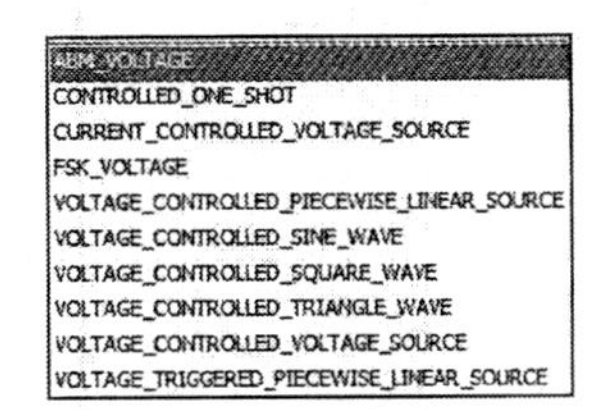

图 4-16　受控电压源

⑤ 受控电流源（CONTROLLED_CURRENT_SOURCES）包括电流控制电流源和电压控制电流源，其“元器件”栏内容如图 4-17 所示。

⑥ 控制功能模块（CONTROL_FUNCTION_BLOCKS）：包括除法器、乘法器、积分、微分等多种形式的控制功能模块，其“元器件”栏内容如图 4-18 所示。

电流控电流源	CURRENT_CONTROLLED_C
电压控电流源	VOLTAGE_CONTROLLED_C

图 4-17　受控电流源

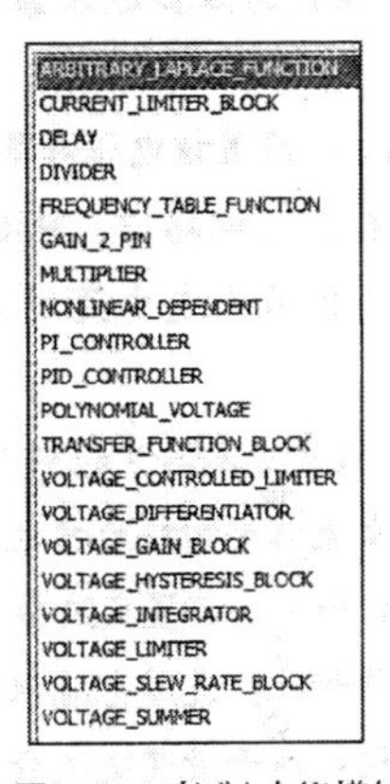

图 4-18　控制功能模块

⑦ 数字控制模块（DIGITAL_SOURCES）：包括数字时钟（DIGITAL_CLOCK）、数字常数（DIGITAL_CONSTANT）等。

4.3.2　理想电压源

电压源，即理想电压源，是从实际电源抽象出来的一种模型，其两端总能保持一定的电压而不论流过的电流为多少。

理想电压源包括交流电压源 AC_POWER 和直流电压源 DC_POWER，如图 4-19 所示。电压源的端电压是定值 U 或是一定的时间函数 $U(t)$，与流过的电流无关。电压源自身电压是确定的，而流过它的电流是任意的。

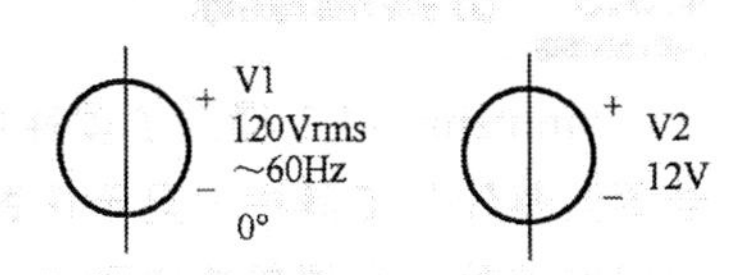

图 4-19　交流电压源和直流电压源

图 4-20、图 4-21 所示为交流电压源和直流电压源的仿真参数设置对话框。

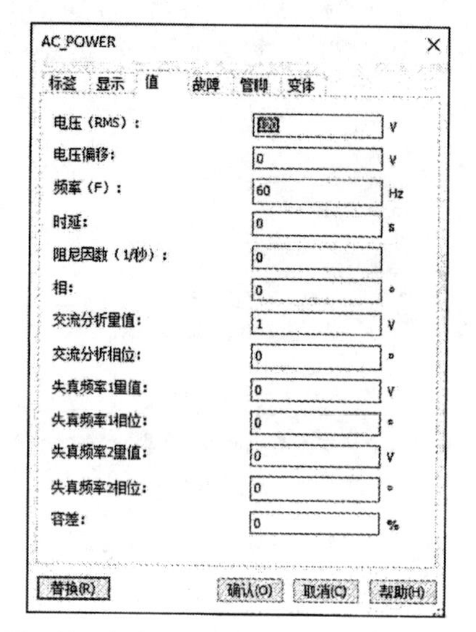

图 4-20　交流电压源的仿真参数设置对话框

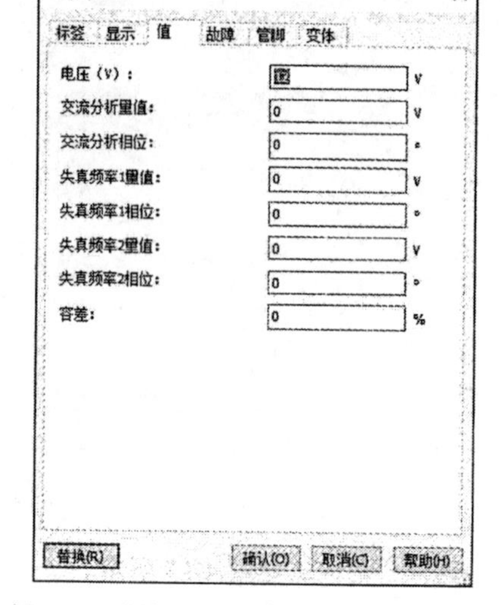

图 4-21　直流电压源的仿真参数设置对话框

在交/直流电压源的仿真参数设置对话框中，需要设置的仿真参数比较多，常用的仿真参数的具体意义如下。

- 电压（RMS）：设置该电压源默认的电压值。
- 电压偏移：在放大电路中，自激振荡产生了正弦交流信号，信号的频率如果和输入信号接近，会与输入信号叠加，使波形发生变化，使电路的直流静态工作点发生偏移，产生电压偏移。激励源默认偏移值为 0V。
- 频率（F）：设置交流信号的频率。
- 时延：设置交流信号的初始时延，默认值为 0s。
- 阻尼因数（1/秒）：设置交流信号的阻尼因子。
- 相：或者叫作相位，设置交流信号的相位。
- 交流分析量值：用于设置交流分析的电流/电压值。
- 交流分析相位：设置交流分析的相位。
- 失真频率 1 量值：设置线性电抗元器件所引起的失真频率 1 的量值，默认为 0V。
- 失真频率 1 相位：设置失真频率 1 的相位，默认值为 0°。
- 失真频率 2 量值：设置失真频率 1 的相位，默认值为 0V。
- 失真频率 2 相位：设置失真频率 1 的相位，默认值为 0°。
- 容差：电流/电压允许出现的正负偏差值，默认值为 0%。

4.3.3 仿真激励源

Multisim 14.3 提供了多种仿真激励源，它们存放在集成库中，供用户选择使用。在“信号源元器件”工具栏中显示仿真所需要的仿真电压源与电流源，如图 4-22 所示。在使用时，它们均被默认为理想的激励源，即电压源的内阻为零，电流源的内阻无穷大。

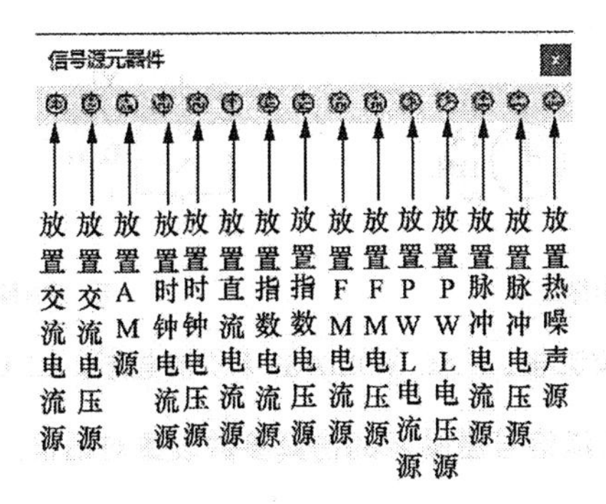

图 4-22 “信号源元器件”工具栏

仿真激励源就是仿真时输入仿真电路的测试信号，根据观察这些测试信号通过仿真电路后的输出波形，用户可以判断仿真电路中的参数设置是否合理。

常用的仿真激励源有直流电流源、交流信号激励源、周期脉冲源、指数激励源、单频调频激励源等。

4.3.4 直流电流源

集成库中提供的直流电流源 DC_CURRENT 如图 4-23 所示。

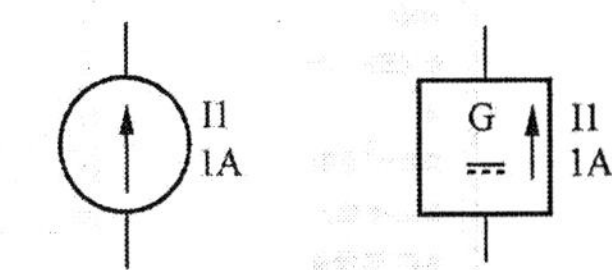

(a) ANSI标准　　(b) DIN标准

图 4-23 直流电流源 DC_CURRENT

提示

Multisim 14.3 提供了两套符号标准，对于直流电流源 DC_CURRENT，图 4-23（a）显示的是 ANSI 标准，图 4-23（b）显示的是 DIN 标准。在本书后面的实例中，若无特殊说明，均使用 DIN 标准符号。

直流电流源在仿真电路原理图中为仿真电路提供一个不变的直流电流信号。双击放置的直流电流源 DC_CURRENT，打开属性设置对话框，如图 4-24 所示。

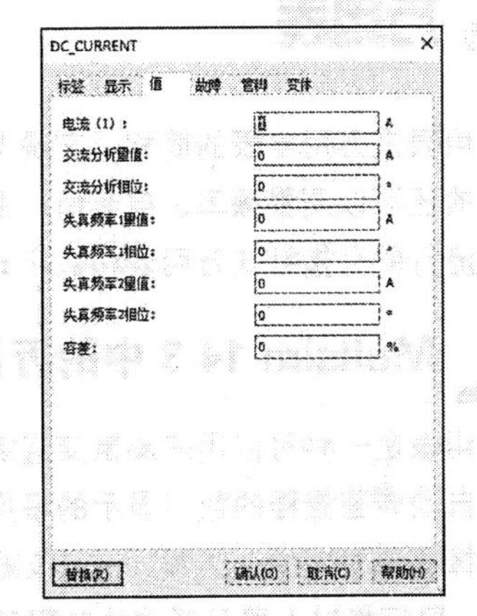

图 4-24 直流电流源 DC_CURRENT 的仿真参数设置

该对话框中的参数与理想电压源中的参数类似，这里不再赘述。

4.3.5 交流信号激励源

在进行交流小信号分析之前，必须保证电路中至少有一个交流电源，即在激励源中的 AC 属性域中设置一个大于零的值。

交流信号激励源包括交流电压源 AC_VOLTAGE 和交流电流源 AC_CURRENT，如图 4-25 所示。它们主要用来产生交流电压和交流电流，用以进行交流小信号分析和瞬态分析。

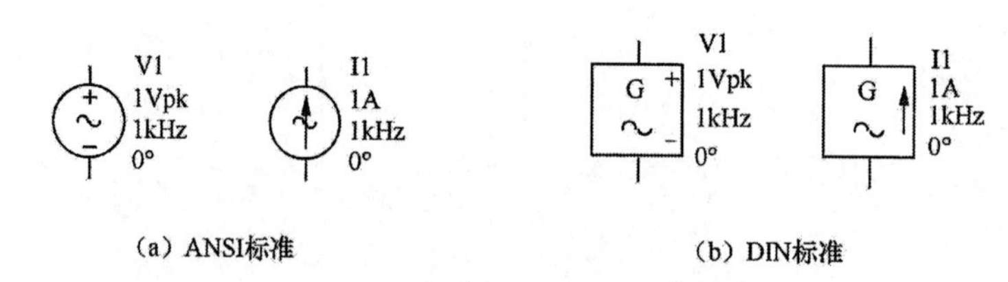

图 4-25　交流电压源 AC_VOLTAGE 和交流电流源 AC_CURRENT

图 4-26、图 4-27 所示为交流信号激励源的仿真参数设置对话框。

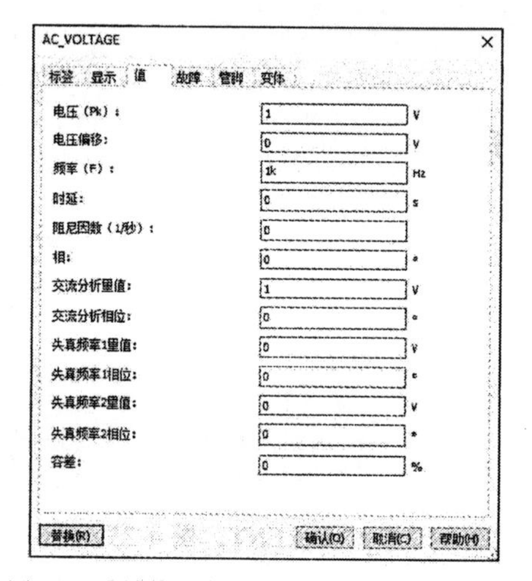

图 4-26　交流信号电压源 AC_VOLTAGE 的仿真参数设置对话框

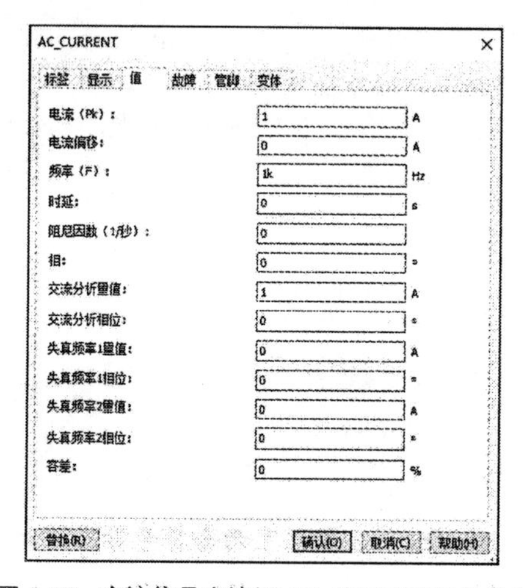

图 4-27　交流信号电流源 AC_CURRENT 的仿真参数设置对话框

该对话框中的参数与理想电压源中的参数类似，这里不再赘述。

4.4　万用表

万用表是万用电表的简称，它是测量电子电路必不可少的工具。万用表能测量电流、电压、电阻，有的还可以测量频率、电容值、逻辑电位、分贝值和三极管的放大倍数等。万用表有很多种，现在最流行的有指针式万用表和数字式万用表，它们各有优点。

4.4.1　Mulisim 14.3 中的万用表

万用表是一种可以用来测量交直流电压、交直流电流、电阻及电路中两点之间的损耗（分贝），并可以自动调整量程的数字显示的多用表，图 4-28 所示为 Mulisim 14.3 中的万用表图标。

选择菜单栏中的“仿真”→“仪器”→“万用表”命令，或单击“仪器”工具栏中的“万用表”按钮，鼠标指针上显示浮动的万用表虚影，在电路窗口的相应位置单击鼠标，完成万用表的放置。

双击万用表图标，打开数字式万用表参数设置控制面板，如图 4-29 所示。该面板的各个按钮的功能如下所述。

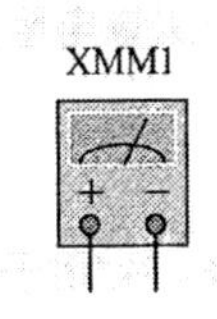

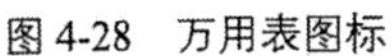

图 4-28　万用表图标

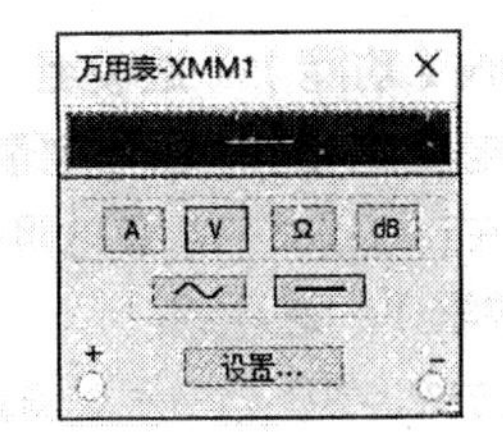

图 4-29　“万用表_XMM1”对话框

在图 4-33 中，上面的黑色条形框用于测量数值的显示。下面为测量类型的选取栏。

（1）A：测量对象为电流。

（2）V：测量对象为电压。

（3）Ω：测量对象为电阻。

（4）dB：将万用表切换到分贝显示。

（5）～：表示万用表的测量对象为交流参数。

（6）—：表示万用表的测量对象为直流参数。

（7）+：对应万用表的正极。

（8）-：对应万用表的负极。

（9）设置...：单击该按钮，打开图 4-30 所示的对话框，可以设置万用表的各个参数。

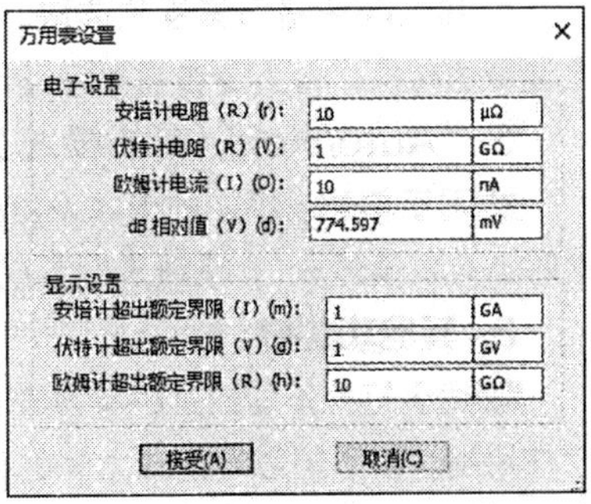

万用表设置

电子设置

安培计电阻（R）(r)：	10	μΩ
伏特计电阻（R）(V)：	1	GΩ
欧姆计电流（I）(O)：	10	nA
dB 相对值（V）(d)：	774.597	mV

显示设置

安培计超出额定界限（I）(m)：	1	GA
伏特计超出额定界限（V）(g)：	1	GV
欧姆计超出额定界限（R）(h)：	10	GΩ

接受(A)　取消(C)

图 4-30　“万用表设置”对话框

4.4.2　Agilent 万用表

Agilent VI 是 Multisim 根据安捷伦公司生产的实际仪器而设计的仿真仪器，在 Multisim 14.3 中有 Agilent 函数发生器、Agilent 万用表、Agilent 示波器。

Agilent 万用表不仅可以测量电压、电流、电阻、信号周期和频率，还可以进行数字运算。图 4-31 所示为 Agilent 万用表图标，其中共有 5 个接线端，用于连接被测电路的被测端点。上面的 4 个接线端子分为两对测量输入端，其中右侧的上下两个端子为一对，左侧上下两个端子为一对：上面的端子用来测量电压（为正极），下面的端子为公共端（为负极）。最下面一个端子为电流测试输入端。

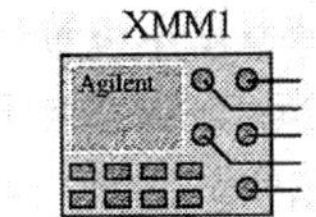

图 4-31　Agilent 万用表图标

选择菜单栏中的“仿真”→“仪器”→“Agilent 万用表”命令，或单击“仪器”工具栏中的“Agilent 万用表”按钮，放置 Agilent 万用表图标。双击 Agilent 万用表图标，弹出 Agilent 万用表 34401A 的参数设置对话框，如图 4-32 所示。

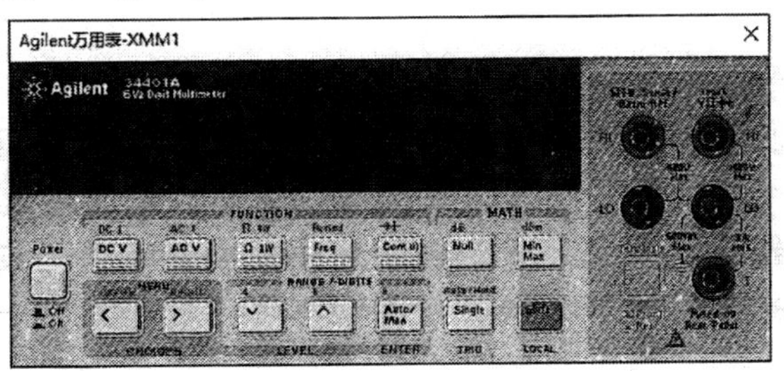

图 4-32　“Agilent 万用表_XMM1”对话框

该对话框的各个部分的功能如下。

1.“FUNCTION（功能）”选项组

用于测量直流电压/电流。用于测量交流电压/电流。用于测量电阻。用于测量信号的频率或周期。用于在连续模式下测量电阻的阻值。

2.“MATH（数学）”选项组

表示相对测量方式，将相邻的两次测量值之间的差值显示出来。用于显示已经存储的测量过程中的最大值与最小值。

3.“MENU（菜单）”选项组

和用于进行菜单的选择。在 Agilent 万用表 34401A 中，有“A：MEAS MENU（测量菜单）”“B:MATH MENUS（数字运算菜单）”“C：TRIG MENU（触发模式菜单）”“D：SYS MENU（系统菜单）”。

4.“RANGE/DIGITS（量程选择）”选项组

和用于进行量程的选取。用于减小量程，用于增大量程。用于进行自动测量和人工测量的转换，人工测量需要手动设置量程。

5.“Auto/Hold（触发模式）”选项组

用于单触发模式的选择设置。在打开 Agilent 万用表 34401A 时，默认处于自动触发模式状态，这时，可以通过单击*按钮来设置成单触发状态。

6. 其他功能键

用于打开不同的主菜单及在不同的状态模式之间转换。此按钮在 Agilent 万用表 34401A 中经常被用到。以不同触发模式之间的转换为例，从单触发状态转换到自动触发状态，不能通过简单单击来设置，而应该首先单击按钮，这时，Agilent 万用表 34401A 的显示屏的右下角中将会出现“shift”字样，此时，单击后，才从单触发状态转换到自动触发状态。

（Power 按钮)：Agilent 万用表 34401A 的电源开关。

4.5 示波器

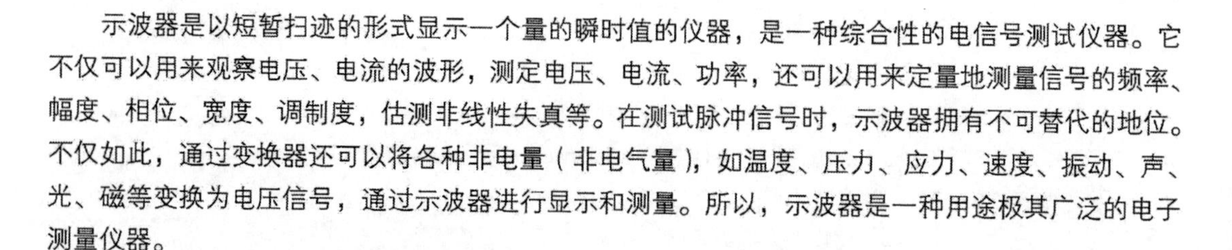

示波器是以短暂扫迹的形式显示一个量的瞬时值的仪器，是一种综合性的电信号测试仪器。它不仅可以用来观察电压、电流的波形，测定电压、电流、功率，还可以用来定量地测量信号的频率、幅度、相位、宽度、调制度，估测非线性失真等。在测试脉冲信号时，示波器拥有不可替代的地位。不仅如此，通过变换器还可以将各种非电量（非电气量），如温度、压力、应力、速度、振动、声、光、磁等变换为电压信号，通过示波器进行显示和测量。所以，示波器是一种用途极其广泛的电子测量仪器。

示波器观察的是信号幅度与时间的关系，又称为时域分析。

频谱分析仪可以方便地研究信号的频率结构的仪器。图 4-33 所示为 4 通道示波器图标。

选择菜单栏中的“仿真”→“仪器”→“示波器”命令，或单击“仪器”工具栏中的“示波器”按钮，放置示波器图标。双击示波器图标，打开图 4-34 所示的示波器面板。

示波器面板各按键的作用、调整及参数的设置与实际的示波器类似，一共分成 3 个参数设置选项组和一个波形显示区。

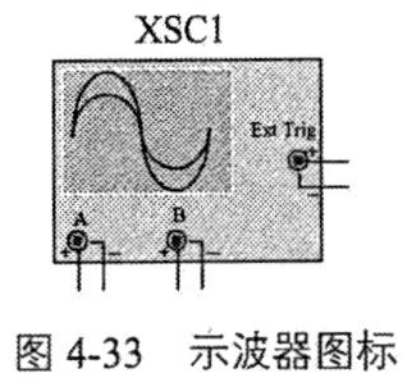

图 4-33　示波器图标

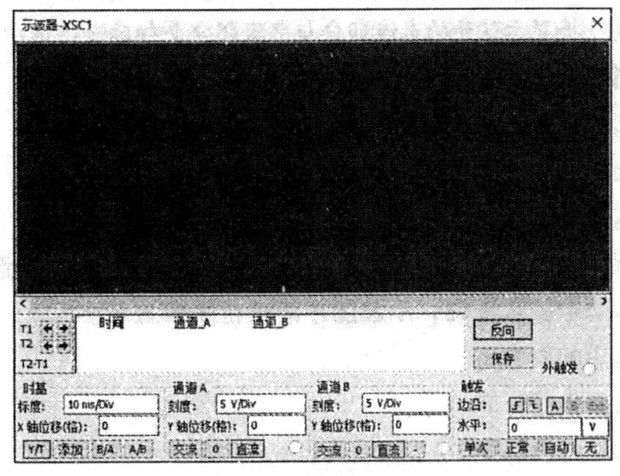

图 4-34　示波器面板

1. "时基"选项组

（1）标度

显示示波器的时间基准，其基准范围为 0.1fs/Div～1000Ts/Div，可供用户根据需要选择。

（2）*X* 轴位移（格）

X 轴位移控制 *X* 轴的起始点。当 *X* 的位置被调到 0 时，信号从显示器的左边缘开始，正值代表起始点右移，负值代表起始点左移。*X* 位置的调节范围为–5.00～+5.00。

（3）显示方式选择

选择示波器的显示方法。

① Y/T：选择 *X* 轴显示时间刻度且 *Y* 轴显示电压信号幅度的示波器显示方法。

② 添加：选择 *X* 轴显示时间，*Y* 轴显示的电压信号幅度为 A 通道和 B 通道的输入电压之和。

③ B/A：选择将 A 通道信号作为 *X* 轴扫描信号，将 B 通道信号幅度除以 A 通道信号幅度后所得信号作为 *Y* 轴的信号输出。

④ A/B：选择将 B 通道信号作为 *X* 轴扫描信号，将 A 通道信号幅度除以 B 通道信号幅度后所得信号作为 *Y* 轴的信号输出。

2. "通道"选项组

（1）刻度

电压刻度范围为 1fV/Div～1000TV/Div，可以根据输入信号的大小来选择电压刻度值的大小，使信号波形在示波器显示屏上显示出合适的幅度。

（2）*Y* 轴位移（格）

Y 轴位移控制 *Y* 轴的起始点。当 *Y* 的位置被调到 0 时，*Y* 轴的起始点在 *X* 轴上，如果将 *Y* 轴位置增加到 1.00，则 *Y* 轴原点位置从 *X* 轴向上移动一格，若将 *Y* 轴位置减小到–1.00，则 *Y* 轴原点位置从 *X* 轴向下移动一格。*Y* 轴位置的调节范围为–3.00～+3.00。改变 A、B 通道的 *Y* 轴位置有助于比较或分辨两通道的波形。

（3）输入方式

输入方式即信号输入的耦合方式。

① 交流：滤除显示信号的直流部分，仅仅显示信号的交流部分。

② 0：没有信号显示，输出端接地，在 *Y* 轴设置的原点位置显示一条水平直线。

③ 直流：将显示信号的直流部分与交流部分叠加后进行显示。

3. “触发”选项组

（1）选择触发信号

设置触发边缘，有上边沿和下边沿等选择方式。

（2）选择触发沿

可选择上升沿或下降沿触发。设置触发电平的大小，该选项表示只有当被显示的信号幅度超过右侧的文本框中的数值时，示波器才能进行采样显示。

（3）选择触发方式

选择触发电平方式。

① 自动：自动触发方式，只要有输入信号就显示波形。

② 单次：单脉冲触发方式，当满足触发电平的要求后，示波器仅仅采样一次。

③ 正常：只要满足触发电平要求，示波器就采样显示输出一次。

4. 显示区

在要显示波形读数的精确值时，可用鼠标将垂直光标拖到需要读取数据的位置。在显示屏幕下方的方框内，会显示鼠标指针与波形垂直相交点处的时间和电压值，以及两光标位置之间的时间、电压的差值。

①“反向”按钮：单击该按钮，可将示波器屏幕的背景颜色改为白色。

②“保存”按钮：单击该按钮，可按 ASCII 格式存储波形读数。

③ T1：游标 1 的时间位置。在左侧的空白处显示游标 1 所在位置的时间值，在右侧的空白处显示该时间所对应的数据值。

④ T2：游标 2 的时间位置，同上。

⑤ T2–T1：显示游标 T2 与 T1 的时间差。

4.5.1 4 通道示波器

示波器是用来显示电信号波形的形状、大小、频率等参数的仪器，图 4-35 所示为 4 通道示波器图标。

选择菜单栏中的“仿真”→“仪器”→“4 通道示波器”命令，或单击“仪器”工具栏中的“4 通道示波器”按钮，放置 4 通道示波器图标。双击 4 通道示波器图标，打开图 4-36 所示的 4 通道示波器面板。

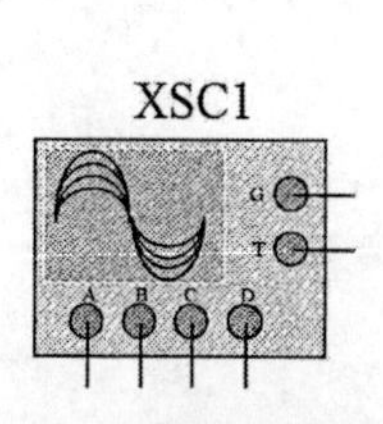

图 4-35 4 通道示波器图标

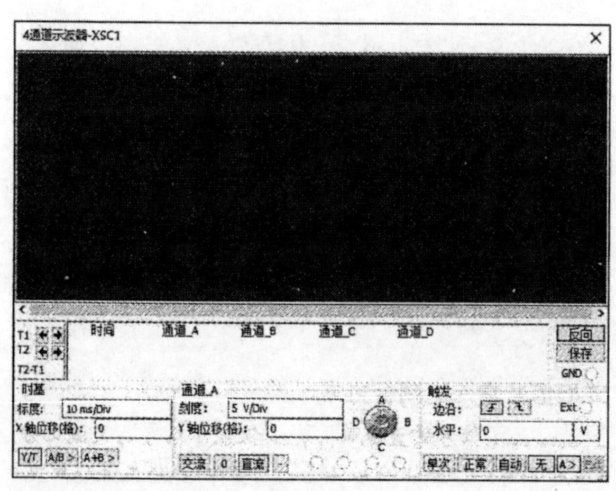

图 4-36 4 通道示波器面板

4 通道示波器面板与示波器面板参数显示略有不同。

1.“时基”选项组

选择示波器的显示方式，包括“幅度/时间”方式（Y/T）、“通道切换”方式（A/B）和“通道求和”方式（A+B）。

- Y/T 方式：X 轴显示时间，Y 轴显示电压值，如图 4-37 所示。

图 4-37　Y/T 方式

- A/B、B/A 方式：X 轴与 Y 轴都显示电压值，如图 4-38 所示。该方式包含多种切换通道，单击该按钮，弹出快捷菜单，显示切换的通道，如图 4-39 所示。

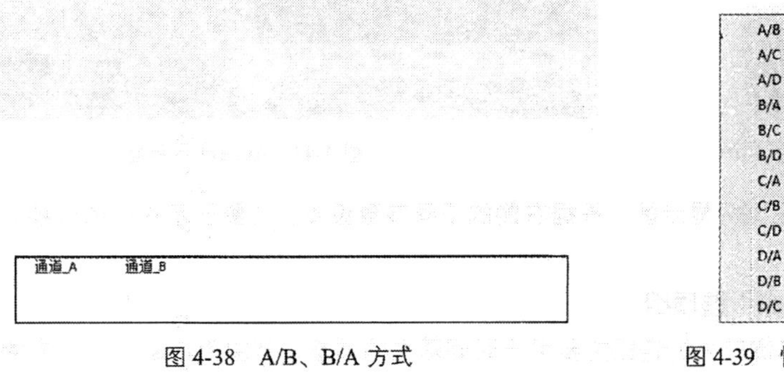

图 4-38　A/B、B/A 方式　　图 4-39　快捷菜单 1

- A+B 方式：X 轴显示时间，Y 轴显示 A 通道、B 通道的输入电压之和，如图 4-40 所示。该方式包含多种切换通道，单击该按钮，弹出快捷菜单，显示求和的切换通道，如图 4-41 所示。

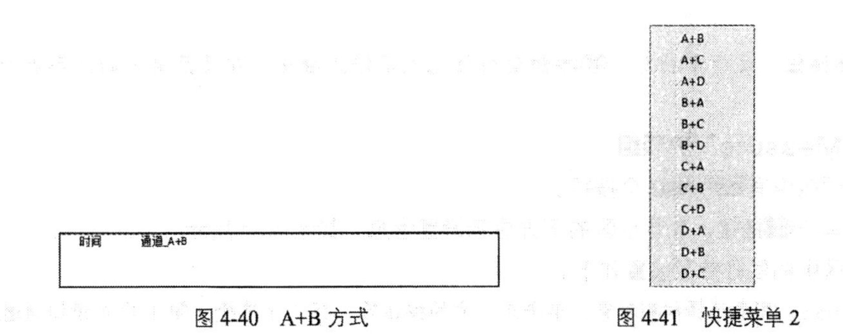

图 4-40　A+B 方式　　图 4-41　快捷菜单 2

2.“通道”选项组

设置通道控制旋钮。当旋钮转到 A、B、C、D 中的某一通道时，4 通道示波器对该通道的波形进行显示。

其余选项相同，这里不再赘述。

4.5.2　Agilent 示波器

Agilent 示波器是一款功能强大的示波器，它不但可以显示信号波形，还可以进行多种数字运算。图 4-42 所示为 Agilent 示波器的图标，其右侧共有 3 个接线端，分别为触发端、接地端、探头补偿输出端。下面的 18 个接线端被分为左侧的 2 个模拟量测量输入端，右侧的 16 个数字量测量输入端。

选择菜单栏中的“仿真”→“仪器”→“Agilent 示波器”命令，或单击“仪器”工具栏中的“Agilent 示波器”按钮，放置 Agilent 示波器图标。双击 Agilent 示波器图标，弹出 Agilent 示波器 54622D 的参数设置对话框，如图 4-43 所示。

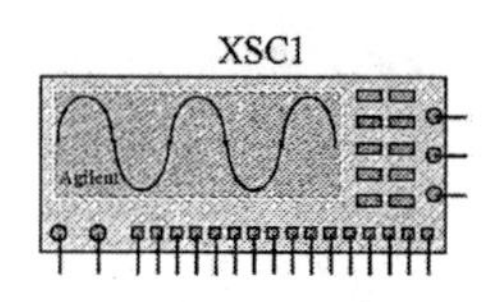

图 4-42　Agilent 示波器图标

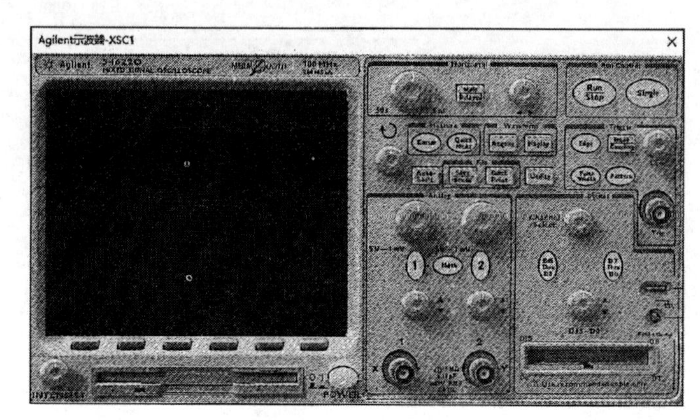

图 4-43　Agilent 示波器

在图 4-43 中，左侧为显示区，根据右侧的不同参数设置，左侧显示对应的选项，下面介绍右侧选项按钮。

1.“Horizontal”选项组

该选项组中，左侧较大的旋钮主要用于时间基准的调整，范围为 5ns～50s，右侧较小的旋钮用于调整信号波形的水平位置。按钮用于延迟扫描。

2.“Run Control”选项组

- 按钮：用于启动/停止显示屏上的波形显示，单击该按钮后，该按钮呈现黄色表示连续进行。
- 按钮：表示单触发，按钮变成红色表示停止触发，即显示屏上的波形在触发一次后保持不变。

3.“Measure”选项组

该选项组中有和2 个按钮。

（1）单击按钮，在显示区的下方显示设置信息，如图 4-44 所示。

显示区中的信息参数设置如下。

- Source：用来选择被测对象，单击正下方的按钮后，有 3 个选择，即 1 代表模拟通道 1 的信号，2 代表模拟通道 2 的信号，Math 代表数字信号。
- X Y：用来设置 *X* 轴和 *Y* 轴的位置。
- Y1：用于设置 *Y*1 的起始电压。单击正下方的按钮，再单击“Measure”选项组左侧的图标所对应的旋钮，即可以改变 *Y*1 的起始电压。*Y*2 的设置方法相同。
- Y1−Y2：*Y*1 与 *Y*2 的电压差值。
- Cursor：游标的起始位置。

（2）单击按钮后，显示区显示如图 4-45 所示的选项设置。

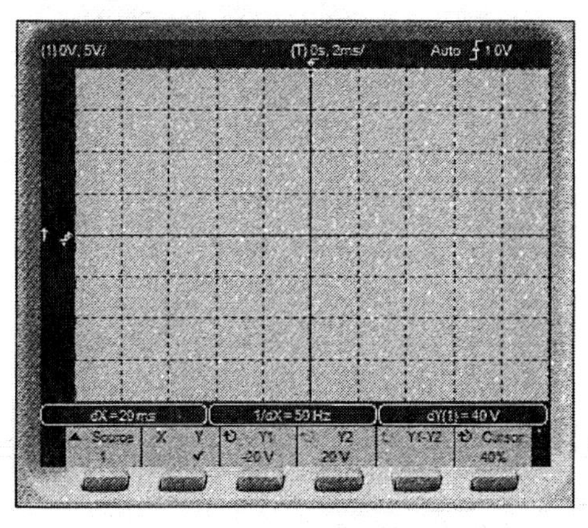

图 4-44　显示设置信息

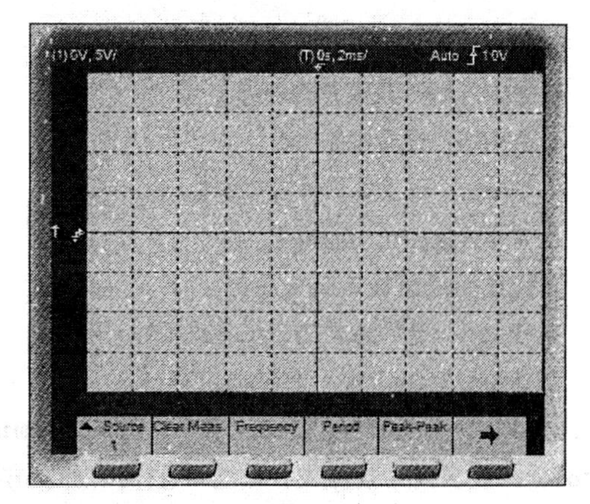

图 4-45　显示区选项

在该选项中参数设置如下。

- Source：选择待测信号源。
- Clear Meas：清除所显示的数值。
- Frequency：测量某一路信号的频率值。
- Period：测量某一路信号的周期。
- Peak-Peak：测量峰-峰值。

单击→按钮后，弹出新的选项设置，分别是测量最大值、测量最小值、测量上升沿时间、测量下降沿时间、测量占空比、测量有效值、测量正脉冲宽度、测量负脉冲宽度、测量平均值。

4. “Waveform”选项组

该选项组中有Acquire和Display 2 个按钮，用于调整显示波形。

（1）单击Acquire按钮，显示区显示如图 4-46 所示的选项设置。

- Normal：设置正常的显示方式。
- Averaging：对显示信号取平均值。
- Avgs：设置对显示信号取平均值的次数。

（2）单击Display按钮，显示区显示如图 4-47 所示的选项设置。

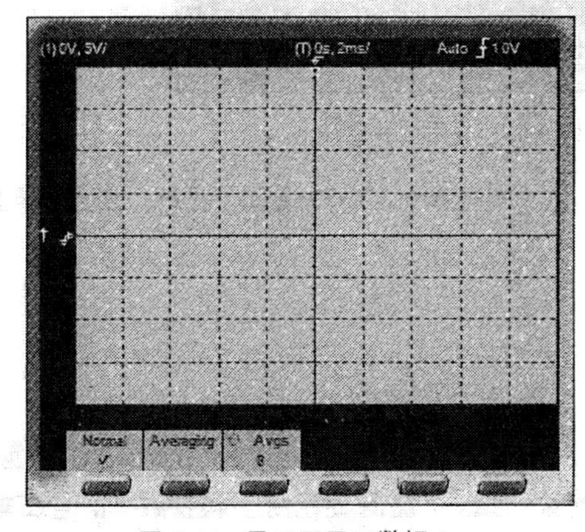

图 4-46　显示区显示数据 1

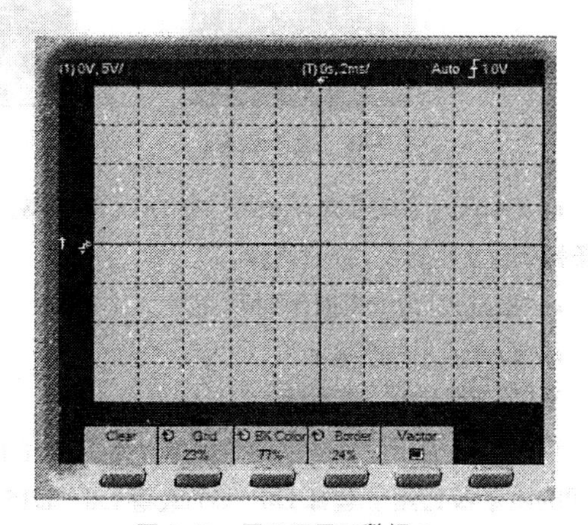

图 4-47　显示区显示数据 2

- Clear：清除显示屏中的波形。

- Gird：设置栅格显示灰度。
- BK Color：设置背景颜色。
- Border：设置边界大小。
- Vector：设置矢量的显示方式。

5. “Trigger”选项组

该选项组是触发方式设置区。

① Edge：选择触发方式和触发源。

② Mode/Coupling：选择耦合方式。

Mode 用于设置触发方式，有 3 种方式：Normal 代表常规触发方法；Auto 代表自动触发方式；Auto level 代表先常规触发，后自动触发的触发方式。

③ Pattern：将某个通道的信号的逻辑状态作为触发条件时的设置按钮。

④ Pulse Width：用于配制触发阈值的设定选项，可设定系统在检测到特定宽度的脉冲信号时触发相应动作。

6. “Analog”选项组

该选项组用于模拟信号通道设置，如图 4-48 所示。最上面的两个按钮用于模拟信号幅度的衰减。如果待显示的信号幅度过大或过小，为了能在示波器的荧光屏上完整地看到波形，则可以调节该旋钮，两个旋钮分别对应 1、2 两路模拟输入。1 和 2 按钮用于选择模拟信号 1 或 2。Math 旋钮用于对 1 和 2 两路模拟信号进行某种数学运算。Math 旋钮下面的两个旋钮用于调整相应的模拟信号在垂直方向上的位置。

选中模拟通道 2，如图 4-48 所示，在显示区的下方出现选项设置，如图 4-49 所示。

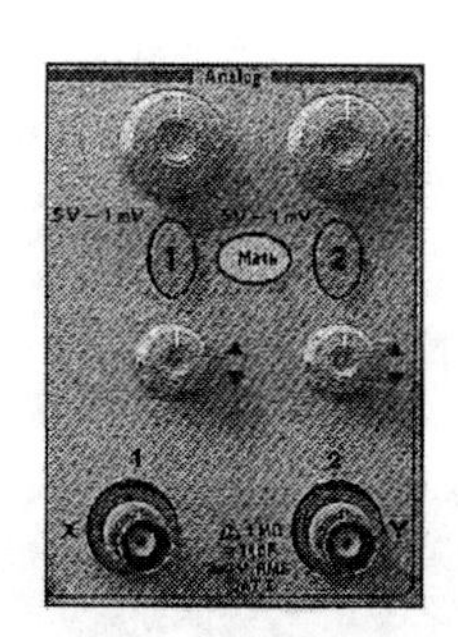

图 4-48　选择通道 2

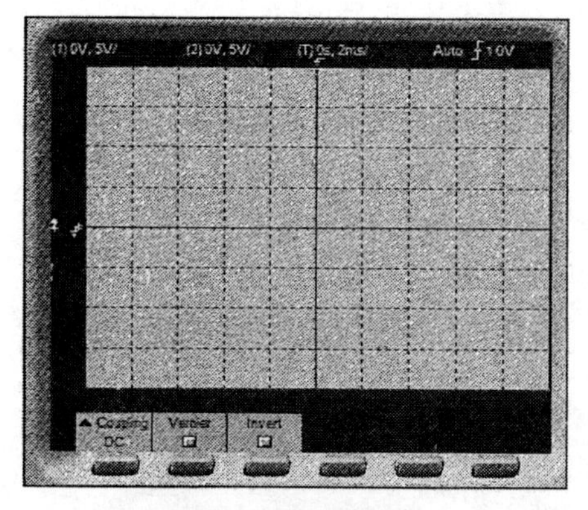

图 4-49　显示选项信息

- Coupling：设置耦合方式，有 DC（直流耦合）、AC（交流耦合）和 Ground（接地，在显示屏上为一条幅值为 0 的直线）几种选择。
- Vernier：对波形进行微调。
- Invert：对波形取反。

7. “Digital”选项组

该选项组用于设置数字信号通道，如图 4-50 所示。最上面的旋钮用于进行数字信号通道的选择。中间的两个按钮用于选择 D0～D7 或者 D8～D15 中的某一组。下面的旋钮用于调整数字信号在垂直方向上的位置。

首先选择 D0～D7 或者 D8～D15 中的某一组，这时在显示屏所对应的通道中会有箭头附注，然后旋转通道选择按钮到某通道即可。

8. 其他按钮

图 4-51 所示分别为示波器显示屏的灰度调节按钮、软驱和电源开关。这里不再赘述。

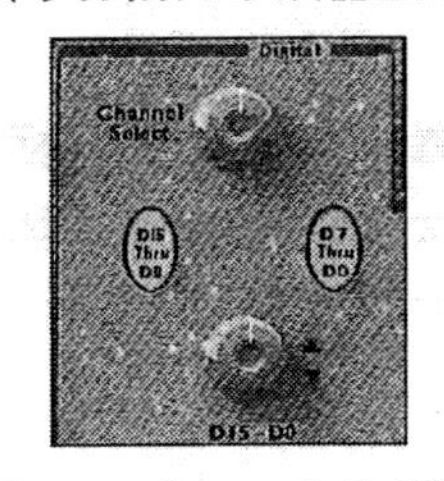

图 4-50 “Digital”选项组

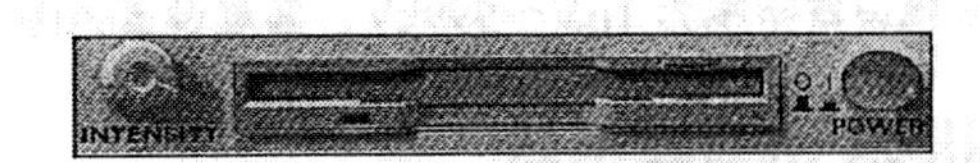

图 4-51 显示屏下按钮

4.6 信号发生器

测量用信号发生器是为进行电子测量而提供符合一定要求的电信号的设备。它是电子测量中最基本、使用最广泛的电子测量仪器之一。

在电子测量领域中，几乎所有的电参量都需要借助信号发生器进行测量。例如晶体管参数的测量，电容 C、电感 L、品质因数 Q 的测量，网络传输特性的测量，接收机的测量等。

4.6.1 函数发生器

函数发生器是可提供正弦波、三角波、方波 3 种不同波形信号的电压信号源，图 4-52 所示为函数发生器图标。

选择菜单栏中的“仿真”→“仪器”→“函数发生器”命令，或单击“仪器”工具栏中的“函数发生器”按钮，放置函数发生器图标。双击该图标，弹出函数发生器面板，如图 4-53 所示。

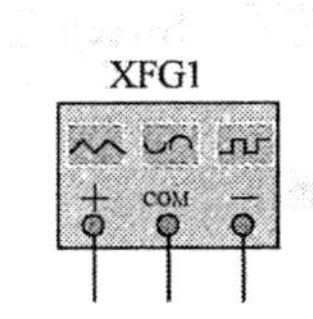

图 4-52 函数发生器图标

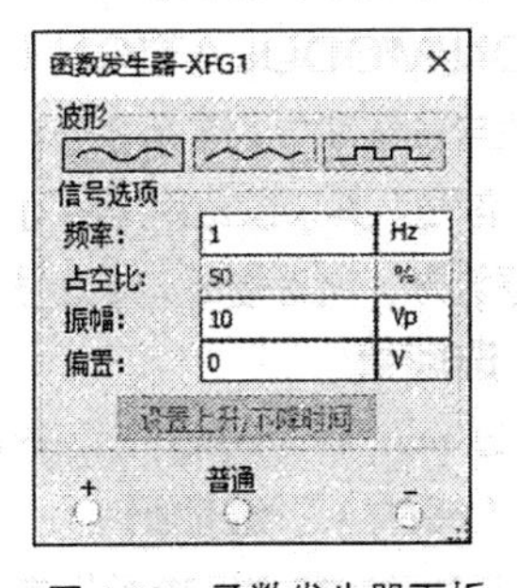

图 4-53 函数发生器面板

“函数发生器-XFG1”对话框的各个部分的功能如下。

① “波形”选项组下的 3 个按钮用于选择输出波形，分别为正弦波、三角波和方波。

② “信号选项”选项组包括以下设置。

- 频率：设置输出信号的频率。
- 占空比：设置输出的方波和三角波电压信号的占空比。
- 振幅：设置输出信号幅度的峰值。
- 偏置：设置输出信号的偏置电压，即设置输出信号中直流成分的大小。

- 设置上升/下降时间：设置上升沿与下降沿的时间。仅对方波有效。

③ +：表示波形电压信号的正极性输出端。

④ −：表示波形电压信号的负极性输出端。

⑤ 普通：表示公共接地端。

函数发生器的输出波形、工作频率、占空比、幅度和直流偏置，可通过使用鼠标指针选择波形选择按钮和在各窗口设置相应的参数来实现。频率设置范围为 1Hz～999THz，占空比调整值范围为 1%～99%，振幅设置范围为 1μV～999kV，偏置设置范围为- 999～999kV。

4.6.2 Agilent 函数发生器

Agilent 函数发生器既可以产生常用的函数波形，也可以产生特殊的函数波形和用户自定义的函数波形。图 4-54 所示为 Agilent 函数发生器图标，其右侧共有两个接线端，分别为 SYNC 同步信号输出端和普通信号输出端。

选择菜单栏中的“仿真”→“仪器”→“Agilent 函数发生器”命令，或单击“仪器”工具栏中的“Agilent 函数发生器”按钮，放置 Agilent 函数发生器图标。双击图标，弹出参数设置对话框，如图 4-55 所示。

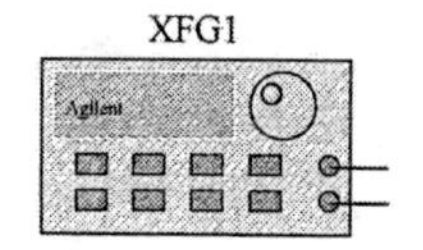

图 4-54 Agilent 函数发生器图标

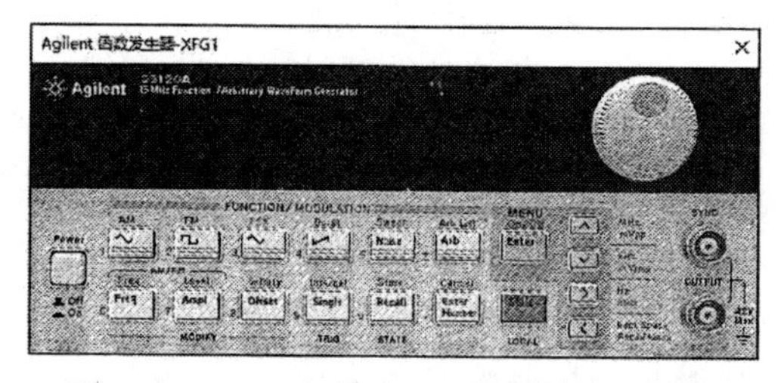

图 4-55 Agilent 函数发生器的参数设置对话框

该对话框中的按钮大多数具备两种功能，分别写在按钮上和按钮上方。在使用按钮前可以通过 Shift 键选择不同的状态或功能。控制按钮的功能如下。

1. “FUNCTION/MODULATION（函数/调制）”选项组

该选项组用来产生电子线路中的常用信号。AM 按钮可以输出正弦波，单击 Shift 按钮后，其输出可以改为 AM（调幅）信号。其余按钮用法相同，可分别输出方波、三角波、锯齿波、噪声源、Arb 信号，或产生用户定义的任意波形，或者输出 FM 信号、FSK 信号、Burst 信号、Sweep 信号和 Arb List 信号。

2. “AM/FM”选项组

该选项组主要通过 Freq 和 Ampel 按钮来调节信号的频率和幅度。

3. “MODIFY（修改）”选项组

该选项组主要通过和按钮来调节信号的调频频率和调频度，通过按钮来调整信号源的偏置或设置信号源的占空比。

4. “TRIG”选项组

该选项组只有一个按钮，用来设置信号的触发模式。有“Single（单触发）” “Internal（内部触发）” 2 种模式。

5. “STATE”选项组

按钮用于调用上次存储的数据，Store 用于选择数据存储状态。

6. 其他按钮

按钮用于输入数字（取消上次操作）。按钮是功能切换按钮。按钮是确认菜单按钮，右侧的、、、4 个按钮用于进行子菜单或参数设置。

4.7 电阻器

电阻器简称电阻，它是电子电路中最基本、最常用的电子元件。在电路中，电阻的主要作用是稳定和调节电路中的电流和电压，即起降压、分压、限流、分流、隔离、滤波等作用。

电阻的种类繁多，根据电阻在电路中工作时电阻值的变化规律，可被分为固定电阻、可变电阻（电位器）和特殊电阻（敏感电阻）3 大类。

4.7.1 电阻串联和并联等效电路

1. 电阻串联电路

两个或多个电阻首尾依次顺序连接，并且在这些电阻中通过同一电流，这种连接方式被称为电阻的串联。n 个电阻串联的电路如图 4-56 所示。

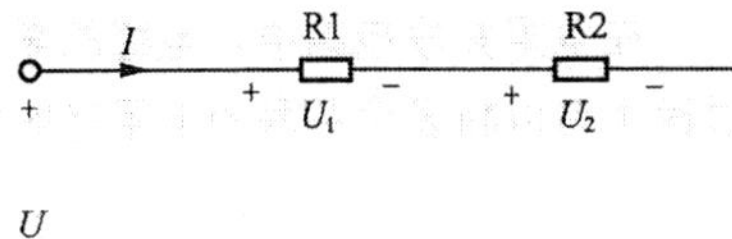

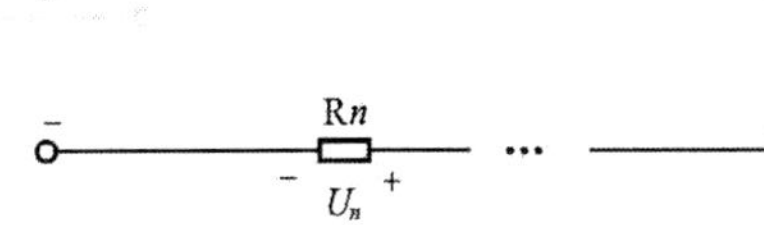

图 4-56　电阻串联电路

根据基尔霍夫电压定律可知

$$U=U_1+U_2+\cdots+U_n=R1I+R2I+\cdots+RnI=(R1+R2+\cdots+Rn)I=RI \quad (4\text{-}10)$$

可见，多个电阻串联的电路对外端口而言，可以用一个等效电阻 R 来替代，其值为多个电阻之和，即

$$R=R1+R2+\cdots+Rn \quad (4\text{-}11)$$

电阻串联电路中，电阻串联电路的总电阻等于各个参与串联的电阻的阻值之和，因此电阻串联后的总电阻增大，串联的电阻越多，总电阻越大。在进行电路识图的过程中，用户可以将多个串联的电阻等效为 1 个电阻，如图 4-57 所示。

2. 电阻并联电路

2 个或 2 个以上的电阻在电路中被连接在两个公共节点之间，并且这些电阻承受同一电压，这种连接方式被称为电阻并联，n 个电阻并联的电路如图 4-58 所示。

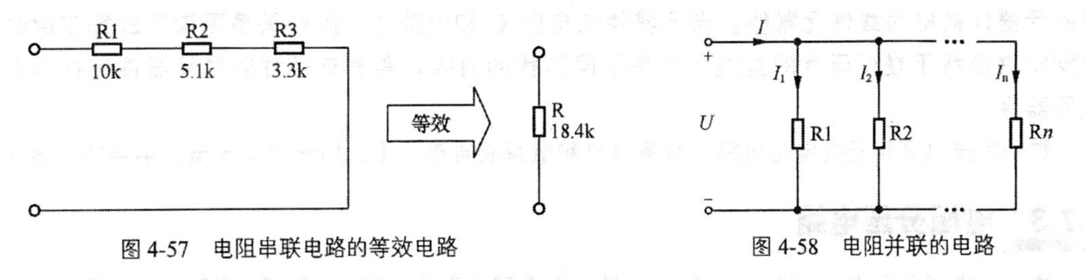

图 4-57　电阻串联电路的等效电路　　图 4-58　电阻并联的电路

根据基尔霍夫电流定律可知

$$I=I_1+I_2+\cdots+I_n=\frac{U}{R1}+\frac{U}{R2}+\cdots+\frac{U}{Rn}=(\frac{1}{R1}+\frac{1}{R2}+\cdots+\frac{1}{Rn})U=\frac{U}{R} \quad (4\text{-}12)$$

可见，多个电阻并联的电路对外端口而言，可以用一个等效电阻 R 来替代，其值的倒数为各个电阻值倒数之和，即

$$\frac{1}{R}=\frac{1}{R1}+\frac{1}{R2}+\cdots+\frac{1}{Rn} \tag{4-13}$$

或用电导表示为

$$G=G_1+G_2+\cdots+G_n \tag{4-14}$$

多个电阻并联时，其等效电阻值 R 总是小于多个电阻中阻值最小的那个电阻。电阻并联符常用“//”表示，如 R_1 和 R_2 并联可写为 $R_1//R_2$。

在电阻并联电路中，电路的总电阻减小，即并联的电阻越多，总电阻越小，在进行电路识图的过程中可以将多个并联的电阻等效为 1 个电阻，如图 4-59 所示。

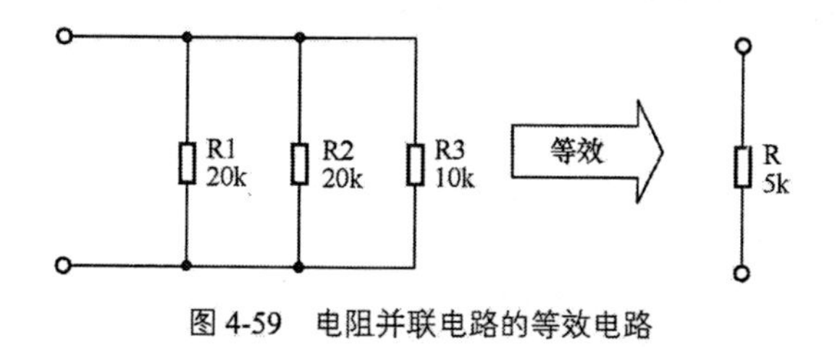

图 4-59　电阻并联电路的等效电路

4.7.2　欧姆定律

欧姆定律是电路的基本定律之一，它指通过某段导体的电流与导体两端的电压成正比，与导体的电阻成反比，即

$$U=IR \tag{4-15}$$

由式（4-15）可知，在电压 U 一定的情况下，电阻 R 越大，则电流 I 越小。可见，电阻具有对电流起阻碍作用的性质。欧姆定律表示了线性电阻两端电压和电流之间的约束关系。因此，欧姆定律的表达式也被称为线性电阻元件约束方程。

当元器件的电压 U 和电流 I 之间的关系满足欧姆定律时，以导体两端的电压 U 为横坐标、电流 I 为纵坐标所得出的曲线为伏安特性曲线，它是一条通过坐标原点的直线，满足这种性质的元器件被称为线性元器件。当元器件的电压 U 和电流 I 之间的关系不满足欧姆定律时，伏安特性曲线不是过原点的直线，而是不同形状的曲线，具有这种性质的元器件被称为非线性元器件。

欧姆定律只适用于纯电阻电路、金属导电和电解液导电，不适用于气体导电和半导体元器件。

4.7.3　电阻分压电路

典型的电阻分压电路如图 4-60 所示，该分压电路由两个电阻 $R1$ 和 $R2$ 串联组成，将输入电压 U_i 加在电阻 $R1$ 和 $R2$ 上，输出电压 U_i 为 $R2$ 上的电压，$U_o=U_iR2/(R1+R2)$。$R2$ 分得电压的大小与 $R2$ 阻值大小有关，阻值越大，分压越大。

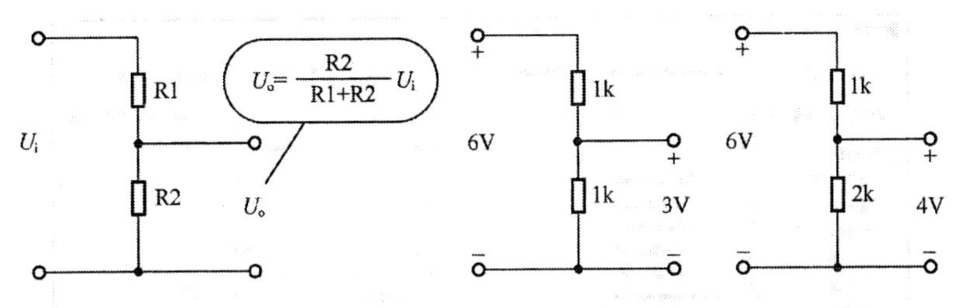

图 4-60 电阻分压电路

【操作步骤】

1. 设置工作环境

① 单击“标准”工具栏中的“设计”按钮，弹出“New Design（新建设计文件）”对话框，选择“Blank and recent”选项。单击Create按钮，创建一个电路原理图设计文件。

② 单击菜单栏中的“文件”→“保存为”命令，将项目另存为“电阻分压电路.ms14”，在“设计工具箱”面板中将显示用户设置的名称，如图 4-61 所示。

2. 设置电路原理图图纸

选择菜单中的“选项”→“电路图属性”命令，系统弹出“电路图属性”对话框，打开“工作区”选项卡，设置“电路图页面大小”为 A4，如图 4-62 所示。完成设置后，单击“确认”按钮，关闭对话框。

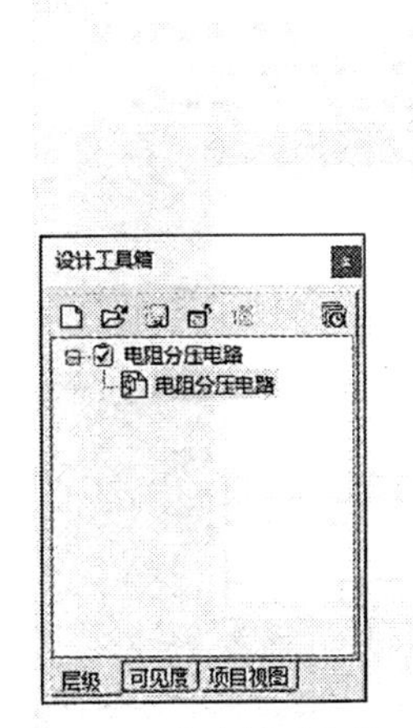

图 4-61 保存设计文件

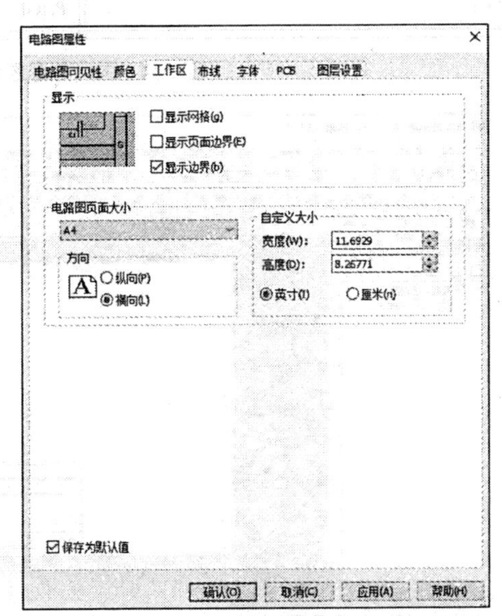

图 4-62 “电路图属性”对话框

3. 设置图纸的标题栏

选择菜单栏中的“绘制”→“标题块”命令，在弹出的“打开”对话框中选择标题块模板 Ulticap.tb7，如图 4-63 所示。

单击“打开”按钮，在图纸右下角放置图 4-64 所示的标题块。选择菜单栏中的“编辑”→“标题块位置”→“右下”命令，精确放置标题块，如图 4-65 所示。

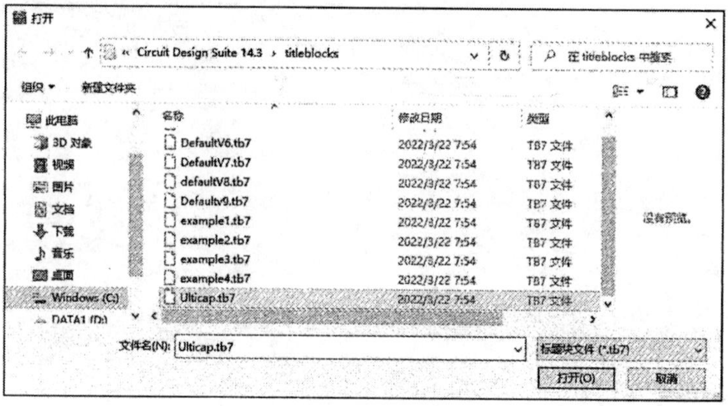

图 4-63 “打开”对话框

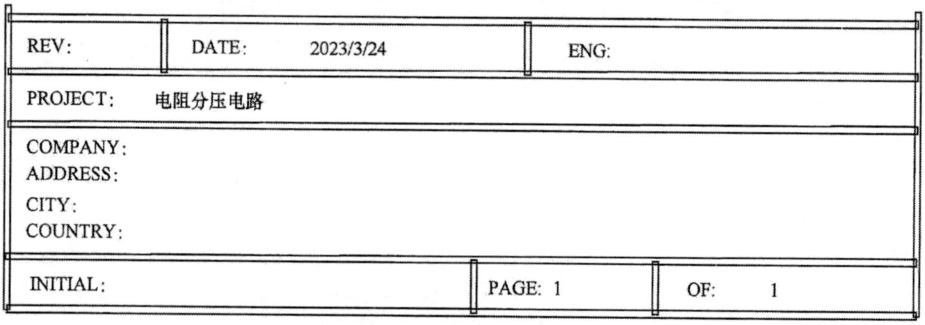

REV:	DATE: 2023/3/24	ENG:
PROJECT: 电阻分压电路		
COMPANY: ADDRESS: CITY: COUNTRY:		
INITIAL:	PAGE: 1	OF: 1

图 4-64 插入的标题块

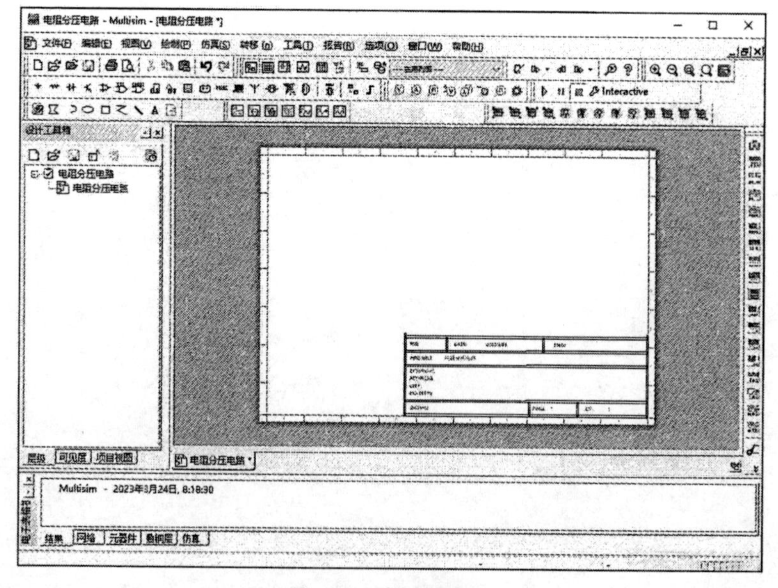

图 4-65 布置标题块

4. 增加元器件

在本实例中，未介绍电路图的属性设置，因此使用默认的 ANSI 符号标准。

单击“元器件”工具栏中的“放置基本”按钮，在“Basic”库的“系列”栏中选择“RESISTOR”，在“元器件”栏中显示各种型号（根据电阻值分类）的电阻，选中电阻值为 1kΩ的电阻，如图 4-66

所示。

在工作区域放置 2 个阻值为 1kΩ 的电阻，按下 “Ctrl+R” 组合键，将水平放置的电阻旋转 90°，界面截图如图 4-67 所示。

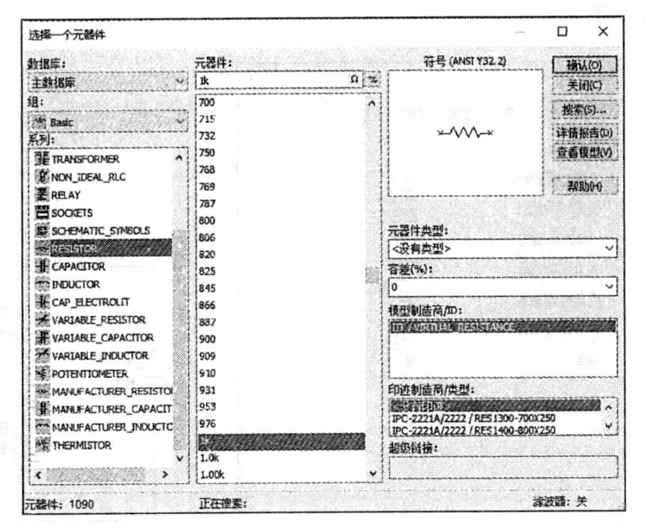

图 4-66　选择 1kΩ电阻

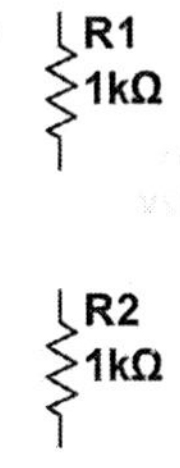

图 4-67　放置电阻

在 “组” 下拉列表中选择 “Sources (电源库)”，在 “系列” 栏选择 “POWER_SOURCES (电源)”，如图 4-68 所示。选择 “DC_POWER (直流电源)” “GROUND (地线)”，放置到电路原理图中，放置结果如图 4-69 所示。

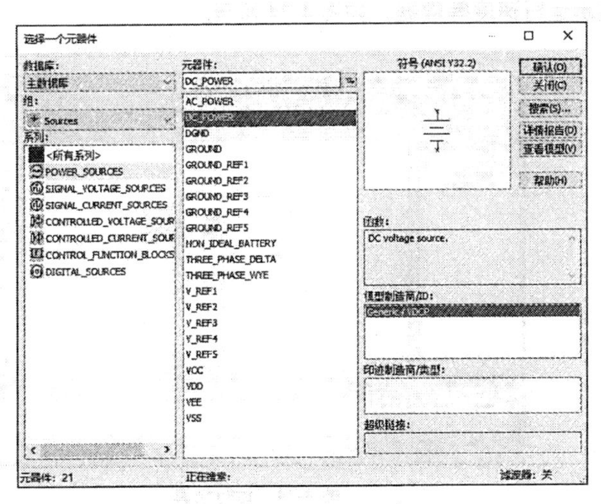

图 4-68　“Sources” 库

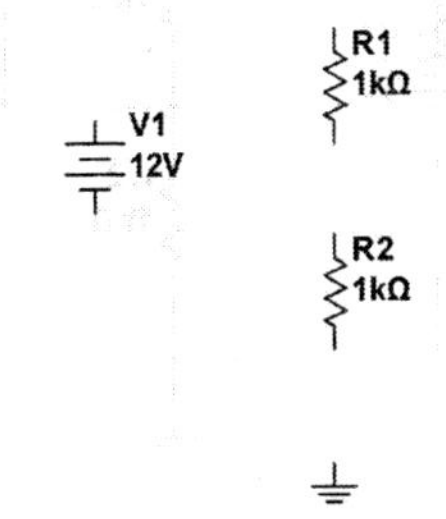

图 4-69　放置电源符号

5. 连接线路

将鼠标指针移到要连接的元器件的引脚上，激活连线命令，鼠标指针自动变为实心圆圈状，单击并移动鼠标指针，执行自动连线操作。连接好的电路原理图如图 4-70 所示。

双击直流电源 V1，弹出 “DC_POWER” 对话框，如图 4-71 所示，打开 “值” 选项卡，修改 “电压 (V)” 为 6V，单击 “确认” 按钮，关闭对话框。图 4-72 所示为修改后的电路。

6. 插入万用表

选择菜单栏中的“仿真”→“仪器”→“万用表”命令，或单击“仪器”工具栏中的“万用表”按钮，在鼠标指针上显示浮动的万用表虚影，在电路窗口的相应位置单击，完成万用表的放置，并连接万用表，结果如图 4-73 所示。

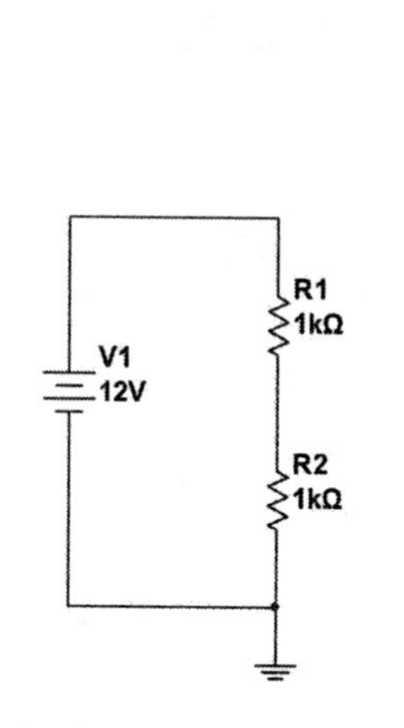

图 4-70　连线结果

DC_POWER

标签　显示　值　故障　管脚　变体

电压（V）：	6	V
交流分析量值：	0	V
交流分析相位：	0	°
失真频率1量值：	0	V
失真频率1相位：	0	°
失真频率2量值：	0	V
失真频率2相位：	0	°
容差：	0	%

替换(R)　确认(O)　取消(C)　帮助(H)

图 4-71　“DC_POWER”对话框

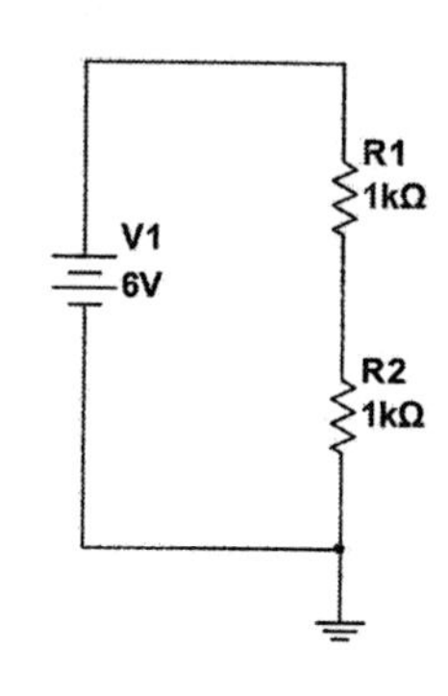

图 4-72　修改电压值

7. 运行仿真

选择菜单栏中的“仿真”→“运行”命令，或单击“Simulation（仿真）”工具栏中的“运行”按钮▷，进行仿真测试，在状态栏显示运行速度等数据，如图 4-74 所示。

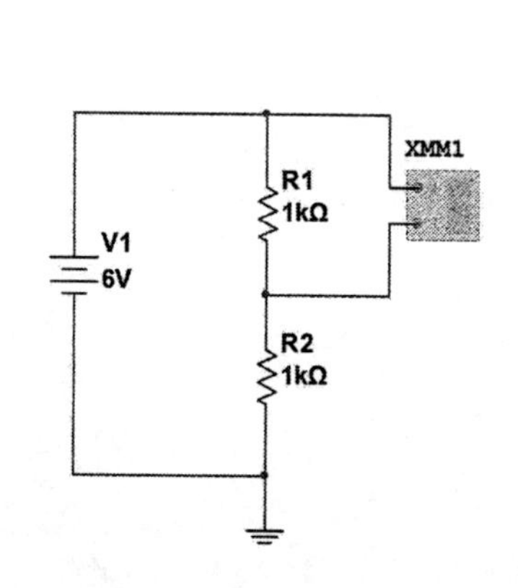

图 4-73　接入万用表

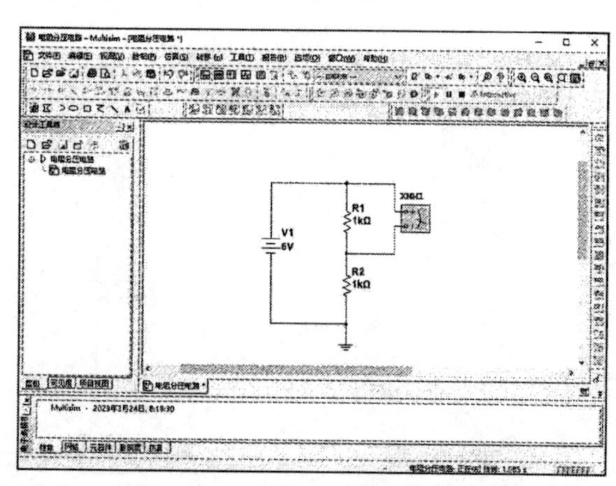

图 4-74　运行仿真

双击万用表 XMM1，显示图 4-75 所示的属性设置对话框，显示检测的电阻 R1 两端的电压为 3V，如图 4-75 所示。

8. 结果分析

可以看到，万用表测得的电阻 R1 两端的电压是 3V，是电源电压 6V 的一半，表示电阻 R1 和 R2 平分电压。

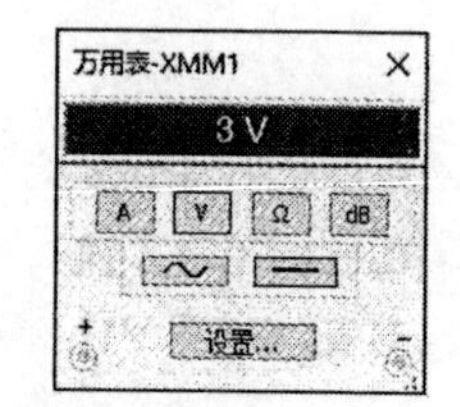

图 4-75　显示万用表 XMM1 值

同样可以计算出电阻 R1 和 R2 上的电压均为 3V。在这个电路中，电源和两个电阻构成了一个回路，根据电阻分压原理，电源电压 6V 由两个电阻分担，两个电阻的阻值均为 1kΩ，电压平均分配，即 6V ÷ 2=3V，可以计算出每个电阻分担的电压是 3V。

为了进一步验证电阻分压特性，可以改变这两个电阻的阻值。

9. 修改电路

双击电阻 R1，弹出“电阻器”对话框，如图 4-76 所示，打开“值”选项卡，修改“电阻（R）”为 2kΩ，单击“确认”按钮，关闭对话框。图 4-77 所示为修改后的电路。

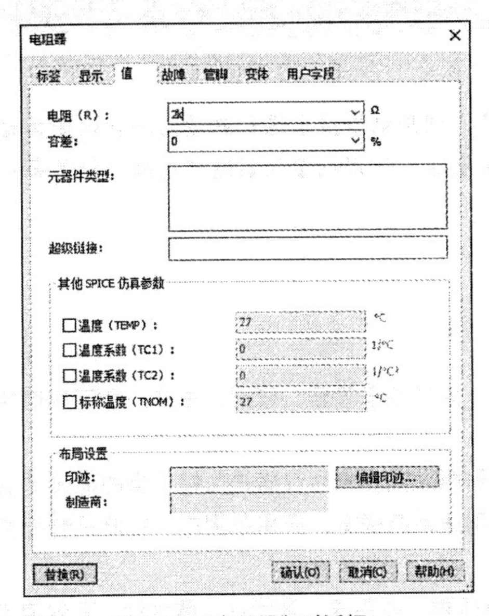

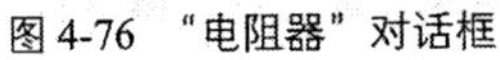
图 4-76 “电阻器”对话框

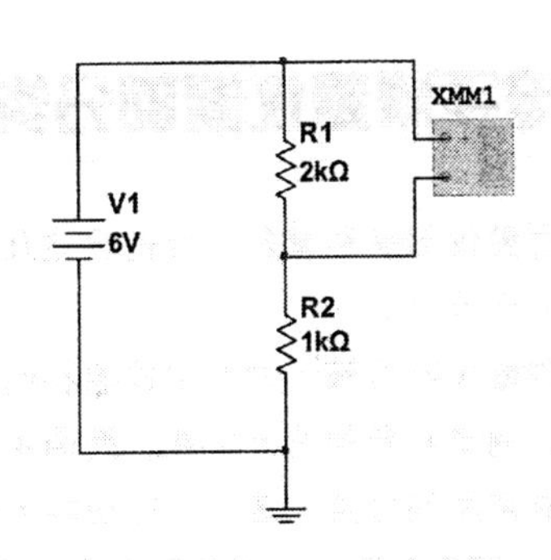

图 4-77 修改后的电路

10. 运行仿真

选择菜单栏中的“仿真”→“运行”命令，或单击“Simulation（仿真）”工具栏中的“运行”按钮，进行仿真测试，在状态栏显示运行速度等数据。

双击万用表 XMM1，显示检测的电阻 R1 两端的电压为 4V，如图 4-78 所示。电阻 R1 和 R2 两端的电压比例为 1:2，与阻值比例 5Ω : 10Ω=1:2 相同，再次验证了电阻的分压作用。

单击“标准”工具栏中的“保存”按钮，保存绘制好的电路原理图文件。选择菜单栏中的“文件”→“关闭”命令，关闭当前设计文件。

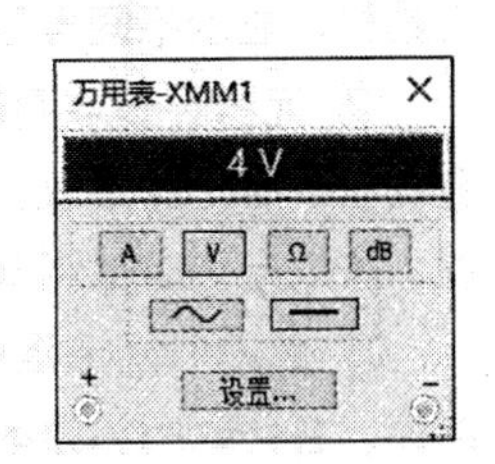

图 4-78 万用表电压值

第5章 测量仪器电路分析

测量仪器是指用于检测或测量变量的器具。利用电子技术进行测量的测量仪器被称为电子测量仪器。其中常用的有电流表、电压表、功率表等。使用测量仪器进行电路分析是每一位从事电气工作的人员应具备的技能。

5.1 电子测量仪器的分类

电子测量仪器品种繁多，目前已达几千种。为了便于管理、研制、生产、学习和选用，必须对它们进行适当分类。

电子测量仪器可被分为专用仪器和通用仪器两大类。专用仪器是为特定目的而设计的，它只适用于特定的测试对象和测试条件。而通用仪器则适用范围宽，应用范围广。在此只介绍通用仪器的最基本、最常用的分类方法——按功能分类。

① 电平测量仪器：主要品种有电流表、电压表、多用表、毫伏计、微伏计、有效值电压表、数字电压表、功率计等。

选择菜单栏中的“视图”→“工具栏”→“测量部件”命令，打开图5-1所示的“测量部件”工具栏，显示不同类型的电平测量仪器（安培计、探针、伏特计）。

② 元器件参数测量仪器：主要品种有RLC电桥、绝缘电阻测试仪、阻抗图示仪、电子管参数测试仪、晶体管综合参数测试仪、集成电路参数测试仪等。

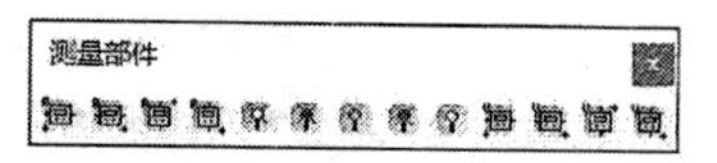

图5-1 “测量部件”工具栏

③ 频率时间测量仪器：主要品种有波长仪、电子计数器、相位计、各种时间和频率标准仪器等。

④ 信号波形测量仪器：主要品种有各种示波器、调制度测试仪、频偏仪等。

⑤ 信号发生器：主要品种有低频信号发生器、高频信号发生器、微波信号发生器、函数信号发生器、合成信号发生器、扫频信号发生器、脉冲信号发生器和噪声信号发生器等。

⑥ 模拟电路特性测试仪器：主要品种有频率特性测试仪、过渡特性测试仪、相位特性测试仪、噪声系数测试仪等。

⑦ 数字电路特性测试仪器：主要品种有逻辑状态分析仪、逻辑时间关系分析仪、图像分析仪、逻辑脉冲发生器、数字集成电路测试仪等。

⑧ 信号频谱分析仪器：主要品种有谐波分析仪、失真度测量仪、频谱分析仪、傅里叶分析仪、相关器等。

此外，还有电信测试仪器、场强测量仪器、相位测试仪器、材料电磁特性测试仪器、测试系统、附属仪器等。

除按功能分类外，还有按频段分类、按精度分类、按仪器工作原理分类、按使用条件分类、按结构方式和操作方式分类等分类方法。

从总的发展趋势看，常规的以晶体管和集成电路为主体的电子测量仪器，正在向数字化方向转变，带微处理器的电子测量仪器层出不穷。目前，以 VI 和智能（程控）仪器为核心的自动测试系统在各个领域中得到了广泛的应用，促使现代电子测量技术向着自动化、智能化、网络化和标准化的方向发展。

5.2 电流表

电流表又称“安培表”，是测量电路中的电流大小的工具，主要采用磁电系电表的测量机构。在电路图中，电流表的符号为“A”，电流表被分为交流电流表和直流电流表。交流电流表不能测量直流电流，直流电流表也不能测量交流电流，否则，会把表烧坏。

在 Multisim 14.3 中，将电流表称为安培计，下文使用安培计这一名称。

安培计（电流表）用来测量电路回路中的电流。安培计存放在指示元器件库中，在使用时没有数量限制，安培计有 4 种不同的引线方向，水平、水平旋转、垂直、垂直旋转，显示图标如图 5-2 所示。

测量电路回路中的电流时将安培计串联在被测量电路回路中，如图 5-3 所示。

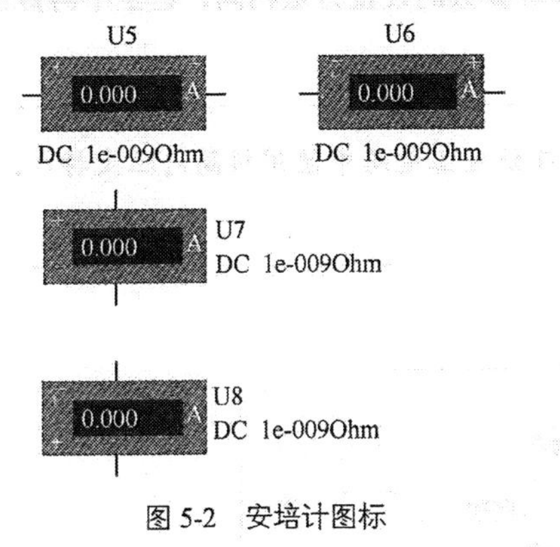

图 5-2 安培计图标

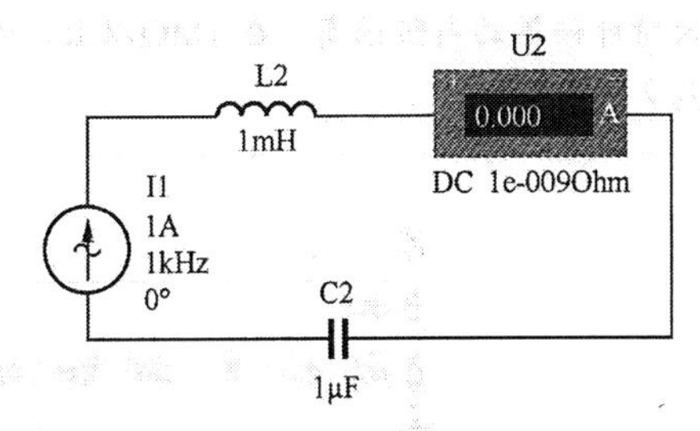

图 5-3 串联安培计

双击安培计图标，弹出“安培计”对话框，如图 5-4 所示，设置安培计交、直流工作模式及其他参数。该对话框包括标签、显示、值、故障、管脚（引脚）、变体和用户字段内容的设置，设置方法与元器件中标签、编号、数值、管脚（引脚）、变体等参数的设置方法相同，这里不再赘述。

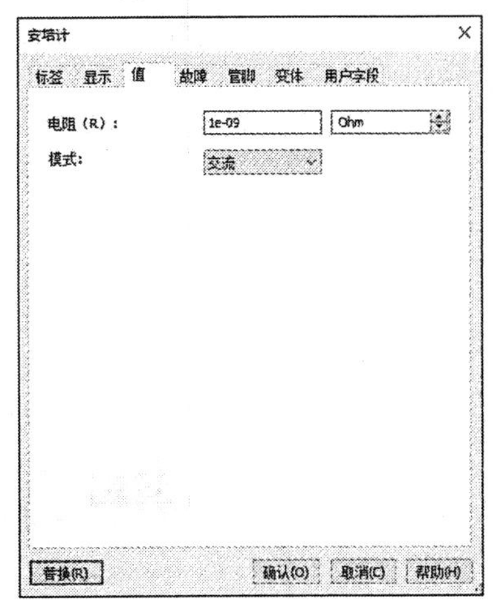

图 5-4 “安培计”对话框

5.3 电压表

电压表是测量电压的一种仪器，主要用来测量电路或用电器两端的电压值。

在 Multisim 14.3 中，将电压表称为伏特计，下文使用伏特计这一名称。

伏特计用来测量电路中两点间的电压。伏特计存放在指示元器件库中，在使用时没有数量限制，它有 4 种不同的引线方向，水平、水平旋转、垂直、垂直旋转，显示图标如图 5-5 所示。

测量时，将伏特计与被测电路的两点并联，如图 5-6 所示。

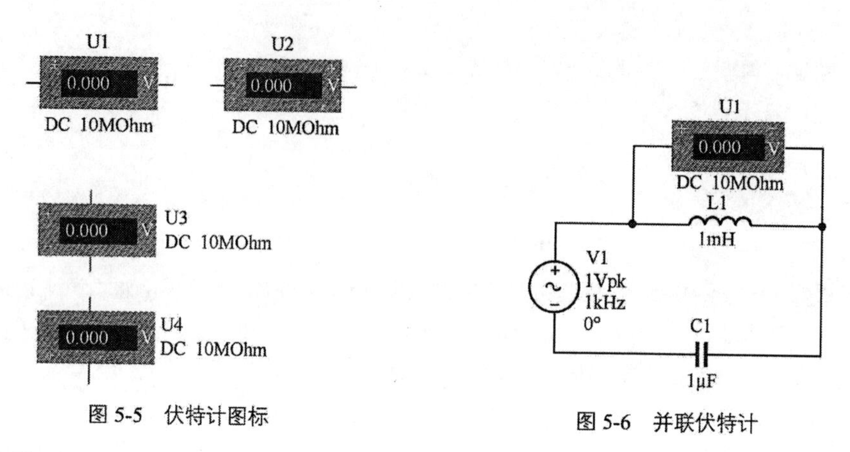

图 5-5 伏特计图标

图 5-6 并联伏特计

双击伏特计图标，弹出“伏特计”对话框，如图 5-7 所示，设置伏特计交、直流工作模式及其他参数。该对话框包括标签、显示、值、故障、管脚（引脚）、变体和用户字段内容的设置，设置方法与元器件中标签、编号、数值、管脚（引脚）、变体等参数的设置方法相同，这里不再赘述。

注意

伏特计预置的内阻很高，在 1MΩ以上。然而，在低电阻电路中使用极高内阻伏特计，仿真时可能会产生错误。

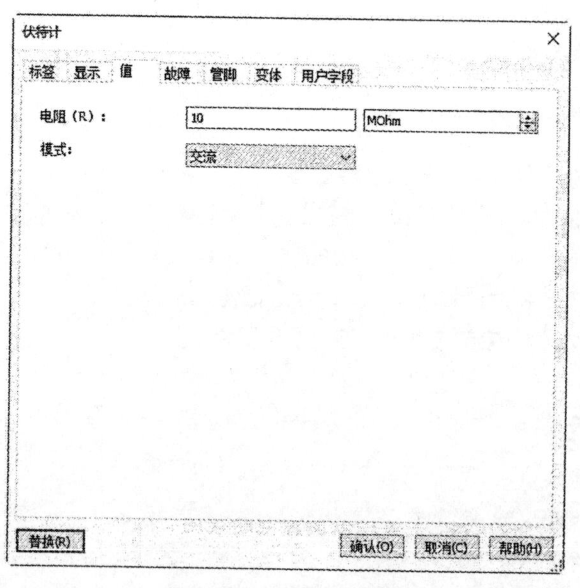

图 5-7 “伏特计”对话框

5.4 功率表

功率表是一种测量电功率的仪器。电功率包括有功功率、无功功率和视在功率。未作特殊说明时，功率表一般是指测量有功功率的仪表。

在 Multisim 14.3 中，将功率表称为瓦特计，下文使用瓦特计这一名称。

瓦特计用来测量电路的功率，交流或者直流均可测量，图 5-8 所示为瓦特计图标。

选择菜单栏中的“仿真”→“仪器”→“瓦特计”命令，或单击“仪器”工具栏中的“瓦特计”按钮，放置瓦特计图标。双击瓦特计的图标可以打开瓦特计的面板，如图 5-9 所示。

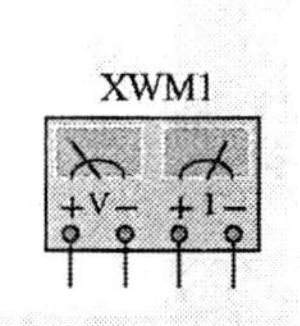

图 5-8　瓦特计图标

图 5-9　“瓦特计-XWM1”对话框

该对话框主要功能如下所述。

- 黑色条形框：用于显示所测量的功率，即电路的平均功率。
- 功率因数：显示功率因数。
- 电压：电压的输入端点，从“+”“–”极接入。
- 电流：电流的输入端点，从“+”“–”极接入。

其中，电压输入端与测量电路并联连接，电流输入端与测量电路串联连接。

5.5 电容

电容器是具有存储电荷能力的元器件，简称电容，它是由两个相互靠近的导体构成的，这两个导体中间夹着一层绝缘物质，是电子产品中必不可少的元器件。电容具有通交流阻断直流的性能，常用于信号耦合、平滑滤波或谐振选频电路。

在电路原理图中，电容用字母“C”表示。电容量的基本单位是法拉（F），简称法。常用单位还有毫法（mF）、微法（μF）、纳法（nF）、皮法（pF）。它们之间的换算关系是 $1F=10^3mF=10^6\mu F=10^9nF=10^{12}pF$。

5.5.1 电容分压电路

电阻可以构成分压电路，电容也可以构成分压电路，图 5-10 所示为电容分压电路。由图 5-10 中的 C1 和 C2 串联构成电容分压电路。对于一定频率的交流输入信号，电容 C1 和 C2 会呈现一定的容抗，这样就能降低输出信号的幅度。电容分压电路主要用于对交流信号的进行分压衰减。

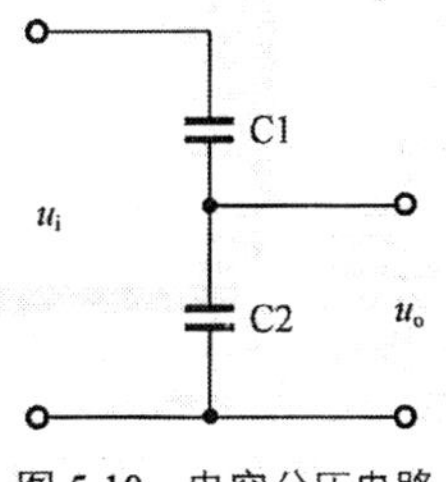

图 5-10　电容分压电路

【操作步骤】

1. 设置工作环境

① 单击“标准”工具栏中的“设计”按钮，弹出“New Design（新建设计文件）”对话框，选择“Blank and recent”选项。单击 Create 按钮，创建一个电路原理图设计文件。

② 单击菜单栏中的“文件”→“保存为”命令，将项目另存为“电容分压电路.ms14”。

③ 选择菜单栏中的“选项”→“电路图属性”命令，系统弹出“电路图属性”对话框，打开“工作区”选项卡，设置电路图页面大小为 A4。完成设置后，单击“确认”按钮，关闭对话框。

④ 选择菜单栏中的“绘制”→“标题块”命令，在弹出的“打开”对话框中选择标题块模板 Ulticap.tb7。单击“打开”按钮，在图纸右下角放置标题块。选择菜单栏中的“编辑”→“标题块位置”→“右下”命令，精确放置标题块，如图 5-11 所示。

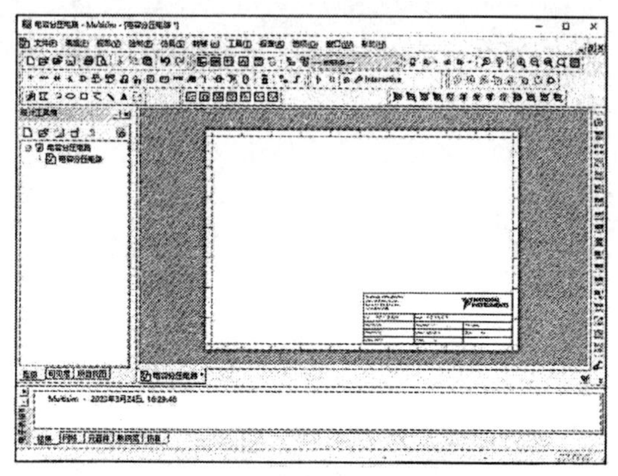

图 5-11　设置电路原理图工作环境

2. 增加元器件

单击“元器件”工具栏中的“放置基本”按钮，在“Basic”库的“系列”栏中选择“CAPACITOR（电容）”，在“元器件”栏中显示各种型号（根据容量分类）的电容，选中容量为 1μF 的电容，如图 5-12 所示。在工作区域放置 2 个容量为 1μF 的电容，在放置过程中按下“Ctrl+R”组合键，将水平放置的电容旋转 90° 。

在“组”下拉列表中选择“Sources（电源库）”，在“系列”栏选择“POWER_SOURCES（电源）”，如图 5-13 所示，选择“AC_POWER（交流电源）”“GROUND（地线）”，放置到电路原理图中。

激活连线命令，鼠标指针自动变为实心圆圈状，单击并移动鼠标指针，执行自动连线操作。结果如图 5-14 所示。

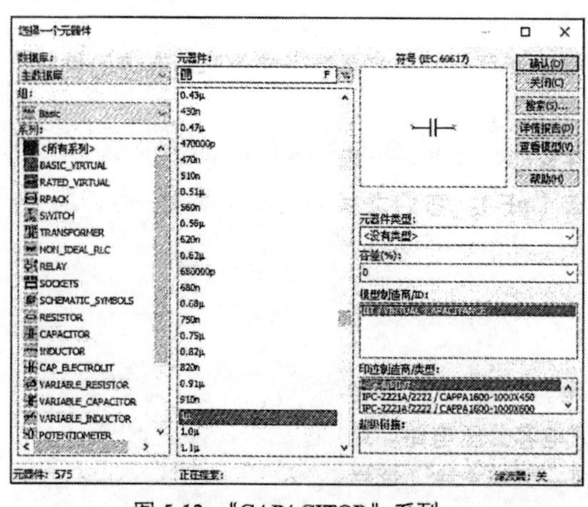

图 5-12　“CAPACITOR”系列

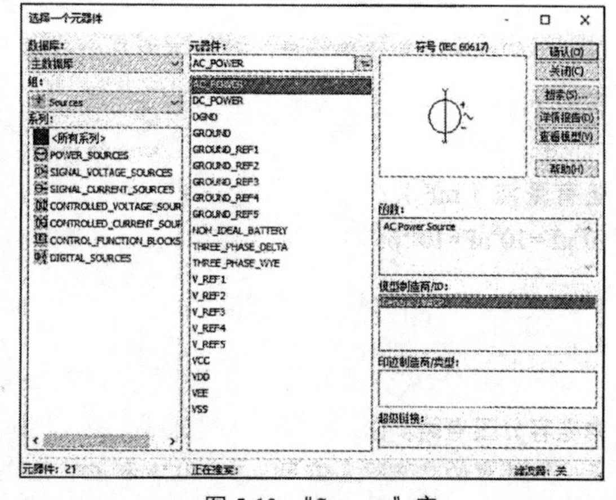

图 5-13　“Sources”库

3. 插入仪器

选择菜单栏中的“仿真”→“仪器”→“万用表”命令，或单击“仪器”工具栏中的“万用表”

按钮，鼠标指针上显示浮动的万用表虚影，在电路窗口的相应位置单击，完成万用表的放置，并连接万用表。

单击“测量部件”工具栏中的“放置伏特计（水平）”按钮，在电路窗口的相应位置单击，完成水平伏特计的放置，并连接水平伏特计，结果如图 5-15 所示。

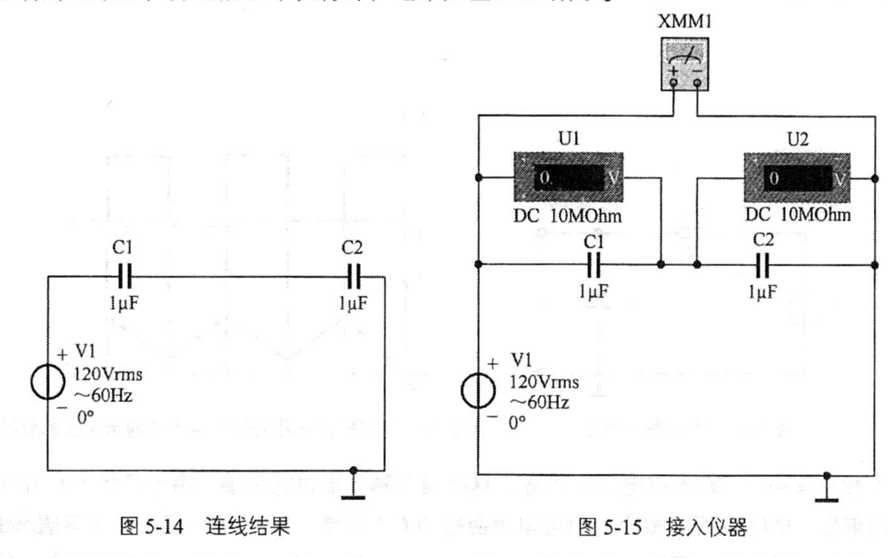

图 5-14　连线结果　　　　图 5-15　接入仪器

4. 运行仿真

选择菜单栏中的“仿真”→“运行”命令，或单击“Simulation（仿真）”工具栏中的“运行”按钮，进行仿真测试，在伏特计中显示加在电容 C1、C2 两端的电压，如图 5-16 所示。

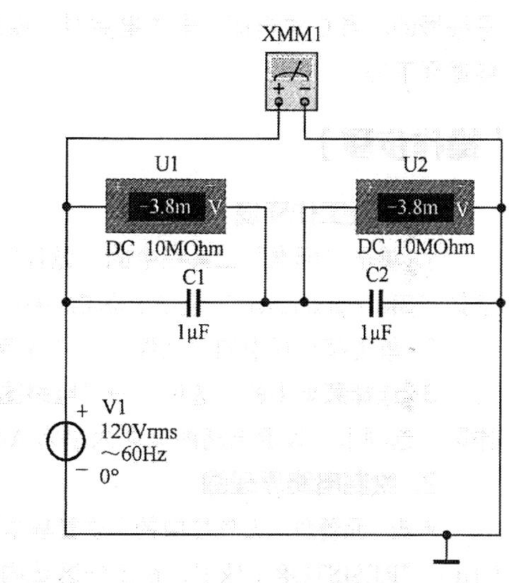

图 5-16　运行仿真

5. 结果分析

可以看到，伏特计测得的加在电容 C1、C2 两端的电压 $U_1=U_2=3.8\text{mV}$，电容 $C1=C2$，电容 C1、C2 平分电压。

单击“标准”工具栏中的“保存”按钮，保存绘制好的电路图文件。选择菜单栏中的“文件”→“关闭”命令，关闭当前设计文件。

5.5.2 电容积分电路

图 5-17 所示为电容积分电路，输入信号加在电阻 R 和电容 C 的串联电路上，将电容两端的电压作为输出信号。当电路参数的选择满足时间常数 $\tau=RC>>T/2$ 条件时，电路的输出信号电压与输入信号电压的积分成正比，此时这种电路被称为电容积分电路。其输出电压为

$$u_o=u_c=\frac{1}{C}\int i\mathrm{d}t\approx\frac{1}{RC}\int u_i\mathrm{d}t \tag{5-1}$$

电容积分电路的输出电压波形为锯齿波。当电路处于稳态时，其输入电压、输出电压波形之间的对应关系如图 5-18 所示。

当输入脉冲信号为高电平时，输入信号电压开始通过电阻 R 对电容 C 充电，在 C 上的电

压极性为上正下负。由于电路时间常数 $\tau=RC$ 比较大，所以在 C 上的电压上升比较缓慢，是按指数规律上升的。又因时间常数远大于脉冲宽度，对电容充电不久，输入脉冲就跳变为零了，对电容的充电便结束了，即 C 上电压按指数规律上升了很小一段，由于它是指数曲线的起始段，这一段是近似线性的。在这一充电期间，电流从上而下地流过 C，在 C 上的电压极性为上正下负。

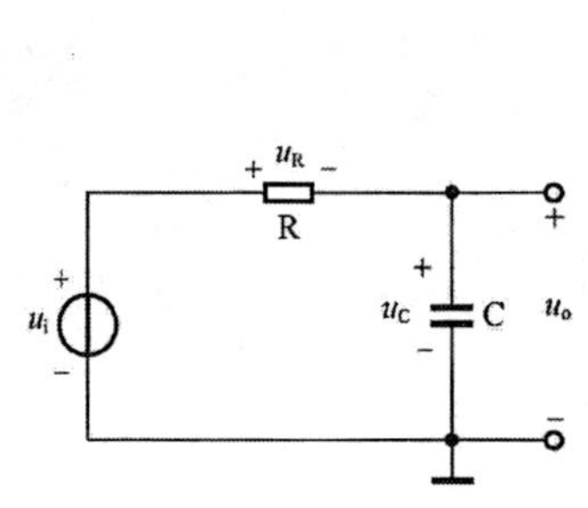

图 5-17 电容积分电路

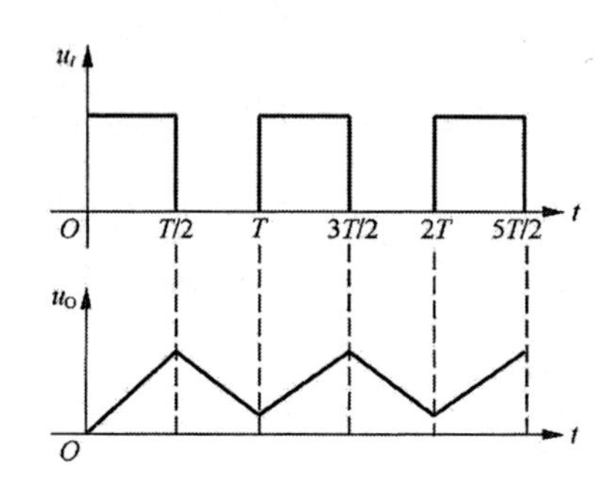

图 5-18 电容积分电路的输入电压与输出电压的波形

在输入脉冲消失后，输入端电压 u_i 为零，这相当于输入端对地短接。由于已经为 C 充了极性为上正下负的电压，此时 C 开始放电，放电电流回路为 C（上端）→R→输入端→C（下端/地端）。放电也是按指数规律进行的，随着放电的进行，C 上的电压在下降。由于时间常数比较大，所以放电是缓慢的。当 C 中电荷尚未放电完时，输入脉冲再次出现，开始对电容 C 充电，这样分别充电、放电循环下去。

【操作步骤】

1. 设置工作环境

① 单击“标准”工具栏中的“设计”按钮，弹出“New Design（新建设计文件）”对话框，选择“Blank and recent”选项。单击Create按钮，创建一个电路原理图设计文件。

② 单击菜单栏中的“文件”→“保存为”命令，将项目另存为“电容积分电路.ms14”。

③ 选择菜单中的“选项”→“电路图属性”命令，系统弹出“电路图属性”对话框，打开“工作区”选项卡，设置电路图页面大小为 A4。完成设置后，单击“确认”按钮，关闭对话框。

2. 绘制电路原理图

单击“元器件”工具栏中的“放置基本”按钮，在“Basic”库的“系列”栏中选择“CAPACITOR（1μ）”“RESISTOR（1k）”，在工作区域内放置电容和电阻。

在“组”下拉列表中选择“Sources（电源库）”，选择“POWER_SOURCES（电源）”系列中的“GROUND（地线）”，放置到电路原理图中。

激活连线命令，鼠标指针自动变为实心圆圈状，单击并移动鼠标指针，执行自动连线操作。结果如图 5-19 所示。

3. 插入仪器

选择菜单栏中的“仿真”→“仪器”→“函数发生器”命令，或单击“仪器”工具栏中的“函数发生器”按钮，放置函数发生器图标。双击该图标，弹出函数发生器面板，在“波形”选项组下选择输出波形为方波，频率为 1kHz，如图 5-20 所示。

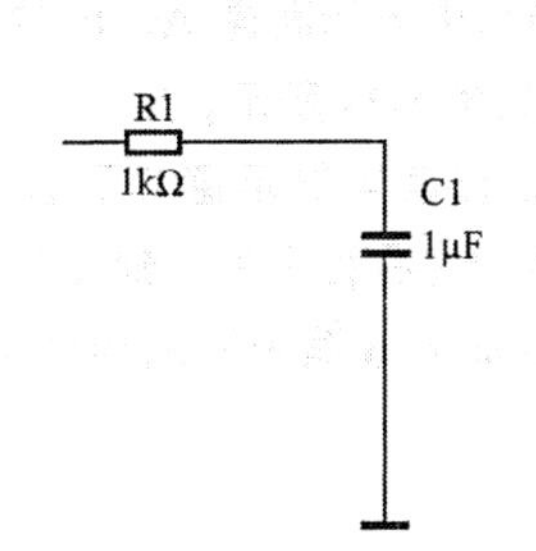

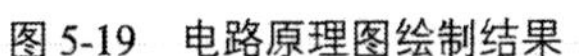
图 5-19 电路原理图绘制结果

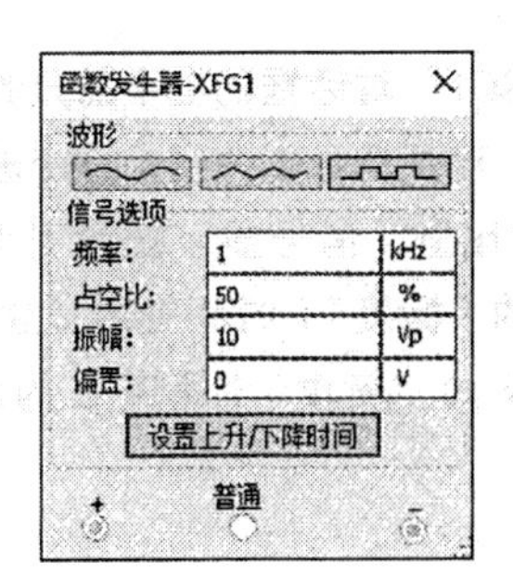

图 5-20 “函数发生器-XFG1”对话框

示波器有两个通道，可以同时观察两路信号。在本实例中观察时钟信号和电阻两组交流电压信号。

选择菜单栏中的“仿真”→“仪器”→“示波器”命令，或单击“仪器”工具栏中的“示波器”按钮，鼠标指针上显示浮动的示波器虚影，在电路窗口的相应位置单击，完成示波器 XSC1 的放置。

将示波器 XSC1 的 A 通道（+）和函数发生器 XFG1（+）端连接，将示波器 XSC1 的 B 通道（+）和电阻 R1（+）端连接，示波器 XSC1 的 A 通道（–）和 B 通道（–）和接地端连接，如图 5-21 所示。

当线路图很复杂时，各个通道信号可能看起来比较乱，可以根据不同信号通道的颜色，设置与示波器相连接的连线的颜色。选中与示波器 XSC1 的 B 通道（+）相连的导线，单击鼠标右键，选择“区段颜色”命令，弹出“颜色”对话框，选择示波器 XSC1 的 B 通道信号颜色（蓝色），如图 5-22 所示。

设置完毕，开始仿真观察信号。双击电路图中的示波器，打开“示波器-XSC1”对话框，信号显示区为空。

4. 运行仿真

选择菜单栏中的“仿真”→“运行”命令，或单击“Simulation（仿真）”工具栏中的“运行”按钮，进行仿真测试。单击“反向”按钮，将运行时信号显示区背景色设置为白色。

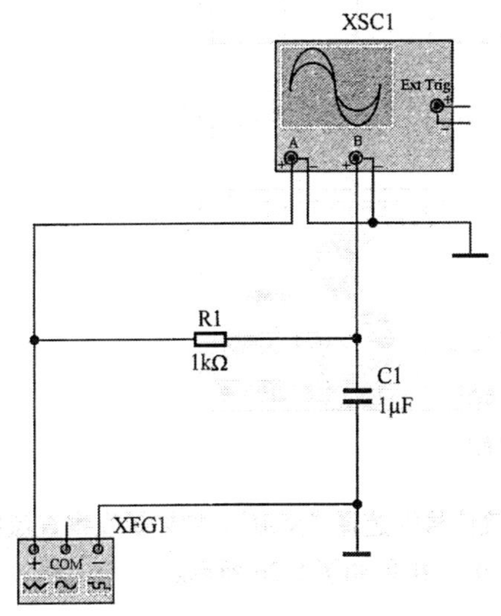

图 5-21 接入仪器

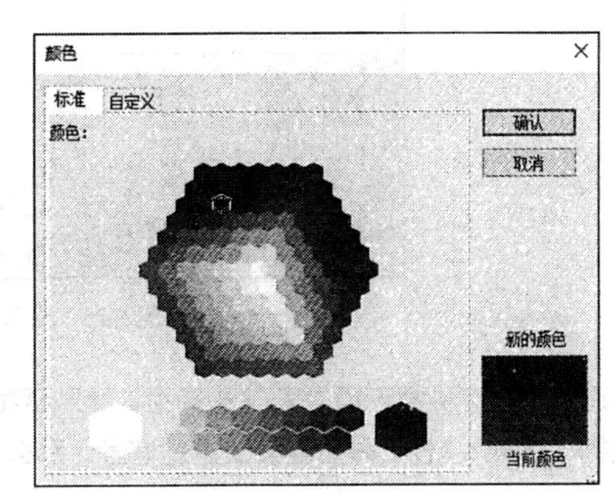

图 5-22 “颜色”对话框

在“示波器-XSC1”对话框的上半部分的信号显示窗口中显示通道 A、B 的两组输出电压（打开“示波器-XSC1”对话框后不关闭，直接进行仿真），如图 5-23 所示。

由于没有设置比例，信号显示效果可能会不合适。在信号显示窗口下面的参数组中，调整“时基”选项组下的“标度”（时间轴的比例）、“通道 A”选项组下的“刻度”（通道 A 的比例）、“通道 B”选项组下的“刻度”（通道 B 的比例），可以放大或缩小时间与信号幅度，如图 5-24 所示。

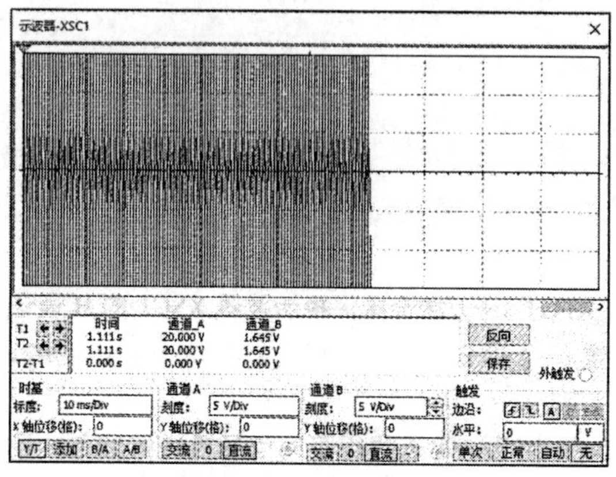

图 5-23 运行仿真

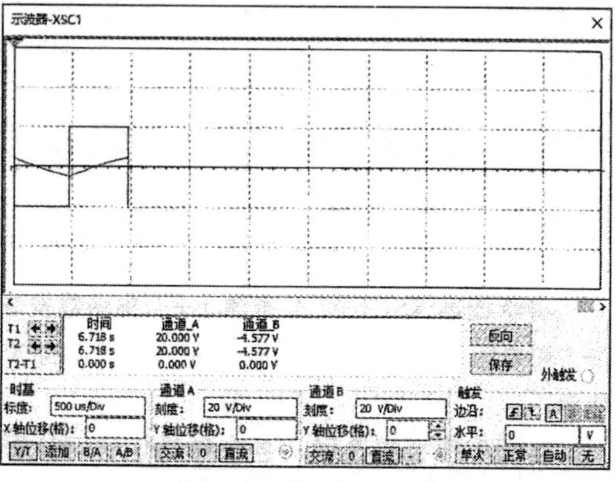

图 5-24 信号显示调整

在本实例中，两组交流电压信号重叠，为进行对比，设置通道 B“Y 轴位移（格）”为–1.6 格，向下移动通道 B 电压，在示波器 XSC1 中显示两组交流电压，结果如图 5-25 所示。

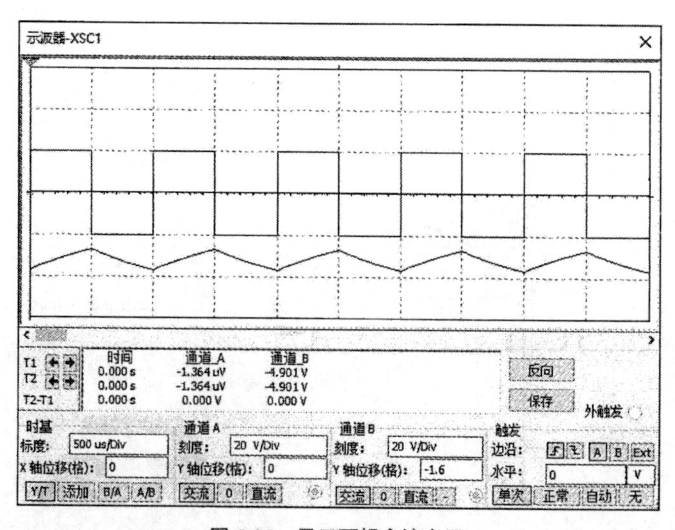

图 5-25 显示两组交流电压

通道的设置数据下面是开关选择组，如果要观察交流信号则选择“交流”，如果要观察直流信号则选择“直流”，若不需要观察该通道信号，那么选择“0”，结果如图 5-26 所示。

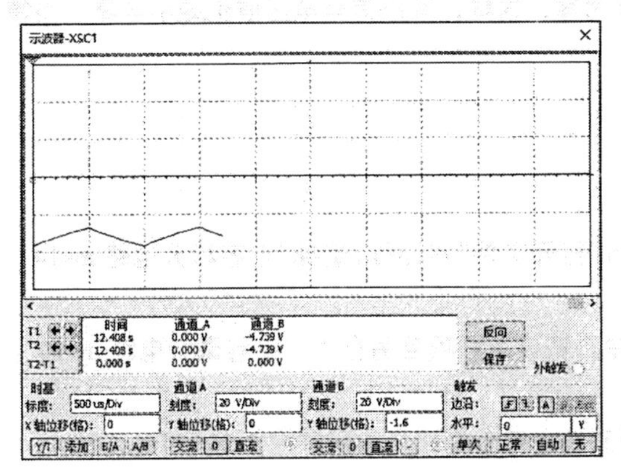

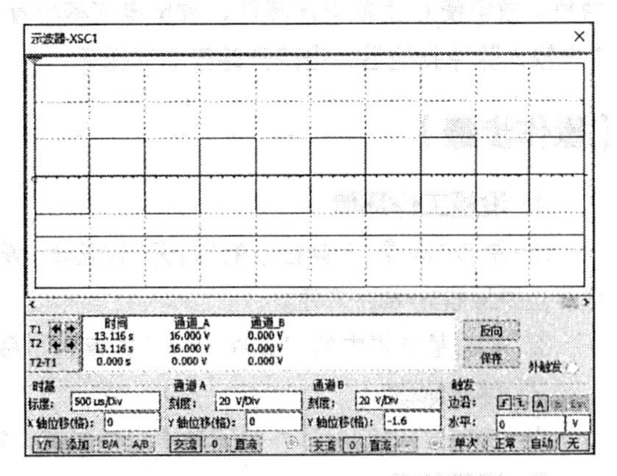

图 5-26　示波器单通道显示

单击“标准”工具栏中的“保存”按钮，保存绘制好的电路图文件。选择菜单栏中的“文件”→“关闭”命令，关闭当前设计文件。

5.5.3　电容微分电路

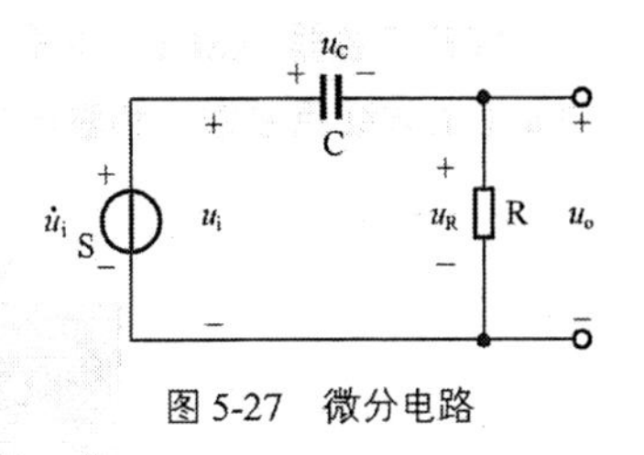

图 5-27　微分电路

图 5-27 所示为微分电路，输入信号加在电阻 R 和电容 C 的串联电路上，电阻两端的电压作为输出信号。当时间常数 τ 很小，且 u_C>>u_R 时，$u_s \approx u_C$，则电阻上的电压

$$u_o = Ri = RC\frac{du_c}{dt} \approx RC\frac{du_i}{dt} \tag{5-2}$$

可见，输出电压 u_o 是输入电压 u_s 的微分，这种电路被称为 RC 微分电路。

微分电路的输出电压波形为正负相同的尖脉冲，其输入波形、输出波形之间的对应关系如图 5-28 所示。当输入脉冲出现时，输入信号从零突然跳变到高电平，由于电容 C 两端的电压不能突变，C 相当于短接，相当于输入脉冲 u_i 直接加到 R 上，此时输出信号电压等于输入脉冲电压。输入脉冲跳变后，输入脉冲继续加在 C 和 R 上，其充电仍然是经 C 和 R 到地，在 C 上充到左正右负电压，流过 R 的电流方向为从上而下，所以输出信号电压为正。由于电路时间常数 τ=RC 很小，远小于脉冲宽度，所以充电很快结束。在充电过程中，充电电流是从最大值变化到零的，流过 R 的电流是充电电流，因此在 R 上的输出信号电压也是从最大变化到零的。充电结束后，输入脉冲仍然为高电平，由于 C 上充到了等于输入脉冲峰值电压的电压，电路中电流减小到 0A，R 上的电压降为 0V，所以此时输出信号电压为 0V。当输入脉冲从高电平跳变到低电平时，输入端的电压跳变为 0V，这时的微分电路相当于输入端对地短接。此时，C 两端的电压不能突变，由于 C 左端相当于接地，这样 C 右端的负电压为输出信号电压，输出信号电压为负且数值最大，其值等于 C 上已充到的电压值（输入脉冲峰值电压）。输入脉冲从高电平跳变到低电平后，电路开始放电，由于放电的常数很小，放电很快结束，放电电流从下而上地流过 R，输出信号电压

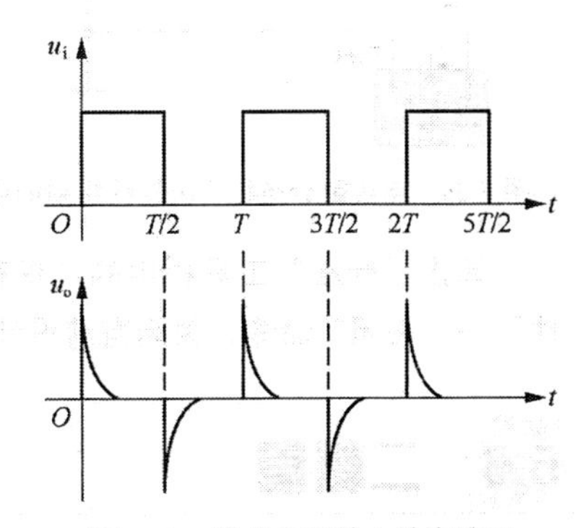

图 5-28　微分电路输入输出波形

为负。放电使 C 上的电压降低，放电电流减小直至为零，这样，输出信号电压值也减小到零。当第 2 个输入脉冲到达后，电路开始第 2 次循环。

【操作步骤】

1. 设置工作环境

① 单击“标准”工具栏中的“打开”按钮，弹出“打开文件”对话框，选择“电容积分电路.ms14”，打开电路原理图设计文件。

② 单击菜单栏中的“文件”→“另存为”命令，将该工程项目另存为“电容微分电路.ms14”。

2. 电路修改

在电容积分电路中调整电阻和电容的位置，得到电容微分电路，结果如图 5-29 所示。

3. 运行仿真

选择菜单栏中的“仿真”→“运行”命令，或单击“Simulation（仿真）”工具栏中的“运行”按钮，进行仿真测试。

打开示波器 XSC1，单击“反向”按钮，将运行时信号显示区背景色设置为白色，显示输入脉冲 u_i（上方红色曲线）和输出电压 u_o（下方绿色曲线），如图 5-30 所示。

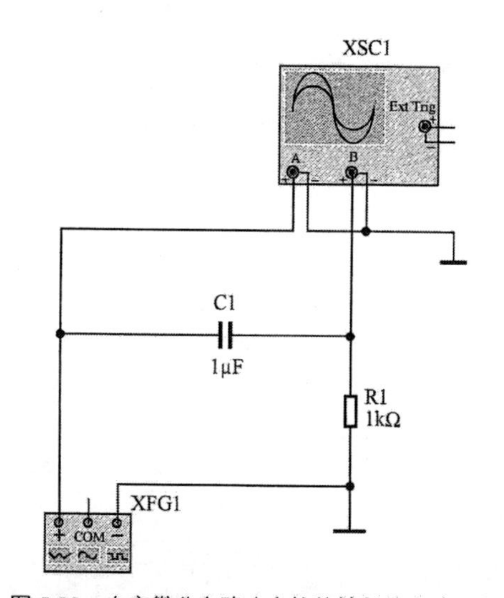

图 5-29　电容微分电路（由软件绘制的电路图）

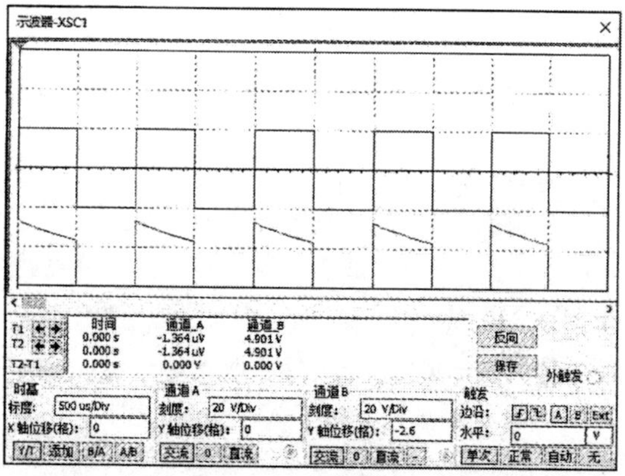

图 5-30　运行仿真

单击“标准”工具栏中的“保存”按钮，保存绘制好的电路图文件。选择菜单栏中的“文件”→“关闭”命令，关闭当前设计文件。

5.6 二极管

二极管是一种常见的半导体器件。它是由一个 P 型半导体和 N 型半导体形成 PN 结，并在 PN 结两端引出相应的电极引线，再加上管壳密封制成的。由 P 区引出的电极被称为正极或阳极，由 N 区引出的电极被称为负极或阴极。二极管具有单向导电的特点。

5.6.1 二极管主要参数

1. 最大整流电流 I_F

在正常工作情况下，二极管允许通过的最大正向平均电流被称为最大整流电流 I_F，使用时二极管的平均电流不能超过这个数值。

2. 反向工作峰值电压 U_{RM}

反向加在二极管两端，而不引起 PN 结击穿的最大电压被称为反向工作峰值电压 U_{RM}，工作电压仅为击穿电压的 1/2～1/3，反向工作峰值电压不能超过 U_{RM}。其中，击穿电压是指电子器件能承受的最高耐压值，超过该允许值，元器件存在失效风险。

3. 反向峰值电流 I_{RM}

二极管被加上 U_{RM} 时的反向电流值为反向峰值电流 I_{RM}。I_{RM} 越小，二极管的单向导电性越好。I_{RM} 受温度影响很大，使用时要加以注意。硅管的反向电流较小，一般在几微安，锗管的反向电流较大，为硅管的几十到几百倍。

4. 最高工作频率 f_M

由于 PN 结的结电容的影响，二极管的工作频率有上限。f_M 是指二极管能正常工作的最高频率，如果信号频率超过 f_M，二极管单向导电性将变差，甚至不复存在。在用于检波或高频整流时，应选用 f_M 至少为电路实际工作频率的 2 倍的二极管，否则二极管不能正常工作。

5.6.2 二极管库

单击“元器件”工具栏中的“放置二极管”按钮，“Diodes”库的“系列”栏包括以下几种，如图 5-31 所示。

- 虚拟二极管（DIODES_VIRTUAL）：相当于理想二极管，其 SPICE 模型是典型值。
- 二极管（DIODE）：包含众多产品型号。

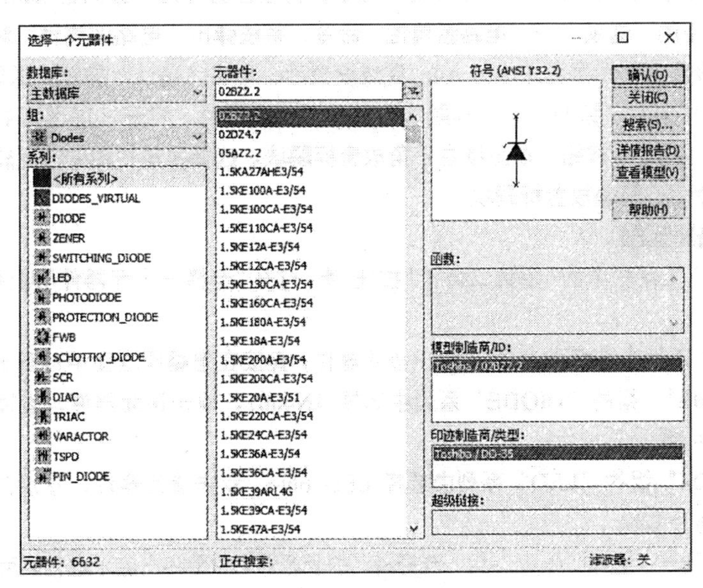

图 5-31 “Diode”库

- 齐纳二极管（ZENER）：即稳压二极管，包括众多产品型号。

- 发光二极管（LED）：含有 6 种不同颜色的各类发光二极管，当有正向电流流过时才发光。
- 全波桥式整流器（FWB）：相当于使用 4 个二极管对输入的交流进行整流，其中的 2、3 端子接交流电压，1、4 端子作为直流输出端。
- 可控硅整流器（SCR）：只有当正向电压超过正向转折电压，并且有正向脉冲电流流进栅极 G 时 SCR 才能导通。
- 双向二极管开关（DIAC）：相当于两个肖特基二极管并联，是依赖于双向电压的双向开关。当电压超过开关电压时，才有电流流过二极管。
- 双向（三级）晶闸管（TRIAC）：相当于两个单向晶闸管并联。
- 变容二极管（VARACTOR）：相当于通过控制电压控制电容。本身是一种在反偏时具有相当大的结电压的 PN 结二极管，结电容的大小受反偏电压的大小变化控制。

5.6.3 单向晶闸管应用电路

由单向晶闸管构成的频闪信号灯电路如图 5-32 所示，市电经 D1、R1、R2 整流分压，使发光二极管 D2 获得供电而频闪发光，由于发光二极管属于电流型元器件，当 D2 点亮时，在 R3 上产生压降并触发单向晶闸管 VS1 导通，故白炽灯 L 也随着导通而闪亮。

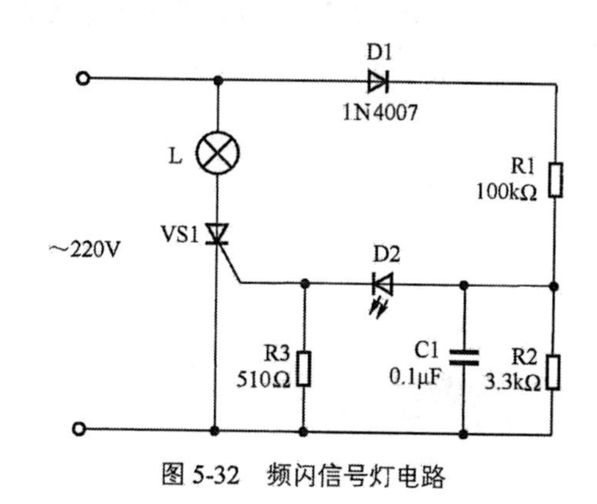

图 5-32　频闪信号灯电路

【操作步骤】

1. 设置工作环境

① 单击“标准”工具栏中的“设计”按钮，弹出“New Design（新建设计文件）”对话框，选择“Blank and recent”选项。单击 Create 按钮，创建一个电路原理图设计文件。

② 单击菜单栏中的“文件”→“保存为”命令，将项目另存为“频闪信号灯电路.ms14”。

③ 选择菜单中的“选项”→“电路图属性”命令，系统弹出“电路图属性”对话框，打开“工作区”选项卡，设置电路图页面大小为 A4。完成设置后，单击“确认”按钮，关闭对话框。

④ 选择菜单栏中的“绘制”→“标题块”命令，在弹出的“打开”对话框中选择标题块模板 Ulticap.tb7。单击“打开”按钮，在图纸右下角放置标题块。选择菜单栏中的“编辑”→“标题块位置”→“右下”命令，精确放置标题块。

2. 绘制电路原理图

单击“元器件”工具栏中的“放置二极管”按钮，打开“选择一个元器件”对话框，在“DIODE”组中选择二极管。

① 在“SCR”系列中选择 2N1595，双击该元器件，直接在电路原理图中放置 SCR 元器件 VS1。

② 在“DIODE” 组的“DIODE”系列中选择 1N4007，双击该元器件，直接在电路原理图中放置二极管元器件 D1。

③ 在“DIODE”组的“LED”系列中选择 LED_blue，双击该元器件，直接在电路原理图中放置蓝光二极管元器件 D2。

在“组”下拉列表中选择“Basic”组，选择指定的元器件（电阻和电容）进行调用。

④ 在“RESISTOR”系列中分别选择“100k”“3.3k”“510”，放置电阻 R1、R2、R3。

⑤ 在“CAPACITOR”系列中选择“0.1μ”，放置电容 C1。

⑥ 在“SCHEMATIC_SYMBOLS（电路图符号）”系列中选择“LAMP（灯泡）”，放置白炽灯 X1。

⑦ 在“组”下拉列表中选择“Sources”，选择“系列”“POWER_SOURCES”中的“AC_POWER（交流电源）”“GROUND（地线）”，放置到电路原理图中。

激活连线命令，鼠标指针自动变为实心圆圈状，单击并移动鼠标指针，执行自动连线操作，电路原理图绘制结果如图 5-33 所示。

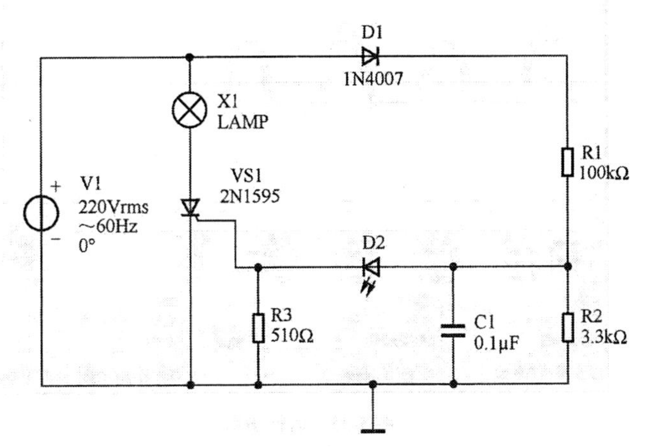

图 5-33　电路原理图绘制结果

3. 插入仪器

选择菜单栏中的“仿真”→“仪器”→“4 通道示波器”命令，或单击“仪器”工具栏中的“4 通道示波器”按钮，鼠标指针上显示浮动的 4 通道示波器虚影，在电路窗口的相应位置单击，完成 4 通道示波器 XSC1 的放置，并连接 4 通道示波器（为区分显示，不同通道的连接线为不同颜色），结果如图 5-34 所示。

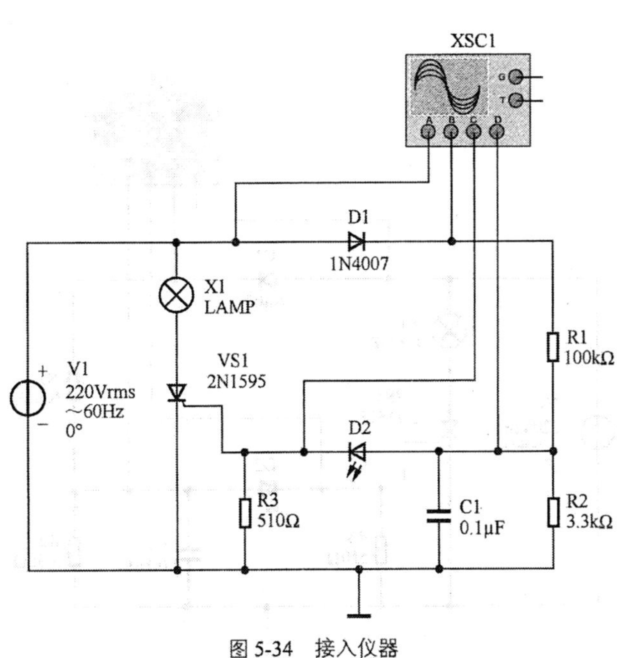

图 5-34　接入仪器

4. 运行仿真

选择菜单栏中的“仿真”→“运行”命令，或单击“Simulation”工具栏中的“运行”按钮▶，进行仿真测试。在示波器中，不同连接点交流电压的波形图如图 5-35 所示。

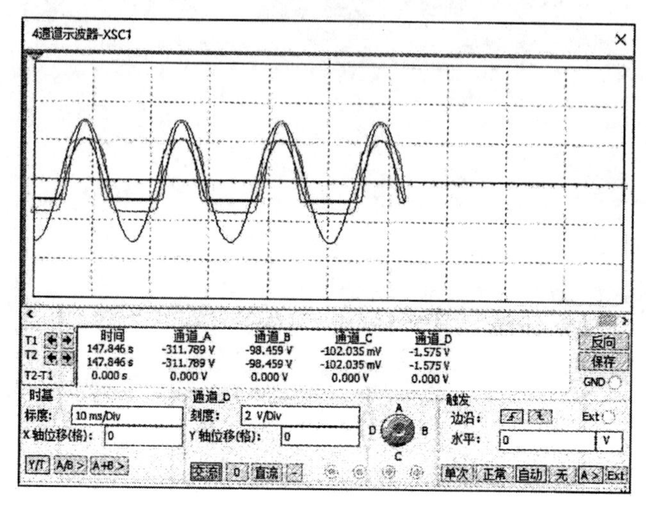

图 5-35 运行仿真 1

5. 修改电路

发光二极管也是一种二极管，有一定导通电压，小功率的红色（或黄色、红外）发光二极管导通电压一般为 1.83V，绿色（或橘色）发光二极管的导通电压一般为 2.13V，蓝色、白色发光二极管的导通电压一般为 3.45V。

当发光二极管工作时，如果加在发光二极管两端的电压小于导通电压，发光二极管就不会被点亮。观察发现，在本实例电路运行过程中，发光二极管 D2 不亮。双击电阻 R1，修改电阻阻值为 10kΩ，如图 5-36 所示。

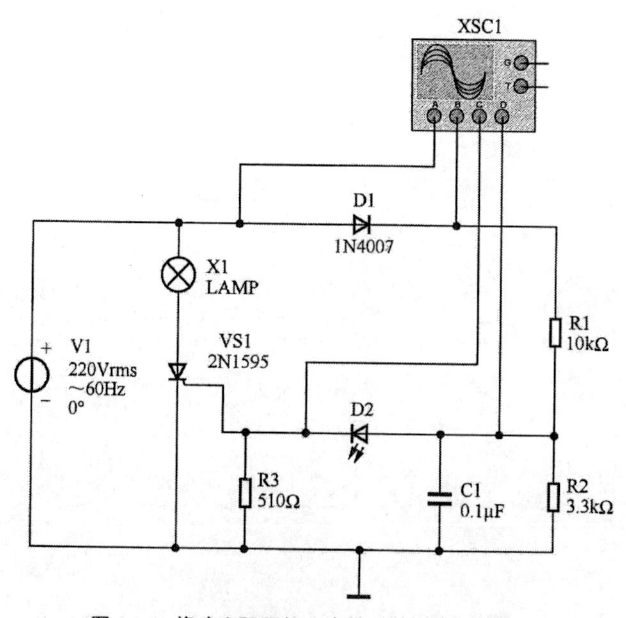

图 5-36 修改电阻阻值（由软件绘制的电路图）

选择菜单栏中的“仿真”→“运行”命令，或单击“Simulation”工具栏中的“运行”按钮▷，进行仿真测试，示波器中的不同连接点交流电压的波形图（为方便观察，适当修改不同通道内的刻度值），如图 5-37 所示。

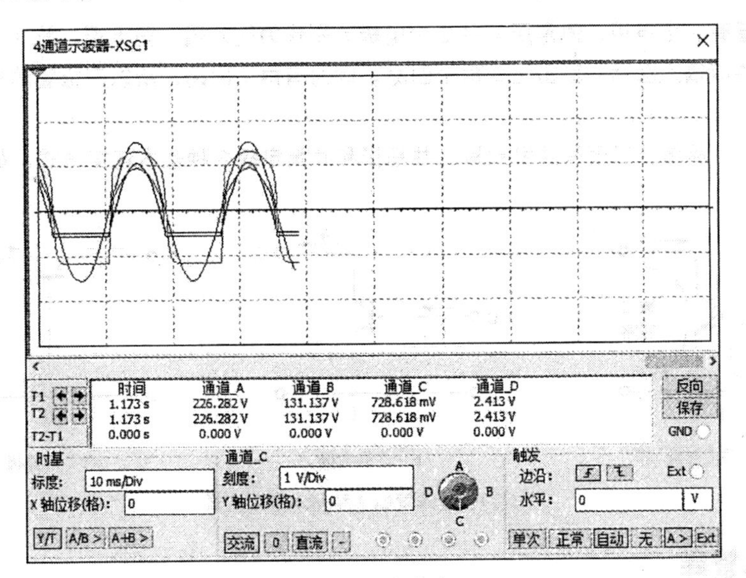

图 5-37 运行仿真 2

6. 结果分析

发光二极管两侧电压值增大，大于导通电压，则电路中的发光二极管变亮，如图 5-38 所示。

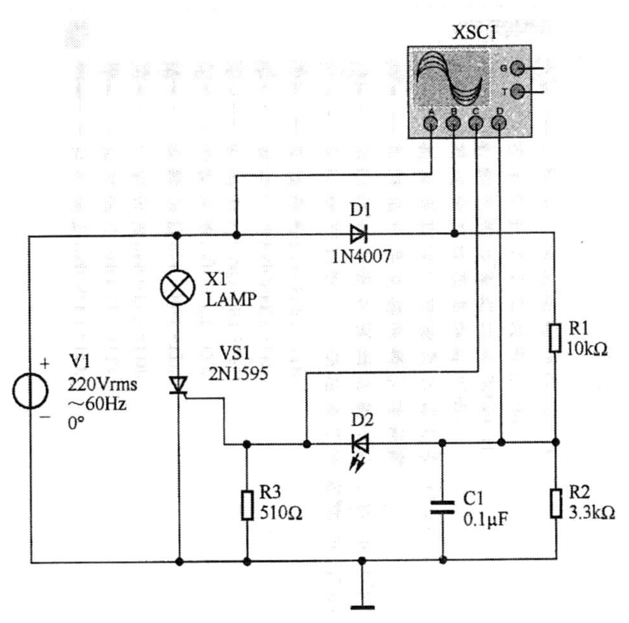

图 5-38 发光二极管变亮

单击“标准”工具栏中的“保存”按钮，保存绘制好的电路图文件。选择菜单栏中的“文件”→“关闭”命令，关闭当前设计文件。

5.7 晶体三极管

晶体三极管有 3 个电极，通常用其中 2 个电极分别作为输入端、输出端，第 3 个电极作为公共端，这样可以构成输入回路、输出回路两个回路。因为有两个回路，所以三极管的特性曲线包括输入和输出两组。

实际应用中，晶体三极管有共发射极、共基极和共集电极 3 种基本连接方式，如图 5-39 所示。

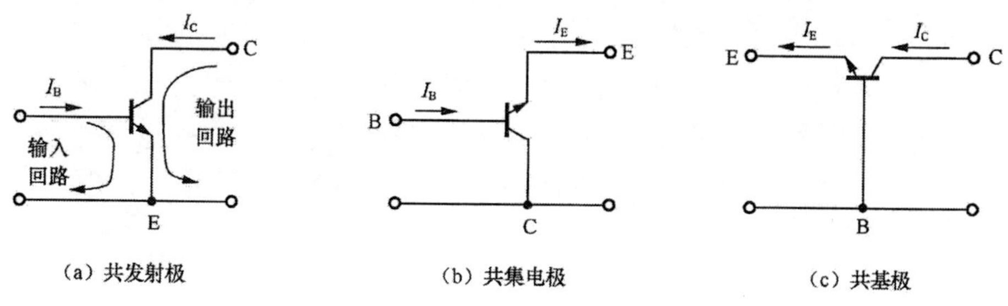

（a）共发射极　（b）共集电极　（c）共基极

图 5-39　晶体管的 3 种基本连接方式

5.7.1 晶体管库

① 选择菜单栏中的“视图”→“工具栏”→“晶体管元器件”命令，打开图 5-40 所示的“晶体管元器件”元器件库，显示不同类型的晶体管元器件。

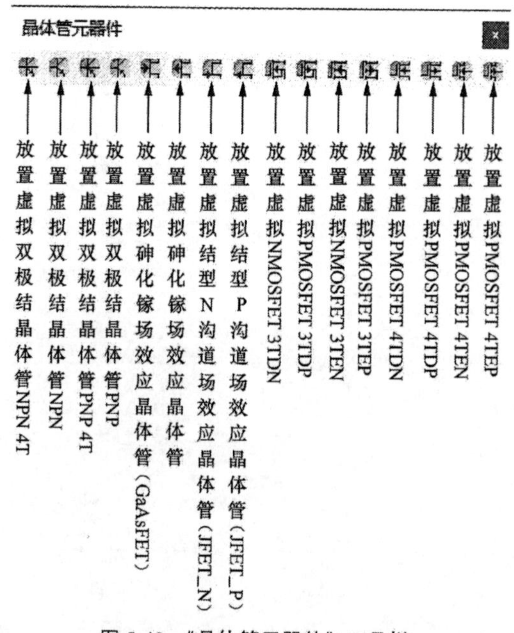

图 5-40　“晶体管元器件”工具栏

② 单击“元器件”工具栏中的“放置晶体管”按钮，“Transistors”库的“系列”栏包含以下几种系列，常用晶体管类型介绍如下。如图 5-41 所示。

- 虚拟晶体管（TRANSISTORS_VIRTUAL）：虚拟晶体管，包括 BJT、MOSFET、JFET 等虚拟

元器件。

- NPN 双极结晶体管（BJT_NPN）、PNP 双极结晶体管（BJT_PNP）、NPN 达林顿管（DARLNIGTON_NPN）、PNP 达林顿管（DARLNIGTON_PNP）。
- 双极结晶体管阵列（BJT_ARRAY）：晶体管阵列，是由若干个相互独立的晶体管组成的复合晶体管封装块。

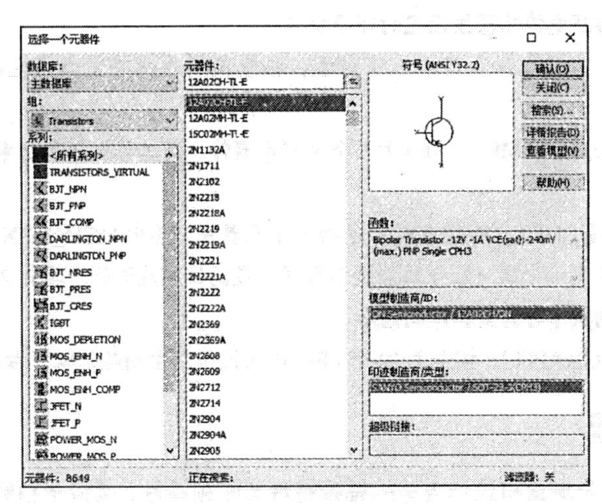

图 5-41 “Transistors”库

- 绝缘栅双极结三极管（IGBT）：IGBT 是一种由 MOS 门控制的功率开关，具有较小的导通阻抗，其 C、E 极间能承受较高的电压和电流。
- 单结晶体管（UJT）：一种只具有一个 PN 结接面的半导体元器件。
- 温度模型（THERMAL_MODELS）：带有热模型的 N 沟道 MOS 场效应晶体管（NMOSFET）。

5.7.2 指示器元器件库

指示器元器件库包含可用来显示仿真结果的显示元器件。对于指示器元器件库中的元器件，软件不允许从模型上对其进行修改，只能在其属性对话框中对其的某些参数进行设置。单击“元器件”工具栏中的“放置指示器”按钮，“Indicators”库的“系列”栏包含以下几种指示器，如图 5-42 所示。

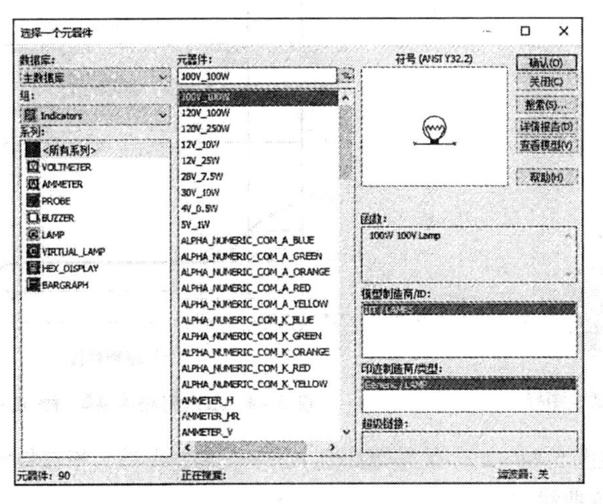

图 5-42 “Indicators”库

- 电压表（VOLTMETER）：可测量交、直流电压。
- 电流表（AMMETER）：可测量交、直流电流。
- 探测器（PROBE）：相当于一个 LED，仅有一个端子，使用时将其与电路中某点连接，该点达到高电平时探测器就发光。
- 蜂鸣器（BUZZER）：该器件是用计算机自带的扬声器模拟理想的压电蜂鸣器，当加在端口上的电压超过设定电压值时，该压电蜂鸣器按设定的频率响应。
- 灯泡（LAMP）：工作电压和功率不可设置，接直流该灯泡将发出稳定的光，接交流该灯泡将闪烁发光。
- 虚拟灯（VIRTUAL_LAMP）：相当于一个电阻元器件，其工作电压和功率可调节，其余与现实灯泡相同。
- 十六进制-显示器（HEX_DISPLAY）：包括 3 个元器件，其中 DCD_HEX 是带译码的 7 段数码显示器，有 4 条引线，从左到右分别对应 4 位二进制数字的最高位和最低位。其余 2 个是不带译码的 7 段数码显示器，显示十六进制数字时需要加译码电路。
- 条柱显示（BARGRAPH）：相当于 10 个 LED 同向排列，左侧是正极，右侧是负极。

5.7.3 波特测试仪

波特测试仪可以用来测量和显示电路的幅频特性与相频特性，类似于扫频仪，图 5-43 为波特测试仪图标。

放大电路的频率特性曲线如图 5-44 所示。截止频率（下限频率或上限频率）是输出电压降低到输入电压的 70.7%时的频率，也就是–3dB 频率点，它是用来说明频率特性指标的一个特殊频率。

在高频端和低频端各有一个截止频率，分别被称为上截止频率 f_L 和下截止频率 f_H。两个截止频率之间的频率范围被称为通频带，$BW = f_H - f_L$。通频带宽度表征放大电路对不同频率输入信号的响应能力。

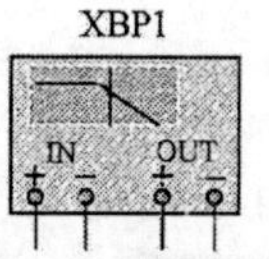

XBP1

IN OUT

图 5-43　波特测试仪图标

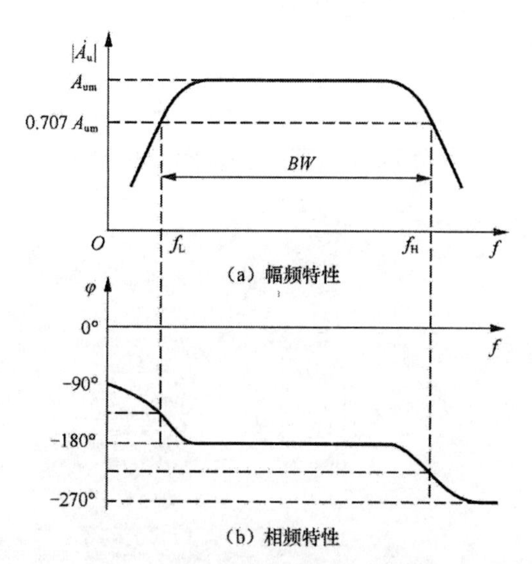

图 5-44　放大电路的频率特性曲线

幅频特性曲线［见图 5-44（a）］是振幅比随 f 的变化特性曲线；相频特性曲线［见图 5-44（b）］是相位 φ 随 f 的变化特性曲线。

相频特性曲线图中 x 轴方向为信号的频率，y 轴方向为放大器对输出信号相位的改变量。

选择菜单栏中的“仿真”→“仪器”→“波特测试仪”命令，或单击“仪器”工具栏中的“波特测试仪”按钮，放置图标。双击波特测试仪图标，放大的波特测试仪的面板如图 5-45 所示。

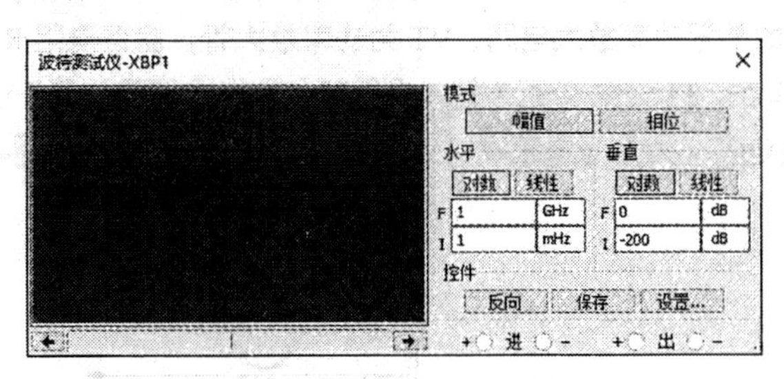

图 5-45　波特测试仪面板

“波特测试仪-XBP1”对话框中的选项设置如下。

1.“模式”选项组

在该选项组下设置输出方式选择区。

- 幅值：用于显示被测电路的幅频特性曲线。
- 相位：用于显示被测电路的相频特性曲线。

2.“水平”选项组

在该选项组下设置水平坐标（X 轴）的频率显示格式区，水平轴总是显示频率的数值。

- 对数：水平坐标采用对数的显示格式。
- 线性：水平坐标采用线性的显示格式。
- F：水平坐标（频率）的最大值。
- I：水平坐标（频率）的最小值。

3.“垂直”选项组

在该选项组下设置垂直坐标。

- 对数：垂直坐标采用对数的显示格式。
- 线性：垂直坐标采用线性的显示格式。
- F：垂直坐标（频率）的最大值。
- I：垂直坐标（频率）的最小值。

4.“控件”选项组

在该选项组下设置输出控制区。

- 反向：将示波器显示屏背景色由黑色改为白色。
- 保存：保存显示的频率特性曲线及其相关的参数设置。
- 设置：设置扫描的分辨率。

波特测试仪显示屏上有一根垂直指针，可用鼠标拖动它，也可用波特测试仪面板上的两个箭头按钮移动它。指针位置所对应的纵、横坐标的数值可显示在波特测试仪面板右侧的数据框内。

5.7.4　单管功率放大电路

功率放大电路是以输出功率为主要指标的放大电路，它不仅要有较大的输出电压，而且要有较大的输出电流。功率放大电路的主要功能和作用是对输入信号进行功率放大，以驱动扬声器、继电器、电动机等作为负载。功率放大电路是收音机、电视机、扩音机等音响设备电路中必不可少的重要组成部分，在控制和驱动电路中也有广泛的应用。

单管功率放大电路是最简单的功率放大电路。单管甲类功率放大电路的主要优点是电路简单，主要缺点是效率较低，因此一般适用于较小功率的放大电路，或用作大功率放大电路的推动级。

图 5-46 所示为典型的单管功率放大电路，VT 为功率放大管，偏置电阻 R_{B1}、R_{B2} 和发射极电阻 R_E 为 VT 建立起稳定的工作点。T1、T2 分别为输入变压器、输出变压器，用于信号耦合、阻抗匹配和传送功率。C1、C2 是旁路电容，为信号电压提供交流通路。单管功率放大电路都工作在甲类状态下。

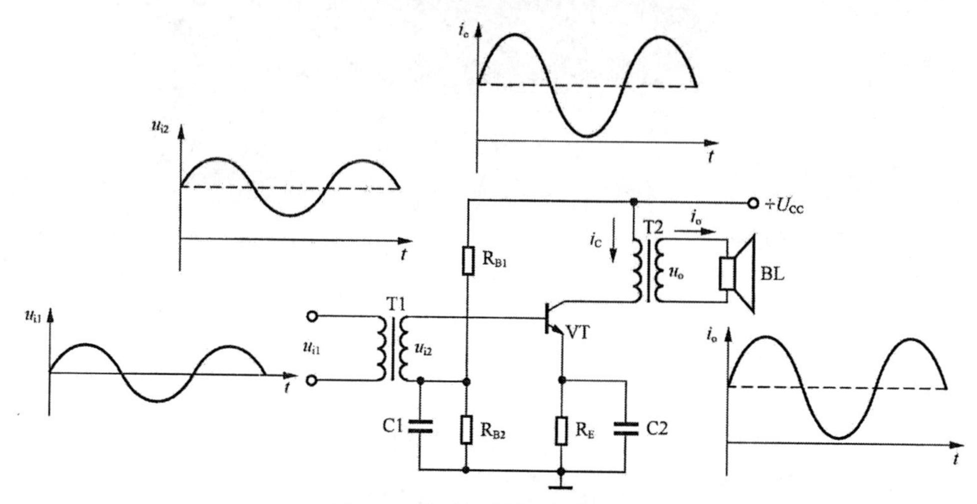

图 5-46　典型的单管功率放大电路

单管功率放大电路的电路工作过程如下。输入交流信号电压 u_{i1} 接在输入变压器 T1 初级，在 T1 次级得到耦合电压 u_{i2}。将 u_{i2} 叠加于 VT 基极的直流偏置电压（即工作点）之上，使 VT 的基极电压随输入信号电压的变化而发生变化。由于晶体管的放大作用，VT 集电极电流亦发生相应的变化，再经输出变压器 T2 隔离直流，将交流功率输出电流 i_o 传递给扬声器 BL。

输出变压器 T2 具有阻抗匹配的作用。为了获得较大的输出功率，必须将扬声器 BL 的较低的阻抗转换为与 VT 的输出阻抗匹配的最佳负载阻抗，T2 承担了阻抗转换功能，如图 5-47 所示，从 T2 初级（左边）看进去的阻抗 $Z_L=(N_1/N_2)^2\times Z_{BL}$。由于 T2 为降压变压器，初级线圈 N_1 圈数多，次级线圈 N_2 圈数少，即 $N_1>N_2$，所以可以将扬声器 BL 的低阻抗转换为相匹配的高阻抗 Z_L。

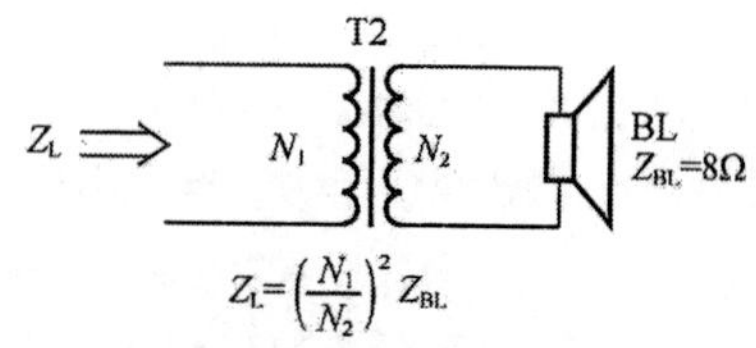

图 5-47　变压器阻抗变换

【操作步骤】

1. 设置工作环境

① 单击“标准”工具栏中的“设计”按钮，弹出“New Design（新建设计文件）”对话框，选择“Blank and recent”选项。单击 Create 按钮，创建一个电路原理图设计文件。

② 单击菜单栏中的“文件”→“保存为”命令，将项目另存为“单管功率放大电路.ms14”。

③ 选择菜单中的“选项”→“电路图属性”命令，系统弹出“电路图属性”对话框，打开“工作区”选项卡，设置电路图页面大小为 A4。完成设置后，单击“确认”按钮，关闭对话框。

④ 选择菜单栏中的“绘制”→“标题块”命令，在弹出的“打开”对话框中选择标题块模板 Ulticap.tb7。单击“打开”按钮，在图纸右下角放置标题块。选择菜单栏中的“编辑”→“标题块位

置”→“右下”命令，精确放置标题块。

2. 绘制电路原理图

单击“基本”工具栏中的“放置虚拟电容器”按钮，在电路原理图中放置容量为 1.0μF 的电容 C1、C2。

单击“基本”工具栏中的“放置虚拟电阻器”按钮，在电路原理图中放置阻值为 1.0kΩ的电阻 R1、R2、R3。

单击“晶体管元器件”工具栏中的“放置虚拟双极结晶体管 NPN”按钮，在电路原理图中放置晶体管 VT。

单击“基本”工具栏中的“放置虚拟变压器”按钮，直接在电路原理图中放置匝数比为 10 : 1 的变压器 1P1S 元器件 T1、T2。

单击“信号源元器件”工具栏中的“放置交流电压源”按钮，在电路原理图放置中交流电压号源 V1（正弦信号）。

单击“功率源元器件”工具栏中的“放置 CMOS 电源（VDD）”按钮和“放置地线”按钮，放置电源 VDD 与接地到电路原理图中。

单击“元器件”工具栏中的“放置指示器”按钮，打开“选择一个元器件”对话框，在“Indicators”库的“LAMP”栏中选择“5V_1W”的虚拟指示灯，如图 5-48 所示。

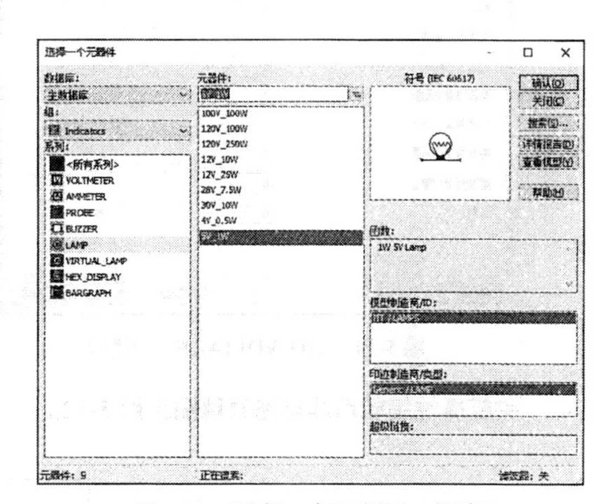

图 5-48 “选择一个元器件”对话框

双击该元器件，直接在电路原理图中放置虚拟指示灯元器件 X1。

激活连线命令，鼠标指针自动变为实心圆圈状，单击并移动鼠标指针，执行自动连线操作，结果如图 5-49 所示。

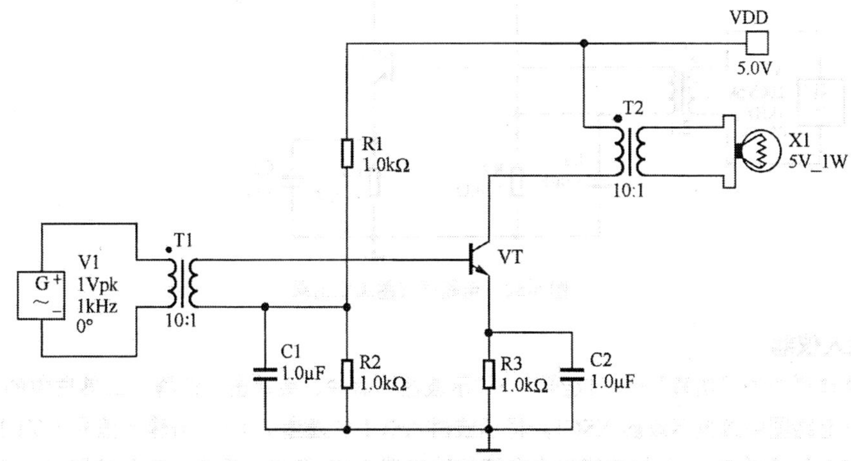

图 5-49 电路原理图绘制结果（由软件绘制的电路原理图）

3. 编辑元器件属性

虚拟指示灯元器件 X1 两端电压只有在超过额定电压 5V 时才会亮，因此需要修改交流电压源

V1 的电压值和变压器的匝数比，确保 X1 两端电压超过额定电压 5V。

双击交流电压源 V1，弹出“AC_VOLTAGE”对话框，打开“值”选项卡，在“电压（Pk）”栏输入 100，如图 5-50 所示。显示 V1 的输出电压为 100V，频率为 1kHz。

双击变压器 T1，弹出“1P1S”对话框，打开“值”选项卡，在“一次线圈 1”栏输入匝数为 2，如图 5-51 所示。同样的方法，设置变压器 T2 一次线圈和二次线圈匝数比为 2∶1。

AC_VOLTAGE
标签 显示 值 故障 管脚 变体
电压（Pk）： 100 V
电压偏移： 0 V
频率（F）： 1k Hz
时延： 0 s
阻尼因数（1/秒）： 0
相： 0 °
交流分析量值： 1 V
交流分析相位： 0 °
失真频率1量值： 0 V
失真频率1相位： 0 °
失真频率2量值： 0 V
失真频率2相位： 0 °
容差： 0 %
替换(R) 确认(O) 取消(C) 帮助(H)

图 5-50 “AC_VOLTAGE”对话框

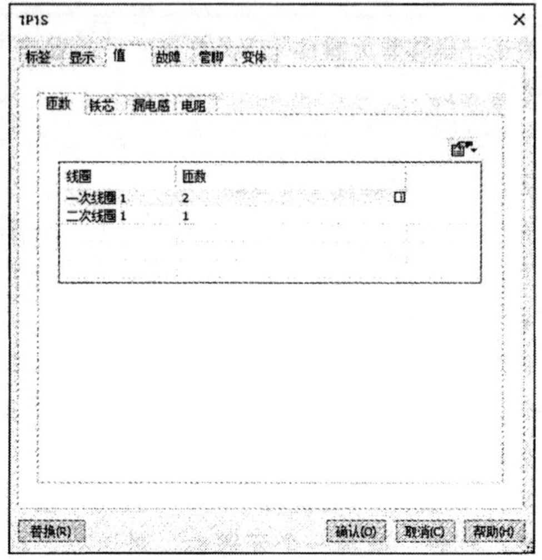

图 5-51 “1P1S”对话框

完成属性编辑后的电路原理图见图 5-52。

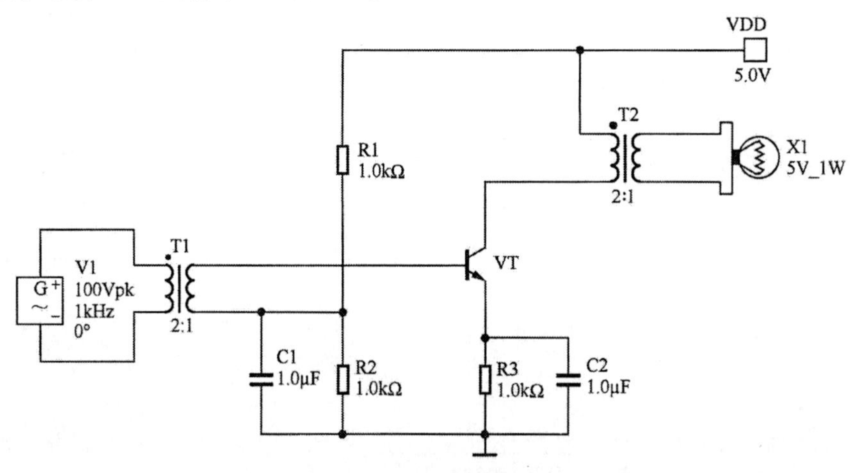

图 5-52 电路原理图编辑结果

4. 插入仪器

选择菜单栏中的“仿真”→“仪器”→“示波器”命令，或单击“仪器”工具栏中的“示波器”按钮，在电路图中放置示波器 XSC1。将示波器 XSC1 的通道 A（+）与输入信号（V1）相连，将示波器 XSC1 的通道 B（+）与功率放大电路的输出端（X1 两端）相连，为区分显示，不同通道的连接线使用不同颜色显示。

选择菜单栏中的“仿真”→“仪器”→“波特测试仪”命令，或单击“仪器”工具栏中的“波特测试仪”按钮，在电路图中放置波特测试仪 XBP1。将波特测试仪 XBP1 的输入通道 IN（+）与输入信号（V1）相连，输出通道 OUT（+）与功率放大电路的输出端（X1 两端）相连。波特测试仪连接结果如图 5-53 所示。

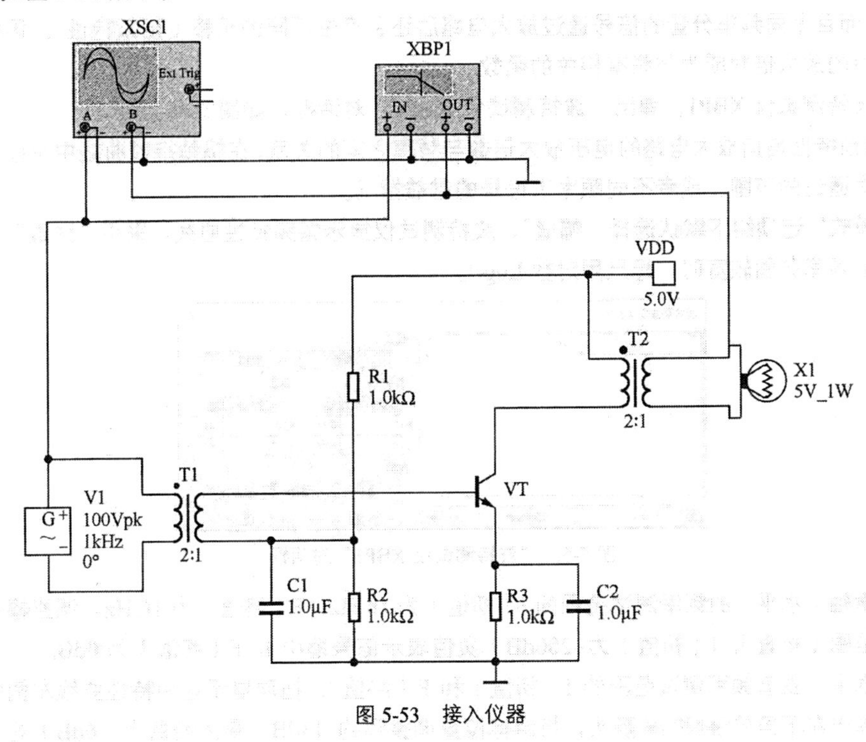

图 5-53　接入仪器

5. VI 仿真

选择菜单栏中的“仿真”→“运行”命令，或单击“Simulation（仿真）”工具栏中的“运行”按钮▷，进行仿真测试。

6. 电压分析

在示波器 XSC1 中显示了 V1 和 X1 两端输出电压的波形，如图 5-54 所示。通道 A（上面的红色波形）为 V1 的电压信号，通道 B（下面的蓝色波形）为功率放大电路的输出端（X1 两端）电压信号。

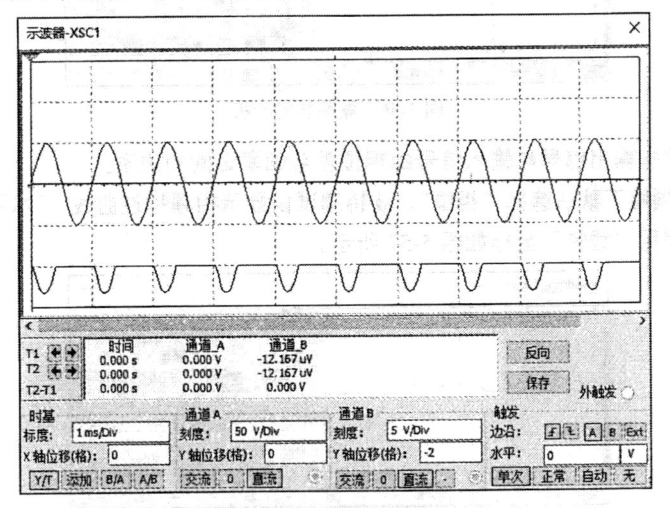

图 5-54　示波器仿真波形

7. 幅频特性与相频特性分析

由于放大电路中电抗元器件的存在，放大电路对不同频率分量的信号的放大能力是不相同的(幅频特性)，而且不同频率分量的信号通过放大电路后还会产生不同的相移（相频特性）。因此衡量电路放大能力的放大倍数成为与频率相关的函数。

双击波特测试仪 XBP1，弹出“波特测试仪-XBP1”对话框，如图 5-55 所示。

① 幅频特性是指放大电路的电压放大倍数与频率之间的关系，在幅频特性曲线中可以看到不同幅值下频率通过的范围，或者不同频率下信号的增益情况。

在“模式”选项组下默认选择“幅值”，波特测试仪显示幅频特性曲线，采用“对数”坐标（当测量信号的频率范围较宽时，标尺用对数 Log）。

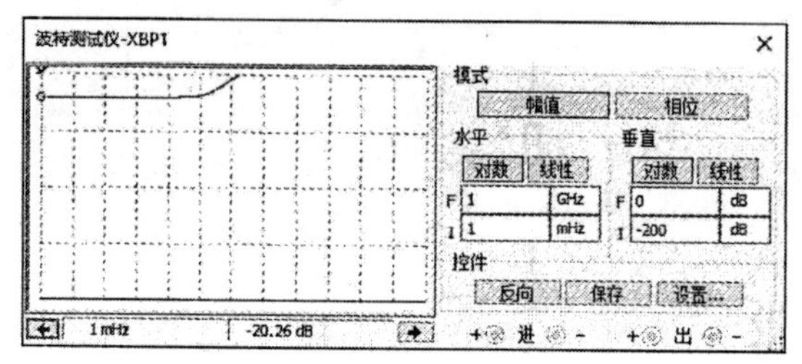

图 5-55 “波特测试仪-XBP1”对话框

默认横轴（水平）的频率测试范围的 I（初值）为 1mHz，F（终值）为 1GHz。调整幅频特性曲线的纵轴范围（垂直），I（初值）为-200dB（负值表示信号缩小），F（终值）为 0dB。

调整水平，垂直频率测试范围的 I（初值）和 F（终值），拖动显示幅频特性曲线左侧的垂直游标，或者单击左下角的→和←箭头，将游标位置调整到约 13dB（最大增益为 16dB）处，波特测试仪面板将显示游标所在位置的频率值（10.431kHz），如图 5-56 所示。该频率值（10.431kHz）为放大电路的下限频率（截止频率）。

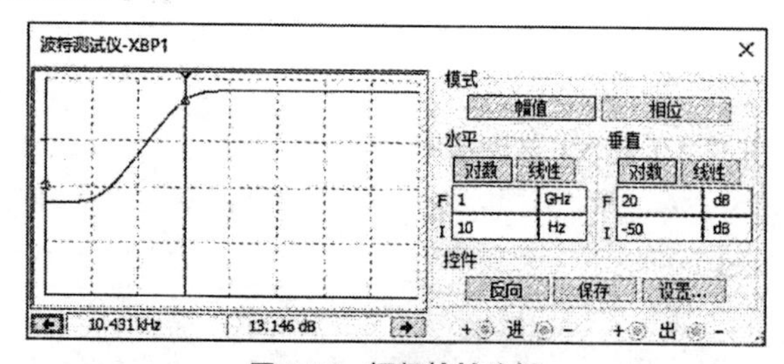

图 5-56 幅频特性分析

② 相频特性是指输出信号与输入信号的相位差与频率之间的关系。

在“模式”选项组下默认选择“相位”，波特测试仪显示相频特性曲线，“水平”轴采用“对数”坐标，“垂直”轴采用“线性”坐标如图 5-57 所示。

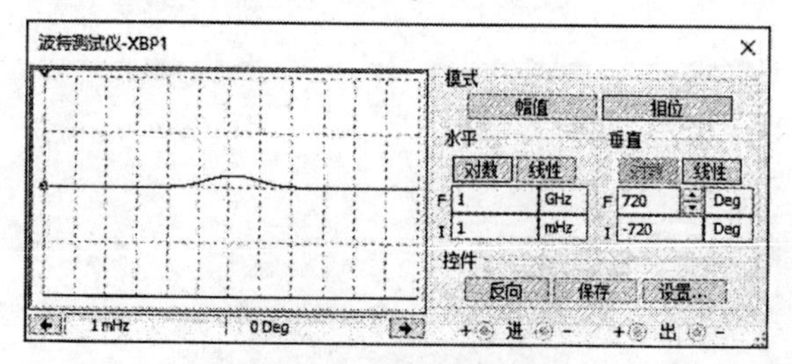

图 5-57 相频特性分析

在“I”“F”选项中调整相频特性曲线的横轴、纵轴范围，I 为–180°，F 为 180°。在波特测试仪的观察窗口可看到幅频特性曲线，如图 5-58 所示。

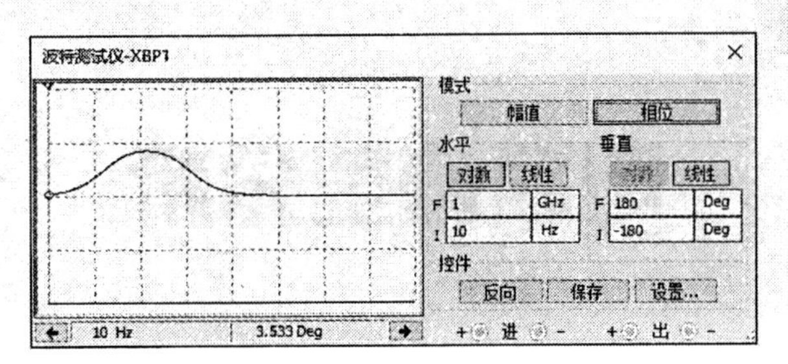

图 5-58　幅频特性曲线

单击“标准”工具栏中的“保存”按钮，保存绘制好的电路图文件。选择菜单栏中的“文件”→“关闭”命令，关闭当前设计文件。

第6章 电路模型分析

Multisim 14.3 的仿真手段有两种。第一种是用 VI 仿真，第二种是本章所述的用菜单分析命令仿真。有的电路功能只能用 VI 仿真，有的电路功能只能用菜单分析命令仿真，但更多的电路功能是两种方式均可运用，可谓是异曲同工。一般来说，用 VI 仿真简单、直观，用菜单分析命令仿真则是“多、快、好、省”，但运用难度稍大。

6.1 直流分析

Multisim 14.3 提供了多种分析类型，所有分析都是利用仿真程序产生用户需要的数据。当用户激活一种分析后，分析结果将默认显示在图示仪上并被保存起来，以供之后的处理器使用。直流工作点分析是最基本的仿真分析方法，用于测定带有短路电感和开路电容电路的静态工作点。

6.1.1 直流工作点分析

使用该方法时，用户不需要进行特定参数的设置，选中即可运行，如图 6-1 所示。

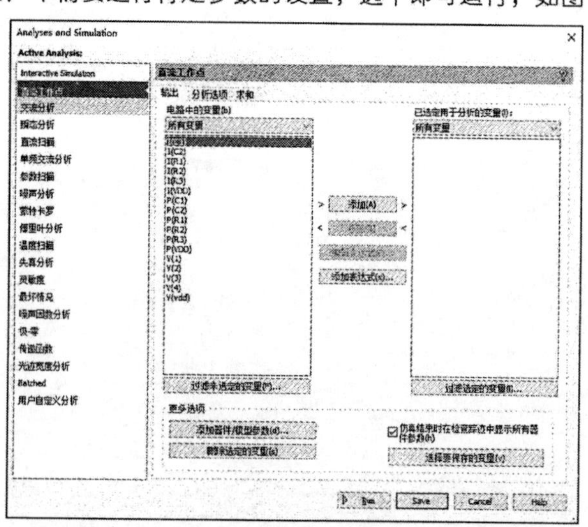

图 6-1　直流工作点分析

1.“输出”选项卡

在“电路中的变量”栏的列表框中列出了所有可供选择的电路输出变量，如图 6-2 所示。对于直流扫描和瞬态分析，输出电压/电流/功率可以由以下变量表示。

- Vnode：节点（node）对地的电压，V（1）表示节点 1 对地的电压。
- Vname：双端元器件间的电压（name 为双端元器件名），V（R1）表示电阻R1 上的电压。
- Iname：流经元器件的电流（name 为元器件名）。
- Pname：双端元器件间的功率（name 为双端元器件名），P（R1）表示电阻R1 上的功率。

通过改变“电路中的变量”栏的列表框的设置，该栏中的内容将随之变化。单击[过滤未选定的变量(F)...]按钮，弹出图 6-3 所示的“过滤节点”对话框，对选择的变量进行筛选。

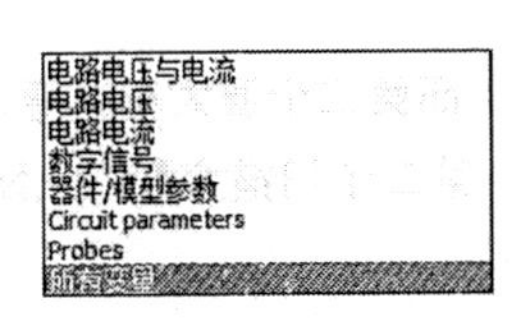

图 6-2 “电路中的变量”栏的列表框

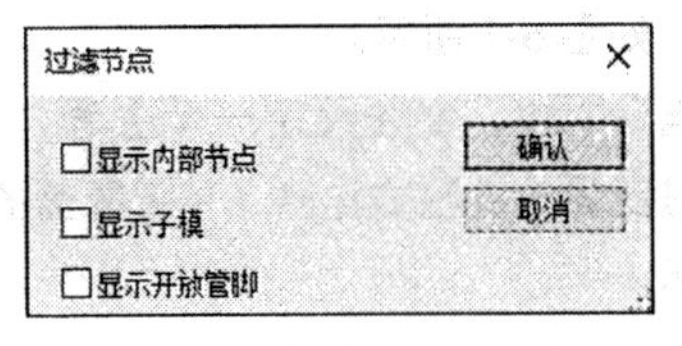

图 6-3 “过滤节点”对话框

“已选定用于分析的变量”栏的列表框中列出了仿真结束后需要立即在仿真结果中显示的变量。在“电路中的变量”栏中选择某一信号后，可以单击[添加(A)]按钮，为“已选定用于分析的变量”栏添加显示变量，单击[移除(R)]按钮，可以将不需要显示的变量移回“电路中的变量”栏中。

单击[添加器件/模型参数(d)...]按钮，弹出图 6-4 所示的“添加器件/模型参数”对话框，对用于分析的变量中增加的某个器件/模型的参数类型、器件类型、名称、参数和描述进行编辑。[过滤选定的变量(i)...]按钮功能与前面类似，这里不再赘述。

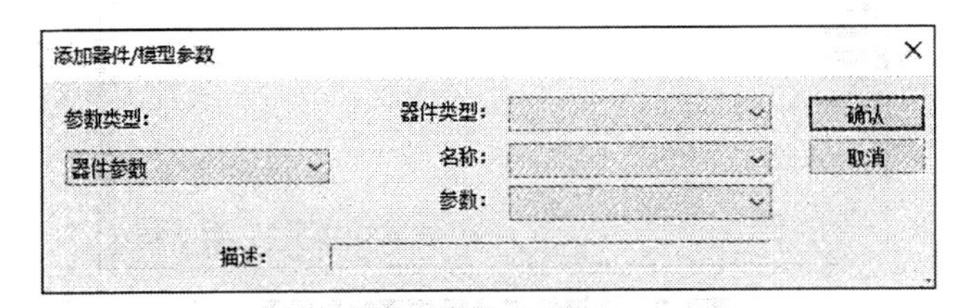

图 6-4 “添加器件/模型参数”对话框

单击[删除选定的变量(s)]按钮，删除“电路中的变量”栏中选中的变量。

2.“分析选项”选项卡

在“用于分析的标题”栏中显示仿真分析方式的名称，这里显示“直流工作点”，如图 6-5 所示。

3.“求和”选项卡

在该选项卡中显示所有设置和参数结果，检查所有设置是否正确，是否有遗漏，如图 6-6 所示。

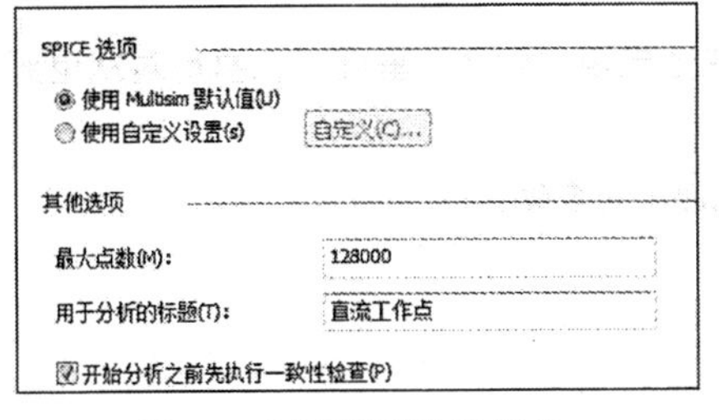

图 6-5 “分析选项”选项卡

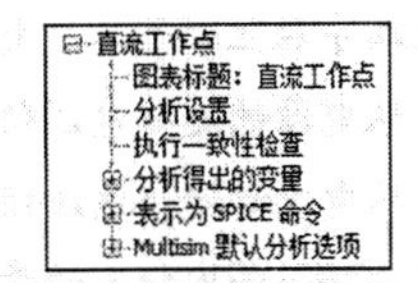

图 6-6 “求和”选项卡

在测定瞬态初始化条件时，直流工作点分析将优先于瞬态分析和傅里叶分析。同时，直流静态工作点分析优先于交流小信号、噪声和零-极分析。为了保证测定的线性化，电路中所有非线性的交流小信号模型，在直流静态工作点分析中将不考虑任何交流源的干扰因素。

6.1.2 直流扫描分析

直流扫描分析就是，当输入信号在一定范围内变化时，每变化一次执行一次工作点分析输出一个曲线轨迹。通过执行一系列直流静态工作点分析，修改选定的源信号电压，从而得到一个直流传输曲线。用户也可以同时指定两个工作源。

在“Analyses and Simulation”对话框中，选中“直流扫描”项，即可在右侧显示直流扫描分析仿真参数设置，如图 6-7 所示。

在直流扫描分析中，必须设定一个主源，这里称之为源 1，而第二个源为可选源，称之为源 2。通常第一个扫描变量（主独立电源 1）所覆盖的区间是内循环，第二个扫描变量（从独立电源 2）扫描区间是外循环。

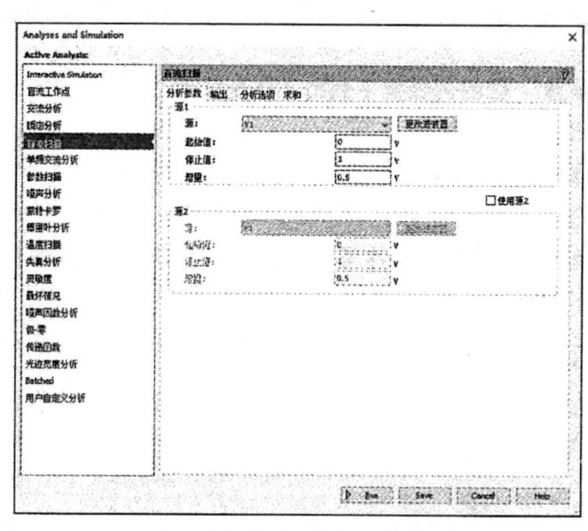

图 6-7 直流扫描分析仿真参数设置

1.“源 1”选项组

- 源：电路中独立电源（主电源）的名称。
- 起始值：主电源的起始电压值。
- 停止值：主电源的停止电压值。
- 增量：在扫描范围内指定的步长值。

2.“源 2”选项组

“使用源 2”复选框：勾选该复选框，在主电源“源 1”基础上，执行对从电源“源 2”的扫描分析。

- 源：在电路中独立的第二个电源（从电源）的名称。
- 起始值：从电源的起始电压值。
- 停止值：从电源的停止电压值。
- 增量：在扫描范围内指定的步长值。

6.1.3 时钟信号激励源

时钟信号激励源用来提供时钟信号，时钟信号是时序逻辑的基础，用于决定逻辑单元中的状态何时更新。时钟边沿触发信号代表所有的状态都发生在时钟边沿的到来时刻，只有上升沿和下降沿才是有效信号。时钟信号激励源实质上是一个频率、占空比及幅度皆可调节的方波发生器，输出只有固定周期并与运行无关的信号。

此信号是由若干条相连的直线组成的规则的信号，包括时钟信号电压源 CLOCK_ VOLTAGE 和时钟信号电流源 CLOCK_CURRENT 两种，如图 6-8 所示。

时钟信号激励源的仿真参数设置对话框如图 6-9 所示。

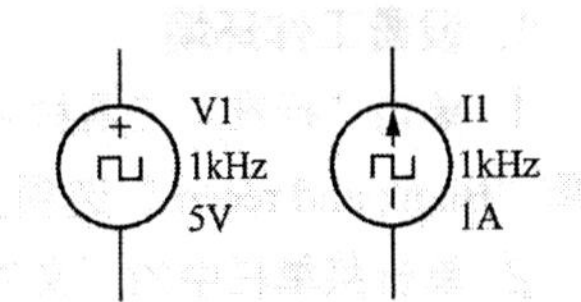

图 6-8　时钟信号电压源 CLOCK_VOLTAGE 和时钟信号电流源 CLOCK-CURRENT

- 频率（F）：设置时钟信号的频率。
- 占空比：高低电平所占的时间比率。占空比越大，电路开通时间就越长，整体机能就越高。
- 电流（I）：设置时钟信号的电流。
- 电压（V）：设置时钟信号的电压。
- 上升时间：高电平持续时间。
- 下降时间：低电平持续时间。

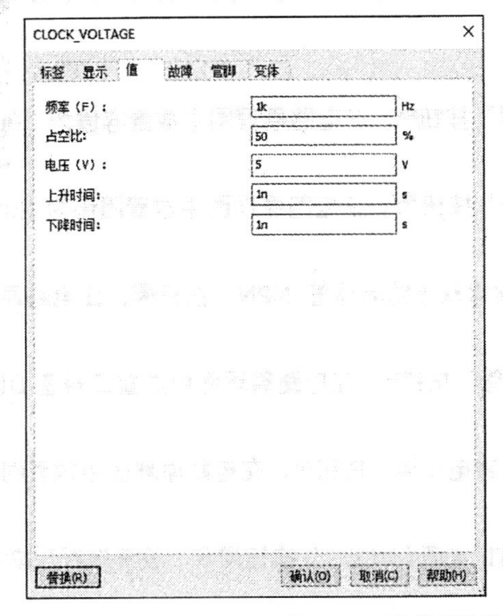

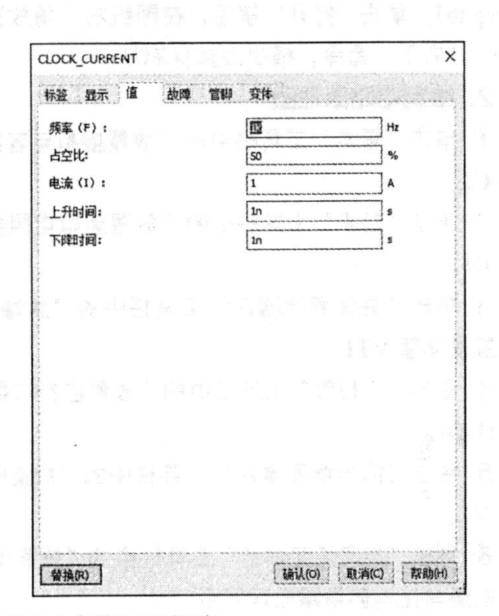

图 6-9　时钟信号激励源的仿真参数设置对话框

6.1.4　蜂鸣器应用电路

典型的蜂鸣器应用电路如图 6-10 所示，电路由三极管、蜂鸣器、二极管及滤波电容构成。

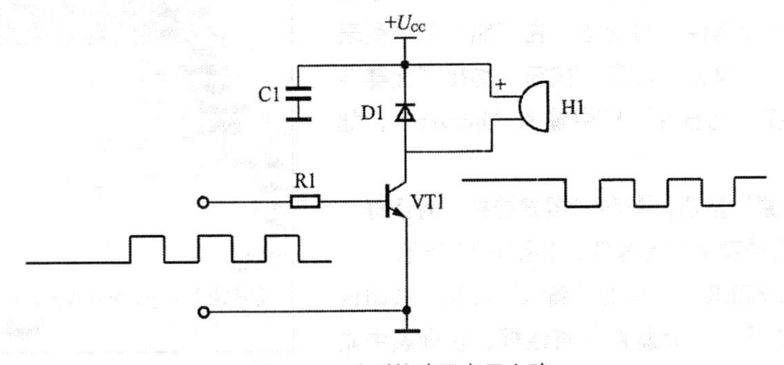

图 6-10　典型蜂鸣器应用电路

蜂鸣器本质上是一个感性元器件，其电流不能瞬变，因此接入二极管 D1 提供续流。否则，在蜂鸣器两端会产生几十伏的尖峰电压，可能损坏三极管，并干扰整个电路系统的其他部分。C1 是滤波电容，滤除蜂鸣器电流对其他部分产生的影响，也可以改善电源的交流阻抗。

【操作步骤】

1. 设置工作环境

① 单击“标准”工具栏中的“设计”按钮，弹出“New Design（新建设计文件）”对话框，选择“Blank and recent”选项。单击 Create 按钮，创建一个电路原理图设计文件。

② 单击菜单栏中的“文件”→“保存为”命令，将项目另存为“蜂鸣器应用电路.ms14”。

③ 选择菜单中的“选项”→“电路图属性”命令，系统弹出“电路图属性”对话框，打开“工作区”选项卡，设置电路图页面大小为 A4。完成设置后，单击“确认”按钮，关闭对话框。

④ 选择菜单栏中的“绘制”→“标题块”命令，在弹出的“打开”对话框中选择标题块模板 Ulticap.tb7。单击“打开”按钮，在图纸右下角放置标题块。选择菜单栏中的“编辑”→“标题块位置”→“右下”命令，精确放置标题块。

2. 绘制电路原理图

① 单击“基本”工具栏中的“放置虚拟电容器”按钮，在电路原理图中放置容值为 1.0μF 的电容 C1。

② 单击“基本”工具栏中的“放置虚拟电阻器”按钮，在电路原理图中放置阻值为 1.0kΩ的电阻 R1。

③ 单击“晶体管元器件”工具栏中的“放置虚拟双极结晶体管 NPN”按钮，在电路原理图中放置晶体管 VT1。

④ 单击“二极管”工具栏中的“放置虚拟二极管”按钮，在电路原理图中放置二极管 DIODE 元器件 D1。

⑤ 单击“信号源元器件”工具栏中的“放置时钟电压源”按钮，在电路原理图中放置时钟信号源 V1。

⑥ 单击“功率源元器件”工具栏中的“放置 TTL 电源（VCC）”按钮和“放置地线”按钮，放置电源与接地到电路原理图中。

⑦ 使用计算机内置扬声器（或声卡）元器件 BUZZER 来模拟理想的压电蜂鸣器，由于该元器件在元器件库中的位置未知，需要使用搜索命令来搜索该元器件。

⑧ 单击“元器件”工具栏中的“放置二极管”按钮，打开“选择一个器件”对话框，在“组”下拉列表中选择“所有组”，单击“搜索”按钮，弹出“元器件搜索”对话框，在“元器件”栏中输入“buzzer”，如图 6-11 所示。

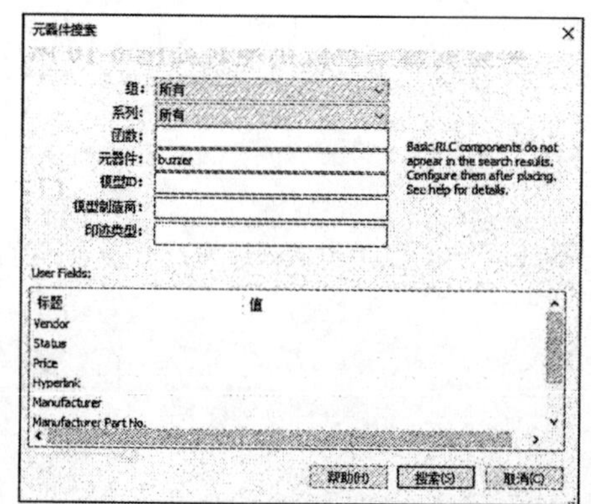

图 6-11 “元器件搜索”对话框

⑨ 单击“搜索”按钮，弹出“搜索结果”对话框，在列表中显示符合关键字的元器件，如图 6-12 所示。

⑩ 选择“BUZZER”，单击“确认”按钮，关闭该对话框，返回“选择一个元器件”对话框，在列表中显示元器件所在位置，如图 6-13 所示。

⑪ 双击该元器件，直接在电路原理图中放置扬声器（或声卡）元器件 BUZZER LS1。

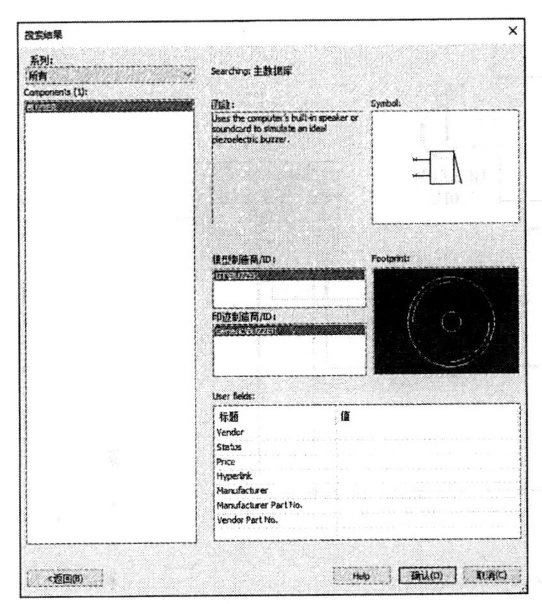

图 6-12 “搜索结果”对话框

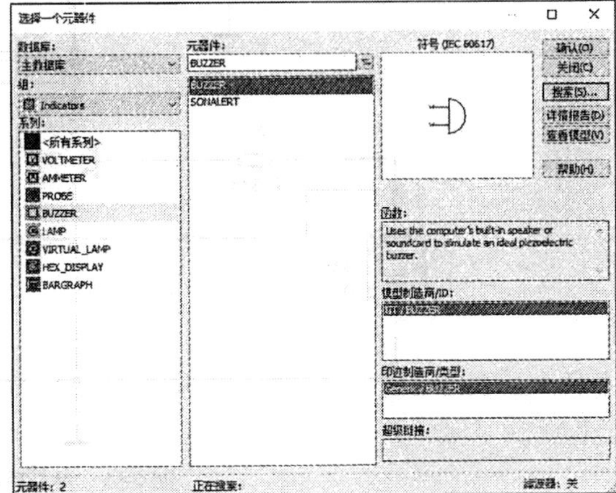

图 6-13 “选择一个器件”对话框

⑫ 激活连线命令，鼠标指针自动变为实心圆圈状，单击并移动鼠标指针，执行自动连线操作，电路原理图绘制结果如图 6-14 所示。

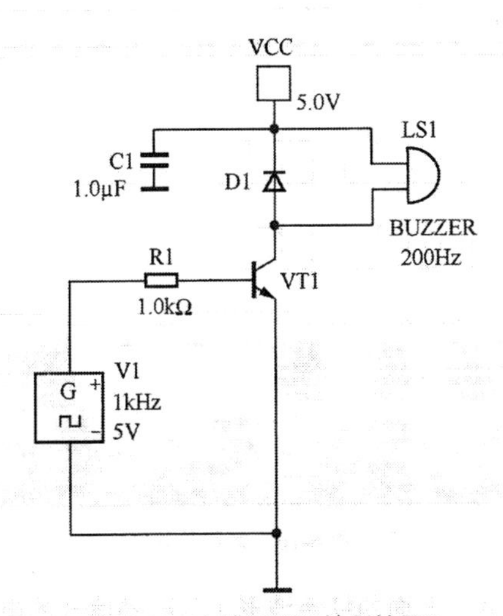

图 6-14 电路原理图绘制结果

3. 插入仪器

选择菜单栏中的“仿真”→“仪器”→“示波器”命令，或单击“仪器”工具栏中的“示波器”按钮，鼠标指针上显示浮动的示波器虚影，在电路窗口的相应位置单击，完成示波器 XSC1 的放置。连接示波器（为区分显示，不同通道连接线为不同颜色）后的结果如图 6-15 所示。

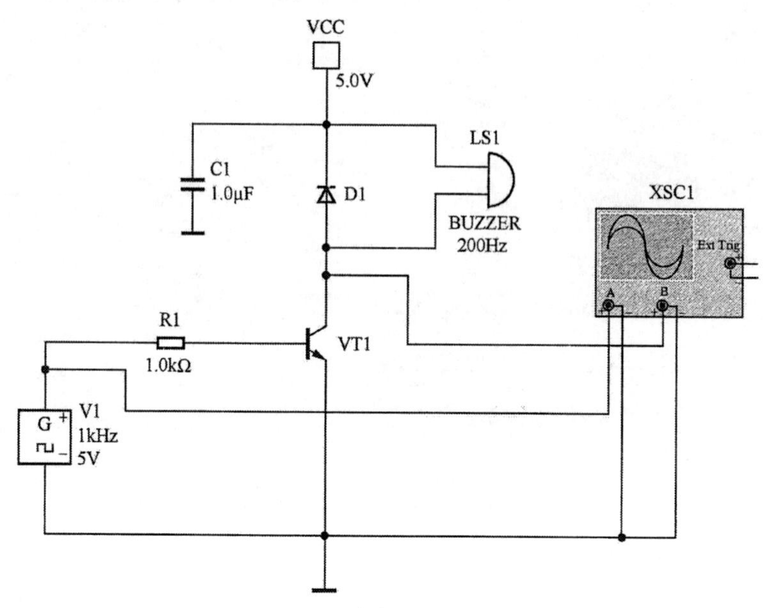

图 6-15　电路接入示波器 XSC1

4. 运行仿真

① 选择菜单栏中的“仿真”→“运行”命令，或单击“Simulation（仿真）”工具栏中的“运行”按钮▷，进行仿真测试。在示波器中，交流电压的波形图如图 6-16 所示。

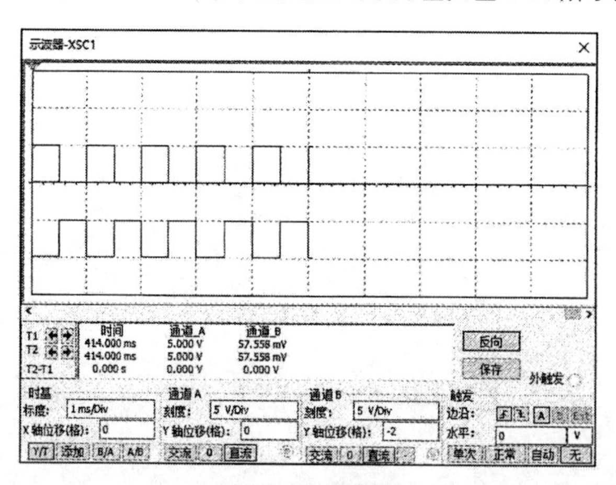

图 6-16　运行仿真

在示波器 XSC1 中，通道 A（上面的红色波形）为时钟信号的电压波形，通道 B（下面的蓝色波形）为三极管 VT1 的集电极信号的电压。

② 三极管起到开关的作用。当输入信号为低电平时，三极管 VT1 截止，其集电极电压为高电平，蜂鸣器两端均为高电平，因此不发声；当输入信号为高电平时，三极管 VT1 导通，其集电极电压为低电平，此时蜂鸣器两端电压为上正下负；当输入信号高低电平交替变化时，蜂鸣器两端输入方波信号，此时蜂鸣器发出声音。

5. 设置电路图网络

选择菜单栏中的“选项”→“电路图属性”命令，弹出“电路图属性”对话框，打开“电路图可见性”选项卡，在“网络名称”选项组中选择“全部显示”选项，如图 6-17 所示。单击“确定”按钮，在电路图中显示所有网络，网络名称以数字为编号，从 0 开始依次递增，如图 6-18 所示。

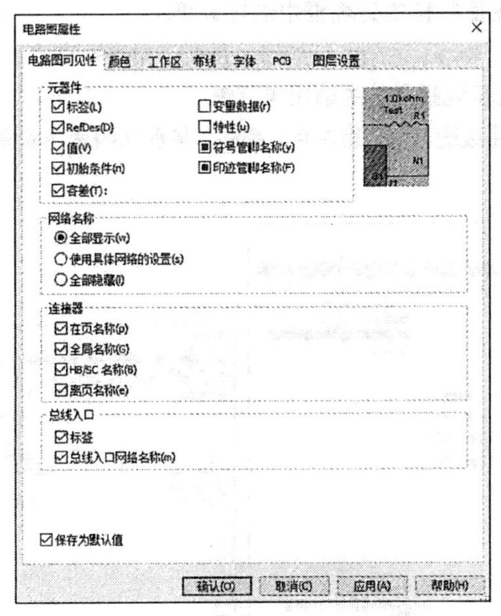

图 6-17 “电路图可见性”选项卡

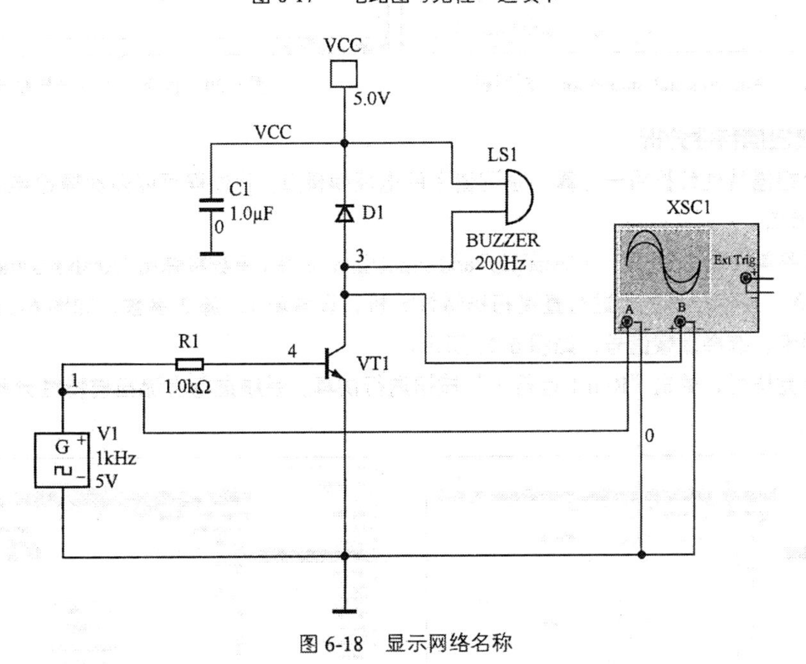

图 6-18 显示网络名称

6. 直流静态工作点分析

① 在三极管放大电路中，三极管的 I_B（基极电流）、I_C（集电极电流）和 U_{CE}（集电极与发射极之间的电压，$U_{CE}=U_C-U_E$）被称为静态工作点，其中，$U_{CE}=V3$。

② 选择菜单栏中的“仿真”→“Analyses and simulation（仿真分析）”命令，或单击“Simulation（仿真）”工具栏中的 Interactive 按钮，系统将弹出“Analyses and Simulation”对话框，见图 6-19。

③ 在左侧“Interactive Simulation（仿真方式）”列表中选择“直流工作点”，在右侧打开图

6-19 所示的参数界面，打开“输出”选项卡，在“电路中的变量”栏的列表中选择需要观察的变量 I（QVT1[IB]）、I（QVT1[IC]）、I（QVT1[IE]），单击“添加”按钮，将观察信号添加到右侧“已选定用于分析的变量”栏的列表框中进行分析。

④ 设置完毕后，单击“Run（运行）”按钮，系统开始进行直流工作点分析。完成分析后，弹出“图示仪视图”窗口，显示观察变量的输出电流值。

⑤ 选择菜单栏中的“曲线图”→“黑白色”命令，将默认的黑色背景底色切换为白色背景底色，如图 6-20 所示。

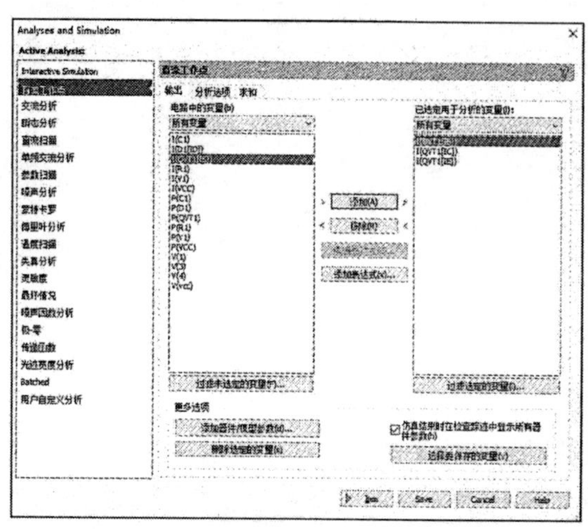

图 6-19 “Analyses and Simulation”对话框

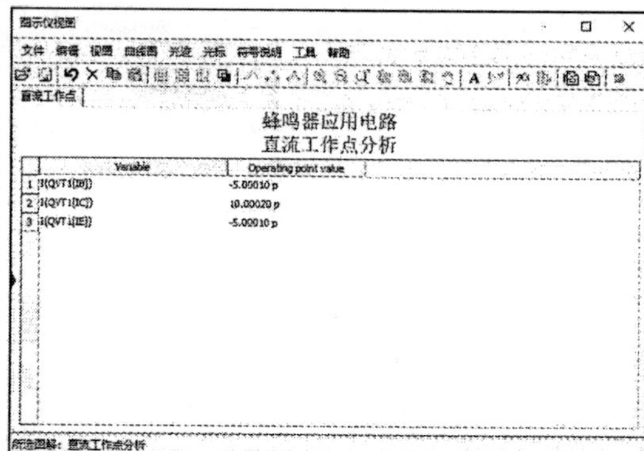

图 6-20 直流工作点分析结果

7. 直流扫描特性分析

① 直流扫描特性分析用于计算一系列值上的电路偏置点。此过程可以多次模拟电路，在预定范围内扫描直流值。

② 选择菜单栏中的“仿真”→“Analyses and simulation”命令，系统将弹出“Analyses and Simulation”对话框，选择“直流扫描”，进行直流扫描特性分析，设置源 1、源 2 参数，如图 6-21 所示。打开“输出”选项卡，选择观察信号，如图 6-22 所示，

③ 设置完毕后，单击“Run（运行）”按钮进行仿真。系统进行直流扫描特性分析，其结果如图 6-23 所示。

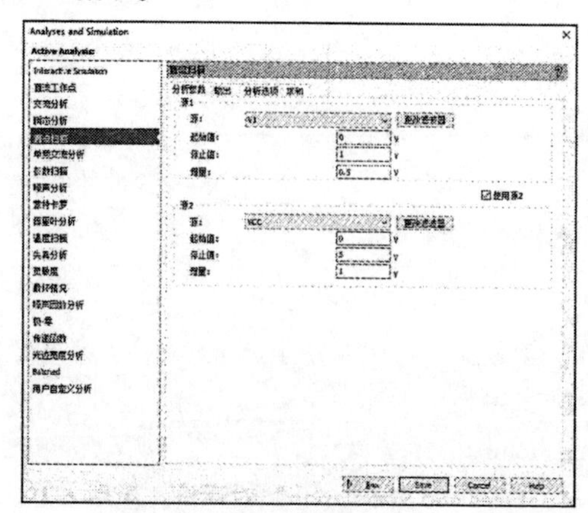

图 6-21 设置源信号参数

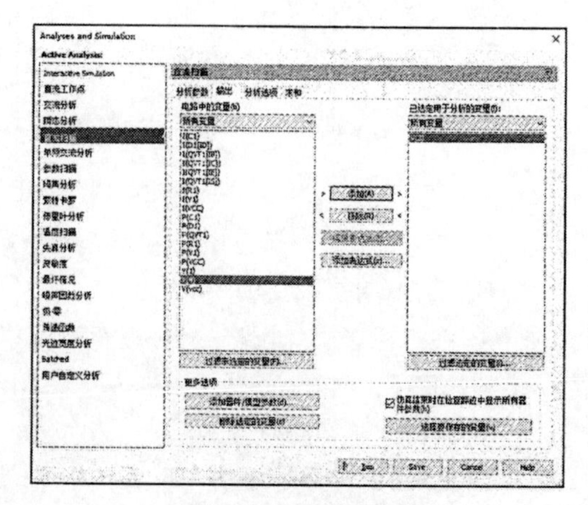

图 6-22 设置扫描特性

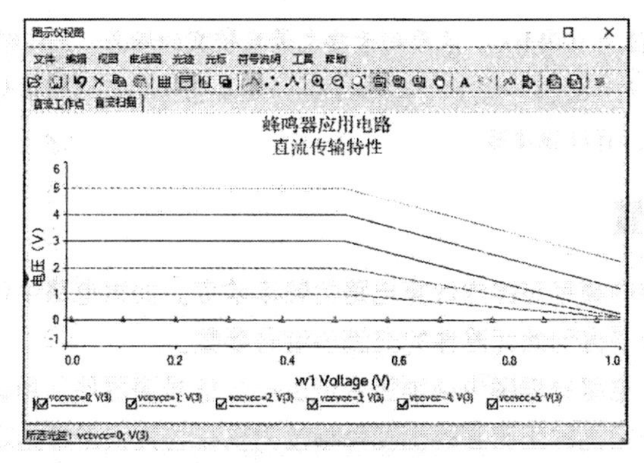

图 6-23　直流扫描特性分析结果

④ 单击“标准”工具栏中的“保存”按钮，保存绘制好的电路原理图文件。选择菜单栏中的“文件”→“关闭”命令，关闭当前设计文件。

6.2　交流分析

交流分析是在正弦小信号工作条件下的一种频域分析。它计算电路的幅频特性和相频特性，是一种线性分析方法。

交流分析又称 AC 分析（交流扫描分析），就是分析电路的频域响应。其分析的过程是将交流信号源输出的频率从低到高变化（即扫描）的信号输入电路，再记录每个频率的输入信号对应的输出信号的幅度与相位的结果。

放大电路的电压放大倍数与频率之间的关系被称为幅频特性，幅频特性曲线如图 6-24 所示。

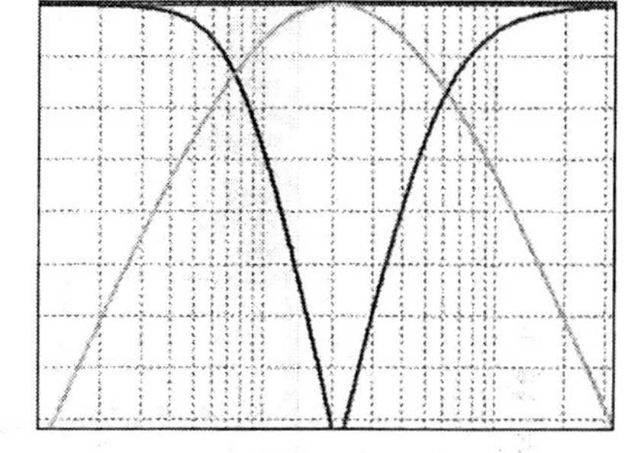

图 6-24　幅频特性曲线

6.2.1　模拟元器件库

单击“元器件”工具栏中的“放置模拟”按钮，“Analog”库的“系列”栏包含以下几种，如图 6-25 所示。

- 模拟虚拟器件（ANALOG_VIRTUAL）：包括虚拟比较器、三端虚拟运放和五端虚拟运算放大器。五端虚拟运算放大器比三端虚拟运算放大器多了正、负电源两个端子。
- 运算放大器（OPAMP）：包括五端、七端和八端运算放大器。
- 诺顿运算放大器（OPAMP_NORTON）：即电流差分放大器（CDA），是一种基于电流的元器件，其输出电压与输入电流成比例。
- 比较器（COMPARATOR）：比较两个输入电压的大小和极性，并输出对应状态。
- 阔带放大器（WIDEBAND_AMPS）：单位增益

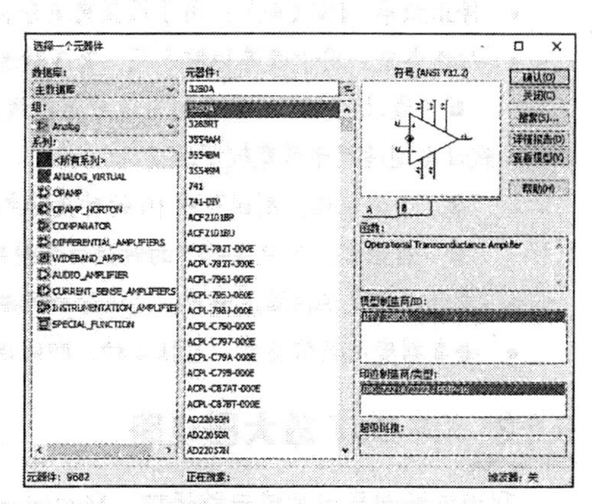

图 6-25　“Analog”库

带宽可超过 10MHz，典型值为 100MHz，主要用于要求带宽较宽的场合，如视频放大电路等。

- 特殊功能运算放大器（SPECIAL_FUNCTION）：主要包括测试运算放大器、视频运算放大器、乘法器/除法器、前置放大器、有源滤波器。

6.2.2 交流分析设置

交流分析是指在一定的频率范围内计算电路的频率响应。如果电路中包含非线性器件，在计算电路的频率响应之前就应该得到此元器件的交流小信号参数。

在执行交流分析前，电路原理图中必须包含至少一个信号源器件，用这个信号源去替代仿真期间的正弦波发生器。用于扫描的正弦波的幅度和相位需要在仿真模型中指定。

在“Analyses and Simulation”对话框中，选中“交流分析”项，即可在右侧显示交流分析仿真参数设置，如图 6-26 所示。

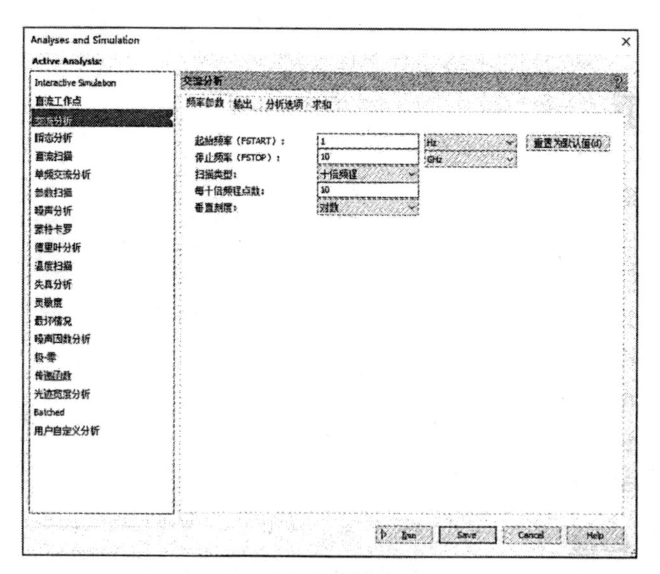

图 6-26　交流分析仿真参数设置

- 起始频率（FSTART）：用于设置交流分析的初始频率。
- 停止频率（FSTOP）：用于设置交流分析的终止频率。
- 扫描类型：用于设置扫描方式，有 3 种选择。

  ■ 线性：全部测试点均匀地分布在线性化的测试范围内，是从起始频率开始到终止频率的线性扫描，线性类型适用于带宽较窄的情况。

  ■ 十倍频程：测试点以 10 的对数形式排列，用于带宽特别宽的情况。

  ■ 倍频程：测试点以 2 的对数形式排列，频率以倍频程进行对数扫描，用于带宽较宽的情形。
- 点数：设置在扫描范围内，交流分析的测试点数目。
- 垂直刻度：数值类型，包括 4 种，即线性、对数、分贝、倍频程。

6.2.3 CE BJT 放大器电路

利用电路向导可生成电路模块，Multisim 14.3 提供了 4 种电路模块，CE BJT 放大器向导搭建 CE BJT 放大器电路。CE BJT 放大器电路又被称为双极结晶体管放大器电路。

【操作步骤】

1. 设置工作环境

① 单击“标准”工具栏中的“设计”按钮，弹出“New Design（新建设计文件）”对话框，选择“Blank and recent”选项。单击 Create 按钮，创建一个电路原理图设计文件。

② 单击菜单栏中的“文件”→“保存为”命令，将项目另存为“CE BJT 放大器电路.ms14”。

2. 插入电路向导

① 选择菜单栏中的“工具”→“电路向导”→“CE BJT 放大器向导”命令，弹出“双极结晶体管（BJT）共射极放大器向导”对话框，如图6-27所示。其中，电路的截止频率为100Hz。

② 在“双极结晶体管选择”选项组下设置该器件的放大倍数与饱和度；在“放大器规格”选项组下设置峰值输入电压、输入源频率、信号源电阻；在“静态工作点规格”选项组下设置集电极电流、集电极-发射极电压或峰值输出电压摆幅。在右侧显示电路模块缩略图。

③ 单击“验证”按钮，计算出“放大器特性”选项组下的小信号电流/电压增益值，才能搭建电路。

④ 单击“搭建电路”按钮，在工作区放置CE BJT放大器电路模块，如图6-28所示。

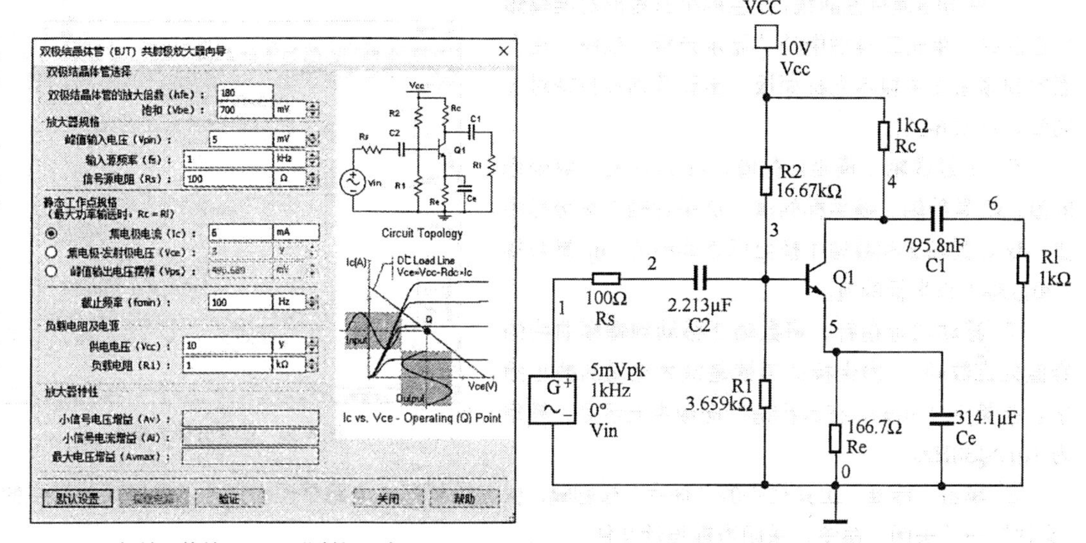

图6-27 “双极结晶体管（BJT）共射极放大器向导”对话框　　　图6-28 CE BJT 放大器电路

3. 交流分析

① 选择菜单栏中的“仿真”→“Analyses and Simulation”命令，或单击“Simulation”工具栏中的 Interactive 按钮，系统将弹出“Analyses and Simulation”对话框。

② 在左侧“Interactive Simulation（仿真方式）”列表中选择“交流分析”，在右侧打开参数界面；打开“输出”选项卡，在右侧“已选定用于分析的变量”栏的列表框中添加电压变量V(4)，如图6-29所示。

③ 单击“Run”按钮，系统开始进行交流分析。完成分析后，弹出“图示仪视图”窗口，显示幅频、相频特性曲线，如图6-30所示。

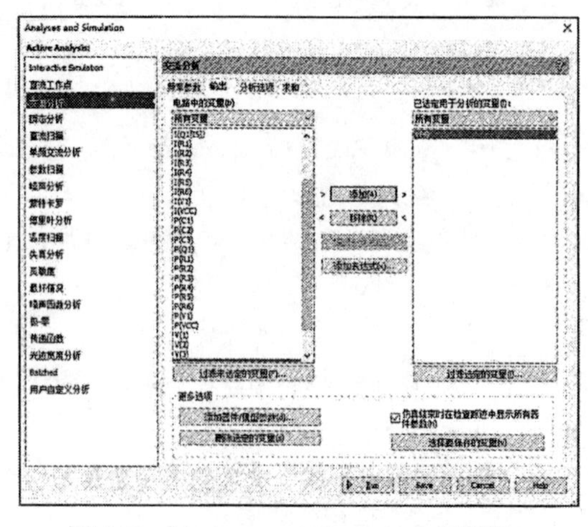

图 6-29 “Analyses and Simulation”对话框

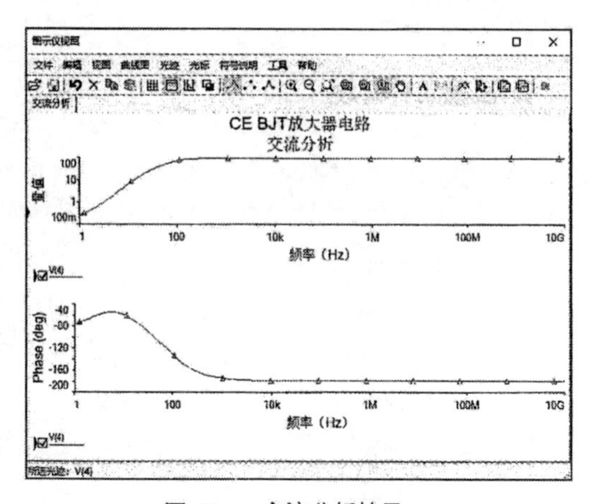

图 6-30 交流分析结果 1

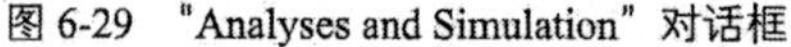

④ 从图 6-30 所示的结果中发现，幅频特性曲线的纵轴用该点电压值来表示。不管输入的信号源的数值为多少，程序一律将其视为一个幅度为单位 1 且相位为 0 的单位信号源，这样从输出节点取得的电压的幅度就代表了增益值，相位就是输出信号与输入信号之间的相位差。

⑤ 单击幅频特性曲线，红色的小三角形对准幅频特性曲线，单击工具栏中的“显示光标”按钮，在上面的幅频曲线中显示光标面板，出现数轴及数轴对应的值，见图 6-31。

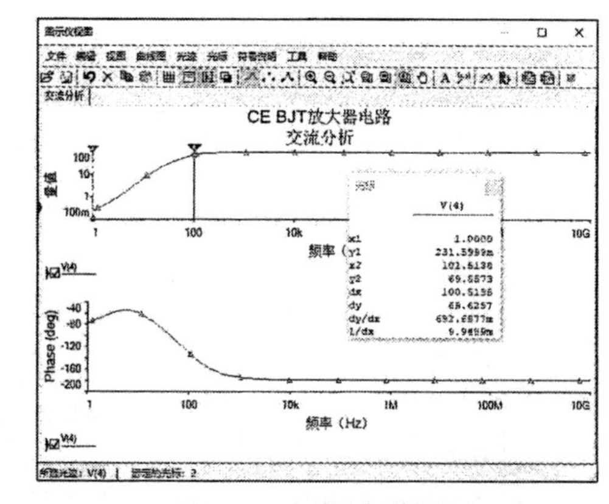

图 6-31 交流分析结果 2

⑥ $x1$ 是数轴 1 横坐标的值，$y1$ 是数轴 1 纵坐标的值；$x2$ 是数轴 2 横坐标的值，$y2$ 是数轴 2 纵坐标的值；dx 是数轴 2 和数轴 1 横坐标之间的值，dy 是数轴 2 和数轴 1 纵坐标的值。

⑦ 移动鼠标指针，将数轴 2 移动到幅频曲线的峰值处，数轴 2 横坐标的值就是放大电路的截止频率。由图 6-31 可知，在鼠标指针面板中显示截止频率为 101.5138Hz。

⑧ 单击“标准”工具栏中的“保存”按钮，保存绘制好的电路原理图文件。选择菜单栏中的“文件”→“关闭”命令，关闭当前设计文件。

6.3 瞬态分析

电路一般由电压源或者电流源驱动。电压源连接到电路，需要一定的时间才能达到稳定状态，电压或者电流需要一些时间才能达到所需要的值。这个过渡的时间或者瞬态时间在微秒到几毫秒的范围内。在这个过渡时间内对电路电压行为的研究称为瞬态分析。

6.3.1 瞬态分析设置

瞬态分析就是在时域中描述瞬态输出变量的值。对于固定偏置点，计算偏置点和非线性元器件的小信号参数时，电路节点的初始值也应考虑在内，因此有初始值的电容和电感也被看作电路的一部分而被保留下来。在“Analyses and Simulation”对话框中，选中“瞬态分析”项，即可在右侧显示瞬态分析仿真参数设置，如图6-32所示。

- 起始时间（TSTART）：进行瞬态分析时设定的时间间隔的起始值，通常设置为0。
- 结束时间（TSTOP）：进行瞬态分析时设定的时间间隔的结束值，需要根据具体的电路来调整设置，默认值为0.001，一般设置为0.01。
- 最大时间步长：时间增量值的最大变化量。

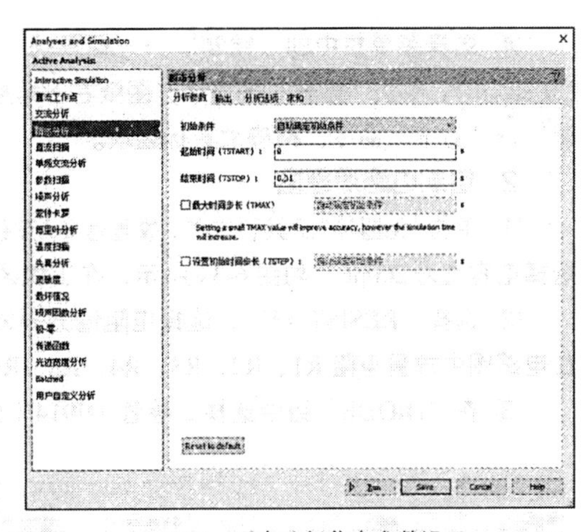

图6-32 瞬态分析仿真参数设置

6.3.2 双稳态振荡器电路

双稳态振荡器电路仿真原理图见图6-33。双稳态振荡器电路是由2只参数接近的三极管组成一个具有两个稳定状态的振荡电路，如果其中任意一个三极管处于导通状态，则另外一个三极管一定处于切断状态，若无外接信号此状态会恒定。

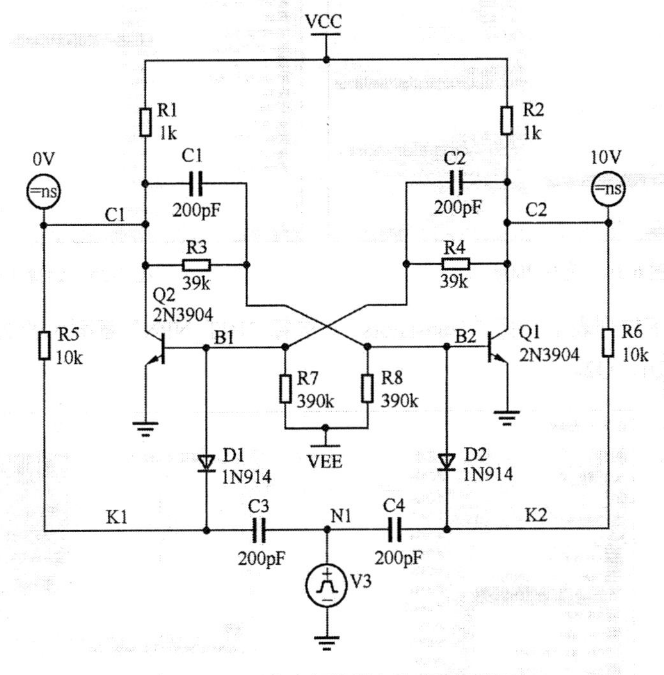

图6-33 双稳态振荡器电路仿真原理图

【操作步骤】

1. 设置工作环境

① 单击“标准”工具栏中的“设计”按钮，弹出“New Design（新建设计文件）”对话框，选择“Blank and recent”选项。单击Create按钮，创建一个电路原理图设计文件。

② 单击菜单栏中的“文件”→“保存为”命令，将项目另存为“双稳态振荡器电路.ms14”。

③ 选择菜单中的“选项”→“电路图属性”命令，系统弹出“电路图属性”对话框，打开“工作区”选项卡，设置电路图页面大小为A4。完成设置后，单击“确认”按钮，关闭对话框。

④ 选择菜单栏中的“绘制”→“标题块”命令，在弹出的“打开”对话框中选择标题块模板 Ulticap.tb7。单击“打开”按钮，在图纸右下角放置标题块。选择菜单栏中的“编辑”→“标题块位置”→“右下”命令，精确放置标题块。

2. 绘制电路原理图

① 单击“元器件”工具栏中的“放置基本”按钮，在“Basic”库的“系列”栏中选择“CAPACITOR”，选择电容值为 200pF，如图 6-34 所示，在工作区域内放置电容 C1、C2、C3、C4。

② 选择“RESISTOR”，选择电阻值分别为 1kΩ、1kΩ、39kΩ、39kΩ、10kΩ、10kΩ、390kΩ，在电路图中放置电阻 R1、R2、R3、R4、R5、R6、R7、R8。

③ 在“DIODE”组中选择二极管 1N914（见图 6-35），在电路图中放置二极管 D1、D2。

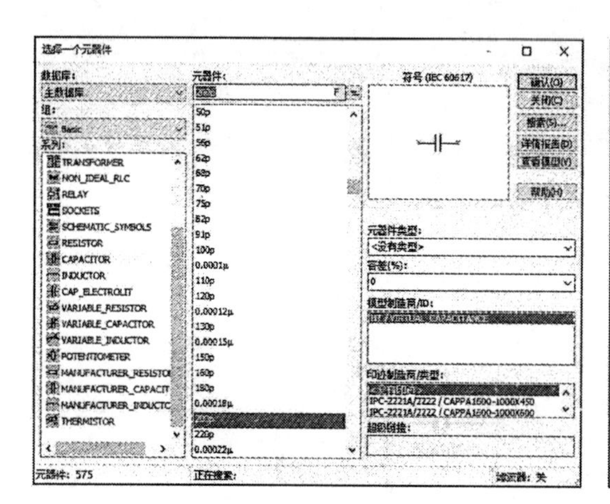

图 6-34 选择 200p

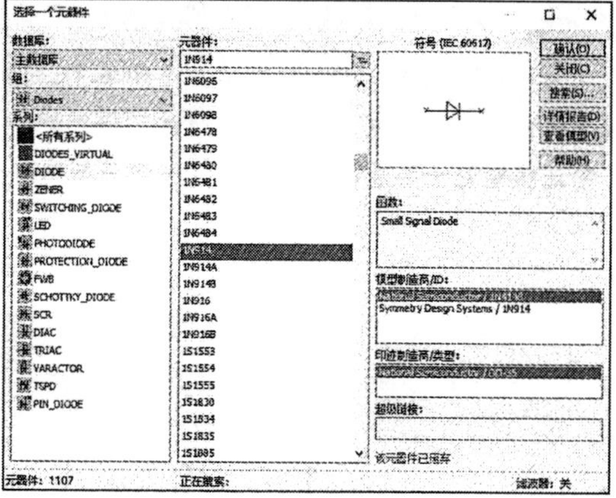

图 6-35 选择 1N914

④ 在“组”下拉列表中选择“Transistors”，选择“BJT_NPN”系列中的 2N3904（见图 6-36），在电路图中放置 Q1、Q2。

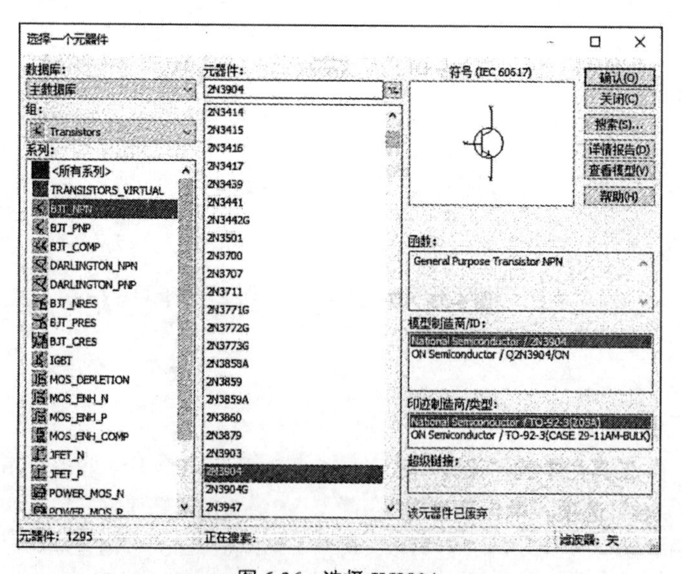

图 6-36 选择 2N3904

元器件放置结果如图 6-37 所示。

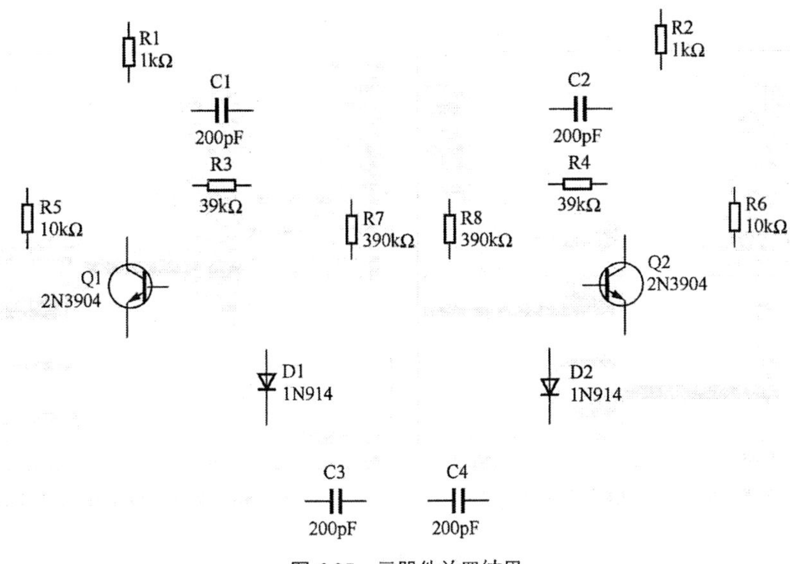

图 6-37 元器件放置结果

⑤ 激活连线命令，鼠标指针自动变为实心圆圈状，单击并移动鼠标指针，执行自动连线操作，结果如图 6-38 所示。

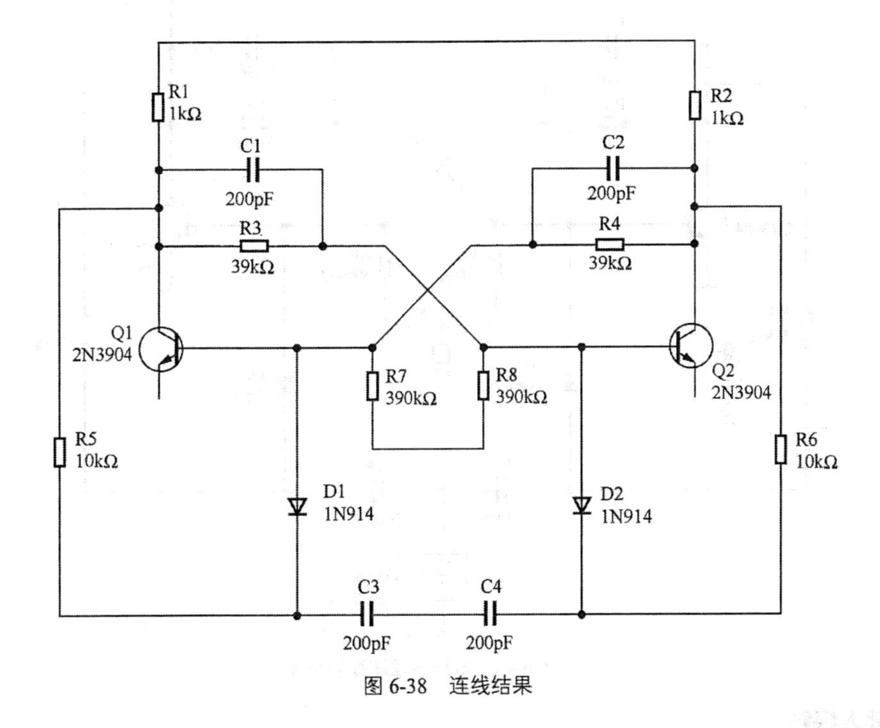

图 6-38 连线结果

3. 放置电源

① 在"组"下拉列表中选择"Sources"，选择"POWER_SOURCES"系列中的"VCC""VEE""GROUND"（见图 6-39），放置到电路原理图中。

② 选择"SIGNAL_VOLTAGE_SOURCES（电压信号源）"系列中的"PULSE_VOLTAGE（脉冲电压源）"（见图 6-40），放置到电路原理图中，结果如图 6-41 所示。

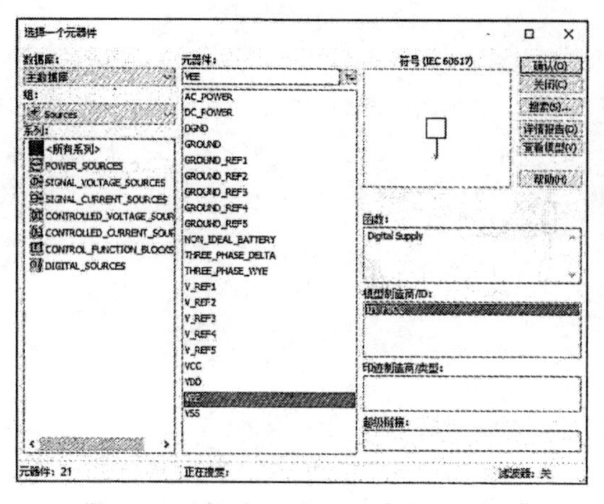

图 6-39　选择“VCC”“VEE”“GROUND”

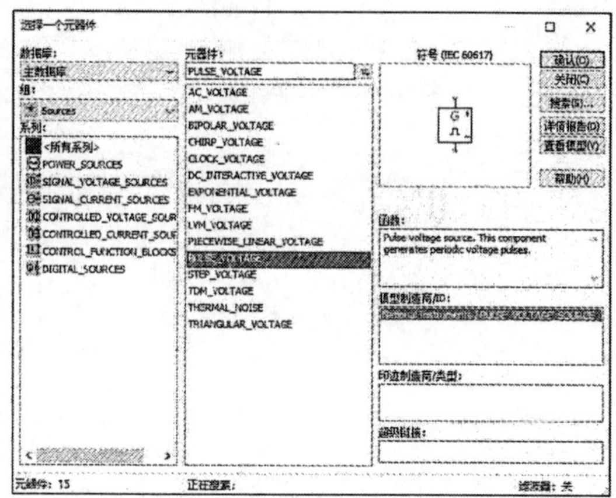

图 6-40　选择“PULSE_VOLTAGE”

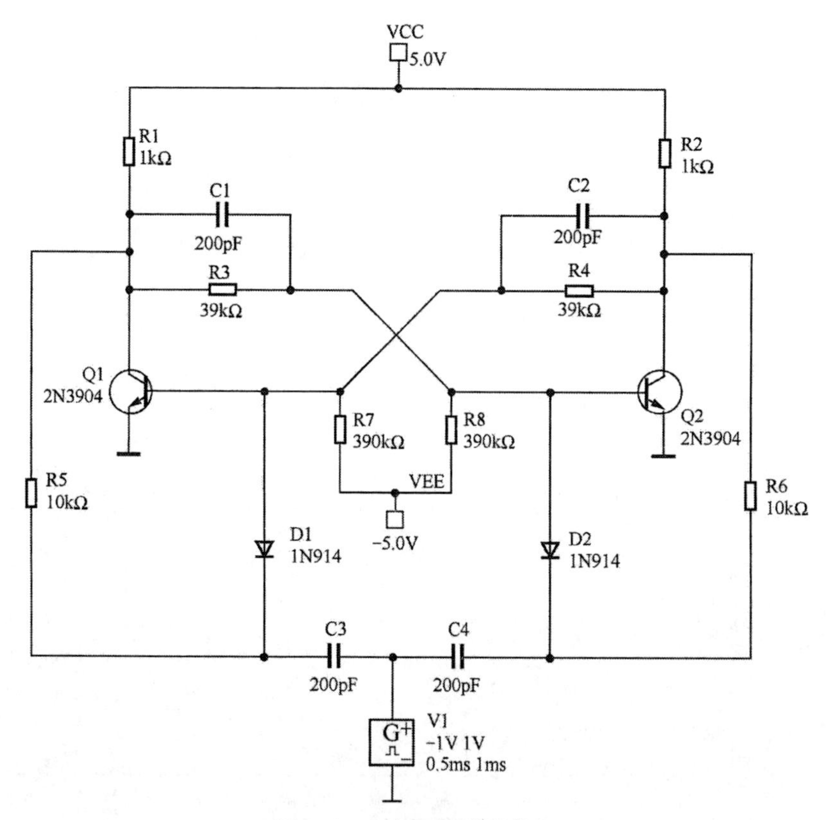

图 6-41　电路原理图绘制结果

4. 插入探针

单击“Place probe”工具栏中的“Current（电压探针）”按钮，在电路图中放置 7 个电压探针，结果如图 6-42 所示。

5. 静态工作点分析

① 选择菜单栏中的“仿真”→“Analyses and simulation”命令，或单击“Simulation（仿真）”工具栏中的 Interactive 按钮，系统将弹出“Analyses and Simulation”对话框。

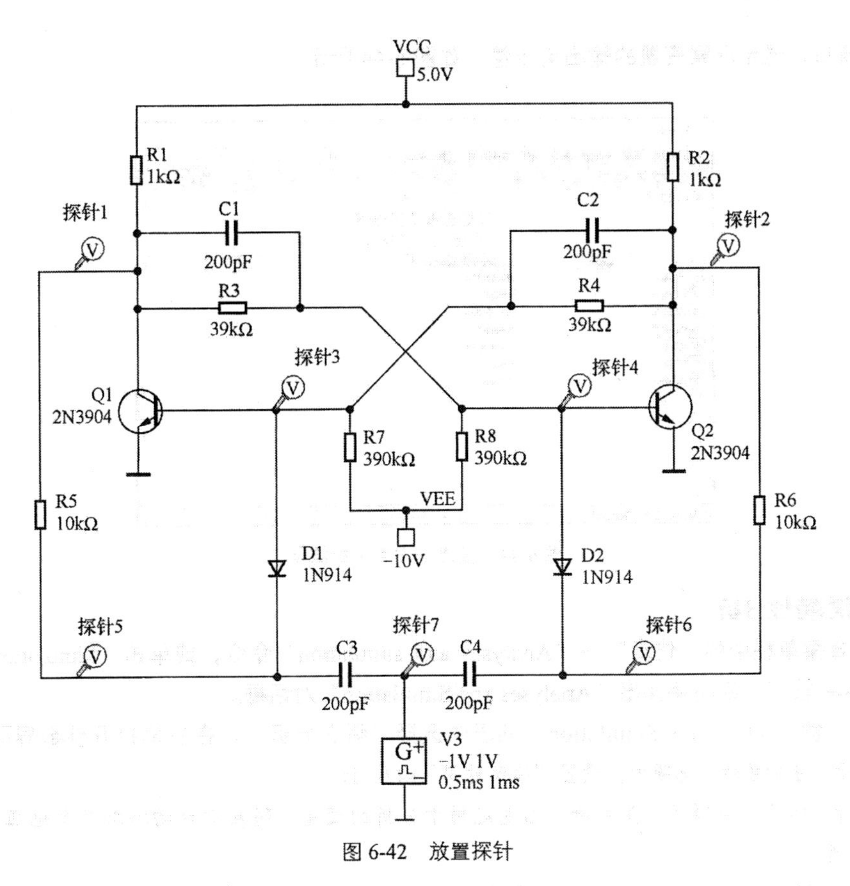

图 6-42　放置探针

② 在左侧“Interactive Simulation”列表中选择“直流工作点”，在右侧打开参数界面，打开“输出”选项卡，在“已选定用于分析的变量”栏的列表框中添加探针变量，如图 6-43 所示。

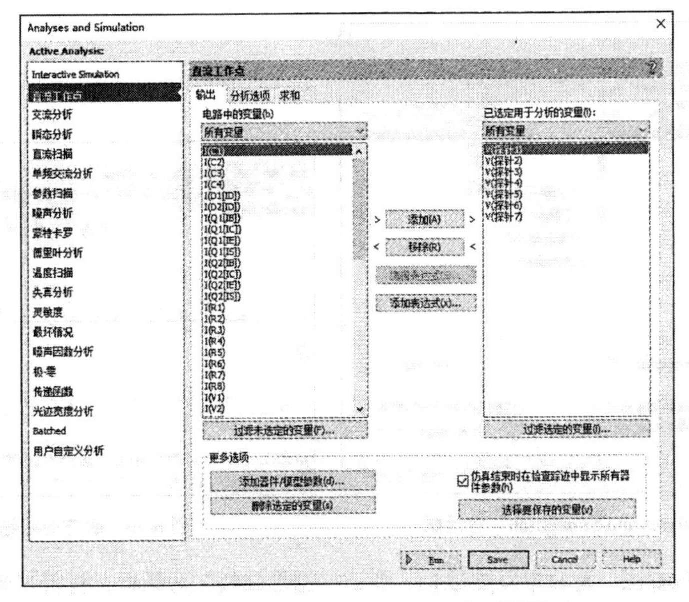

图 6-43　“Analyses and Simulation”对话框

③ 设置完毕后，单击“Run”按钮，系统开始进行直流工作点分析。完成分析后，弹出“图示

仪视图”窗口，显示观察变量的输出电压值，如图 6-44 所示。

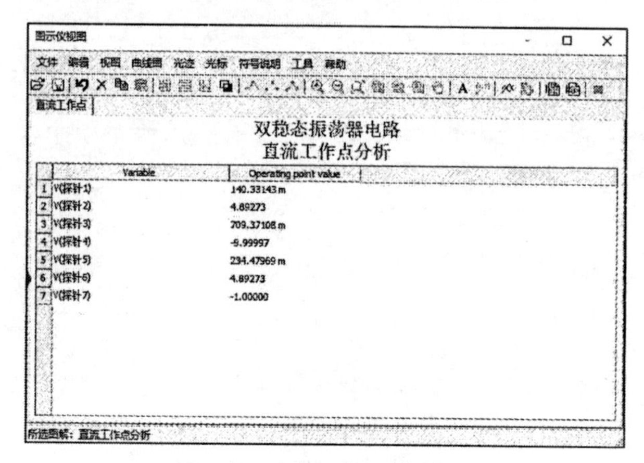

图 6-44　直流工作点分析结果

6. 瞬态特性分析

① 选择菜单栏中的“仿真”→“Analyses and simulation”命令，或单击“Simulation”工具栏中的 Interactive 按钮，系统将弹出“Analyses and Simulation”对话框。

② 在左侧“Interactive Simulation”列表中选择“瞬态分析”，在右侧打开参数界面。

- 打开“分析参数”选项卡，设置“结束时间”为 0.01s。
- 打开“输出”选项卡，在右侧“已选定用于分析的变量”列表中自动添加 7 个电压探针变量，如图 6–45 所示。

③ 单击“Run”按钮，系统开始进行瞬态分析。完成分析后，弹出“图示仪视图”窗口，显示观察变量的值，如图 6-46 所示。

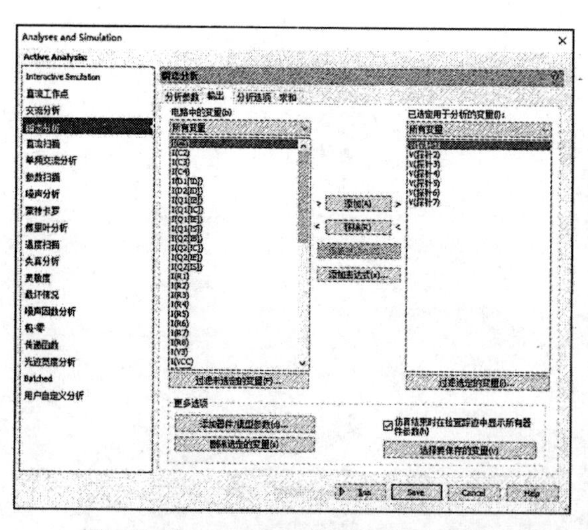

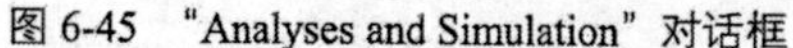
图 6-45 “Analyses and Simulation”对话框

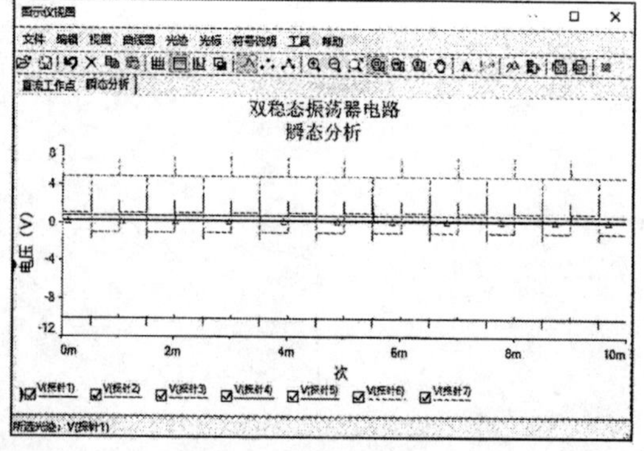

图 6-46　瞬态分析结果

④ 在“图示仪视图”窗口中双击鼠标，弹出“图形属性”对话框，打开“光迹”选项卡，如图 6-47 所示，单击“自动分离”按钮，分开两条曲线。单击“确认”按钮，关闭该对话框，在图像显示区中自动分开两条电压信号曲线，结果如图 6-48 所示。

图 6-47 “图形属性”对话框

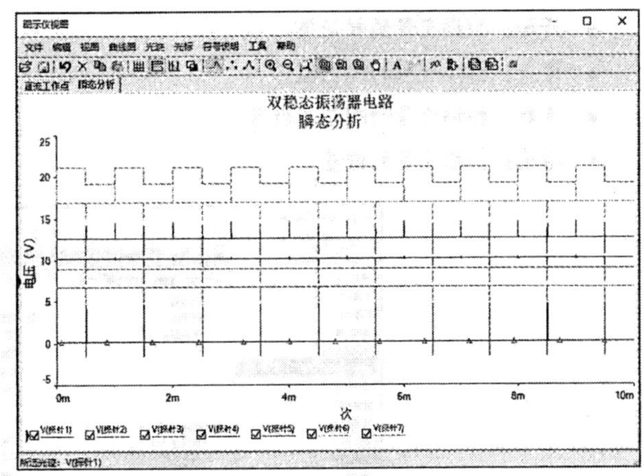

图 6-48 分开两条电压信号曲线

⑤ 单击“标准”工具栏中的“保存”按钮，保存绘制好的电路原理图文件。选择菜单栏中的“文件”→“关闭”命令，关闭当前设计文件。

6.4 参数扫描

参数扫描可以与直流、交流或瞬态分析等分析电路配合使用，对电路所执行的分析进行参数扫描，为研究电路参数变化对电路特性的影响提供了很大的方便。在分析功能上，参数扫描分析与蒙特卡罗分析、温度分析类似，是按扫描变量对电路的所有分析参数进行扫描的，分析结果产生一个数据列表或一组曲线图。同时用户还可以设置第二个参数扫描分析，但参数扫描分析所收集的数据不包括子电路中的元器件。

6.4.1 参数扫描分析

参数扫描可以在设置范围内对任意元器件进行扫描，扫描类型有线性扫描、二倍频扫描、十倍频扫描和列表扫描（单点扫描）。

在“Analyses and Simulation”对话框中，选中“参数扫描”项，即可在右侧显示参数扫描仿真参数设置，“分析参数”选项卡如图 6-49 所示。

1.“扫描参数”选项组

- “扫描参数”下拉列表框：用于选择设置扫描的电路参数或器件的值，在下拉列表框中可以进行选择，包括器件参数、模型参数和 Circuit parameter（电路参数）3 种。
- 器件类型：设置需要扫描的器件类型。
- 名称：设置需要扫描的器件名称。
- 参数：设置需要扫描的器件参数。
- 当前值：设置需要扫描的器件当前值。
- 描述：设置需要扫描的器件的相关信息。

2.“待扫描的点”选项组

- “扫描变差类型”：扫描时需要确定第二个扫描变量，希望扫描的电路参数或器件的值，在下拉列表框中可以进行选择。

- 开始：扫描变量的起始值。
- 停止：扫描变量的终止值。
- 点数：扫描变量的测量点数目。
- 增量：扫描变量的增量。

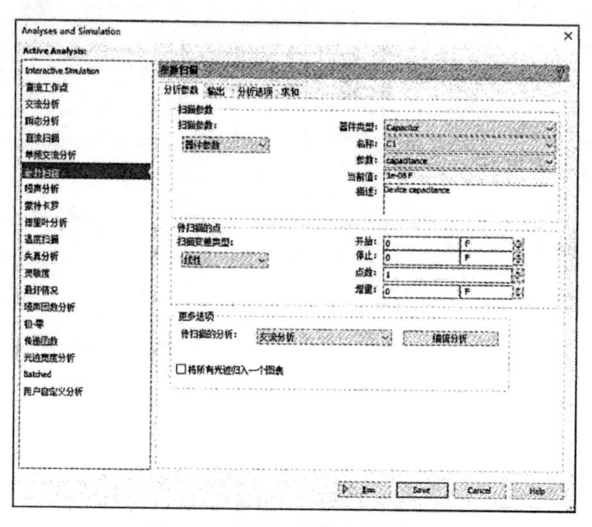

图 6-49　参数扫描仿真参数设置

选中“将所有光迹归入一个图表”复选框，将所有分析的曲线放置在同一个分析图中显示。

3.“待扫描的分析”选项组

第二个扫描的点分析方式包括 5 种，如图 6-50 所示。参数扫描至少应与标准分析类型中的一项一起执行，可以观察到根据不同的参数值所绘制的不一样的曲线。曲线之间偏离的大小表明此参数对电路性能的影响程度。

单击 编辑分析 按钮，弹出“选中分析方式编辑”对话框，在“待扫描的分析”列表中选择“瞬态分析”选项，则弹出“瞬态分析扫描”对话框，设置该扫描方式的参数，如图 6-51 所示。

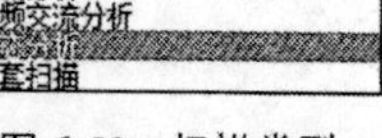

图 6-50　扫描类型

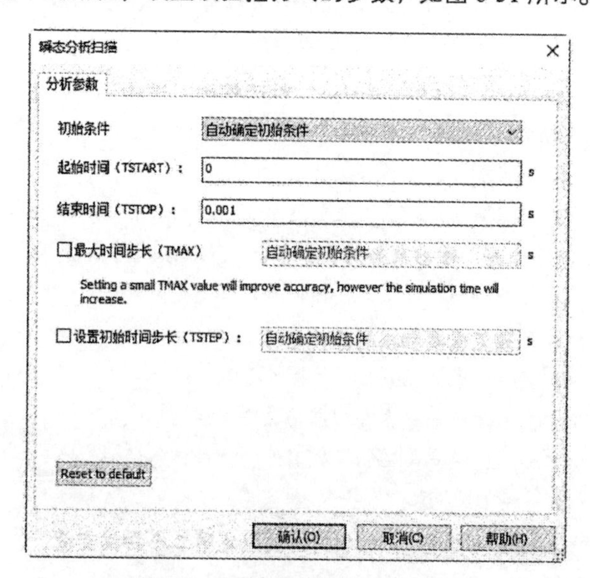

图 6-51　“瞬态分析扫描”对话框

6.4.2 场效应管放大电路

图 6-52 所示为由耗尽型 NMOS 场效应管构成的放大电路。R1 为栅极电阻，用于构成栅、源极间的直流通路，R2 为源极电阻，用于控制静态工作点，R3 为漏极电阻，作用是使放大电路具有放大电压的功能，C1、C2 分别为输入电路和输出电路的耦合电容，C3 为旁路电容。

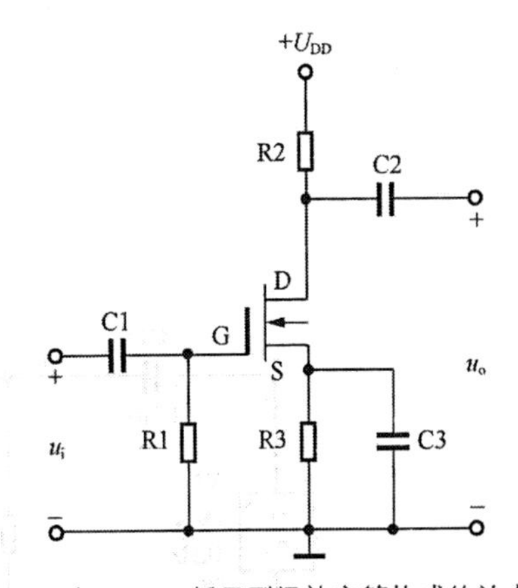

图 6-52 由 NMOS 耗尽型场效应管构成的放大电路

【操作步骤】

1. 设置工作环境

① 单击“标准”工具栏中的“设计”按钮，弹出“New Design（新建设计文件）”对话框，选择“Blank and recent”选项。单击 Create 按钮，创建一个电路原理图设计文件。

② 单击菜单栏中的“文件”→“保存为”命令，将项目另存为“场效应管放大电路.ms14”。

③ 选择菜单中的“选项”→“电路图属性”命令，系统弹出“电路图属性”对话框，打开“工作区”选项卡，设置电路图页面大小 A4。完成设置后，单击“确认”按钮，关闭对话框。

④ 选择菜单栏中的“绘制”→“标题块”命令，在弹出的“打开”对话框中选择标题块模板 Ulticap.tb7。单击“打开”按钮，在图纸右下角放置标题块。选择菜单栏中的“编辑”→“标题块位置”→“右下”命令，精确放置标题块。

2. 绘制电路原理图

① 单击“基本”工具栏中的“放置虚拟电阻器”按钮，在电路原理图中放置阻值为 1.0kΩ的电阻 R1、R2、R3。

② 单击“基本”工具栏中的“放置虚拟电容器”按钮，直接在电路原理图中放置容量为 1.0μF 的电容 C1、C2、C3。

③ 单击“晶体管元器件”工具栏中的“放置虚拟 NMOSFET 4TDN”按钮，在电路原理图中放置晶体管 Q1。

④ 单击“元器件”工具栏中的“放置虚拟指示器”按钮，在电路原理图中放置额定电压为 12V 的虚拟指示灯 X1。

⑤ 单击“信号源元器件”工具栏中的“放置交流电压源”按钮，在电路原理图中放置交流信号源 V1（正弦信号）。

⑥ 单击“功率源元器件”工具栏中的“放置 CMOS 电源（VDD）”按钮和“放置地线”按钮，放置电源 VDD 与接地到电路原理图中。

⑦ 激活连线命令，鼠标指针自动变为实心圆圈形状，单击并移动鼠标指针，执行自动连线操作。

⑧ 选择菜单栏中的“选项”→“电路图属性”命令，弹出“电路图属性”对话框，打开“电路图可见性”选项卡，在“网络名称”选项下选择“全部显示”选项，在电路图中显示所有网络，结果如图 6-53 所示。

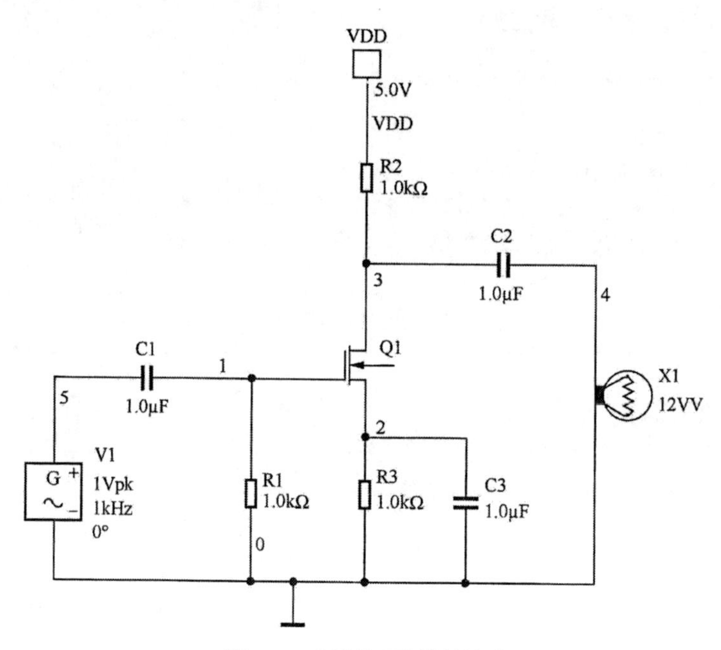

图 6-53 电路原理图绘制结果

3. 参数扫描分析

① 选择菜单栏中的“仿真”→“Analyses and simulation”命令，或单击“Simulation”工具栏中的 Interactive 按钮，系统将弹出“Analyses and Simulation”对话框。在左侧“Interactive Simulation”列表中选择“参数扫描”，在右侧打开参数界面，如图 6-54 所示。

② 打开“输出”选项卡，在右侧“已选定用于分析的变量”栏里的列表框中添加节点 4 也就是负载（指示灯 X1）两端的电压变量 V(4)。

③ 单击“Run”按钮，系统开始进行直流工作点分析。完成分析后，弹出“图示仪视图”窗口，显示 R1 为不同值时节点 4（指示灯 X1）两端的电压值，如图 6-55 所示。

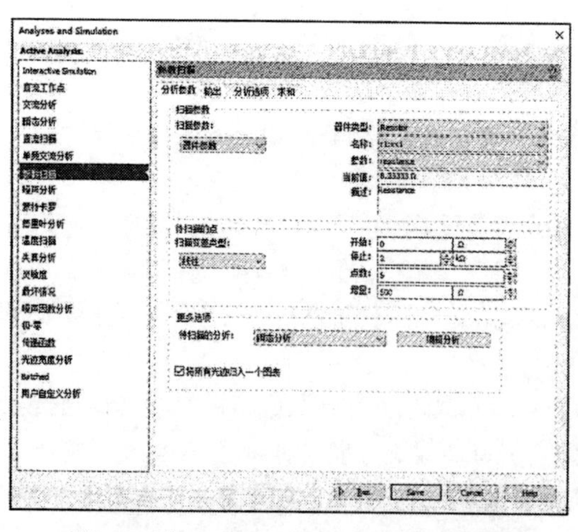

图 6-54 “Analyses and Simulation”对话框

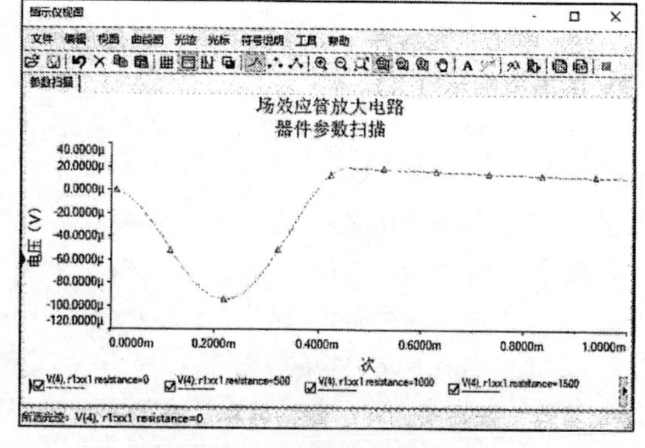

图 6-55 参数扫描分析结果

④ 在“图示仪视图”窗口中双击鼠标，弹出“图形属性”对话框，打开“光迹”选项卡，单击“自动分离”按钮，分开两条曲线。单击“确认”按钮，关闭该对话框，在图像显示区中自动分开 5

条电压信号曲线，结果如图 6-56 所示。

⑤ 单击工具栏中的“添加文本”按钮**A**，在电压信号曲线中添加不同的阻值标注，结果如图 6-57 所示。

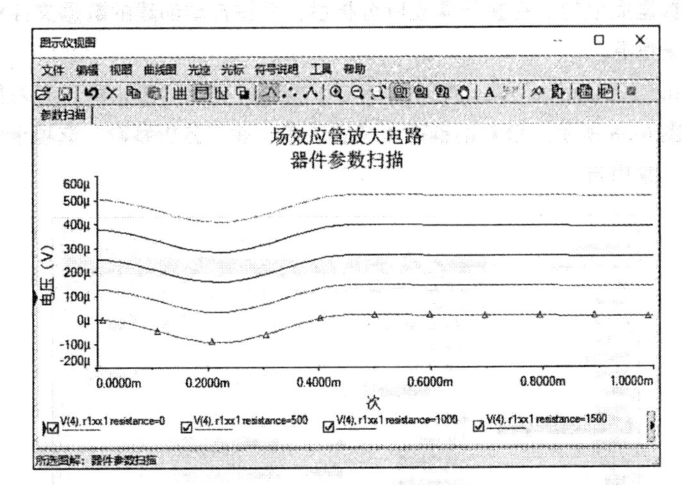

图 6-56　5 条电压信号曲线

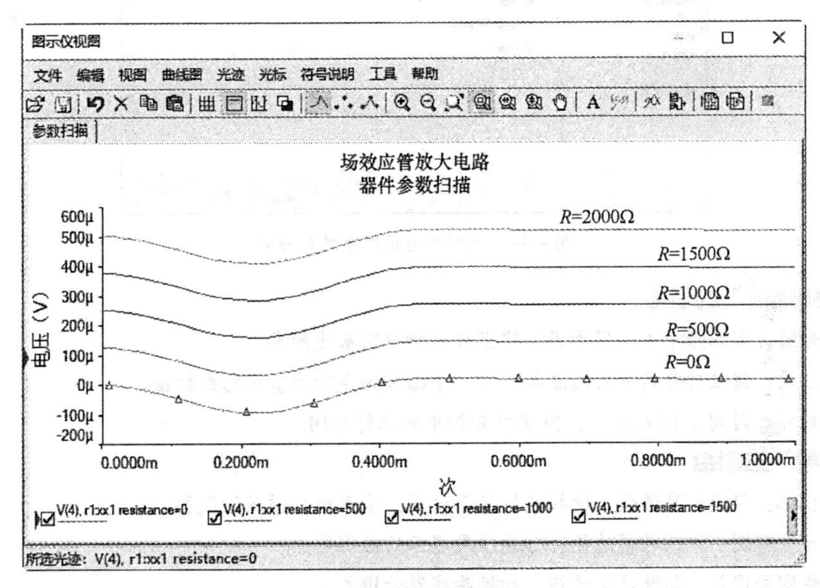

图 6-57　添加阻值标注

⑥ 单击“标准”工具栏中的“保存”按钮，保存绘制好的电路原理图文件。选择菜单栏中的“文件”→“关闭”命令，关闭当前设计文件。

6.5　傅里叶分析

所谓傅里叶分析其实就是对不同波形的信号进行谐波分析，包括总谐波失真（THD）、谐波构成、不同谐波的幅度及相位等。谐波是模拟电路和无线电技术领域中的一个非常重要的概念，因此对电路中的信号进行谐波分析（傅里叶分析）具有极为重要的意义。

6.5.1 傅里叶分析仿真参数设置

傅里叶分析是一种常用的分析周期性信号的方法，一个电路设计的傅里叶分析是基于瞬态分析中最后一个周期的数据完成的。在执行傅立叶分析后，系统自动创建的数据文件包含了每一个谐波的幅度和相位的详细信息。

在“Analyses and Simulation”对话框中，选中“傅里叶分析”项，即可在右侧显示傅里叶分析仿真参数设置，如图 6-58 所示。该对话框有 4 个选项卡，除“分析参数”选项卡外，其他选项卡与直流工作点分析的设置相同。

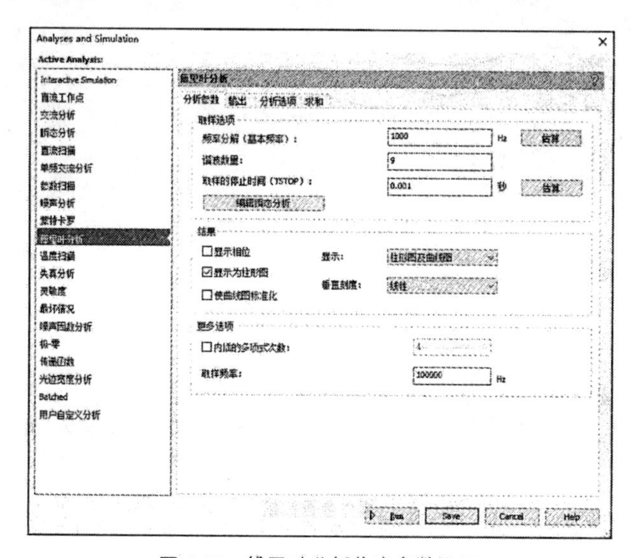

图 6-58 傅里叶分析仿真参数设置

1.“取样选项”选项组

- 频率分解（基本频率）：用于设置傅里叶分析中的基波频率。
- 谐波数量：傅里叶分析中的谐波数。每一个谐波频率均为基频的整数倍。
- 取样的停止时间（TSTOP）：傅里叶分析中的取样时间。

2.“结果”选项组

- 显示相位：勾选该复选框，选择相位显示位置，采用柱形图或曲线图。
- 显示为柱形图：勾选该复选框，仿真结果显示为柱形图。
- 使曲线图标准化：勾选该复选框，切换曲线显示模式。

3.“更多选项”选项组

- 内插的多项式次数：勾选该复选框，激活该选项，输入内插的多项式次数。
- 取样频率：输入分析测试单位时间的取样次数。

6.5.2 交流放大电路

放大电路具有放大能力，若为放大电路输入交流信号，它就可以对交流信号进行放大，然后输出幅度放大后的交流信号。为了使放大电路能以良好的效果放大交流信号，并能与其他电路很好地连接，通常要给放大电路增加一些耦合、隔离和旁路元器件，这样的电路常被称为交流放大电路。图 6-59 所示是固定偏置电路的交流放大电路。

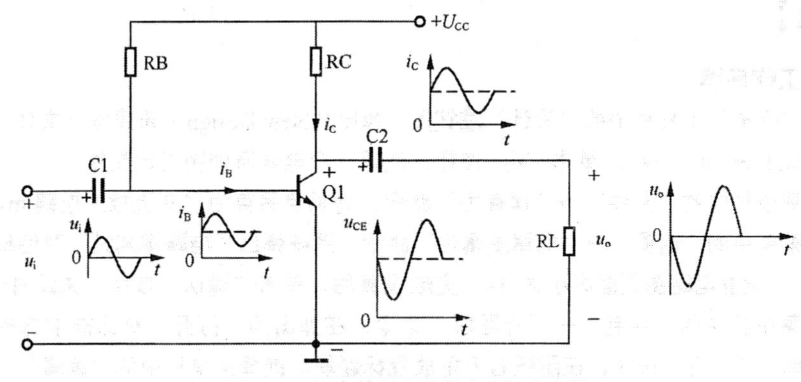

图 6-59　固定偏置电路的交流放大电路

其中，电容 C1 和 C2 分别被称为输入电容和输出电容，也称耦合电容。输入电容 C1 的作用是隔断基极和信号源之间的直流通路，但又为信号源的交变信号提供通路，使交变信号能被加到三极管的发射结上。输出电容 C2 的作用是隔断集电极和负载电阻 RL 之间的直流通路，即直流电压不能被加到负载电阻 RL 上，同时把集电极和发射极之间的交变信号通过 C2 传递给负载电阻 RL。电容 C1 和 C2 为电解电容，容量比较大，一般为几十微法至上百微法。

1. 直流工作条件

因为三极管只有在满足了直流工作条件后才具有放大能力，所以分析一个放大电路首先要分析它能否为三极管提供直流工作条件。

三极管要工作在放大状态，需要满足的直流工作条件主要如下。

① 有完整的 I_B、I_C、I_E 电流途径。

② 能提供 U_C、U_B、U_E 电压。

③ 发射结正偏导通，集电结反偏。

2. 交流信号处理过程

满足了直流工作条件后，三极管具有了放大能力，就可以放大交流信号了。为了说明信号的放大过程，在图 6-59 中标出了放大信号的波形图。

设待放大的输入信号 u_i 为正弦波，它经过输入电容 C1 加到三极管的发射结两端，发射结电压 u_{BE} 将跟随 u_i 的变化而变化，由此引起基极电流 i_B 的变化，i_B 的变化又引起集电极电流 i_C 的变化。若 $R_L=\infty$，则 i_C 的变化量使在集电极电阻 R_C 上产生变化了的电压降，则

$$u_{CE}=U_{CC}-i_C R_C \tag{6-1}$$

由式（6-1）可知，当 i_C 增加时 u_{CE} 减小，i_C 减小时 u_{CE} 反而增加。由图 6-59 可见 u_{CE} 的变化与 i_C 的变化相反，即 u_{CE} 与 i_C 相位相反。u_{CE} 的变化量经输出电容 C2 传输到输出端而成为输出电压 u_o，即输入电压 u_i 经过电路被放大了，但是相位相差 180°。

从信号放大过程可以看到 u_i 是小信号，它控制 U_{BE} 的变化，引起 i_B 的变化，i_B 变化再控制 i_C 的变化，而 i_C 的变化引起 u_{CE} 的变化，这就是三极管的电流放大作用。由式（6-1）可知，u_{CE} 的变化是电源 U_{CC} 经过 i_C 的控制转换而来的。也就是说 u_{CE} 或输出电压 u_o 是由电源 U_{CC} 提供的，u_{CE} 或 u_o 只是跟随 u_i 的变化反相变化而已。由此实现了“以弱制强”，即实现了以小的能量控制大的能量的控制作用。可见放大电路是能量控制电路。

应特别指出，电路的放大作用是对变化量而言的。假如 u_i 不变化，则 u_{BE}、i_B、u_{CE} 及 i_C 均无变化，输出电压 u_o 为零，即没有变化的输出电压。

【操作步骤】

1. 设置工作环境

① 单击“标准”工具栏中的“设计”按钮，弹出“New Design（新建设计文件）”对话框，选择“Blank and recent”选项。单击Create按钮，创建一个电路原理图设计文件。

② 单击菜单栏中的“文件”→“保存为”命令，将项目另存为“交流放大电路.ms14”。

③ 选择菜单中的“选项”→“电路图属性”命令，系统弹出“电路图属性”对话框，打开“工作区”选项卡，设置电路图页面大小为A4。完成设置后，单击“确认”按钮，关闭对话框。

④ 选择菜单栏中的“绘制”→“标题块”命令，在弹出的“打开”对话框中选择标题块模板Ulticap.tb7。单击“打开”按钮，在图纸右下角放置标题块。选择菜单栏中的“编辑”→“标题块位置”→“右下”命令，精确放置标题块。

2. 绘制电路原理图

单击“元器件”工具栏中的“放置基本”按钮，选择指定的元器件（电阻和电容）进行调用。

① 在“RESISTOR”系列中选择220kΩ、1kΩ的电阻，双击元器件，双击放置RB、RC、RL。

② 在“MANUFACTURER_CAPACITOR”系列中选择10μF [12TPC10M]，双击放置C1、C2。

单击“晶体管元器件”工具栏中的“放置虚拟双极结晶体管NPN”按钮，在电路原理图中放置晶体管Q1。

在“组”下拉列表中选择“Sources”。

③ 选择“POWER_SOURCES（电源）”系列中的“VCC”“GROUND”，双击放置电源和地线到电路原理图中。

④ 选择“SIGNAL_VOLTAGE_SOURCES（信号电压电源）”系列中的“AC_VOLTAGE（交流电压信号源）”，双击放置V1到电路原理图中。

激活连线命令，鼠标指针自动变为实心圆圈状，单击并移动鼠标指针，执行自动连线操作，结果如图6-60所示。

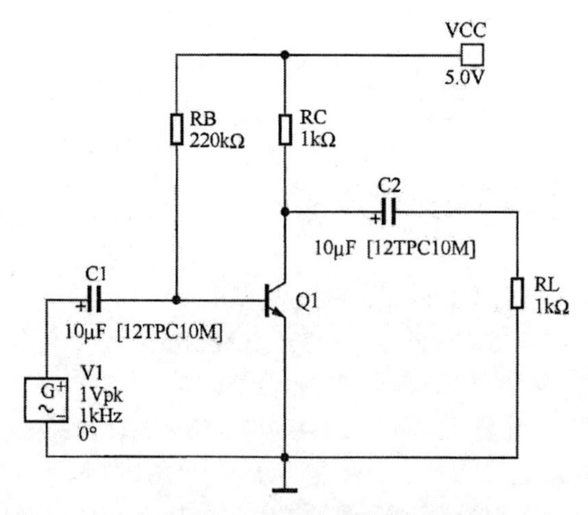

图6-60 电路原理图绘制结果

3. 设置电路图网络

选择菜单栏中的“选项”→“电路图属性”命令，弹出“电路图属性”对话框，打开“电路图可见性”选项卡，在“网络名称”选项下选择“全部显示”选项。单击“确定”按钮，在电路图中显示所有网络，网络名称以数字为编号，从 0 开始，依次递增，如图 6-61 所示。

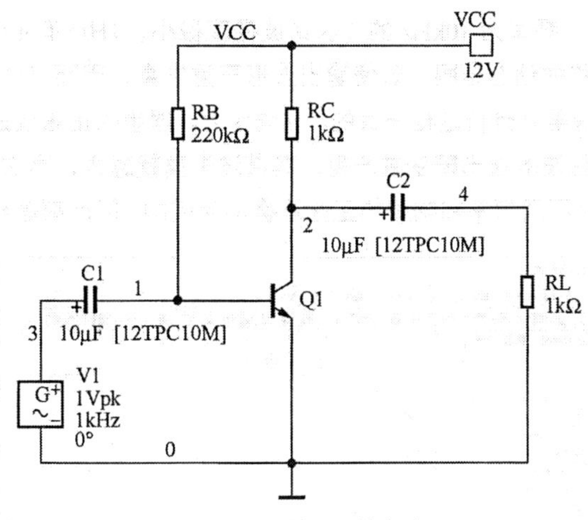

图 6-61　显示网络名称

4. 傅里叶分析

选择菜单栏中的“仿真”→“Analyses and simulation”命令，或单击“Simulation（仿真）”工具栏中的 Interactive 按钮，系统将弹出“Analyses and Simulation”对话框。

在左侧“Interactive Simulation”列表中选择“傅里叶分析”，在右侧打开参数界面。

打开“输出”选项卡，在右侧“已选定用于分析的变量”栏的列表框中选择节点 4 的电压 V(4)，如图 6-62 所示。

上述设置完毕后，单击“Run”按钮，系统开始进行傅里叶分析。完成分析后，弹出“图示仪视图”窗口，对出现在节点 4 上的电压信号进行傅里叶分析。如图 6-63 所示。

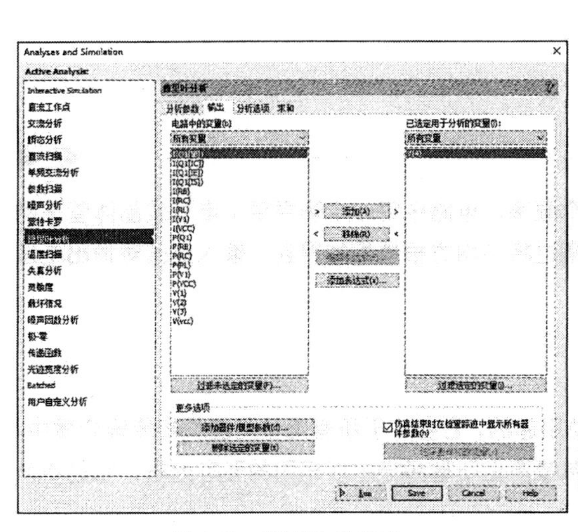

图 6-62 “输出”选项卡

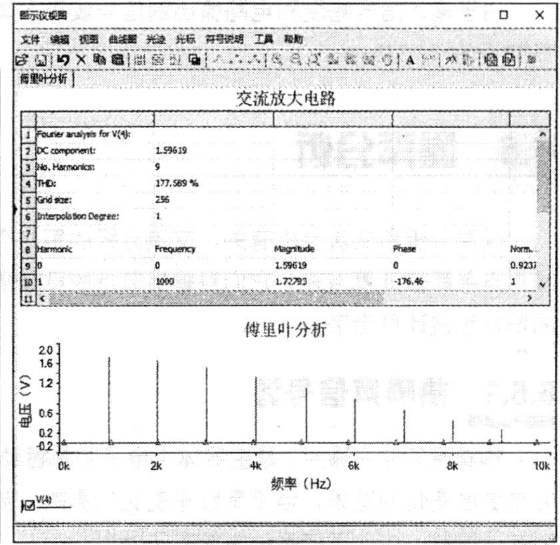

图 6-63　傅里叶分析结果

图 6-63 中的分析图表窗口由两部分构成：

上方是带滚动条的文本窗口，显示谐波频率（Harmonic Frequency）、谐波总数（No.Harmonics）、

THD、幅度（Magnitude）、相位（Phase）、谐波序号（Inter polation Degree，1 为 1 次谐波，又叫基波，2 为 2 次谐波）等信息。

从图 6-63 中不难看出，频率为 10kHz 的 2 次谐波幅度极小，THD 有 177.589%。由于输入信号的幅度过大，大大超出了电路的动态范围，致使输出波形严重失真，因而 THD 及各次谐波的幅度都明显变大了，这与理论上的傅里叶分析是相一致的。在理论上，理想的正弦波是没有 2 次以上的谐波的，因而谈不上谐波失真。正弦波的波形畸变越严重，其谐波失真就越大，高次谐波就越丰富。除正弦波外，其他波形都是由若干个不同频率和幅度的正弦波叠加而成的，因而都蕴涵着极为丰富的谐波成分。

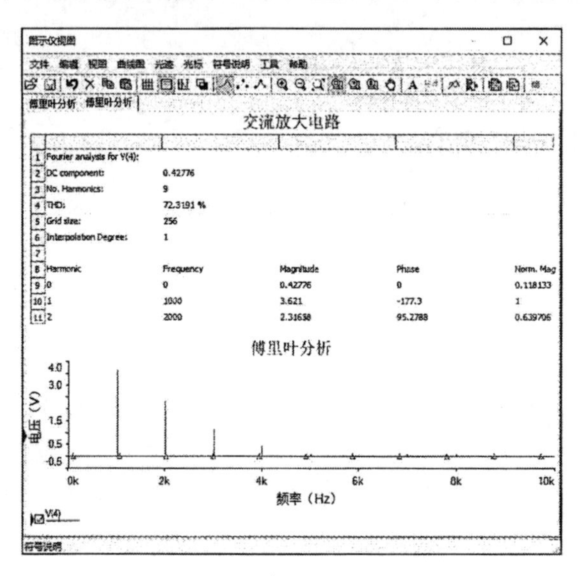

图 6-64　仿真分析的结果

试将交流电压信号源 V1 的峰值幅度降低为 100mV，仿真分析的结果如图 6-64 所示。

由于输入信号幅度和电路输出的信号波形失真均减小，故频率为 5kHz 的 2 次谐波幅度极小，THD 只有 72.3191%。

6.6 噪声分析

噪声分析和交流分析有关，交流分析的每一个频率，电路中每一个噪声源（电阻或晶体管）的噪声电平都被计算出来。它们对输出节点的贡献通过将各均方根值相加得到。输入电压对输出电压的增益也被计算出来。

6.6.1 热噪声信号源

热噪声又称白噪声，是由导体中电子的热振动引起的，它存在于所有电子元器件和传输介质中。它是温度变化的结果，但不受频率变化的影响。热噪声在所有频谱中以相同的形态分布，它是不能够被消除的，由此通信系统性能有了上限。

热噪声信号源 THERMAL_NOISE，用来产生周期性的电压和电流，如图 6-65 所示。

热噪声信号源的仿真参数设置对话框如图 6-66 所示。

- 噪声比：有用信号功率与无用噪声功率的比例。

- 电阻：该信号源的电阻值。
- 温度：该信号源的温度。
- 带宽：又称为频宽，以赫兹（Hz）为单位。

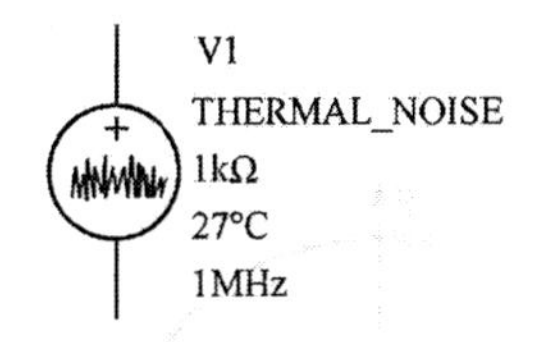

图 6-65　热噪声信号源 THERMAL_NOISE

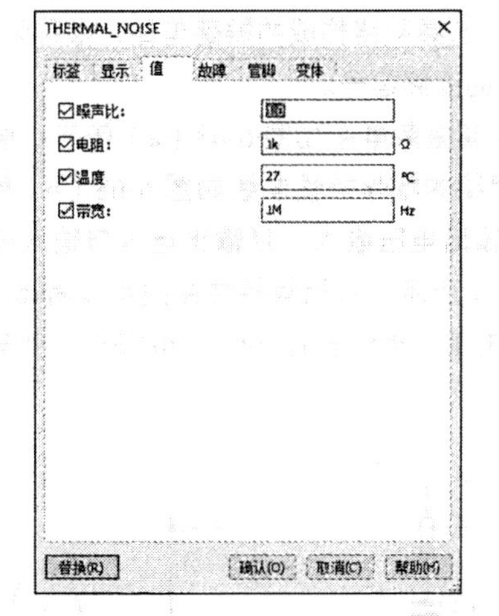

图 6-66　热噪声信号源的仿真参数设置对话框

6.6.2　噪声分析参数设置

噪声分析是指分析电阻和半导体元器件的噪声对电路产生的影响，通常用噪声谱密度表示。

电阻和半导体元器件等都能产生噪声，噪声电平取决于频率，电阻和半导体元器件产生噪声的类型不同。

> **注意**
>
> 在噪声分析中，电容、电感和受控源被视为无噪声元器件。

对噪声源的每一个频率成分进行分析，电路中每一个噪声源（电阻或晶体管）的噪声电平都会被计算出来。

在“Analyses and Simulation”对话框中，选中“噪声分析”项，即可在右侧显示噪声分析仿真参数设置，如图 6-67 所示。

- 输入噪声参考源：选择一个用于计算噪声的参考电源（独立电压源或独立电流源）。
- 输出节点：指定噪声分析的输出节点。
- 参考节点：指定输出噪声的参考节点，此节点一般为地（0 节点），如果设置的是其他节点，可以通过 V_O（Output Node）$-V_R$（Reference Node）得到总的输出噪声。
- 计算总噪声值：叠加在输入端的噪声总量，将直接关系到输出端上的噪声值。

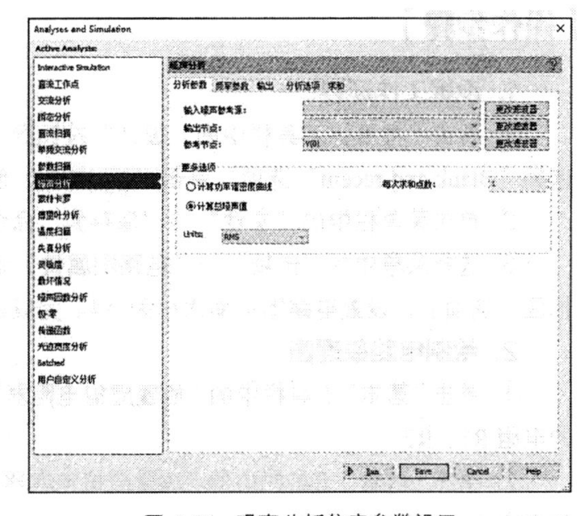

图 6-67　噪声分析仿真参数设置

- Units：输出图表上的数据单位，可选择 RMS 和 Power。

6.6.3 RC 串并联振荡电路

采用 RC 选频网络构成的振荡电路，被称为 RC 振荡电路。它适用于低频振荡，一般用于产生 1Hz～1MHz 的低频信号。

RC 串并联振荡电路如图 6-68（a）所示，输入信号由 1、2 端输入，输出信号由 3、4 端输出。RC 串并联网络的幅频特性曲线如图 6-68（b）所示，从幅频特性曲线中可以看出，当频率为某一数值 f_0 时，输出电压最大，且输出电压与输入电压的比值是 1/3。RC 串并联网络的相频特性曲线如图 6-68（c）所示，从相频特性曲线可以看出，在当输入信号的频率从零到无穷大变化时，输出电压与输入电压的相位差在–90°～90°变化，当输入信号的频率为 f_0 时，输出电压与输入电压的相位差为 0°。

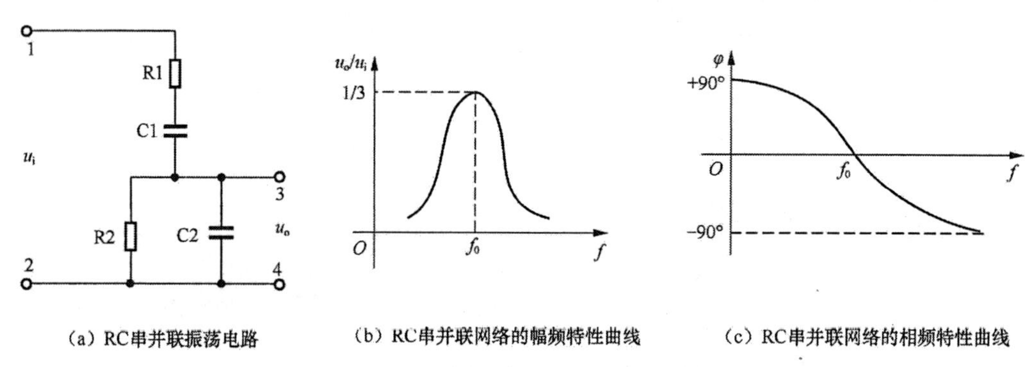

(a) RC串并联振荡电路　(b) RC串并联网络的幅频特性曲线　(c) RC串并联网络的相频特性曲线

图 6-68　RC 串并联振荡电路及其特性曲线

在 RC 串并联振荡电路中，当频率为 f_0 时输出幅度最大，且输出电压与输入电压同相，当 $R1=R2=R$ 且 $C1=C2=C$ 时，振荡频率 $f_0=\dfrac{1}{2\pi RC}$=195Hz。

【操作步骤】

1. 设置工作环境

① 单击“标准”工具栏中的“设计”按钮，弹出“New Design（新建设计文件）”对话框，选择“Blank and recent”选项。单击 Create 按钮，创建一个电路原理图设计文件。

② 单击菜单栏中的“文件”→“保存为”命令，将项目另存为“RC 串并联振荡电路.ms14”。

③ 选择菜单中的“选项”→“电路图属性”命令，系统弹出“电路图属性”对话框，打开“工作区”选项卡，设置电路图页面大小为 A4。完成设置后，单击“确认”按钮，关闭对话框。

2. 绘制电路原理图

① 单击“基本”工具栏中的“放置虚拟电阻器”按钮，直接在电路原理图中放置阻值为 1.0kΩ 的电阻 R1、R2。

② 单击“基本”工具栏中的“放置虚拟电容器”按钮，直接在电路原理图中放置容量为 1.0μF 的电容 C1、C2。

③ 单击“信号源元器件”工具栏中的“放置交流电压源”按钮，在电路原理图中放置交流信号源 V1（正弦信号）。

④ 单击“功率源元器件”工具栏中的“放置地线”按钮，将地线放置到电路原理图中。

⑤ 激活连线命令，鼠标指针自动变为实心圆圈状，单击并移动鼠标指针，执行自动连线操作，结果如图 6-69 所示。

3. 插入仪器

选择菜单栏中的“仿真”→“仪器”→“波特测试仪”命令，或单击“仪器”工具栏中的“波特测试仪”按钮，在电路图中放置波特测试仪 XBP1。将波特测试仪 XBP1 的输入通道 IN 与输入信号（V1）相连，将输出通道 OUT 与电路的输出端（C2）相连。波特测试仪连接结果如图 6-70 所示。

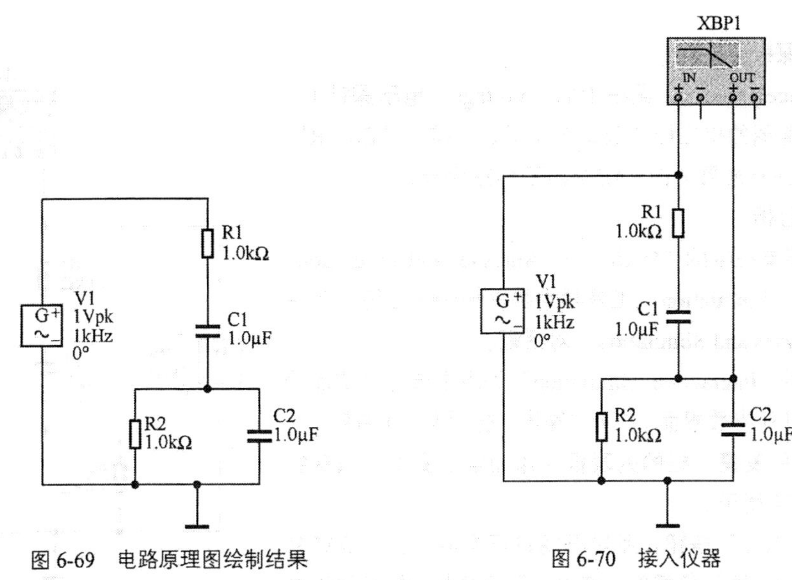

图 6-69　电路原理图绘制结果　　　　图 6-70　接入仪器

4. 虚拟仪器仿真

① 选择菜单栏中的“仿真”→“运行”命令，或单击“Simulation”工具栏中的“运行”按钮，进行仿真测试。

② 双击波特测试仪 XBP1，弹出“波特测试仪-XBP1”对话框，在“模式”选项组下默认选择“幅值”，波特测试仪显示幅频特性曲线，如图 6-71 所示。

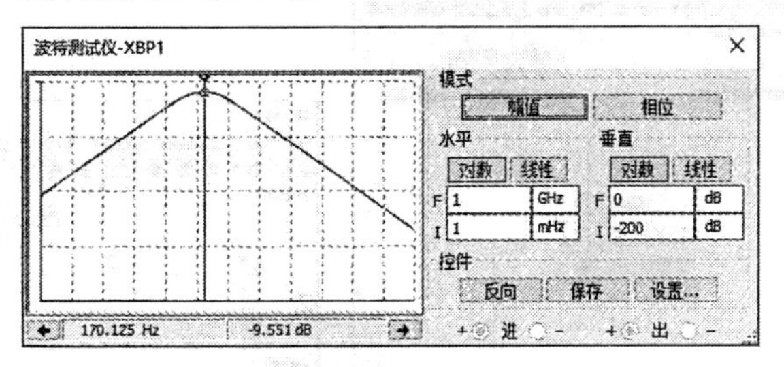

图 6-71　“波特测试仪-XBP1”对话框

③ 拖动显示幅频特性曲线左侧的垂直游标，或者单击下方的和箭头，波特测试仪面板将显示游标所在位置的频率值 f_0=170.125Hz，此时输出电压最大。

④ 在“模式”选项组下默认选择“相位”，波特测试仪显示相频特性曲线，采用“对数”坐标，如图 6-72 所示。从相频特性曲线可以看出，当输入信号的频率从零到无穷大变化时，输出电压与输入电压的相位差在−90°～90°变化，当频率为 f_0=153.749 时，输出电压与输入电压的相位差为 0°。

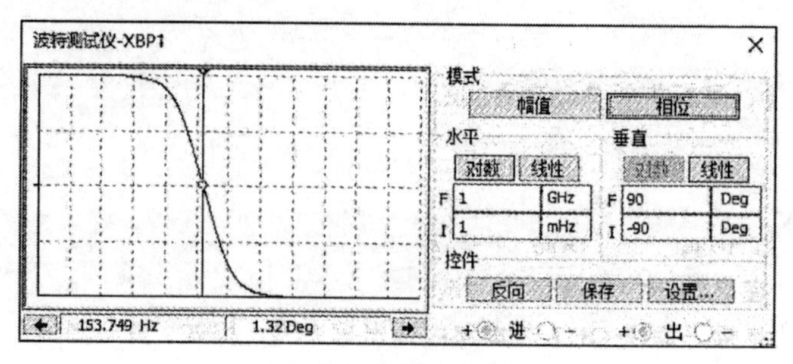

图 6-72 相频特性分析

5. 插入探针

单击“Place probe”工具栏中的“Voltage（电压探针）”按钮，在电路图的相应位置放置电压探针，按下“Ctrl+R”组合键，旋转探针放置方向，结果如图 6-73 所示。

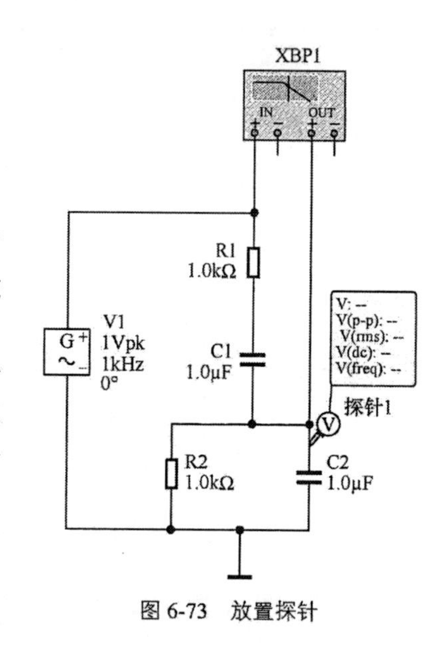

图 6-73 放置探针

6. 交流分析

① 选择菜单栏中的“仿真”→“Analyses and simulation”命令，或单击“Simulation”工具栏中的 Interactive 按钮，系统将弹出“Analyses and Simulation”对话框。

② 在左侧“Interactive Simulation”列表中选择“交流分析”，在右侧打开参数界面。打开“输出”选项卡，在右侧“已选定用于分析的变量”栏的列表框中添加电压变量“V(探针1)”，如图 6-74 所示。

③ 单击“Run”按钮，系统开始进行交流分析。完成交流分析后，弹出“图示仪视图”窗口，显示幅频、相频特性曲线。单击工具栏中的“显示光标”按钮，在上面的幅频曲线中显示光标面板，移动鼠标指针到适当位置，在光标面板中显示截止频率为 156.5739Hz，如图 6-75 所示。

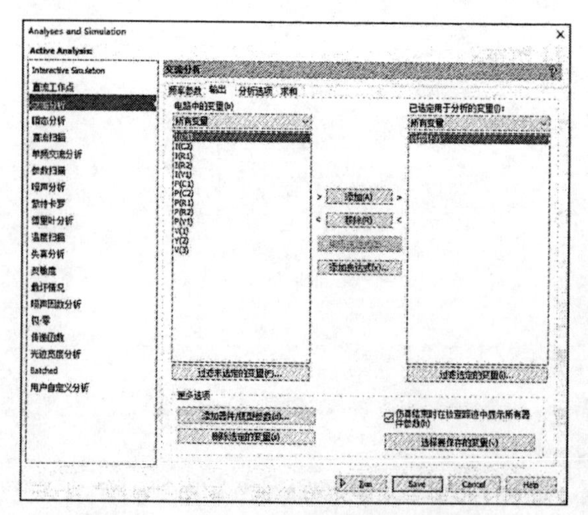

图 6-74 “Analyses and Simulation”对话框

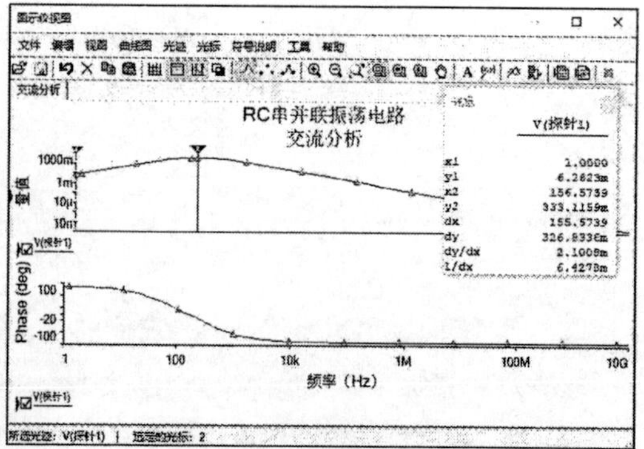

图 6-75 交流分析结果

7. 噪声分析

① 选择菜单栏中的“仿真”→“Analyses and simulation”命令，或单击“Simulation”工具栏中的 Interactive 按钮，系统将弹出“Analyses and Simulation”对话框。在左侧“Interactive Simulation”列表中选择“噪声分析”，在右侧打开“分析参数”参数界面，在“输出节点”选项中选择“V(探针 1)”，在“更多选项”选项中选择“计算功率谱密度曲线”，如图 6-76 所示。

② 打开“输出”选项卡，在右侧“已选定用于分析的变量”栏的列表框中添加变量“onoise_spectrum”“inoise_spectrum”，如图 6-77 所示。

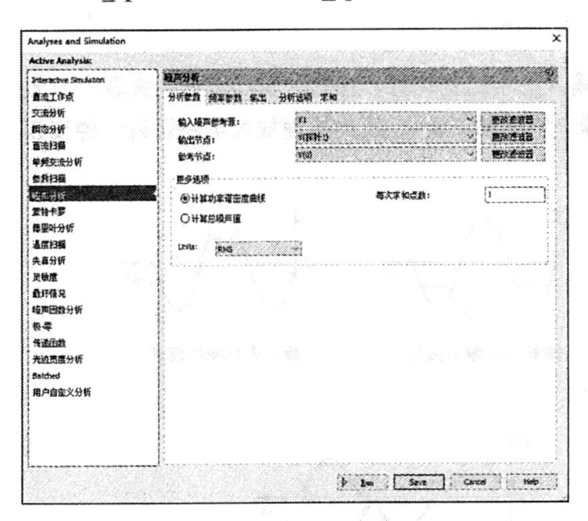

图 6-76 “分析参数”参数界面

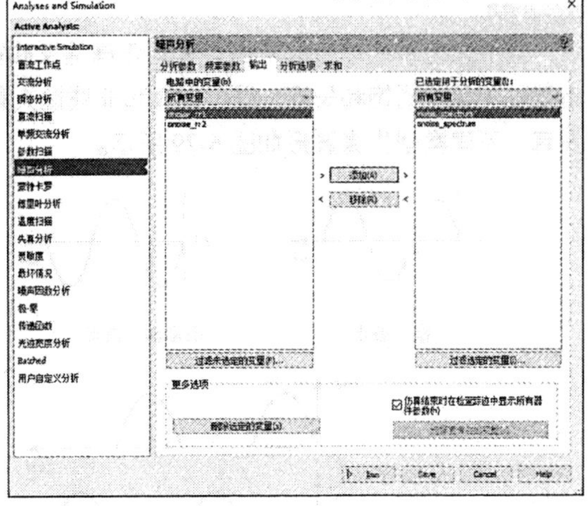

图 6-77 “输出”选项卡

③ 其中，“onoise_rr1”“onoise_rr2”表示电阻 R1、R2 的热噪声，“onoise_spectrum”表示输出节点均方根累加噪声之和的噪声（功率）谱密度，“inoise_spectrum”表示输入节点均方根累加噪声之和的噪声（功率）谱密度。

④ 单击“Run”按钮，系统开始进行噪声分析。完成噪声分析后，弹出“图示仪视图”窗口，显示的是频域中的噪声的功率谱密度（PSD），如图 6-78 所示。

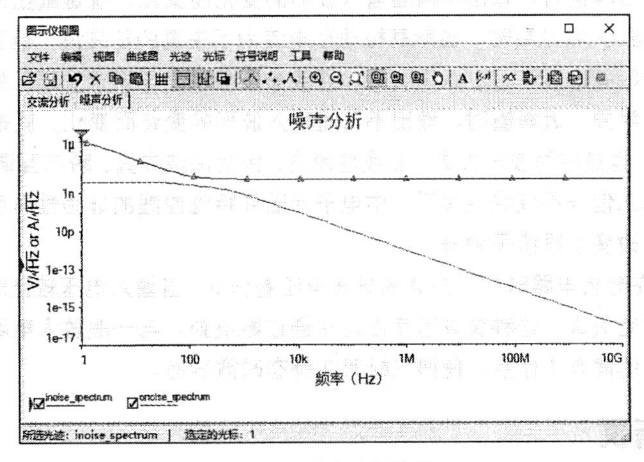

图 6-78 噪声分析结果

⑤ 单击“标准”工具栏中的“保存”按钮，保存绘制好的电路原理图文件。选择菜单栏中的“文件”→“关闭”命令，关闭当前设计文件。

6.7 失真分析

由于放大电路的通频带的宽度有一定限制，因此，当输入信号的频率升高或降低时，电压放大倍数的幅值可能减小，同时，可能产生滞后或超前的相位移。所以，当输入信号包含多次谐波时，经过放大电路以后，输出波形可能产生频率失真。

6.7.1 失真分类

当放大电路的输出波形不能完全正确地反映输入信号的变化时，被称为输出波形的失真。放大电路的失真包括饱和失真、截止失真和非线性失真（特殊的失真）。乙类推挽放大电路还有一种交越失真。不同类型失真波形如图 6-79 所示。

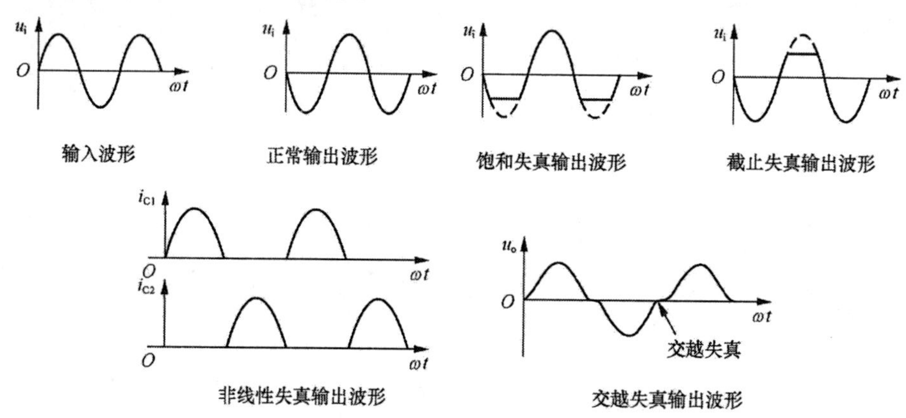

图 6-79　不同类型失真波形

① 截止失真：当 Q 点过低时，在输入信号负半周靠近峰值的某段时间内，晶体管 B-E 间电压总量小于其开启电压，此时，晶体管截止，因此，基极电流将产生底部失真。输入波形是负半周，输出波形是正半周，近峰值时，输出不再随输入波形的变化而变化，就是截止失真。

② 饱和失真：当 Q 点过高时，虽然基极动态电流为不失真的正弦波，但是由于在输入信号正半周靠近峰值的某段时间内晶体管进入饱和区，导致集电极动态电流产生顶部失真。输入波形是正半周，输出波形是负半周，近峰值时，输出不再随输入波形的变化而变化，就是饱和失真。

③ 非线性失真：也被称为波形失真、非线性畸变，包括谐波失真、瞬态互调失真、互调失真等，表现为输出信号与输入信号不成线性关系，由电子元器件特性曲线的非线性所引起，使输出信号中产生新的谐波成分，改变了原信号频谱。

④ 交越失真：在分析电路时把三极管的导通电压看作 0，当输入电压较低时，因三极管截止而产生的失真被称为交越失真。这种失真通常出现在通过零值处。与一般放大电路相同，消除交越失真的方法是设置合适的静态工作点，使得三极管在静态时微导通。

6.7.2 失真分析仪

失真分析仪是用于测量信号的失真程度及信噪比等参数的仪器。经常用于测量存在较小失真度的低频信号，图 6-80 所示为失真分析仪图标，共有 1 个接线端，用于连接被测电路的输出端。

选择菜单栏中的“仿真”→“仪器”→“失真分析仪”命令，或单击“仪器”工具栏中的“失真分析仪”按钮，放置图标。双击失真分析仪图标，弹出参数设置对话框，如图 6-81 所示。

Multisim14.3 提供的失真分析仪频率范围为 20Hz～20kHz，控制面板的主要功能如下所述。

（1）“总谐波失真（THD）”选项组：显示总的谐波失真范围。

（2）：单击该按钮，启动失真分析。

（3）：单击该按钮，停止失真分析。

（4）基本频率：单击该按钮，设置失真分析的基本频率。

（5）分解频率：在该下拉列表下设置失真分析的频率分辨率。

（6）“THD”按钮：单击该按钮，显示总的谐波失真。

（7）“SINAD”按钮：单击该按钮，显示信噪比。

（8）“设置”按钮：单击该按钮，弹出图 6-82 所示的“设置”对话框。该对话框有如下选项。

- “THD 界定”：用于设置总的谐波失真的定义方式，有“IEEE”“ANSI/IEC”两种选择。
- “谐波阶次”：用于设置谐波分析的次数。
- “FFT 点数”：用于设置傅里叶变换的点数，默认数值为 1024 点。

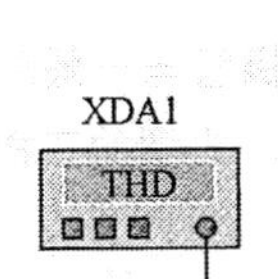

图 6-80　失真分析仪图标

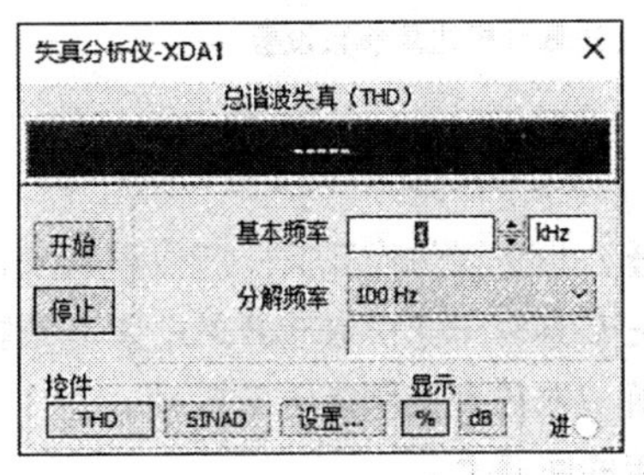

图 6-81　“失真分析仪-XDA1”对话框

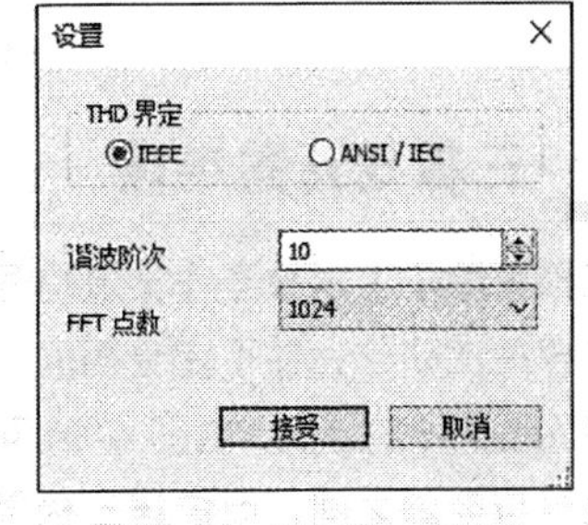

图 6-82　“设置”对话框

（9）“显示”选项组：用于设置显示模式，有百分比（%）和分贝（dB）两种显示模式。

（10）“进”单选钮：用于连接被测电路的输出端。

6.7.3　失真分析参数设置

失真分析用于分析电子电路中的谐波失真和内部调制失真（互调失真），通常非线性失真会导致谐波失真，而相位偏移会导致互调失真。

在“Analyses and Simulation”对话框中，选中“失真分析”项，即可在右侧显示失真分析仿真参数设置，如图 6-83 所示。

- 起始频率（FSTART）：用于设置交流分析的初始频率。
- 停止频率（FSTOP）：用于设置交流分析的终止频率。
- 扫描类型：用于设置扫描方式，有 3 种选择。

■ 线性：全部测试点均匀地分布在线性化的测试范围内，是从起始频率开始到终止频率的线性扫描，Linear 类型适用于带宽较窄的情况。

■ 十倍频程：测试点以 10 的对数形式排列，用于带宽特别宽的情形。

■ 倍频程：测试点以 2 的对数形式排列，频率以倍频程进行对数扫描，用于带宽较宽的情况。

- 每十倍频程点数：在扫描范围内，交流分析的测试点数目设置。
- 垂直刻度：数值类型，包括 4 种，即线性、对数、分贝、倍频程。

失真分析是对电路进行小信号的分析，采用多维的沃尔泰拉级数和多维泰勒级数来描述工作点处的非线性。这种分析方法尤其适合观察在瞬态分析中无法看到的、比较小的失真。

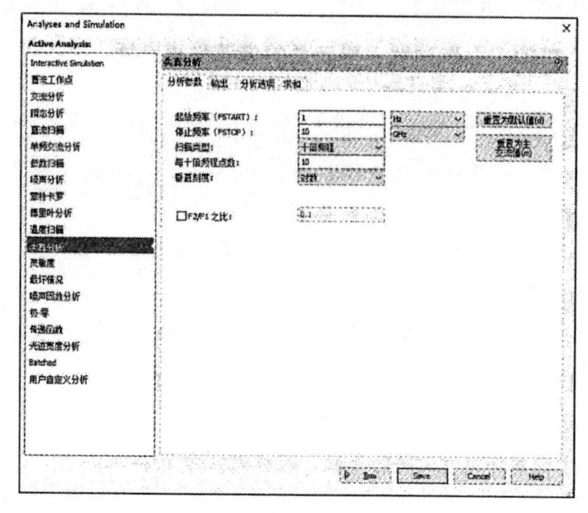

图 6-83　失真分析仿真参数设置

6.7.4　三极管开关电路

三极管除了可以被当作交流信号放大器，也可以作为开关。严格说起来，三极管与一般的机械接点式开关在动作上并不完全相同，但是它却具有一些机械式开关所没有的特点。典型的三极管开关电路如图 6-84 所示。由图 6-84 可知，蜂鸣器被直接跨接于三极管的集电极与电源之间，而位居三极管主电流的回路上。

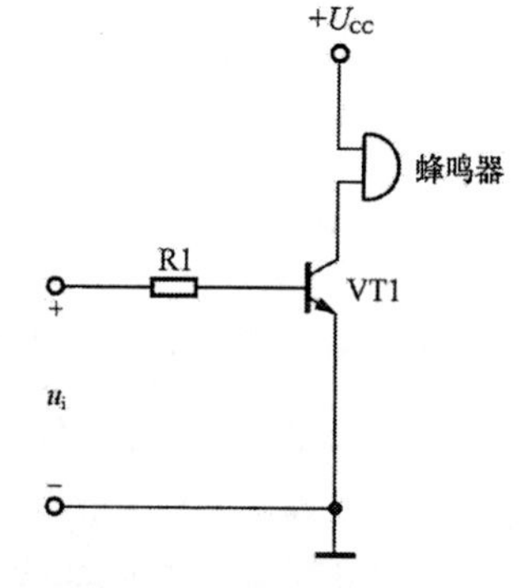

图 6-84　三极管开关电路

输入电压 u_i 控制三极管的导通与截止，当 u_i 为低电压时，三极管 VT1 工作在截止区，此时三极管呈开启状态，三极管 VT1 基极没有电流，因此集电极亦无电流，致使连接于集电极端的蜂鸣器也没有电流，此时蜂鸣器不发声。同理，当 u_i 为高电压时，三极管工作在饱和区，由于有基极电流流动，使集电极流过更大的放大电流，因此蜂鸣器有电流流过而发出声音。

【操作步骤】

1. 设置工作环境

① 单击“标准”工具栏中的“设计”按钮，弹出“New Design（新建设计文件）”对话框，选择“Blank and recent”选项。单击 Create 按钮，创建一个电路原理图设计文件。

② 单击菜单栏中的“文件”→“保存为”命令，将项目另存为“三极管开关电路.ms14”。

③ 选择菜单中的“选项”→“电路图属性”命令，系统弹出“电路图属性”对话框，打开“工作区”选项卡，设置电路图页面大小为 A4。完成设置后，单击“确认”按钮，关闭对话框。

④ 选择菜单栏中的“绘制”→“标题块”命令，在弹出的“打开”对话框中选择标题块模板 Ulticap.tb7。单击“打开”按钮，在图纸右下角放置标题块。选择菜单栏中的“编辑”→“标题块位置”→“右下”命令，精确放置标题块。

2. 绘制电路原理图

① 单击“基本”工具栏中的“放置虚拟电阻器”按钮，在电路原理图中放置阻值为 1.0kΩ的

电阻R1。

② 单击“晶体管元器件”工具栏中的“放置虚拟双极结晶体管NPN”按钮，在电路原理图中放置晶体管Q1。

③ 单击“元器件”工具栏中的“放置指示器”按钮，打开“选择一个器件”对话框，在“Indicators”库的系列栏中选择“BUZZER”，放置蜂鸣器灯LS1。

④ 单击“信号源元器件”工具栏中的“放置交流电压源”按钮，在电路原理图中放置交流信号源V1（正弦信号）。

⑤ 单击“功率源元器件”工具栏中的“放置CMOS电源（VDD）”按钮和“放置地线”按钮，放置电源VDD与接地到电路原理图中。

⑥ 激活连线命令，鼠标指针自动变为实心圆圈状，单击并移动鼠标指针，执行自动连线操作，选择菜单栏中的“选项”→“电路图属性”命令，弹出“电路图属性”对话框，打开“电路图可见性”选项卡，在“网络名称”选项下选择“全部显示”选项，在电路图中显示所有网络，结果如图6-85所示。

3. 失真分析设置

① 双击交流信号源V1，弹出“AC_VOLTAGE”对话框，设置失真频率1量值、失真频率1相位、失真频率2量值、失真频率2相位，如图6-86所示。

② 单击“基本”工具栏中的“放置虚拟电容器”按钮，直接在电路原理图中放置容量为1.0μF的电容C1、C2，如图6-87所示。

4. 插入仪器

选择菜单栏中的“仿真”→“仪器”→“失真分析仪”命令，或单击“仪器”工具栏中的“失真分析仪”按钮，在电路图中放置失真分析仪XDA1。将失真分析仪XDA1的通道与电容C1的输出端（三极管Q1基极）相连，结果如图6-88所示。

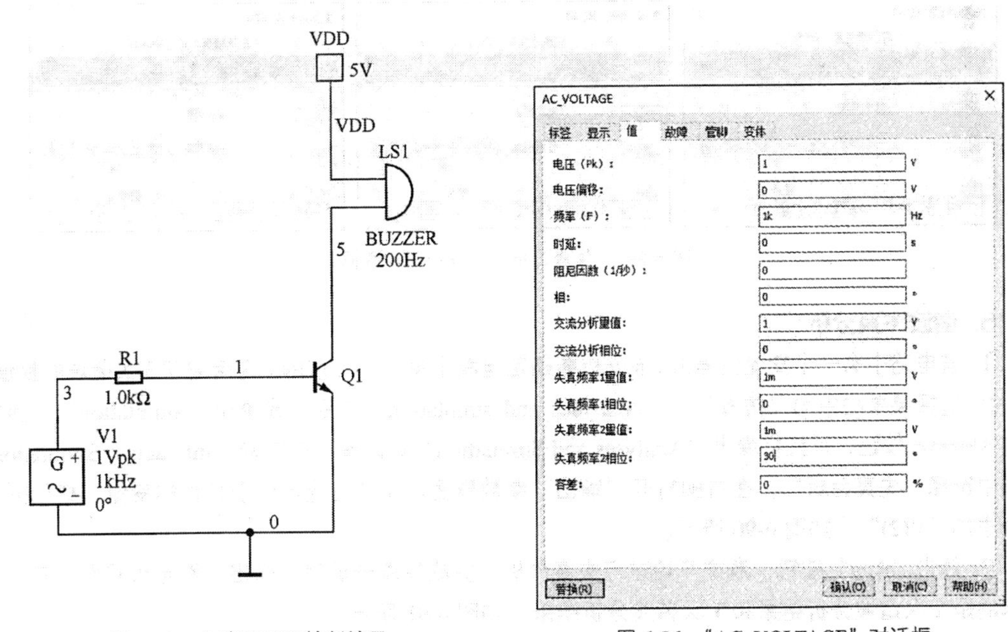

图6-85 电路原理图绘制结果　　图6-86 “AC_VOLTAGE”对话框

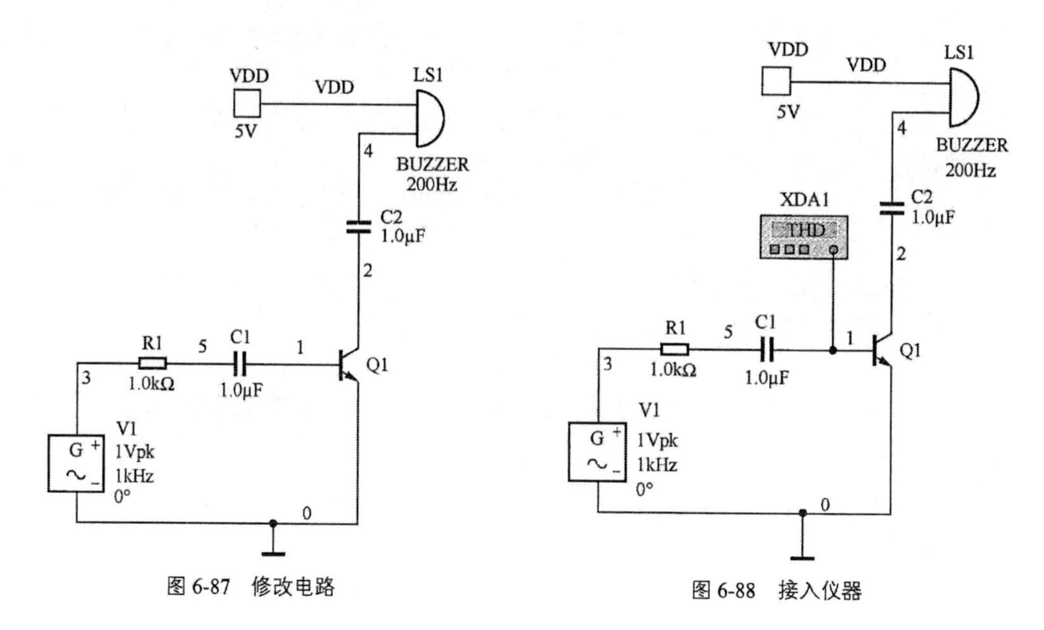

图 6-87　修改电路　　图 6-88　接入仪器

5. 虚拟仪器仿真

① 选择菜单栏中的"仿真"→"运行"命令，或单击"Simulation"工具栏中的"运行"按钮▶，进行仿真测试。

② 双击失真分析仪 XDA1，弹出"失真分析仪-XDA1"对话框，在"模式"选项组下默认选择"THD"，显示总谐波失真值。显示为"%"，单击"dB"按钮，将总谐波失真转换为分贝（dB）显示。单击"SINAD"按钮，显示信号噪声失真值，如图 6-89 所示。

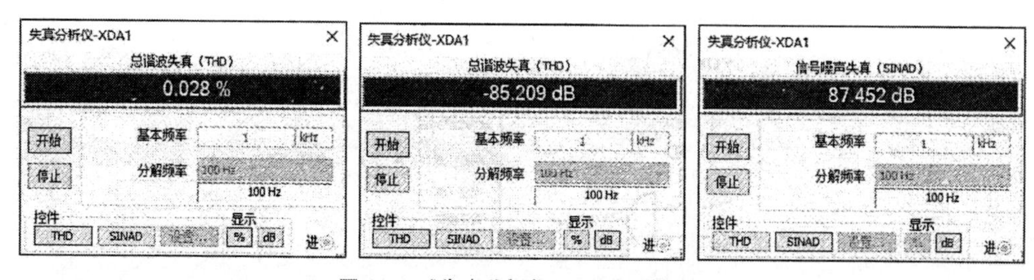

图 6-89　"失真分析仪-XDA1"对话框

6. 谐波失真分析

① 若电路中有一个交流信号源，该分析能确定电路中每一个节点的 2 次谐波和 3 次谐波的复值。

② 选择菜单栏中的"仿真"→"Analyses and simulation"命令，或单击"Simulation"工具栏中的 Interactive 按钮，系统将弹出"Analyses and Simulation"对话框。在左侧"Interactive Simulation"列表中选择"失真分析"，在右侧打开"输出"参数界面，在"已选定用于分析的变量"栏的列表框中添加"V(2)"，如图 6-90 所示。

③ 单击"Run"按钮，系统开始进行失真分析。完成失真分析后，弹出"图示仪视图"窗口，显示的是 2 次谐波分析结果和 3 次谐波分析结果，如图 6-91 所示。

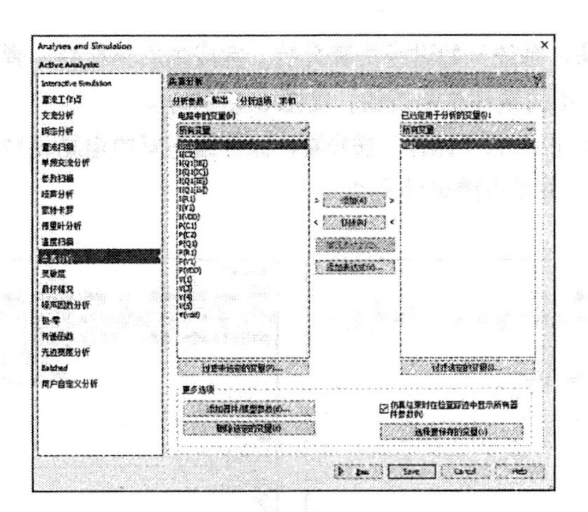

图 6-90 “输出”参数界面

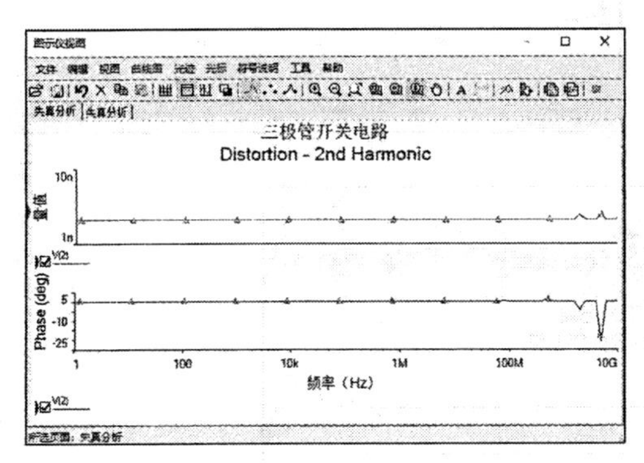

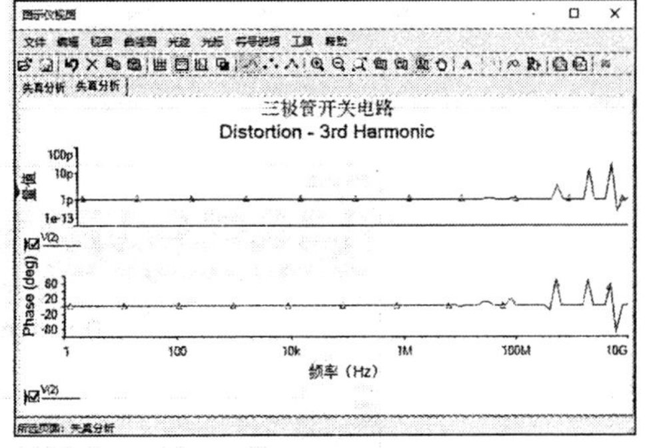

图 6-91 谐波失真分析结果

7. 失调失真分析

① 若电路有两个交流信号源，该分析能确定电路变量在 3 个不同频率处的复值，即两个频率之和的值（f_1+f_2）、两个频率之差的值（f_1-f_2）及二倍频与另一个频率的差值（$2f_1-f_2$）。

② 选择菜单栏中的“仿真”→“Analyses and simulation”命令，或单击“Simulation”工具栏中的 Interactive 按钮，系统将弹出“Analyses and Simulation”对话框。在左侧“Interactive Simulation”列表中选择“失真分析”，在右侧打开“分析参数”参数界面，勾选“F2/F1 之比”复选框，设置值为 0.9，如图 6-92 所示。

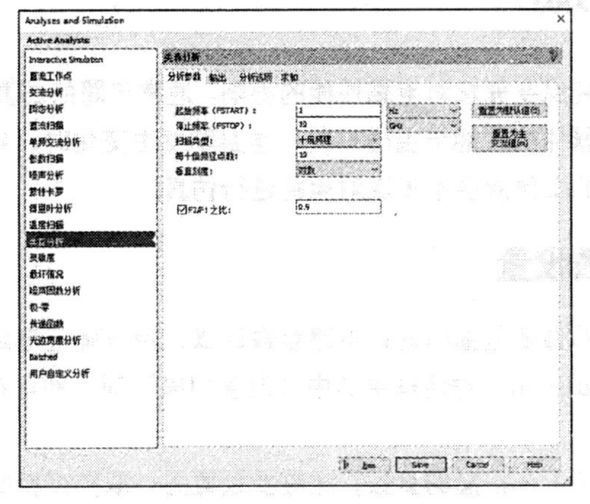

图 6-92 “分析参数”参数界面

③ 单击“Run”按钮，系统开始进行失真分析。完成失真分析后，弹出“图示仪视图”窗口，显示的是电路变量在 3 个不同频率处的复值，如图 6-93 所示。

④ 单击“标准”工具栏中的“保存”按钮，保存绘制好的电路原理图文件。选择菜单栏中的“文件”→“关闭”命令，关闭当前设计文件。

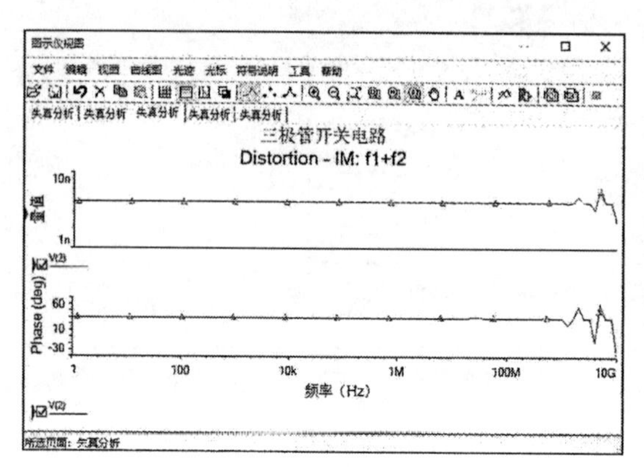

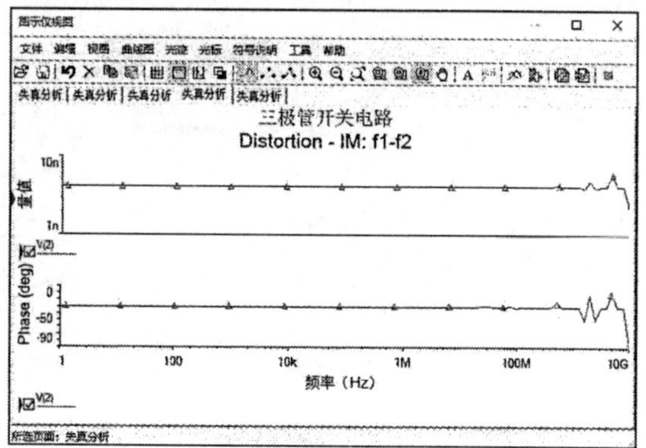

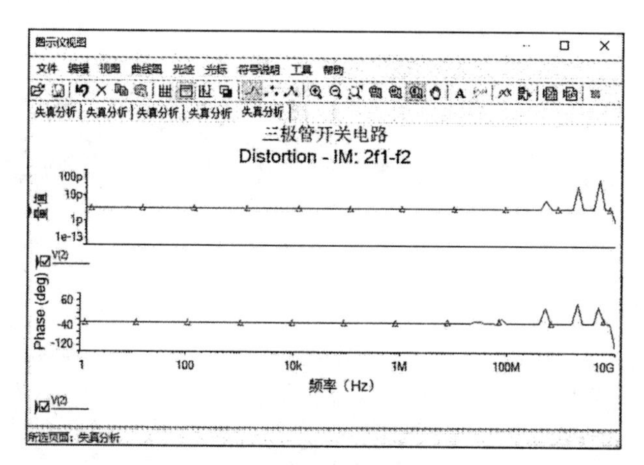

图 6-93　失调失真分析结果

6.8 温度扫描分析

温度扫描分析用于研究温度变化对电路性能的影响。通常电路的仿真都是假设在 27℃的环境中进行的，由于许多电子元器件的性能与温度有关，当温度发生变化时，电路的特性也会产生一些改变。该分析相当于在不同的工作温度下多次对电路进行仿真。

6.8.1 温度扫描参数设置

温度扫描是指在一定的温度范围内进行电路参数计算，用以确定电路的温度漂移等性能指标。

在“Analyses and Simulation”对话框中选中“温度扫描”项，即可在右侧显示温度扫描仿真参数设置，如图 6-94 所示。

温度扫描分析同样除了正在扫描的参数，还需要设置另一取样点参数，称之为待扫描点。

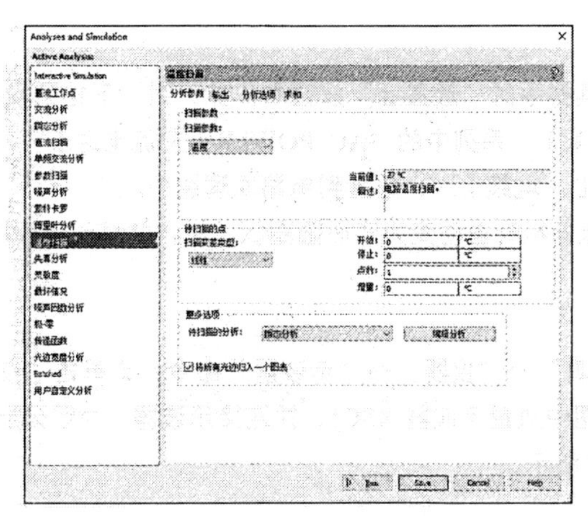

图 6-94　温度扫描仿真参数设置

6.8.2　二极管限幅电路

二极管限幅电路是利用二极管的单向导电性和二极管正向导通时其正向导通电压基本为一定值的特点，来限制输出电压幅度的电路。如图 6-95（a）所示，当 $u_i<U$ 时，二极管 D 处于截止状态，$u_o=u_i$；当 $u_i>U$ 时，二极管 D 处于导通状态，$u_o=U$。二极管限幅电路波形图如图 6-95（b）所示。

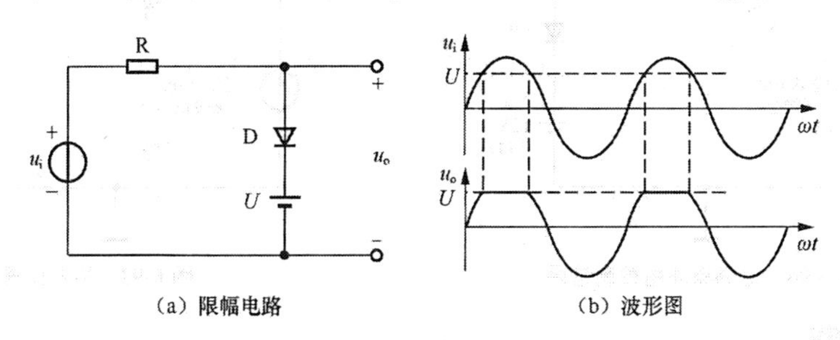

图 6-95　二极管限幅电路

【操作步骤】

1. 设置工作环境

① 单击“标准”工具栏中的“设计”按钮，弹出“New Design（新建设计文件）”对话框，选择“Blank and recent”选项。单击 Create 按钮，创建一个电路原理图设计文件。

② 单击菜单栏中的“文件”→“保存为”命令，将项目另存为“二极管限幅电路.ms14”。

③ 选择菜单中的“选项”→“电路图属性”命令，系统弹出“电路图属性”对话框，打开“工作区”选项卡，设置电路图页面大小为 A4。完成设置后，单击“确认”按钮，关闭对话框。

④ 选择菜单栏中的“绘制”→“标题块”命令，在弹出的“打开”对话框中选择标题块模板 Ulticap.tb7。单击“打开”按钮，在图纸右下角放置标题块。选择菜单栏中的“编辑”→“标题块位置”→“右下”命令，精确放置标题块。

2. 绘制电路原理图

① 单击“二极管”工具栏中的“放置虚拟二极管”按钮，直接在电路原理图中放置二极管 DIODE 元器件 D1。

② 单击“基本”工具栏中的“放置虚拟电阻器”按钮，直接在电路原理图中放置阻值为 1.0kΩ

的电阻 R1。

③ 单击“基本”工具栏中的“放置源”按钮 ÷，在“组”下拉列表中选择“Sources”，选择“POWER_SOURCES（电源）”系列中的“AC_POWER（交流电源）”“NON_IDEAL_BATTERY（智能电池）”“GROUND（地线）”，放置到电路原理图中。

④ 激活连线命令，鼠标指针自动变为实心圆圈状，单击并移动鼠标指针，执行自动连线操作，结果如图 6-96 所示。

3. 插入仪器

选择菜单栏中的“仿真”→“仪器”→“示波器”命令，或单击“仪器”工具栏中的“4 通道示波器”按钮，在电路图中放置示波器 XSC1，并连接示波器（为区分显示，不同通道连接线为不同颜色），结果如图 6-97 所示。

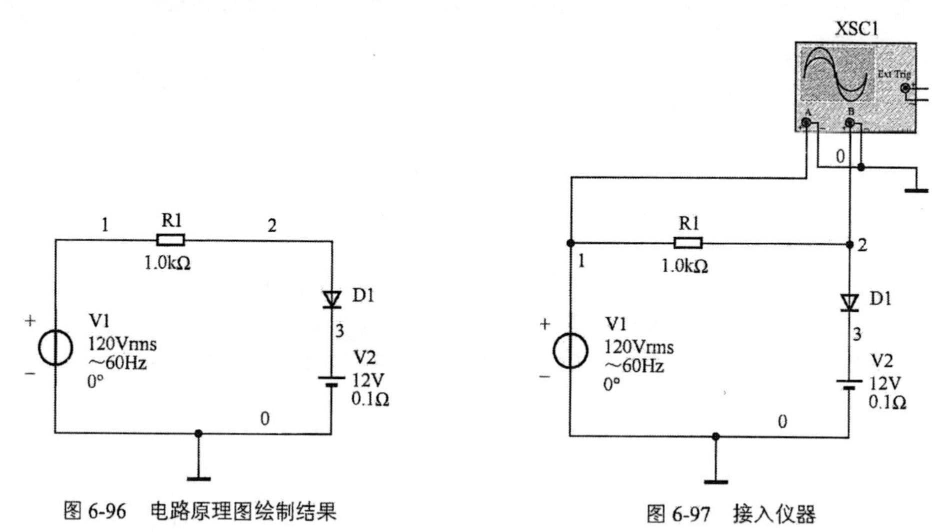

图 6-96 电路原理图绘制结果

图 6-97 接入仪器

4. 运行仿真

选择菜单栏中的“仿真”→“运行”命令，或单击“Simulation”工具栏中的“运行”按钮 ▷，进行仿真测试。在示波器中显示节点 1、2 处电压的波形图，如图 6-98 所示。

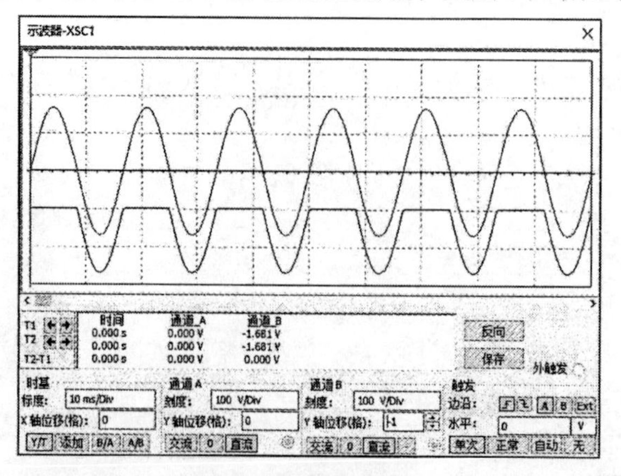

图 6-98 运行仿真

5. 电压差温度扫描分析

① 选择菜单栏中的“仿真”→“Analyses and Simulation”命令，或单击“Simulation”工具栏

中的 Interactive 按钮，系统将弹出“Analyses and Simulation”对话框。在左侧“Interactive Simulation”列表中选择“温度扫描”。

② 在右侧打开“分析参数”参数界面，扫描 0～100℃的变量，扫描点数为 6，增量为 20℃。在“待扫描的分析”选项中选择“直流工作点”，选择“在表格中显示结果”，如图 6-99 所示。

③ 在右侧打开“输出”参数界面，在“已选定用于分析的变量”栏的列表框中添加表达式“V(2)-V(3)”，如图 6-100 所示。

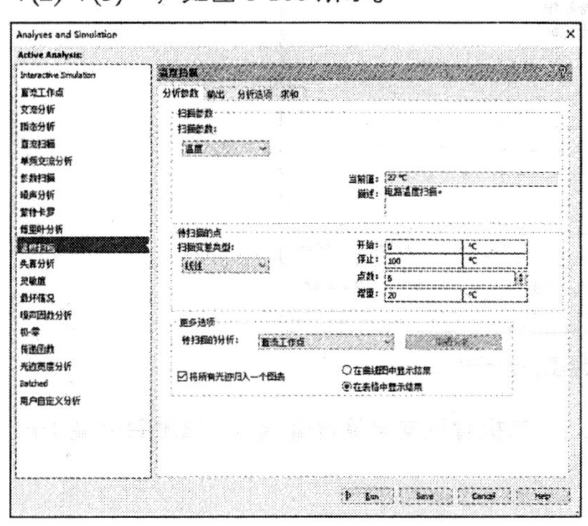

图 6-99 “分析参数”参数界面

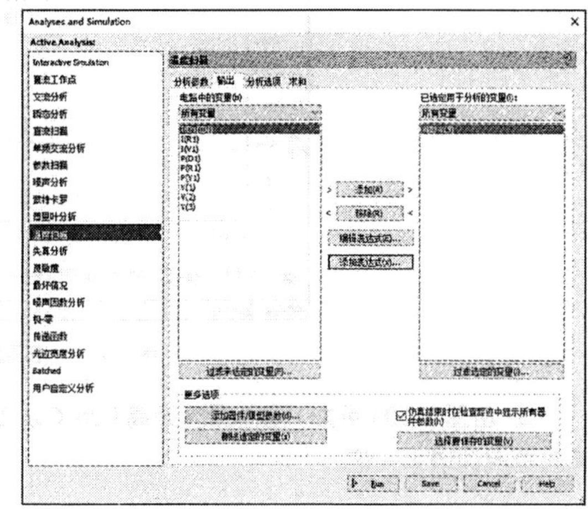

图 6-100 “输出”参数界面

④ 单击“Run”按钮，系统开始进行温度扫描分析。完成分析后，弹出“图示仪视图”窗口，显示的是温度升高后二极管两端压降分析结果，如图 6-101 所示。

⑤ 由图 6-101 可知，随着温度升高（20℃以上），二极管正向特性曲线向右移动，即正向电流相同，温度升高后其压降减小，温度每升高 1℃，正向压降减小 2～2.5mV。

6. 电流温度扫描分析

① 选择菜单栏中的“仿真”→“Analyses and simulation”命令，或单击“Simulation”工具栏中的 Interactive 按钮，系统将弹出“Analyses and Simulation”对话框，选中“温度扫描”。

② 在右侧打开“分析参数”参数界面，在“待扫描的分析”选项中选择“瞬态分析”。打开“输出”参数界面，在“已选定用于分析的变量”栏的列表框中添加 I（D1[ID]）。

③ 单击“Run”按钮，系统开始进行温度扫描分析。完成分析后，弹出“图示仪视图”窗口，显示的是温度升高后流经二极管的电流的变化曲线，如图 6-102 所示。

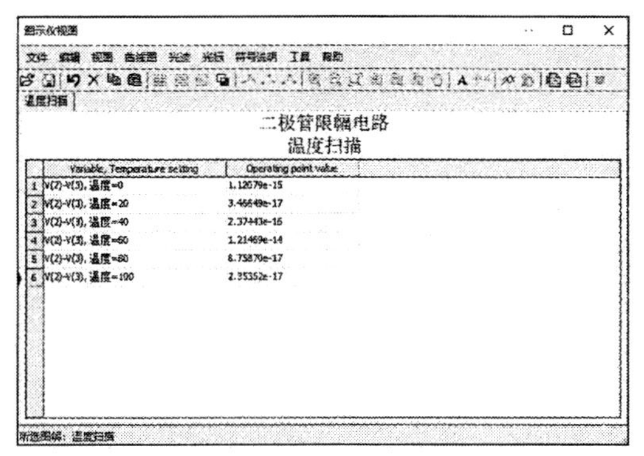

	Variable, Temperature setting	Operating point value
1	V(2)-V(3), 温度=0	1.12079e-15
2	V(2)-V(3), 温度=20	3.46649e-17
3	V(2)-V(3), 温度=40	2.37443e-16
4	V(2)-V(3), 温度=60	1.21469e-14
5	V(2)-V(3), 温度=80	6.75870e-17
6	V(2)-V(3), 温度=100	2.35352e-17

图 6-101 温度扫描分析结果

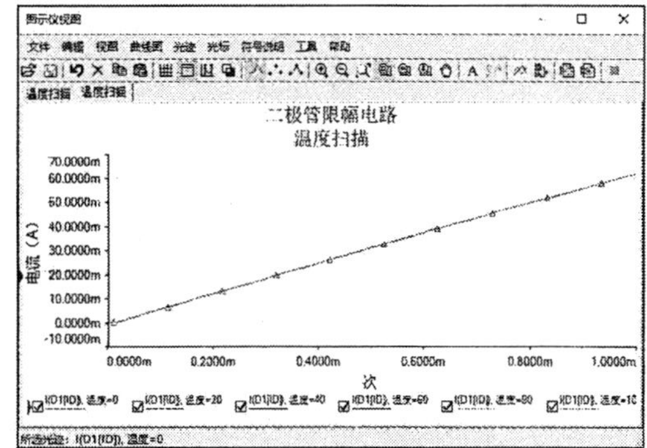

图 6-102 电流温度扫描分析 1

④ 在“图示仪视图”窗口中双击，弹出“图形属性”对话框，打开“光迹”选项卡，单击“自动分离”按钮，单击“确认”按钮，关闭该对话框，图像显示区中自动分开 6 条不同温度下的电流曲线，结果如图 6-103 所示。

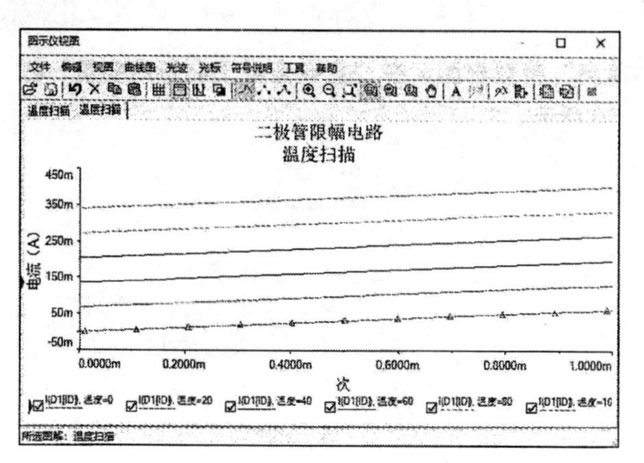

图 6-103　电流温度扫描分析 2

⑤ 由图 6-103 可知，随着温度升高（20℃以上），二极管反向电流显著增大，温度每升高 10℃，反向电流约增大一倍。

第 7 章

信号放大电路

放大电路除应用在无线电领域外，还广泛应用于非电量测量、自动控制和自动检测系统中。其作用就是把微弱的电信号（电压或电流）放大后使其带动负载工作。根据设备中工作条件和电路的不同，基本放大电路的结构也有所不同，根据电路的结构和组成电路的元器件的不同，大体可以将基本放大电路分为由分立元器件组成的放大电路及由集成电路构成的放大电路等。

在进行电路原理图设计时，鉴于某些图纸过于复杂，无法在一张图纸上完成，于是衍生出两种电路设计方法（平坦式电路、层次式电路）来解决这种问题。本章介绍由分立元器件组成的放大电路（分立元器件放大电路）、集成运算放大器和振荡器电路。

7.1 分立元器件放大电路

将采用集成工艺对功率放大电路中的三极管和电阻等元器件进行组合的电路制作在一片基板上就制成了集成功率放大电路。由于集成功率放大电路具有使用方便、成本不高、体积小、重量轻等优点，被广泛应用在收音机、录音机、电视机、直流伺服电路的功率放大器中。

当电路的负载对功率的要求比较高时，会用由分立元器件组成的集成功率放大电路。

7.1.1 放大电路结构

放大就是将微弱的变化信号转换为强大信号的操作，即一个微弱的变化信号通过放大电路后，输出电压或电流的幅值得到了放大，但随时间变化的规律不变。放大电路的原理是直流电源向放大电路提供能量，输入端的小信号控制放大电路的输出能量的变化，从而使输出端得到与输入信号相似的大信号。由于晶体管是非线性的，故放大电路也是非线性的电路。从电路的角度来看，可以将基本放大电路看成一个含有受控源的二端网络。

放大电路的结构示意如图 7-1 所示。可见，放大电路中电路的对象是变化量，放大的实质是能量控制和转换。

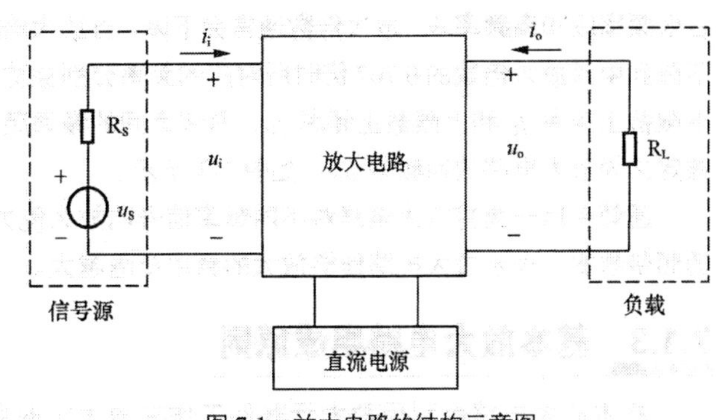

图 7-1 放大电路的结构示意图

7.1.2 放大电路的主要性能指标

为了评价一个放大电路的质量优劣，通常需要规定若干指标。测试指标时，一般在放大电路的输入端加上一个正弦测试电压，如图 7-2 所示。

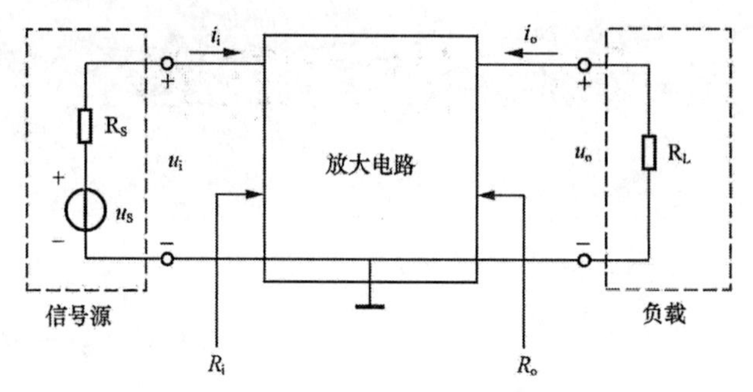

图 7-2 放大电路测试电路

放大电路的主要技术指标有以下几项。

（1）放大倍数

放大倍数是衡量放大电路放大能力的指标。对放大电路来说有 3 种形式，即电压放大倍数、电流放大倍数和功率放大倍数。

① 电压放大倍数 A_u 定义为输出电压与输入电压的比值。

② 电流放大倍数 A_i 定义为输出电流与输入电流的比值。

③ 功率放大倍数 A_P 定义为输出功率与输入功率的比值。

（2）输入电阻 R_i

输入电阻 R_i 表明放大电路从信号源吸取电流的大小，R_i 大则放大电路从信号源吸取的电流 i_i 小，反之则大。R_i 是除去信号源后从放大电路输入端看进去的等效电阻，可衡量放大电路获取信号的能力，定义为输入电压与输入电流之比。一般来说，R_i 越大，i_i 就越小，u_i 越接近信号源电压 u_S。

（3）输出电阻 R_o

输出电阻 R_o 可表明放大电路带负载的能力，R_o 大表明放大电路带负载的能力差，反之则强。

任何一个放大电路对负载或下一级放大电路来说，都可以等效成一个有内阻的电压源。电压源的内阻，就是放大电路的输出电阻，即从放大电路的输出端看进去的等效电阻。

（4）通频带

由于放大电路中的电抗性元器件和晶体管 PN 结的影响，放大电路的放大倍数是频率的函数。在低频率段和高频率段，放大倍数通常会下降，当放大倍数下降到中频放大倍数的 0.707 倍时所对应的频率分别被称为下限截止频率 f_L 和上限截止频率 f_H，两者之间的频率范围被定义为放大电路的通频带 B_W，如图 7-3 所示。

通频带用于衡量放大电路对不同频率信号的放大能力，通频带越宽，表示放大电路能够放大的频率范围越大。

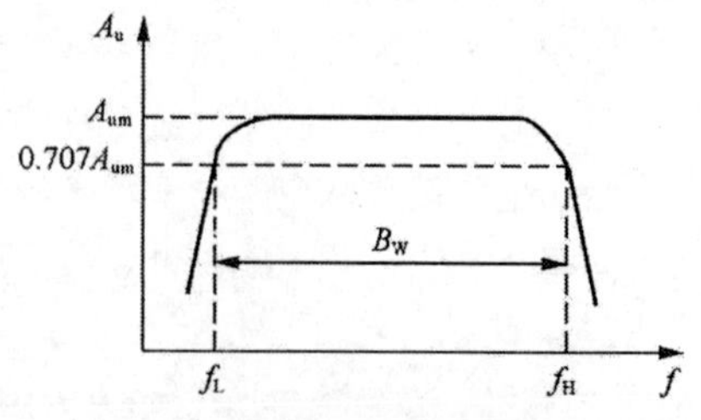

图 7-3 放大电路的通频带

7.1.3 基本放大电路组成原则

基本放大电路是利用放大元器件工作在放大区时所具有的电流（或电压）控制特性来实现放大作用的，基本放大电路组成原则如下。

① 设置直流电源，为电路提供能源。

② 电源的极性和大小应保证晶体管 BJT 发射结正向偏置，而集电结反向偏置，使 BJT 工作在放大区（对于场效应管放大电路，则应使之工作在恒流区）。

③ 电路中电阻的取值应与电源电压配合，使 BJT 有合适的静态工作点，避免产生非线性失真。

④ 输入信号要有效传输，且能作用于放大管的输入回路。

⑤ 接入负载时，必须保证负载获得比输入信号大得多的电流信号或电压信号。

7.1.4 固定偏置放大电路

固定偏置放大电路是最简单的放大电路之一，如图 7-4 所示，图 7-4（a）为由 NPN 型三极管构成的固定偏置放大电路，图 7-4（b）为由 PNP 型三极管构成的固定偏置放大电路。

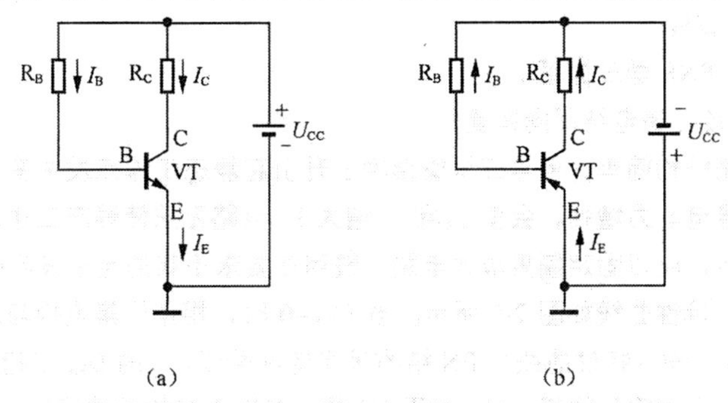

图 7-4 固定偏置放大电路

三极管 VT 是整个电路的核心，它担负着放大的任务。基极电阻 R_B 接在三极管基极和电源正极之间，使三极管发射结正向偏置，并为晶体管提供一个合适的基极电流 I_B。R_B 一般为几十 kΩ 至几百 kΩ。集电极负载电阻 R_C 接在三极管的集电极和电源正极之间，R_C 和 R_B 阻值配合，保证三极管集电结反向偏置，即保证 $U_{CE}>U_{BE}$，这样三极管的发射结正向偏置、集电结反向偏置，因而三极管才处在放大状态。

下面以图 7-4（a）为例来分析固定偏置放大电路。

1. 电流关系

接通电源后，从电源 U_{CC} 正极流出电流，分作两路。一路电流经电阻 R_B 流入三极管 VT 基极，再通过 VT 内部的发射结从发射极流出；另一路电流经电阻 R_C 流入 VT 的集电极，再通过 VT 内部从发射极流出。两路电流从 VT 的发射极流出后汇合成一路电流，再流到电源的负极。

VT 的 3 个极分别有电流流过，其中流经基极的电流被称为 I_B，流经集电极的电流被称为 I_C，流经发射极的电流被称为 I_E。这些电流的关系如式（7-1）所示。

$$I_B+I_C=I_E \tag{7-1}$$

$$I_C\approx\beta I_B \text{（}\beta\text{为 VT 的放大倍数）}$$

2. 电压关系

接通电源后，电源为 VT 的 3 个极提供电压，电源正极电压经 R_C 降压后为 VT 提供集电极电压 U_C，电源经 R_B 降压后为 VT 提供基极电压 U_B，电源负极电压直接加到 VT 的发射极，发射极电压为 U_E。在电路中，R_B 阻值比 R_C 的阻值大很多，所以 VT 的 3 个极的电压关系如式（7-2）所示。

$$U_C>U_B>U_E \tag{7-2}$$

在放大电路中，VT 的 I_B（基极电流）、I_C（集电极电流）和 U_{CE}（集电极和发射极之间的电压，$U_{CE}=U_C-U_E$）被称为静态工作点。

3. 三极管内部两个 PN 结的状态

图 7-4（a）中的 VT 为 NPN 型三极管，它内部有两个 PN 结。集电极和基极之间有一个 PN 结，被称为集电结；发射极和基极之间有一个 PN 结，被称为发射结。因为 VT 的 3 个极的电压关系是 $U_C > U_B > U_E$，所以 VT 内部两个 PN 结的状态是发射结正向偏置（PN 结可相当于一个二极管，P 极电压高于 N 极电压时被称为 PN 结电压正向偏置），集电结反向偏置。

综上所述，三极管处于放大状态时具有以下特点。

① $I_B+I_C=I_E$，$I_C\approx\beta I_B$。

② $U_C > U_B > U_E$（NPN 型三极管）。

③ 发射结正向偏置，集电结反向偏置。

以上分析的是 NPN 型三极管固定偏置放大电路。PNP 型三极管固定偏置电路的特点如下。

① $I_B+I_C=I_E$，$I_C\approx\beta I_B$。

② $U_C < U_B < U_E$（PNP 型三极管）；

③ 发射结正向偏置，集电结反向偏置。

固定偏置放大电路结构简单，但当三极管温度上升引起静态工作点发生变化时（如环境温度上升，三极管内半导体导电能力增强，会使 I_B 和 I_C 增大），电路无法使静态工作点恢复正常，从而会导致三极管工作不稳定，所以固定偏置放大电路一般用在要求不高的电子设备中。

晶体三极管的输入特性曲线如图 7-5 所示。当 $U_{CE}=0$ 时，相当于集电极与发射极短路，即发射结与集电结并联。因此，输入特性曲线与 PN 结的伏安特性类似，i_B 的 U_{BE} 呈指数关系。当 U_{CE} 增大时，曲线将右移。对于小功率晶体管，U_{CE} 大于 1V 的一条输入特性曲线可以近似 U_{CE} 大于 1V 的所有输入特性曲线。晶体三极管的输出特性曲线如图 7-6 所示。对于每一个确定的 I_B，都有一条曲线，所以输出特性有一组曲线。截止区：发射结电压小于开启电压，且集电结反向偏置。放大区：发射结正向偏置且集电结反向偏置。饱和区：发射结与集电结均正向偏置。

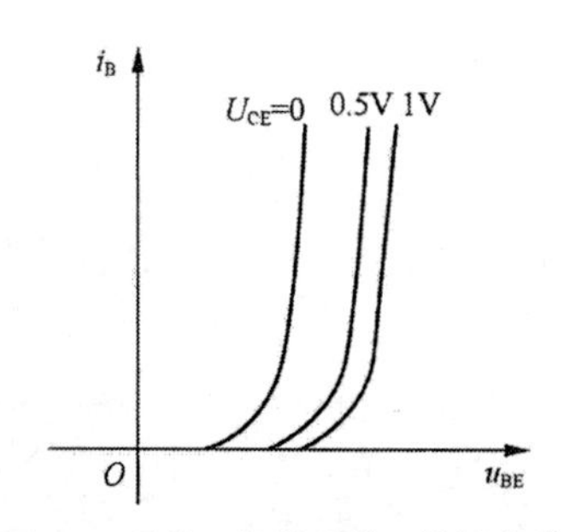

图 7-5 晶体三极管的输入特性曲线

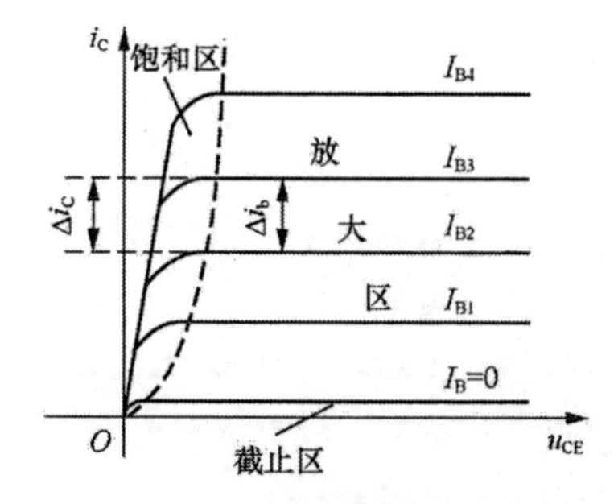

图 7-6 晶体三极管的输出特性曲线

【操作步骤】

1. 设置工作环境

① 单击“标准”工具栏中的“设计”按钮，弹出“New Design（新建设计文件）”对话框，选择“Blank and recent”选项。单击 Create 按钮，创建一个电路原理图设计文件。

② 单击菜单栏中的“文件”→“保存为”命令，将项目另存为“固定偏置放大电路.ms14”。

③ 选择菜单中的“选项”→“电路图属性”命令，系统弹出“电路图属性”对话框，打开“工作区”选项卡，设置电路图大小为 A4。完成设置后，单击“确认”按钮，关闭对话框。

④ 选择菜单栏中的“绘制”→“标题块”命令，在弹出的“打开”对话框中选择标题块模板

Ulticap.tb7。单击“打开”按钮，在图纸右下角放置标题块。选择菜单栏中的“编辑”→“标题块位置”→“右下”命令，精确放置标题块。

2. 绘制电路原理图

① 单击“晶体管元器件”工具栏中的“放置虚拟双极结晶体管 NPN”按钮，直接在电路原理图中放置晶体管 VT。

② 单击“基本”工具栏中的“放置虚拟电阻器”按钮，直接在电路原理图中放置阻值为 1.0kΩ的电阻 RB（修改阻值为 200kΩ）、RC。

③ 单击“功率源元器件”工具栏中的“放置直流功率源”按钮和“放置地线”按钮，分别把它们放置到电路原理图中。

④ 激活连线命令，鼠标指针自动变为实心圆圈状，单击并移动鼠标指针，执行自动连线操作，结果如图 7-7 所示。

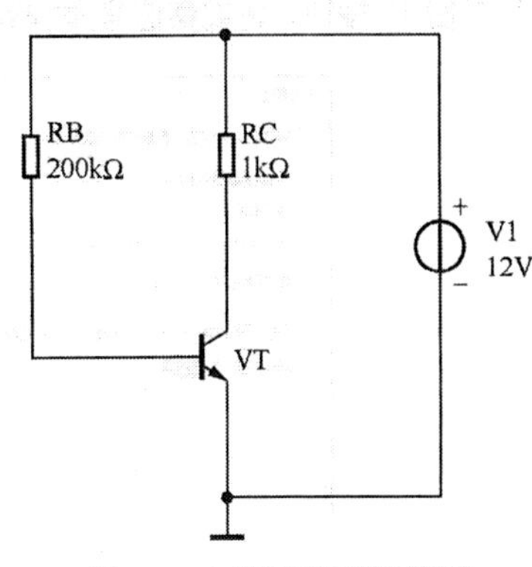

图 7-7　电路原理图绘制结果

3. 设置电路图网络

① 选择菜单栏中的“选项”→“电路图属性”命令，弹出“电路图属性”对话框，打开“电路图可见性”选项卡，在“网络名称”选项下选择“全部显示”选项，如图 7-8 所示。单击“确认”按钮，在电路图中显示所有网络，网络名称以数字为编号从 0 开始，依次递增，如图 7-9 所示。

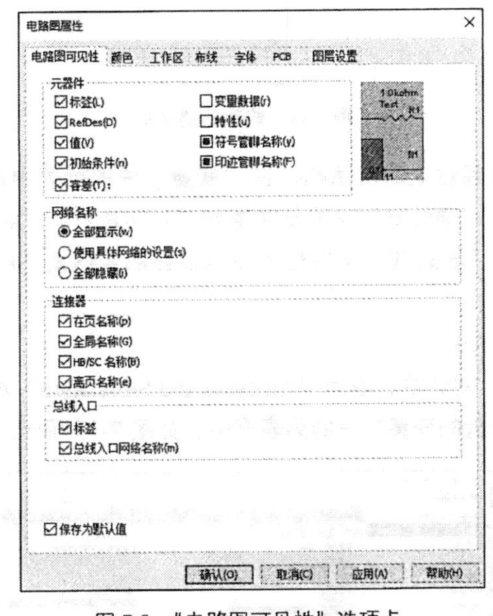

图 7-8　“电路图可见性”选项卡

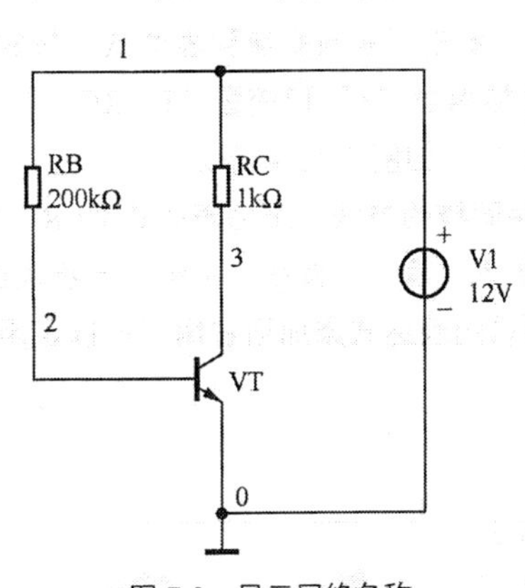

图 7-9　显示网络名称

② 双击网络 2 对应的导线，弹出“网络属性”对话框，在“首选网络名称”文本框输入网络新名称 B，如图 7-10 所示。

③ 网络 B 表示三极管 VT 基极端。将网络 3 修改为网络 C，表示 VT 集电极。将网络 0 修改为网络 E，表示 VT 发射极（由于 VT 发射极与地线连接，按照优先级，该网络显示为地线网络名 0）。结果如图 7-11 所示。

4. 静态工作点分析

① 在三极管放大电路中，三极管的 I_B（基极电流）、I_C（集电极电流）和 U_{CE}（集电极和发射

极之间的电压，$U_{CE}=U_C-U_E$）被称为静态工作点。

② 选择菜单栏中的“仿真”→“Analyses and simulation”命令，或单击“Simulation”工具栏中的 Interactive 按钮，系统将弹出“Analyses and Simulation”对话框。

③ 在左侧“Interactive Simulation”列表中选择“直流工作点”，打开“输出”选项卡，在“电路中的变量”栏的列表框中选择观察变量 I（RB）、I（RC）、I（V1）、V（1）、V（b）、V（c），单击“添加”按钮，将观察信号添加到右侧“已选定用于分析的变量”栏的列表中进行直流扫描特性分析。

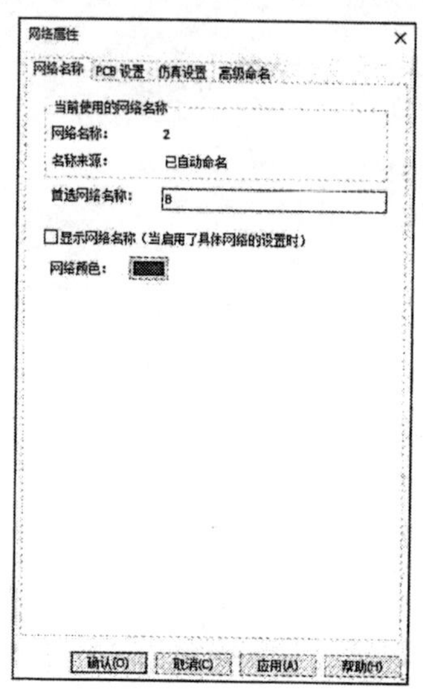

图 7-10 “网络属性”对话框

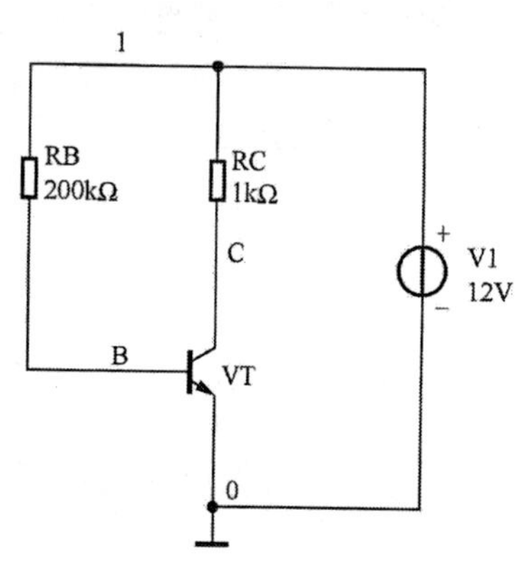

图 7-11 修改网络名称

④ 单击“添加表达式”按钮，弹出“分析表达式”对话框，在“变量”栏的列表中选择“I（RB）”，单击“复制变量到表达式”按钮，在“表达式”文本框中添加“I（RB）”。用同样的方法，添加函数“+”和变量“I（RC）”，在“表达式”文本框中显示最终的表达式“I（RB）+I（RC）”，如图 7-12 所示。

⑤ 用同样的方法，添加表达式 I（RC）/I（RB）。

⑥ 单击“确认”按钮，关闭“分析表达式”对话框，返回“Analyses and Simulation”对话框，自动将编辑的表达式添加到右侧“已选定用于分析的变量”栏的列表框中，如图 7-13 所示。

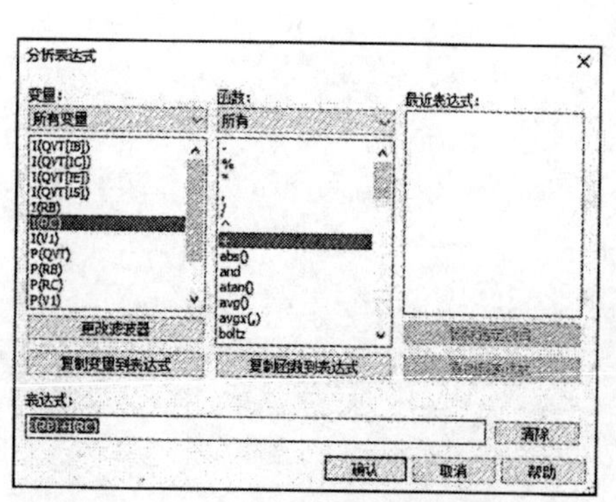

图 7-12 “分析表达式”对话框

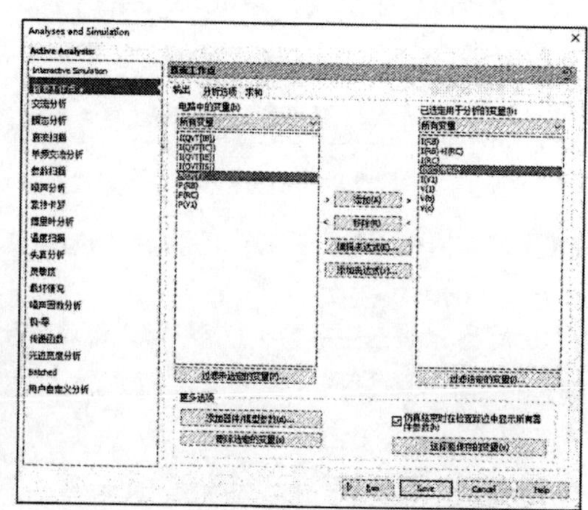

图 7-13 “Analyses and Simulation”对话框

⑦ 设置完毕后，单击“Run”按钮，系统开始进行直流工作点分析。完成分析后，弹出“图示仪视图”窗口，显示观察变量的输出电压和电流值。

⑧ 选择菜单栏中的“曲线图”→“黑白色”命令，将默认的黑色背景底色切换为白色背景底色，如图 7-14 所示。

⑨ 由图 7-11 可知，三极管的基极是节点 B，集电极是节点 C，发射极是节点 0。根据分析结果可知，U_B=818.72306mV，U_C =6.40936V，U_E =0V，三极管工作在放大状态下。

I_B=I(RB)=55.90638μA，I_C= I(RC)=5.59064 mA，I_B+I_C =5.64655mA，I_E=I (V1) =5.64655mA。

β=I (RC) /I (RB) =100.00001≈100。

⑩ 综上所述，验证三极管处于放大状态时的特点如下。

a. $I_B+I_C=I_E$，$I_C\approx \beta I_B$。

b. $U_C > U_B > U_E$（NPN 型三极管）。

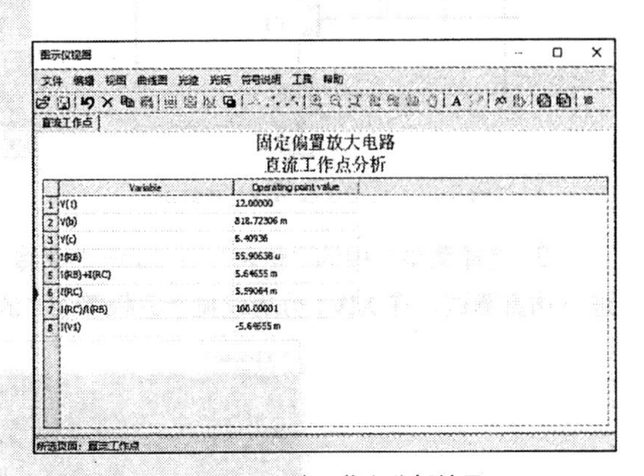

图 7-14　直流工作点分析结果

5. 直流扫描特性分析

① 直流扫描特性分析用于计算一系列值上的电路偏置点。此过程可以多次模拟电路，在预定范围内扫描直流值。

② 选择菜单栏中的“仿真”→“Analyses and simulation”命令，系统将弹出“Analyses and Simulation”对话框，选择“直流扫描”，进行直流扫描特性分析。打开“输出”选项卡，添加观察信号，如图 7-15 所示。

③ 设置完毕后，单击“Run”按钮进行仿真。系统进行直流扫描特性分析，其结果如图 7-16 所示。

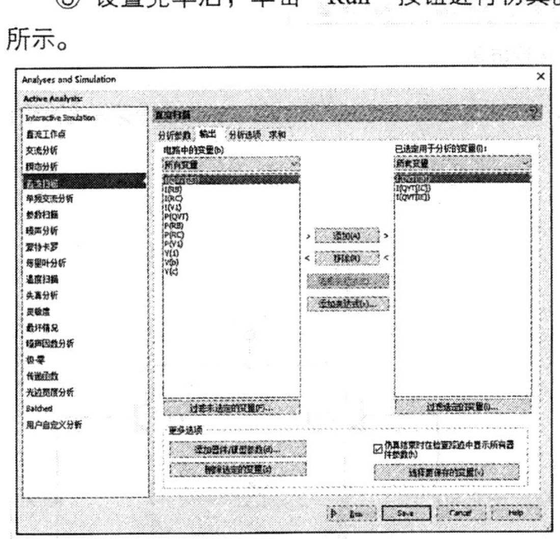

图 7-15　设置直流扫描特性

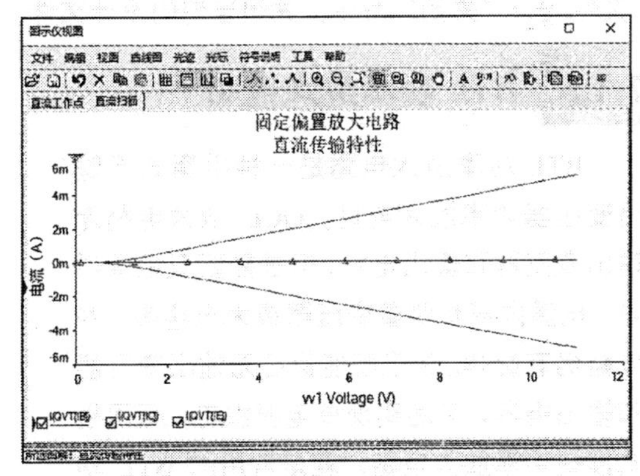

图 7-16　直流扫描特性分析结果

6. 伏安特性分析

① 选择菜单栏中的“仿真”→“仪器”→“IV 分析仪”命令，或单击“仪器”工具栏中的“IV 分析仪”按钮，放置 XIV1 分析仪，如图 7-17 所示。

② 双击 XIV1 分析仪，弹出“IV 分析仪-XIV1”对话框，在“元器件”下拉列表中选择“BJT NPN”，

如图 7-18 所示。

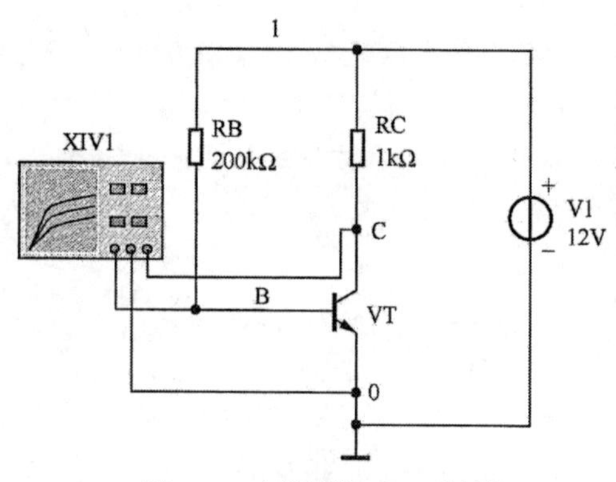

图 7-17 电路连接 XIV1 分析仪

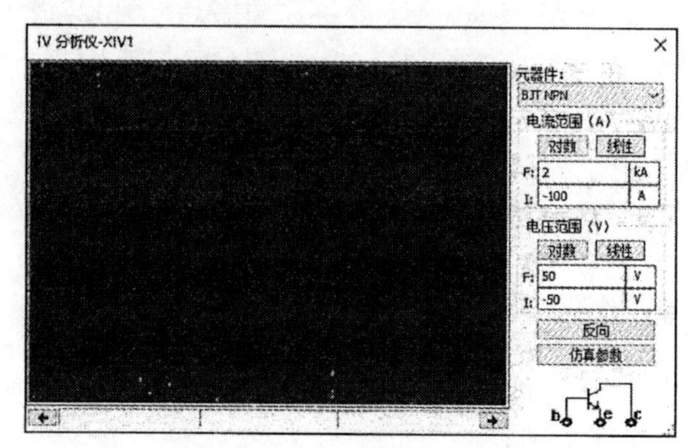

图 7-18 “IV 分析仪-XIV1”对话框

③ 选择菜单栏中的“仿真”→“运行”命令，或单击“Simulation”工具栏中的“Run”按钮▶，进行仿真测试，在 XIV1 分析仪显示三极管 VT 的伏安特性曲线，如图 7-19 所示。

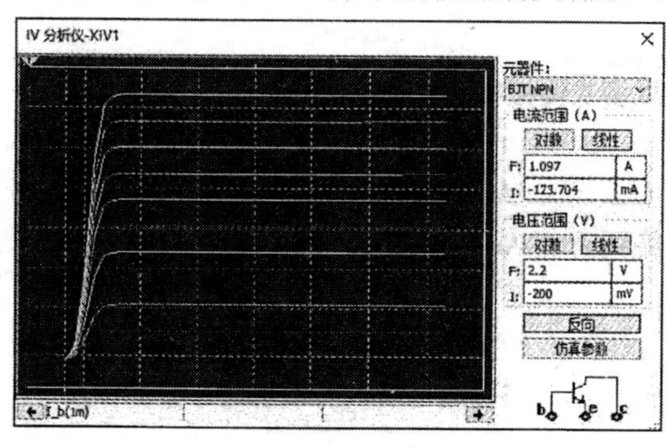

图 7-19 运行仿真

④ 单击“标准”工具栏中的“保存”按钮，保存绘制好的电路原理图文件。选择菜单栏中的“文件”→“关闭”命令，关闭当前的设计文件。

7.1.5 BTL 功率放大电路

BTL 功率放大电路是一种平衡式无输出变压器功率放大电路。OCL 放大电路无输出变压器和输出电容，但是需要双电源供电，电源内部也需要变压器或大电容等，对电路仍有影响。为了既能保证无输出变压器和输出电容，又能实现单电源供电，采用桥式推挽功率放大电路，就是常用的 BTL 功率放大电路。

典型 BTL 功率放大电路如图 7-20 所示。该电路的功率放大级是由两个互补对称电路构成的四桥臂电路，负载 R 接在两个互补对称电路的输出端，并且采用直接耦合输出方式。

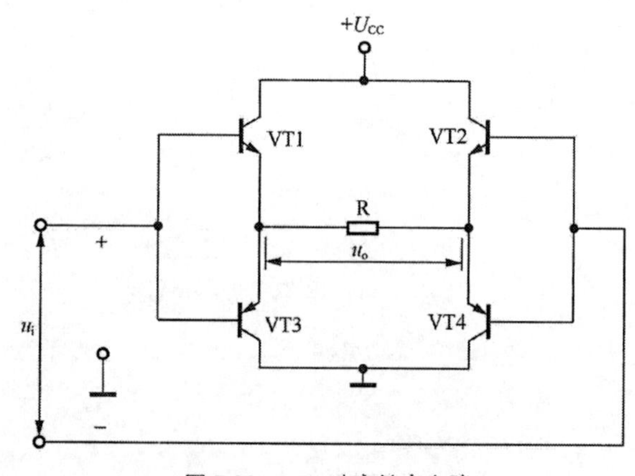

图 7-20 BTL 功率放大电路

BTL 功率放大电路的工作过程如下。将电源电压+U_{CC}加到放大管 VT1、VT2 的集电极上，为它们提供直流工作电压。静态时，由于没有信号输入，VT1～VT4 截止，无电压输出，R 上无电流流过。

需要注意的是，Multisim 中的温度扫描分析只对元器件模型中具有温度特性的元器件有效。三极管具有温度特性，三极管的电流和电压特性随温度的变化而变化。当超过了一定的工作温度，三极管的特性就会发生变化，从而影响三极管的性能。

【操作步骤】

1. 设置工作环境

① 单击“标准”工具栏中的“设计”按钮，弹出“New Design（新建设计文件）”对话框，选择“Blank and recent”选项。单击Create按钮，创建一个电路原理图设计文件。

② 单击菜单栏中的“文件”→“保存为”命令，将项目另存为“BTL 功率放大电路.ms14”。

③ 选择菜单中的“选项”→“电路图属性”命令，系统弹出“电路图属性”对话框，打开“工作区”选项卡，设置电路图页面大小为 A4。完成设置后，单击“确认”按钮，关闭对话框。

④ 选择菜单栏中的“绘制”→“标题块”命令，在弹出的“打开”对话框中选择标题块模板 Ulticap.tb7。单击“打开”按钮，在图纸右下角放置标题块。选择菜单栏中的“编辑”→“标题块位置”→“右下”命令，精确放置标题块。

2. 绘制电路原理图

① 单击“晶体管元器件”工具栏中的“放置虚拟双极结晶体管 NPN”按钮，直接在电路原理图中放置晶体管 VT1、VT2。

② 单击“晶体管元器件”工具栏中的“放置虚拟双极结晶体管 PNP”按钮，直接在电路原理图中放置晶体管 VT3、VT4。

③ 单击“基本”工具栏中的“放置虚拟电阻器”按钮，在电路原理图中放置阻值为 1.0kΩ 的电阻 R1。

④ 单击“信号源元器件”工具栏中的“放置交流电压源”按钮，在电路原理图中放置交流信号源 V1（正弦信号）。

⑤ 单击“功率源元器件”工具栏中的“放置 TTL 电源（VCC）”按钮和“放置地线”按钮，双击放置电源和接地到电路原理图中。

⑥ 激活连线命令，鼠标指针自动变为实心圆圈状，单击并移动鼠标指针，执行自动连线操作，选择菜单栏中的“选项”→“电路图属性”命令，弹出“电路图属性”对话框，打开“电路可见性”选项卡，在“网络名称”选项下选择“全部显示”选项，在电路图中显示所有网络，结果如图 7-21 所示。

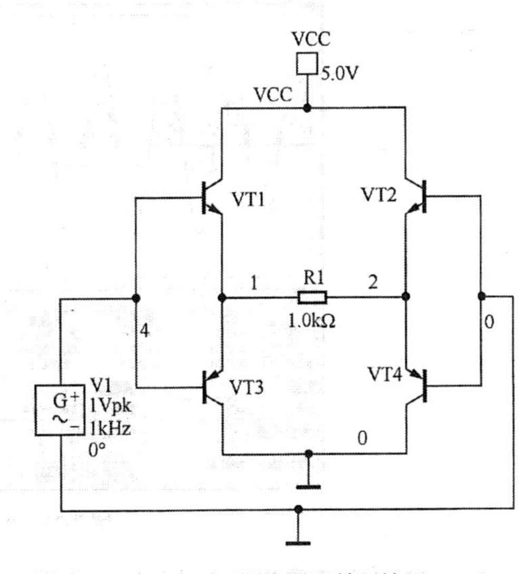

图 7-21 电路原理图绘制结果

3. 插入仪器

选择菜单栏中的“仿真”→“仪器”→“4 通道示波器”命令，或单击“仪器”工具栏中的“4 通道示波器”按钮，在电路图中放置 4 通道示波器 XSC1，并连接 4 通道示波器（为区分显示，不同通道连接线为不同颜色），结果如图 7-22 所示。

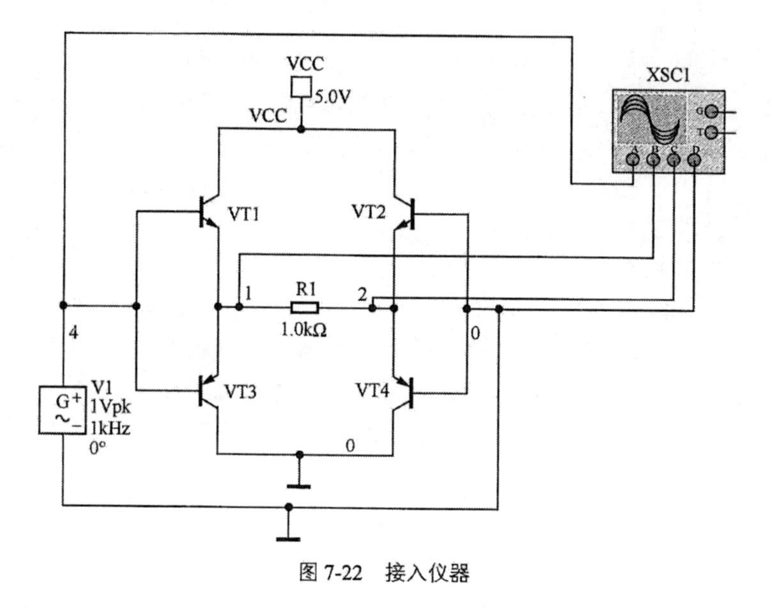

图 7-22　接入仪器

4. 虚拟仪器仿真

选择菜单栏中的“仿真”→“运行”命令，或单击“Simulation”工具栏中的“运行”按钮▷，进行仿真测试。

示波器仿真波形如图 7-23 所示，当输入信号 u_i（V1）为正半周时，VT1、VT4 导通，U_{CC} 经 VT1、R1、VT4 到地构成回路，产生它们的集电极电流 i_1，形成输出信号的上半周。

当输入信号 u_i（V1）为负半周时，VT2、VT3 导通，U_{CC} 经 VT2、R1、VT3 到地构成回路，产生了它们的集电极电流 i_2，形成输出信号的下半周。这样，两个信号叠加后，就可以得到一个完整的信号了。

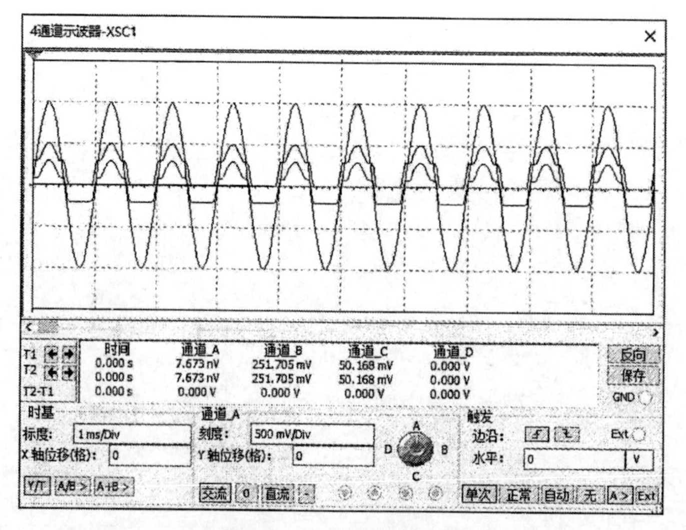

图 7-23　示波器仿真波形

单击“标准”工具栏中的“保存”按钮，保存绘制好的电路原理图文件。选择菜单栏中的

“文件”→“关闭”命令，关闭当前设计文件。

7.2 集成运算放大器放大电路

集成运算放大器放大电路简称集成运放，是具有高放大倍数的集成电路。它的内部是直接耦合的多级放大电路，整个电路可被分为输入级、中间级、输出级 3 部分。输入级采用差分放大电路以消除零点漂移和抑制干扰；中间级一般采用共发射极电路，以获得足够高的电压增益；输出级一般采用互补对称功率放大电路，以输出足够大的电压和电流，其输出电阻小，负载能力强。目前，集成运放已广泛用于模拟信号的产生和处理电路之中，因其具有高性能、低价位的特点，在大多数情况下，已经取代了分立元件放大电路。

7.2.1 平坦式电路

随着电子技术的发展，所要绘制的电路越来越复杂，在一张图纸上很难完整地绘制出电路，即使绘制出来也会因为过于复杂，不利于用户的阅读分析与检测，且容易出错。

平坦式电路是相互平行的电路，在空间结构上是在同一个层次上的电路，只是分布在不同的电路图纸上，每张图纸通过不同连接符连接起来。

平坦式电路表示不同图页间的电路连接，在每张图页上均有连接符显示，不同图页依靠相同名称的页间连接符进行电气连接。如果图纸够大，平坦式电路也可以绘制在同一张电路图上，但电路图结构过于复杂，不易理解，在绘制过程中也容易出错。平坦式电路虽然不在一张图页上，但相当于在同一个电路图的文件夹中，结构如图 7-24 所示。

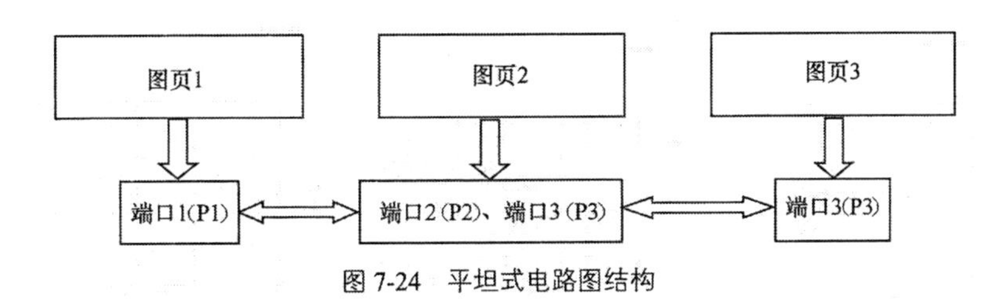

图 7-24 平坦式电路图结构

7.2.2 网络分析仪

网络分析仪是一种用来分析双端口网络的仪器，它可以测量衰减器、放大器、混频器、功率分配器等电子电路及元器件的特性。网络分析仪的功能和波特分析仪一样，不过网络分析仪一般会用来分析高频时的系统特性。

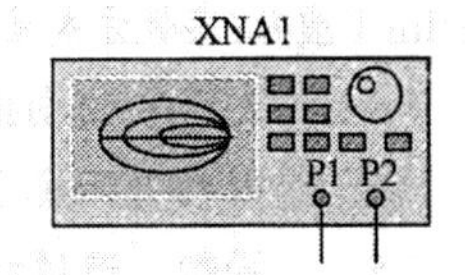

图 7-25 网络分析仪图标

图 7-25 为网络分析仪图标，其中共有两个接线端，用于连接被测端点和外部触发器。

选择菜单栏中的“仿真”→“仪器”→“网络分析仪”命令，或单击“仪器”工具栏中的“网络分析仪”按钮，放置网络分析仪，双击网络分析仪图标，弹出参数设置对话框，测量电路的 S 参数并计算出 H 参数、Y 参数、Z 参数，如图 7-26 所示。

该对话框的各个部分的功能如下。

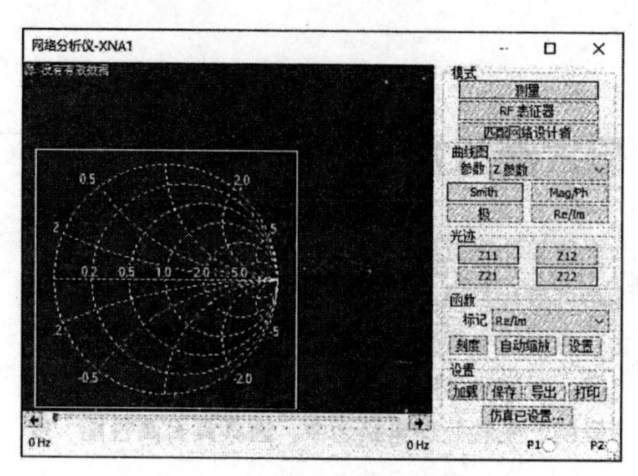

图 7-26　网络分析仪参数设置对话框

（1）显示区

显示窗口的数据显示模式，滚动条控制显示窗口游标所指的位置。

（2）“模式”选项组

- “测量”按钮：设置网络分析仪为测量模式。
- “RF 表征器”按钮：设置网络分析仪为射频分析模式。
- “匹配网络设计者”按钮：设置网络分析仪为高频分析模式。

（3）“曲线图”选项组

设置分析参数及其结果显示模式。

“参数”：在该下拉菜单中有 S 参数、H 参数、Y 参数、Z 参数、稳定因子选项，不同的参数显示的窗口数据不同，如图 7-27 所示。

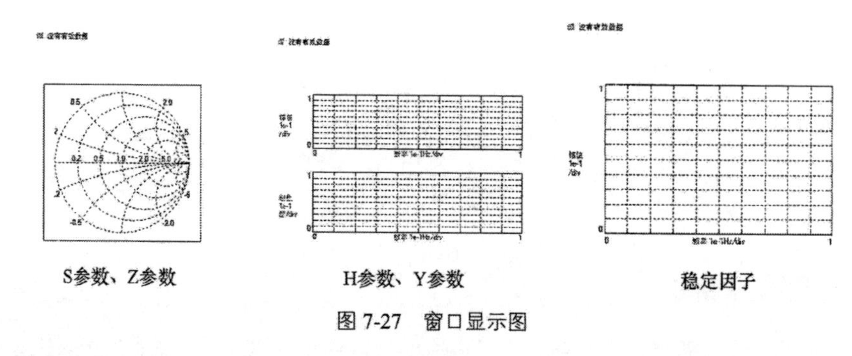

图 7-27　窗口显示图

- 显示格式：包括 4 种，分别为 Smith（史密斯模式）、Mag/Ph（波特图方式）、极（Polar，极化图）、Re/Im（虚数/实数方式显示）。

（4）“光迹”选项组

用于选择要显示哪个参数。

（5）“函数”选项组

- “标记”下拉列表：用于设置仿真结果显示方式。有 Re/Im（虚数/实数）、Mag/Ph（Deg）（度幅值相位）和 dB Mag/Ph（分贝幅值相位）3 种形式。
- “刻度”按钮：纵轴刻度调整。
- “自动缩放”按钮：纵轴刻度自动调整。
- “设置”按钮：用于设置频谱仪显示窗口的数据显示模式。单击该按钮，弹出图 7-28 所示的对话框。

在该对话框中，可以对频谱仪显示区的曲线线条宽度、颜色，网格的宽度、颜色，图片框的颜色等参数进行设置。在“网格”选项卡中，可以对线宽、线长、线的模式进行设置。

（6）“设置”选项组

在该选项组下设置数据管理。

- “加载”按钮：装载专用格式的数据文件。
- “保存”按钮：存储专用格式的数据文件。
- “导出”按钮：将数据输出到其他文件中。
- “打印”按钮：打印仿真结果数据。
- “仿真已设置”：单击此按钮，弹出图 7-29 所示的“测量设置”对话框。“起始频率”用于设置进行仿真分析时输入信号源的起始频率；“终止频率”用于设置进行仿真分析时输入信号源的终止频率；“扫描类型”用于设置扫描模式，有“十倍频程”“线性”两种模式；“每十倍频程点数”用于设置每 10 倍频程的采样点数；“特征阻抗”用于设置特性阻抗。

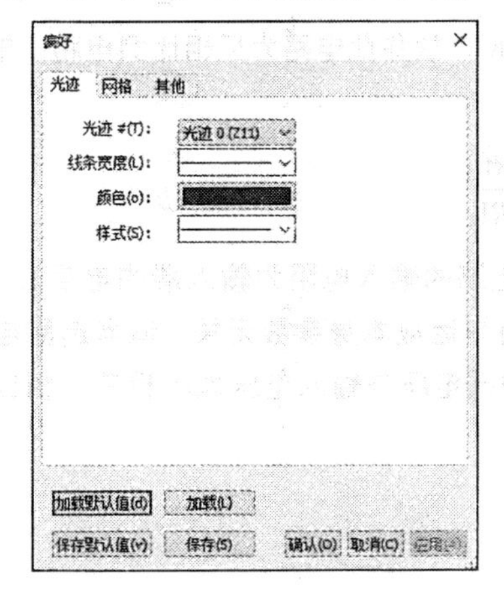

图 7-28 “设置”对话框

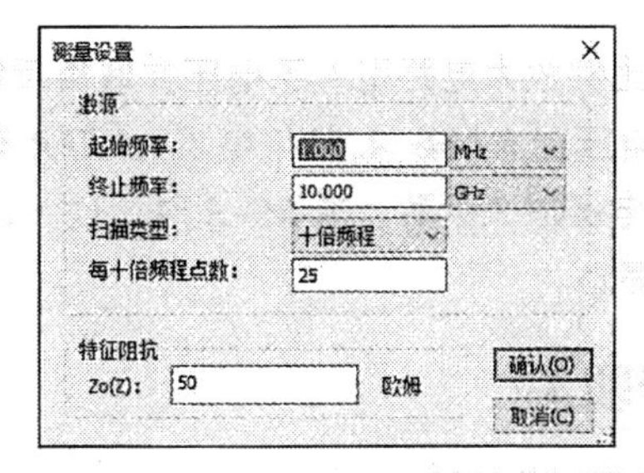

图 7-29 “测量设置”对话框

（7）P_1、P_2：仪器连接的两个端口。

7.2.3 反相比例放大电路

反相比例放大电路如图 7-30 所示，外围电路非常简单。输入电压 u_i 通过电阻 R1 加到反相输入端，同相输入端通过 R_P 接地。R_P 是平衡电阻，其作用是保证同相输入端和反相输入端的外接电阻相等，即保证输入信号为零时，输出电压也为零，其大小 $RP=R1//Rf$。输出电压 u_o 通过电阻 Rf 反馈到反相输入端。

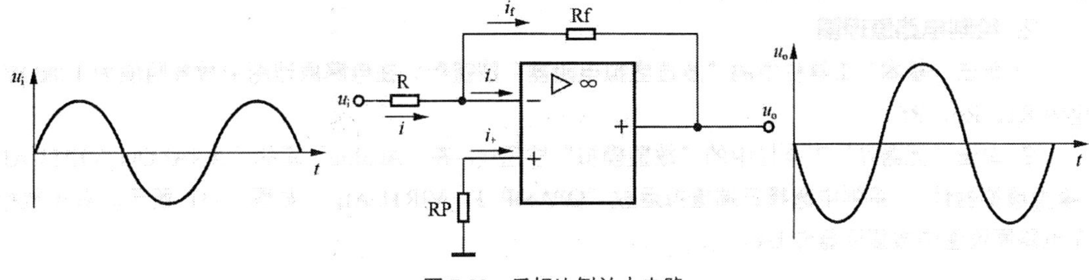

图 7-30 反相比例放大电路

根据虚短和虚断的概念可知

$$u_+ = u_-，\ i_+ = i_- = 0 \tag{7-3}$$

同相输入端通过电阻 RP 接地有

$$u_+ = u_- = 0 \tag{7-4}$$

根据 KCL 可知

$$i_1 = i_- + if = if \tag{7-5}$$

根据欧姆定律可知

$$i = \frac{u_i - u_-}{R1} = \frac{u_i - 0}{R1} = \frac{u_i}{R1} \qquad if = \frac{u_- - u_o}{Rf} = \frac{0 - u_o}{Rf} = \frac{-u_o}{Rf} \tag{7-6}$$

所以

$$u_o = -\frac{Rf}{R} u_i \tag{7-7}$$

可见，输出电压和输入电压成比例关系且相位相反，故称此电路为反相比例电路。电路的电压放大倍数 A_u 为

$$A_u = \frac{u_o}{u_i} = -\frac{Rf}{R1} \tag{7-8}$$

反相比例放大电路引入了电压并联负反馈，此电路的输入电阻为输入端的电阻 R，输出电阻约为零。电压放大倍数 A_u 只与电阻 Rf 和 R 有关，而与运放本身参数无关。适当选配电阻可以改变电路的电压放大倍数。当 $Rf=R$ 时，$u_o=-u_i$，即输出电压与输入电压大小相等、相位相反，则称为反相器。

【操作步骤】

1．设置工作环境

① 单击“标准”工具栏中的“设计”按钮，弹出“New Design（新建设计文件）”对话框，选择“Blank and recent”选项。单击Create按钮，创建一个电路原理图设计文件。

② 单击菜单栏中的“文件”→“保存为”命令，将项目另存为“反相比例放大电路.ms14”。

③ 选择菜单中的“选项”→“电路图属性”命令，系统弹出“电路图属性”对话框，打开“工作区”选项卡，设置电路图页面大小 A4。完成设置后，单击“确认”按钮，关闭对话框。

④ 选择菜单栏中的“绘制”→“标题块”命令，在弹出的“打开”对话框中选择标题块模板 Ulticap.tb7。单击“打开”按钮，在图纸右下角放置标题块。选择菜单栏中的“编辑”→“标题块位置”→“右下”命令，精确放置标题块。

2．绘制电路原理图

① 单击“基本”工具栏中的“放置虚拟电阻器”按钮，在电路原理图中放置阻值为 1.0kΩ的电阻 R1、Rp、Rf。

② 单击“元器件”工具栏中的“放置模拟”按钮，在“Analog”库的“ANALOG_VIRTUAL（模拟虚拟器件）”系列中选择三端虚拟运放“OPAMP_3T_VIRTUAL”，如图 7-31 所示。双击鼠标在电路原理图中放置元器件 U1。

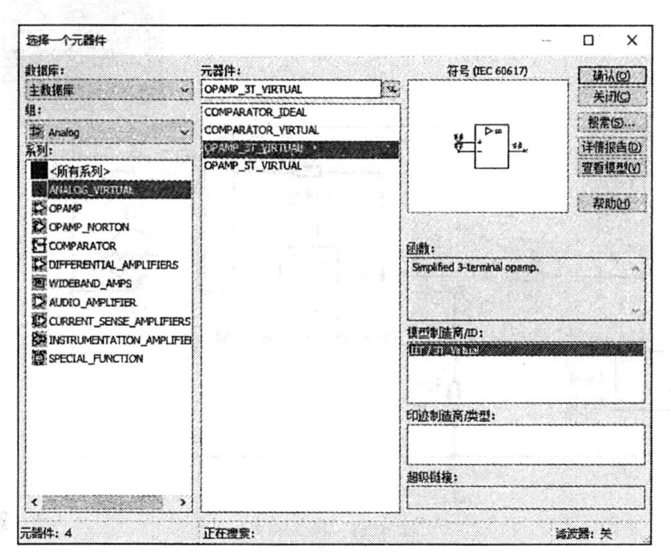

图 7-31 “Analog” 库

③ 单击“信号源元器件”工具栏中的“放置交流电压源”按钮，在电路原理图中放置交流信号源 V1（正弦信号）。

④ 单击“功率源元器件”工具栏中的“放置地线”按钮，双击放置接地到电路原理图中。

⑤ 单击“元器件”工具栏中的“放置虚拟指示器”按钮，放置额定电压为 12V 的虚拟指示灯 X1。

⑥ 激活连线命令，鼠标指针自动变为实心圆圈状，单击并移动鼠标指针，执行自动连线操作，结果如图 7-32 所示。

3. 插入仪器

选择菜单栏中的“仿真”→“仪器”→“示波器”命令，或单击“仪器”工具栏中的“示波器”按钮，在电路图中放置示波器 XSC1。将示波器 XSC1 的通道 A（+）与输入信号（V1）相连，通道 B（+）与放大电路的输出端（X1 两端）相连，为区分显示，不同通道连接线使用不同颜色显示，结果如图 7-33 所示。

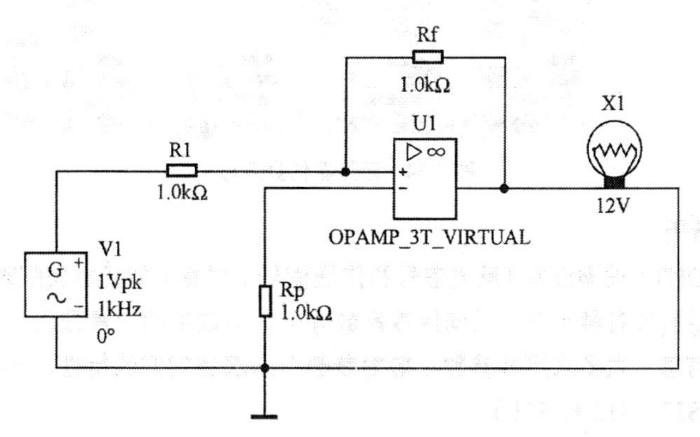

图 7-32 电路原理图绘制结果

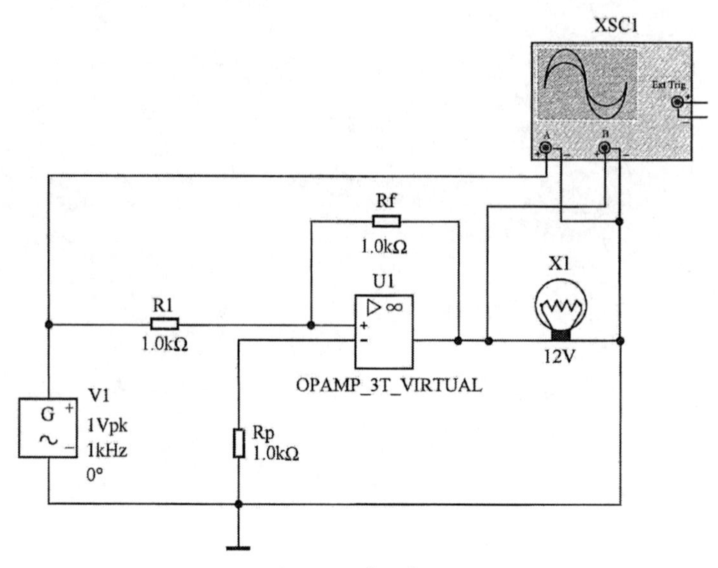

图 7-33　接入仪器

4. 电压信号仿真

选择菜单栏中的“仿真”→“运行”命令，或单击“Simulation（仿真）”工具栏中的“运行”按钮▶，进行仿真测试，虚拟指示灯 X1 开始闪亮。

在示波器中交流信号源 V1 和虚拟指示灯 X1 两端输出电压的波形图，如图 7-34 所示。通道 A（上面的红色波形）为交流正弦信号源的电压信号，通道 B（下面的蓝色波形）为放大电路的输出端（虚拟指示灯 X1 两端）电压信号。两组信号相位相反。

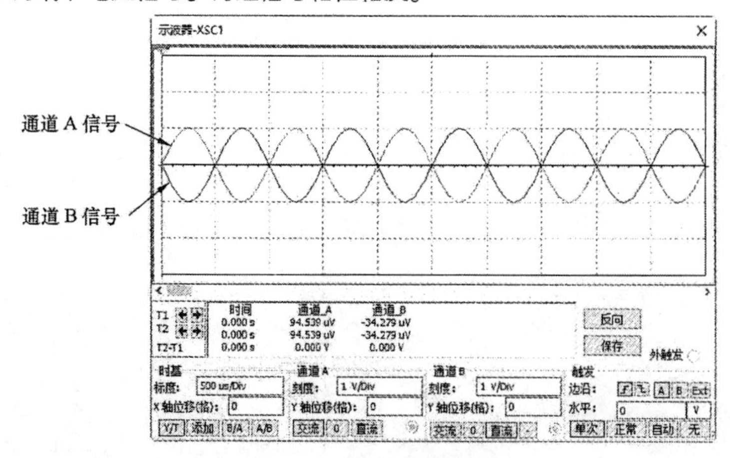

图 7-34　示波器仿真波形

5. 参数仿真分析

参数用于评估 DUT（被测设备）反射信号和传送信号的性能（如终端失配时的输入端反射系数、电压驻波比、输入阻抗及各种正向、反向传输系数等）。参数由两个复数之比定义，它包含有关信号的幅度和相位的信息。大多采用 S 参数（散射参数）来表述它们的特性，一般二端口网络需要有 4 个 S 参数（S11、S22、S12 和 S21）。

选择菜单栏中的“仿真”→“仪器”→“网络分析仪”命令，或单击“仪器”工具栏中的“网络分析仪”按钮，放置网络分析仪 XNA1。放大器“+”输入端连接到网络分析仪 XNA1 的 P1 端，放大器“–”输入端连接到网络分析仪 XNA1 的 P2 端，如图 7-35 所示。

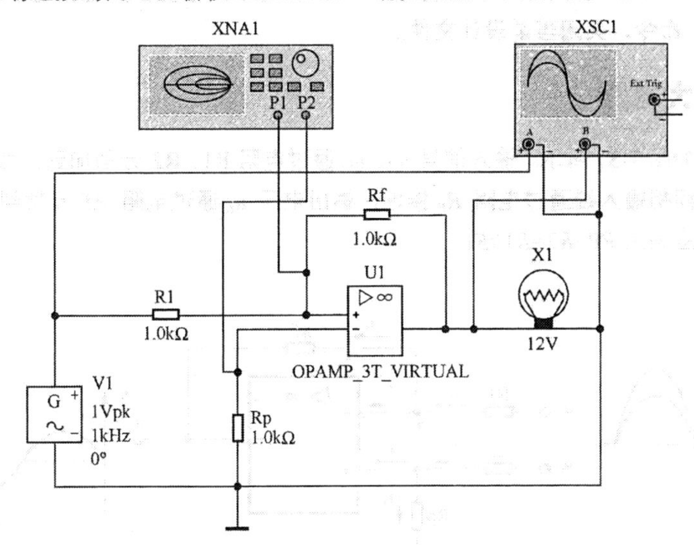

图 7-35 连接网络分析仪 XNA1（由软件绘制的电路原理图）

选择菜单栏中的“仿真”→“运行”命令，或单击“Simulation（仿真）”工具栏中的“运行”按钮▶，进行仿真测试。

双击网络分析仪 XNA1 图标，弹出“网络分析仪-XNA1”对话框，测量电路的 S 参数的不同格式图形，如图 7-36 所示。其中，S11 和 S22 分别是 P1 和 P2 的反射系数，S21 是由 P1 到 P2 的传输系数，S12 则是反方向的传输系数。

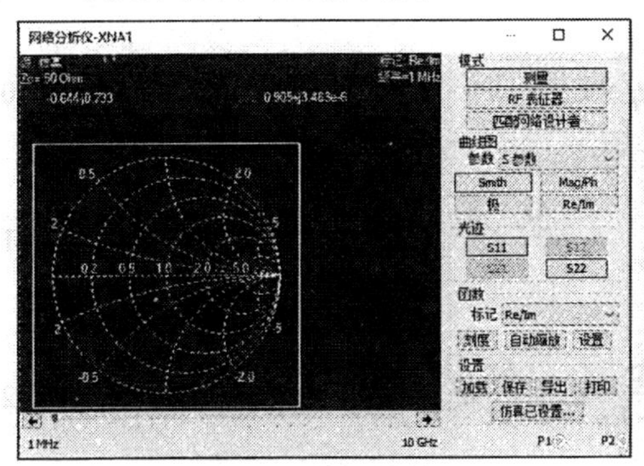

（a）Smith（史密斯模式）

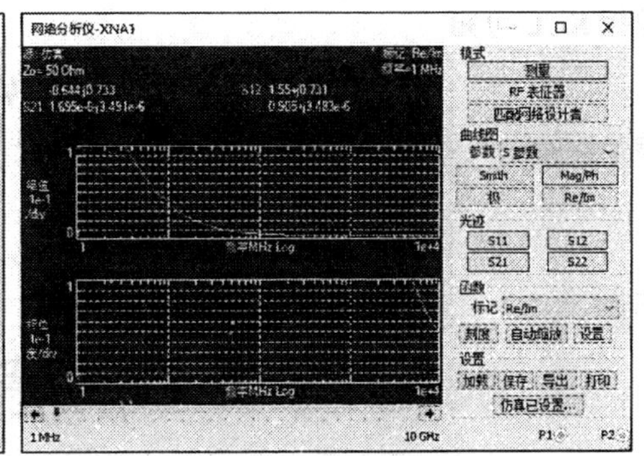

（b）Mag/Ph（波特图方式）

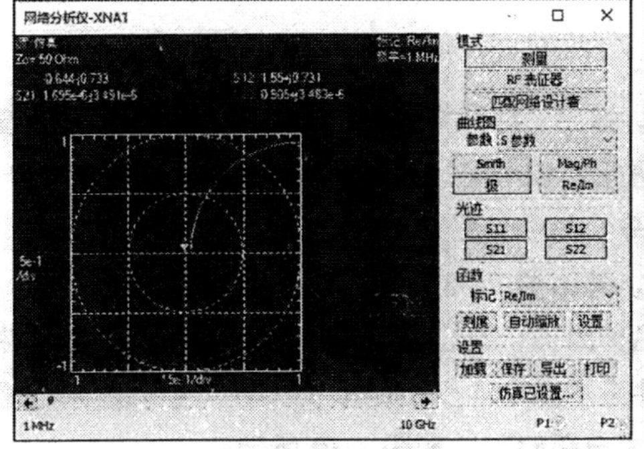

（c）极（Polar，极化图）

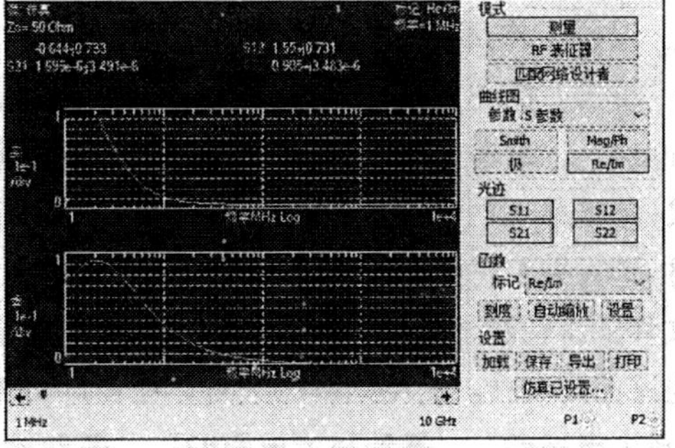

（d）Re/Im（虚数/实数方式显示）

图 7-36 S 参数分析

单击“标准”工具栏中的“保存”按钮，保存绘制好的电路原理图文件。选择菜单栏中的“文件”→“关闭”命令，关闭当前设计文件。

7.2.4 差动放大电路

差动放大电路如图 7-37 所示。输入信号 u_{i1}、u_{i2} 通过电阻 R1、R2 分别加到运放的反相输入端和同相输入端，同时同相输入端通过电阻 R_P 接地，输出电压 u_o 通过电阻 Rf 反馈到反相输入端。Rp 同样是平衡电阻，应满足 $RP//R2=R1//Rf$。

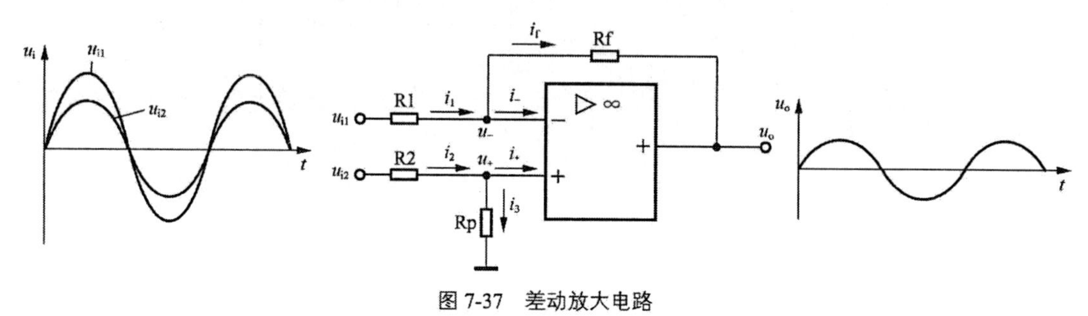

图 7-37 差动放大电路

根据虚短和虚断的概念，如式（7-3）所示。

由 $i_+=0$ 可得

$$u_+ = \frac{Rp}{R2+Rp}u_{i2} \tag{7-9}$$

根据 KCL 可知

$$i_1 = i_- + i_f = i_f \tag{7-10}$$

根据欧姆定律可知

$$i_1 = \frac{u_{i1}-u_-}{R1} \qquad i_f = \frac{u_- - u_o}{Rf} \tag{7-11}$$

所以

$$u_o = (1+\frac{Rf}{R1})\frac{Rp}{R2+Rp}u_{i2} - \frac{Rf}{R1}u_{i1} \tag{7-12}$$

【操作步骤】

1. 设置工作环境

① 单击“标准”工具栏中的“设计”按钮，弹出“打开文件”对话框，选择“单相半波整流电路.ms14”，单击“打开”按钮，打开电路原理图设计文件。

② 单击菜单栏中的“文件”→“另存为”命令，将项目另存为“差动放大电路.ms14”。

③ 选择菜单栏中的“绘制”→“多页”命令，弹出图 7-38 所示的“页面名称”对话框，由于设计文件默认创建一张图页，因此新建页面默认名称为 2。单击“确定”按钮，在该设计文件夹下创建电路图页文件。使用同样的方法，在设计文件夹下显示 4 个电路图页文件“差动放大电路#1”“差动放大电路#2”“差动放大电路#3”“差动放大电路#4”，如图 7-39 所示。

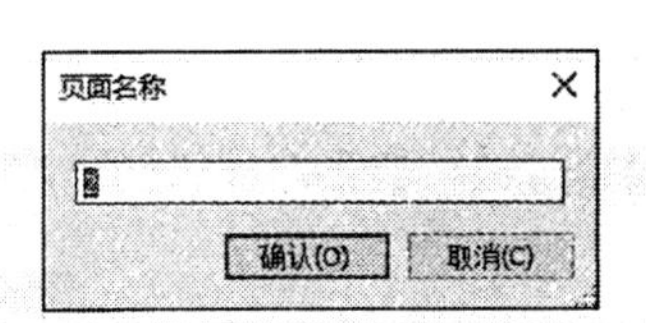

图 7-38 “页面名称”对话框

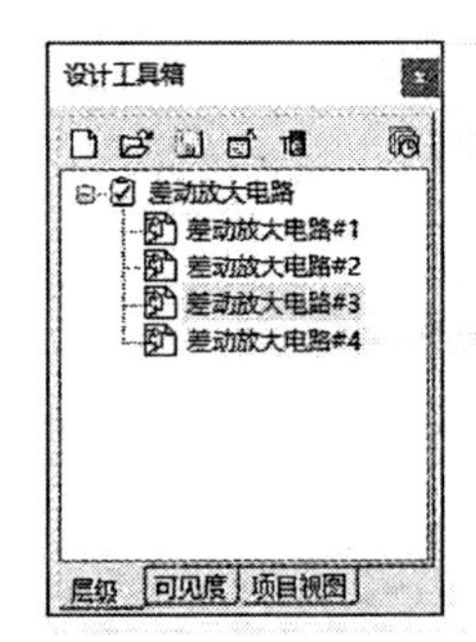

图 7-39 创建图页文件

2. 绘制子电路 1

① 删除电路图中的仪器、电源和探针符号，结果如图 7-40 所示。

② 放置离页连接器

在设计电路原理图时，两点之间的电气连接可以直接使用导线，也可以通过设置连接器来完成。相同名称的连接器在电气关系上是连接在一起的。

选择菜单栏中的“绘制”→“连接器”→“离页间连接器”命令，鼠标指针变为“<<-”状，在适当位置单击，放置离页连接器 OffPage1、OffPage2、OffPage3，结果如图 7-41 所示。

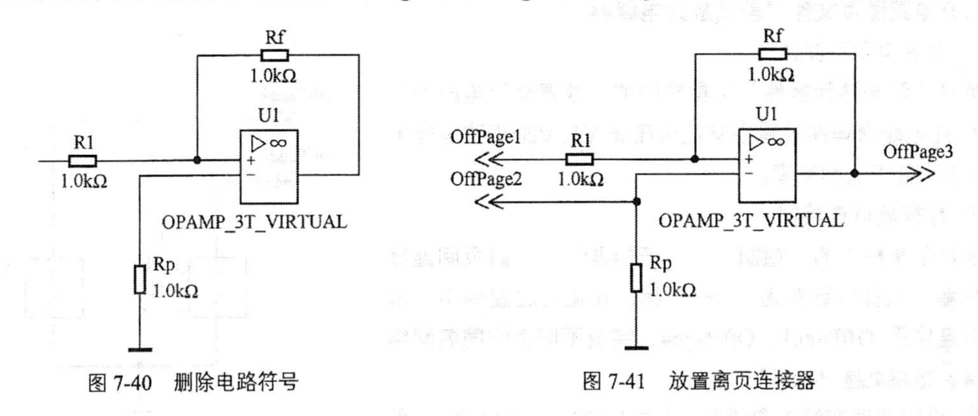

图 7-40 删除电路符号

图 7-41 放置离页连接器

电路原理图绘制完成后，单击“标准”工具栏中的“保存”按钮，保存绘制好的电路原理图文件。

3. 绘制子电路 2

打开电路图页文件“差动放大电路#2”。

① 放置元器件

单击“基本”工具栏中的“放置虚拟电阻器”按钮，直接在电路原理图中放置阻值为 1.0kΩ 的电阻 R2。

由于两个电路图页文件均在同一个设计文件夹下，因此元器件的命名在上个电路图页的基础上递增显示。

② 放置离页连接器

选择菜单栏中的“绘制”→“连接器”→“离页间连接器”命令，鼠标指针变为“<<-”状，在适当位置单击，放置离页连接器，双击离页连接器符号名称，修改名称为 OffPage2，如图 7-42 所示。单击“确认”按钮，弹出如图 7-43 所示的提示对话框，单击“确认”按钮，完成不同页间同名网络的连接，结果如图 7-44 所示。

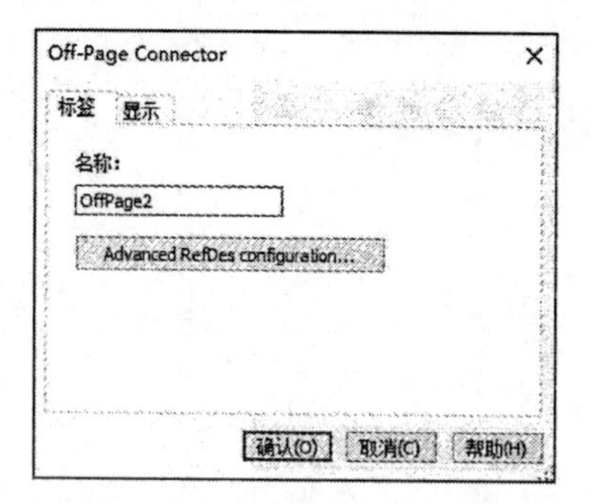

图 7-42 “Off-Page Connector”对话框

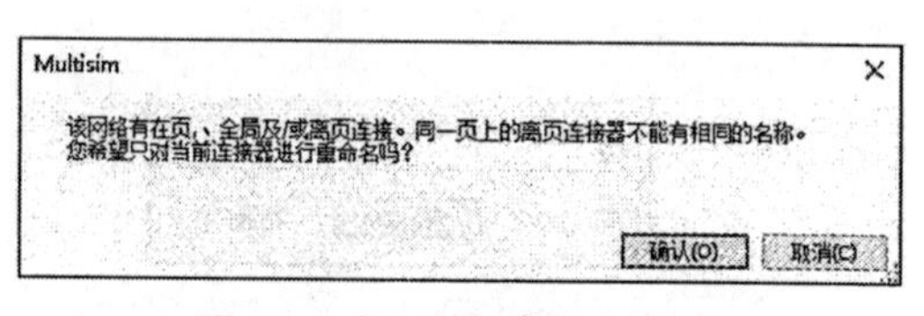

图 7-43 提示放置离页连接器

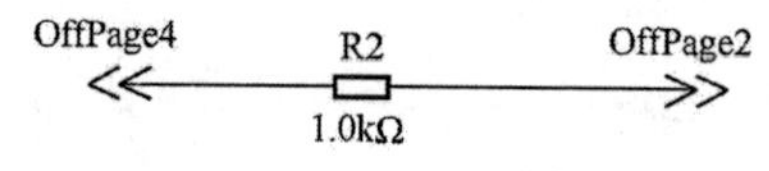

图 7-44 电路原理图设计完成 1

③ 电路原理图绘制完成后，单击“标准”工具栏中的“保存”按钮，保存绘制好的电路原理图文件。

4. 绘制子电路 3

打开电路图页文件“差动放大电路#3”。

① 放置电源元器件

单击“信号源元器件”工具栏中的“放置交流电压源”按钮，在电路原理图放置中交流电压源 V1、V2（正弦信号），修改 V2 的电压值和频率。

② 放置离页连接器

选择菜单栏中的“绘制”→“连接器”→“离页间连接器”命令，鼠标指针变为“<<”状，在适当位置单击，放置离页连接器 OffPage1、OffPage4，完成不同页间同名网络的连接，结果如图 7-45 所示。

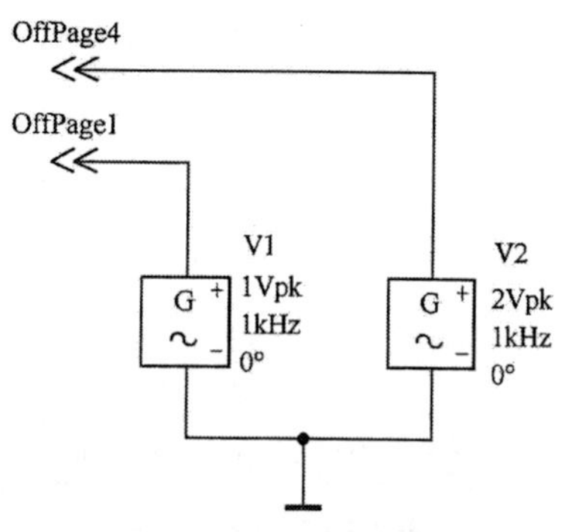

图 7-45 电路原理图设计完成 2

③ 电路原理图绘制完成后，单击“标准”工具栏中的“保存”按钮，保存绘制好的电路原理图文件。

5. 绘制子电路 4

打开电路图页文件“差动放大电路#4”。

① 放置测量仪器

选择菜单栏中的“仿真”→“仪器”→“4 通道示波器”命令，或单击“仪器”工具栏中的“4 通道示波器”按钮，在电路图中放置 4 通道示波器 XSC1，并连接 4 通道示波器（为区分显示，不同通道连接线为不同颜色）。

② 放置离页连接器

选择菜单栏中的“绘制”→“连接器”→“离页间连接器”命令，鼠标指针变为“<<”状，在适当位置单击，放置离页连接器 OffPage1、OffPage4、OffPage3，完成不同页间同名网络的连接，结果如图 7-46 所示。

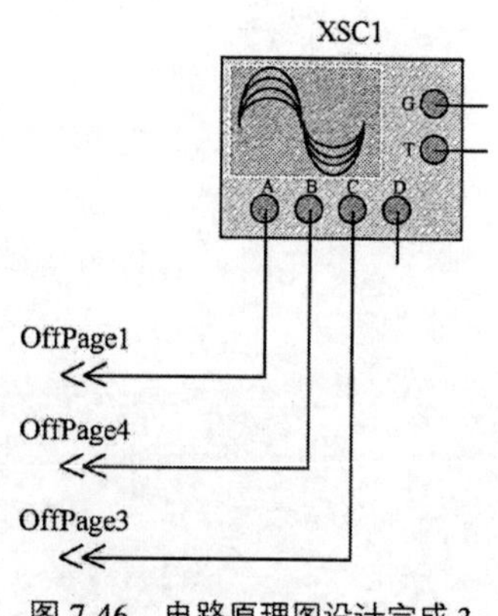

图 7-46 电路原理图设计完成 3

③ 电路原理图绘制完成后，单击“标准”工具栏中的“保存”按钮，保存绘制好的电路原理图文件。

6. 虚拟仪器仿真

① 选择菜单栏中的“仿真”→“运行”命令，或单击“Simulation（仿真）”工具栏中的“运行”按钮▷，进行仿真测试。

② 在示波器中显示（相同刻度值：1V）输入的交流电压源 V1、V2 和电压放大器 U1 输出电压的波形，如图 7-47 所示。

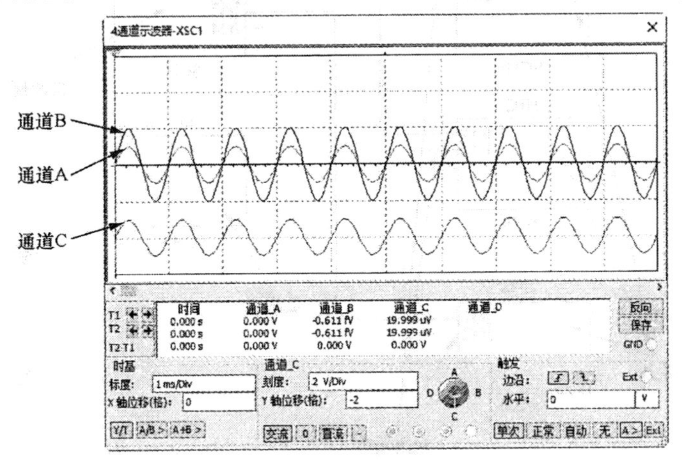

图 7-47　示波器仿真波形

- 通道 A（中间的红色波形）为交流电压源 V1 的电压信号 u_{i1}，电压值为 1V；
- 通道 B（上面的蓝色波形）为交流电压源 V2 的电压信号 u_{i2}，电压值为 2V；
- 通道 C（下面的紫色波形）为电压放大器 U1 的输出电压信号 u_o，输出电压 u_o 和输入电压 u_{i1}、u_{i2} 的运算关系是减法运算。

③ 选择菜单栏中的“文件”→“退出”命令，退出 Multisim 14.3。

7.3 谐振电路

谐振电路是一种由电感和电容构成的电路，故又称为 LC 谐振电路。谐振电路在工作时会表现出一些特殊的性质，这使它得到了广泛应用。

7.3.1 层次结构电路

层次结构电路原理图的设计理念是对实际的总体电路进行模块划分，模块划分的原则是每一个电路模块都应具有明确的功能特征和相对独立的结构，而且还要有简单、统一的接口，便于模块间的连接。

针对每一个具体的电路模块，可以分别绘制相应的电路原理图，该原理图一般被称为子原理图，而各个电路模块之间的连接关系则采用一个顶层原理图来表示。顶层原理图主要由若干个原理图符号，即图纸符号组成，用来表示各个电路模块之间的系统连接关系，描述了整体电路的功能结构。这样，把整个系统电路分解成顶层原理图和若干个子原理图以分别进行设计。

在 Multisim 14.3 中，层次电路将模块符号称为层次块，层次块代表完整的子电路。其中，子原理图是用来描述某一电路模块具体功能的普通电路原理图，只不过增加了一些输入输出端口，作为与上层原理图进行电气连接的接口。普通电路原理图的绘制方法在前面已经学习过，主要由各种具体的元器件、导线等构成。

顶层电路图即母图的主要构成元素不再是具体的元器件，而是代表子原理图的图纸符号。图 7-48 所示是一个采用层次结构设计的顶层原理图。

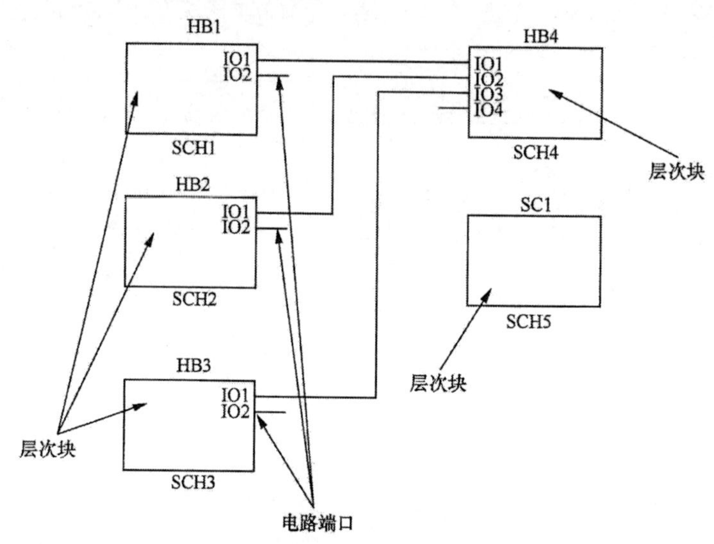

图 7-48 采用层次结构设计的顶层原理图

该顶层原理图主要由 5 个层次块符号组成，每一个层次块符号都代表一个相应的子原理图文件，层次块符号包括两种类型，即带电路端口的层次块符号与不带电路端口的层次块符号。其中，SCH1～SCH4 为带电路端口的层次块符号，SCH5 为不带电路端口的层次块符号。带电路端口图纸符号的内部给出了一个或多个表示连接关系的电路端口，对于这些端口，在子原理图中都有相同名称的输入、输出连接器与之相对应，以便建立起不同层次间的信号通道。

层次块之间是借助于电路端口进行连接的，也可以使用导线或总线完成层次块之间的连接。此外，在同一个工程的所有电路原理图（包括顶层原理图和子原理图）中，相同名称的输入、输出连接器之间，在电气意义上都是相互连通的。

在层次电路的创建过程中经常碰到以下两种情况。一是电路的规模过大，难以全部在屏幕上显示，对于这种情况，设计者可先将某一部分电路用一个方框图加上适当的引脚来表示，如图 7-49（a）所示；二是某一部分电路在多个电路中重复使用，用一个方框图代替它，不包含电路端口，如图 7-49（b）所示。将上述两种方框图（带引脚、不带引脚）统称为层次块符号，层次块符号的使用不仅降低了图纸的复杂程度，还给电路的编辑带来了方便。

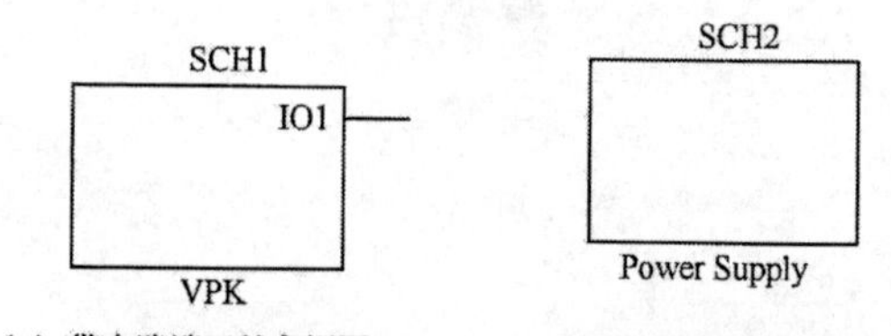

（a）带电路端口的方框图　（b）不带电路端口的方框图

图 7-49 层次块符号

7.3.2 调幅（AM）信号激励源

模拟调制一般指调制信号和载波，都是连续波的调制方式，用来为仿真电路提供一个可变化的仿真信号。有调幅、调频（FM）和调相（PM）3 种基本形式。

调幅指用调制信号控制载波的振幅，使载波的振幅随着调制信号的变化而变化，已调波被称为调幅波，调幅波包络的形状反映调制信号的波形。调幅系统实现简单，但抗干扰性差，传输时信号容易失真。调幅信号激励源 AM_VOLTAGE 也被称为 AM 源，如图 7-50 所示。

调幅信号激励源 AM_VOLTAGE 的仿真参数设置对话框如图 7-51 所示。

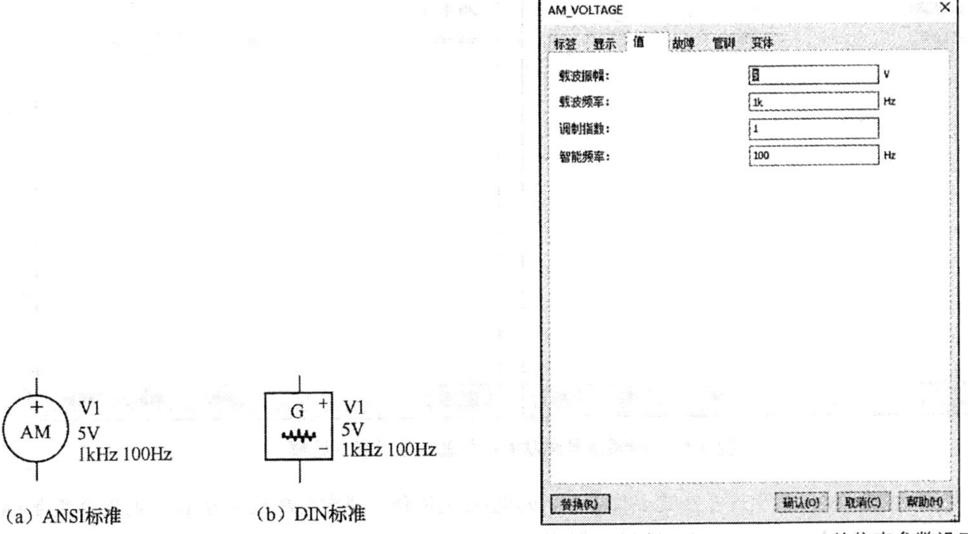

图 7-50　调幅信号激励源 AM_VOLTAGE　　图 7-51　调幅信号激励源 AM_VOLTAGE 的仿真参数设置对话框

- 载波振幅：调幅波的振幅，默认值为 5V。
- 载波频率：用于设置调幅波的频率。
- 调制指数：也被称为带宽效率，用 h 表示，是指调制信号的幅度与载波的幅度之比。
- 智能频率：用于设置调制信号的频率。

7.3.3 调频（FM）信号激励源

调频信号激励源用来为仿真电路提供一个频率可变化的仿真信号，一般在高频电路仿真时使用。已调波被称为调频波。调频波的振幅保持不变，调频波的瞬时频率偏离载波频率的量与调频信号的瞬时值成比例。调频系统的实现稍复杂，占用的频带远宽于调幅波，因此必须工作在超短波波段，但抗干扰性能好，传输时信号失真小，设备利用率也较高。

调频信号激励源包括调频电压源 FM_VOLTAGE 和调频电流源 FM_CURRENT 两种，如图 7-52 所示。

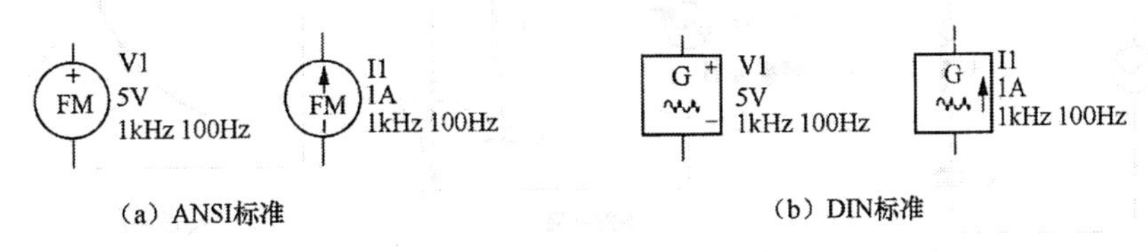

图 7-52　调频电压源 FM_VOLTAGE 和调频电流源 FM_CURRENT

调频信号激励源的仿真参数设置对话框如图 7-53 所示。

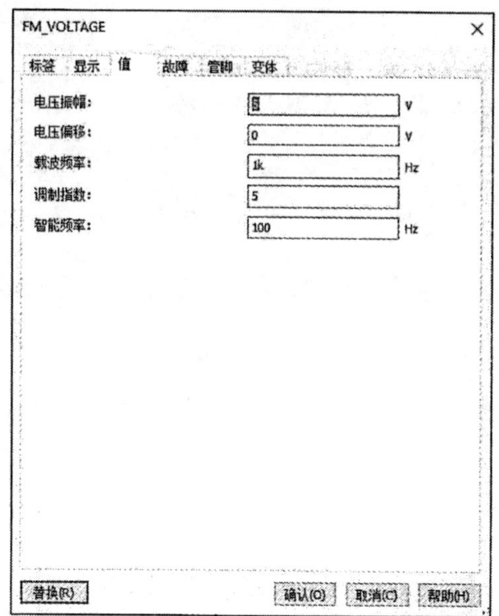

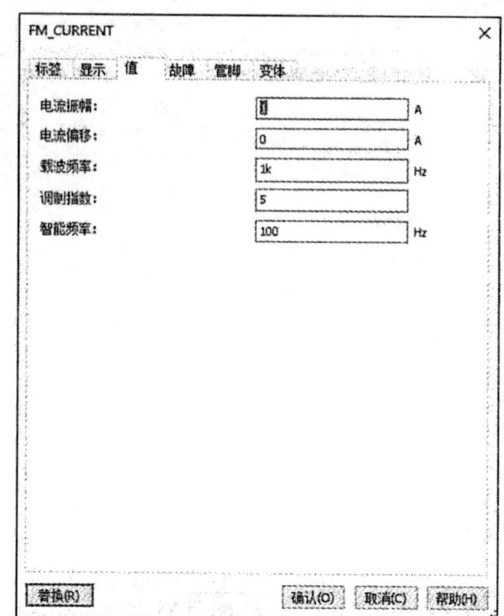

图 7-53　调频信号激励源的仿真参数设置对话框

- 电压/电流振幅：用于设置交流小信号分析的电压/电流值，通常电压设置为 5V，电流设置为 1A。
- 电压/电流偏移：用于设置叠加在调频信号上的直流分量。
- 载波频率：用于设置调频信号载波频率。
- 调制指数：用于设置调制指数。
- 智能频率：用于设置调制信号的频率。

7.3.4　串联谐振电路

电容和电感头尾相连，并与交流信号连接在一起就构成了串联谐振电路。串联谐振电路如图 7-54 所示，其中，*U* 为交流信号电压，C 为电容，L 为电感，R 为电感 L 的直流等效电阻。

为了分析串联谐振电路的性质，将一个电压不变、频率可调的交流信号电压 *U* 加到串联谐振电路两端，再在电路中串接一个交流电流表，如图 7-55 所示。

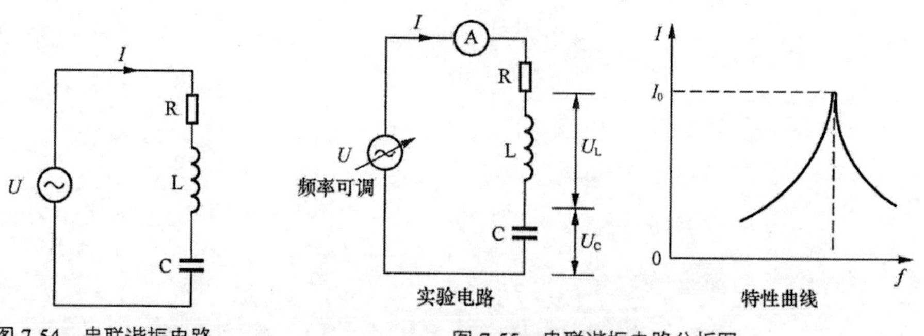

图 7-54　串联谐振电路

图 7-55　串联谐振电路分析图

让交流信号电压 *U* 始终保持不变，而将交流信号频率由 0 慢慢调高，在调节交流信号频率的同时观察交流电流表，结果发现交流电流表指示电流先慢慢增大，当增大到某一值时，再将交流信号频率继续调高时，会发现电流又逐渐开始下降，这个过程可用图 7-55 所示的特性曲线表示。

在串联谐振电路中，当交流信号频率为某一频率值（f_0）时，电路出现最大电流的现象被称作“串联谐振现象”，简称“串联谐振”，这个频率被称为谐振频率，用f_0表示，谐振频率f_0的大小可用式（7-13）来计算

$$f_0=\frac{1}{2\pi\sqrt{LC}} \tag{7-13}$$

本节的串联谐振电路可以使用自下而上的层次电路设计流程来完成。用户根据自己的具体设计需要，选择若干个已有的电路模块，组合产生一个符合设计要求的完整电路系统。

设计者先绘制子电路图，根据子原理图生成层次块符号，进而生成上层原理图，最后完成整个设计。这种方法比较适用于对整个电路设计不是非常熟悉的用户，是一种适合初学者选择的电路设计方法。

【操作步骤】

1. 设置工作环境

① 单击“标准”工具栏中的“设计”按钮，弹出“New Design（新建设计文件）”对话框，选择“Blank and recent”选项。单击 Create 按钮，创建一个电路原理图设计文件。

② 单击菜单栏中的“文件”→“保存为”命令，将项目另存为“串联谐振电路.ms14”。

③ 选择菜单中的“选项”→“电路图属性”命令，系统弹出“电路图属性”对话框，打开“工作区”选项卡，设置电路图页面大小为 A4。完成设置后，单击“确认”按钮，关闭对话框。

④ 选择菜单栏中的“绘制”→“标题块”命令，在弹出的“打开”对话框中选择标题块模板 Ulticap.tb7。单击“打开”按钮，在图纸右下角放置标题块。选择菜单栏中的“编辑”→“标题块位置”→“右下”命令，精确放置标题块。

2. 绘制电路原理图

① 单击“基本”工具栏中的“放置虚拟电阻器”按钮，在电路原理图中放置阻值为 1.0kΩ 的电阻 R1。

② 单击“基本”工具栏中的“放置虚拟电感器”按钮，直接在电路原理图中放置电感为 1.0mH 的电感 L1。

③ 单击“基本”工具栏中的“放置虚拟电容器”按钮，直接在电路原理图中放置容量为 1.0μF 的电容 C1。

④ 单击“功率源元器件”工具栏中的“放置地线”按钮，双击放置接地到电路原理图中。

⑤ 单击“信号源元器件”工具栏中的“放置交流电压源”按钮、“放置 AM 源”按钮、“放置 FM 电压源”按钮，在电路原理图中放置交流电压源 V1（正弦信号）、调幅电压源 V2、调频电压源 V3。

⑥ 激活连线命令，鼠标指针自动变为实心圆圈状，单击并移动鼠标指针，执行自动连线操作，结果如图 7-56 所示。

⑦ 单击“测量部件”工具栏中的“放置安培计（水平）”按钮，单击放置水平安培计 I1、I2、I3，并连接水平伏特计，如图 7-57 所示。

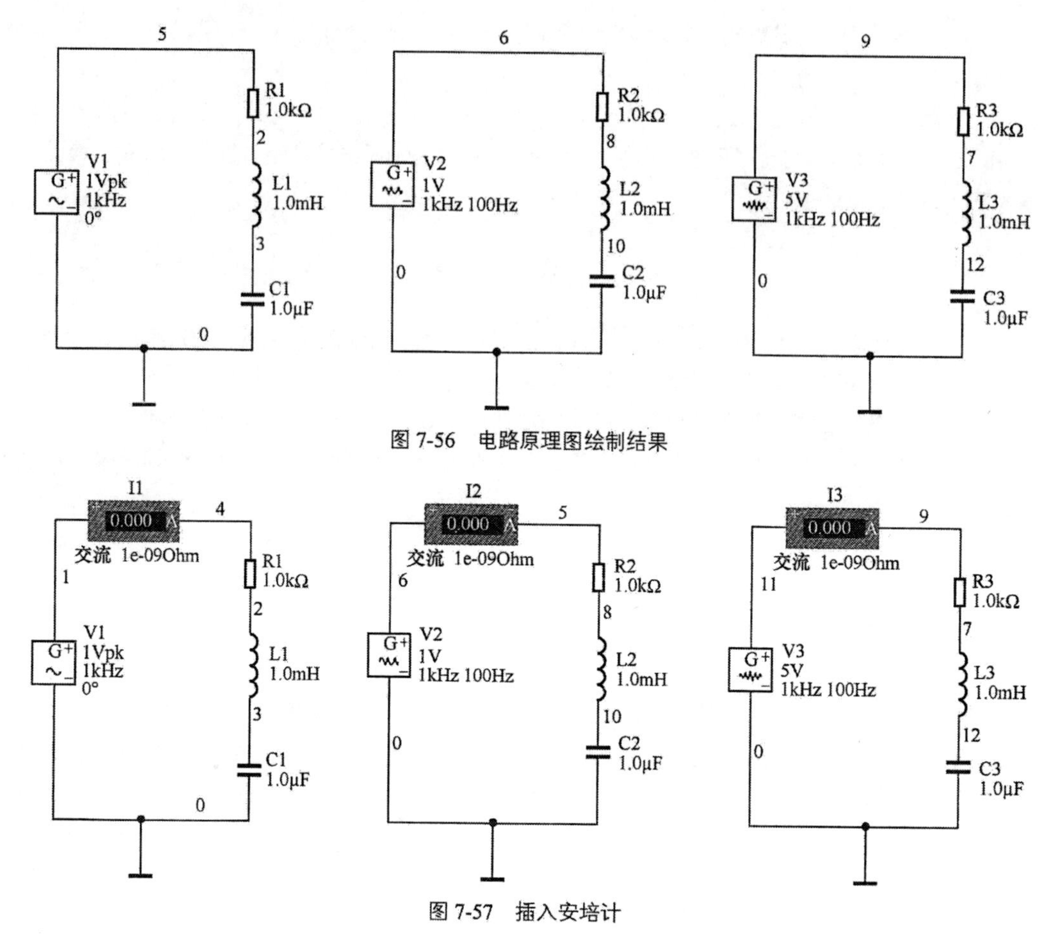

图 7-56　电路原理图绘制结果

图 7-57　插入安培计

3. 插入注释

选择菜单栏中的“绘制”→“注释”命令，鼠标指针形状变为，在电路图中单击图标，在电路下方放置注释文本“交流信号谐振电路”“调幅信号谐振电路”“调频信号谐振电路”，默认情况下，隐藏注释文本弹出窗口，只显示注释符号。在注释符号上单击以显示注释文本。如图 7-58 所示。

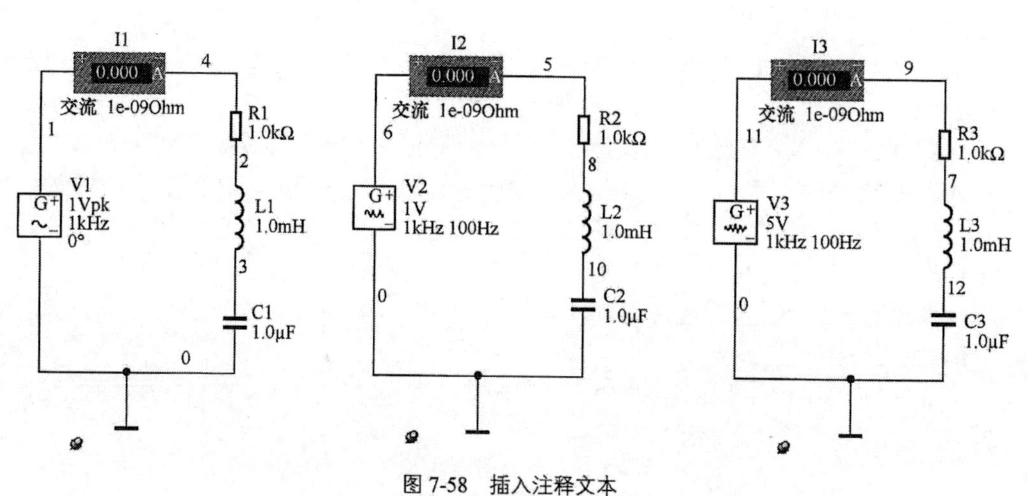

图 7-58　插入注释文本

双击注释文本，弹出“注释特性”对话框，在“显示”选项卡中勾选“显示弹出窗口”复选框，如图 7-59 所示，在“字体”选项卡中设置字体大小为 14，结果如图 7-60 所示。

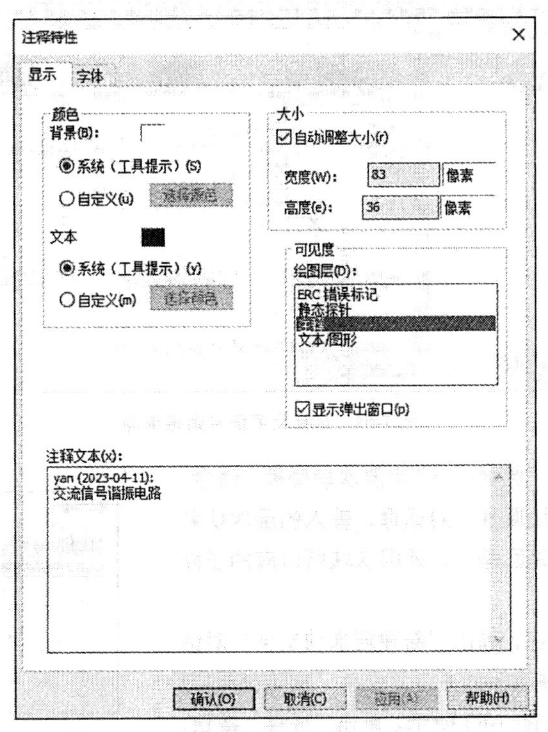

图 7-59 “注释特性”对话框

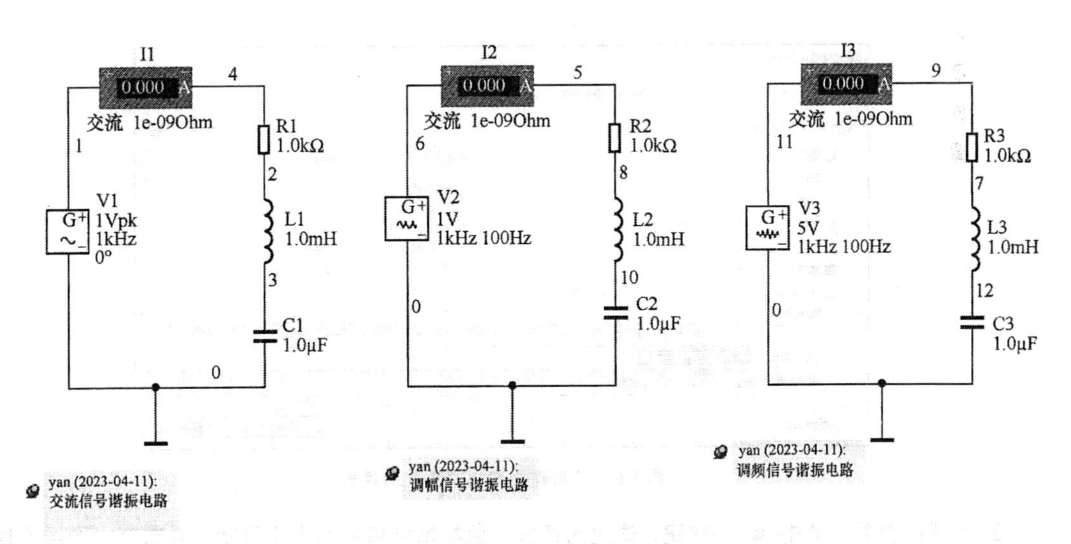

图 7-60 显示注释文本

4. 绘制层次电路

在电路图中选择交流信号谐振电路部分，如图 7-61 所示。

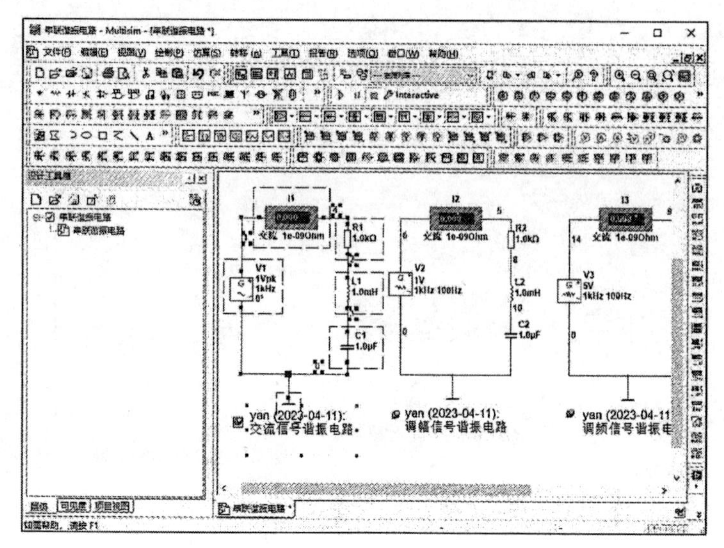

图 7-61　选择交流信号谐振电路

① 选择菜单栏中的“绘制”→“用层次块替换”命令，弹出图 7-62 所示“层次块属性”对话框，输入的层次块名称为“交流信号-谐振电路回路”，即层次块所对应的子原理图名称。

② 单击“浏览”按钮，弹出“新建层次块文件”对话框，选择新建的与层次块同名的支电路文件“交流信号-谐振电路回路”的位置，如图 7-63 所示。单击“保存”按钮，返回“层次块属性”对话框。

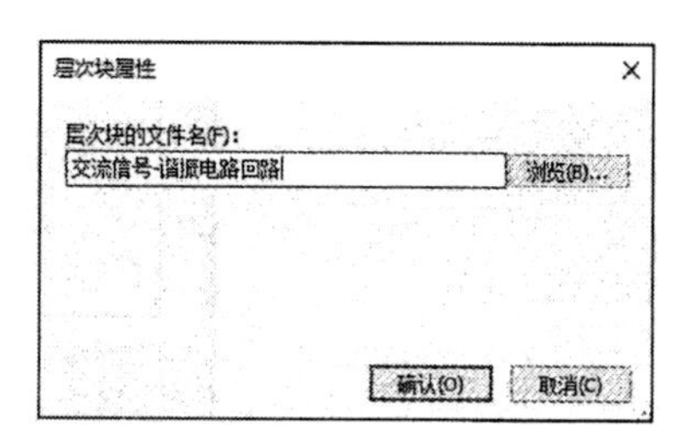

图 7-62　“层次块属性”对话框

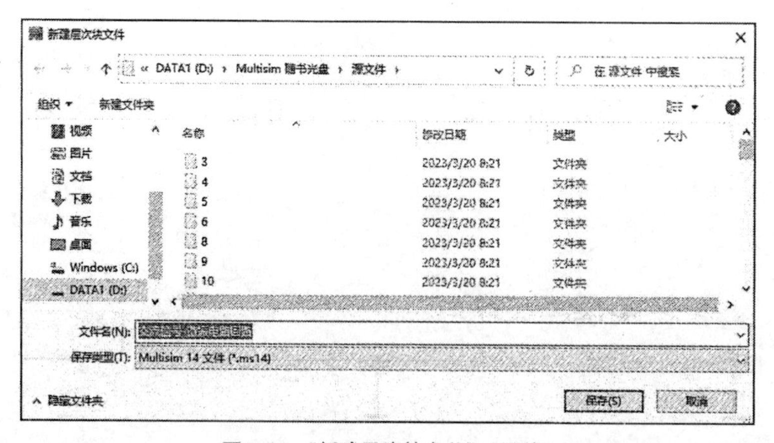

图 7-63　“新建层次块文件”对话框

③ 完成设置后，单击确认(O)按钮，退出对话框，鼠标指针将变为十字形状，并带有一个层次块符号标志。

④ 移动鼠标指针并单击，即可完成电路原理图符号 HB1 的放置，结果如图 7-64 所示。

⑤ 创建层次块的同时自动创建支电路，在“设计工具箱”中显示电路的层次性，如图 7-65 所示。

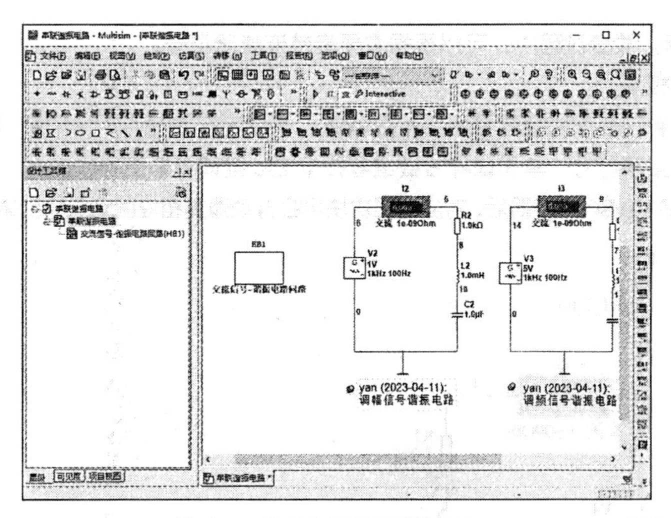

图 7-64　放置电路原理图符号 HB1

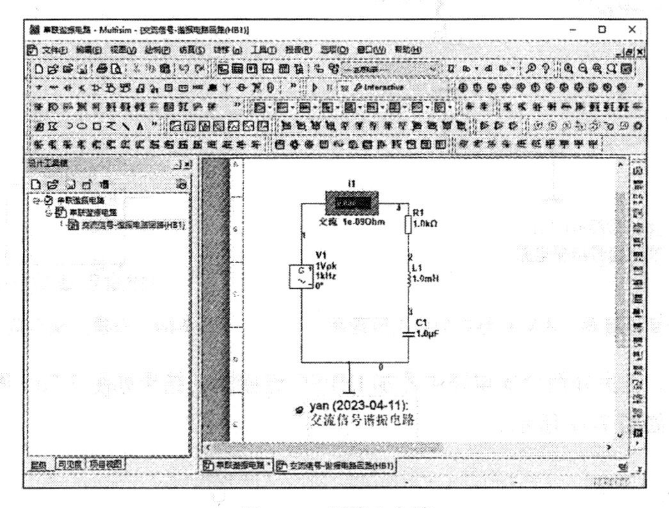

图 7-65　创建支电路

按同样的方法，将调幅信号谐振电路、调频信号谐振电路替换为层次块“调幅信号-谐振电路回路”“调频信号-谐振电路回路”，并创建同名的支电路，结果如图 7-66 所示。

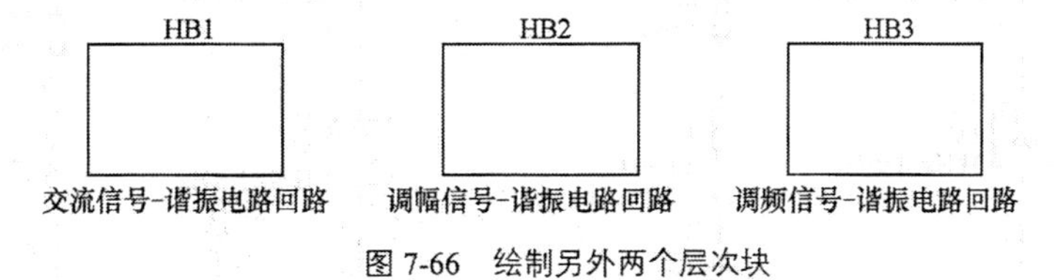

图 7-66　绘制另外两个层次块

5. 绘制支电路

层次结构中的子电路与一般单页电路的区别在于层次结构中的子电路的连接不能使用导线、总线等，因此只能使用连接器端口。

打开“交流信号-谐振电路回路”支电路，选择菜单栏中的“绘制”→“连接器”→“HB/SC 连接器”命令，鼠标指针将变为十字形状，并带有一个连接器符号标志，如图 7-67 所示。

移动鼠标指针到需要放置连接器的地方，单击确定连接器符号位置，即可完成连接器符号的放置，如图 7-68 所示。放置过程中，可以根据需要旋转连接器符号，方法与旋转元器件相同。

IO1

图 7-67　HB/SC 连接器符号

此时，鼠标指针仍处于放置连接器符号的状态，重复上一步操作即可放置其他连接器符号，单击鼠标右键或者按下 Esc 键即可退出操作。

在支电路中添加 HB/SC 连接器后，对应的层次块中会自动添加相应的输入输出端口，如图 7-69 所示。

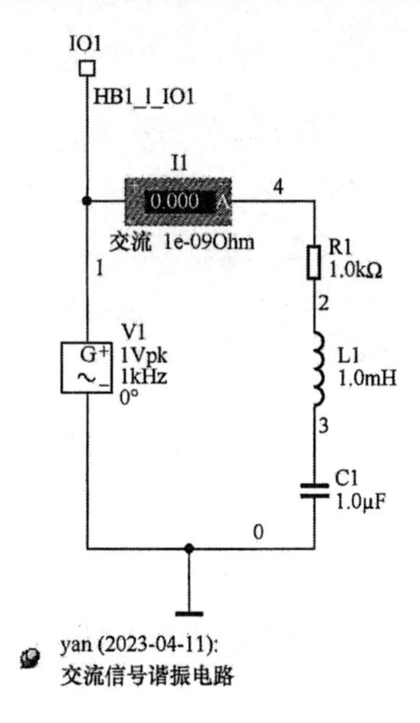

图 7-68　放置连接器（由软件绘制的电路原理图）

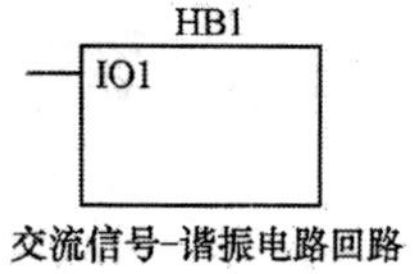

HB1

IO1

交流信号-谐振电路回路

图 7-69　有输入输出端口的层次块

按同样的方法，在另外两个支电路中添加 HB/SC 连接器，结果如图 7-70、图 7-71 所示。此时，顶层电路绘制结果如图 7-72 所示。

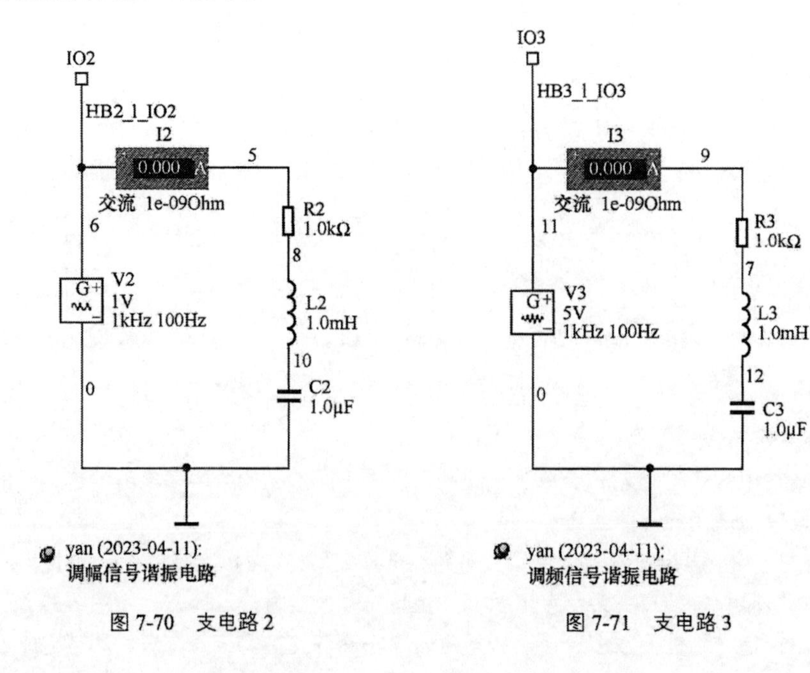

图 7-70　支电路 2　　图 7-71　支电路 3

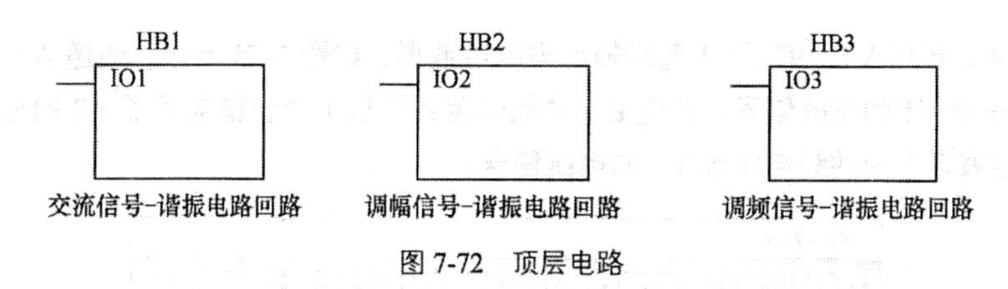

图 7-72　顶层电路

6. 虚拟仪器仿真

选择菜单栏中的“仿真”→“仪器”→“4 通道示波器”命令，或单击“仪器”工具栏中的“示波器”按钮，在电路图中放置 4 通道示波器 XSC1。将 4 通道示波器 XSC1 的通道 A 与输入信号（交流信号-谐振电路回路）相连，将通道 B 与放大电路的输出端（调幅信号-谐振电路回路）相连，将通道 C 与放大电路的输出端（调频信号-谐振电路回路）相连。为区分显示，不同通道连接线使用不同颜色显示，如图 7-73 所示。

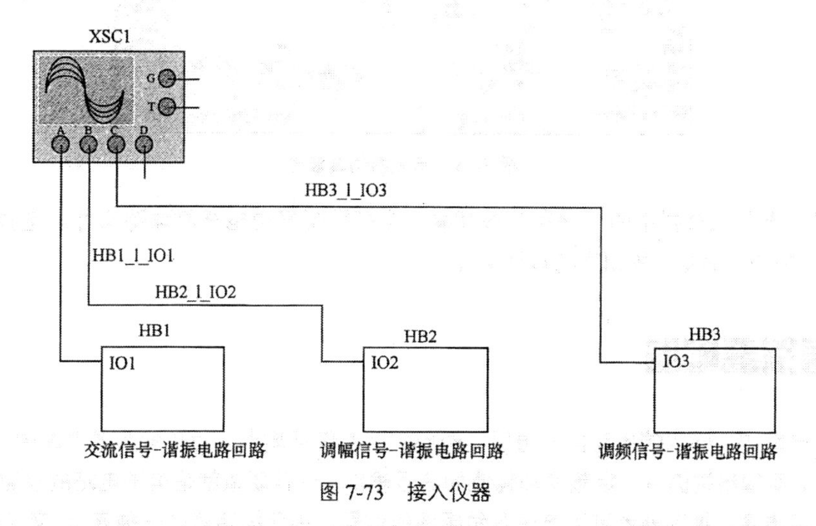

图 7-73　接入仪器

选择菜单栏中的“仿真”→“运行”命令，或单击“Simulation（仿真）”工具栏中的“运行”按钮，进行仿真测试，安培计中将显示电路中的电流值，如图 7-74 所示。

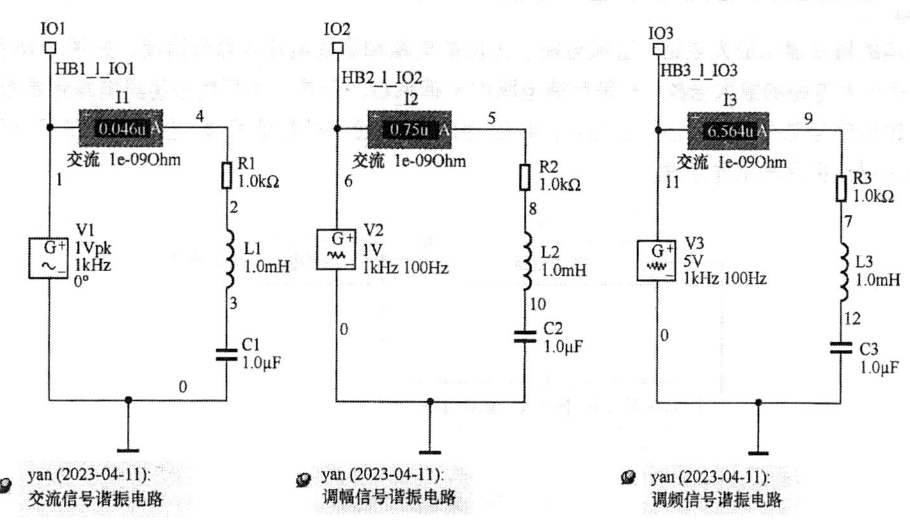

图 7-74　电路运行

在示波器中，电压 V1、V2、V3 两端输出电压的波形，如图 7-75 所示。通道 A（上面的红色波形）为交流电压源 V1 的电压信号，通道 B（中间的蓝色波形）为调幅电压源 V2 的电压信号，通道 C（下面的紫色波形）为调频电压源 V3 的电压信号。

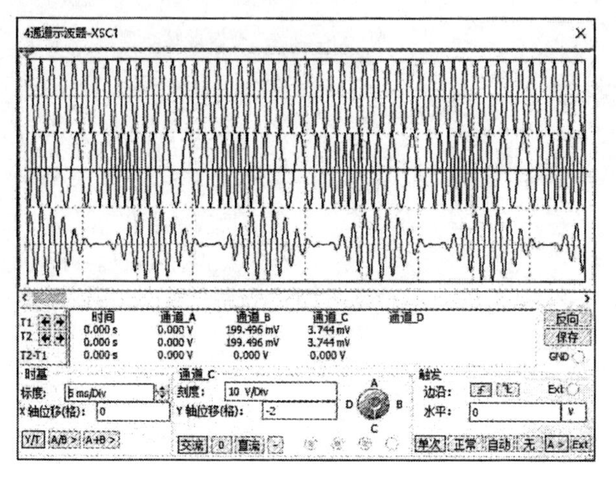

图 7-75　示波器仿真波形

单击“标准”工具栏中的“保存”按钮，保存绘制好的电路原理图文件。选择菜单栏中的“文件”→“关闭”命令，关闭当前设计文件。

7.4 振荡器电路

在放大电路中，输入端接有信号源后，输出端才有信号输出。但在振荡器电路中，它的输入端不外接信号，而输出端仍有一定频率和幅值的信号输出，这种现象就是电子电路的自激振荡。因此，只要提供直流电源，振荡器就可以产生各种频率的信号，因此振荡器是一种直流-交流转换电路。

7.4.1 振荡器的组成与原理

基本的振荡器由放大电路、选频电路、正反馈电路和稳幅电路 4 部分组成，如图 7-76 所示。其中，A 是放大电路的放大倍数，F 是反馈电路的反馈系数。但是，不管是振荡器电路还是放大电路，它们的输出信号总是由输入信号引起的。那么，振荡器既然不外接信号源，它的输出信号从何而来？下面就来讨论振荡器工作原理。

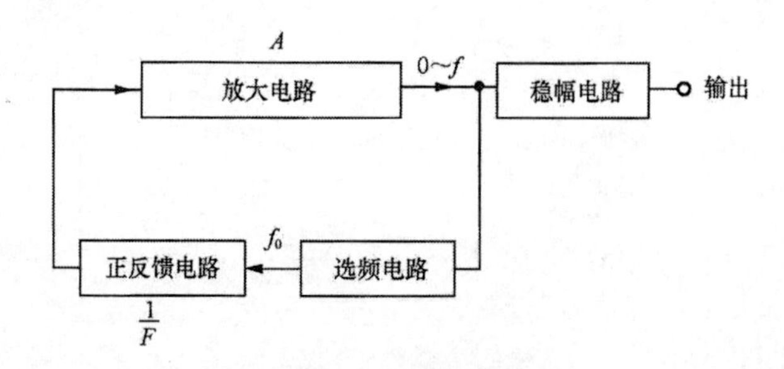

图 7-76　振荡器的组成

振荡器接通电源后，放大电路获得供电开始导通，放大电路导通时电流有一个从无到有的变化过程，变化的电流包含微弱各种频率的信号。这些信号输出并被送到选频电路，选频电路从中选出频率为 f_0 的信号，f_0 信号经正反馈电路反馈到放大电路的输入端，放大后输出幅度较大的 f_0 信号；f_0 信号又经选频电路选出，再通过正反馈电路反馈到放大电路输入端进行放大，然后输出幅度更大的 f_0 信号；接着再经过选频、反馈和放大，如此反复，放大电路输出的 f_0 信号越来越大。随着 f_0 信号的不断增大，基于三极管非线性原因（即三极管输入信号达到一定幅度时，放大电路的放大能力会下降，幅度越大，放大电路的放大能力下降越多），放大电路的放大倍数 A 不断自动减小。

因为放大电路输出的 f_0 信号不会全部被反馈到放大电路的输入端，而是经反馈电路衰减了再被送到放大电路输入端，设反馈电路的反馈衰减倍数为 $1/F$。在振荡器工作后，放大电路的放大倍数 A 不断减小，当放大电路的放大倍数 A 与反馈电路的反馈衰减倍数 $1/F$ 相等时，输出的 f_0 信号幅度不会再增大。例如，f_0 信号被反馈电路衰减到原来的 1/10，再被反馈到放大电路放大 10 倍，此时输出的 f_0 信号不再变化，电路将输出幅度稳定的 f_0 信号。

从上述分析中不难看出，一个振荡电路由放大电路、选频电路和正反馈电路组成。放大电路的功能是对微弱的信号进行反复放大；选频电路的功能是选取某一频率信号；正反馈电路的功能是不断将放大电路输出的某频率信号反送到放大电路输入端，使放大电路输出的信号不断增大。

7.4.2 变压器耦合振荡电路

变压器耦合振荡电路的特点是输出电压较大，适用于频率较低的振荡电路。变压器耦合振荡电路如图 7-77 所示，将 LC 谐振回路接在晶体管 VT 集电极上，振荡信号通过变压器 T 耦合反馈到 VT 基极。

正确接入变压器反馈绕组 L_1 与振荡绕组 L_2 的极性，即可保证振荡器的相位条件。R_1、R_2 为 VT 提供合适的偏置电压，VT 有足够的电压增益，即可保证振荡器的振幅条件。

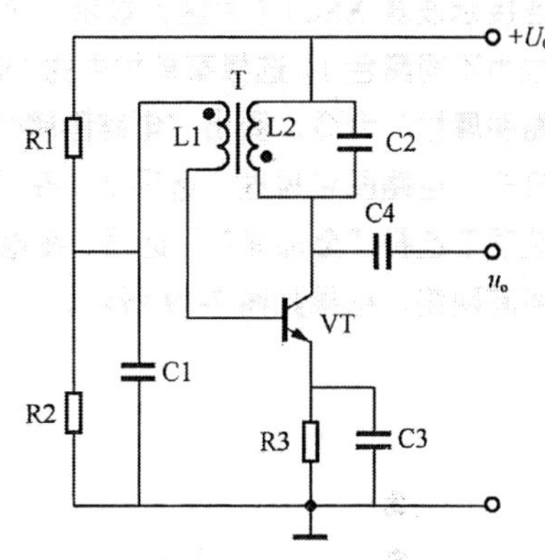

图 7-77　变压器耦合振荡电路

【操作步骤】

1. 设置工作环境

① 单击“标准”工具栏中的“设计”按钮，弹出“New Design（新建设计文件）”对话框，选择“Blank and recent”选项。单击 Create 按钮，创建一个电路原理图设计文件。

② 单击菜单栏中的“文件”→“保存为”命令，将项目另存为“变压器耦合振荡电路.ms14”。

③ 选择菜单中的“选项”→“电路图属性”命令，系统弹出“电路图属性”对话框，打开“工作区”选项卡，设置电路图页面大小为 A4。完成设置后，单击“确认”按钮，关闭对话框。

④ 选择菜单栏中的“绘制”→“标题块”命令，在弹出的“打开”对话框中选择标题块模板 Ulticap.tb7。单击“打开”按钮，在图纸右下角放置标题块。选择菜单栏中的“编辑”→“标题块位置”→“右下”命令，精确放置标题块。

2. 绘制电路原理图

① 单击“基本”工具栏中的“放置虚拟电阻器”按钮，直接在电路原理图中放置阻值为 1.0kΩ 的电阻 R1、R2、R3、R4。

② 单击“基本”工具栏中的“放置虚拟电容器”按钮，直接在电路原理图中放置容量为 1.0μF 的电容 C1、C2（修改为 10μF）、C3、C4。

③ 单击“晶体管元器件”工具栏中的“放置虚拟双极结晶体管 NPN”按钮，直接在电路原理

图中放置晶体管 Q1。

④ 单击“基本”工具栏中的“放置虚拟变压器”按钮，直接在电路原理图中放置匝数比为 10:1 的变压器 1P1S 元器件 T1。

⑤ 单击“测量部件”工具栏中的“放置绿色探针”按钮，直接在电路原理图中放置绿色探针 X1。

⑥ 单击“功率源元器件”工具栏中的“放置地线”按钮，放置接地到电路原理图中。

⑦ 激活连线命令，鼠标指针自动变为实心圆圈状，单击并移动鼠标指针，执行自动连线操作，结果如图 7-78 所示。

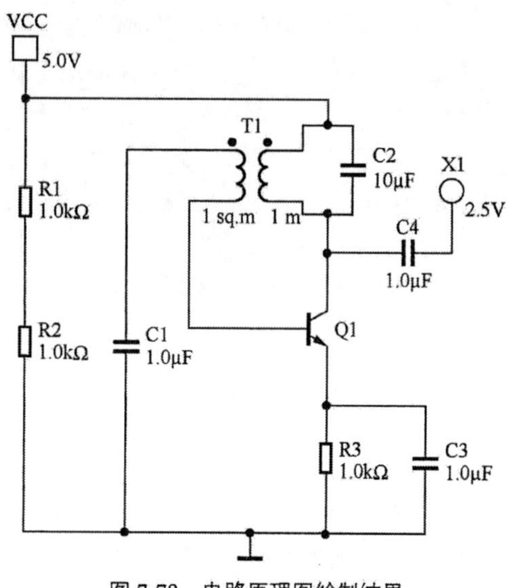

图 7-78 电路原理图绘制结果

3. 插入仪器

选择菜单栏中的“仿真”→“仪器”→“示波器”命令，或单击“仪器”工具栏中的“示波器”按钮，在电路图中放置示波器 XSC1，并连接示波器 XSC1（为区分显示，不同通道连接线为不同颜色）。选择菜单栏中的“选项”→“电路图属性”命令，弹出“电路图属性”电话框，打开“电路图可见性”选项卡，在“网络名称”选项下选择“全部显示”选项，在电路图中显示所有网络，结果如图 7-79 所示。

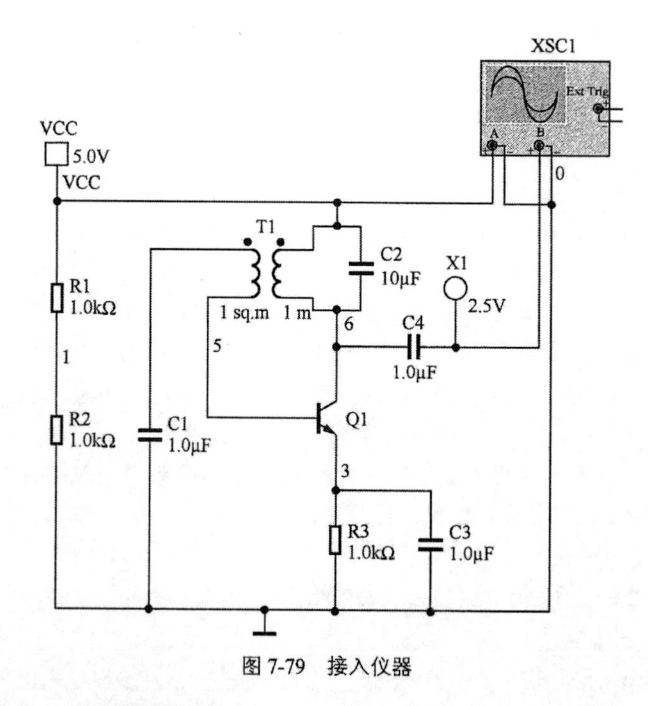

图 7-79 接入仪器

4. 绘制层次块（LC 谐振回路）

LC 谐振回路接在晶体管 VT1 集电极上，振荡信号通过变压器 T1 耦合反馈到 VT1 基极。

在电路图中选择由 T1、C2 组成的 LC 谐振回路部分，如图 7-80 所示。

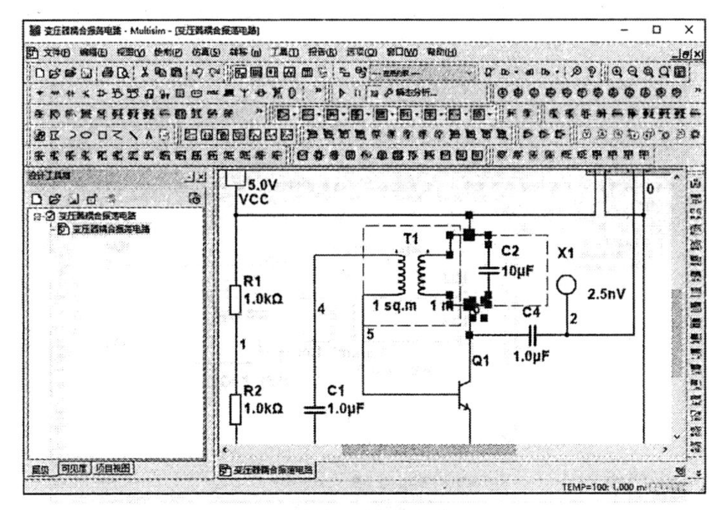

图 7-80　选择回路

① 选择菜单栏中的“绘制”→“用层次块替换”命令，弹出图 7-81 所示“层次块属性”对话框。

② 在该对话框中显示层次块设置参数。输入的层次块文件名为“LC 谐振回路”，即层次块所对应的子原理图名称。创建层次块后，新建的支电路文件“LC 谐振回路”与层次块同名。

③ 完成设置后，单击确认(O)按钮，退出对话框，鼠标指针将变为十字形状，并带有一个电路原理图符号标志。

④ 移动鼠标指针并单击，即可完成电路原理图符号的放置，并根据输入输出端口自动进行连线，结果如图 7-82 所示。

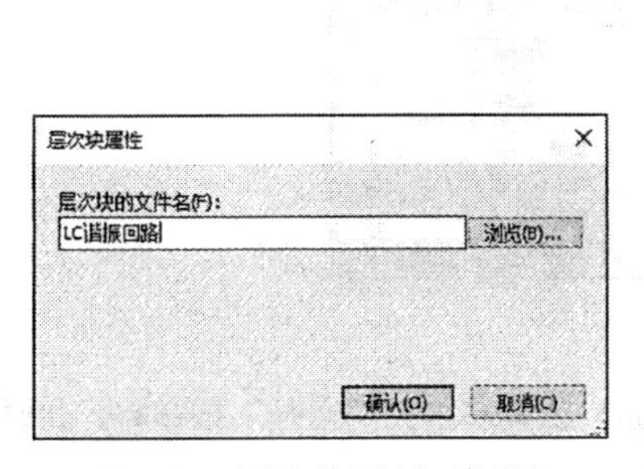

图 7-81　“层次块属性”对话框

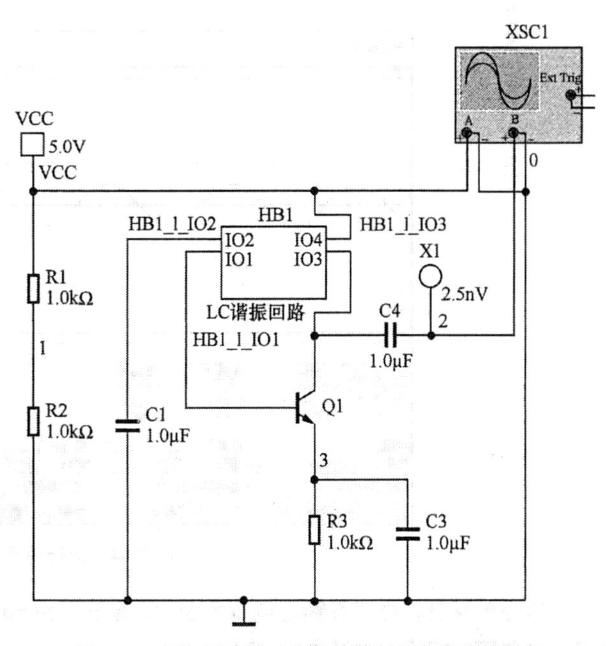

图 7-82　添加层次块（由软件绘制的电路原理图）

⑤ 创建层次块的同时自动创建支电路，在“设计工具箱”中显示电路的层次性，如图 7-83 所示。

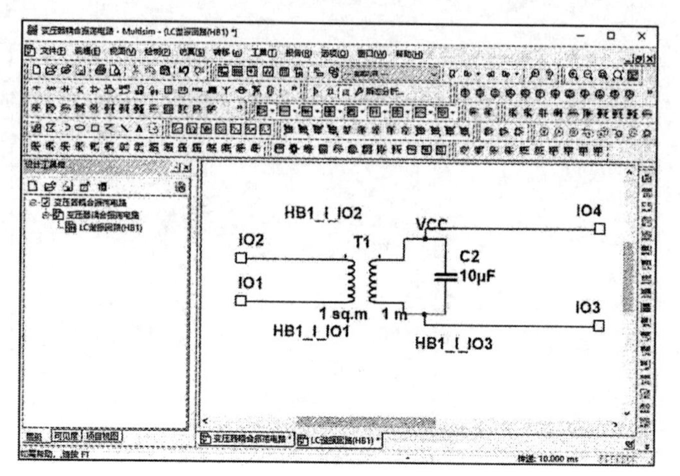

图 7-83　添加支电路

5. 运行仿真

选择菜单栏中的“仿真”→“运行”命令，或单击“Simulation”工具栏中的“运行”按钮▶，进行仿真测试。

双击打开示波器面板，在示波器中显示输入、输出电压的波形，如图 7-84 所示。

从图 7-84 中可以看出，满足了相位、振幅两大条件，振荡器便能稳定地产生振荡，经 C4 输出正弦波信号（下方蓝色波形）。

从图 7-84 中可以看到，此时电压值为−1.553nV，插入的绿色探针的额定电压为 2.5V，电压过小，因此探针不亮。

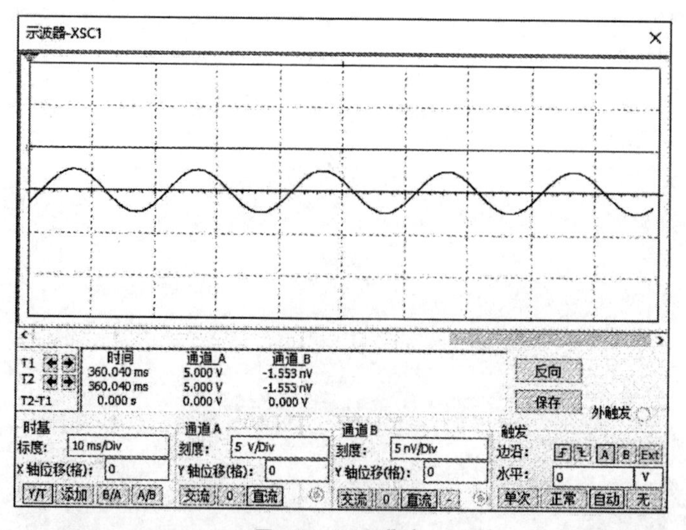

图 7-84　运行仿真

双击绿色探针，修改其额定电压为 5nV，单击“Simulation”工具栏中的“运行”按钮▶，此时电路中绿色探针闪亮，如图 7-85 所示。

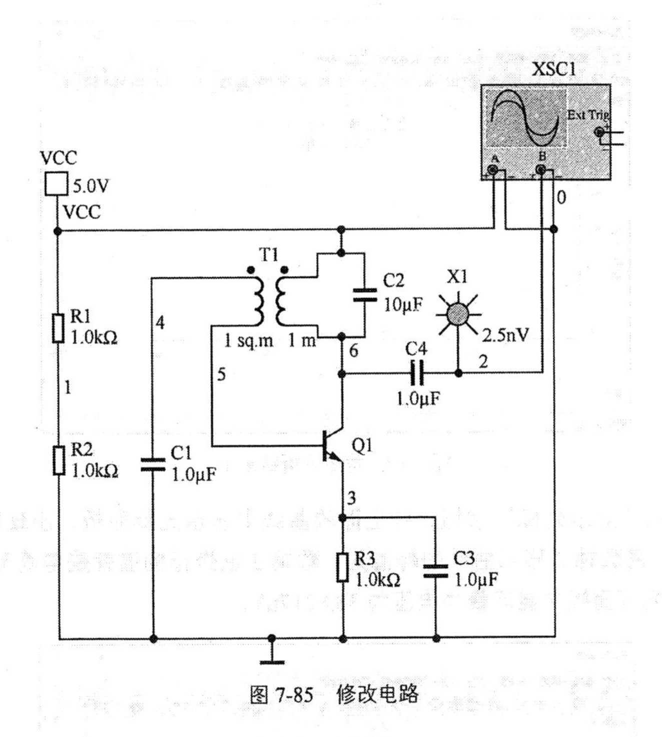

图 7-85 修改电路

6. 瞬态分析

选择菜单栏中的“仿真”→“Analyses and simulation”命令，或单击“Simulation”工具栏中的 Interactive 按钮，系统将弹出“Analyses and Simulation”对话框。在左侧“Interactive Simulation”列表中选择“瞬态分析”，在右侧打开“分析参数”选项卡，设置“结束时间”为 0.01。打开“输出”选项卡，在右侧“已选定用于分析的变量”栏的列表框中添加电压变量 V(2)，如图 7-86 所示。

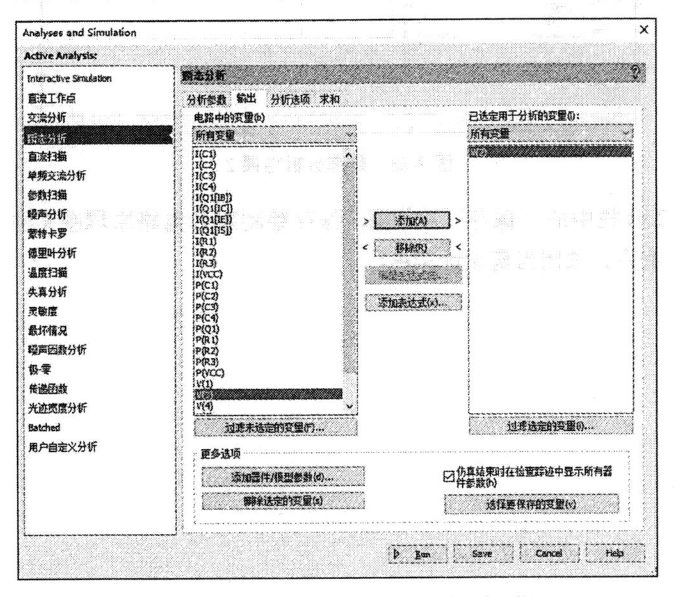

图 7-86 “Analyses and Simulation”对话框

单击“Run”按钮，系统开始进行瞬态分析。完成分析后，弹出“图示仪视图”窗口，显示观察节点 2 的电压值，如图 7-87 所示。

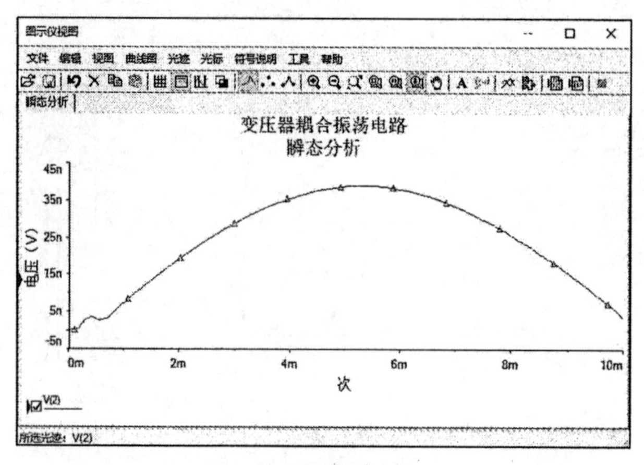

图 7-87　瞬态分析结果 1

单击工具栏中的“显示光标”按钮，在上面的曲线中显示光标面板，出现数轴及数轴对应的值。移动鼠标指针，将数轴 2 移到曲线的峰值处，数轴 2 纵坐标的值就是电路节点处的最大电压。由图 7-88 可知，在光标面板中显示最大电压为 38.8217nV。

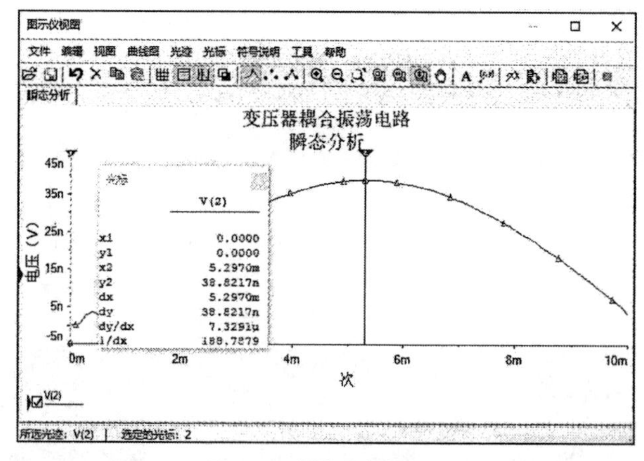

图 7-88　瞬态分析结果 2

单击“标准”工具栏中的“保存”按钮，保存绘制好的电路原理图文件。选择菜单栏中的“文件”→“关闭”命令，关闭当前设计文件。

第8章

电源电路

电子系统集成电路都需要直流电源供电，才能正常工作。除了少数直接利用干电池和直流发电机产生直流电，大多数情况是采用把交流电（市电）转变为直流电，也就是采用直流稳压电源进行供电，再根据需要进行直流电压的变换。

本章以直流稳压电源的组成电路为例，练习电路原理图的绘制与仿真分析，同时学习 LabVIEW 仪器的使用。

8.1 直流稳压电源的组成

直流稳压电源由电源变压器、整流电路、滤波电路和稳压电路 4 部分组成，其原理框图见图 8-1。

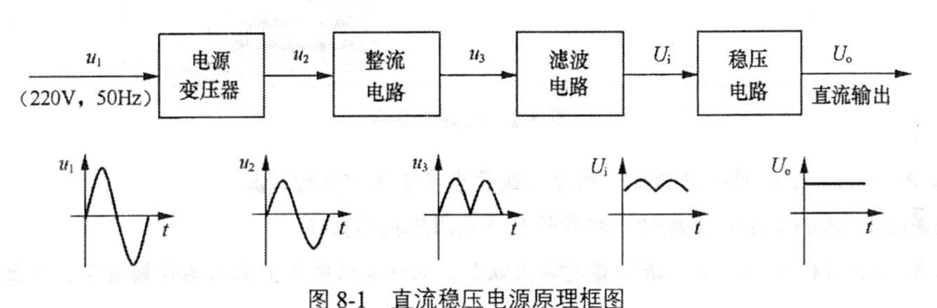

图 8-1 直流稳压电源原理框图

① 电源变压器：电网供给的交流电压 u_1（220V，50Hz）经电源变压器降压后，得到符合电路需要的交流电压 u_2。

② 整流电路：利用整流元器件的单向导电性，将交流电压变换为方向不变、大小随时间变化的脉动电压 u_3。

③ 滤波电路：通过合适的滤波器，滤去其交流分量，减轻整流电压的脉动程度，得到比较平直的直流电压 U_i，适应负载的需要。

④ 稳压电路：在交流电源电压波动或负载变动时，使直流输出电压稳定。经过滤波器的直流输出电压会随交流电网电压的波动或负载的变动而变化，在对直流供电要求较高的场合，就需要使用稳压电路，以保证输出直流电压 U_o 更加稳定。稳压这部分的电路是直流稳压电源的核心，集成稳压器具有外接线路简单、使用方便、工作可靠和通用性强等优点，基本上取代了由分立元器件构成的稳压电路，在各种电子设备中应用普遍。

在电路的组成中，变压器模块电路结构简单，只有在进行电路设计时要考虑参数的选择，从识图的角度来说最为容易，这里就不再赘述。

8.2 整流电路

整流电路是将交流电转换为直流电的电路，整流电路是利用二极管等具有单向导电性的电子元器件进行工作的。整流电路可被分为半波整流电路、全波整流电路、桥式整流电路等。

8.2.1 LabVIEW 仪器

在“仪器”工具栏还包含一类特殊的仪器——LabVIEW 仪器。随着计算机技术、大规模集成电路技术和通信技术的飞速发展，仪器技术领域发生了巨大的变化。VI 把计算机技术、电子技术、传感器技术、信号处理技术、软件技术结合起来，除继承传统仪器的已有功能外，还增加了许多传统仪器所不能及的先进功能。

Multisim14.3 中，LabVIEW 仪器的导入完美地演示了电气软件的真实性，使测量仪器与计算机之间的界限模糊了。

LabVIEW 仪器包括 7 种命令，命令的打开包括以下 3 种方法。

① 单击“仪器”工具栏中的“LabVIEW 仪器”按钮，打开子命令，如图 8-2 所示。

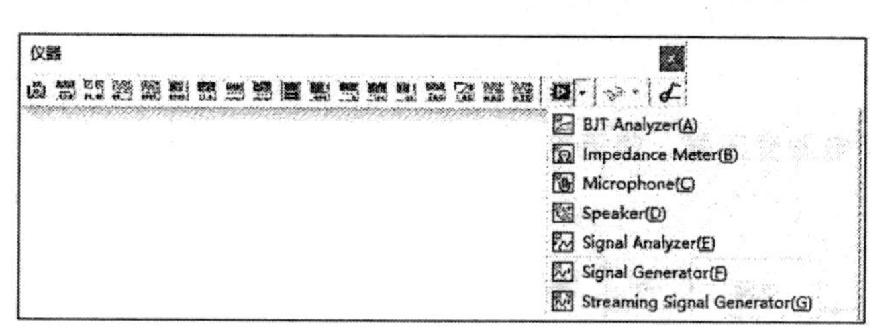

图 8-2　打开子命令

- BJT Analyzer（A）：特性分析仪。测量三极管直流电压特性的仪器。
- Impedance Meter（B）：阻抗计，测量两个节点间阻抗的仪器。
- Microphone（C）：送话器。送话器是输出仪器，从计算机的声卡上采集音频信号，输出到仿真电路输入端口。
- Speaker（D）：扬声器。将音频信号电压输出到此设备以播放声音。
- Signal Analyzer（E）：信号分析仪。
- Signal Generator（F）：信号发生器。利用简单 LabVIEW VI 产生数据并将它作为仿真信号源。
- Streaming Signal Generator（G）：流信号发生器。它利用简单 LabVIEW VI 产生数据并连续地输出，从而作为仿真信号源。

② 选择菜单栏中的“视图”→“工具栏”→“LabVIEW 仪器”命令，打开图 8-3 所示的“LabVIEW 仪器”工具栏。

③ 选择菜单栏中的“仿真”→“仪器”→“LabVIEW 仪器”命令，显示包括 7 个命令的子菜单。

图 8-3　“LabVIEW 仪器”工具栏

8.2.2 单相半波整流电路

整流电路是利用二极管的单向导电性把交流电压转换成脉动电压的电路。图 8-4（a）所示是一个单相半波整流电路。它由变压器 T、二极管 D 及负载电阻 RL 组成。

电压 u_2 的幅值一般会远远大于二极管的正向压降，因而可以认为当 $u_2>0$ 时，二极管 D 正向偏置处于导通状态，此时变压器提供的电压完全加在负载电阻上，即 $u_o=u_2$；当 $u_2<0$ 时，二极管 D 反向偏置处于截止状态，电路相当于断路，$u_o=0$。交流电压 u_2 和输出电压 u_o 的电路波形图如图 8-4（b）所示。

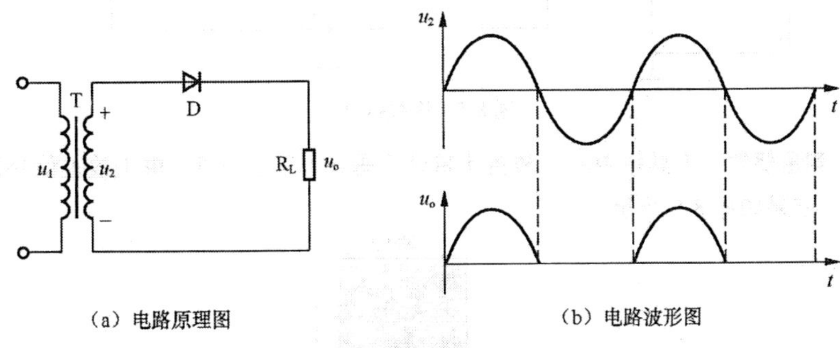

（a）电路原理图　　（b）电路波形图

图 8-4　单相半波整流电路

【操作步骤】

1. 设置工作环境

① 单击“标准”工具栏中的“设计”按钮，弹出“New Design（新建设计文件）”对话框，选择“Blank and recent”选项。单击 Create 按钮，创建一个电路原理图设计文件。

② 单击菜单栏中的“文件”→“保存为”命令，将项目另存为“单相半波整流电路.ms14”。

③ 选择菜单中的“选项”→“原理图属性”命令，系统弹出“原理图属性”对话框，打开“工作区”选项卡，设置电路图页面大小为 A4。完成设置后，单击“确认”按钮，关闭对话框。

④ 选择菜单栏中的“绘制”→“标题块”命令，在弹出的“打开”对话框中选择标题块模板 Ulticap.tb7。单击“打开”按钮，在图纸右下角放置标题块。选择菜单栏中的“编辑”→“标题块位置”→“右下”命令，精确放置标题块。

2. 绘制原理图

① 单击“基本”工具栏中的“放置虚拟变压器”按钮，直接在电路原理图中放置匝数比为 10:1 的变压器 1P1S 元器件 T1。

② 单击“二极管”工具栏中的“放置虚拟二极管”按钮，直接在电路原理图中放置二极管 DIODE 元器件 D1。

③ 单击“基本”工具栏中的“放置虚拟电阻器”按钮，直接在电路原理图中放置阻值为 1.0kΩ 的电阻 R1。

④ 单击“元器件”工具栏中的“放置源”按钮，在“组”下拉列表中选择“Sources（电源库）”，选择“POWER_SOURCES（电源）”系列中的“AC_POWER（交流电源）”“GROUND（地）”，分别把它们放置到原理图中。

⑤ 激活连线命令，鼠标指针自动变为实心圆圈状，单击并移动鼠标指针，执行自动连线操作，结果如图 8-5 所示。

3. 插入仪器

① 选择菜单栏中的“仿真”→“仪器”→“示波器”命令，或单击“仪器”工具栏中的“示波器”按钮，鼠标指针上显示浮动的示波器虚影，在电路窗口的相应位置单击鼠标，完成示波器 XSC1

的放置。

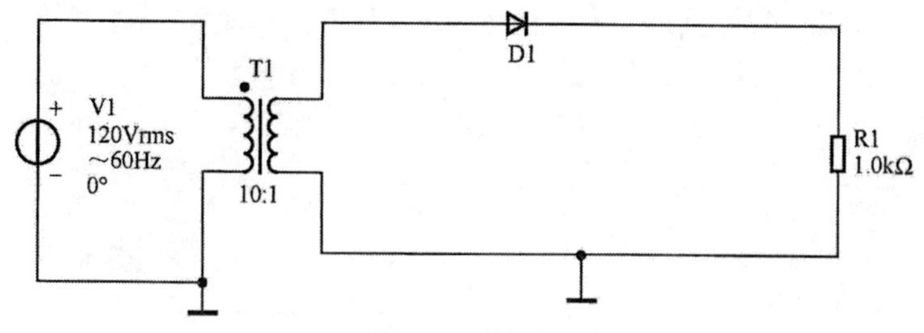

图 8-5　连线结果

② 单击“测量部件”工具栏中的“放置伏特计（垂直）”按钮，单击放置伏特计 U1、U2，并连接伏特计，结果如图 8-6 所示。

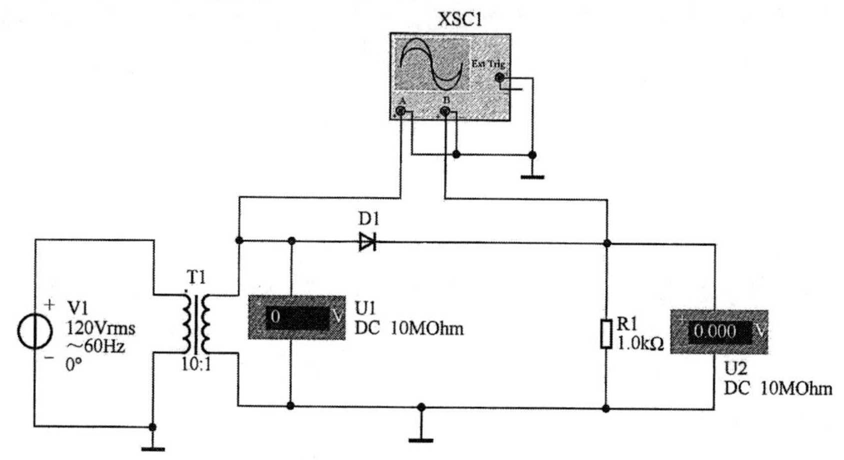

图 8-6　接入仪器

4. 运行仿真

选择菜单栏中的“仿真”→“运行”命令，或单击“Simulation（仿真）”工具栏中的“运行”按钮▶，进行仿真测试。

- 在伏特计 U1 中显示交流电压 u_2，在伏特计 U2 中显示输出电压 u_o，如图 8-7 所示。
- 在示波器 XSC1 中显示交流电压 u_2 和输出电压 u_o 的波形，如图 8-8 所示。

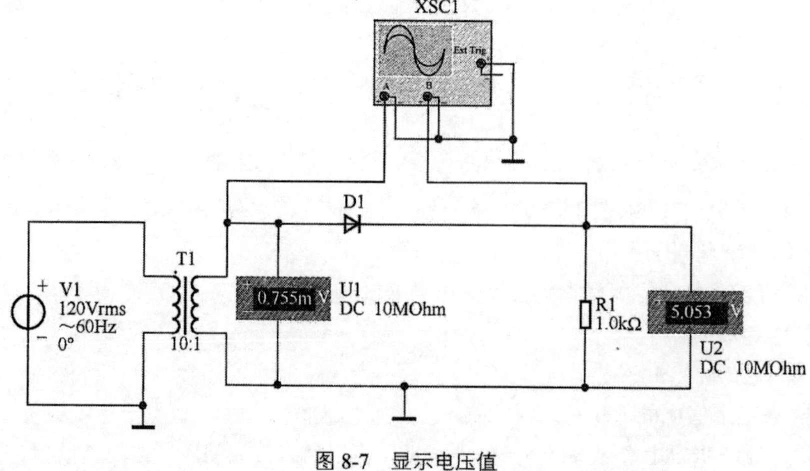

图 8-7　显示电压值

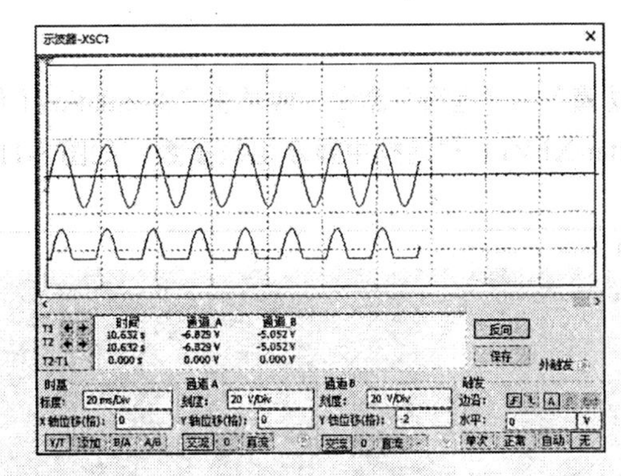

图 8-8 运行仿真

5. 结果分析

可以看到，当 $u_2>0$ 时，$u_o=u_2$；当 $u_2<0$ 时，$u_o=0$。

6. 阻抗分析

① 阻抗是表征电子元器件、电子电路和元器件材料的一个很重要的参数。阻抗计是用于测量两个节点间阻抗的仪器。

② 单击“LabVIEW 仪器”工具栏中的“Impedance Meter（B）”按钮，在电路原理图中放置阻抗计 XLV1，将阻抗计 XLV1 连接到电阻 R1 两侧，如图 8-9 所示。

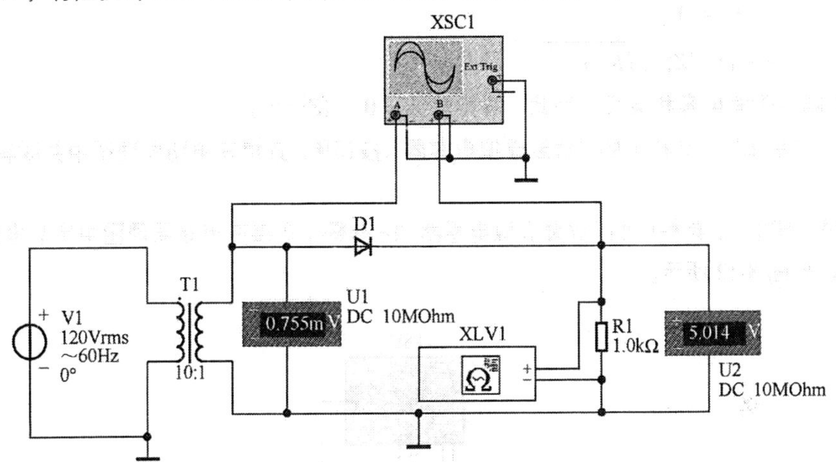

图 8-9 插入 LabVIEW 仪器

③ 双击阻抗计，弹出“Impedance Meter-XLV1”对话框，设置 Frequency Sweep（频率扫描）选项组下的“Start”为 10，“Output Options（输出选项）”选项组下的“Number of”为 10，如图 8-10 所示。

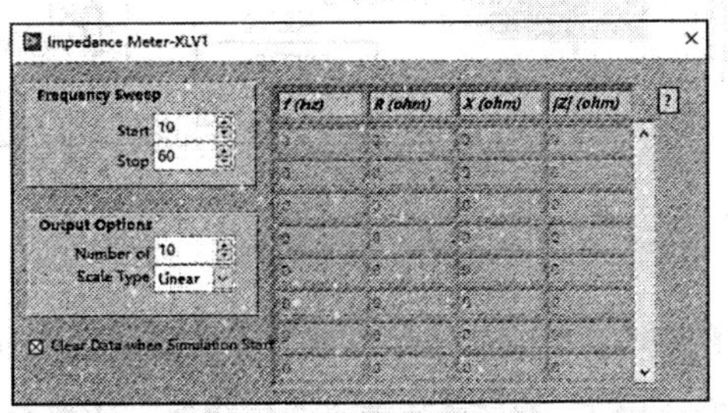

图 8-10 阻抗参数设置

7. 运行仿真

① 选择菜单栏中的“仿真”→“运行”命令，或单击“Simulation（仿真）”工具栏中的“运行”按钮▷，在“Impedance Meter-XLV1”对话框中显示阻抗参数，如图 8-11 所示。

Impedance Meter-XLV1

Frequency Sweep
Start 10
Stop 60

Output Options
Number of 10
Scale Type Linear

☒ Clear Data when Simulation Start

f (Hz)	R (ohm)	X (ohm)	|Z| (ohm)
10	949.001	0	949.001
15.5556	949.001	0	949.001
21.1111	949.001	0	949.001
26.6667	949.001	0	949.001
32.2222	949.001	0	949.001
37.7778	949.001	0	949.001
43.3333	949.001	0	949.001
48.8889	949.001	0	949.001

图 8-11 “Impedance Meter-XLV1”对话框 1

设频率为 f，电容为 C，电感为 L，电阻为 R。

容抗：$X_{\mathrm{C}}=\dfrac{1}{2\pi fC}$

感抗：$X_{\mathrm{L}}=2\pi fL$

净电抗：$X=X_{\mathrm{C}}=X_{\mathrm{L}}$

阻抗：$Z=R+\mathrm{j}X$，$|Z|=\sqrt{R^2+X^2}$

由于电路中没有电容和电感，因此，净电抗 $X=0$，$|Z|=R$。

② 单击“基本”工具栏中的“放置虚拟电容器”按钮，直接在电路原理图中并联容量为 1.0μF 的电容 C1。

③ 单击“基本”工具栏中的“放置虚拟电感器”按钮，直接在电路原理图中串联电感为 1.0mH 的电感 L1，如图 8-12 所示。

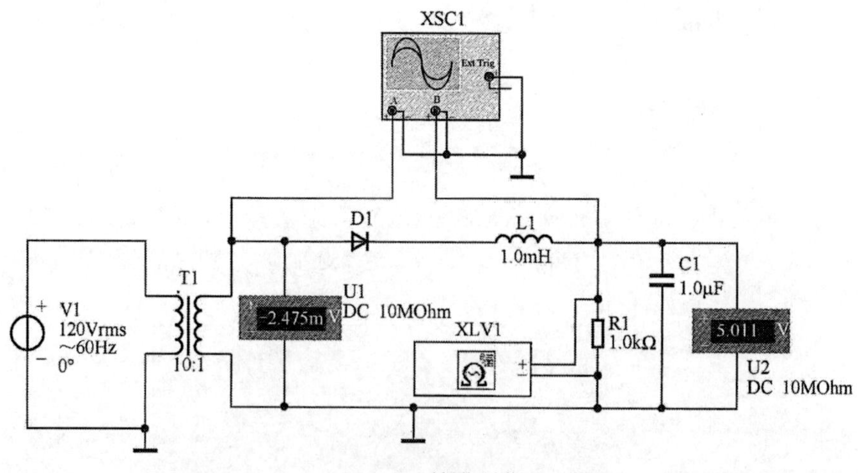

图 8-12 修改电路

④ 选择菜单栏中的“仿真”→“运行”命令，或单击“Simulation（仿真）”工具栏中的“运行”按钮▷，在“Impedance Meter-XLV1”对话框中显示阻抗参数，如图 8-13 所示。

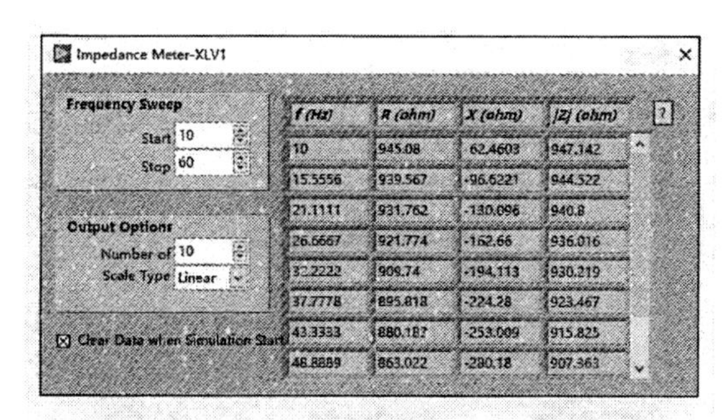

f (Hz)	R (ohm)	X (ohm)	|Z| (ohm)
10	945.08	62.4603	947.142
15.5556	939.567	-96.6221	944.522
21.1111	931.762	-130.096	940.8
26.6667	921.774	-162.66	936.016
32.2222	909.74	-194.113	930.219
37.7778	895.818	-224.28	923.467
43.3333	880.187	-253.009	915.825
48.8889	863.022	-280.18	907.363

图 8-13 “Impedance Meter-XLV1”对话框 2

8. 单频交流分析

使用单频交流分析可以测量指定频率下的电路阻抗。

① 单击“Place probe”工具栏中的“Voltage and Current（电压和电流探针）”按钮，在电路原理图的相应位置放置探针，结果如图 8-14 所示。

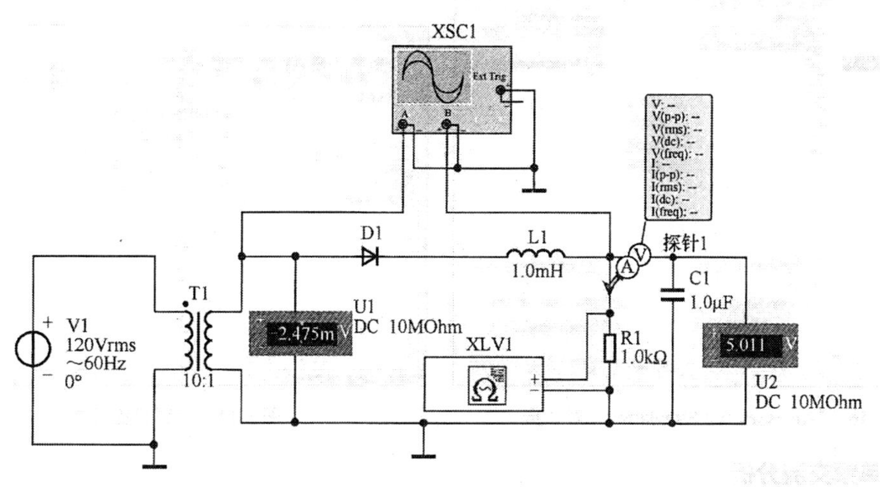

图 8-14 放置探针

② 选择菜单栏中的“仿真”→“Analyses and simulation”命令，或单击“Simulation”工具栏中的 Interactive 按钮，系统将弹出“Analyses and Simulation”对话框。

③ 在左侧“Interactive Simulation”列表中选择“单频交流分析”，在右侧打开参数界面，打开“输出”选项卡，在“已选定用于分析的变量”栏的列表框中添加电压变量“V（探针 1）”“I（探针 1）”。

④ 单击“添加表达式”按钮，弹出“分析表达式”对话框，在“变量”栏的列表框中选择使用“V（探针 1）”，单击“复制变量到表达式”按钮，在“表达式”文本框中添加“V（探针 1）。使用同样的方法，添加函数“/”和变量“I（探针 1）”，在“表达式”文本框显示最终的表达式“V（探针 1）/ I（探针 1）”，如图 8-15 所示。

⑤ 单击“确认”按钮，关闭该对话框，返回“Analyses and Simulation”对话框，自动将编辑的表达式添加到右侧“已选定用于分析的变量”栏的列表框中，如图 8-16 所示。

⑥ 设置完毕后，单击“Run”按钮，系统开始进行单频交流分析。完成分析后，弹出“图示仪视图”窗口，显示观察变量的输出电压值、电流值及电抗值，如图 8-17 所示。

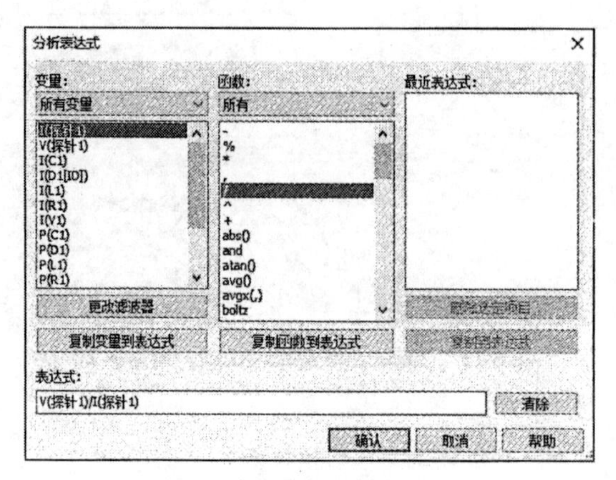

图 8-15 “分析表达式”对话框 1

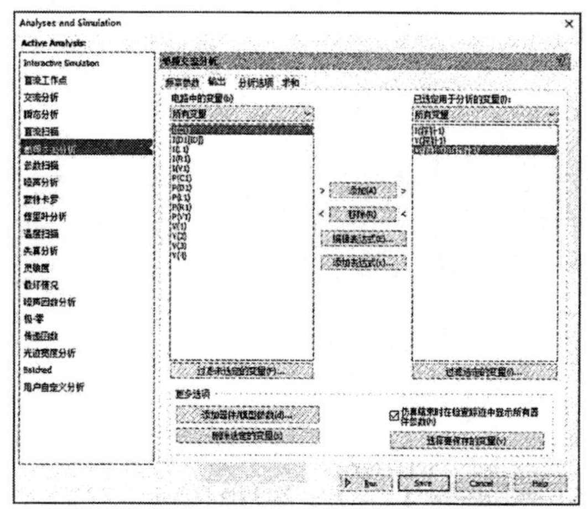

图 8-16 “Analyses and Simulation”对话框 1

图示仪视图

单相半波整流电路

单频交流分析 @ 1 Hz

	Variable	实	虚
1	I(探针1)	1.38644e-13	-8.71040e-16
2	V(探针1)	138.64416 p	-8.71040e-13
3	V(探针1)/I(探针1)	1.00000 k	7.28259e-16

所选图解：单频交流分析 @ 1 Hz

图 8-17 单频交流分析

9. 单频交流分析

使用交流分析可以测量指定频率范围内的电路阻抗。

① 选择菜单栏中的“仿真”→“Analyses and simulation”命令，或单击“Simulation”工具栏中的 Interactive 按钮，系统将弹出“Analyses and Simulation”对话框。

② 在左侧“Interactive Simulation”列表中选择“交流分析”，在右侧打开参数界面，设置起始频率（FSTART）和停止频率（FSTOP）为 10～60Hz，垂直刻度为“线性”，如图 8-18 所示。

③ 打开“输出”选项卡，在“已选定用于分析的变量”栏的列表框中添加电压变量“V（探针 1）”“I（探针 1）”。

④ 单击“添加表达式”按钮，弹出“分析表达式”对话框，在“最近表达式”列表中选择“V（探针 1）/ I（探针 1）”，如图 8-19 所示。

⑤ 单击“确认”按钮，关闭该对话框，返回“Analyses and Simulation”对话框，自动将编辑的表达式添加到右侧“已选定用于分析的变量”栏的列表框中，如图 8-20 所示。

⑥ 设置完毕后，单击“Run”按钮，系统开始进行交流分析。完成分析后，弹出“图示仪视图”窗口，显示观察变量 10～60Hz 电路输出电抗值的频率-幅值图和频率-相位图，如图 8-21 所示。

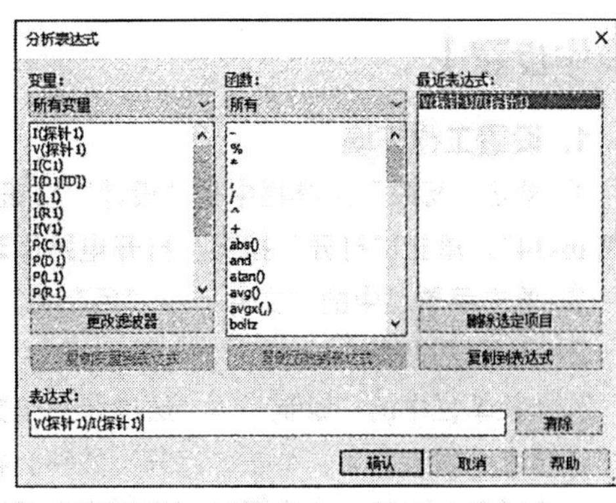

图 8-18 “交流分析”选项

图 8-19 “分析表达式”对话框 2

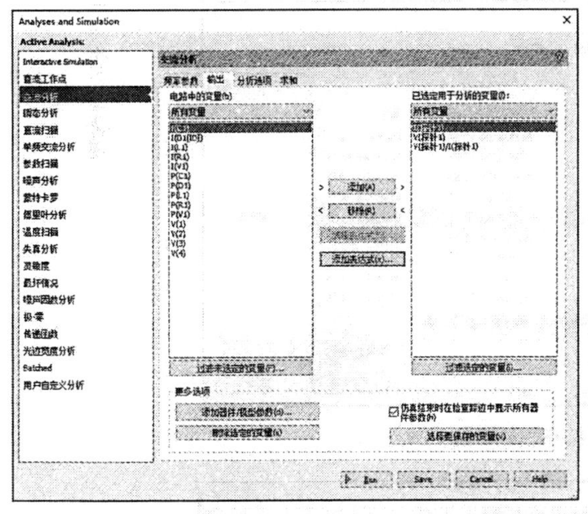

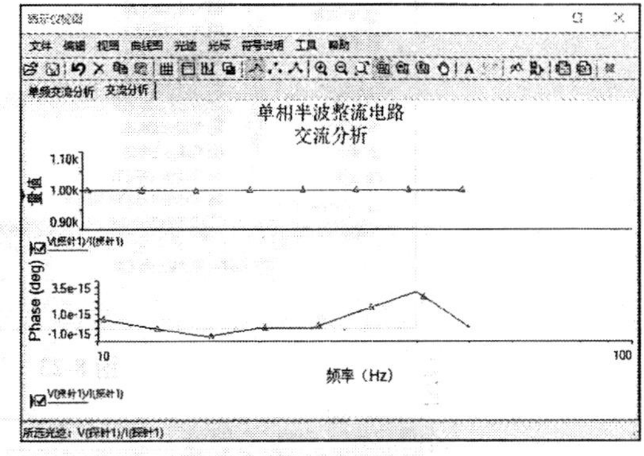

图 8-20 “Analyses and Simulation”对话框 2

图 8-21 交流分析

⑦ 单击“标准”工具栏中的“保存”按钮，保存绘制好的电路原理图文件。选择菜单栏中的“文件”→“关闭”命令，关闭当前设计文件。

8.2.3 倍压整流电路

倍压整流电路可以使整流输出电压为输入电压的数倍。一般在需要输出电压较高、输出电流较小的情况下使用该电路。

3 倍压整流电路如图 8-22 所示，由 3 个整流二极管 Dl～D3 和 3 个电容 C1～C3 组成。

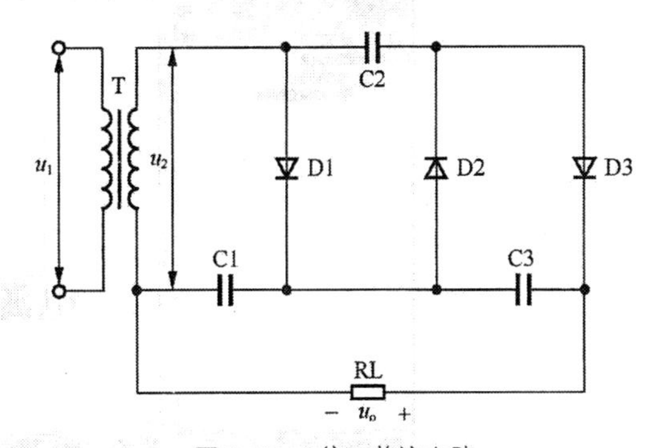

图 8-22 3 倍压整流电路

针对电路工作过程的分析如下。

在输入交流电压 u_2 的第一个正半周期时，u_2 经 Dl 对 C1 充电至 $\sqrt{2}\,u_2$。

在 u_2 的第一个负半周期时，u_2 与 C1 上的电压串联后经 D2 对 C2 充电至 $2\sqrt{2}\,u_2$。

在 u_2 的第二个正半周期时，VD3 导通使 C3 也充电至 $2\sqrt{2}u_2$。

因为输出电压 $u_o=u_{C1}+u_{C3}=3\sqrt{2}u_2$，所以在负载电阻 R_L 上即可得到 3 倍于 u_2 峰值的电压。

【操作步骤】

1. 设置工作环境

① 单击“标准”工具栏中的“设计”按钮，弹出“打开文件”对话框，选择“单相半波整流电路.ms14”，单击“打开”按钮，打开电路原理图设计文件。

② 单击菜单栏中的“文件”→“另存为”命令，将项目另存为“3 倍压整流电路.ms14”。

2. 创建层次块

选择菜单栏中的“绘制”→“层次块来自文件”命令，弹出图 8-23 所示的“打开”对话框，选择“电源变压器电路”，单击“打开”按钮，在当前电路原理图中添加层次块 HB1“电源变压器电路”，同时自动在下一级中添加“电源变压器电路（HB1）”支电路，如图 8-24 所示。

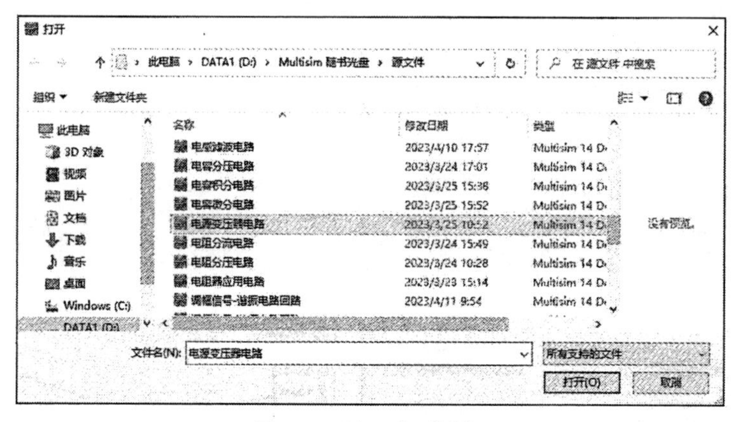

图 8-23 “打开”对话框

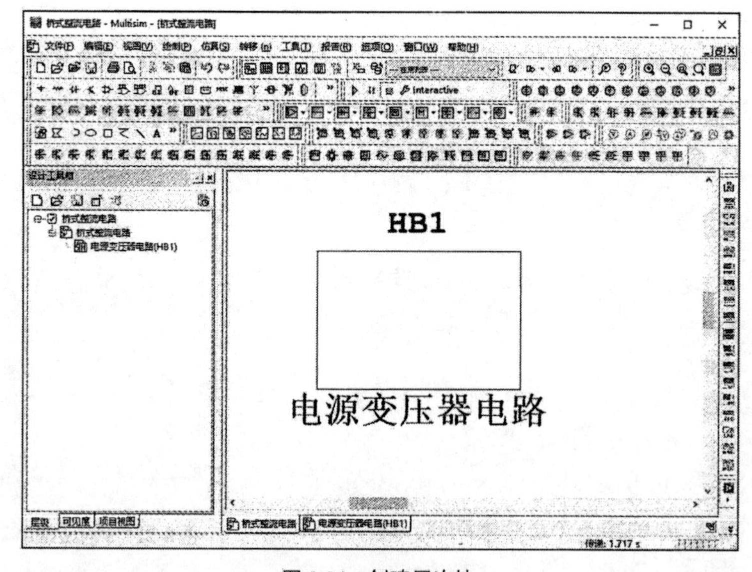

图 8-24 创建层次块

3. 放置输出连接器符号

① 选择菜单栏中的“绘制”→“连接器”→“Autput connector”命令，鼠标指针将显示为带有一个输出连接器符号的标志。

② 移动鼠标指针到需要放置连接器符号的地方，单击确定连接器符号位置，即可完成连接器符号 IO1 的放置。

③ 此时，鼠标指针仍处于放置连接器符号的状态，重复上一步操作即可放置其他连接器符号 IO2，如图 8-25 所示。单击鼠标右键或者按下“Esc”键即可退出操作。添加输出端口后，在层次块中自动添加输出端口 IO1、IO2，如图 8-26 所示。

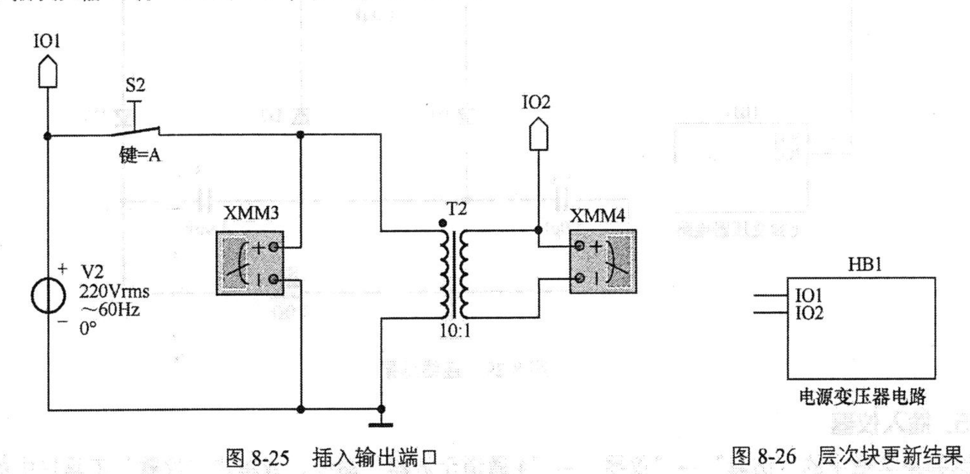

图 8-25　插入输出端口　　　　图 8-26　层次块更新结果

④ 双击连接器符号，弹出“Hierarchical Connector（层次连接器）”对话框，如图 8-27 所示。在该对话框的“Name（名称）”文本框中输入连接器名称，默认名称的前缀为“IO”，后缀名以数字递增，在“Direction（方向）”下拉列表中显示“输出”类型，显示电气连接器符号方向。

⑤ 在“Co-simulation”选项卡下的“Type（类型）”下拉列表中显示与输入连接器相同的输出类型，并且不可更改，如图 8-28 所示。

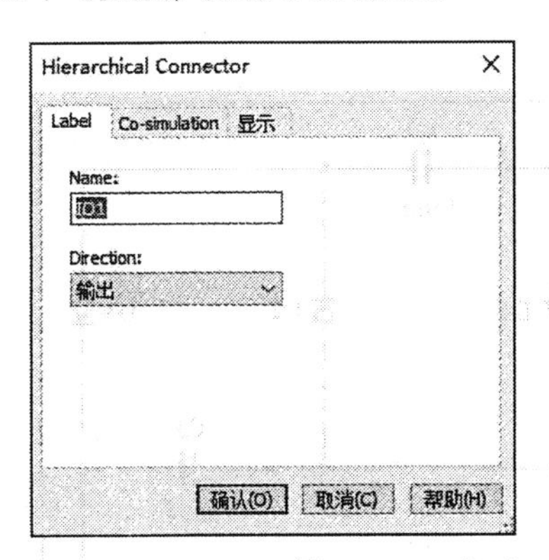

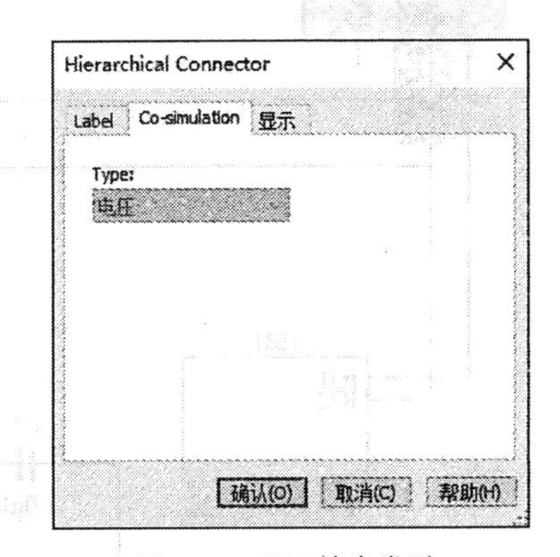

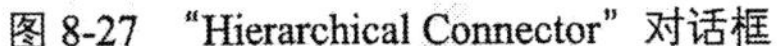

图 8-27　“Hierarchical Connector”对话框　　　　图 8-28　显示输出类型

4. 绘制顶层电路

打开顶层电路“3 倍压整流电路”。

① 单击“二极管”工具栏中的“放置虚拟二极管”按钮，直接在电路原理图中放置二极管 DIODE 元器件 D1、D2、D3。

② 单击“基本”工具栏中的“放置虚拟电容器”按钮，直接在电路原理图中放置容量为 1.0μF 的电容器 C1、C2、C3。

③ 单击“基本”工具栏中的“放置虚拟电阻器”按钮，直接在电路原理图中放置阻值为 1.0kΩ 的电阻 R1。

④ 激活连线命令，鼠标指针自动变为实心圆圈状，单击并移动鼠标指针，执行自动连线操作，结果如图 8-29 所示。

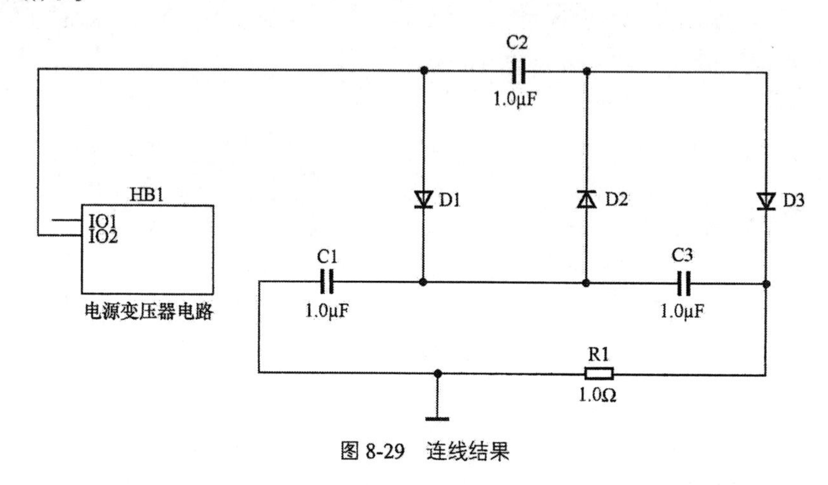

图 8-29　连线结果

5. 插入仪器

选择菜单栏中的“仿真”→“仪器”→“4 通道示波器”命令，或单击“仪器”工具栏中的“4 通道示波器”按钮，在电路原理图中放置 4 通道示波器 XSC1，并连接 4 通道示波器 XSC1（为区分显示，不同通道连接线为不同颜色），结果如图 8-30 所示。

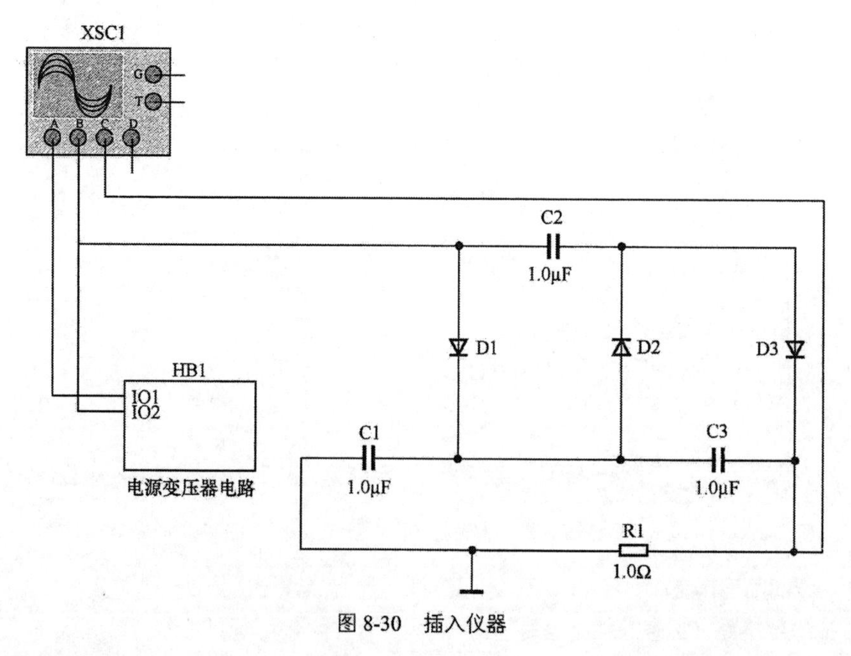

图 8-30　插入仪器

6. 运行仿真

① 选择菜单栏中的“仿真”→“运行”命令，或单击“Simulation”工具栏中的“运行”按钮▶，

进行仿真测试。在示波器中显示交流电压 u_1、u_2 和输出电压 u_o 的波形，如图 8-31 所示。

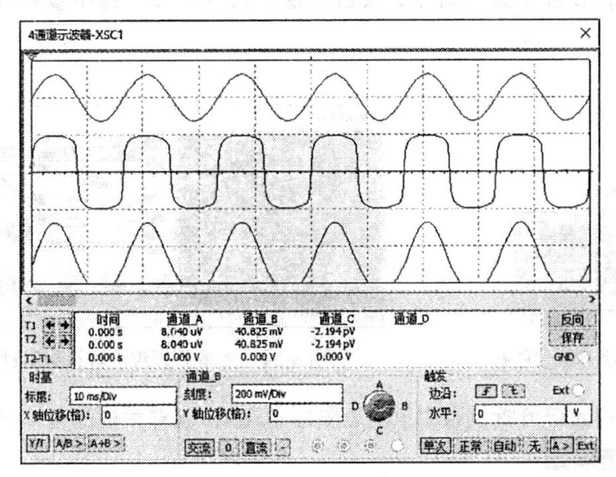

图 8-31　运行仿真

② 单击“标准”工具栏中的“保存”按钮，保存绘制好的电路原理图文件。选择菜单栏中的“文件”→“关闭”命令，关闭当前设计文件。

8.3　滤波电路

整流电路虽然可以把交流电转换为直流电，但是所得到的输出电压是单向脉动电压。在某些设备（如电镀、蓄电池充电等设备）中，这种电压的脉动是被允许的。但是在大多数电子设备中，都要在整流电路中加接滤波电路，以减少输出电压的脉动程度。

8.3.1　全局连接器

在同一张图纸上表示两点之间的电气连接，不仅可使用页连接器，还可以使用全局连接器，它也能在同一个电路中实现两点之间的电气连接。

选择菜单栏中的“绘制”→“连接器”→“全局连接器”命令，或按下“Ctrl+Alt+G”组合键，鼠标指针变为状，在工作区单击，弹出“全局连接器”对话框，如图 8-32 所示。在该对话框中可以确定连接器名称。

在“可用的连接器（点击以连接）”列表框中显示当前打开的所有电路原理图中的连接器，包括在页连接器与全局连接器。全局连接器应用范围广，不只适用于当前图纸，还可以应用在当前打开的其余图纸中。

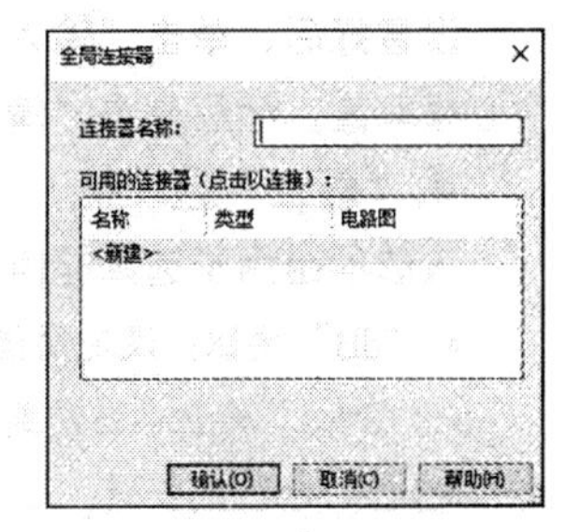

图 8-32　“全局连接器”对话框

8.3.2　光谱分析仪

在光谱分析仪（频谱分析仪）中，仪器显示信号中幅度与频率之间的关系，即进行频域分析。频谱分析仪可以方便地研究信号的频率结构及范围，是通信及信号系统的重要分析仪器。

图 8-33 为光谱分析仪图标。其中，IN 为信号输入端子，T 为外触发信号端子。

选择菜单栏中的“仿真”→“仪器”→“光谱分析仪”命令，或单击“仪器”工具栏中的“光谱分析仪”按钮，放置光谱分析仪，双击光谱分析仪图标，弹出参数设置对话框，如图 8-34 所示。

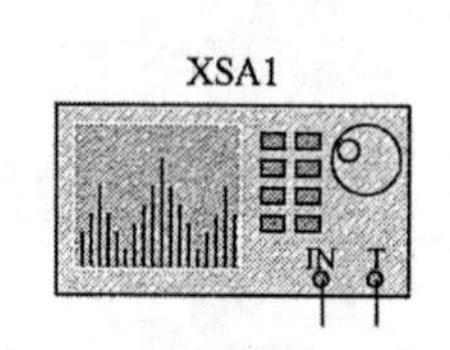

图 8-33　光谱分析仪图标

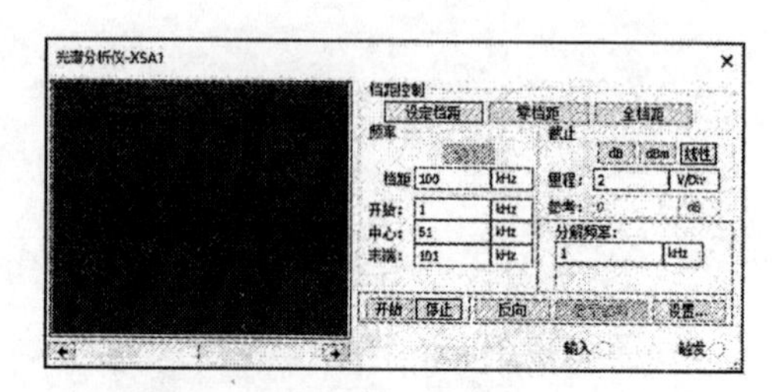

图 8-34　光谱分析仪参数设置对话框

Multisim14.3 提供的光谱分析仪频率范围上限为 4GHz，该对话框的各个部分的功能如下。

1. “频谱显示”选项组

频谱图显示在光谱分析仪面板左侧的窗口中，利用游标可以读取其中每点的数据并显示在面板下部的数字显示区域中。

2. “档距控制”选项组

该区域包括 3 个按钮，用于设置频率范围，3 个按钮的功能如下。

- “设定档距”按钮：频率范围可在 Frequency（频率）选项区中设定。
- “零档距”按钮：仅显示以中心频率为中心的小范围内的频谱，此时在 Frequency（频率）选项区仅可设置中心频率值。
- “全档距”按钮：频率范围自动设置为 0～4GHz。

3. “频率”选项组

该选项区包括 4 个文本框，具体如下。

- “档距”文本框：设置频率范围。
- “开始”文本框：设置起始频率。
- “中心”文本框：设置中心频率。
- “末端”文本框：设置终止频率。

设置好后，单击“输入”按钮确定参数。注意，在“设定档距”方式下，只要输入频率范围和中心频率值，然后单击“输入”按钮，软件便可以自动计算出起始频率和终止频率。

4. “截止”选项组

该选项组用于选择幅值 U 的显示形式和刻度，其中 3 个按钮的作用如下。

- “dB”按钮：设定幅值用波特图的形式显示，即纵坐标刻度的单位为 dB。
- “dBm”按钮：当前刻度可由 10lg（U/0.775）计算而得，刻度单位为 dBm。该显示形式主要应用于终端电阻为 600Ω 的情况，以方便读数。
- “线性”按钮：设定幅值坐标为线性坐标。
- “量程”文本框：用于设置显示屏纵坐标每格的刻度值。
- “参考”文本框：用于设置纵坐标的参考线，参考线的显示与隐藏可以通过“显示参考”按钮控制。参考线的设置不适用于线性坐标的曲线。

5. “分解频率”选项组

用于设置频率分辨率，其数值越小，分辨率越高，但计算时间也会相应延长。

6. 控制按钮

该区域包含 5 个按钮，各按钮的功能如下。

- 开始：单击该按钮，启动分析。
- 停止：单击该按钮，停止分析。
- 反向：单击该按钮，使显示区的背景反色。
- 显示参考：单击该按钮，用来控制是否显示参考线。
- 设置...：单击该按钮，弹出图 8-35 所示的“设置”对话框，用于进行参数的设置。

在“触发源”选项组下选择触发源是“内部”还是“外部”；在“触发模式”选项组下选择是“持续”还是“单次”。

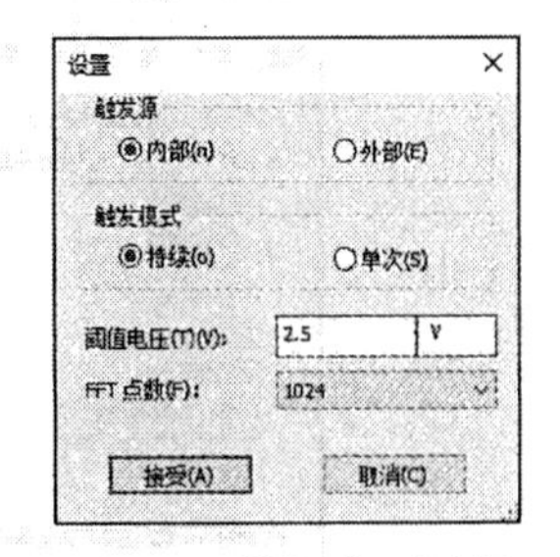

图 8-35 “设置”对话框

8.3.3 LC 滤波电路

图 8-36 所示为典型的π型 LC 滤波电路，电路中的 C1 和 C2 为低频滤波电容，C3 为高频滤波电容，L1 为滤波电感，对交流成分而言，由于电感 L1 存在感抗并且数值较大，这一感抗与 C3 的容抗（容抗很小）构成分压衰减电路，对交流成分有很大的衰减作用，达到滤波的目的。

【操作步骤】

1. 设置工作环境

① 单击“标准”工具栏中的“设计”按钮，弹出“New Design（新建设计文件）”对话框，选择“Blank and recent”选项。单击 Create 按钮，创建一个电路原理图设计文件。

② 单击菜单栏中的“文件”→“保存为”命令，将项目另存为“LC 电路.ms14”。

③ 选择菜单中的“选项”→“原理图属性”命令，系统弹出“原理图属性”对话框，打开“工作区”选项卡，设置电路图页面大小为 A4。完成设置后，单击“确认”按钮，关闭对话框。

④ 选择菜单栏中的“绘制”→“标题块”命令，在弹出的“打开”对话框中选择标题块模板 Ulticap.tb7。单击“打开”按钮，在图纸右下角放置标题块。选择菜单栏中的“编辑”→“标题块位置”→“右下”命令，精确放置标题块。

2. 绘制滤波电路模块

① 单击“元器件”工具栏中的“放置基本”按钮，在“MANUFACTURER_CAPACITOR（极性电容）”系列中选择 10μF [12TPC10M]，双击鼠标放置 C1、C2。

② 单击“基本”工具栏中的“放置虚拟电容器”按钮，直接在电路原理图中放置容量为 1.0μF 的电容 C3。

③ 单击“基本”工具栏中的“放置虚拟电感器”按钮，直接在电路原理图中放置电感为 1.0mH 的电感 L1，如图 8-37 所示。

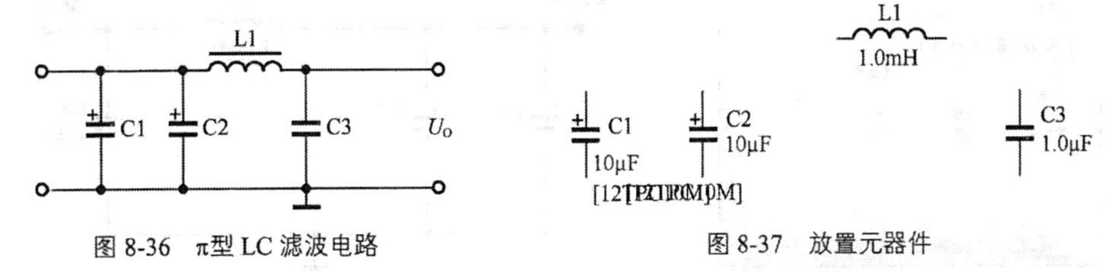

图 8-36 π型 LC 滤波电路　　图 8-37 放置元器件

④ 在图 8-37 中，元器件 C1、C2 的参数发生文字叠加，需要进行调整。双击元器件 C1，弹出

“MANUFACTURER_CAPACITOR”对话框，取消勾选“显示值”复选框，如图 8-38 所示。单击“确认”按钮，隐藏元器件 C1 的值 10μF [12TPC10M]的显示。使用同样的方法，取消元器件 C2 参数值的显示，结果如图 8-39 所示。

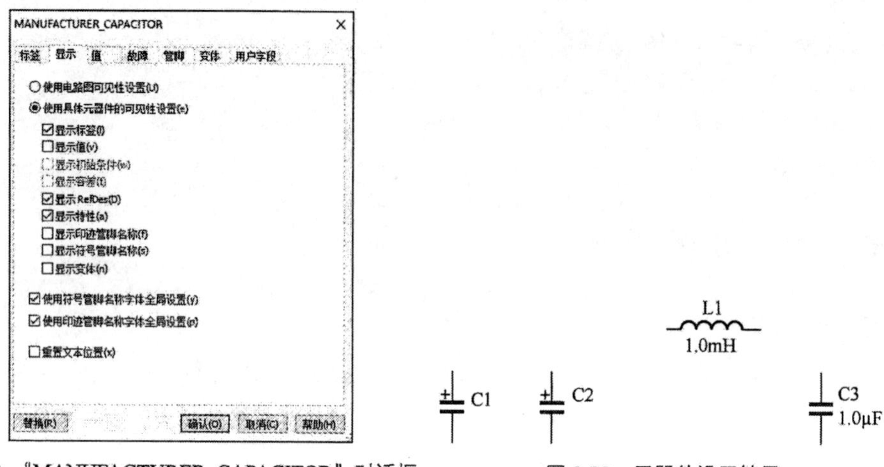

图 8-38 “MANUFACTURER_CAPACITOR”对话框　　　　图 8-39 元器件设置结果

⑤ 激活连线命令，鼠标指针自动变为实心圆圈状，单击并移动鼠标指针，执行自动连线操作，结果如图 8-40 所示。

⑥ 单击“功率源元器件”工具栏中的“放置地线”按钮，放置接地到电路原理图中，如图 8-41 所示。

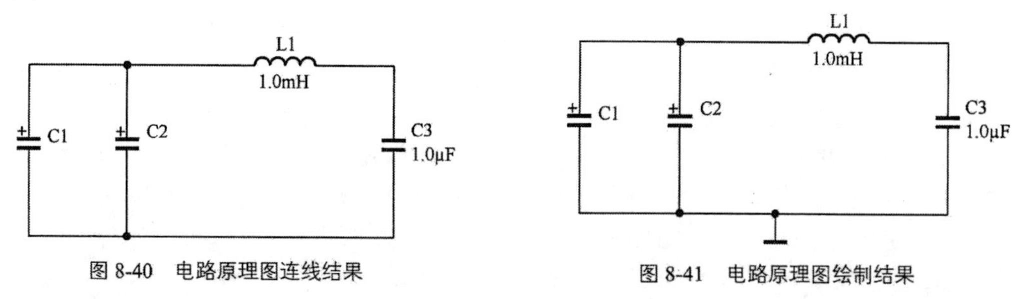

图 8-40 电路原理图连线结果　　　　图 8-41 电路原理图绘制结果

⑦ 选择菜单栏中的“绘制”→“连接器”→“全局连接器”命令，或按下“Ctrl+Alt+G”组合键，鼠标指针变为状，在工作区单击鼠标，弹出“全局连接器”对话框，输入连接器名称“输入 ui”，如图 8-42 所示。

⑧ 使用同样的方法，添加全局连接器“输出 uo”，结果如图 8-43 所示。

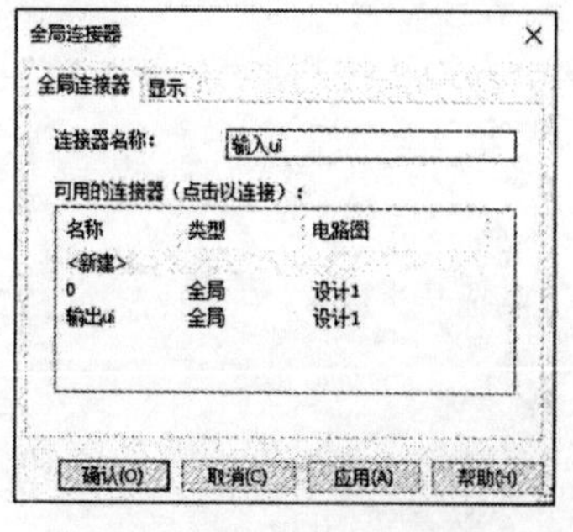

图 8-42 “全局连接器”对话框

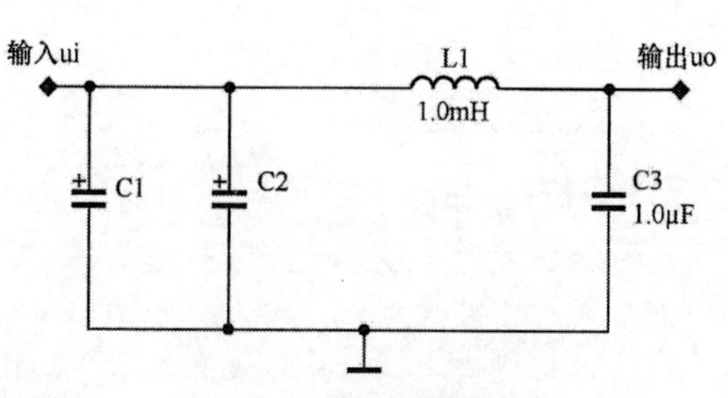

图 8-43 添加全局连接器

3. 绘制输入输出电路模块

① 单击“信号源元器件”工具栏中的“放置脉冲电压源”按钮，在电路原理图中放置交流信号源 V1。

② 选择菜单栏中的“绘制”→“连接器”→“全局连接器”命令，或按下“Ctrl+Alt+G”组合键，在电路原理图中插入连接器“输入 ui”“输出 uo”。

③ 选择菜单栏中的“仿真”→“仪器”→“示波器”命令，或单击“仪器”工具栏中的“示波器”按钮，在电路原理图中放置示波器 XSC1，并连接示波器 XSC1（为区分显示，不同通道连接为不同颜色），结果如图 8-44 所示。

④ 选择菜单栏中的“仿真”→“仪器”→“光谱分析仪”命令，或单击“仪器”工具栏中的“光谱分析仪”按钮，放置光谱分析仪 XSA1。

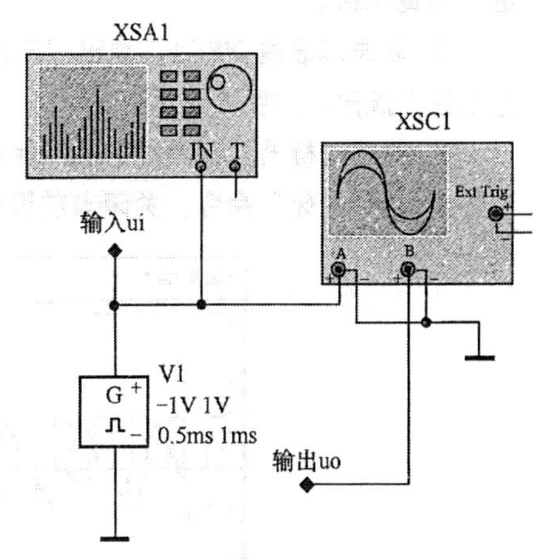

图 8-44　绘制输入输出电路模块

4. 仿真运行

① 选择菜单栏中的“仿真”→“运行”命令，或单击“Simulation”工具栏中的“运行”按钮，进行仿真测试。

② 双击示波器 XSC1，弹出“示波器-XSC1”对话框，显示输入电压信号和输出电压信号的波形，如图 8-45 所示。

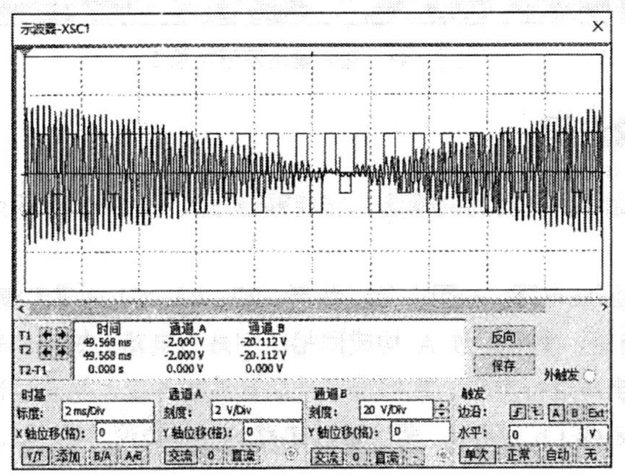

图 8-45　输入输出波形结果 1

③ 双击光谱分析仪 XSA1，弹出“光谱分析仪-XSA1”对话框，等待电路分析直到曲线稳定，结果如图 8-46 所示。移动显示窗口中的数轴可以显示每个频率点所对应的信号幅度。

④ 修改电路中电感的电感值为 100mH，增加输出波形衰减程度，电路原理图见图 8-47。

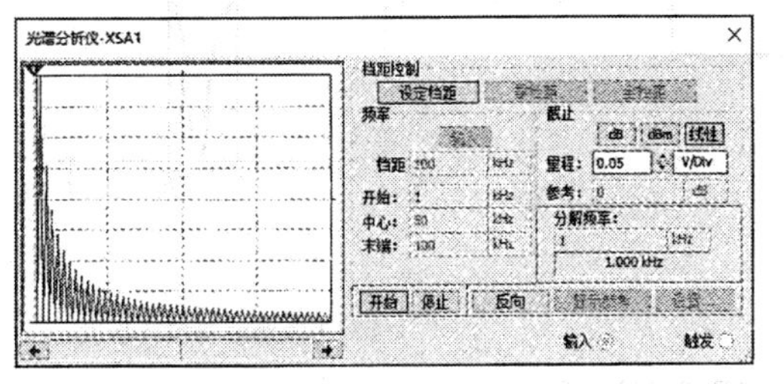

图 8-46　“光谱分析仪-XSA1”窗口

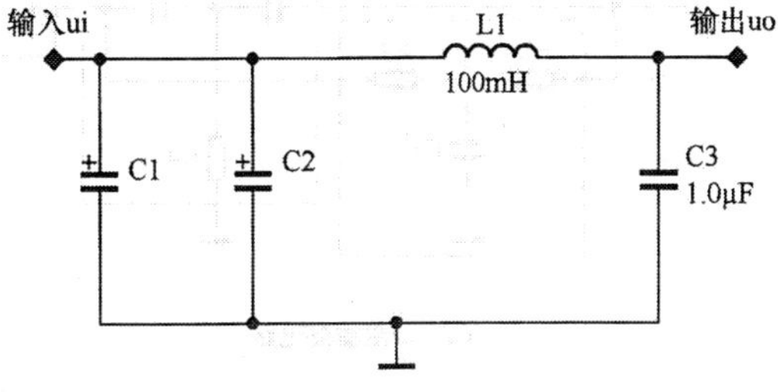

图 8-47　修改电路原理图

⑤ 选择菜单栏中的“仿真”→“运行”命令，或单击“Simulation”工具栏中的“运行”按钮▷，进行仿真测试。

⑥ 双击示波器 XSC1，弹出“示波器-XSC1”对话框，显示输入电压信号和输出电压信号（蓝色曲线）波形，如图 8-48 所示。

⑦ 单击“标准”工具栏中的“保存”按钮，保存绘制好的电路原理图文件。选择菜单栏中的“文件”→“关闭”命令，关闭当前设计文件。

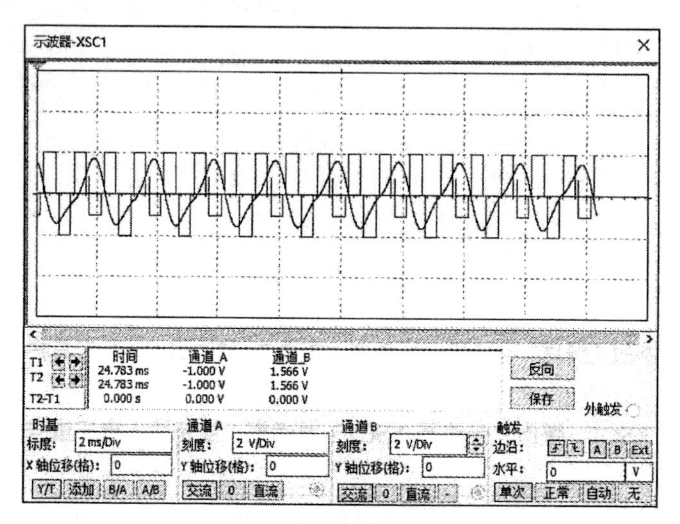

图 8-48 输入输出波形结果 2

8.3.4 有源带阻滤波器

带阻滤波器是与带通滤波器相对的概念，它能够通过大多数频率分量而将某些范围的频率分量衰减到极低的程度。

图 8-49 为有源带阻滤波电路。从图中可以看到，R2、R3、C1 构成无源低通滤波电路，C2、C3、R4 构成无源高通滤波电路，集成运放 A 构成同相比例放大电路。输入信号同时作用于无源低通和高通滤波器，对其输出电压进行求和，就实现了带阻滤波的作用，并通过运算电路的比例运算进行输出。其输出特性如图 8-49（b）所示。两个滤波电路的结构类似“T”型，所以又被称为双 T 网络有源带通滤波器。

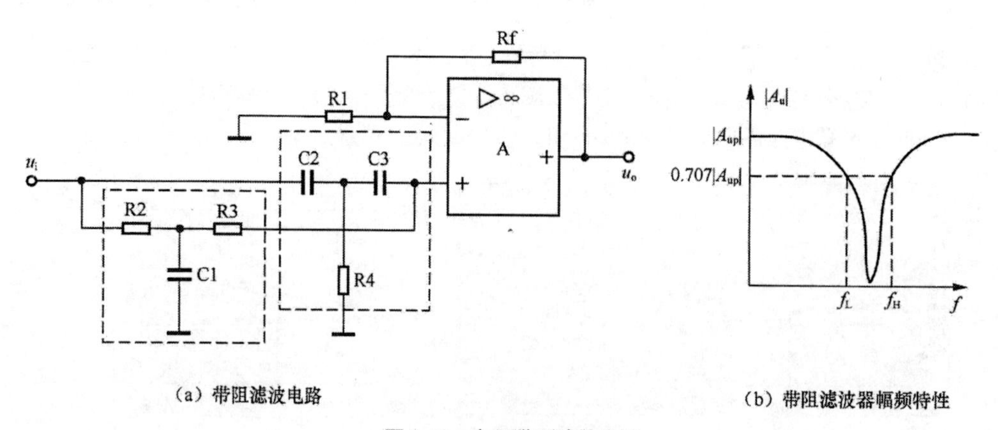

（a）带阻滤波电路

（b）带阻滤波器幅频特性

图 8-49 有源带阻滤波电路

【操作步骤】

1. 设置工作环境

① 单击“标准”工具栏中的“设计”按钮，弹出“打开文件”对话框，选择“单相半波整流电路.ms14”，单击“打开”按钮，打开电路原理图设计文件。

② 单击菜单栏中的“文件”→“另存为”命令，将项目另存为“有源带阻滤波电路.ms14”。

2. 创建层次块

① 选择菜单栏中的“绘制”→“新建层次块”命令，弹出图 8-50 所示的“层次块属性”对话框。

- 在该对话框中输入层次块的文件名“同相比例放大电路模块”，单击“浏览”按钮，打开“新建层次块文件”对话框，显示生成的层次块所在电路原理图文件路径。
- 在“输入管脚（引脚）数量（N）”“输出管脚（引脚）数量（m）”中输入层次块中的输入、输出引脚数量，即子电路（支电路）中输入、输出端口的个数。在本实例中，输入端口数量和输出端口数量均为 1。若这里不进行设置（数量为 0），也可以在子电路（支电路）绘制过程中手动添加输入、输出端口。

② 单击“确认”按钮，弹出鼠标指针将变为十字形状，并带有一个连接器符号标志，在工作区适当位置放置层次块符号“同相比例放大电路模块”，如图 8-51 所示。

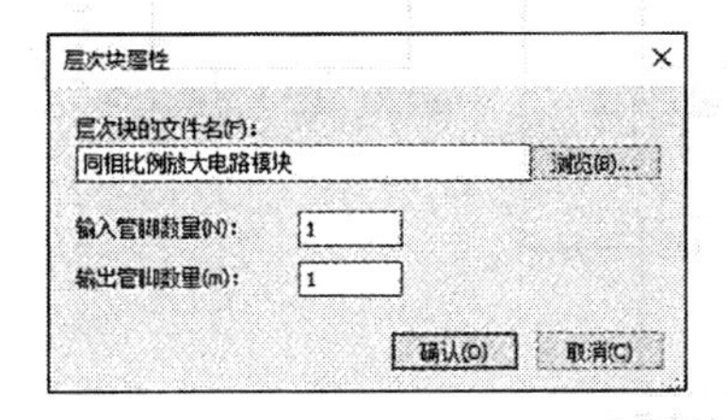

图 8-50 “层次块属性”对话框

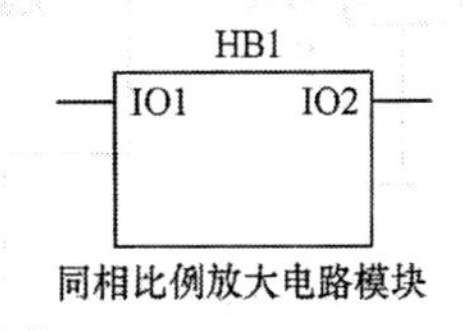

图 8-51 放置层次块符号

③ 使用同样的方法，在工作区适当位置放置层次块符号“无源低通滤波电路模块”“无源高通滤波电路模块”。

④ 在设计工具箱“层级”选项卡下显示的 3 个子电路在层次块符号所在电路原理图的下一层级中，如图 8-52 所示。其中，“无源低通滤波电路模块”为层次块名称，HB2 为层次块序号。

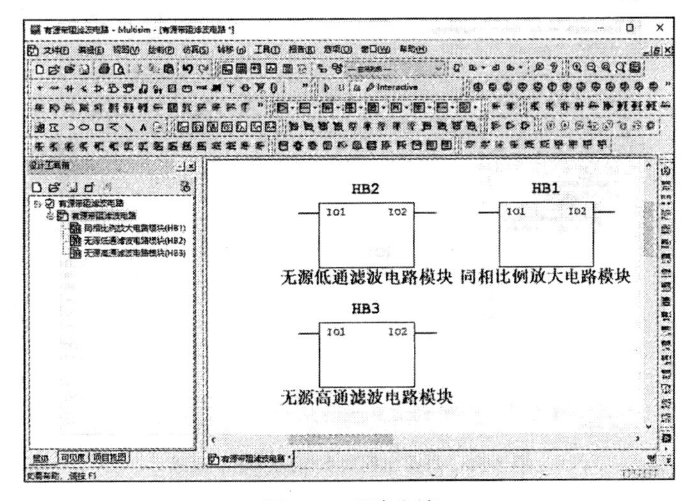

图 8-52 层次电路

3. 绘制顶层电路

① 单击“信号源元器件”工具栏中的“放置交流电压源”按钮，在电路原理图中放置交流信号源 V1（正弦信号）。

② 单击“功率源元器件”工具栏中的“放置地线”按钮，放置接地到电路原理图中。

③ 选择菜单栏中的“仿真”→“仪器”→“示波器”命令，或单击“仪器”工具栏中的“示波器”按钮，在电路原理图中放置示波器 XSC1。将示波器 XSC1 的通道 A 与输入信号（V1）相连，将通道 B 与放大电路的输出端相连，为区分显示，不同通道连接线使用不同颜色显示，结果如图 8-53 所示。

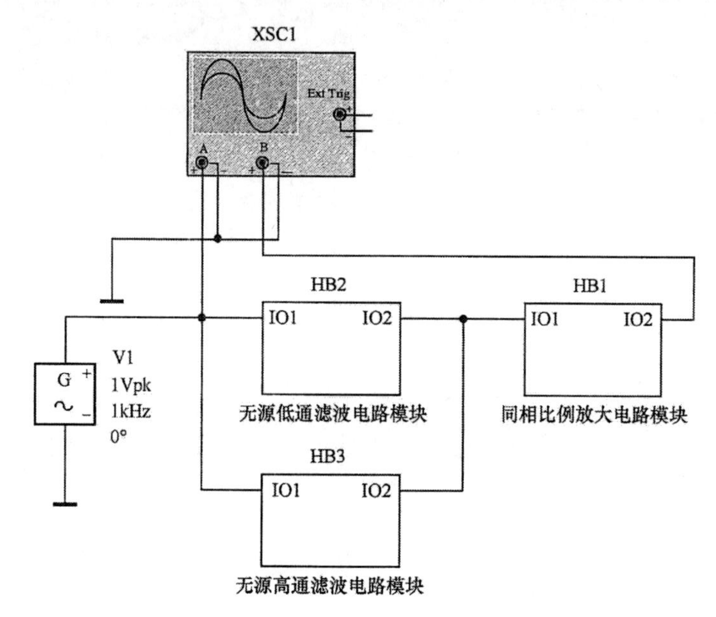

图 8-53　绘制顶层电路

4. 绘制子电路 1

① 打开子电路“同相比例放大电路模块（HB1）”，该电路包含前面设置的 1 个输入端口和 1 个输出端口，如图 8-54 所示。

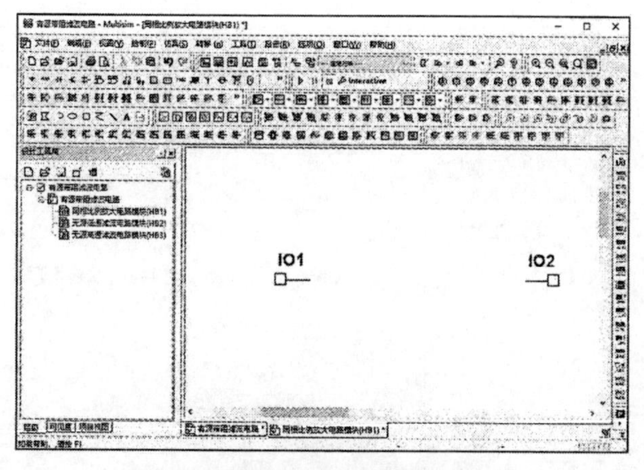

图 8-54　同相比例放大电路模块子电路

② 单击“基本”工具栏中的“放置虚拟电阻器”按钮，在电路原理图中放置阻值为 1.0kΩ

的电阻 R1、Rf。

③ 单击“虚拟”工具栏中的“显示/隐藏模拟系列”按钮下的“放置虚拟三端运算放大器（B）”按钮，在电路原理图中放置三端虚拟运放 OPAMP_3T_VIRTUAL 元器件 U1。

④ 单击“功率源元器件”工具栏中的“放置地线”按钮，双击放置接地到电路原理图中。

⑤ 激活连线命令，鼠标指针自动变为实心圆圈状，单击并移动鼠标指针，执行自动连线操作，结果如图 8-55 所示。

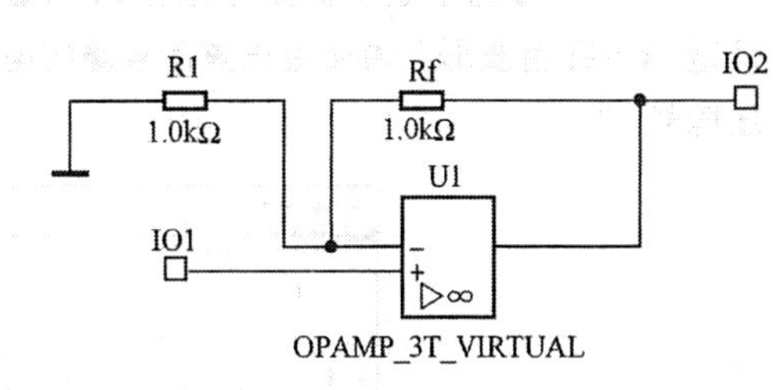

图 8-55　电路原理图绘制结果

5. 绘制子电路 2

① 打开子电路“无源低通滤波电路模块（HB2）”，该电路包含前面设置的 1 个输入端口和 1 个输出端口，如图 8-56 所示。

② 按照一般电路绘制方法绘制子电路“无源低通滤波电路模块（HB2）”，结果如图 8-57 所示。

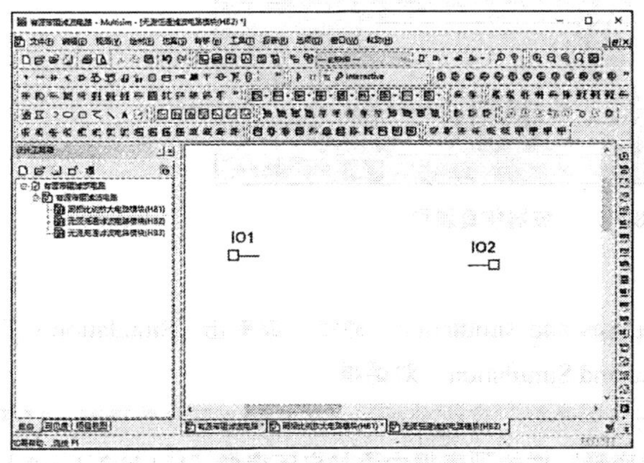

图 8-56　无源低通滤波电路模块（HB2）

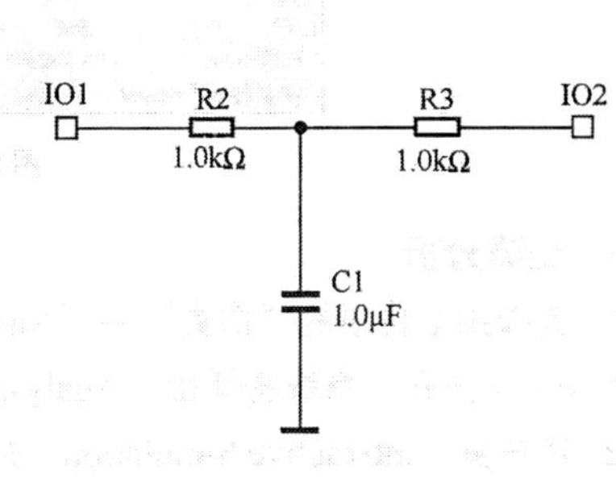

图 8-57　绘制子电路 2

6. 绘制子电路 3

① 打开子电路“无源高通滤波电路模块（HB3）”，该电路包含前面设置的 1 个输入端口和 1 个输出端口，如图 8-58 所示。

② 按照一般电路绘制方法绘制子电路“无源高通滤波电路模块（HB3）”，结果如图 8-59 所示。

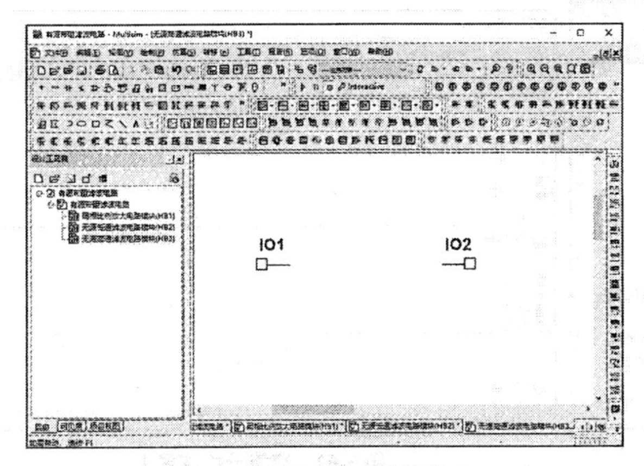

图 8-58　无源高通滤波电路模块（HB3）

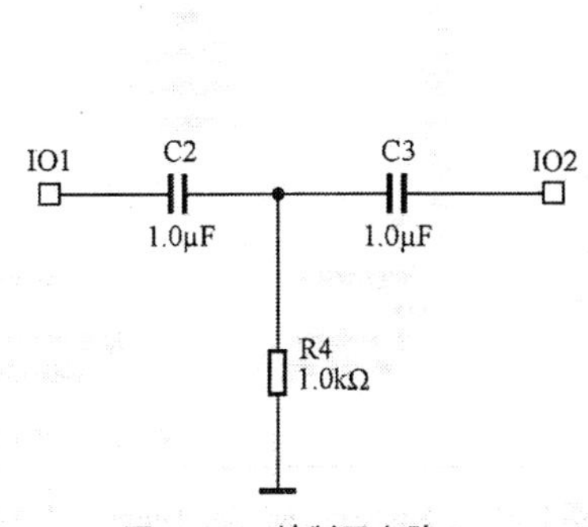

图 8-59　绘制子电路 3

7. VI 仿真

① 选择菜单栏中的“仿真”→“运行”命令，或单击“Simulation”工具栏中的“运行”按钮▶，进行仿真测试，虚拟指示灯开始闪亮。

② 在示波器中显示了交流电压 VI 和虚拟指示灯 X1 两端输出电压的波形，如图 8-60 所示。通道 A（红色波形）为交流正弦信号源的电压信号，通道 B（蓝色波形）为放大电路的输出端电压信号。

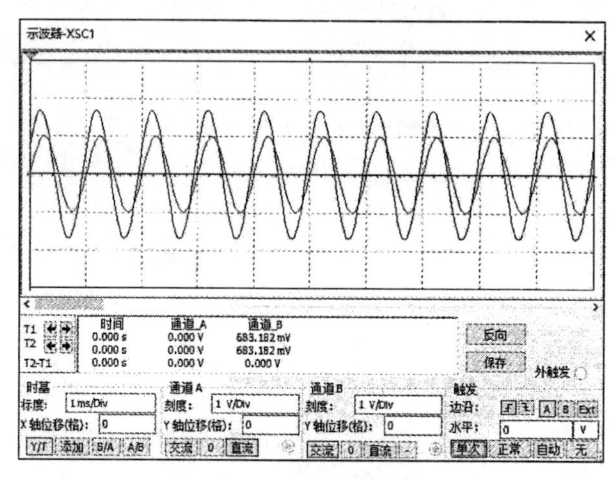

图 8-60　示波器仿真波形

8. 交流分析

① 选择菜单栏中的“仿真”→“Analyses and simulation”命令，或单击“Simulation”工具栏中的 Interactive 按钮，系统将弹出“Analyses and Simulation”对话框。

② 在左侧“Interactive Simulation”列表中选择“交流分析”，在右侧打开参数界面。打开“输出”选项卡，在右侧“已选定用于分析的变量”栏的列表框中添加电压变量“V（hb2_I_io2）”，如图 8-61 所示。

③ 单击“Run”按钮，系统开始进行交流分析。完成分析后，弹出“图示仪视图”窗口，显示幅频、相频特性曲线，如图 8-62 所示。

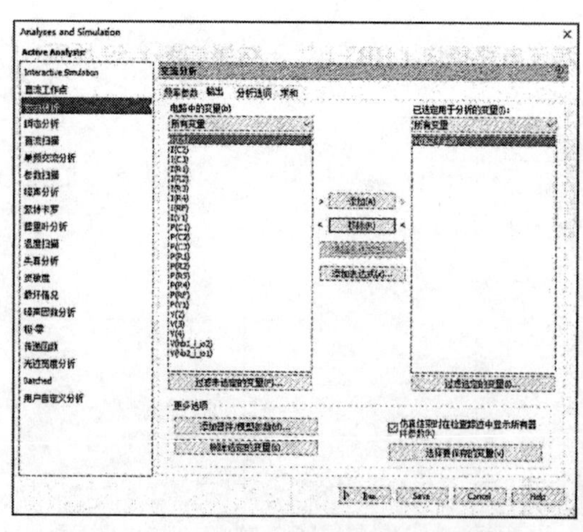

图 8-61　“Analyses and Simulation”对话框

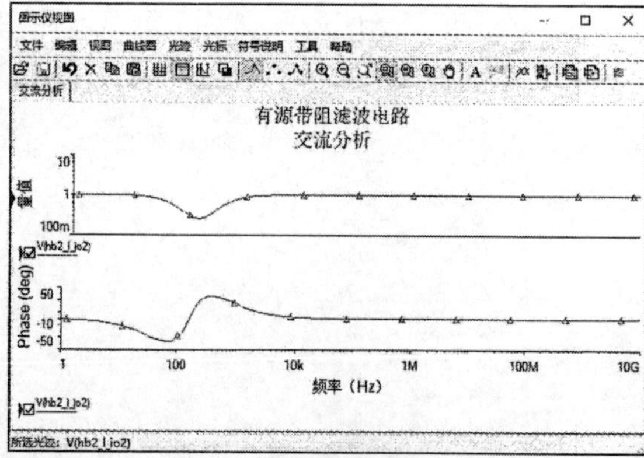

图 8-62　交流分析结果 1

④ 单击幅频特性曲线，红色的小三角形对准幅频特性曲线，单击工具栏中的“显示光标”按钮，在上面的幅频特性曲线中显示光标面板，出现数轴及数轴对应的值。

⑤ 移动鼠标指针，将数轴 1、2 移到幅频特性曲线的电压幅值峰值 70.7%处，数轴 1、数轴 2 横坐标的值就是电路的上截止频率 f_L 和下截止频率 f_H。由图 8-63 可知，在光标面板中显示的截止频率为上截止频率 f_L=39.6913Hz 和下截止频率 f_H=639.5474Hz。

⑥ 单击“标准”工具栏中的“保存”按钮，保存绘制好的电路原理图文件。选择菜单栏中的“文件”→“关闭”命令，关闭当前设计文件。

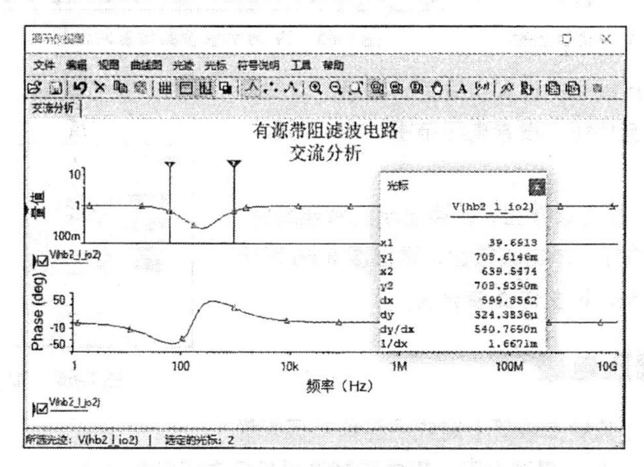

图 8-63　交流分析结果 2

8.4 稳压电路

经过整流电路和滤波电路的电压往往会随交流电源电压的波动和负载的变化而变化。电压的不稳定有时会产生测量和计算的误差，引起控制装置的工作不稳定，甚至使其根本无法正常工作。特别是精密电子测量仪器、自动控制装置、计算装置及晶闸管的触发电路等，都要求有很稳定的直流电源供电。为了得到稳定的直流电压，必须在直流滤波电路之后采用稳压电路。常用的稳压电路有二极管稳压电路、串联型稳压电路、集成稳压电路等。

8.4.1 IV 分析仪

IV 分析仪在 Multisim14.3 中专门用于分析二极管、PNP 型和 NPN 型三极管、PMOS 和 CMOS FET 的伏安特性。伏安特性曲线图常用纵坐标表示电流 I、用横坐标表示电压 U，以此绘制出的 I-U 图像被称为导体的伏安特性曲线图。

图 8-64 为 IV 分析仪图标，IV 分析仪共有 3 个接线端，分别接三极管的 3 个电极。IV 分析仪只能够测量未连接到电路中的元器件。

选择菜单栏中的“仿真”→“仪器”→“IV 分析仪”命令，或单击“仪器”工具栏中的“IV 分析仪”按钮，放置 IV 分析仪。双击 IV 分析仪图标，弹出参数设置对话框，如图 8-65 所示。

该对话框主要功能如下。

①“元器件”选项组：选择伏安特性测试对象，有 Diode（二极管）、BJT PNP、PMOS、NMOS 选项。

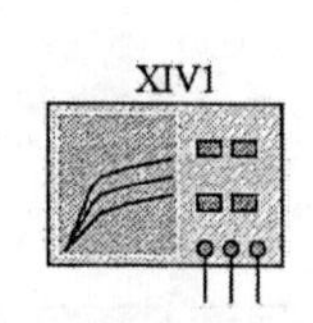

图 8-64　IV 分析仪图标

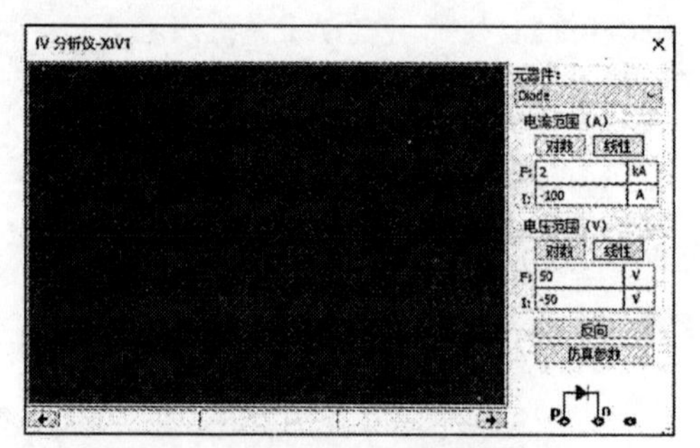

图 8-65　IV 分析仪参数设置对话框

② “电流范围”选项组：设置电流范围，有“对数”“线性”两种选择。

③ “电压范围”选项组：设置电压范围，有“对数”“线性”两种选择。

④ “反向”按钮：单击该按钮，转换显示区背景颜色。

⑤ “仿真参数”按钮：单击该按钮，弹出图 8-66 所示的“仿真参数”对话框，设置仿真参数区。

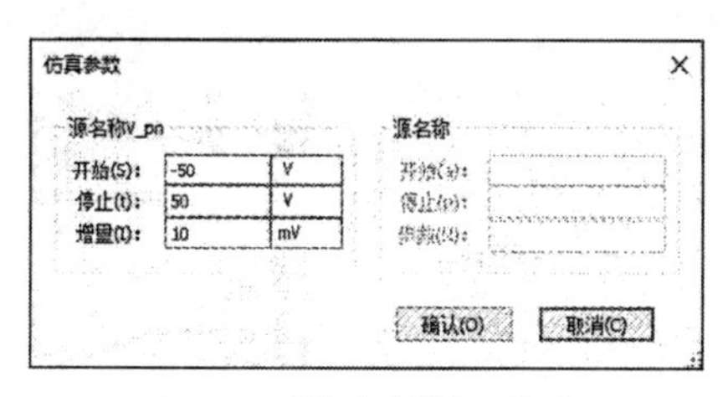

图 8-66　“仿真参数”对话框

8.4.2　二极管稳压电路

利用稳压二极管（齐纳二极管）组成的简单二极管稳压电路如图 8-67 所示。R 为限流电阻，用来限制流过稳压二极管的电流。

稳压二极管的伏安特性曲线的正向特性和普通二极管类似（见图 8-68），反向特性是在反向电压低于反向击穿电压时，反向电阻很大，反向漏电流极小。但是，当反向电压临近反向电压的临界值时，反向电流骤然增大，称为击穿，在这一临界击穿点上，反向电阻骤然降至很小值。

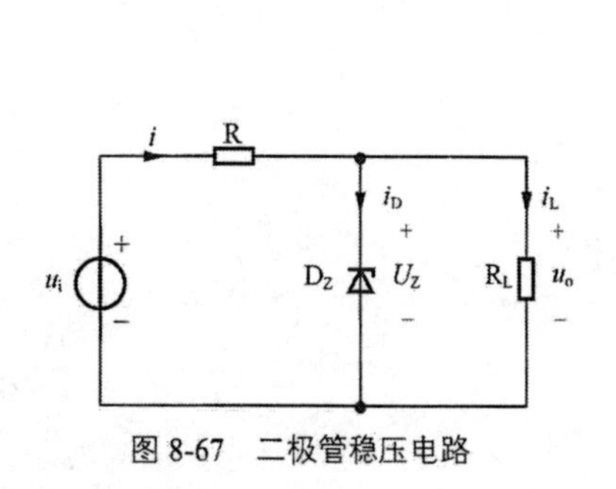

图 8-67　二极管稳压电路

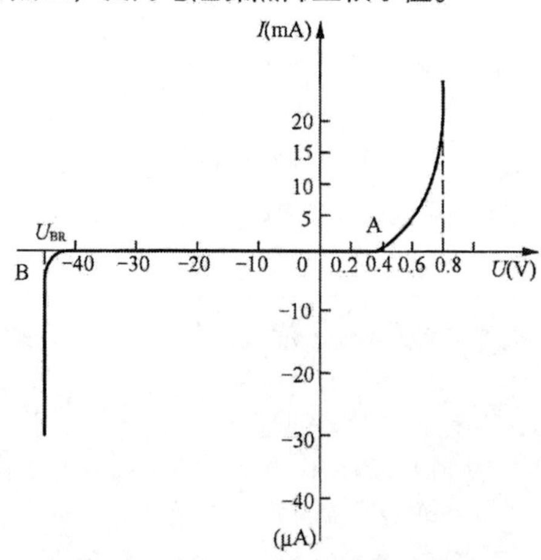

图 8-68　稳压二极管的伏安特性曲线

【操作步骤】

1. 设置工作环境

① 单击“标准”工具栏中的“设计”按钮，弹出“New Design（新建设计文件）”对话框，选择“Blank and recent”选项。单击Create按钮，创建一个电路原理图设计文件。

② 单击菜单栏中的“文件”→“保存为”命令，将项目另存为“二极管稳压电路.ms14”。

③ 选择菜单中的“选项”→“原理图属性”命令，系统弹出“原理图属性”对话框，打开“工作区”选项卡，设置电路图页面大小为 A4。完成设置后，单击“确认”按钮，关闭对话框。

④ 选择菜单栏中的“绘制”→“标题块”命令，在弹出的“打开”对话框中选择标题块模板 Ulticap.tb7。单击“打开”按钮，在图纸右下角放置标题块。选择菜单栏中的“编辑”→“标题块位置”→“右下”命令，精确放置标题块。

2. 绘制电路原理图

① 单击“二极管”工具栏中的“放置虚拟齐纳二极管”按钮，直接在电路原理图中放置齐纳二极管 ZENER 元器件 D1。

② 单击“基本”工具栏中的“放置虚拟电阻器”按钮，直接在电路原理图中放置阻值为 1.0kΩ 的电阻 R1、RL。

③ 单击“基本”工具栏中的“放置源”按钮，在“组”下拉列表中选择“Sources”，选择“POWER_SOURCES”系列中的“DC_POWER”“GROUND”，把它们放置到电路原理图中。

④ 激活连线命令，鼠标指针自动变为实心圆圈状，单击并移动鼠标指针，执行自动连线操作，结果如图 8-69 所示。

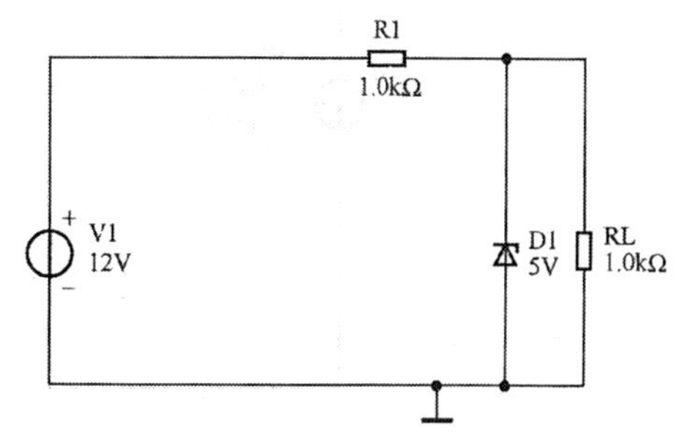

图 8-69 电路原理图结果

3. 插入仪器

① 选择菜单栏中的“仿真”→“仪器”→“4 通道示波器”命令，或单击“仪器”工具栏中的“4 通道示波器”按钮，在电路原理图中放置 4 通道示波器 XSC1，并连接 4 通道示波器 XSC1（为区分显示，不同通道连接线为不同颜色）。

② 单击“测量部件”工具栏中的“放置安培计（水平）”按钮、“放置安培计（垂直）”按钮，分别放置安培计 I0、I1、I2，结果如图 8-70 所示。

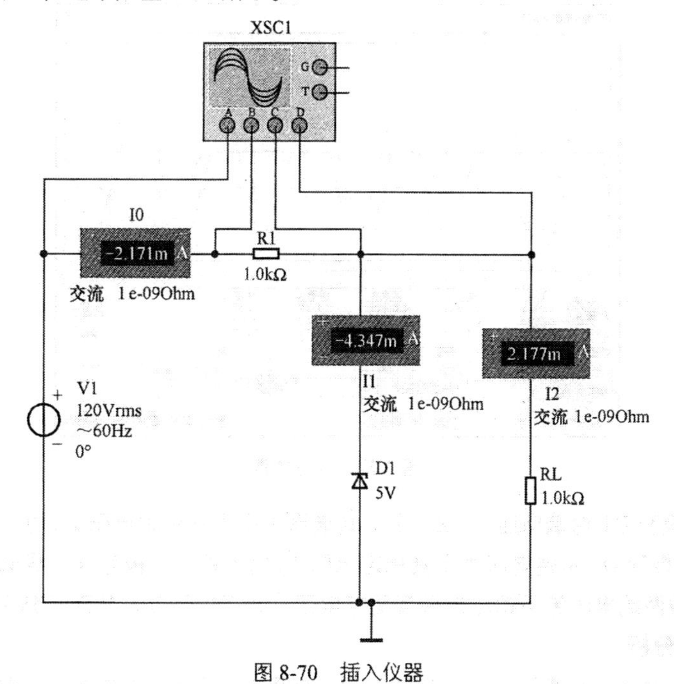

图 8-70 插入仪器

4. 运行仿真

① 选择菜单栏中的“仿真”→“运行”命令，或单击“Simulation”工具栏中的“运行”按钮▶，进行仿真测试，在安培计中显示交流电流，如图 8-71 所示。

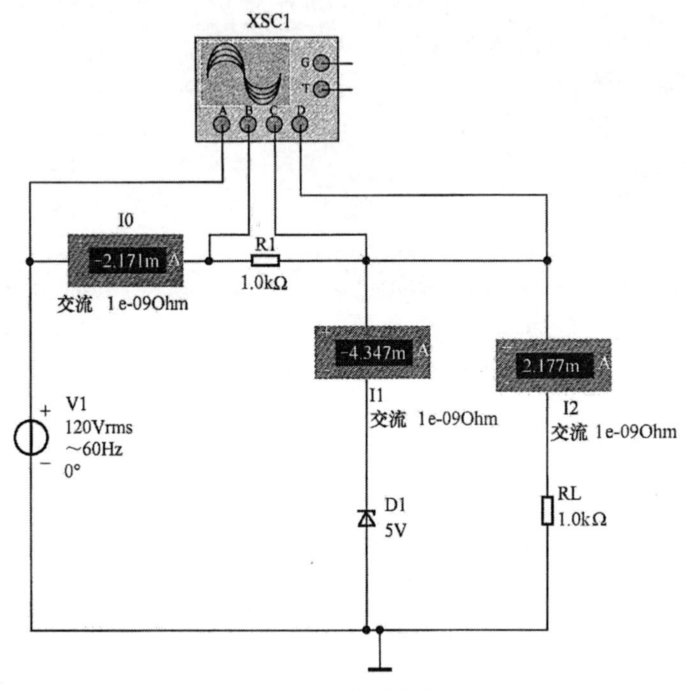

图 8-71 显示电流值

② 在 4 通道示波器 XSC1 中显示不同节点交流电压的波形，如图 8-72 所示。

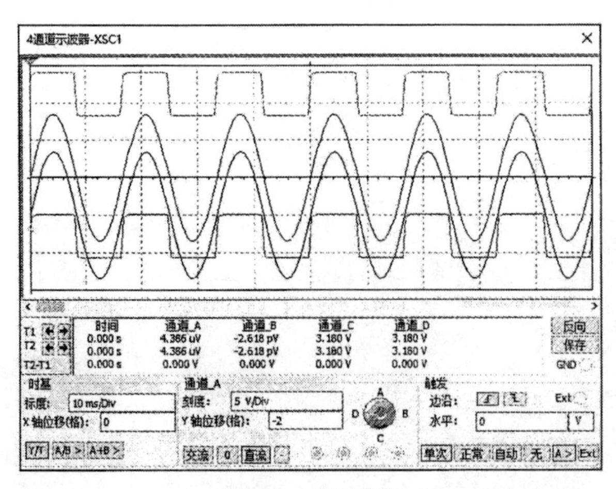

图 8-72 运行仿真

③ 当稳压二极管 D1 两端电压（DZ，最上端波形）小于其稳定电压 U_Z 时，稳压二极管处于截止状态；当稳压二极管 D1 两端电压大于其稳定电压 U_Z 时，稳压二极管处于导通状态，其两端电压 U_Z 保持不变，负载两端电压等于稳压二极管稳定电压，也保持不变，从而起到了稳定电压的作用。

5. 伏安特性分析

① 选择菜单栏中的“仿真”→“仪器”→“IV 分析仪”命令，或单击“仪器”工具栏中的“IV

分析仪”按钮，放置 IV 分析仪 XIV1，如图 8-73 所示。

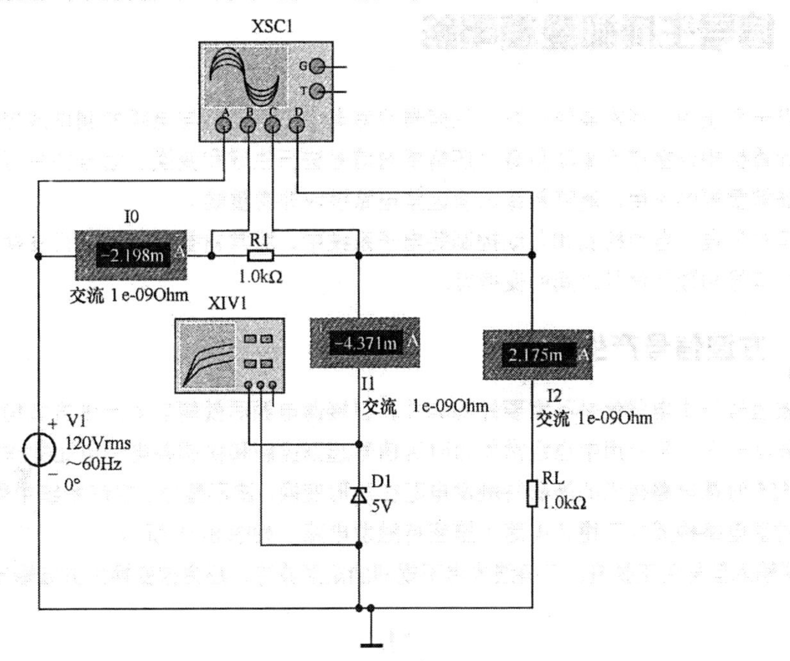

图 8-73　放置 IV 分析仪 XIV1

② 双击 IV 分析仪图标，弹出“IV 分析仪-XIV1”对话框，在“元器件”下拉列表中选择“Diode”用于显示二极管的伏安特性曲线，如图 8-74 所示。

③ 选择菜单栏中的“仿真”→“运行”命令，或单击“Simulation”工具栏中的“运行”按钮，进行仿真测试，在 IV 分析仪 XIV1 中显示二极管的伏安特性曲线。

④ 调整“电流范围”选项组下的“F（起始值）”“I（终止值）”和“电压范围”选项组下的“F（起始值）”“I（终止值）”。单击“反向”按钮，将显示区的黑色背景转换为白色背景，方便图形显示，如图 8-75 所示。

⑤ 二极管伏安特性曲线加在 PN 结两端的电压和流过二极管的电流之间的关系曲线被称为伏安特性曲线。在图 8-75 中，u>0 的部分称为正向特性，u<0 的部分称为反向特性。当反向电压超过一定数值 U（BR）后，反向电流急剧增加，被称为反向击穿。

⑥ 单击“标准”工具栏中的“保存”按钮，保存绘制好的电路原理图文件。选择菜单栏中的“文件”→“关闭”命令，关闭当前设计文件。

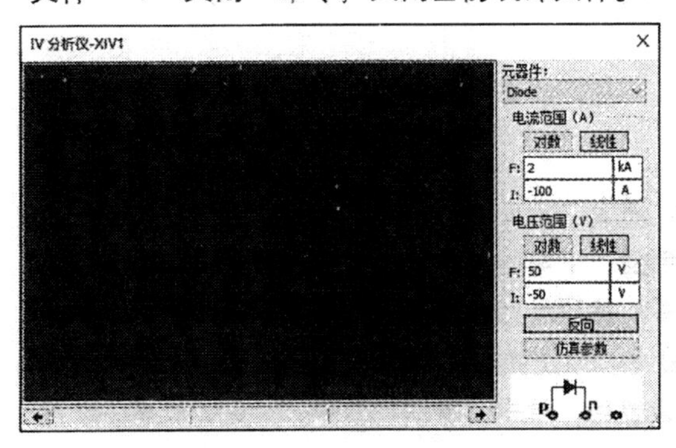

图 8-74　“IV 分析仪-XIV1”对话框

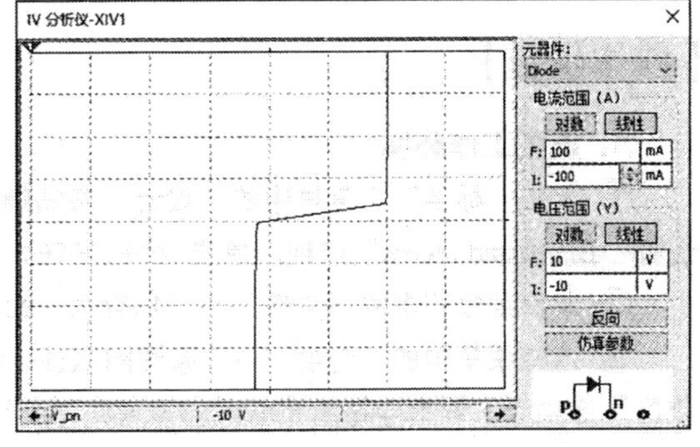

图 8-75　运行仿真

8.5 信号生成和变换电路

在电子系统中，经常需要一些正弦信号或者非正弦信号参与电路的测试或控制，而为了使信号能够与计算机相连接或者驱动负载，还需要对信号进行生成和变换。信号的生成和变换在电子系统中起着非常重要的作用，能够熟练识读这些电路模块非常重要。

在信息处理、自动检测和自动控制等电子系统中，经常需要对信号进行变换，如波形变换与整形、模拟信号和数字信号之间的变换等。

8.5.1 方波信号产生电路

方波信号产生电路就是不需要外加脉冲，在接通电源后就能自动产生方波信号，也称方波发生器。方波信号在实际应用中也经常作为时钟信号起到控制和协调各电子电路的作用。

由 555 时基电路构成的施密特触发电路在波形变换、波形整形、控制系统中得到了广泛的应用。由 555 时基电路构成的双稳态电路（施密特触发电路）如图 8-76 所示。

如果输入信号为正弦波、三角波或者不规则的矩形波等，都会被变换为方波输出，如图 8-77 所示。

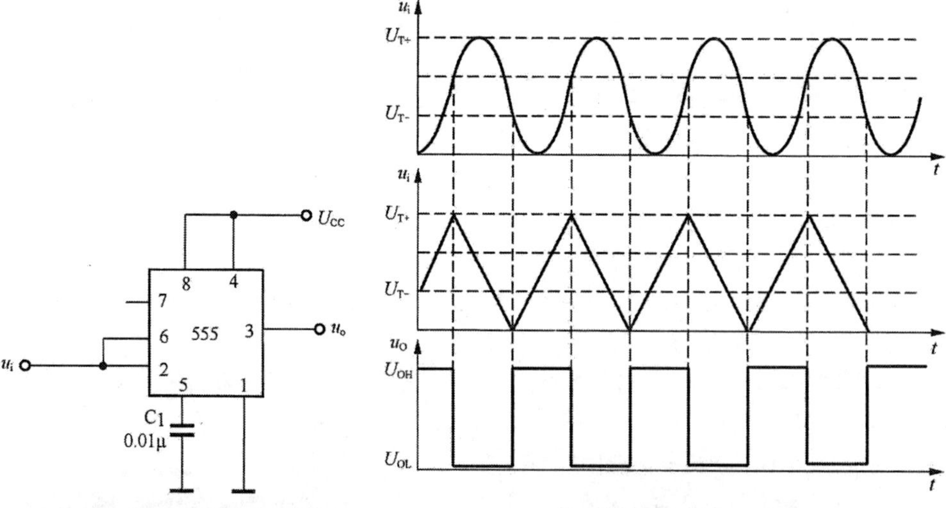

图 8-76　由 555 时基电路构成的双稳态电路（施密特触发电路）

图 8-77　施密特触发电路波形变换图

【操作步骤】

1. 设置工作环境

① 单击“标准”工具栏中的“设计”按钮，弹出“New Design（新建设计文件）”对话框，选择“Blank and recent”选项。单击Create按钮，创建一个电路原理图设计文件。

② 单击菜单栏中的“文件”→“保存为”命令，将项目另存为“施密特触发电路.ms14”。

③ 选择菜单中的“选项”→“原理图属性”命令，系统弹出“原理图属性”对话框，打开“工作区”选项卡，设置电路图页面大小为 A4。完成设置后，单击“确认”按钮，关闭对话框。

④ 选择菜单栏中的“绘制”→“标题块”命令，在弹出的“打开”对话框中选择标题块模板 Ulticap.tb7。单击“打开”按钮，在图纸右下角放置标题块。选择菜单栏中的“编辑”→“标题块位置”→“右下”命令，精确放置标题块。

2. 绘制电路原理图

① 单击“其他元器件”工具栏中的“放置虚拟标准 555 定时器”按钮，直接在电路原理图中放置 555 定时器 A1。

② 单击“基本”工具栏中的“放置虚拟电容器”按钮，直接在电路原理图中放置容量为 1.0μF 的电容 C1。

③ 单击“功率源元器件”工具栏中的“放置 CMOS 电源（VDD）”按钮和“放置地线”按钮，放置电源 VDD 与接地到电路原理图中。

④ 选择菜单栏中的“仿真”→“仪器”→“函数发生器”命令，或单击“仪器”工具栏中的“函数发生器”按钮，放置函数发生器 XFG1。

⑤ 选择菜单栏中的“仿真”→“仪器”→“示波器”命令，或单击“仪器”工具栏中的“示波器”按钮，在电路原理图中放置示波器 XSC1，并连接示波器 XSC1（为区分显示，不同通道连接线为不同颜色）。

⑥ 激活连线命令，鼠标指针自动变为实心圆圈状，单击并移动鼠标指针，执行自动连线操作，结果如图 8-78 所示。

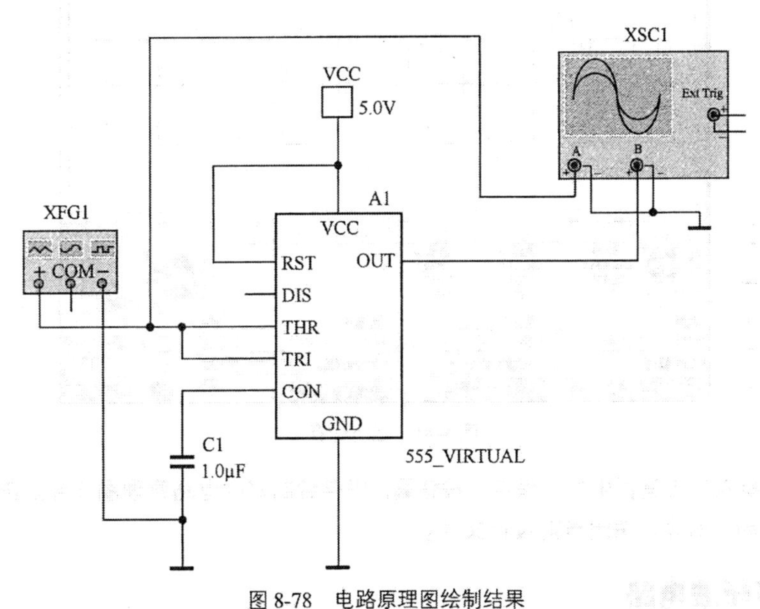

图 8-78　电路原理图绘制结果

3. 运行仿真

① 双击函数发生器 XFG1 图标，弹出“函数发生器-XFG1”对话框，在“波形”选项组下选择输出波形为正弦波，频率为 1Hz，如图 8-79 所示。

② 选择菜单栏中的“仿真”→“运行”命令，或单击“Simulation”工具栏中的“运行”按钮，进行仿真测试，在示波器中显示输入、输出交流电压的波形，如图 8-80 所示。

得出结论：将正弦交流电压转化为矩形波电压信号。

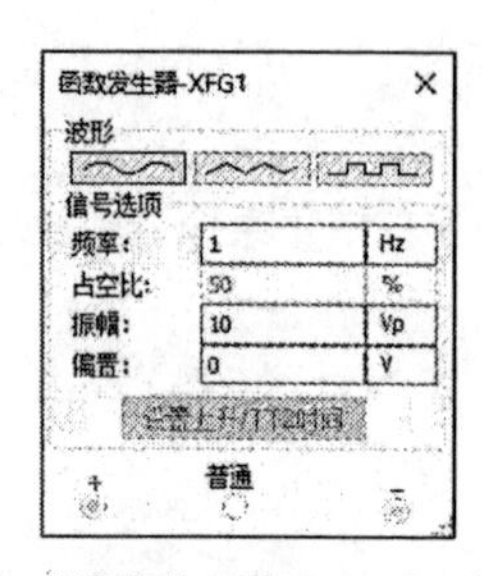

图 8-79 “函数发生器-XFG1”对话框

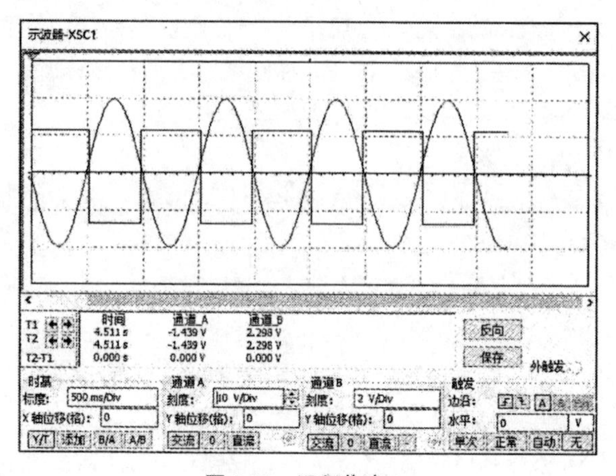

图 8-80 运行仿真 1

③ 双击函数发生器 XFG1 图标，弹出“函数发生器-XFG1”对话框，在“波形”选项组下选择输出波形为三角波，频率为 1Hz。

④ 在示波器中显示电路已将三角波交流电压转化为了矩形波电压信号，如图 8-81 所示。

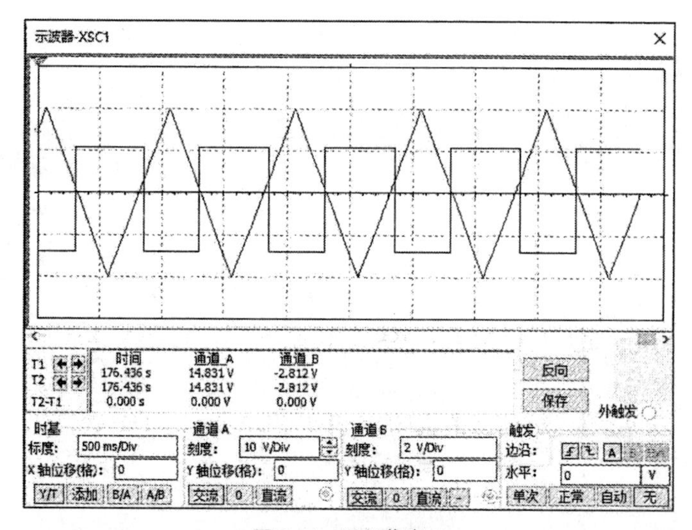

图 8-81 运行仿真 2

⑤ 单击“标准”工具栏中的“保存”按钮，保存绘制好的电路原理图文件。选择菜单栏中的“文件”→“关闭”命令，关闭当前设计文件。

8.5.2 降压斩波电路

利用电力开关元器件周期性的开通和关断来改变输出电压的大小，将直流电能转换为另一固定电压或可调电压的直流电路，被称为降压斩波电路（DC/DC 变换电路）。降压斩波电路也称直流调压器（直流变换电路），其功能是改变和调节直流电的电压和电流。

降压斩波电路如图 8-82 所示，电路由一个三极管 VT、二极管 VD1 和电感 L 等组成。三极管 VT 是斩波控制的主要元器件，电感起储能和滤波作用，二极管起续流作用。负载可以是电阻、电感、电容或直流电动机电枢等，电路的工作原理如下。

在图 8-82（a）中，三极管 VT 的基极加有控制脉冲 U_b，当 U_b 为高电平时，VT 导通，相当于开关闭合，这时 $U_o=E$。在 $t=t_{off}$ 时三极管 VT 关断，关断时电感 L 经二极管 VD1 续流，$U_o=0$，斩波器输出电压 U_o 波形见图 8-82（b），输出平均电压

$$U_O = \frac{t_{on}}{t_{on}+t_{off}}E = \frac{t_{on}}{T}E \quad (8\text{-}1)$$

在式（8-1）中，T 为开关周期；$\alpha = \frac{t_{on}}{T}$ 为占空比，或称导通比。想要改变占空比 α，可以通过调节直流输出平均电压的大小。因为 $\alpha \leqslant 1$，$U_o \leqslant E$，故该电路称为降压斩波电路。

在三极管 VT 导通区间，有电流 I 经 E+→VT→L→RL→E-，而二极管 VD1 截止，电流在流过电感 L 时，L 会产生左正右负的电动势阻碍电流 I（同时储存能量），故 I 慢慢增大；在三极管 VT 关断期间，电感 L 经 RL 和二极管 VD1 续流，电流流动路径是 L 右正→RL→VD1→L 左负，该电流是一个逐渐减小的电流。

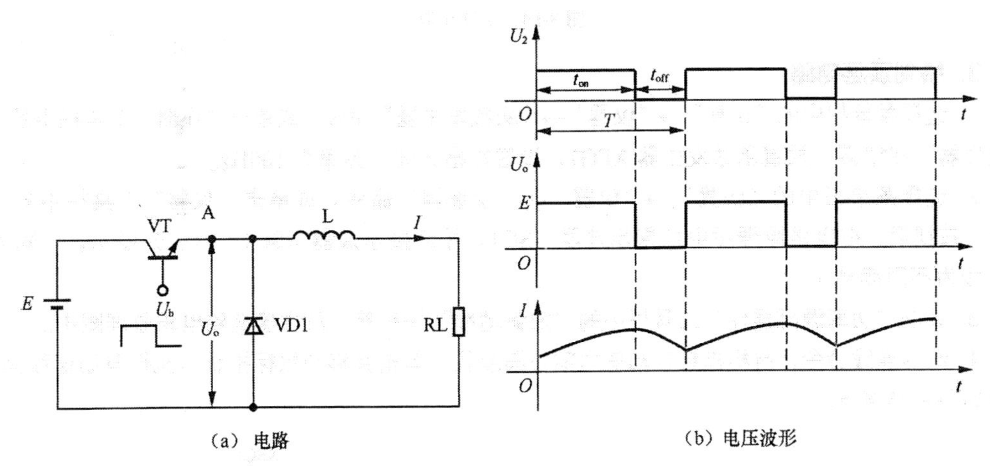

（a）电路　（b）电压波形

图 8-82　降压斩波电路

【操作步骤】

1. 设置工作环境

① 单击“标准”工具栏中的“设计”按钮，弹出“打开文件”对话框，选择“单相半波整流电路.ms14”，单击“打开”按钮，打开电路原理图设计文件。

② 单击菜单栏中的“文件”→“另存为”命令，将项目另存为“降压斩波电路.ms14”。

2. 创建层次块

① 选择菜单栏中的“绘制”→“新建层次块”命令，弹出“层次块属性”对话框，输入层次块的文件名“降压斩波电路模块”，在“输入管脚（引脚）数量（N）”“输出管脚（引脚）数量（m）”中输入层次块中的输入、输出引脚数量，即子电路（支电路）中输入、输出端口的个数。在本实例中，输入、输出端口的数量均为 1。单击“确认”按钮，在工作区适当位置放置层次块符号，如图 8-83 所示。

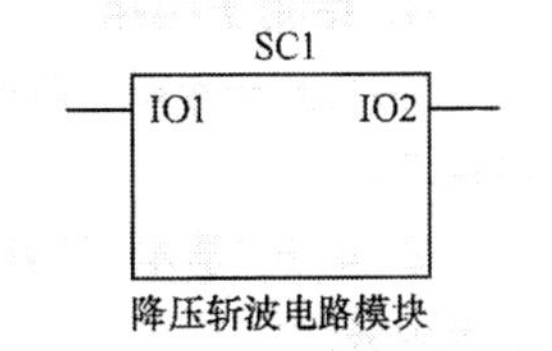

图 8-83　放置层次块符号

② 在设计工具箱“层级”选项卡下，可以看到子电路位于层次块符号所在电路原理图的下一层级中，如图 8-84 所示。

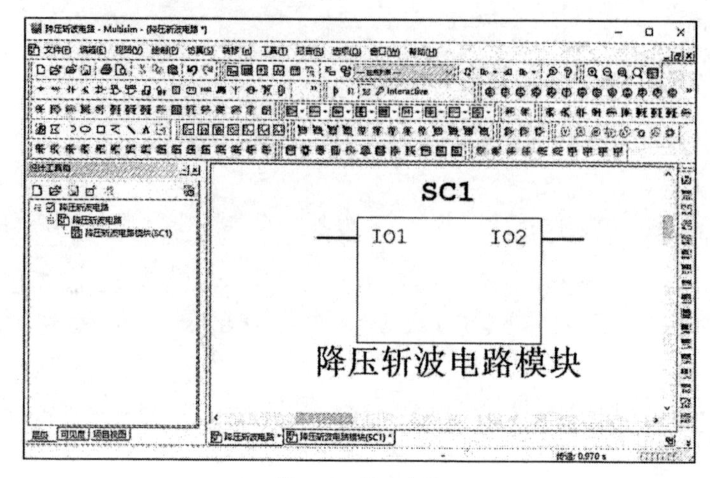

图 8-84　层次电路

3. 绘制顶层电路

① 选择菜单栏中的“仿真”→“仪器”→“函数发生器”命令，或单击“仪器”工具栏中的“函数发生器”按钮，放置函数发生器 XFG1，设置输出方波，频率为 100Hz。

② 选择菜单栏中的“仿真”→“仪器”→“示波器”命令，或单击“仪器”工具栏中的“示波器”按钮，在电路原理图中放置示波器 XSC1，并连接示波器 XSC1（为区分显示，不同通道连接线为不同颜色）。

③ 单击“功率源元器件”工具栏中的“放置地线”按钮，放置接地到电路原理图中。

④ 激活连线命令，鼠标指针自动变为实心圆圈状，单击并移动鼠标指针，执行自动连线操作，结果如图 8-85 所示。

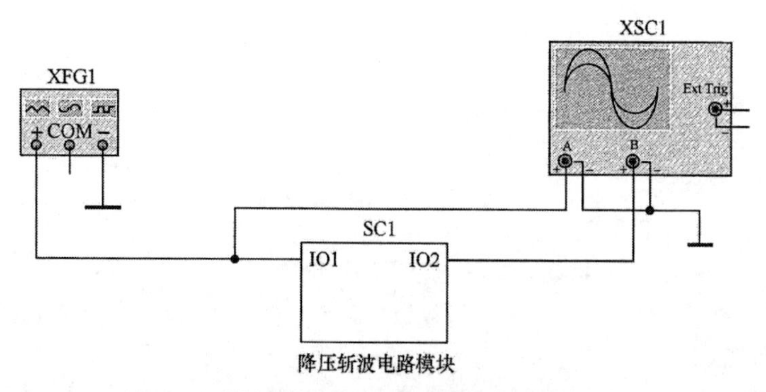

图 8-85　绘制顶层电路（由软件绘制的电路原理图）

4. 绘制子电路

① 打开子电路“降压斩波电路模块（SC1）”，该电路包含前面设置的 1 个输入端口和 1 个输出端口。

② 单击“基本”工具栏中的“放置虚拟电阻器”按钮，直接在电路原理图中放置阻值为 1.0kΩ 的电阻 R1。

③ 单击“晶体管元器件”工具栏中的“放置虚拟双极结晶体管 NPN”按钮，直接在电路原理图中放置晶体管 VT1。

④ 单击“基本”工具栏中的“放置虚拟电感器”按钮，直接在电路原理图中放置电感为 1.0mH

的电感 L1（修改 L1 的值为 5H）。

⑤ 单击“功率源元器件”工具栏中的“放置地线”按钮，双击放置接地到电路原理图中。

⑥ 选择菜单栏中的“放置”→“仪器”→“电流探针”命令，在电路原理图中放置电流探针 XCP1。

⑦ 选择菜单栏中的“仿真”→“仪器”→“示波器”命令，或单击“仪器”工具栏中的“示波器”按钮，在电路原理图中放置示波器 XSC2，并连接示波器 XSC2（为区分显示，不同通道连接线为不同颜色）。

⑧ 激活连线命令，鼠标指针自动变为实心圆圈状，单击并移动鼠标指针，执行自动连线操作，结果如图 8-86 所示。

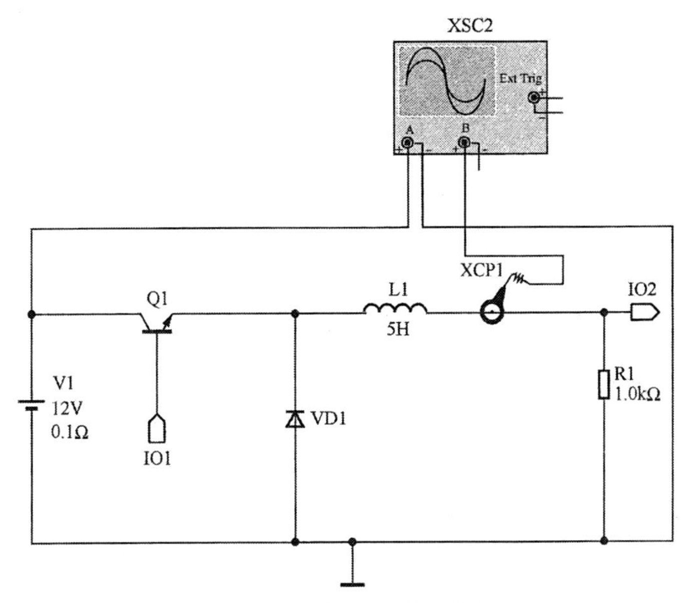

图 8-86　电路原理图绘制结果

5. VI 仿真

① 选择菜单栏中的“仿真”→“运行”命令，或单击“Simulation”工具栏中的“运行”按钮，进行仿真测试，如图 8-87 所示。

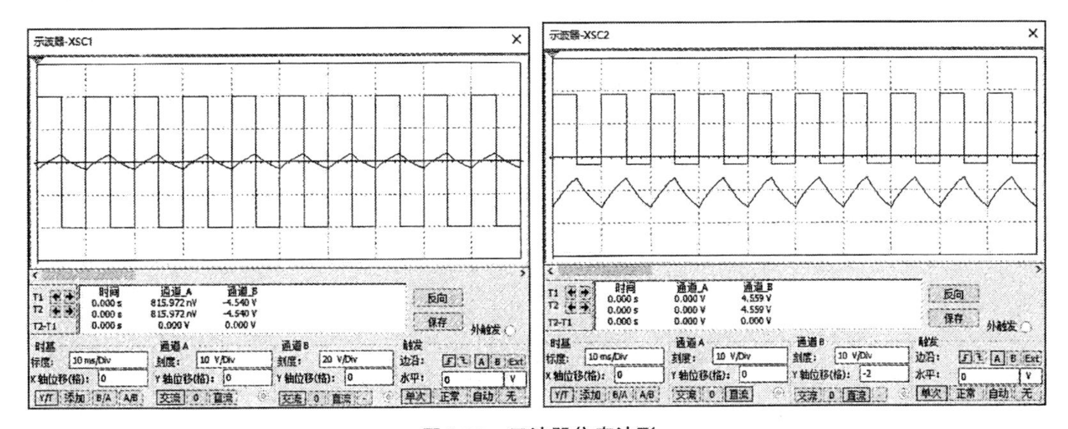

图 8-87　示波器仿真波形

② 在示波器 XSC1 中，显示的是三极管 VT1 基极输入的交流电压和负载 R1 两端输出电压的波形。通道 A（红色波形）为方波函数发生器的电压信号，通道 B（蓝色波形）为负载电压信号。

③ 在示波器 XSC2 中，显示的是三极管 VT1 集电极的电压和通过负载 R1 电流的波形。

④ 单击“标准”工具栏中的“保存”按钮，保存绘制好的电路原理图文件。选择菜单栏中的“文件”→“关闭”命令，关闭当前设计文件。

第9章 PCB设计基础

设计 PCB 是整个工程设计的最终目的。电路原理图设计得再完美，如果 PCB 设计得不合理，性能也将大打折扣，严重时甚至不能正常工作。制板商要参照用户所设计的 PCB 图来进行 PCB 的生产。

本章主要介绍 PCB 的结构、PCB 编辑器 Ultiboard 14.3 的界面及 PCB 设计流程等知识，使读者对 PCB 的设计有一个全面的了解。

9.1 Ultiboard 14.3 的功能特点

Ultiboard 14.3 的功能虽然非常强大，但是，由于进行 PCB 的电路设计比绘制电路图难一些，各方面的要求也比较严格，而且它是最终的产品，要想达到对其进行操作时有一种驾轻就熟的感觉，还真得下一番功夫。Ultiboard 14.3 与其他同类的布局设计工具相比较，它具有自己独特的特点。

① 直观、用户友好的全新菜单：可与 Multisim 无缝连接，生成共享信息，减少往返传递次数，使它们构成一个综合完整体。元器件属性包括零件数、封装列表、门组、布局、镜像、旋转、锁存规则、固定规则、VCC、GND 电源引脚等，都由 Multisim 集成，然后传递到 Ultiboard 14.3。

② 板层多、精度高：在 Ultiboard 14.3 中，最大的制板尺寸为 42 英寸×42 英寸。总共 32 层（顶层、底层、30 个内电层）。

③ 快速、自动布线：自动布线器是带有推挤、存储、拉件、优化功能的基于形状的 16 层无网格智能化自动布线器，可以快捷简便地建立和使用，效益高，过孔可减少至 40%，比原来的网络布线速度快 10～20 倍。

④ 强制向量和密度直方图：为了使 PCB 设计的布局达到最佳效果，Ultiboard 14.3 提供了“强制向量”“密度直方图”功能，相对而言，这是 Ultiboard 14.3 布局操作中比较有特色的两个功能，将有助于用户使自己的 PCB 设计尽可能达到较完美的布局效果。强制向量是 Ultiboard 14.3 提供的达到最佳智能布局的有力功能之一，即在用户采用手工放置元器件封装时，也应注意利用强制向量功能，它可保证布局时将属于同电气连接网络的元器件尽可能靠近，从而保证 PCB 上各元器件引脚间连线最短的要求。强制向量实际上是一种特殊的算法，它把每个元器件上的各条有方向和长短的飞线视为一个向量，则每个元器件存在一个向量空间，对这些向量进行求和生成一个“强制向量”，该向量既有大小也有方向，并可显示在工作区内。沿强制向量方向移动元器件，尽量使该向量长度变短，等效于使元器件的各条飞线最短化，以达到此规则下的最佳布局效果。Ultiboard 14.3 中的密度直方图用来表示 PCB 在 *X*、*Y* 轴两个方向板的面上布线的连接密度。如果 PCB 上的布线密度十分不均匀，布线密度过高的地方的走线布通就会很困难，而布线密度过低又会浪费板面积，所以布局时最好使整个板面保持相对均匀的连接密度。可通过观察密度直方图来相对调整布局以

改善布线密度。

⑤ 智能化的覆铜技术：使复杂的铜区容易布线。

⑥ 全方位的库支持：库管理器使库及封装管理流线化。全面的 PCB 封装形式，结合图形化的管理、编程，使得建库、封装简单易行。

⑦ 支持 CAM：产生 Gerber 文件，使制板工程师不需要考虑制板厂商文件格式的兼容性，从而使设计工作到生产产品一气呵成。

⑧ 使用元器件（自动、圆形驱动、元器件组等）放置器可以大量节省放置元器件的时间。

⑨ 模拟的三维 PCB 视图：为了观察 PCB 的设计效果，Ultiboard 14.3 提供了“三维视图”的功能。对比其他 PCB EDA 设计软件，这是 Ultiboard 14.3 布局操作中很有特色的一个功能。这将有助于用户随时观察自己的 PCB 设计的实际效果。三维效果图是 Ultiboard 14.3 提供给用户观察 PCB 设计效果的一项功能。当用户在设计 PCB 时，利用三维效果的功能，就可以随时在 PCB 的设计过程中观察整个 PCB 的三维效果图（包括元器件的布局、布线），从而保证设计者对所设计的 PCB 有个直观的认识，有助于使用户自己的 PCB 设计尽可能达到比较完美的布局、布线效果。这自然会缩短产品设计周期、降低设计风险。

9.2 Ultiboard 14.3 界面简介

PCB 是焊装各种集成芯片、晶体管、电阻、电容等电子元器件的基板，它是指在绝缘基板上，有选择性地加工和制造出导电图形的组装板。目前的 PCB 一般以铜箔覆在绝缘基板上，故亦称覆铜板。

PCB 编辑器 Ultiboard 14.3 的界面主要包括菜单栏、工具栏、鸟瞰图、设计工具箱、工作区、电子表格视图和状态栏 7 部分，如图 9-1 所示。

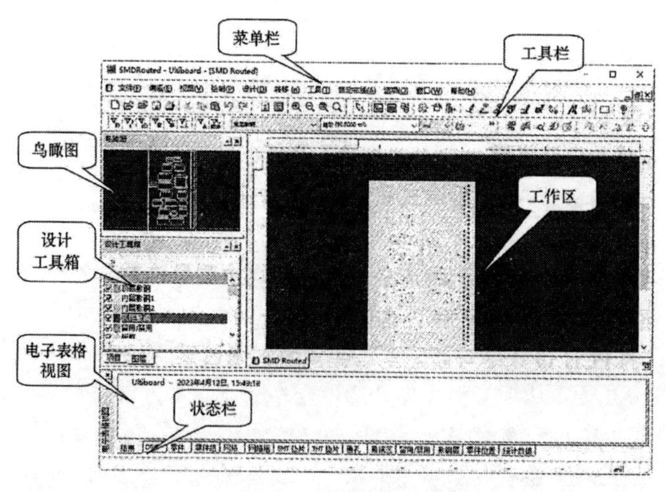

图 9-1　PCB 编辑器界面

与电路原理图编辑器的界面一样，PCB 编辑器界面也是在软件主界面的基础上添加了一系列菜单栏和工具栏，这些菜单栏及工具栏主要用于 PCB 设计中的 PCB 设置、布局、布线及工程操作等。菜单栏与工具栏基本上是对应的，大部分菜单栏中的命令都能通过工具栏中的相应按钮来完成。在工作区单击鼠标右键将弹出一个右键快捷菜单，其中包括一些 PCB 设计中的常用命令。

9.2.1 菜单栏

在 PCB 的设计过程中，各项操作都可以使用菜单栏中的相应命令来完成，菜单栏中的各菜单命令功能简要介绍如下。

- “文件”菜单：用于文件的新建、打开、关闭、保存与打印等操作。
- “编辑”菜单：用于对象的复制、粘贴、选取、删除、移动、对齐等编辑操作。
- “视图”菜单：用于实现对视图的各种管理，如工作窗口的放大与缩小，各种工具、面板、状态栏及节点的显示与隐藏等，以及 3D 预览等。
- “绘制”菜单：包含在 PCB 中放置印制线、字符、焊盘、过孔等各种对象，以及放置坐标、图形绘制等命令。
- “设计”菜单：用于 DRC（设计规则检查）、连通性检查、交换引脚等操作。
- “转移”菜单：用于电路原理图与 PCB 之间的信息连接。
- “工具”菜单：用于为 PCB 设计提供各种工具，如网表检查、零件向导等。
- “自动布线”菜单：用于执行与 PCB 自动布线相关的各种操作。
- “选项”菜单：用于执行 PCB 基本环境参数设置等操作。
- “窗口”菜单：用于对窗口进行各种操作。
- “帮助”菜单：用于打开帮助功能。

9.2.2 工具栏

在工具栏中，以图标按钮的形式列出了常用菜单命令的快捷方式。用户可根据需要对工具栏包含的命令进行选择，对工具栏的摆放位置进行调整。

在菜单栏或工具栏的空白区域内单击鼠标右键，即可弹出工具栏的命令菜单，如图 9-2 所示。其中包含 14 个命令，带有“√”标志的命令表示被选中，并且出现在工作窗口上方的工具栏中。每一个命令代表一系列工具选项（一个工具栏）。

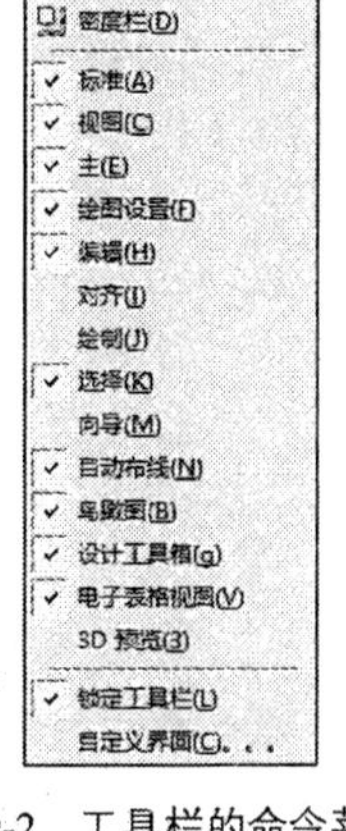

图 9-2 工具栏的命令菜单

下面介绍几种常用的工具栏。

- “标准”工具栏：设置 PCB 文件的基本操作，如图 9–3 所示。
- “视图”工具栏：控制页面的缩放，如图 9–4 所示。

图 9-3 “标准”工具栏

图 9-4 “视图”工具栏

- “主”工具栏：用于设置 PCB 设计的主要工具，包括直线、通孔、电源层、DRC 及网表检查等操作，如图 9–5 所示。
- “选择”工具栏：可以快速定位各种对象，如图 9–6 所示。

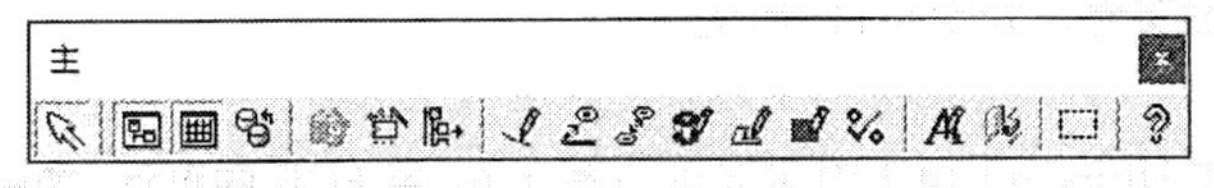

图 9-5 “主”工具栏

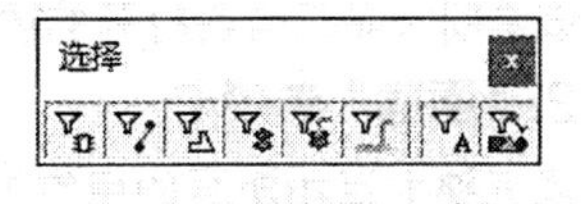

图 9-6 “选择”工具栏

- “绘图设置”工具栏：设置电气图层的显示属性，包括单位、填充色、填充样式等，如图 9–7 所示。
- “自动布线”工具栏：用于设置不同的布线方式，如图 9–8 所示。
- “编辑”工具栏：通过这些按钮，可以实现对 PCB 中的零件的属性、方向调整，如图 9–9 所示。

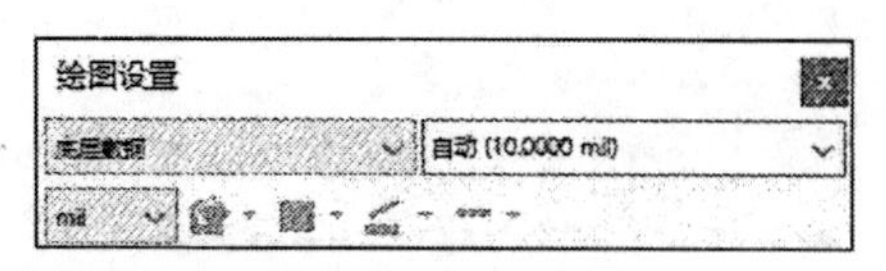

图 9-7 “绘图设置”对话框

图 9-8 “自动布线”工具栏

图 9-9 “编辑”工具栏

9.2.3 鸟瞰图

鸟瞰图即为俯视图，用鼠标拉出矩形框，选中的电路会被放大显示在工作区中。该窗口主要用于俯视 PCB 的全局布局，快速地对电路进行定位。

选择菜单栏中的“视图”→“鸟瞰图”命令，打开鸟瞰图，如图 9-10 所示。

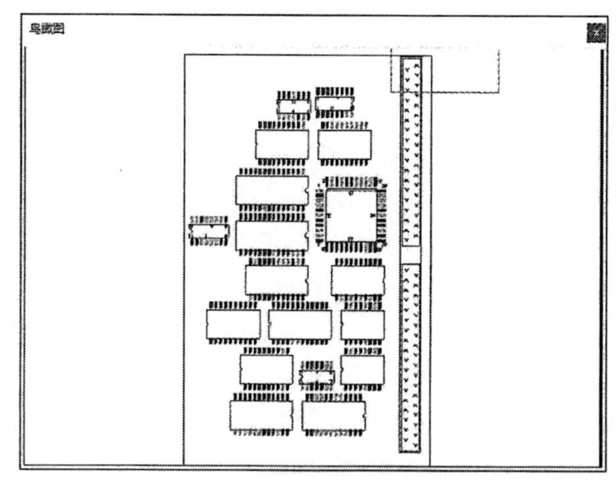

图 9-10 鸟瞰图

9.2.4 工作区

工作区是指进行具体电路设计、元器件布局、布线的区域，在工作区里可以同时打开多个设计文件，每个设计文件占用一个单独的工作窗口。可以通过切换工作区底部的标签来实现设计文件的切换。

9.2.5 设计工具箱

Ultiboard 14.3 是以工程管理的方式组织文件的。项目标签包含指向各个文件的链接和必要的工程管理信息，电路图的各个设计文件都被放在项目工程文件所在的文件夹中。“设计工具箱”窗口的底部包括“项目”“图层”两个选项卡。

1. “项目”选项卡

该选项卡显示当前打开的项目工程文件，如图 9-11 所示。

2. “图层”选项卡

该选项卡显示所有的电气图层，在 Ultiboard 14.3 中可以进行多至 64 层 PCB 的设计，如图 9-12 所示。

① PCB 层：电路设计时的工作层。

② 电路板组装层：与 PCB 生产有关的层。

③ 信息层：虚拟层，用来提示电路设计过程中的一些有用信息。诸如飞线、DRC、强制向量等。

④ 机械层：显示 PCB 的尺寸，以及与其他 CAD 图相关的属性。

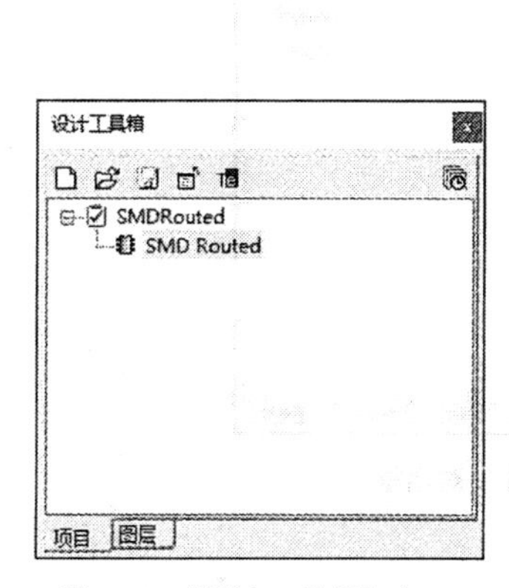

图 9-11 “设计工具箱”窗口

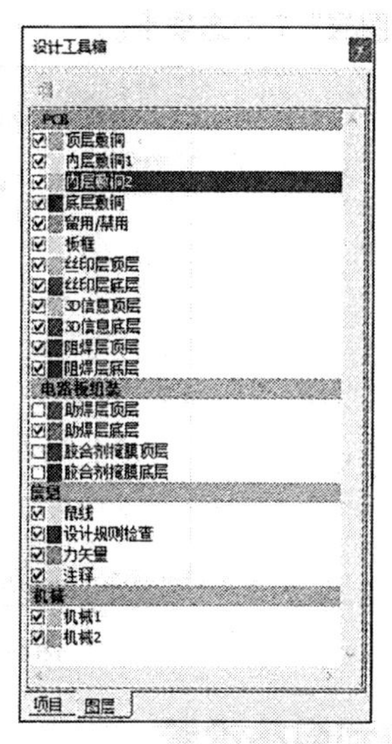

图 9-12 “图层”选项卡

9.2.6 电子表格视图

电子表格提供了一个高效的浏览和编辑 PCB 各参数的手段。电子表格包含若干个数据标签，如图 9-13 所示。

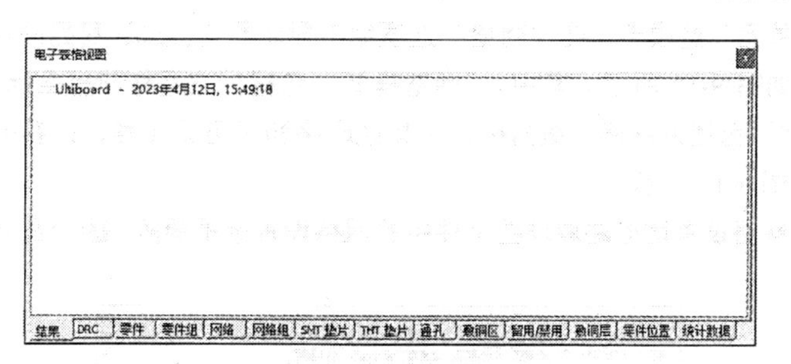

图 9-13 电子表格视图

9.2.7 状态栏

状态栏显示系统当前的状态，为用户提供相关的信息。状态栏的显示可以通过“视图”→“状态栏”打开。

9.3 PCB 环境参数设置

在“PCB 属性”对话框中可以对 PCB 设计参数进行一定的设置与了解，因为这些参数自始至终地影响着 PCB 设计。不能合适地设置 PCB 设计参数不仅会大大降低工作效率，而且很可能达不到

PCB 设计要求。

选择菜单栏中的“编辑”→“属性”命令，或单击鼠标右键选择“属性”命令，系统将弹出图 9-14 所示的“PCB 属性”对话框。

在该对话框中需要设置的有“特性”“网络与单元”“敷（覆）铜层”“垫片/通孔”“普通层”“设计规则”“常用图层”7 个选项卡。

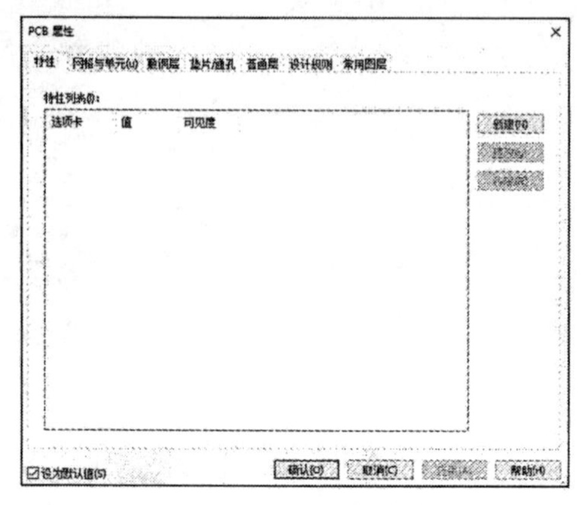

图 9-14 “PCB 属性”对话框

9.3.1 单位和网格设置

1. 设置单位

在“PCB 属性”对话框中，打开“网格与单元”选项卡，在“单位”下拉列表中选择单位，有 nm、μm、mm 和 mil 这 4 种。

2. 设置网格可见性

打开“网格与单元”选项卡，在“网格”选项组下显示网格样式、可见网格样式、可见网格、网格阶步名称等，如图 9-15 所示。其中，“网格样式”包括标准网格与极坐标网格，如图 9-16 所示。“可见网格样式”包括点网格、线网格、交叉线网格和不可见 4 种，在右侧预览窗口中显示对应的网格样式，如图 9-17 所示。

PCB 文件中的网格设置比电路原理图文件中的网格设置选项要多，因为在 PCB 文件中，网格的放置要求更精确。

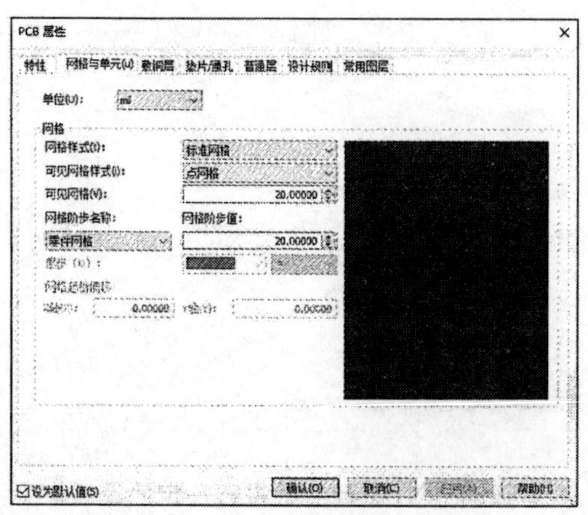

图 9-15 网格设置

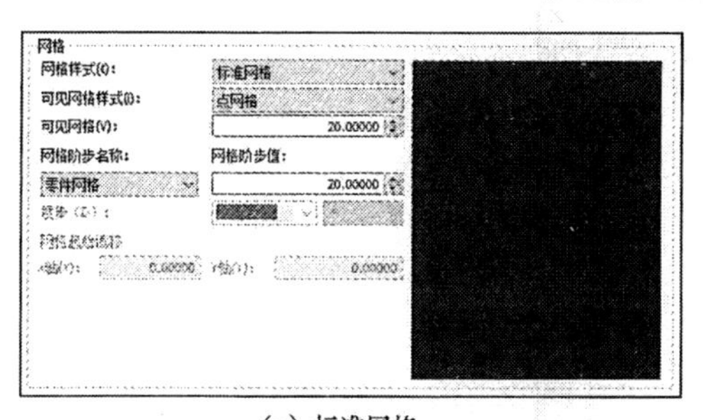

(a) 标准网格

(b) 极坐标网格

图 9-16　网格样式

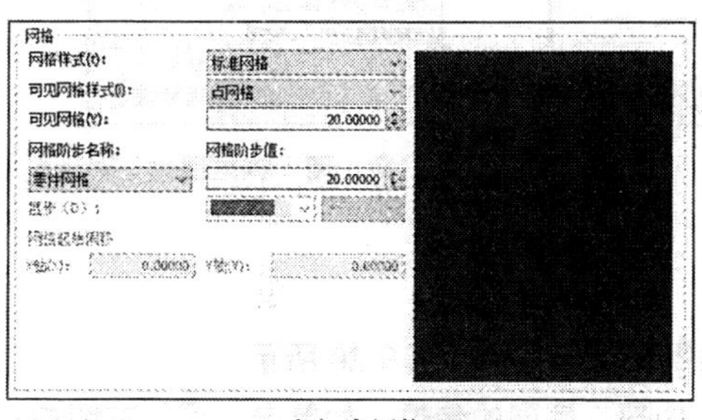

(a) 点网格

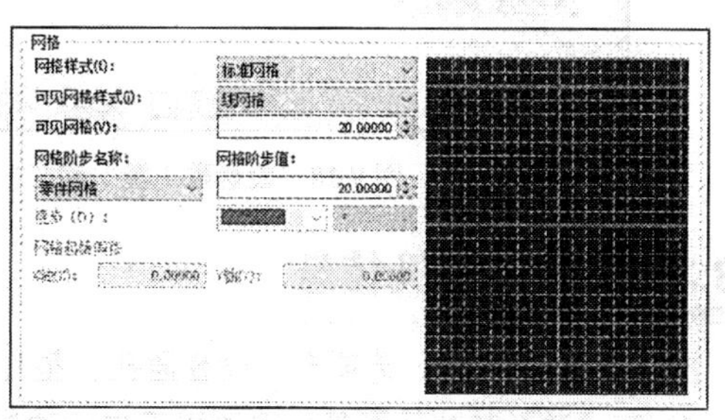

(b) 线网格

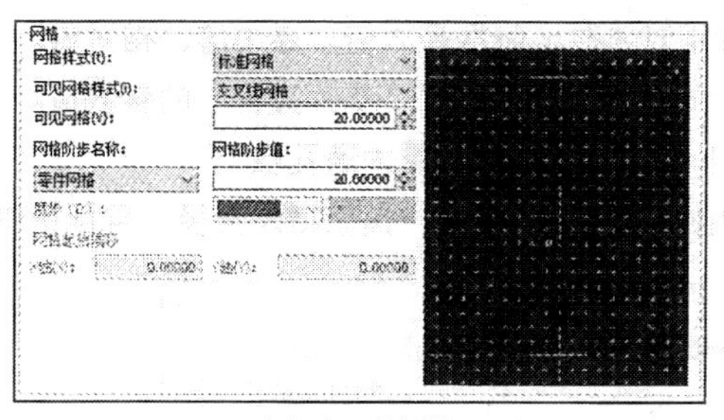

(c) 交叉线网格

图 9-17　可见网格样式

9.3.2　PCB 层数设置

打开“敷（覆）铜层”选项卡，在左侧显示敷（覆）铜层的详细信息，如图 9-18 所示。

- 在“层对”文本框中显示电气层个数。
- 在“单层层叠”选项组下显示顶、底的层叠数。
- 在“允许布线”选项组下设置敷（覆）铜层的敷（覆）铜方式，在下拉列表下显示顶层敷（覆）铜、内层敷（覆）铜 1、内层敷（覆）铜 2 和底层敷（覆）铜。单击“敷（覆）铜层”右侧属性按钮，弹出图 9-19 所示的“敷（覆）铜层属性”对话框，设置各层的走线方式。
- 在“电路板”选项组下设置“板框间隙”“电路板厚度”两个数值。
- 在“通孔支架”选项组下显示 3 种盲孔，即盲通孔、埋通孔和微通孔。

在对 PCB 进行设计前，可以对 PCB 的层数及属性进行详细设置。这里所说的层主要是指 Signal Layers（信号层）、Internal Plane Layers（电源层和地线层）和 Insulation（Substrate）Layers（绝缘层）。

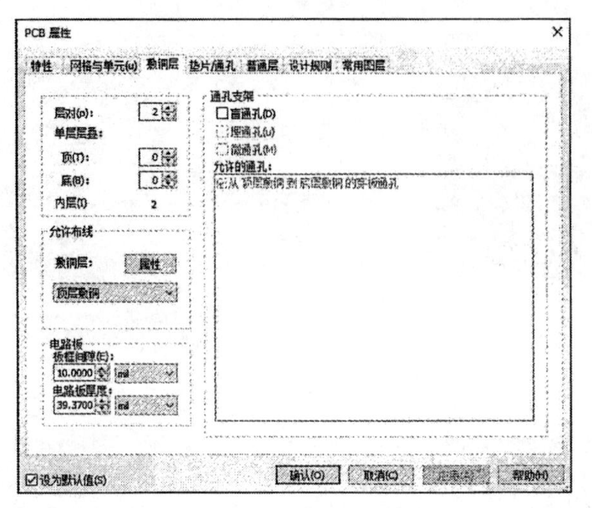

图 9-18　设置敷（覆）铜层

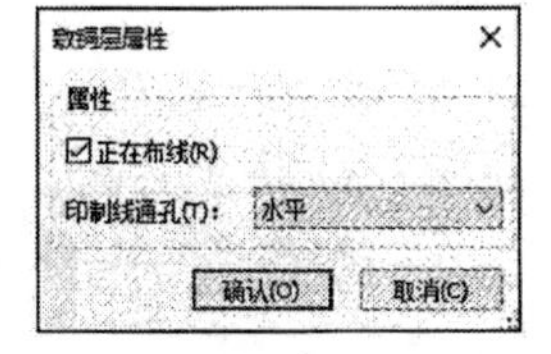

图 9-19　“敷（覆）铜层属性”对话框

9.3.3　垫片、通孔信息

打开“垫片/通孔”选项卡，设置通孔、垫片的默认参数值，如图 9-20 所示。

① 在“通孔垫片环形圈”选项组下显示顶层、内部、底层的参数，如单击“顶”右侧的“...”按钮，弹出图 9-21 所示的“通孔垫片属性（顶层）”对话框，在该对话框中显示环形圈的宽度，可选择固定值或相对值，选择相对值时，包括最大值、最小值、相对值。

② 在“通孔”选项组下输入“钻孔直径”“垫片直径”的参数值。

③ 在“网络”选项组下显示“单位网络最大通孔数”。

④ 在“微通孔”选项组下显示钻孔直径、捕获槽岸直径、目标槽岸直径和最大图层跨距。

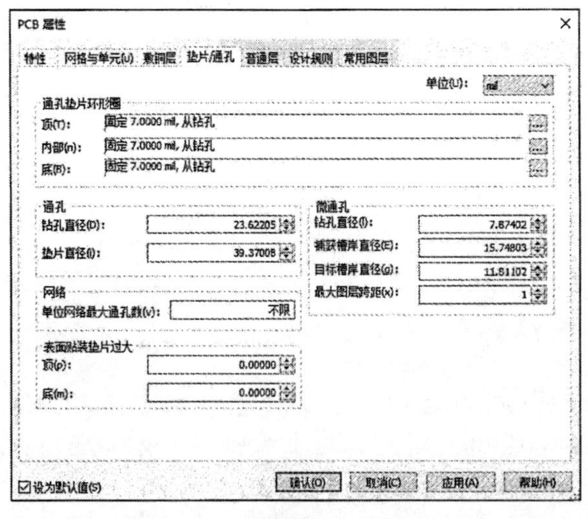
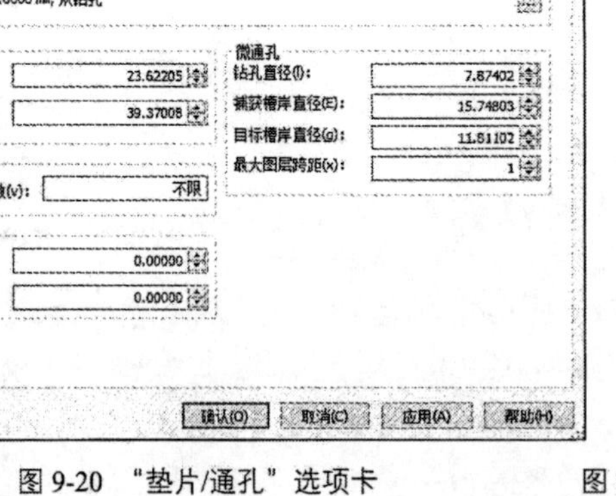

图 9-20　“垫片/通孔”选项卡

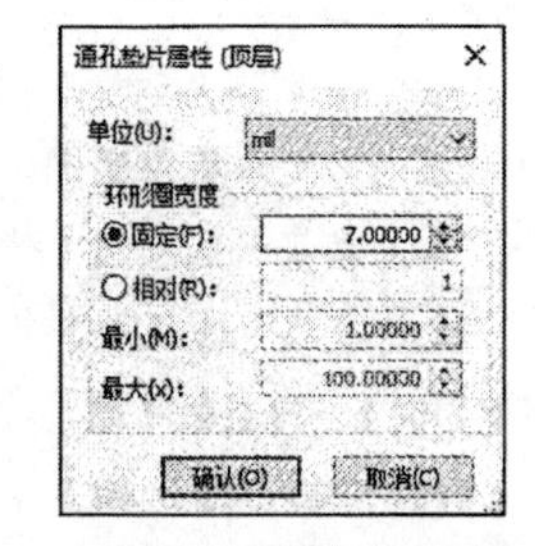

图 9-21　“通孔垫片属性（顶层）”对话框

9.3.4　电气层设置

打开“普通层”选项卡，显示“设计中的图层”，勾选各图层前的复选框，则显示该图层，否则将不显示该图层，如图 9-22 所示。

打开“常用图层”选项卡，显示常用的 10 个图层设置，在下拉列表中选择对应图层，共有 19 种可选图层，如图 9-23 所示。

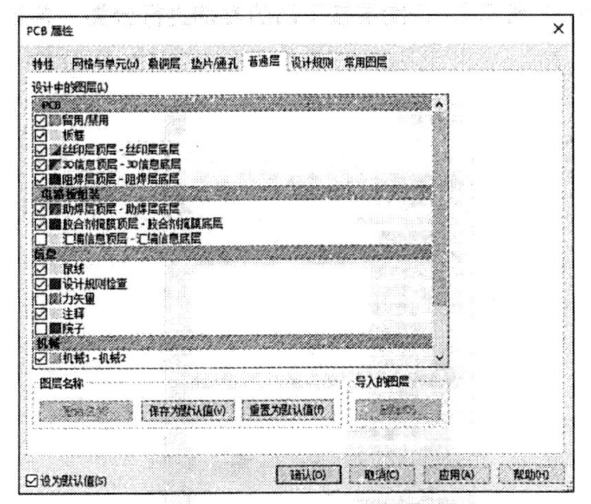

图 9-22　显示设计中的图层

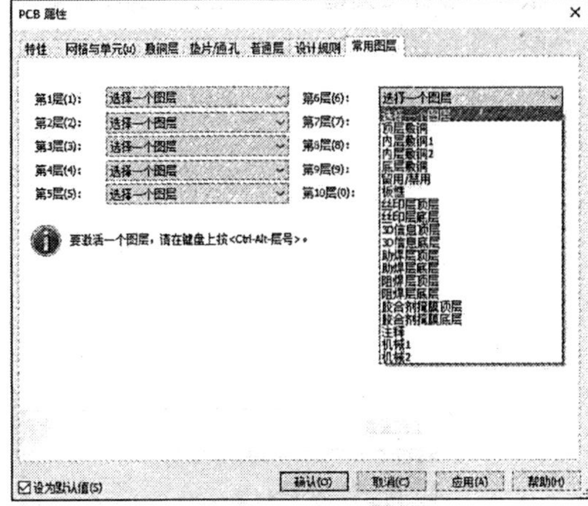

图 9-23　选择图层

9.3.5　规则设置

打开“设计规则”选项卡，显示“设计规则默认值”，如图 9-24 所示。

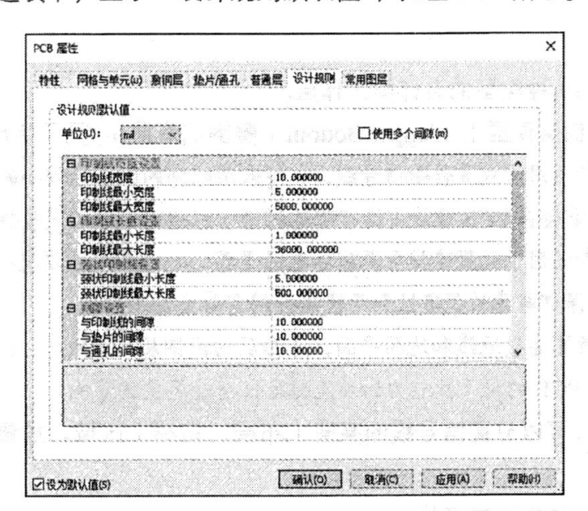

图 9-24　显示“设计规则默认值”

9.4　PCB 物理结构设置

在进行 PCB 设计前，必须对 PCB 的 PCB 层进行设置，主要包括 PCB 层的显示、颜色的设置、布线框的设置及 PCB 系统参数的设置等。

9.4.1　PCB 的分层

PCB 一般包括很多层，不同的层包含不同的设计信息。制板商通常会将各层分开制作，然后各层经过压制、处理，生成具备各种功能的 PCB。

在 PCB 的设计过程中，单击“绘图设置”工具栏中的“图层”下拉列表，选择图 9-25 所示的“板框”图层。

根据“设计工具箱”中“图层”选项（如图 9-26 所示），将图层按下面的类别进行分类，各层以不同的颜色显示。

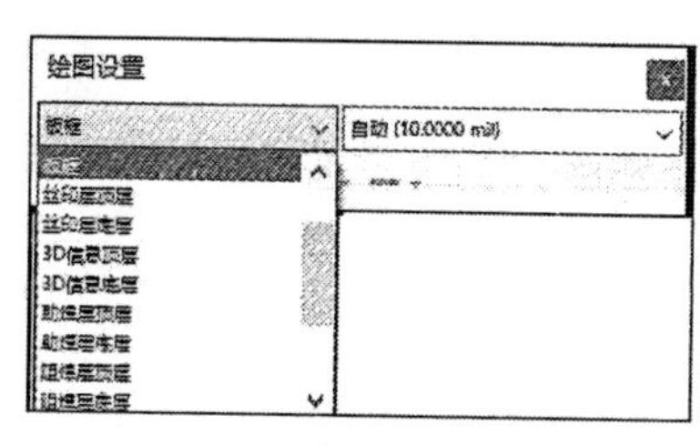

图 9-25 “图层”下拉列表

图 9-26 图层分类

1. PCB 层

PCB 层提供了以下 10 种类型的设计类工作层。

① Copper Top（覆铜层顶层）、Copper Bottom（覆铜层底层）：用于完成电气连接。

- 信号层的覆铜层专门用于放置传输信号线，一般采用较细的线路和较小的孔径，以确保信号传输的稳定性和精度。信号层通常会在 PCB 设计中进行阻抗控制，以确保信号的完整性和抗干扰能力。
- 电源层的覆铜层专门用于放置连接电源线和电源平面，一般较厚，以减小电流的阻抗和电源噪声。电源层的设计和布局对于保证电源的稳定性和干扰的抑制有着重要的影响。
- 地面层专门用于放置连接地线和地面平面，地面层的覆铜层一般较厚，以减小地噪声和电磁辐射。地面层的设计和布局对于 PCB 的抗干扰能力和性能稳定性有着重要的影响。

② 留用/禁用：定义可以放置信号线的某些（布局、布线）区域，放置信号线进入未定义的功能范围。

③ 板框：用于定义 PCB 边界形状。

④ 丝印层顶层、丝印层底层：也称图例层，通常该层用于放置元器件标号、文字与符号，以标示出各零件在 PCB 上的位置。

⑤ 3D 信息顶层、3D 信息底层：显示 PCB 三维信息。

⑥ 阻焊层顶层、阻焊层底层：阻焊层主要是防止 PCB 铜箔直接暴露在空气中，起到保护的作用，也可以防止出现焊接错误。

2. 电路板组装层

① 助焊层顶层、助焊层底层：助焊层用于贴片封装，与贴片元器件焊盘对应。

② 胶合剂掩膜顶层、胶合剂掩膜底层：用于 SMT 工艺，提供 PCB 上应刷锡膏的区域信息。掩膜覆盖的区域将不会被刷上锡膏。掩膜是软件自动生成的，通常覆盖了除贴片元器件焊盘外的大部分区域。

3. 信息

（1）鼠线：鼠线表示两个焊盘间用于指导布线的连线。

（2）设计规划检查：显示设计规划检查信息。

（3）注释：显示文本注释。

4. 机械层

机械层 1、机械层 2：用于描述 PCB 机械结构、标注及加工等生产和组装信息所使用的层面，不具有电气连接特性，但其名称可以由用户自定义。

9.4.2 PCB 层显示

PCB 编辑器采用不同的颜色显示各个 PCB 层，以便于区分。用户可以根据个人习惯进行设置，并且可以决定是否在 PCB 编辑器内显示该 PCB 层。下面通过实际操作介绍 PCB 层颜色的设置方法。

打开“设计工具箱”对话框，如图 9-27 所示，打开“图层”选项卡，显示 PCB 层的颜色设置对话框，即“选择颜色”对话框。“设计工具箱”对话框包括“PCB”“电路板组装”“信息”“机械”，它们分别包含所属的图层，对应其上方的信号层、电源层、地线层、机械层。

图层前面的复选框决定了在工作区中是显示全部层面，还是只显示设置的有效层面。一般为使 PCB 简洁明了，勾选复选框只显示设置的有效层面，未用层面不显示。

9.4.3 PCB 层颜色设置

在各个设置区域中，“颜色块”设置栏用于设置对应 PCB 层的显示颜色，复选框用于决定此层是否在 PCB 编辑器内显示。

勾选所需要修改的图层前的矩形框，则在工作区域内显示该图层上的对象。

如果要修改某层的颜色，单击其对应的颜色块，弹出图 9-28 所示的“选择颜色”对话框，显示 255 种可选颜色以供修改。

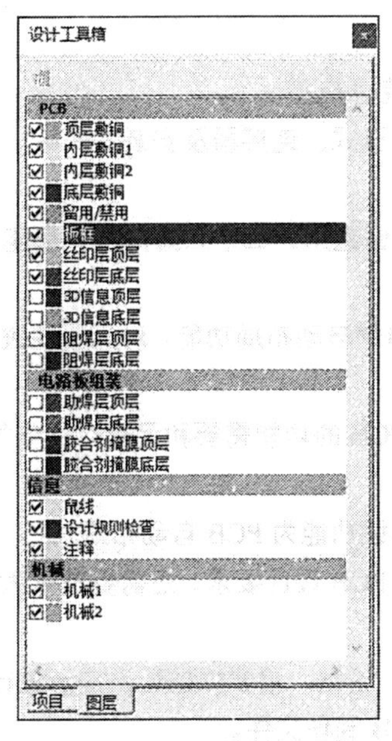

图 9-27 “设计工具箱”对话框

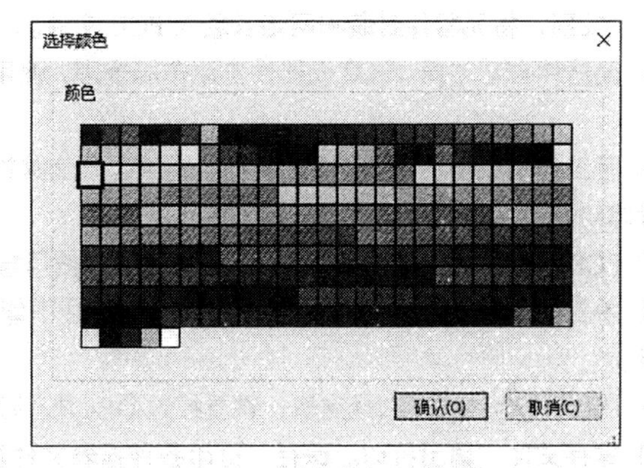

图 9-28 “选择颜色”对话框

第 10 章 PCB 的设计

PCB 的设计是电路设计工作中最关键的阶段之一，只有真正完成 PCB 的设计才能进行实际电路的设计。因此，PCB 的设计是每一个电路设计者必须掌握的技能。

利用 Ultiboard 设计 PCB 时，并不是孤立地使用 Ultiboard 模块，一个完整的 PCB 设计过程需要在前端设计上有 Multisim 的支持，它完成电路的输入及仿真验证。

本章将主要介绍具体的 PCB 的设计方法和设计步骤，通过本章的学习，使用户能够掌握 PCB 设计的全过程。

10.1 PCB 的设计流程

笼统地讲，在进行 PCB 设计时，首先要确定 PCB 设计方案，并进行局部电路的仿真或实验，完善电路性能。之后根据确定的方案绘制电路原理图，并进行 ERC。最后完成 PCB 的设计，输出 PCB 设计文件，送交加工制作。设计者在这个过程中尽量按照 PCB 设计流程进行 PCB 设计，这样可以避免一些重复的操作，同时也可以防止一些错误出现。

PCB 设计的操作步骤如下。

① 绘制电路原理图。确定选用的元器件及其封装形式，完善电路。

② 规划 PCB。全面考虑 PCB 的功能、部件、元器件封装形式、连接器及安装方式等。

③ 设置各项环境参数。

④ 载入网络表和元器件封装。搜集所有的元器件封装，确保选用的每个元器件封装都能在 PCB 库文件中找到，将元器件封装和网络表载入 PCB 文件。

⑤ 元器件自动布局。设定元器件自动布局规则，使用元器件自动布局功能，对元器件进行初步布置。

⑥ 手工调整元器件布局。手工调整元器件布局使其符合 PCB 的功能需要和元器件的电气要求，还要考虑到安装方式，合理放置安装孔等。

⑦ PCB 自动布线。合理设定 PCB 布线规则，使用自动布线功能为 PCB 自动布线。

⑧ 手工调整 PCB 布线。PCB 自动布线结果往往不能满足 PCB 设计要求，还需要进行大量的手工调整。

⑨ DRC 校验。PCB 布线完毕，需要经过 DRC 校验无误，否则，需要根据错误提示进行修改。

⑩ 保存文件，输出打印。保存、打印各种报表文件及 PCB 制作文件。

⑪ 加工制作。将 PCB 制作文件送交加工单位。

10.2 创建 PCB 文件

Ultiboard 14.3 的“设计工具箱”面板提供了两种文件——项目文件和设计时生成的自由文件（设计文件）。设计文件只能被存放在项目文件中，如图 10-1 所示。

10.2.1 新建项目文件

选择菜单中的“文件”→“新建项目”命令，系统弹出图 10-2 所示的“新建项目”对话框。

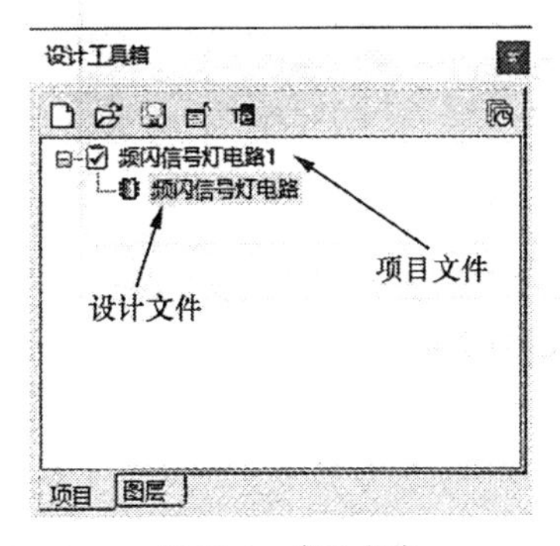

图 10-1 文件分类

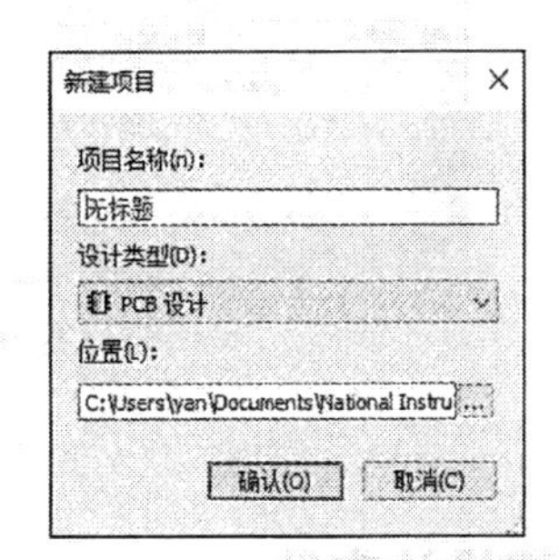

图 10-2 “新建项目”对话框

- 在“项目名称”栏中输入新建项目的名称，在新建项目中默认的设计文件与项目文件同名，可对该设计文件进行重命名操作，以便与项目文件区别开来。
- 在“设计类型”栏选择新建项目文件中默认创建的设计文件的类型，包括 PCB 设计、CAD 两种，如图 10–3、图 10–4 所示。PCB 设计文件用于 PCB 设计，CAD 文件用于设计封装零件。
- 在“位置”栏中显示新建项目文件的路径，可按照所需要进行修改。

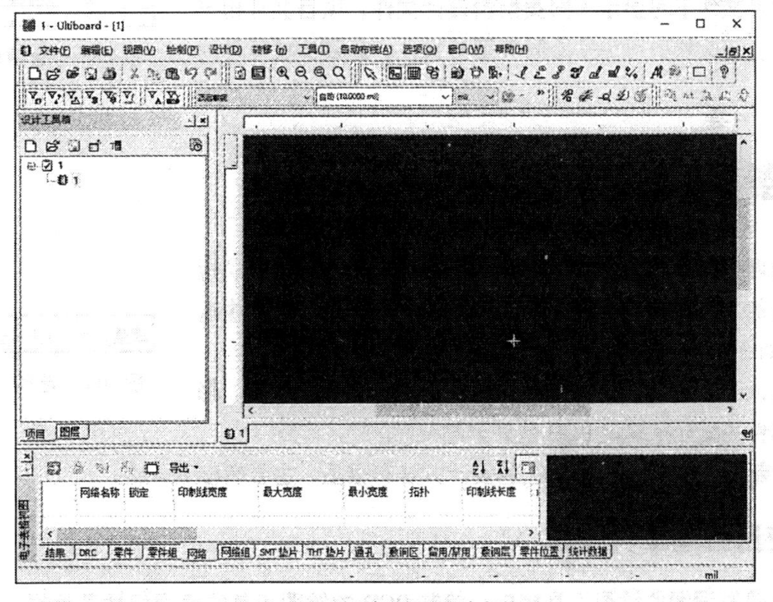

图 10-3 新建 PCB 设计文件

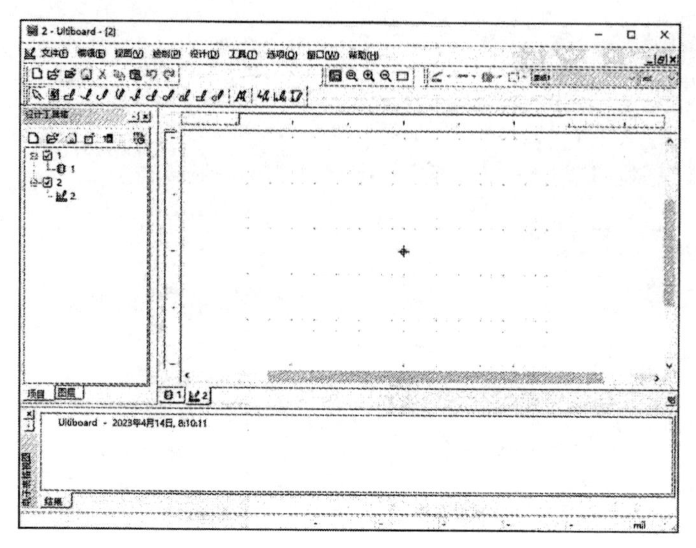

图 10-4　新建 CAD 文件

10.2.2　新建设计文件

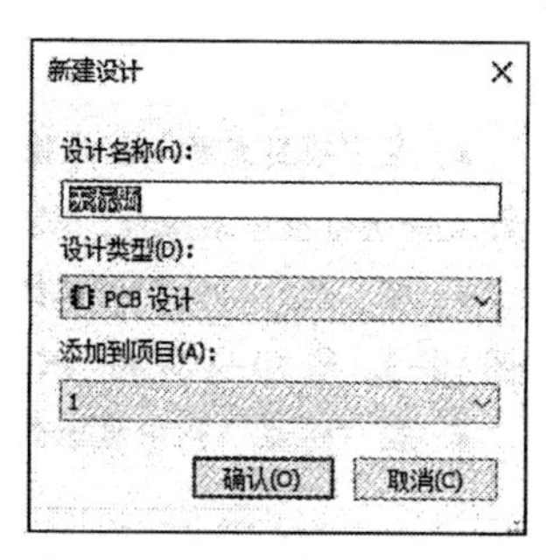

图 10-5　“新建设计”对话框

选择菜单中的“文件”→“新建设计”命令，系统弹出图 10-5 所示的“新建设计”对话框。

- 在“设计名称”栏输入新建的设计文件名称。
- 在“设计类型”栏选择设计文件类型。
- 在“添加到项目”栏选择该新建设计文件所属的项目文件名称。

在同一项目文件下可显示不同类型的设计文件，项目文件相当于一个文件夹，该文件夹可包括不同类型的文件，起到方便管理的作用。

10.3　绘制 PCB 物理边框

PCB 的物理边框即 PCB 的实际大小和形状，板框的设置是在“板框”层上进行的，在“绘图设置”工具栏的“图层”下拉列表中选择“板框”，如图 10-6 所示。

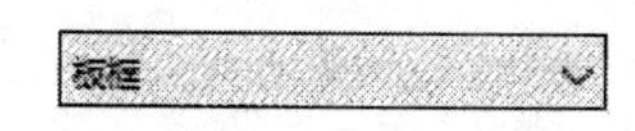

图 10-6　选择“板框”图层

根据所设计的 PCB 在产品中的安装位置、所占空间的大小、形状及与其他部件的配合来确定 PCB 的外形与尺寸。

对于一个新的设计，PCB 轮廓线的设计方法有很多，主要有以下 4 种。

10.3.1　使用绘图工具绘制

与绘制电路原理图的绘图工具相似，绘制 PCB 的绘图工具的使用包括菜单栏与工具栏。选择菜单栏中的“绘制”→“图形”命令，弹出图 10-7 所示的子菜单，显示各绘制图形命令。

选择“视图”→“工具栏”→“绘制”命令，弹出图 10-8 所示的“绘制”工具栏，显示绘图工具。

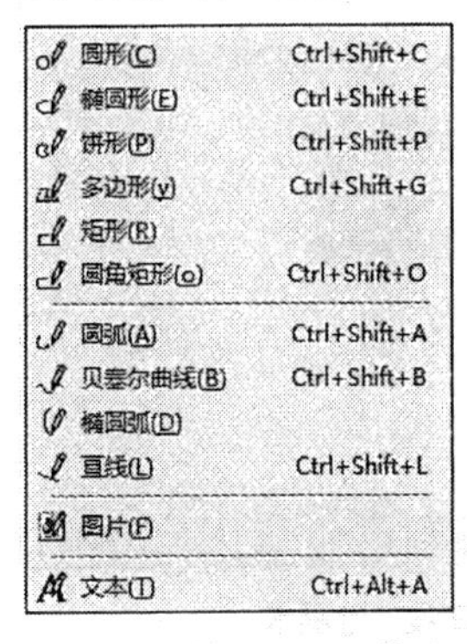

图 10-7 绘图工具子菜单

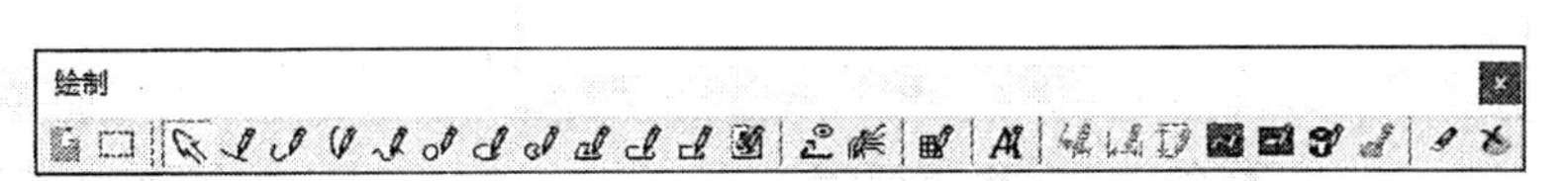

图 10-8 “绘制”工具栏

下面介绍使用直线命令绘制 PCB 物理边框的步骤。

① 选择菜单栏中的“绘制”→“直线”命令，此时鼠标指针变成十字形状。然后将鼠标指针移到工作窗口的合适位置，单击即可进行直线的放置操作，每单击一次就确定一个固定点。通常将 PCB 的形状定义为矩形，但在特殊的情况下，为了满足电路的某种特殊要求，也可以将 PCB 的形状定义为圆形、椭圆形或者不规则的多边形。这些都可以通过“放置”菜单来完成。

② 当放置的直线组成了一个封闭的边框时，就可以结束边框的绘制了。单击鼠标右键或者按下“Esc”键退出该操作，绘制好的 PCB 物理边框如图 10-9 所示。

③ 设置边框线属性。双击任一边框线即可弹出该边框线的设置对话框，“印制线属性”对话框如图 10-10 所示。

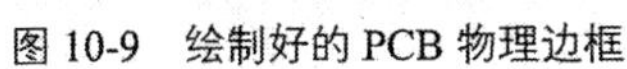
图 10-9 绘制好的 PCB 物理边框

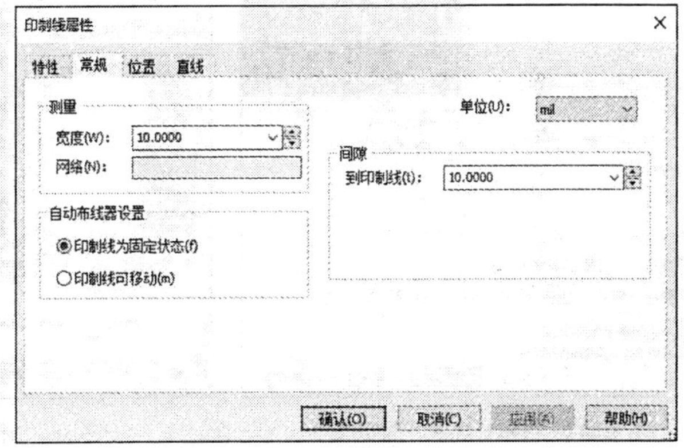

图 10-10 “印制线属性”对话框

在“常规”选项卡下设置直线的样式、颜色、宽度等。

在“位置”选项卡下设置该线所在的 PCB 层。用户在开始画线时可以不选择“板框”层，在此处进行工作层的修改也可以实现上述操作所达到的效果，只是需要对所有 PCB 物理边框线段进行设置，操作起来比较麻烦。如图 10-11 所示。

在“直线”选项卡可以对线的起始点和结束点进行设置，确保 PCB 物理边框线为封闭状态，使一段边框线的终点为下一段边框线的起点，如图 10-12 所示。

单击“确定”按钮，完成边框线的属性设置。

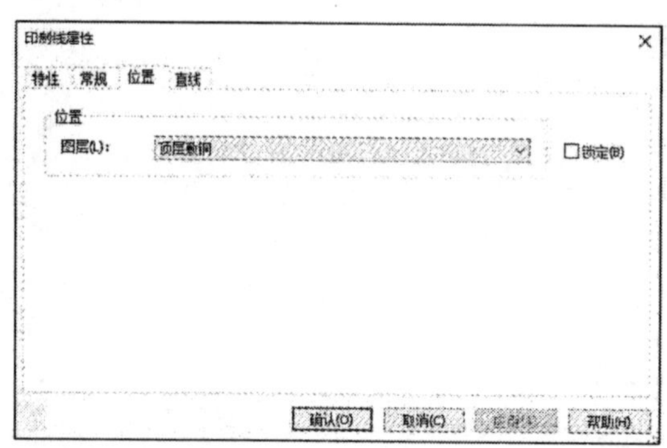

图 10-11 “位置”选项卡

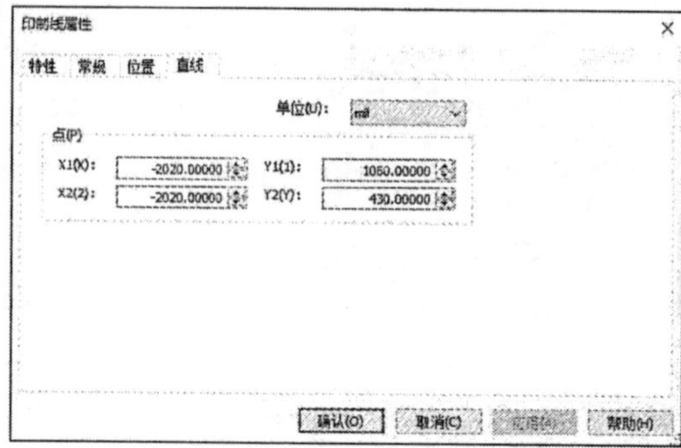

图 10-12 “直线”选项卡

10.3.2 导入 DXF 文件

选择菜单栏中的“文件”→“导入”→“DXF”命令，弹出“打开”对话框，选择“.dxf”文件作为模板，打开文件后，弹出图 10-13 所示的“DXF 导入”对话框，调整 DXF 的 0 层对应 Ultiboard 的“板框”层，在“预览”框显示导入的板框，同时可设置 DXF 文件的缩放比例、默认线宽、原点偏移值。

单击 导入(I) 按钮，导入 DXF 图形，显示导入的板框如图 10-14 所示。

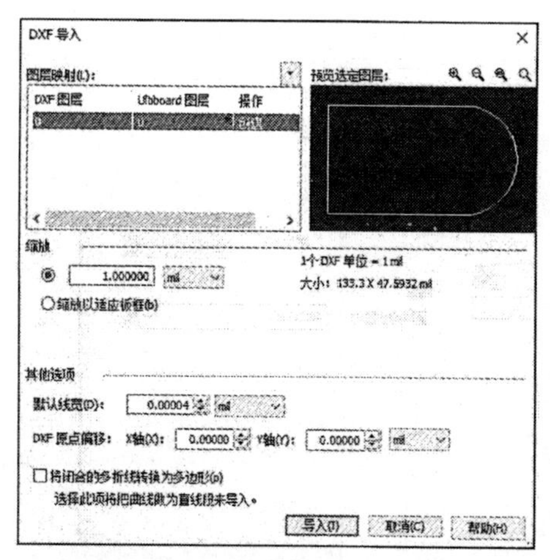

图 10-13 “DXF 导入”对话框

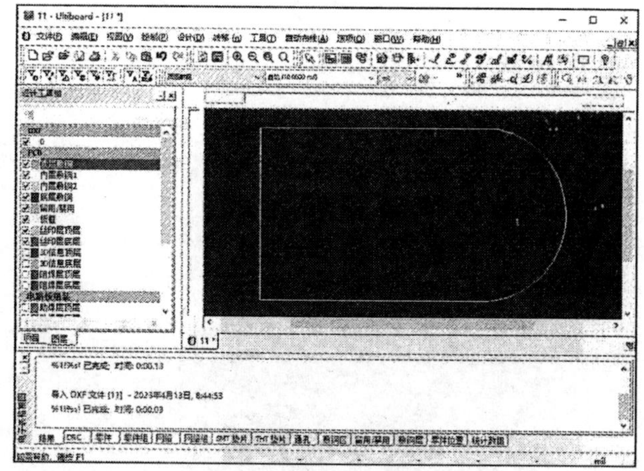

图 10-14 显示导入的板框

10.3.3 库文件模板

① 选择菜单栏中的“绘制”→“从数据库”命令，弹出“从数据库获取一个零件”对话框，如图 10-15 所示，在“数据库”列表中打开“Ultiboard 主数据库”，选择“Board Outlines（板边框）”，显示库文件中的板框模板文件。

② 双击选中的板框零件，弹出“为零件输入位号”对话框，如图 10-16 所示，单击“确认”按钮，在工作区的鼠标指针上显示浮动的板框虚影，在适当位置单击，放置板框，如图 10-17 所示。

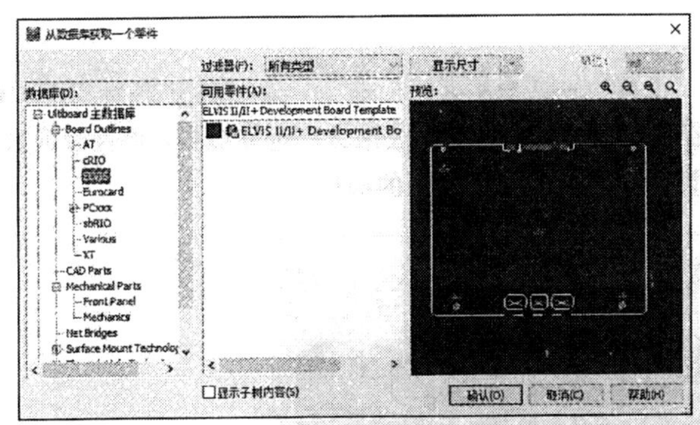

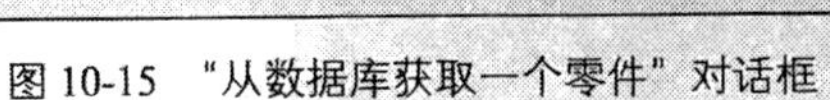

图 10-15 “从数据库获取一个零件”对话框

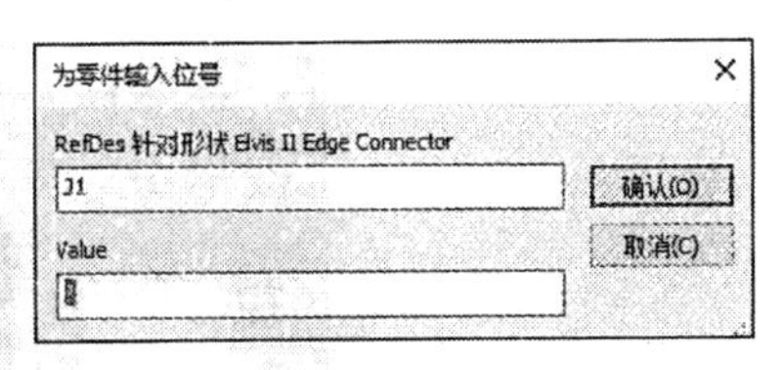

图 10-16 “为零件输入位号”对话框

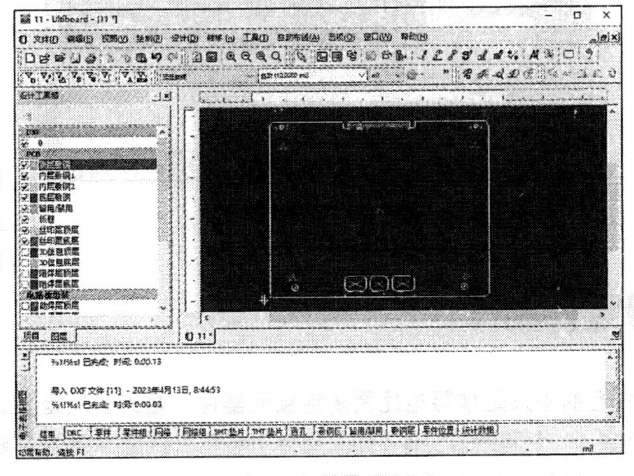

图 10-17 放置板框

③ 通过 PCB 的向导生成。

选择菜单栏中的“工具”→“电路板向导”命令，弹出向导对话框，如图 10-18 所示。勾选“更改图层技术”复选框，即可激活下面的单选钮，选择 PCB 层设置，否则，选择默认设置。

单击下一步(N)>按钮，设置 PCB 形状，如图 10-19 所示，包括单位、参考点、PCB 形状及大小。其中板形包括两大类，矩形或圆形。

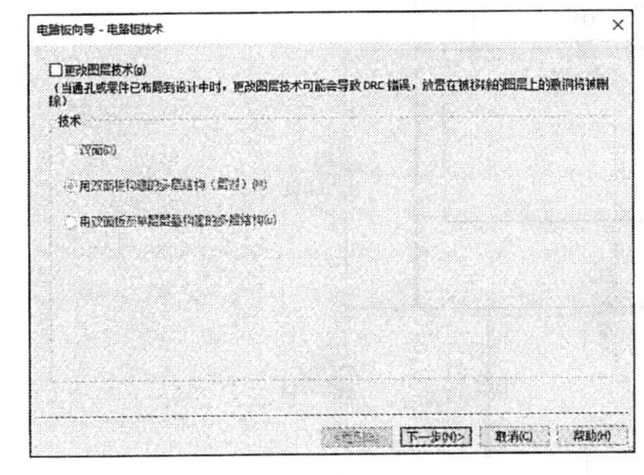

图 10-18 设置图层

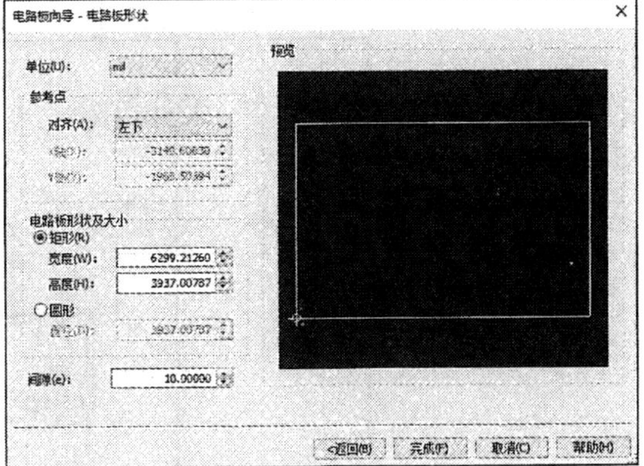

图 10-19 设置 PCB 形状

单击<返回(B)按钮，将完成设置的板框显示在工作区域内，如图 10-20 所示。

④ 编辑板框。

选择“板框”图层，选择菜单栏中的“工具”→“更新方向”命令，自动选中 PCB 中的板框，板框上显示空心小矩形，将鼠标指针放置在选中的板框上，可向任意方向拖动板框，调整板框大小。

该命令多用于导入封装后，根据零件数量，调整过大或过小的板框。

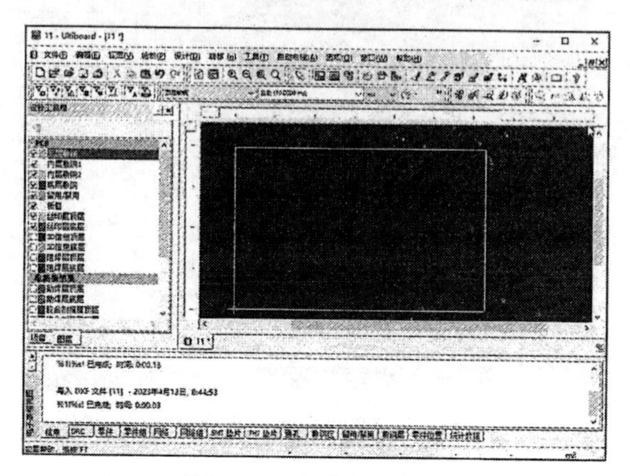

图 10-20　创建向导板框

10.4 导入封装元器件

绘制电路原理图的目的不只是按照电路要求连接元器件，最终目的是要设计出 PCB。要设计 PCB，就必须建立网络表，一个网络表文件（网表文件）包含了 PCB 中所有引脚间的电气连接关系。

这里将图 10-21 所示的频闪信号灯电路原理图通过输出网络表，完成 PCB 中封装元器件的导入。删除该电路中的仪器仪表，结果如图 10-22 所示。

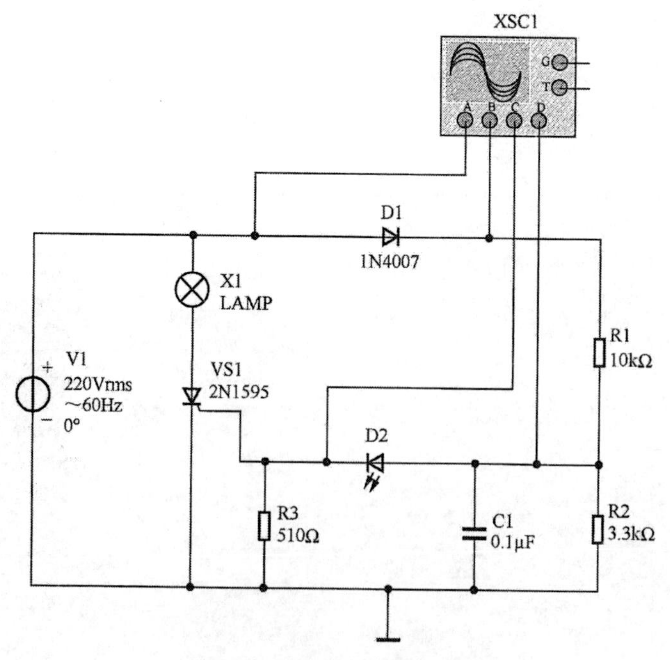

图 10-21　频闪信号灯电路原理图

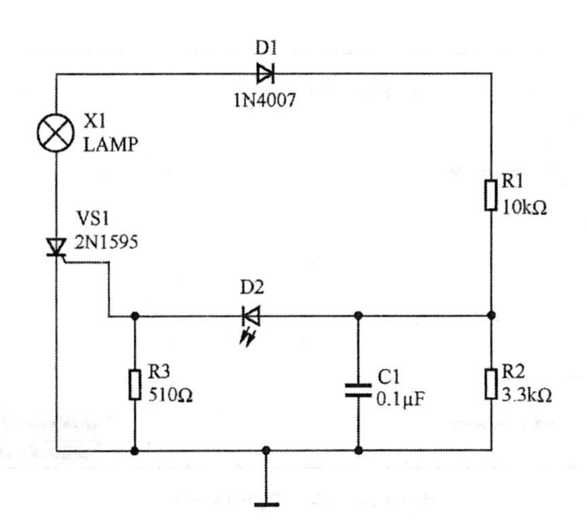

图 10-22 整理电路原理图

10.4.1 生成 PCB 网络表

对于 Multisim 来说，生成 PCB 网络表是它的一项特殊功能。在 Ultiboard 中，PCB 网络表是进行 PCB 设计的基础。

在 Multisim 中打开“频闪信号灯电路.ms14”，选择菜单栏中的“转移”→“转移到 Ultiboard”→“转移到 Ultiboard 文件”命令，弹出“另存为”对话框，保存类型选择 Ultiboard 5.0～14.0（*.ewnet），生成 PCB 网络表文件，如图 10-23 所示。

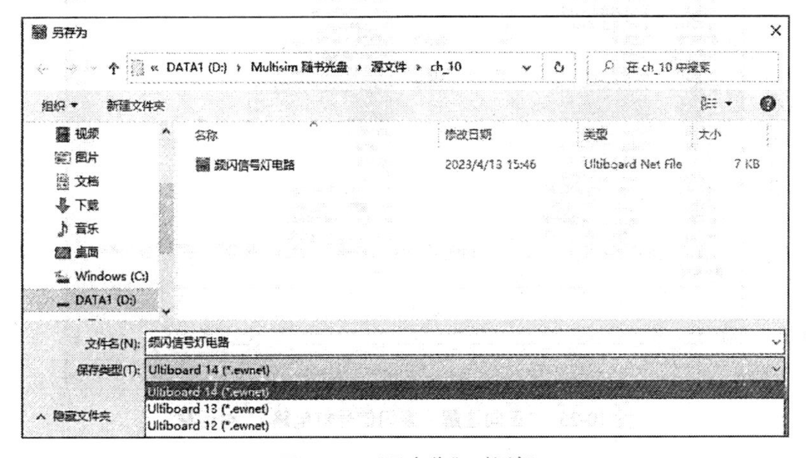

图 10-23 “另存为”对话框

10.4.2 从 PCB 网络表导入

网络表是电路原理图与 PCB 图之间的联系纽带，电路原理图和 PCB 图之间的信息可以通过在相应的 PCB 文件中导入网络表的方式完成同步。

① 在 Ultiboard 中，新建“频闪信号灯电路”文件，选择菜单栏中的“转移”→“正向注解到 Ultiboard”命令，系统将打开根据电路原理图生成的 PCB 网络表“频闪信号灯电路.ewnet”，如图 10-24 所示。

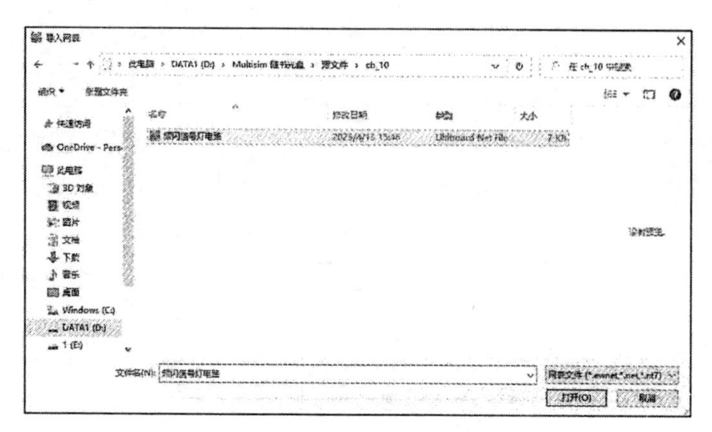

图 10-24 导入 PCB 网络表

② 单击“打开”按钮，弹出“正向注解（频闪信号灯电路）”对话框，显示网络表信息，如图 10-25 所示。选中某项信息，在“额外信息”栏显示该项具体信息，以帮助用户理解网络表信息。

- ：单击该按钮，网络表信息以升序排列。
- ：单击该按钮，网络表信息以降序排列。
- ：单击该按钮，以“.csv”文件形式导出网络表信息。

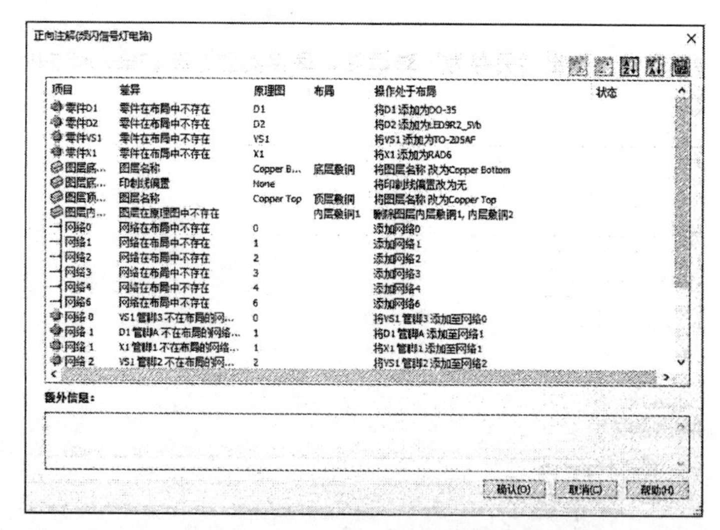

图 10-25 “正向注解（频闪信号灯电路）”对话框

③ 单击确认(O)按钮，导入封装元器件，此时可以看到在 PCB 图布线框的外侧出现了导入的所有元器件封装模型，如图 10-26 所示。该图中的黄色边框为线框，各元器件之间仍保持着与原理图相同的电气连接特性。

用户需要注意的是，导入网络表时，电路原理图中的元器件并不直接导入用户绘制的布线区内，而是位于布线区范围外。通过随后执行的自动布局操作，系统自动将元器件放置在布线区内。当然，用户也可以手动拖动元器件到布线区内。

将 PCB 轮廓线外的元器件移入 PCB。只需要用鼠标指针将选中的元器件拉入 PCB 轮廓线之内即可。

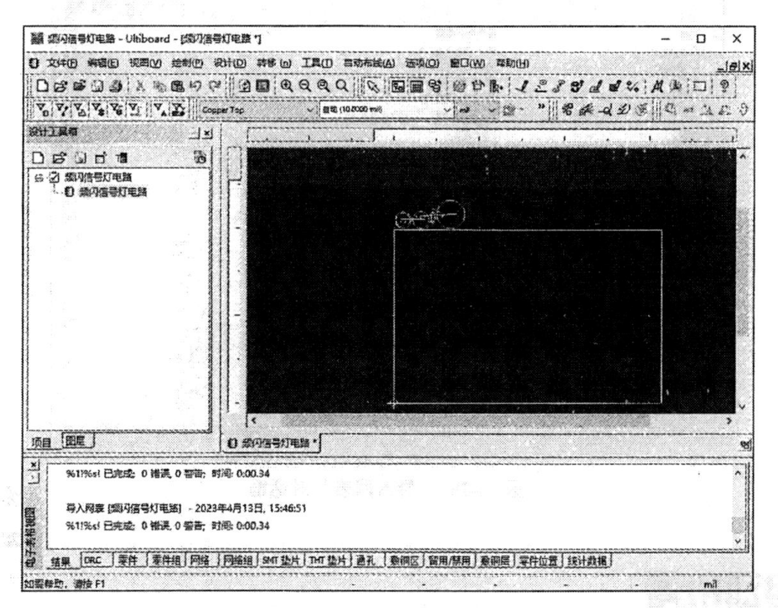

图 10-26　导入封装元器件

10.4.3　直接导入封装元器件

PCB 网络表是连接电路图与 PCB 的桥梁，电路原理图的信息通过网络表导入 PCB。Multisim 省略网络表的导出与导入步骤，可以直接将网络表中的元器件封装信息转移到 Ultiboard 中。

选择菜单栏中的“转移”→“转移到 Ultiboard”→“转移到 Ultiboard 14.3”命令，生成 PCB 网络表文件，保存文件类型为 Ultiboard 14（*.ewnet），同时打开 Ultiboard 14.3 编辑器，自动将生成的 PCB 网络表文件信息导入，直接进行 PCB 设计。

选择“转移到 Ultiboard 14.3”子菜单命令，弹出图 10-27 所示的“另存为”对话框，保存包含电路原理图信息的“*.ewnet”文件，网络表文件默认为电路原理图文件名称。

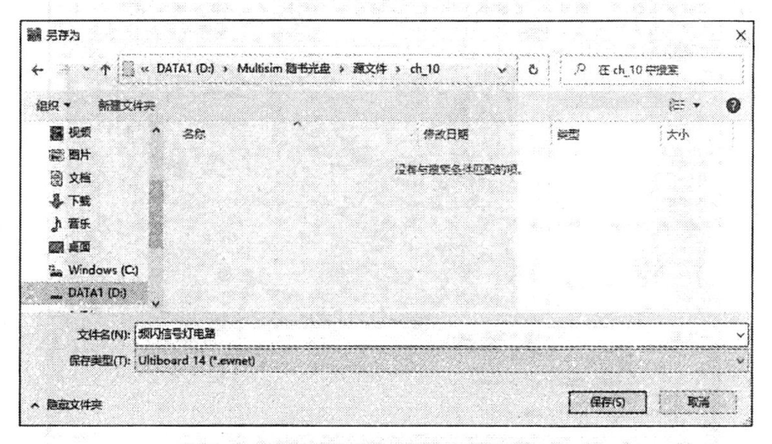

图 10-27　“另存为”对话框

单击“保存”按钮，生成 PCB 网络表文件，自动打开 Ultiboard 14.3，并弹出“导入网表”对话框，如图 10-28 所示，显示网络表信息。

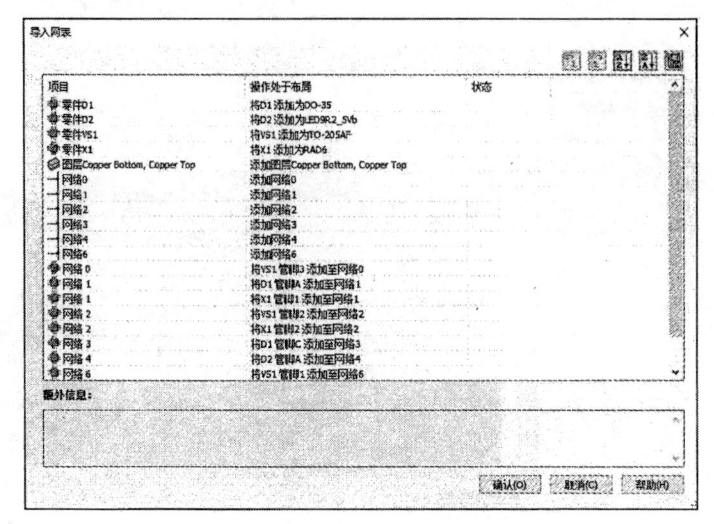

图 10-28 “导入网表”对话框

10.5 自动布局

自动布局适合于元器件比较多的情况。Ultiboard 14.3 提供了强大的自动布局功能，设置好合理的布局规则参数后，采用自动布局将大大提高设计 PCB 的效率。

10.5.1 自动布局

在 PCB 编辑环境下，选择菜单栏中的“自动布线”→“自动放置零件”命令，将系统零件放置到板框内部，系统将根据元器件之间的连接性，对元器件进行分组，并以布局面积最小为标准进行布局，结果如图 10-29 所示。

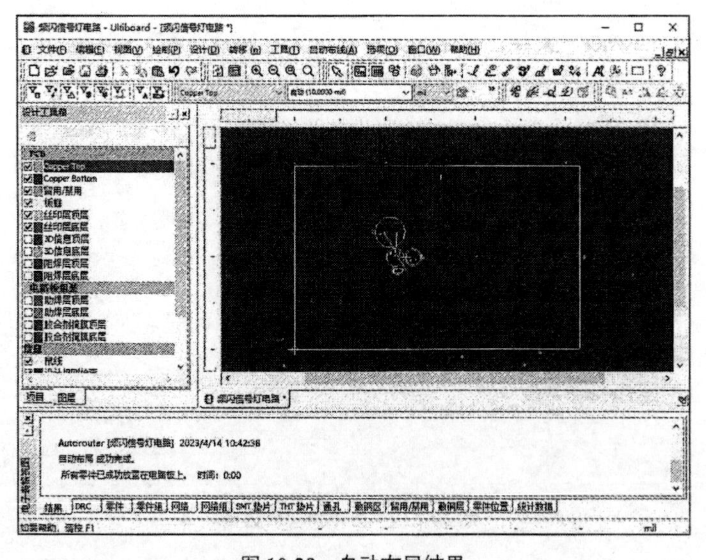

图 10-29 自动布局结果

在“电子表格视图”窗口的“结果”选项卡中显示自动布局结果。

10.5.2 局部自动布局

在 PCB 编辑环境下，选中需要布局的部分零件，如图 10-30 所示。选择菜单栏中的“自动布线”→“对选定的零件进行自动布局”命令，系统将对在 PCB 中选中的零件进行布局，如图 10-31 所示。

使用系统的自动布局功能，虽然布局的速度和效率都很高，但是布局结果并不令人满意。因此，很多情况下必须对布局结果进行手动调整，即采用手工布局，按用户的要求进一步进行 PCB 设计。

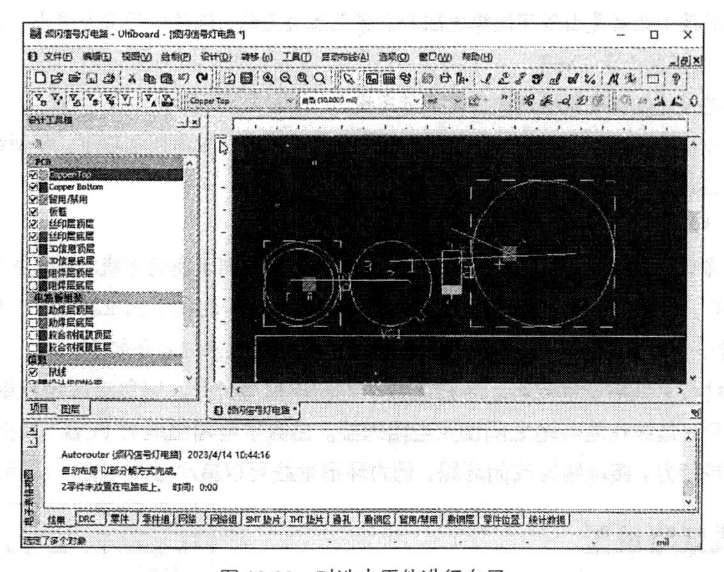

图 10-30 对选中零件进行布局

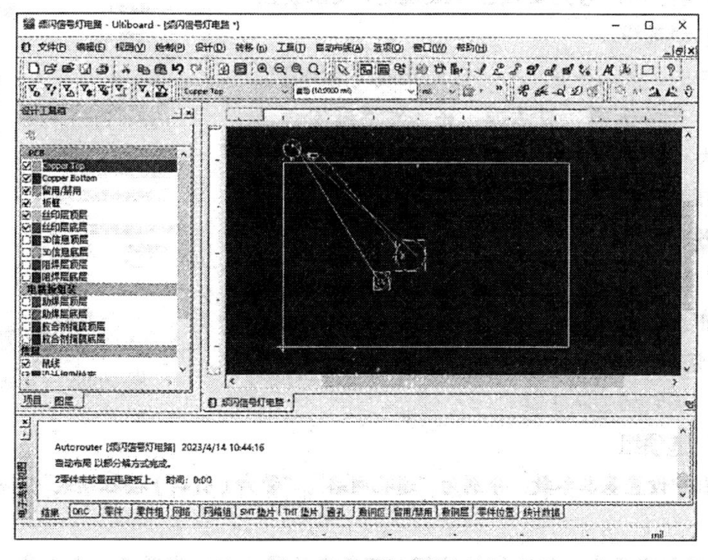

图 10-31 局部布局

10.6 PCB 布线

在 PCB 上的元器件布局结束后，便进入了 PCB 布线过程。PCB 布线包括自动布线和手动布线，

如果自动布线不能够满足实际工程设计的要求，可以通过手动布线进行 PCB 布线调整。

10.6.1 布线原则

在进行 PCB 布线时，应遵循以下基本原则。

- 应尽量避免输入端与输出端印制线平行，以避免发生反馈耦合。
- 印制线应尽量宽些，最好在 15mil 以上，不能小于 10mil。
- 印制线间的最小距离是由线间绝缘电阻和击穿电压决定的，满足电气安全要求，在条件允许的范围内尽量大一些，一般不能小于 12mil。
- 微处理器芯片的数据线和地址线尽量平行布线。
- 布线尽量少拐弯，若需要拐弯，一般取 45°走向或圆弧形。在高频电路中，印制线拐弯时不能取直角或锐角，以防止高频信号在印制线拐弯时发生信号反射现象。
- 在条件允许范围内，尽量使电源线和接地线粗一些。
- 阻抗高的布线越短越好，阻抗低的布线可以长一些，因为阻抗高的布线容易发射和吸收信号，使电路不稳定。电源线、地线、无反馈组件的基极布线、发射极引线等均属于低阻抗布线，射极跟随器的基极布线、收录机两个声道的地线必须分开，各自成一路，一直到功效末端再合起来。

在电源线和地线之间增加耦电容。尽量使数字地和模拟地分开，以免造成地反射干扰，不同功能的电路块也要分割，最终在地与地之间使用电阻跨接。由数字电路组成的 PCB，其接地电路布成环路大多能提高抗噪声能力。接地线构成闭环路，因为环形地线可以减小接地电阻，从而减小接地电位差。

10.6.2 布线策略设置

在自动布线之前，用户首先要设置布线规则，使系统按照布线规则进行自动布线。

选择菜单栏中的“自动布线”→“自动布线/放置选项”命令，系统弹出“布线选项”对话框。在该对话框中有 6 个选项卡，分别为“常规”“成本因数”“拆线”“优化”“自动布局”“总线自动布线”选项卡。

1. “常规”选项卡

打开“常规”选项卡，如图 10-32 所示。

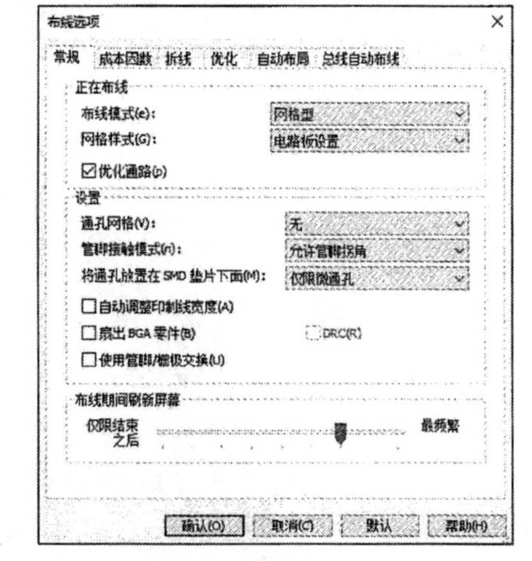

图 10-32 “布线选项”对话框

（1）“正在布线”选项组

“布线模式”包括网格型、无网格和渐进，“网格演示”包括电路板设置、英制和公制 3 种。

（2）“设置”选项组

- 在布线过程中设置基本参数，分别为“通孔网络”“管脚（引脚）接触模式”“将通孔放置在 SMD 垫片下面”。
- 自动调整印制线宽度：勾选该复选框，可忽略设置的印制线宽度，在布线过程中根据所需要调整线宽。
- 扇出 BGA 零件：勾选该复选框，在布线过程中，扇出 BGA 零件。
- 使用管脚（引脚）/栅极交换：勾选该复选框，在布线过程中，为提高布线率，可交换零件的引脚或栅极。

- 在“布线期间刷新屏幕”栏调整屏幕刷新频率。

2.“成本因数”选项卡

打开“成本因数”选项卡，如图 10-33 所示。

（1）“布线与优化”选项组

在该选项组下设置 6 个参数，分别为“通孔成本因数”“每条印制线的最大通孔数”“反向成本因数”“离网格布线成本因数”“印制线交叉成本因数”“调整后的宽度成本因数”。

（2）“正在布线”选项组

在该选项组下设置 3 个参数，分别为“管道沟道成本因数”“包装成本因数”“动态密码成本因数。

（3）“优化”选项组

在该选项组下设置 2 个参数，分别为“更改方向成本因数”“等距印制线成本因数。

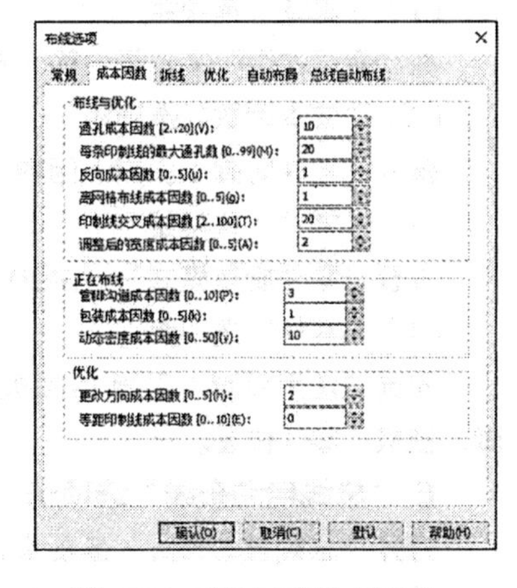

图 10-33 “成本因数”选项卡

3.“拆线”选项卡

打开“拆线”选项卡，如图 10-34 所示。在“拆线树”选项组下设置“拆线树上限”“拆线深度上限”“拆线重试次数上限”“距离-1（0 或 1 格）成本因数”“距离-2（2 格）成本因数”。

4.“优化”选项卡

打开“优化”选项卡，如图 10-35 所示。

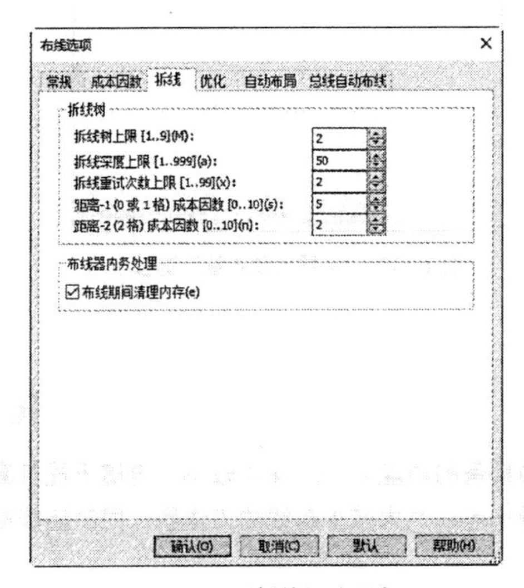

图 10-34 “拆线”选项卡

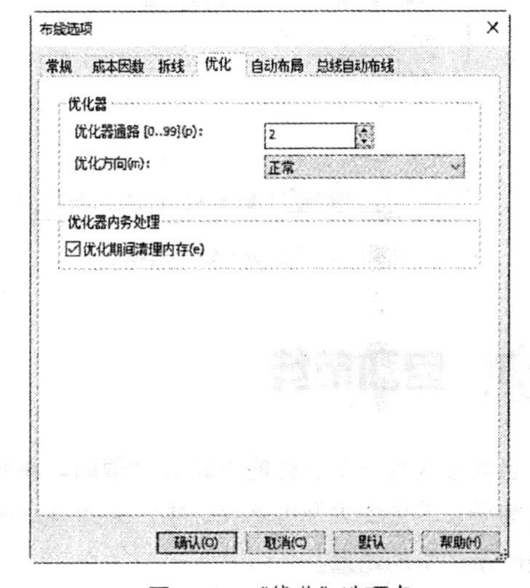

图 10-35 “优化”选项卡

（1）“优化器”选项组

显示“优化器通路”参数值并选择“优化方向”，在下拉列表中选择“正常”“优化方向”或“45°”。

（2）“优化器内务处理”选项组

勾选“优化期间清理内存”复选框，在进行自动布线的过程中，清理运行过程中占用的内存，减少无用的内存，提高布线速度。

5.“自动布局”选项卡

打开“自动布局”选项卡，如图 10-36 所示。

（1）“重试”选项组

在“重试次数”文本框中输入自动布局次数，最高次数为 10，默认次数为 2。

（2）“成本因数”选项组

输入“零件管脚（引脚）因数”“段拟合度”的参数值。

（3）“零件”选项组

设置“零件旋转模式”“SMD 反射”“SMD 旋转模式”“全局零件间距”。

（4）“其他”选项组

勾选“使用管脚（引脚）/栅极交换”“使用零件交换”复选框，为提高布线成功率，可交换引脚、栅极、零件位置。

6.“总线自动布线”选项卡

打开“总线自动布线”选项卡，如图 10-37 所示。在“确定的总线组合”列表中显示添加的总线，并对选中的总线进行编辑操作。

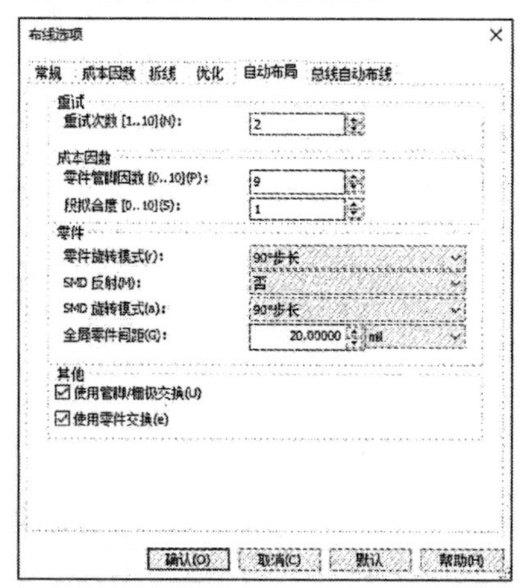

图 10-36 “自动布局”选项卡

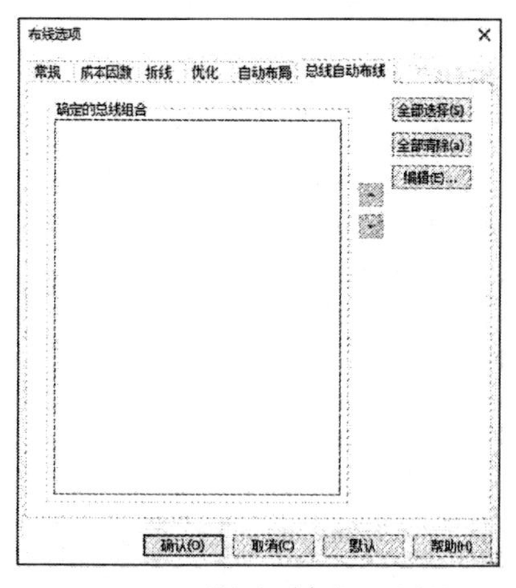

图 10-37 “总线自动布线”选项卡

10.7 自动布线

自动布线是一个优秀的电路设计辅助软件所必须具备的功能之一。在对散热、电磁干扰及高频特性等要求较低的大型电路设计中，采用自动布线操作可以大大减少布线的工作量，同时还能减少布线时所产生的遗漏。

自动布线操作主要是通过“自动布线”菜单进行的，选择该命令，弹出图 10-38 所示的“自动布线”子菜单，使用子菜单中的命令，用户不仅可以进行整体布局，也可以对指定的区域、网络及元器件进行单独的布线。

在进行自动布线之前，为了提高抗干扰能力，提升系统的可靠性，往往需要将电源/接地线和一些通过电流较大的线加宽。如果在 PCB 设计中采用了铜区域，加宽线的工作建议在自动布线之后再进行。

10.7.1 全局自动布线

选择菜单栏中的“自动布线”→“开始/恢复自动布线器”命令，如图 10-38 所示，系统即可进入自动布线状态。在布线过程中，将在“电子表格视图”窗口中提供自动布线的状态信息，如图 10-39

所示。由最后一条提示信息可知，此次自动布线全部布通。

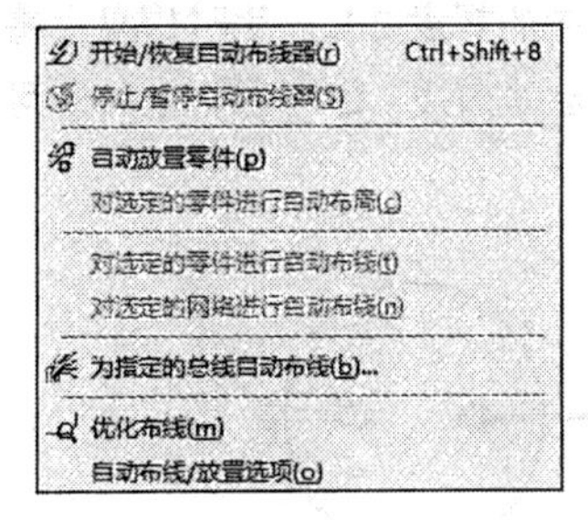

图 10-38 “自动布线”子菜单

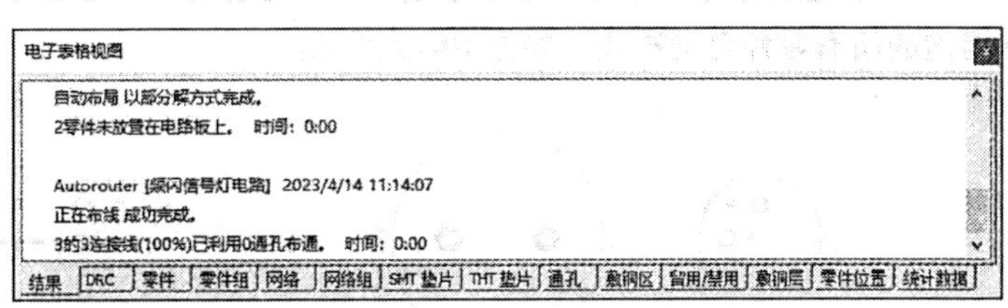

图 10-39 “电子表格视图”窗口

全局布线后的 PCB 如图 10-40 所示。为方便显示，进行自动布线时，取消鼠线的显示。

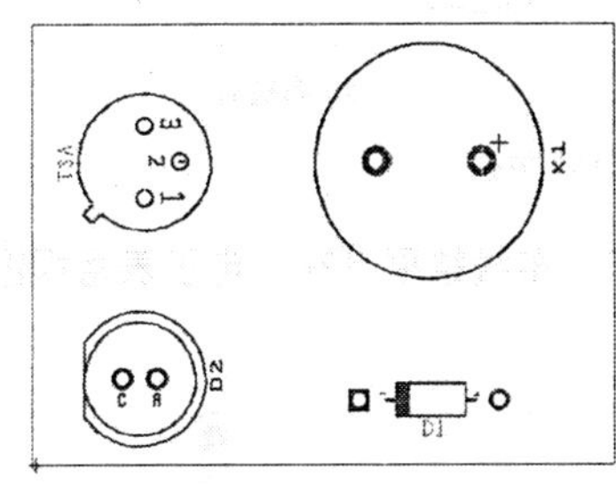

（a）布线前　　（b）布线后

图 10-40 PCB 全局布线

当元器件排列比较密集或者布线规则设置过于严格时，自动布线可能不会完全布通。即使是完全布通的 PCB，仍会有部分网络走线不合理，如绕线过多、走线过长等，此时就需要对 PCB 布线进行手动调整了。

10.7.2 对选定的零件自动布线

Ultiboard 还可以为指定的对象自动布线，其操作步骤如下。

选中需要进行布线的零件 D2、VS1，激活“对选定的零件进行自动布线”命令，选择该命令，系统将自动对该零件进行布线，结果如图 10-41 所示。

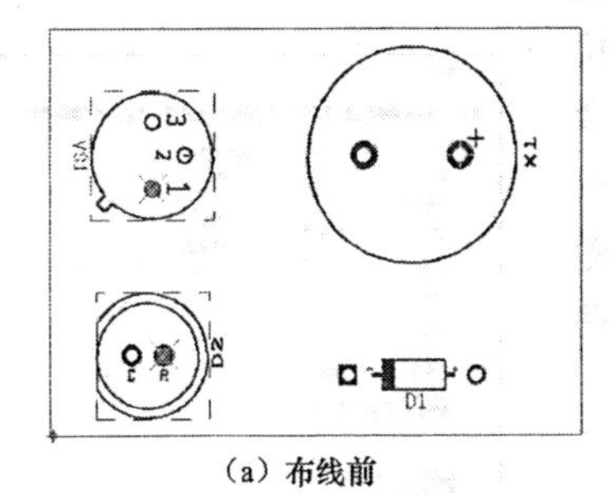

（a）布线前　　（b）布线后

图 10-41 对选定的零件进行自动布线

10.7.3 对选定的网络自动布线

Ultiboard 还可以对指定网络自动布线，事实上为指定网络布线是为网络内的所有表面安装元器件的焊盘进行布线，其操作步骤如下。

选择需要布线的元器件封装焊盘（箭头所指定的网络，即 VS1 中的焊盘 2），此时焊盘上将出现一个“×”。选择菜单栏中的“自动布线”→“对选定的网络进行自动布线”命令后，系统即可对该网络内的所有零件自动布线，如图 10-42 所示。

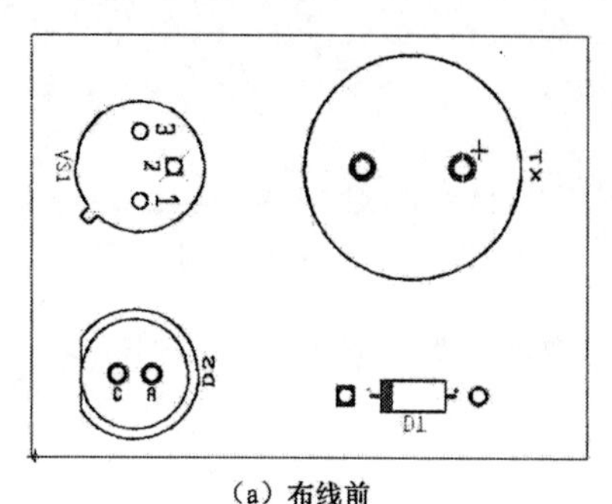

（a）布线前　　（b）布线后

图 10-42　显示网络布线

在自动布线过程中，所有的布线信息和布线状态、布线结果会在“电子表格视图”窗口的“结果”面板中显示出来，如图 10-43 所示。

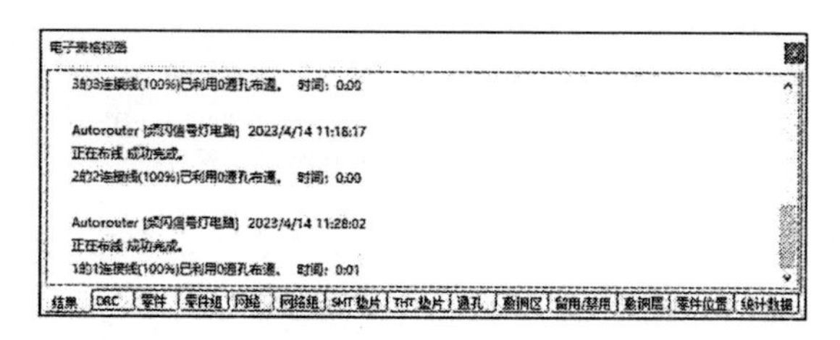

图 10-43　“电子表格视图”窗口的“结果”面板

10.8　敷（覆）铜

敷（覆）铜由一系列的印制线组成，可以完成 PCB 内不规则区域的填充。在绘制 PCB 图时，敷（覆）铜主要是指把空余没有走线的部分用印制线全部铺满。单面 PCB 敷（覆）铜可以提高电路的抗干扰能力，经过敷（覆）铜处理后，制作的 PCB 会显得十分美观。同时，通过大电流的导电通路也可以采用敷（覆）铜的方法来提升过电流的能力。通常敷（覆）铜的安全间距应该在一般印制线安全间距的两倍以上。

10.8.1　添加敷（覆）铜区

选择“Copper Top”图层。在“PCB 属性”对话框的“敷（覆）铜层”选项卡下设置敷（覆）铜层为“Copper Top”，如图 10-44 所示。

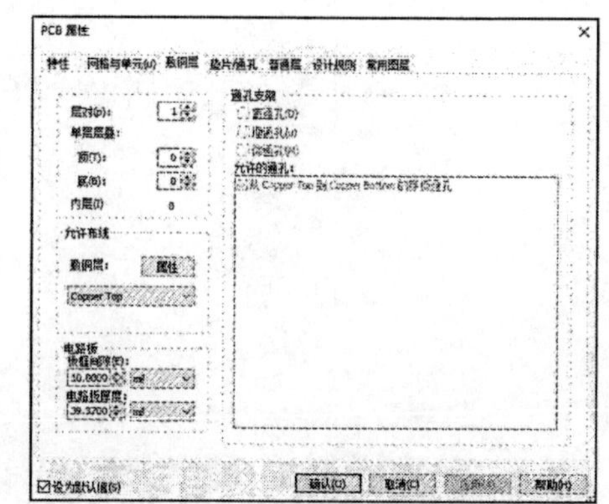

图 10-44　设置敷（覆）铜层

敷（覆）铜区指用铜箔铺满部分区域，其电路中的一个网络相连接，多数情况是和 GND 网络相连接。电源层实际上是覆盖整个平面的敷（覆）铜区。

选择菜单栏中的“绘制”→“电源层”命令，系统弹出“为电源平面选择网络和图层”对话框，如图 10-45 所示。

在“网络”下拉列表中选择敷（覆）铜连接的网络。通常连接到 GND 网络。单击确认(O)按钮，自动以边框为边界，执行敷（覆）铜命令，结果如图 10-46 所示。

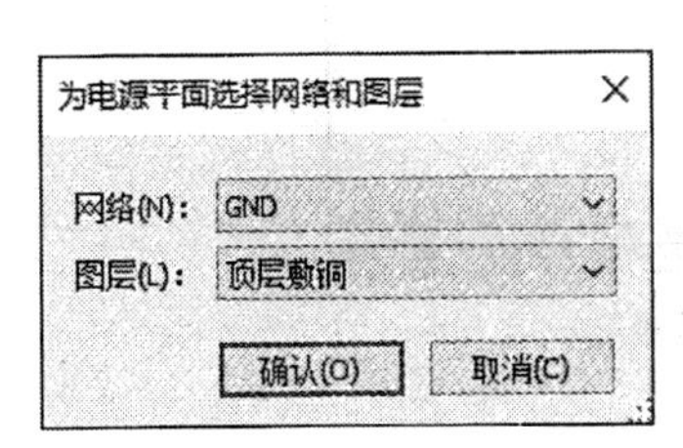

图 10-45 “为电源平面选择网络和图层”对话框

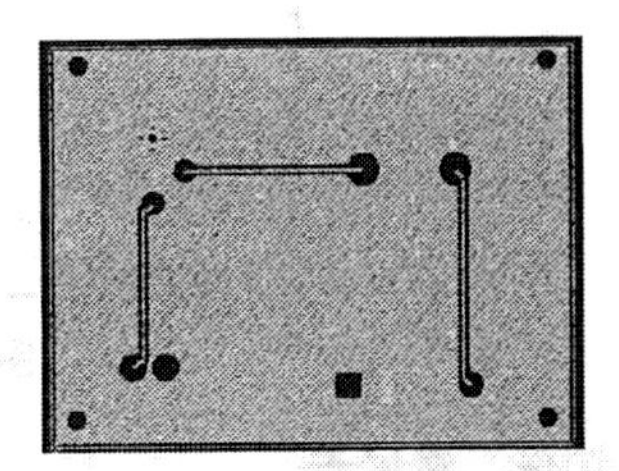

图 10-46 敷（覆）铜结果

10.8.2 敷（覆）铜属性设置

双击已放置的敷（覆）铜，系统弹出“多边形敷（覆）铜属性”对话框，如图 10-47 所示，其中针对各选项卡功能的介绍如下。

1.“常规”选项卡

显示敷（覆）铜区连接的网络，如图 10-48 所示。

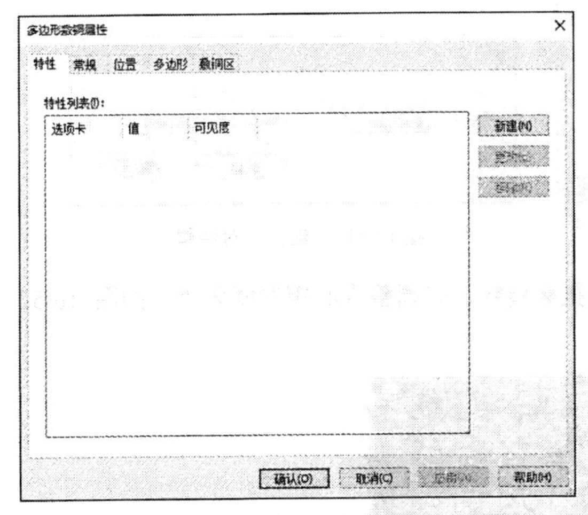

图 10-47 “多边形敷（覆）铜属性”对话框

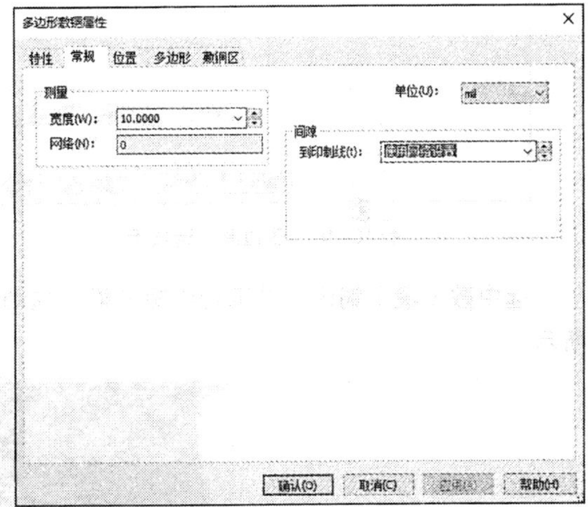

图 10-48 “常规”选项卡

2.“位置”选项卡

设定敷（覆）铜所属的工作层，如图 10-49 所示。

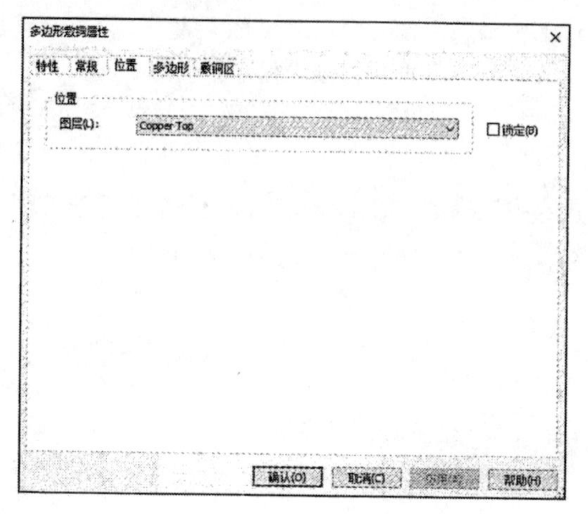

图 10-49 “位置”选项卡

3.“多边形”选项卡

显示敷（覆）铜区顶点坐标，调整敷（覆）铜区大小，如图 10-50 所示，双击坐标点，弹出“坐标”对话框，在该对话框中可修改 X 轴、Y 轴坐标值，如图 10-51 所示。

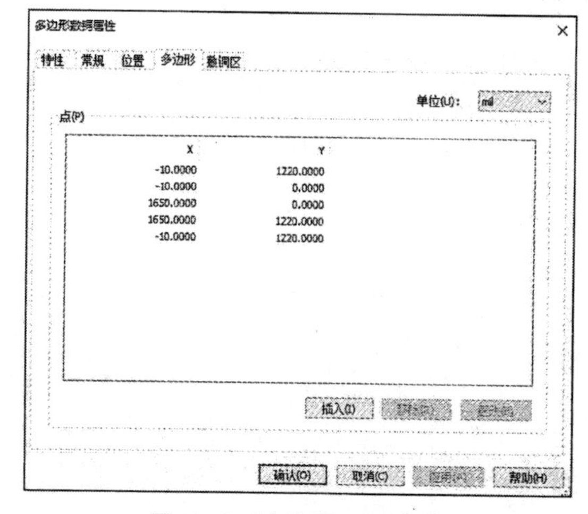

图 10-50 “多边形”选项卡

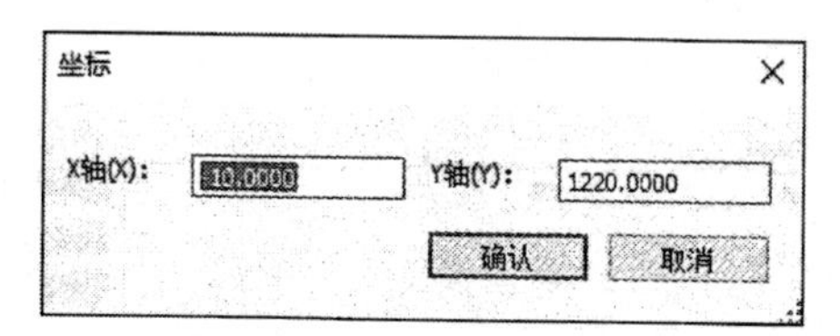

图 10-51 “坐标”对话框

选中敷（覆）铜区，显示空心矩形框，拖动鼠标指针，以调整空心矩形框大小，如图 10-52 所示。

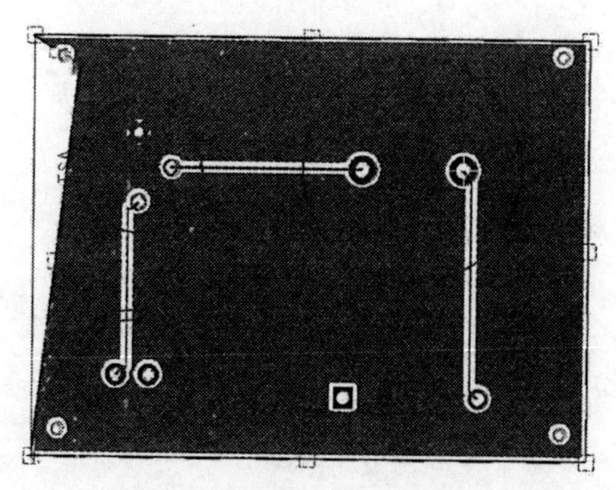

图 10-52 调整敷（覆）铜区大小

4. “敷（覆）铜区”选项卡

在左侧显示“已连接至网络”的选择列表，如图 10-53 所示，可重新选择网络。在右侧显示敷（覆）铜样式。

① 填充样式：选择敷（覆）铜的填充图案，如图 10-54 所示。

② 热涨缩间隙：显示间隙填充对象。

③ 被垫片引用时的样式：敷（覆）铜的内部与同网络的垫片相连接时的填充样式。

④ 被垫片引用时的开口宽度：填充开口宽度可选值为自动、5、10、20、40。

⑤ 移除岛屿：设置是否删除孤立区域的敷（覆）铜。孤立区域的敷（覆）铜是指没有连接到指定网络元器件上的封闭区域内的敷（覆）铜。符合复选框中的条件，则可以将这些区域中的敷（覆）铜去除。

图 10-53 “敷（覆）铜区”选项卡

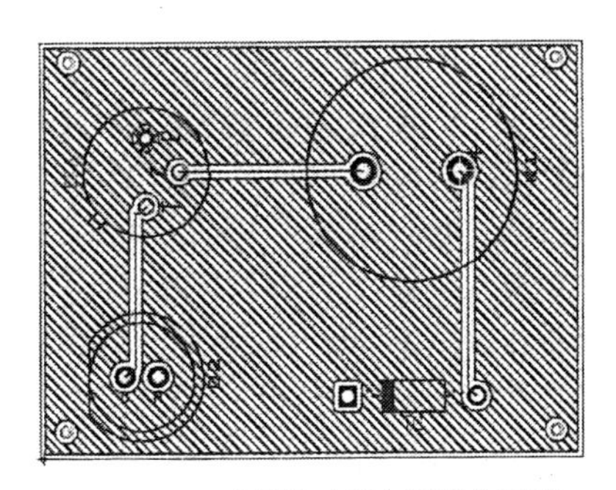

图 10-54 选择敷（覆）铜填充图案

10.8.3 补泪滴

为提高接脚的可靠性，需要增大焊盘面积，通常需要在印制线、焊盘或者过孔的连接处补泪滴，以去除连接处的直角，加大连接面。

补泪滴的作用有以下 2 个。

- 在 PCB 的制作过程中，避免出现钻孔定位偏差导致焊盘与印制线断裂的情况。
- 在安装和使用过程中，可以避免出现用力集中导致连接处断裂的情况。

选择菜单栏中的“设计”→“添加泪滴”命令，系统弹出“泪滴”对话框，如图 10-55 所示。

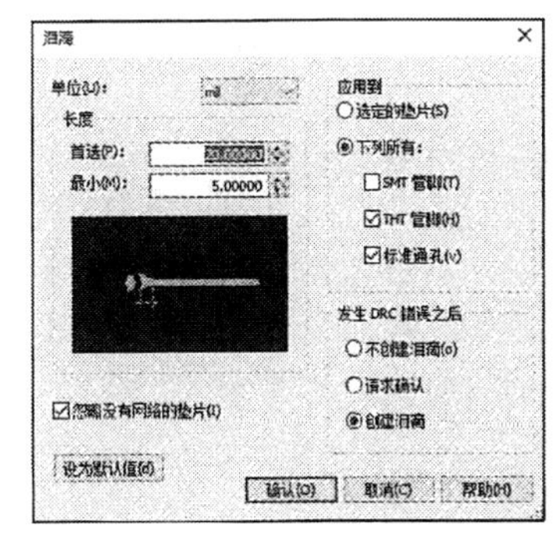

图 10-55 “泪滴”对话框

（1）“长度”选项组

设置泪滴的首选值与最小值。

（2）“应用到”选项组

该选项组中各选项的含义如下。

- “选定的垫片”单选钮：选择该项，将对所选的垫片添加泪滴。
- “SMT 管脚（引脚）”复选框：勾选该复选框，将对所有的 SMT 引脚添加泪滴。
- “THT 管脚（引脚）”复选框：勾选该复选框，将对所有的 THT 引脚添加泪滴。
- “标准通孔”复选框：勾选该复选框，将对所有的标准通孔添加泪滴。

（3）“发生 DRC 错误之后”选项组

在进行 DRC 时出现错误信息后，设置添加泪滴操作的执行方案。

设置完毕后，单击“确认”按钮，完成对象的泪滴添加操作。

补泪滴前后焊盘与印制线连接的变化如图 10-56 所示。

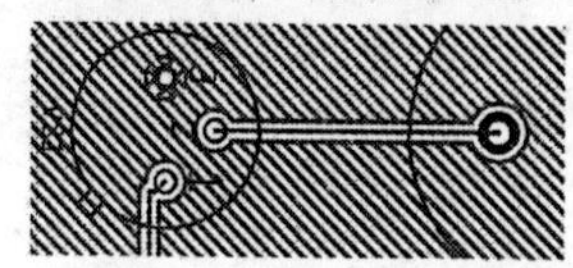
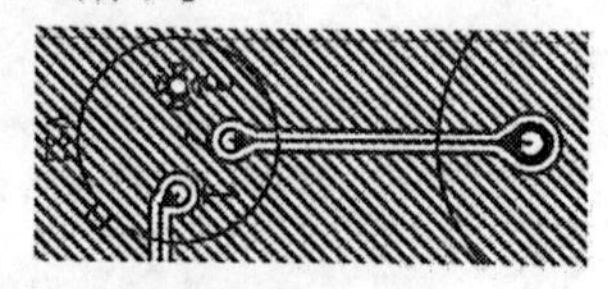

图 10-56　补泪滴前后焊盘与印制线连接的变化

按照此种方法，用户还可以对某一个元器件的所有焊盘和过孔，或者某一个特定网络的焊盘和过孔进行补泪滴操作。

第 11 章 PCB 设计后续操作

前面章节学习了 PCB 设计的一般流程，接下来介绍 PCB 设计过程中的后续操作。本章主要内容包括 PCB 设计的基本操作、编号管理、3D 效果图，以及 PCB 的测量和输出。

11.1 PCB 设计的基本操作

在 PCB 的设计过程中，有时候会因为在电路原理图中遗漏了部分元器件，而使 PCB 设计达不到预期效果。若重新设计将耗费大量的时间，这种情况下，可以直接在 PCB 中添加遗漏的元器件封装。

11.1.1 添加元器件封装

根据电路原理图中的元器件信息。掌握元器件对应的封装名称，在数据库中找到该元器件封装，直接在 PCB 文件中放置该元器件封装。

选择菜单栏中的“绘制”→“从数据库获取一个零件”命令，弹出“从数据库获取一个零件”对话框，在“数据库”列表中打开“Ultiboard 主数据库”，显示库文件中的元器件封装，如图 11-1 所示。

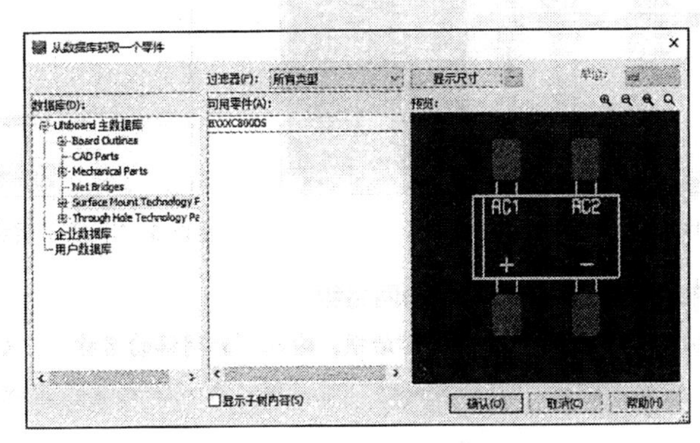

图 11-1　选择元器件封装

在该对话框中用户可以选择要放置的零件（元器件）封装，将零件放置在板框内部。

双击选中的元器件封装或单击“确认”按钮，弹出“为零件输入位号”对话框，在该对话框中显示零件的“RefDes（序号）”“Value（参数值）”，如图 11-2 所示，单击“确认”按钮，在工作区的鼠标指针上显示浮动的板框虚影，在适当位置单击，放置元器件封装，如图 11-3 所示。

放置元器件封装后，自动弹出“为零件输入位号”对话框，设置第二个元器件封装参数信息，可继续进行放置。若完成同类元器件封装放置，单击“取消”按钮，关闭该对话框。返回“从数据库获取一个零件”对话框，继续选择其他类型的元器件封装。

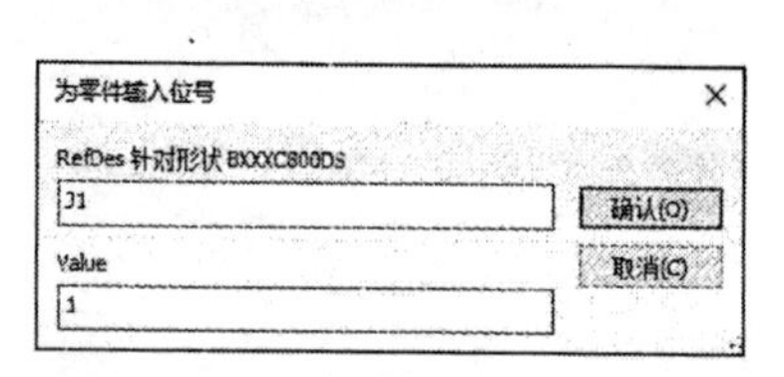

图 11-2 “为零件输入位号”对话框

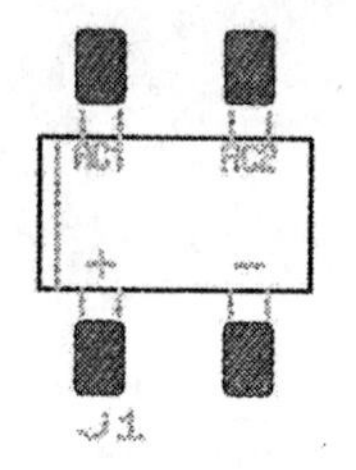

图 11-3 放置零件

11.1.2 网络表编辑

PCB 中的元器件连接依靠网络，只有存在网络连接的元器件才能连线。从网络表导入的零件对应的元器件在 PCB 中包括网络关系，如图 11-4 所示。而从数据库中直接添加的零件没有电气连接关系。因此，网络的添加和编辑是进行 PCB 设计的一个重要部分。

选择菜单栏中的“工具”→“网表编辑器”命令，弹出图 11-5 所示的“网表编辑器”对话框。

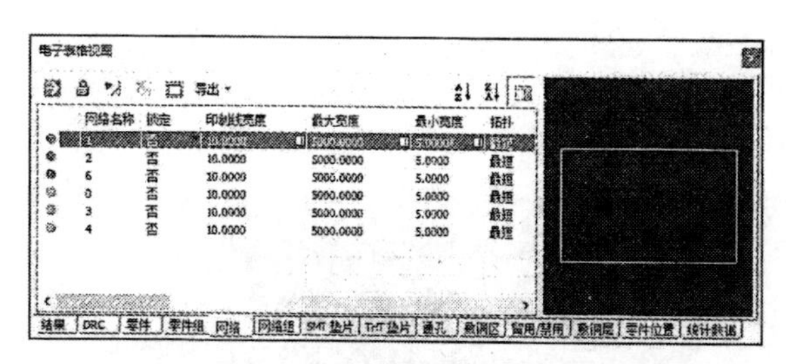

图 11-4 “网络”选项卡

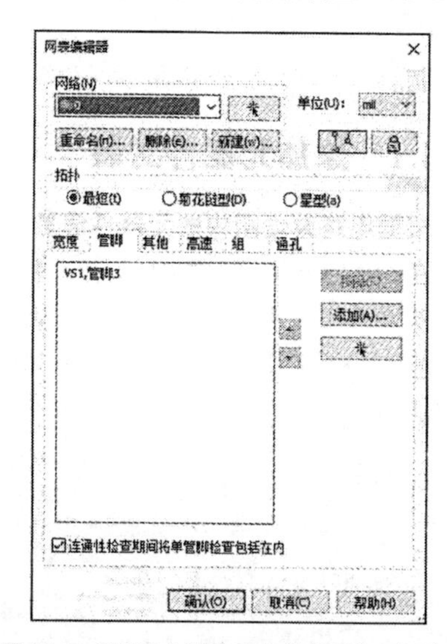

图 11-5 “网表（网络表）编辑器”对话框

① 在“网络”下拉列表中显示 PCB 中的网络组。

- 单击“新建”按钮，弹出“添加网络”对话框，输入“新网络的名称”，如图 11–6 所示。
- 单击“重命名”按钮，弹出“重命名网络”对话框，在“新网络的名称”中输入网络新名称，如图 11–7 所示。
- 单击“删除”按钮，弹出“选择要删除的网络”对话框，选择要删除的网络，如图 11–8 所示。
- 单击按钮，在工作区中选择引脚，以此选中与之关联的网络。
- 单击按钮，控制鼠线的显示，以清晰显示 PCB，方便选择引脚。
- 单击按钮，控制与所选网络相关联的零件的锁定与解锁。

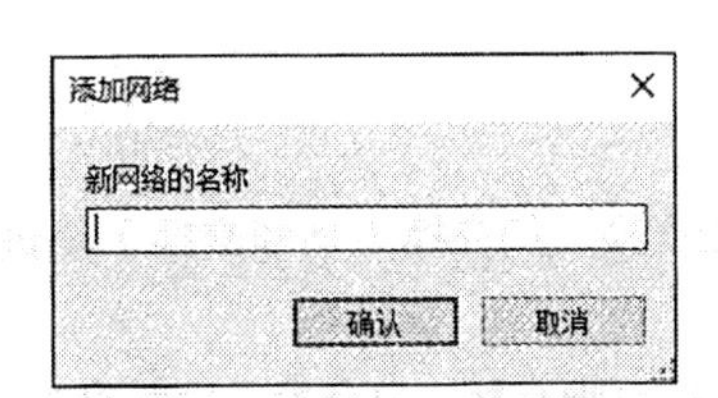

图 11-6 “添加网络”对话框

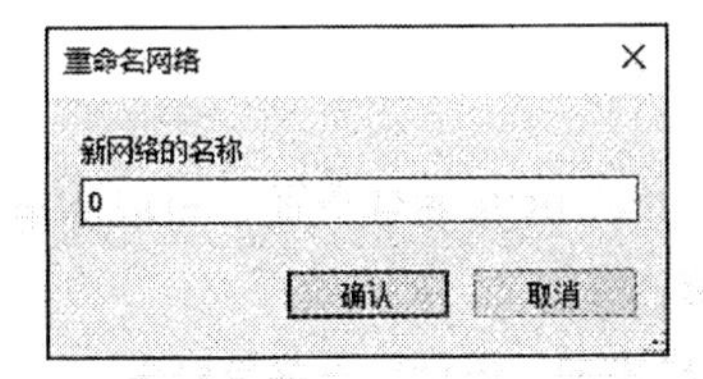

图 11-7 “重命名网络”对话框

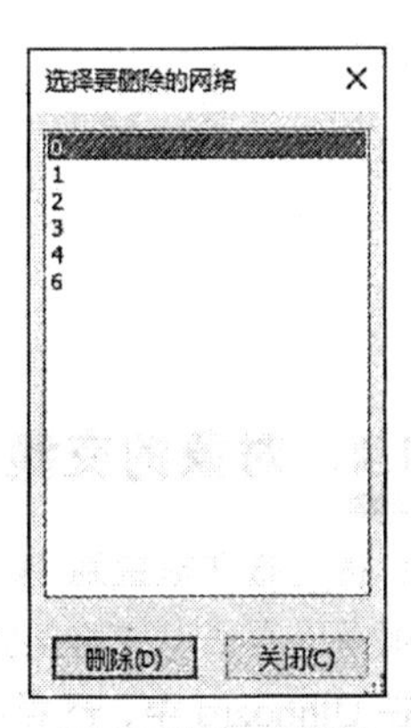

图 11-8 “选择要删除的网络”对话框

② 在“拓扑”选项组下选择拓扑类型，包括最短、菊花链型和星型。

③ 参数列表包括 6 个选项卡，分别为所选网络添加对应属性，用户可自行练习，这里不再赘述。

11.1.3 鼠线的显示

鼠线为电路原理图中包含的元器件之间的电器连接信息，在 PCB 中的布线遵循鼠线的连接对象信息，尽量避免交叉。

鼠线只显示元器件间的最短距离连接，因此显示鼠线的 PCB 显得杂乱无章，在某些情况下为清晰显示 PCB 上的元器件，可取消鼠线的显示。

① 在“设计工具箱”窗口中的“图层”选项卡下勾选“信息”选项组下的“鼠线”复选框，如图 11-9 所示，显示 PCB 中的所有鼠线，如图 11-10 所示。

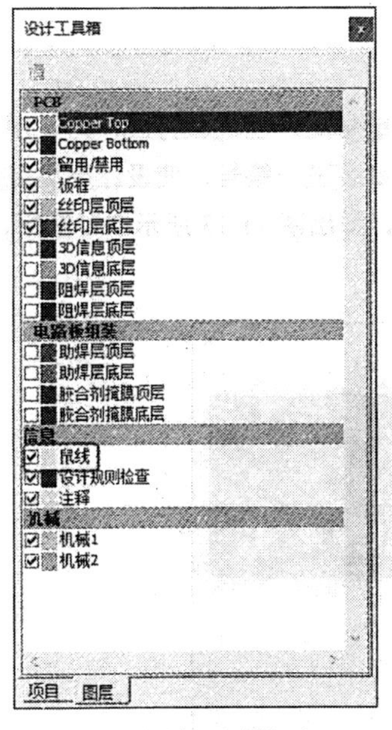

图 11-9 “设计工具箱”窗口

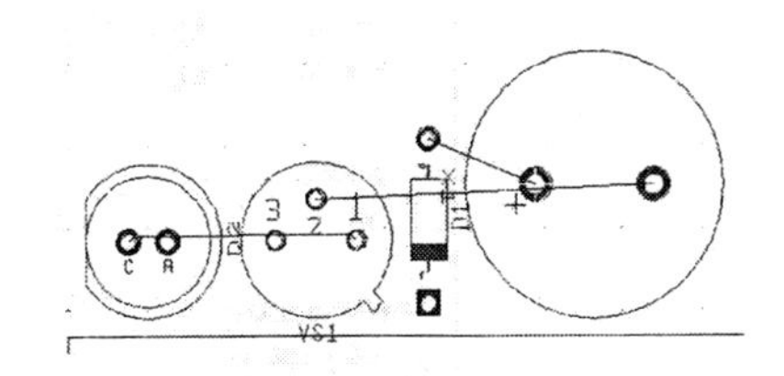

图 11-10 显示全部鼠线

② 取消勾选“鼠线”复选框，则不显示与元器件相连的鼠线，如图 11-11 所示。

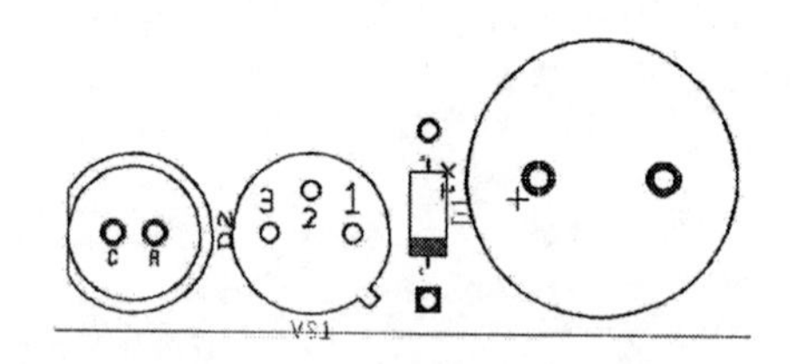

图 11-11　不显示元器件间的鼠线

11.1.4　对象的交换

当将元器件放置到 PCB 上进行 PCB 布线之前，可以使用引脚交换、门交换（功能交换）来进一步缩短信号长度并避免鼠线的交叉。

在 Ultiboard 中，选择菜单栏中的“设计”子菜单命令，可以进行引脚交换、门交换（功能交换）和元器件交换，如图 11-12 所示。

- 交换管脚（引脚）：允许交换 2 个等价的引脚，如与非门的输入端或电阻排输入端。
- 交换栅极：允许交换 2 个等价的门电路。
- 自动管脚（引脚）/栅极交换：系统自动避免交叉交换引脚或栅极。

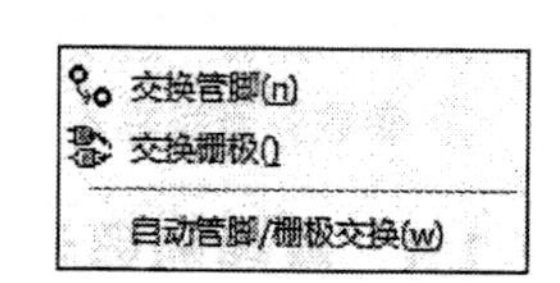

图 11-12　“设计”子菜单命令

11.2　编号管理

当完成元器件封装布局后，往往会发现元器件封装的编号变得很混乱或者有些元器件封装还没有编号。用户可以逐个地手动更改这些元器件封装的编号，但是这样操作比较烦琐，而且容易出现错误。Ultiboard 提供了元器件封装编号管理的功能。

11.2.1　元器件封装的重新编号

由于布局时元器件封装位置的调整，原有元器件封装编号顺序已经被打乱，为了便于提供生产和售后服务，应按照元器件封装放置的顺序重新对元器件封装进行编号，使设计更加规范。

选择菜单栏中的“工具”→“给零件重新编号”命令，弹出图 11-13 所示的对话框，对 PCB 中的零件进行重新编号。

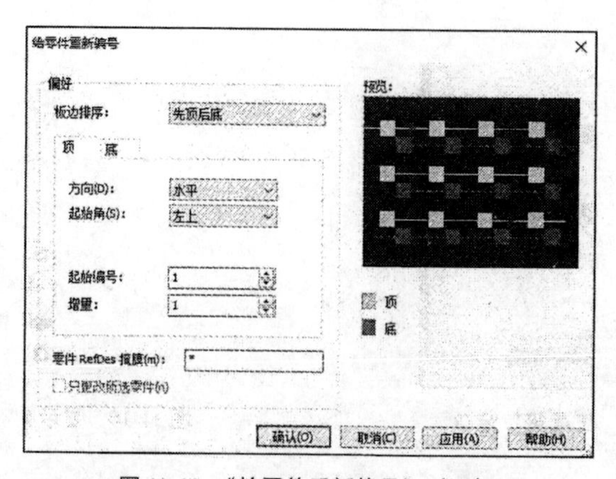

图 11-13　“给零件重新编号”对话框

在“板边排序”下拉列表中显示编号顺序，包括先顶后底、先底后顶、仅顶部和仅底部。在“方向”下拉列表内选择元器件封装编号顺序方向，水平、垂直。在“起始角”的下拉列表内选择元器件封装编号顺序的起始位置，包括左上、左下、右上、右下。完成各项选择后单击应用(A)按钮，使系统接受设置，单击“确认”按钮，关闭对话框。Ultiboard14.3 立刻按照用户的要求自动完成元器件封装的重新编号。

11.2.2 回编

回编指把 PCB 上的信息反馈到电路原理图中，通过此操作，以保证 PCB 与电路原理图同步。为了保持 PCB 与电路原理图的统一，必须在 PCB 中将零件的交换、重命名序号等更改的内容回编到电路原理图中。

在“电子表格视图”窗口的“RefDes”列中，修改零件 X1 为 M1，如图 11-14 所示。

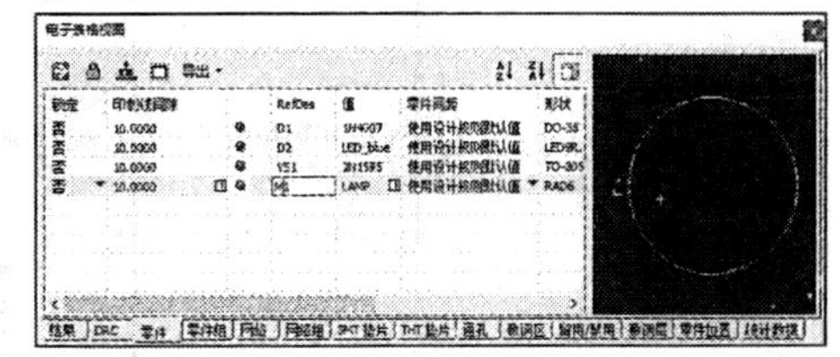

图 11-14 修改零件标识符

① 选择菜单栏中的“转移”→“反向标注到 Multisim”→“反向标注到 Multisim14.3”命令，弹出“另存为”对话框，以频闪信号灯电路为例，如图 11-15 所示，保存“.*ewnet”网络表文件，该文件包含更改后的 PCB 零件信息。

② 单击“保存”按钮，自动打开 Multisim14.3，并打开图 11-16 所示“反向注解（频闪信号灯电路）”对话框，在该对话框中显示修改信息，如图 11-16 所示。

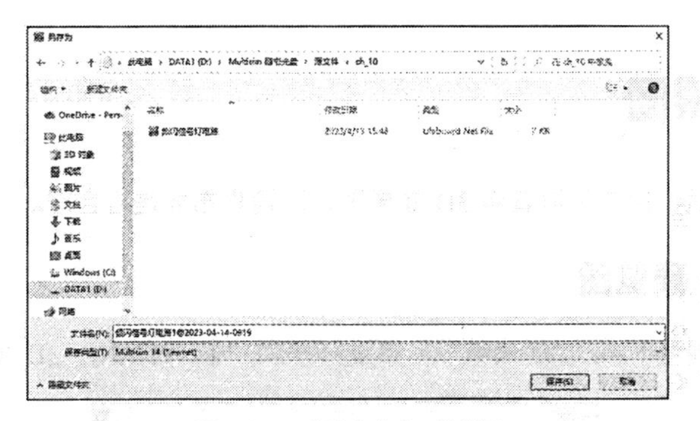

图 11-15 “另存为”对话框

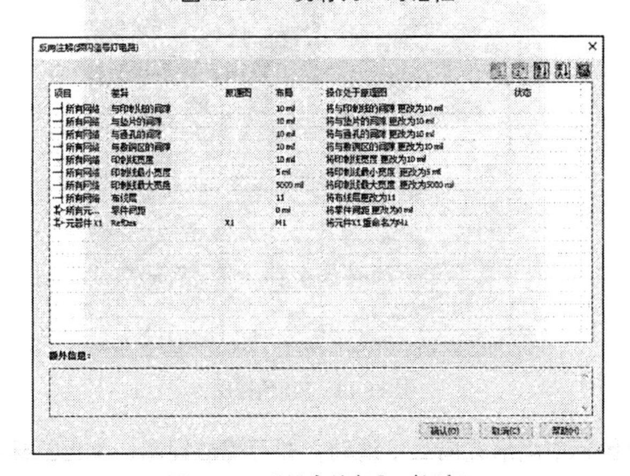

图 11-16 “反向注解”对话框

③ 单击“确认”按钮，弹出进程对话框，更新结束后，完成 PCB 与电路原理图的统一更新，如图 11-17 所示。

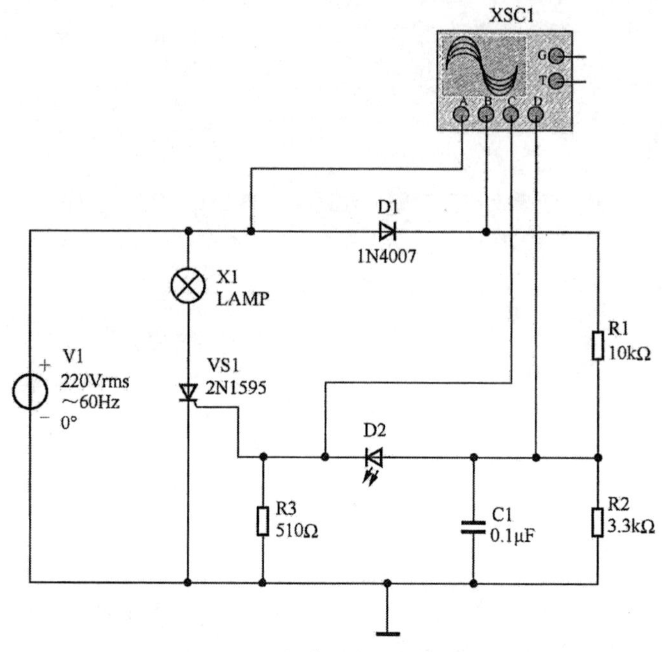

图 11-17 被修改的电路原理图

11.3 3D 效果图

手工布局完成以后，用户可以查看 3D 效果图，以检查布局是否合理。

11.3.1 显示 3D 预览图

执行菜单命令“视图”→“3D 预览”，系统打开 3D 显示对话框，3D 预览图如图 11-18 所示。

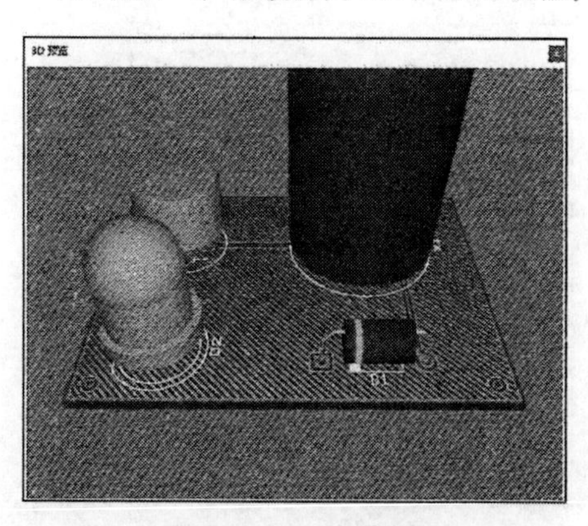

图 11-18 3D 预览图

在该对话框中利用鼠标中间滑轮向上下滑动，即可缩放视图，单击鼠标可选准视图，全方位显示 PCB 的 3D 模型。

11.3.2 3D 视图显示

在 PCB 编辑器内，选择菜单栏中的“工具”→“查看 3D”命令，系统生成该 PCB 的 3D 效果图，加入该项目生成的“3D 视图 1”文件夹，并自动打开“3D 视图 1”，如图 11-19 所示。

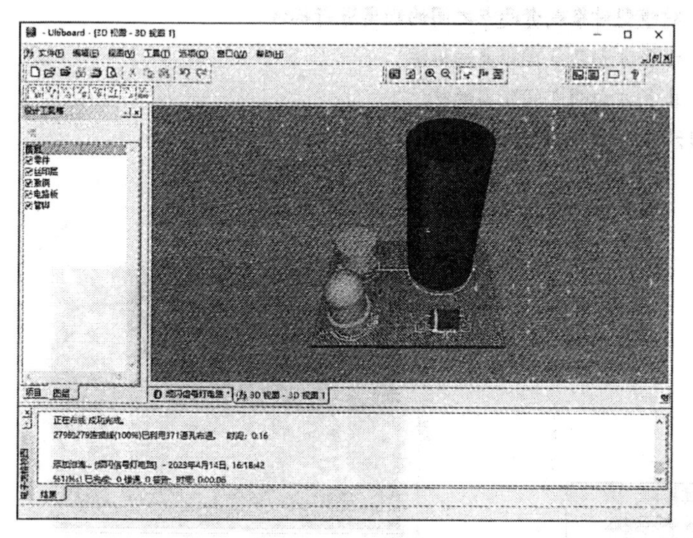

图 11-19　3D 视图 1

在 PCB 的 3D 编辑器内，单击“视图”工具栏中的“内层”按钮，显示带内层的 PCB，如图 11-20 所示。

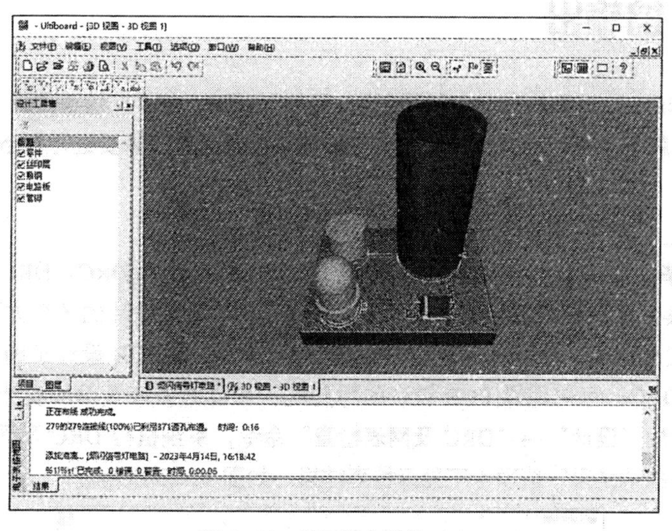

图 11-20　显示带内层的 PCB

11.4 PCB 的测量

Ultiboard 14.3 提供了 PCB 的测量工具，就是对设计中的各个环节进行标注，方便设计电路时的检查。同时，它还可以使生产过程中的相关因素能够被更好地控制，包括大范围的标注标准集和对设备中的细节进行标注。尺寸标注必须在“注释”图层下进行，在其他图层上不能使用尺寸标注。

选择菜单栏中的“绘制”→“尺寸”命令，弹出图 11-21 所示的快捷菜单，在该快捷菜单中显示尺寸标注命令。

下面将从上到下分别介绍这 3 个尺寸标注命令。

- 标准尺寸：对线型对象或者两点之间的距离进行标注。
- 水平尺寸：水平方向两点间距离的标注。
- 垂直尺寸：垂直方向两点间距离的标注。

图 11-22 中显示 3 种尺寸标注样例。

标准尺寸(S)
水平尺寸(H)
垂直尺寸(V)

图 11-21　快捷菜单

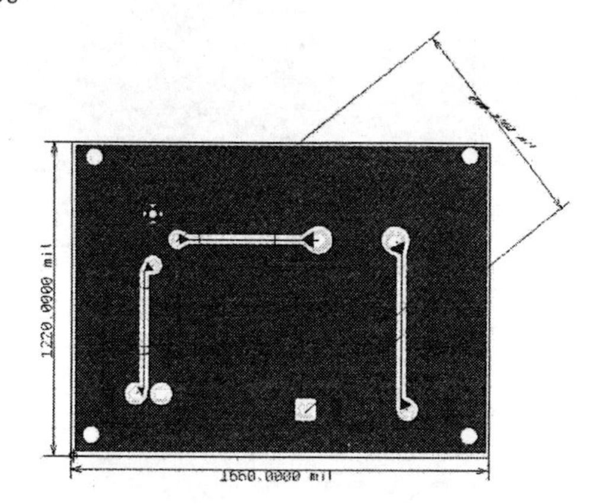

图 11-22　尺寸标注样例

11.5 PCB 的输出

PCB 绘制完毕后，为 PCB 设计的后期制作、元器件采购、文件交流等提供了便利，对 PCB 文件进行检查设置，就可以将其源文件、制造文件和各种报表文件按需要进行存档、打印、输出等。

11.5.1 DRC

PCB 布线完毕，在输出设计文件之前，还要进行一次完整的 DRC。DRC 是进行 PCB 设计时的重要检查工具。系统会根据用户设计规则的设置，对 PCB 设计的各个方面进行检查校验，如印制线宽度、安全距离、元器件间距、过孔类型等。DRC 是 PCB 设计正确性和完整性的重要保证。灵活运用 DRC，可以保障 PCB 设计的顺利进行和最终生成正确的设计文件。

选择菜单栏中的“设计”→“DRC 及网表检查”命令，系统执行 DRC 及网表检查，在“电子表格视图”窗口中的“结果”选项卡下显示检查结果，如图 11-23 所示。

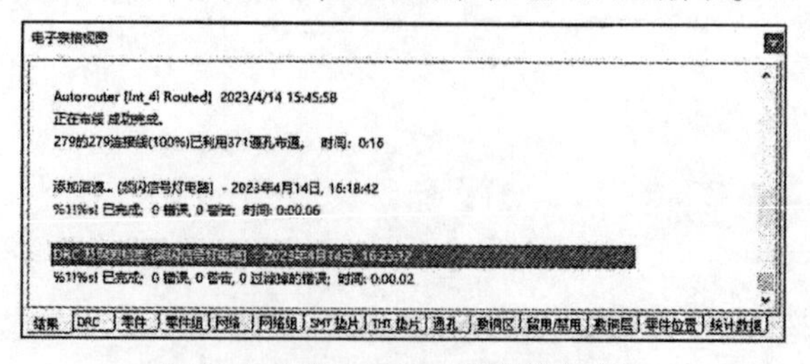

图 11-23　显示 DRC 及网表检查结果

在“DRC”选项卡下同时可显示是否有违规信息，若选项卡中显示空白，表示没有违规信息，如图 11-24 所示。

DRC 发生错误后，直接按照错误提示，调整对象位置，加大 PCB 中的网络与敷（覆）铜间距，符合设计规则的默认值，系统再次执行 DRC，运行结果在“电子表格视图”窗口中显示。

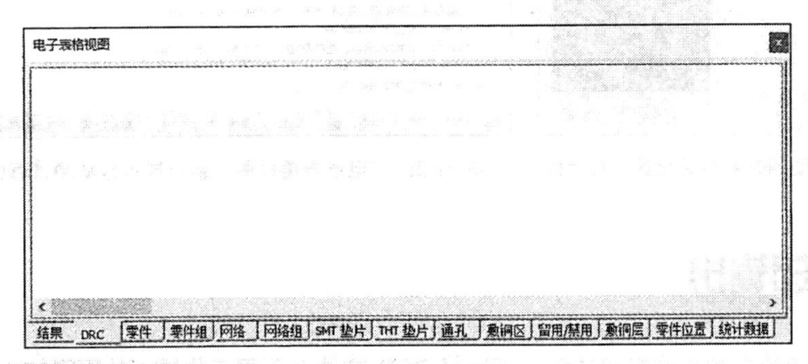

图 11-24　DRC 错误

11.5.2　连通性检查

选择菜单栏中的“设计”→“连通性检查”命令，弹出图 11-25 所示的“选择一个网络”对话框，在“网络”下拉列表中选择需要检查的网络。

连通性检查需要一一对网络进行检查，不能进行统一检查，步骤相对烦琐。

单击“确认”按钮，系统执行连通性检查，在“电子表格视图”窗口中“结果”选项卡下显示连通性检查结果，发现 0 个错误，0 个警告，如图 11-26 所示。

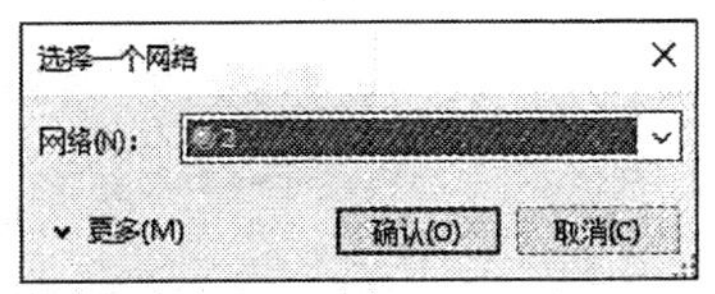

图 11-25　“选择一个网络”对话框

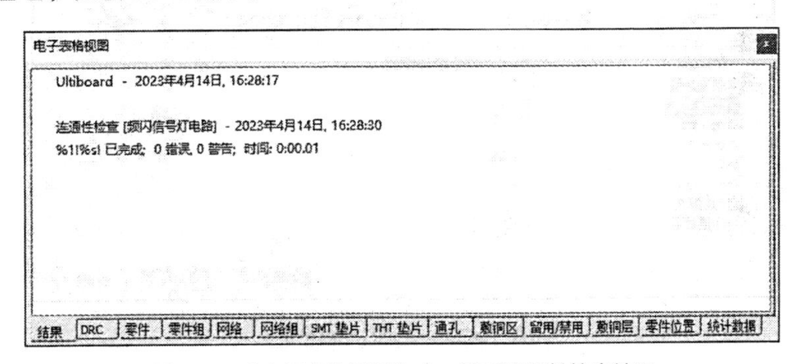

图 11-26　“电子表格视图”窗口显示连通性检查结果

11.5.3　测试点检查

PCB 加工好后需要进行裸板测试，检查测试所有的元器件引脚间的连接是否完好，是否有短路和断路的情况，如果这些都没有问题，则需要装配 PCB，在装配 PCB 之后还要进行在线测试。进行这些测试最终是为了测试 PCB 的功能。

选择菜单栏中的“绘制”→“自动测试点”命令，弹出“自动测试点布局设置”对话框，如图 11-27 所示。

单击“开始”按钮，在“电子表格视图”窗口中显示自动测试点检查结果，如图 11-28 所示。

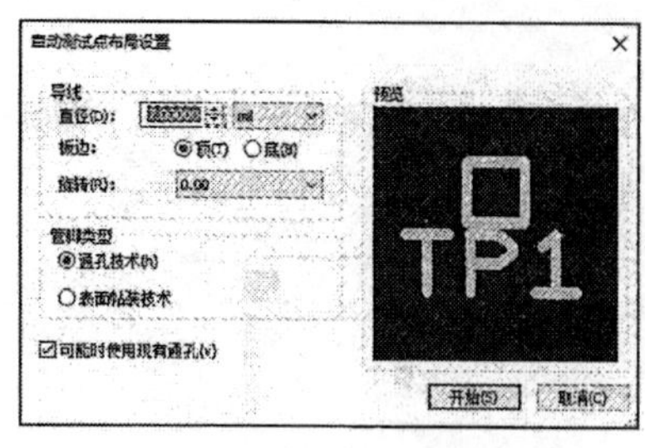

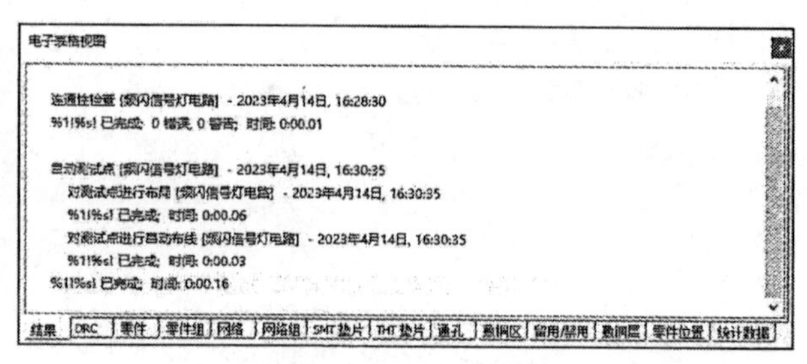

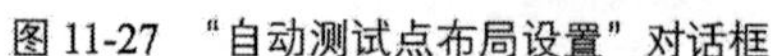

图 11-27 “自动测试点布局设置”对话框　　图 11-28 “电子表格视图”窗口显示自动测试点检查结果

11.6 打印输出

利用 PCB 编辑器的文件打印功能，可以将 PCB 文件在不同工作层上的图元按一定比例打印输出，用以进行校验和存档。

选择菜单栏中的“文件”→“打印”命令，系统弹出图 11-29 所示的“打印”对话框，该对话框中各选项的功能介绍如下。

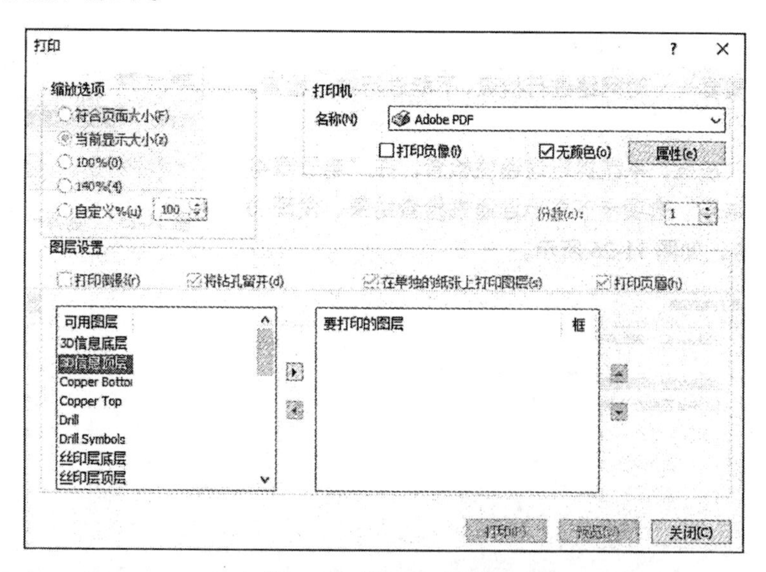

图 11-29 “打印”对话框

- “缩放选项”选项组：用于设定打印内容与打印图纸的匹配方法。系统提供了 5 种缩放匹配模式，即“符合页面大小”“当前显示大小”“100%”“140%”“自定义”。“符合页面大小”将打印内容缩放到适合图纸大小，后者由用户设定打印缩放的比例因子。在“自定义”文本框中填写打印缩放的比例因子设定图形的缩放比例，填写“100”时，将按实际大小打印 PCB 图形。
- “图层设置”选项组：显示 PCB 中的可用图层和要打印的图层。勾选“打印倒影”复选框，打印图形将打印倒影；勾选“将钻孔留开”复选框，打印图形将打印钻孔区域；勾选“在单独的纸张上打印图层”复选框，将选中图层对象在单独的打印图纸上打印；勾选“打印页眉”复选框，打印图形将打印页眉。

- “名称”下拉列表：选择要使用的打印机。
- “属性”按钮：用于设置打印纸的尺寸和打印方向，单击该按钮，弹出图 11-30 所示的对话框。

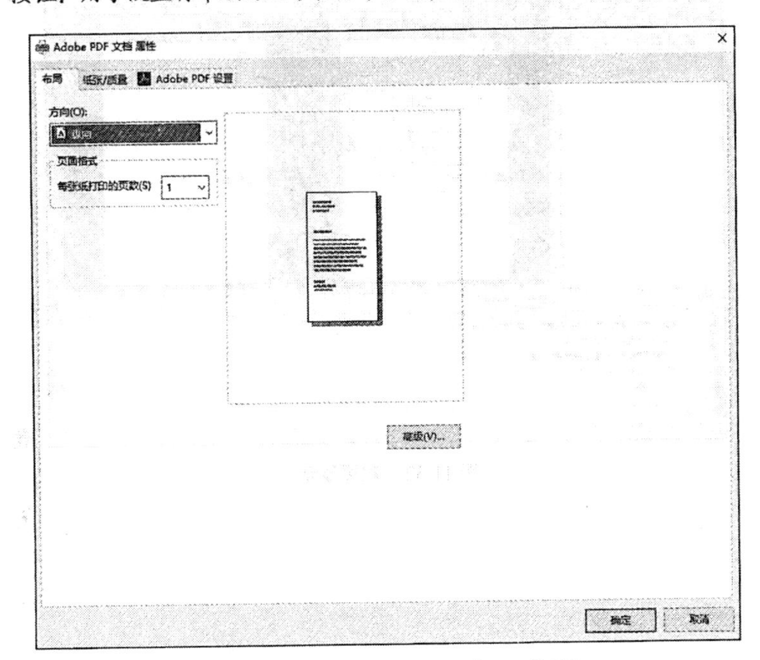

图 11-30 “Adobe PDF 文档属性”对话框

单击“打印”按钮，打印设置好的 PCB 文件。

单击“预览”按钮，直接在工作区显示打印预览，查看打印效果，如图 11-31 所示。

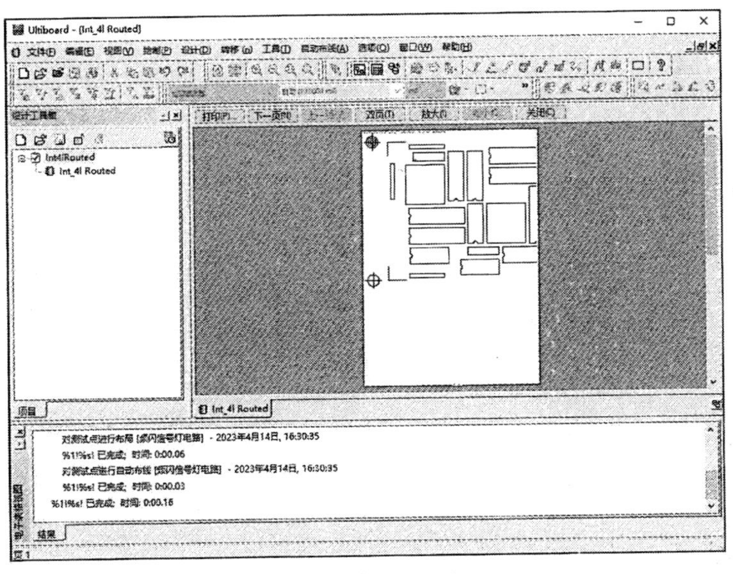

图 11-31 打印预览结果

在显示过程中可对打印内容进行放大、缩小，调整到适宜大小，同时还可双页显示，如图 11-32 所示。

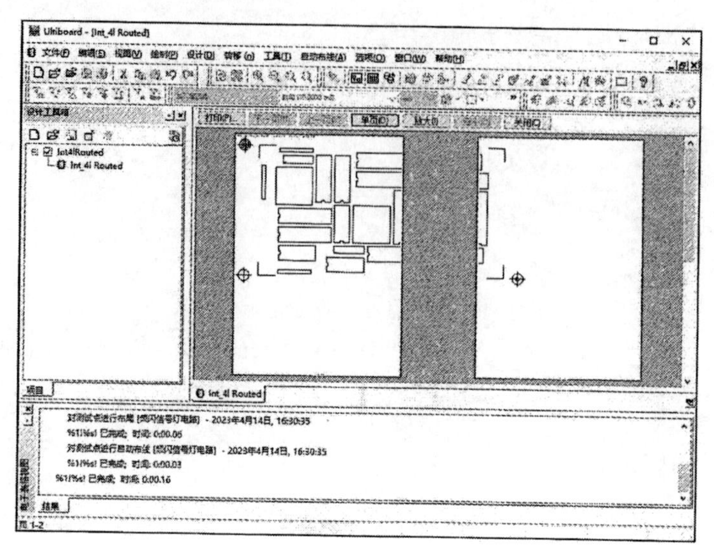
Ultiboard - [Int_4l Routed]
Int4lRouted
Int_4l Routed
项目
Int_4l Routed
2023年4月14日, 16:30:35
%1!%s! 已完成; 时间: 0:00.16
结果

图 11-32　双页显示

第12章 51系列单片机CAN总线电路设计实例

由于CAN（控制器局域网）总线通信的高性能、高可靠性及独特的设计和适宜的价格，可以广泛应用于工业现场控制、智能楼宇、医疗器械、交通工具及传感器等领域，所以它被公认为是几种最有前途的现场总线之一。

本章将讲述51系列单片机CAN总线电路从电路原理图到PCB设计的全过程，了解如何制作元器件，如何直接修改元器件库中的元器件，如何从电路原理图转换到PCB设计。

12.1 51系列单片机CAN总线电路设计实例说明

20世纪80年代初期，德国BOSCH（博世）公司提出CAN总线方案以解决汽车控制装置间的通信问题。经过20多年的发展，CAN总线现在被广泛应用于汽车领域，在汽车控制系统中应用CAN总线可以实现硬件方案的软件化，大大地简化了设计，减少了硬件成本和设计生产成本，数据共享减少了数据的重复处理，节省了成本，可以将信号线数量减到最少，减少布线，使成本进一步降低。

12.1.1 51系列单片机CAN总线学习板介绍

51系列单片机CAN总线学习板的实物图如图12-1所示。以下简称“学习板”。

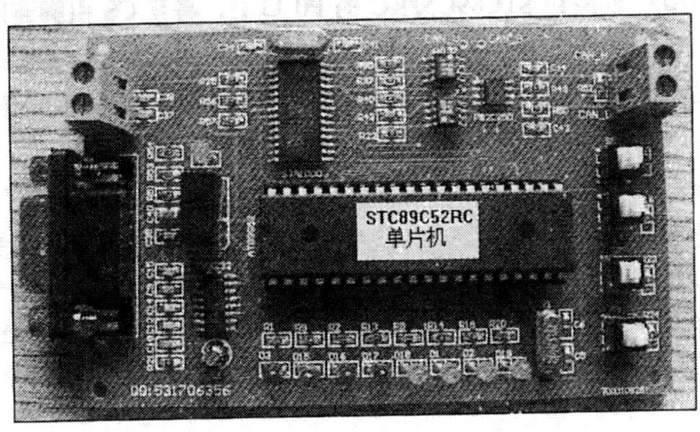

图12-1 51系列单片机CAN总线学习板

（1）学习板采用 DC+5V 供电。

（2）学习板上采用的主要芯片如下。

① 51 系列的单片机可以选用 89C51、89C52、89S52，如果选用 STC51 系列的单片机，如 STC89C51、STC89C52、STC89C58，可以实现串口下载程序，不需要编程器下载程序。

② 独立 CAN 总线控制器 SJA1000。

③ CAN 总线收发器可以选用 TJA1040、TJA1050、P82C250。其中 TJA1040 与 TJA1050 引脚兼容，如果选用 P82C250，需要在其第 8 引脚加上 47kΩ的斜率电阻。

（3）采用 DC/DC 电源隔离模块 B0505D-1W 实现电源隔离。

（4）支持 RS232 串口与 CAN 总线之间数据的相互转换。

（5）CAN 总线波特率可调：20kbit/s、40kbit/s、50kbit/s、80kbit/s、100kbit/s、125kbit/s、200kbit/s、250kbit/s、400kbit/s、500kbit/s、666kbit/s、800kbit/s、1000kbit/s。

（6）程序支持 BasicCAN 模式和 PeliCAN 模式（CAN 2.0A 和 CAN 2.0B），提供 C 语言和汇编语言程序。

（7）成对学习板可实现如下功能。

① A 开发板发送数据，B 开发板接收数据，并把接收到的数据通过串口传到计算机上显示。

② 单片机定时监测 A 开发板上的 4 个按键状态，可以通过 CAN 总线把按键的状态字发送给 B 开发板，可以在串口调试助手软件中看到该状态字。

③ 可以实现由 A 开发板上面的按键控制 B 开发板上面的 LED 状态的功能。工作过程：A 开发板上面按键的状态字通过 CAN 总线发送到 B 开发板，B 开发板接收到按键的状态字后，根据按键的状态字控制其 LED 的亮灭状态。

12.1.2 CAN 总线电路设计原理

CAN 总线技术的电气设计主要包括 CAN 总线控制器的初始化、报文发送和报文接收。

图 12-2 为 51 系列单片机 CAN 总线学习板的电路图。从图 12-2 中可以看出，电路主要由 7 部分构成，分别为微控制器 STC89C52RC、独立 CAN 总线控制器 SJA1000、CAN 总线收发器 TJA1040、DC/DC 电源隔离模块、高速光电耦合器 6N137、串口芯片 MAX232 电路、按键及 LED 显示电路。

使用 STC89C52RC 初始化 SJA1000 后，通过控制 SJA1000 实现数据的接收和发送等通信任务。将 SJA1000 的 AD0～AD7 连接到 STC89C52RC 的 P0 口上，将其 CS 引脚连接到 STC89C52RC 的 P2.7。P2.7 为低电平“0”时，单片机可选中 SJA1000，单片机通过地址可控制 SJA1000 执行相应的读写操作。SJA1000 的 RD、WR、ALE 分别与 STC89C52RC 的对应引脚相连接。SJA1000 的 INT 接入 STC89C52RC 的 INT0，STC89C52RC 可通过中断方式访问 SJA1000。

为了增强 CAN 总线的抗干扰能力，SJA1000 的 TX0 和 RX0 通过 6N137 与 TJA1040 的 TXD 和 RXD 相连接，这样能够实现 CAN 总线上各 CAN 节点间的电气隔离。需要特别注意一点，光电耦合部分电路所采用的两个电源 VCC 和 CAN_V 必须完全隔离，否则采用光电耦合器也就失去了意义。电源的完全隔离可采用小功率 DC/DC 电源隔离模块实现，51 系列单片机 CAN 总线学习板选用 B0505D-1W。这些电路虽然增加了 CAN 节点的复杂程度，但是提高了 CAN 节点的稳定性和安全性。

TJA1040 与 CAN 总线的接口部分采用了一定的安全和抗干扰措施，即 TJA1040 的 CANH 和 CANL 各自通过一个 5Ω的电阻与 CAN 总线相连，电阻可起到一定的限流作用，保护 TJA1040 免受过流的冲击。CANH 和 CANL 与地之间分别并联了一个 30pF 的电容，可以起到滤除总线上的高频干扰的作用，也具有一定的防电磁辐射的能力。另外，在两根 CAN 总线接入端与地之间分别反接了一个保护二极管 1N4148，当 CAN 总线有较高的负电压时，通过二极管的短路可起到一定的过压保护作用。

串口芯片 MAX232 电路用于“51 系列单片机 CAN 总线学习板”下载程序，也可以实现 CAN 总线与 RS232 串口之间的数据转换功能。

按键及 LED 显示电路用于向 CAN 总线上发送不同的数据，以及显示接收到的数据状态。

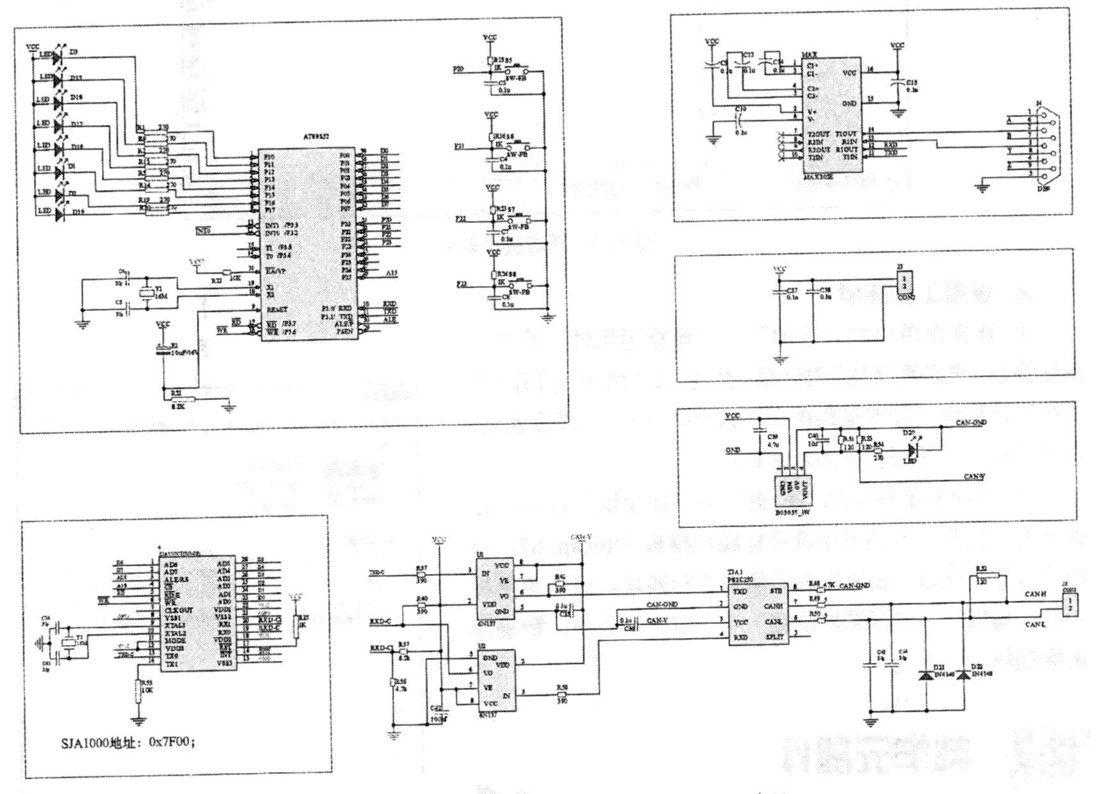

图 12-2　51 系列单片机 CAN 总线学习板的电路图

12.2 创建项目文件

随着电子技术、计算机技术、自动化技术的飞速发展，电子电路设计师所要绘制的电路图越来越复杂，有时工程技术人员也很难看懂。另一方面，由于网络的普及，对于复杂的电路图一般都采用模块化开发设计，这样可以极大地加快开发设计进程。

1. 创建项目文件

① 单击“标准”工具栏中的“设计”按钮，弹出“New Design（新建设计文件）”对话框，选择“Blank and recent”选项。单击 Create 按钮，创建一个电路图设计文件。

② 单击菜单栏中的“文件”→“保存为”命令，将项目另存为“51 系列单片机 CAN 总线电路.ms14”，如图 12-3 所示。

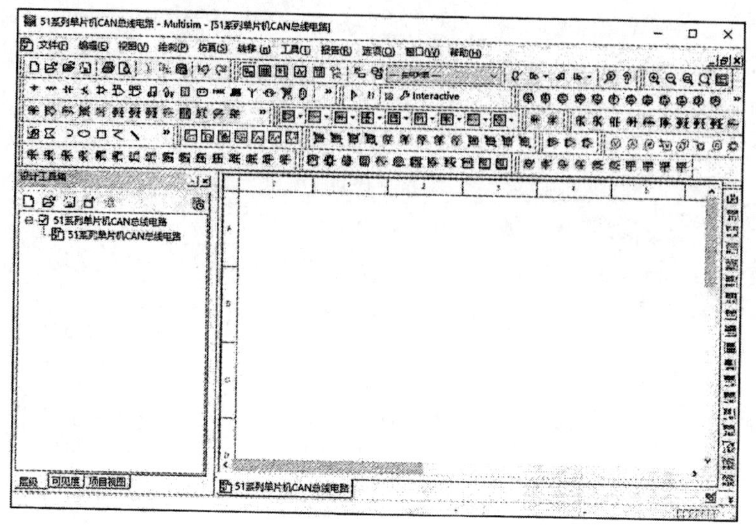

图 12-3　新建项目文件

2. 设置工作环境

① 选择菜单中的“选项”→“电路图属性”命令，系统弹出“电路图属性”对话框，如图 12-4 所示，打开“工作区”选项卡，设置电路图页面大小为 A2。完成设置后，单击“确认”按钮，关闭对话框。

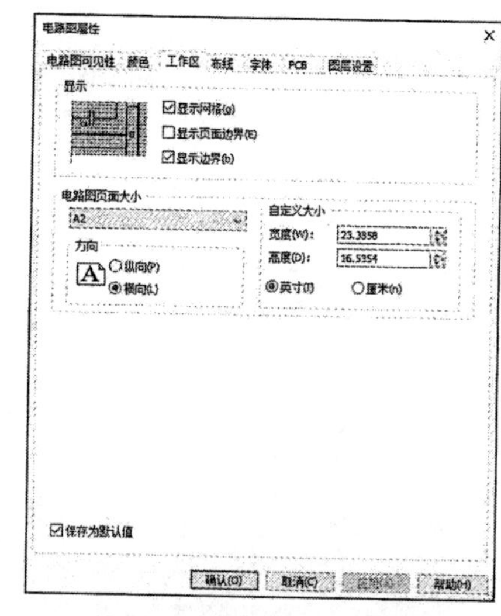

图 12-4　“电路图属性”对话框

② 选择菜单栏中的“绘制”→“标题块”命令，在弹出的“打开”对话框中选择标题块模板 Ulticap.tb7。单击“打开”按钮，在图纸右下角放置标题块。选择菜单栏中的“编辑”→“标题块位置”→“右下”命令，精确放置标题块。

12.3 制作元器件

51 系列单片机 CAN 总线学习板采用 STC89C52RC 作为 CAN 节点的微处理器，在 CAN 总线通信接口中采用 PHILIPS 公司的“独立 CAN 总线控制器 SJA1000”芯片和“高性能 CAN 总线收发器 TJA1040（P82C250）”芯片。

下面制作单片机 AT89S52、SJA1000 和 TJA1040（P82C250）。

12.3.1 制作 AT89S52

AT89S52 是一种低功耗、高性能的 CMOS 8 位微控制器，具有 8KB 系统可编程 Flash 存储器。目前，AT89S52 多采用 40 引脚的 DIP（双列直插封装），以及 44 引脚的 PLCC（有引线芯片载体）封装和 TQFP（薄型四角扁平封装）的芯片，如图 12-5 所示。本节采用 40 引脚的 DIP（DIP-40）作为 AT89S52 的封装方式（印迹）。

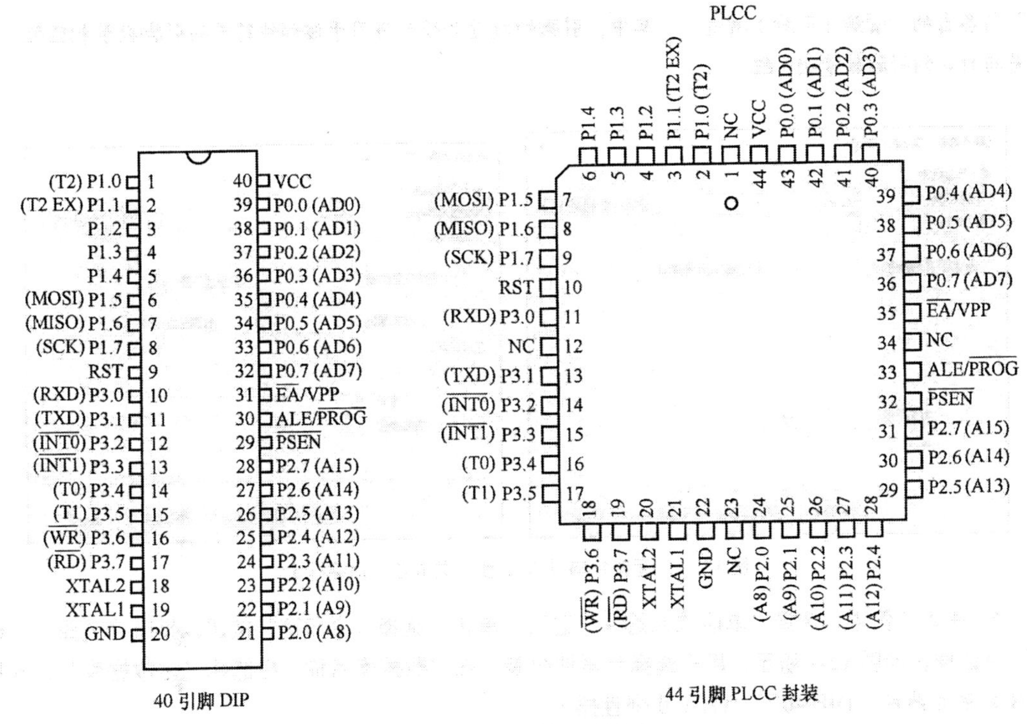

图 12-5　AT89S52 引脚图

AT89S52 具有以下标准功能，分别为 8KB 系统可编程 Flash 存储器，256KB RAM，32 位 I/O 口线，看门狗定时器，2 个数据指针，3 个 16 位定时器/计数器，一个 6 向量 2 级中断结构，全双工串行口。另外，AT89S52 可降至 0Hz 静态逻辑操作，支持 2 种软件，可选择节电模式。空闲模式下，CPU 停止工作，允许 RAM、定时器/计数器、串口、中断继续工作。在掉电保护方式下，RAM 内容被保存，振荡器被冻结，单片机一切工作停止，直到下一个中断或硬件复位为止。

【操作步骤】

选择菜单栏中的“工具”→“元器件向导”命令，或单击“主”工具栏中的“元器件向导”按钮，弹出“元器件向导”对话框。

（1）首先进行第 1 步“输入元器件信息”设置，输入元器件名称 AT89S52，选择“仅布局（印迹）”选项，如图 12-6 所示。

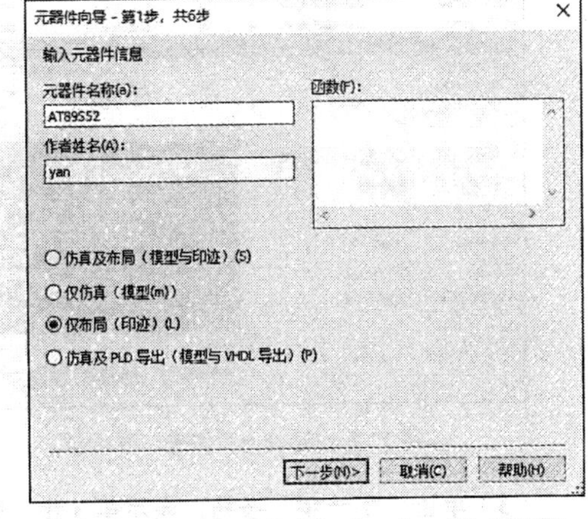

图 12-6　“元器件向导-第 1 步，共 6 步”对话框

（2）单击“下一步”按钮，显示第 2 步“输入印迹信息”（即“元器件向导-第 2 步，共 6 步”对话框），如图 12-7 所示。

- 选择元器件为“单段式元器件”，创建单个部件的元器件。
- 选择元器件为“多段式元器件”，创建多部件元器件。“区段数量”即包含的部件数量，默认为 2，则在“区段详情”选项组下显示 A、B 两个区段的“名称”与各自的“管脚（引脚）数量”。其中，引脚的数量必须与将用于该部件符号的引脚数量相匹配，而不是与封装的引脚数量相匹配。

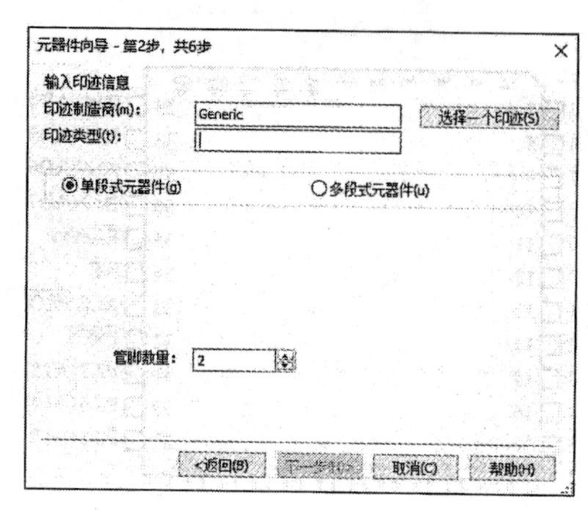

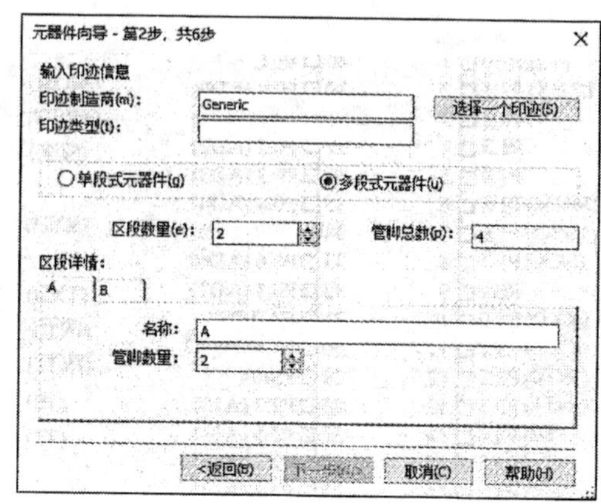

图 12-7 “元器件向导-第 2 步，共 6 步”对话框 1

① 在本实例中，选择“单段式元器件”选项。单击“选择一个印迹”按钮，弹出“选择一个印迹”对话框，如图 12-8 所示，用于选择元器件封装。在“数据库名称”栏选择“主数据库”，选择 PCB 封装元器件“DIP-40”，TH（双列直插）。

DIP-40 引脚 20 为地引脚 GND，40 为电源引脚 VCC，一般表现为隐藏引脚。在 Multisim 中制作元器件时，一般显示的引脚与隐藏的引脚分开绘制，因此在进行参数设置时定义的引脚为 38。

② 单击“选择”按钮，返回“元器件向导-第 2 步，共 6 步”对话框，显示选中的印迹“DIP-40”，“管脚（引脚）数量”为 38，如图 12-9 所示。

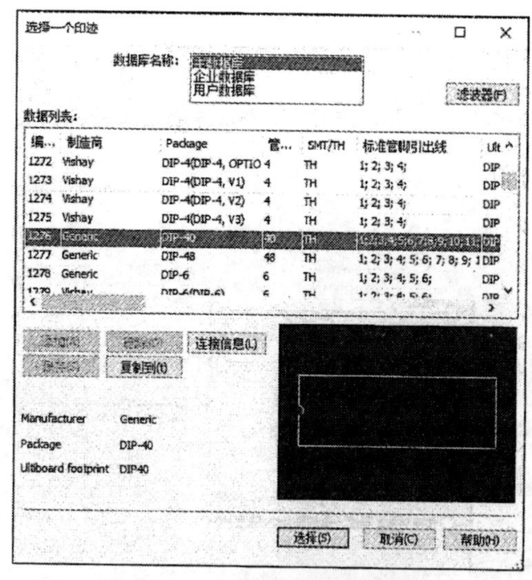

图 12-8 “选择一个印迹”对话框

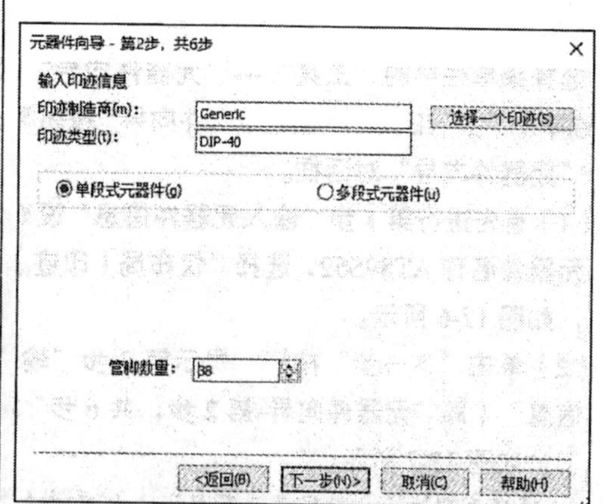

图 12-9 “元器件向导-第 2 步，共 6 步”对话框 2

（3）单击“下一步”按钮，显示第 3 步“输入符号信息”（即“元器件向导-第 3 步，共 6 步”对话框），在左侧显示符号外观预览图，在右侧显示符号的编辑与复制操作，如图 12-10 所示。

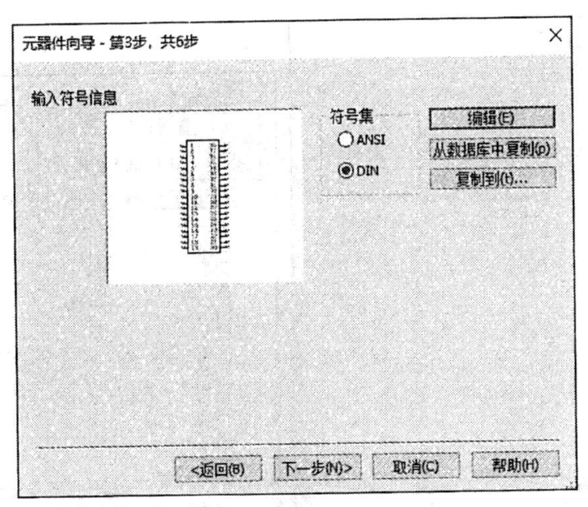

图 12-10 “元器件向导-第 3 步，共 6 步”对话框

① 单击“从数据库中复制”按钮，弹出“选择一个模型”对话框，在数据库中选择参考模型，如图 12-11 所示。

② 单击“复制到”按钮，弹出“选择目标”对话框，如图 12-12 所示，若勾选“区段 A（ANSI Y32.2）”复选框，则复制该对象到图形符号中，若没有特殊要求，不选择该选项。

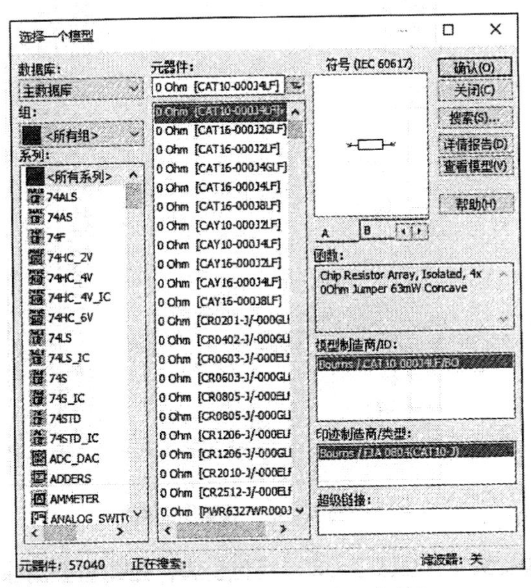

图 12-11 “选择一个模型”对话框

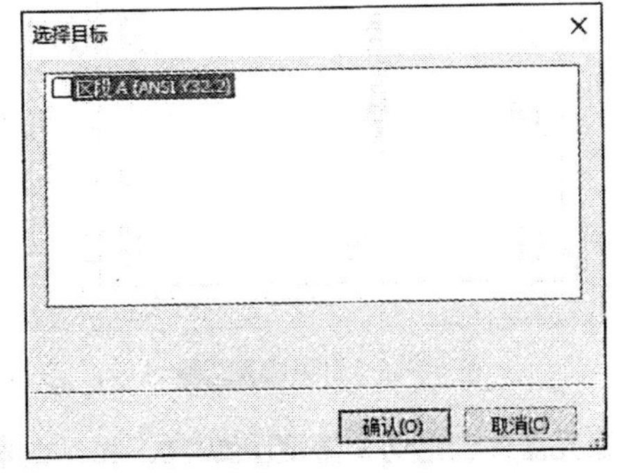

图 12-12 “选择目标”对话框

③ 单击“编辑”按钮，打开符号编辑器，如图 12-13 所示，开始编辑 CAE 符号。选择菜单栏中的“编辑”→“调整界框大小”命令，使用鼠标指针手动放大界框，如图 12-14 所示。

④ 拖动鼠标指针调整矩界框大小与引脚位置，结果如图 12-15 所示。

⑤ 在工作区选择所有引脚，在下方的“电子表格”面板中设置“长度”为“正常”，“封装管脚（引脚）”为“可见”，结果如图 12-16 所示。

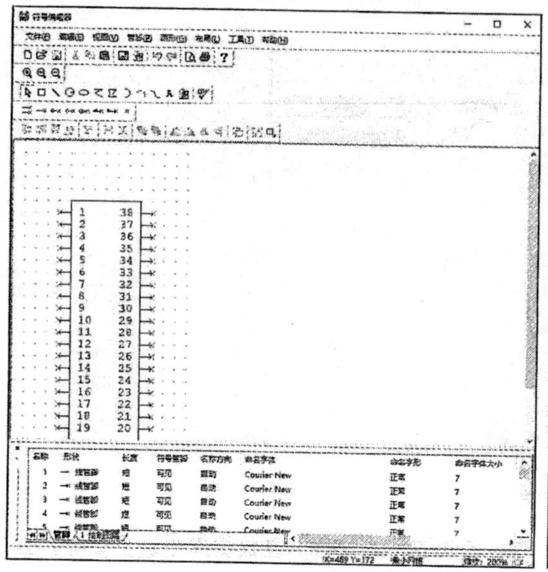

图 12-13　符号编辑器

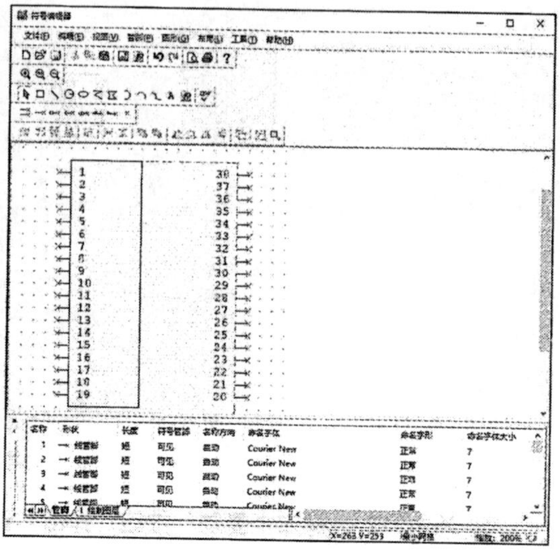

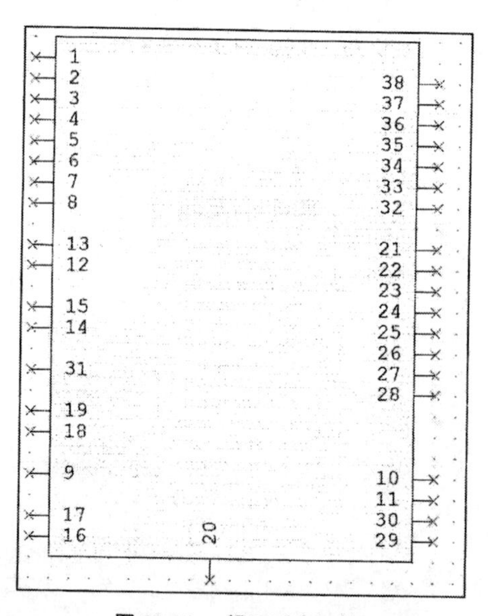

图 12-14　调整界框

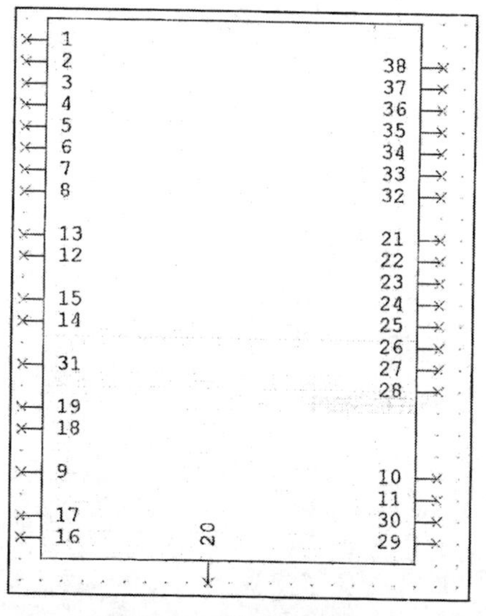

图 12-15　引脚位置调整

图 12-16　设置引脚属性

该元器件包括两个隐藏引脚 20、40，在本实例中只生成了 38 个可见引脚，因此需要删除引脚 20，添加引脚 39。

⑥ 选择菜单栏中的“管脚（引脚）”→“线管脚（引脚）”命令，在工作区放置引脚 39，如图 12-17 所示。

⑦ 根据芯片的引脚图，在下方的“电子表格”面板的“名称”列中修改引脚名称，删除引脚 20，结果如图 12-18 所示。

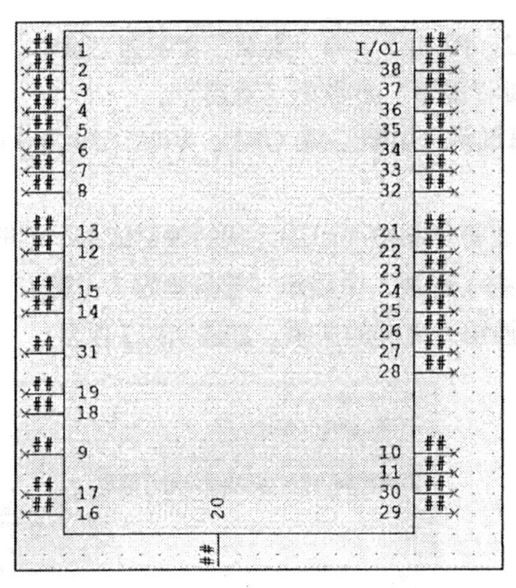

图 12-17　放置引脚 39

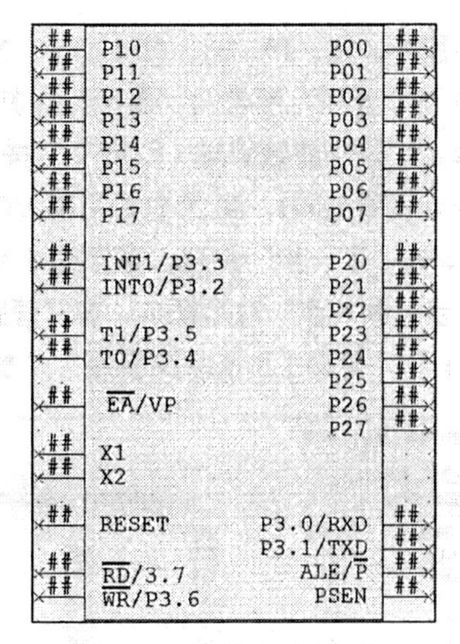

图 12-18　修改引脚名称

注意

添加引脚注意事项如下。

- 在“管脚（引脚）”面板里的引脚列表中设置引脚属性。
- 一般电路中，在引脚字母上显示电平指示的方法如下。如果高电平有效就不用标记，如果是低电平有效就在引脚字母上标记一个横线，如 $\overline{\text{MCLR}}$/VPP。在 Multisim 中使用元器件名称前加上“^”表示，如 ALE/^P 表示 ALE/$\overline{\text{P}}$；^EA^/VP 表示 $\overline{\text{EA}}$/VP。

⑧ 在下方的“电子表格”面板的“形状”列中设置引脚类型。其中，设置 P12、P13、P16、P17、P29 的“形状”参数为“点管脚（引脚）”；设置输入引脚 9、18、19、31（^EA^/VP、X1、X2、RESET）的“形状”参数为“输入锥销”；设置输出引脚 30 的“形状”参数为“输出锥销”，结果如图 12-19 所示。

⑨ 关闭该编辑器，返回向导对话框，如图 12-20 所示。

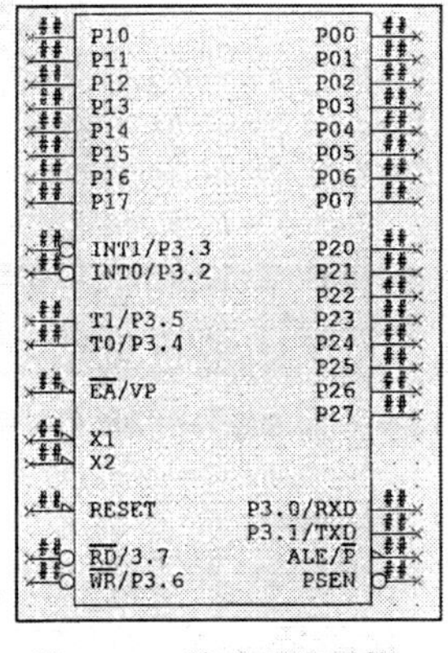

图 12-19　修改引脚形状

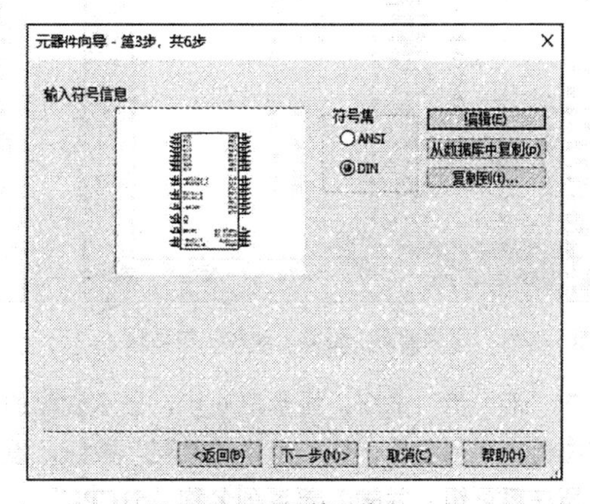

图 12-20　显示符号信息

（4）单击“下一步”按钮，显示第 4 步“设置管脚（引脚）参数”（即“元器件向导-第 4 步，共 6 步”对话框），如图 12-21 所示。

① 在“类型”列中选择引脚的电气类型，包含无源、地线、双向、输入、NC、输出、功率。

② 引脚 9、18、19、31（^EA^/VP、X1、X2、RESET）的“类型”参数为“输入”；引脚 30（ALE/^P）的“类型”参数为“输出”，其余引脚“类型”参数为“双向”。

③ 单击“添加隐藏管脚（引脚）”按钮，添加两个隐藏引脚 GND、VCC（20、40），DIP-40 引脚 20 为地引脚 GND，40 为电源引脚 VCC。

（5）单击“下一步”按钮，显示第 5 步“设置符号与布局印迹之间的映射信息”（即“元器件向导-第 5 步，共 6 步”对话框），在“管脚（引脚）列表”中显示“符号管脚（引脚）”“封装管脚（引脚）”“管脚（引脚）交换组”“栅极交换组”之间的关系，如图 12-22 所示。

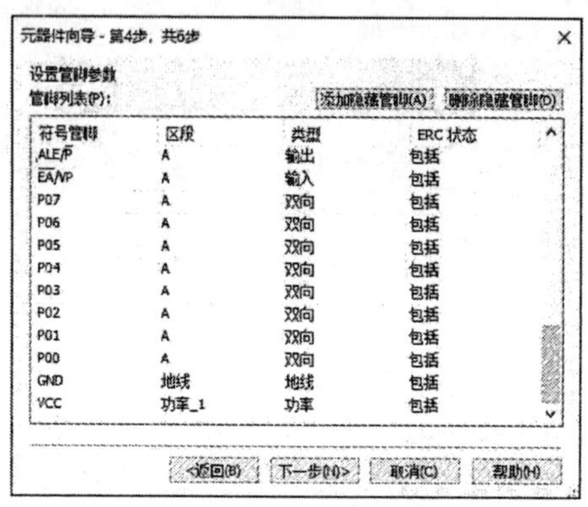

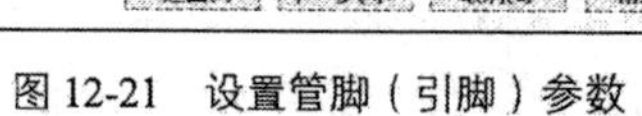

图 12-21　设置管脚（引脚）参数

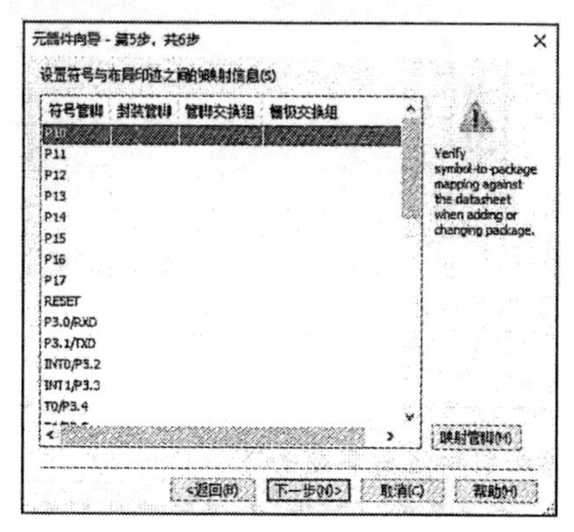

图 12-22　“元器件向导-第 5 步，共 6 步”对话框

① 单击“映射管脚（引脚）”按钮，弹出“高级管脚（引脚）映射”对话框。首先手动设置地引脚 GND、电源引脚 VCC 为 20、40。

② 单击“自动分配”按钮，如图 12-23 所示。单击“确认”对话框，返回“元器件向导-第 5 步，共 6 步”对话框，添加封装引脚映射关系，如图 12-24 所示。

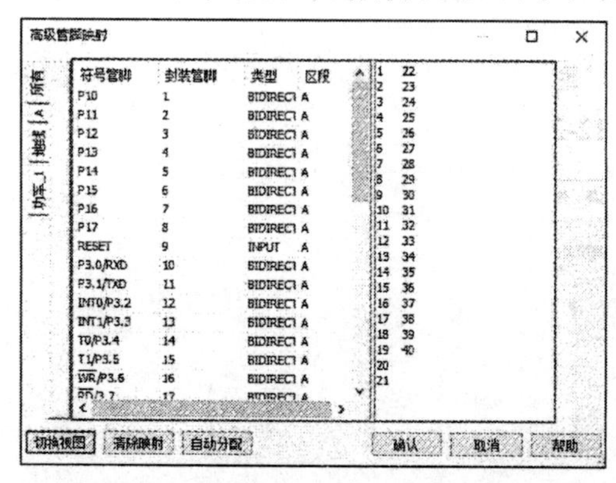

图 12-23　“高级管脚（引脚）映射”对话框

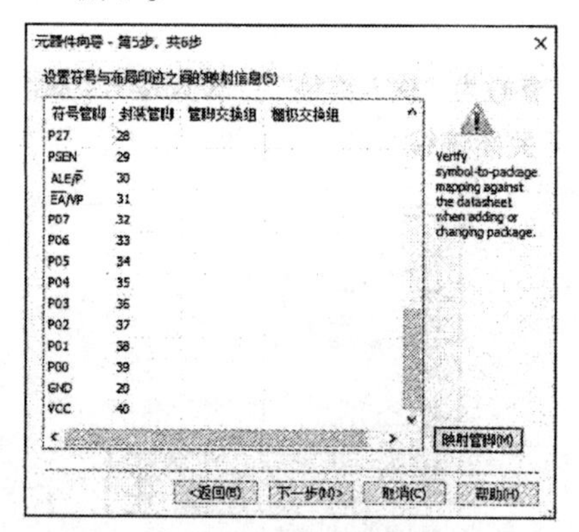

图 12-24　添加封装引脚映射关系

（6）单击“下一步”按钮，显示第 6 步，显示创建的元器件保存位置及系列名称，单击“添加系列”按钮，设置该元器件所在系列组，并输入新系列名称“51CPU”，“新建系列名称”对话框如图 12-25 所示。

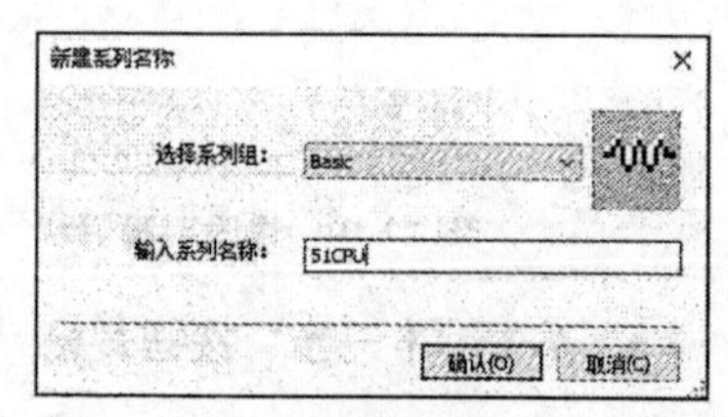

图 12-25　“新建系列名称”对话框

① 单击“确认”按钮，将元器件加入元器件库，如图 12-26 所示。勾选“替换该元器件”复选框，在工作区中放置新建的元器件。

② 单击“完成”按钮，完成向导元器件的创建，在工作区放置该元器件，如图 12-27 所示。

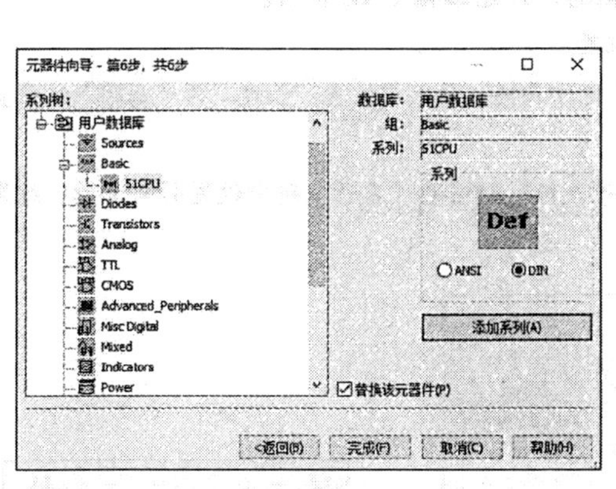

图 12-26　添加元器件

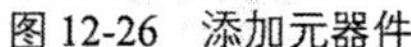

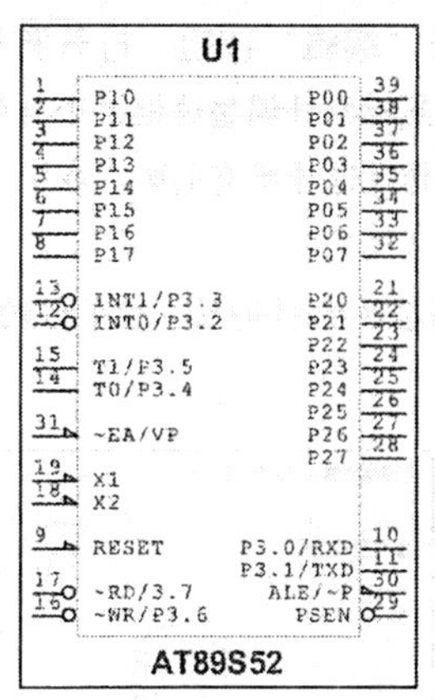

图 12-27　创建的元器件 AT89S52

12.3.2　制作 SJA1000

SJA1000 是一种独立 CAN 总线控制器，用于移动目标和一般工业环境中的 CAN 控制，它是 PHILIPS 半导体 PCA82C200 CAN 控制器 BasicCAN 的替代产品，它增加了一种新的工作模式 PeliCAN，这种工作模式支持具有很多新特性的 CAN 2.0B 协议。

【操作步骤】

选择菜单栏中的“工具”→“元器件向导”命令，或单击“主”工具栏中的“元器件向导”按钮，弹出“元器件向导-第 1 步，共 6 步”对话框。

（1）首先进行第一步“输入元器件信息”设置，如图 12-28 所示。输入元器件名称 SJA1000T（SJA1000 系列中的一种），选择“仅布局（印迹）”。

（2）单击“下一步”按钮，显示第 2 步“输入印迹信息”，选择元器件为“单段式元器件”，单击“选择一个印迹”按钮，弹出“选择一个印迹”对话框，选择元器件封装 SO28，单击“选择”按钮，返回“元器件向导-第 2 步，共 6 步”对话框，显示选中的印迹类型“SO28”，“管脚（引脚）数量”为 28，如图 12-29 所示。

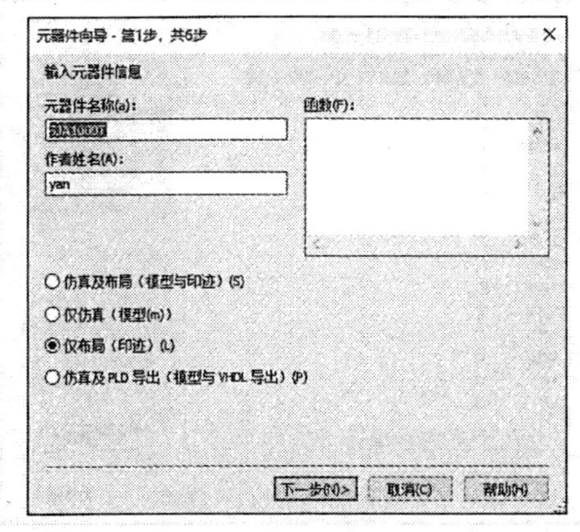

图 12-28　“元器件向导-第 1 步，共 6 步”对话框

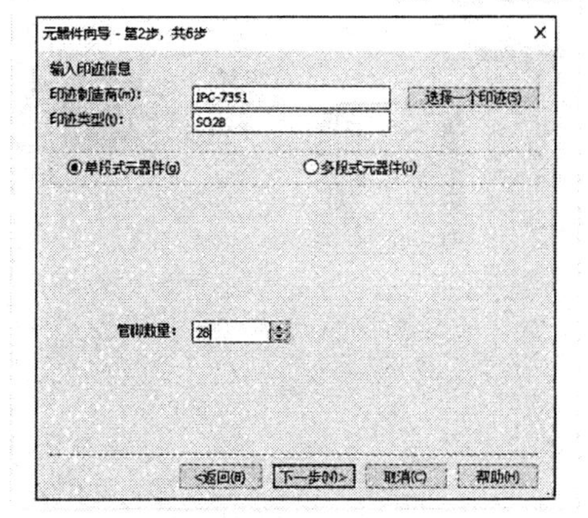

图 12-29　“元器件向导-第 2 步，共 6 步”对话框

（3）单击“下一步”按钮，显示第 3 步“输入符号信息”，在左侧显示符号外观预览图，在右

侧显示符号的编辑与复制，如图 12-30 所示。

① 单击“编辑”按钮，打开符号编辑器，开始编辑 CAE 符号。

- 拖动鼠标指针调整边框大小与引脚位置。
- 在工作区选择所有引脚，在下方的“电子表格”面板中设置“长度”为“正常”，设置“封装管脚（引脚）”为“可见”。
- 根据芯片的引脚图，在下方的“电子表格”面板的“名称”列中设置引脚名称，结果如图 12-31 所示。

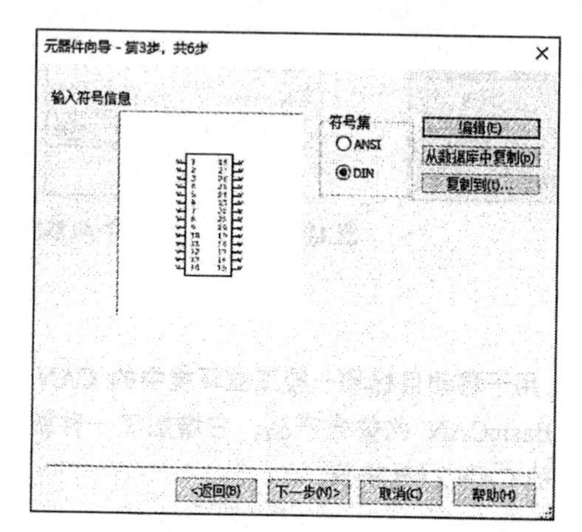

图 12-30 “元器件向导-第 3 步，共 6 步”对话框 1

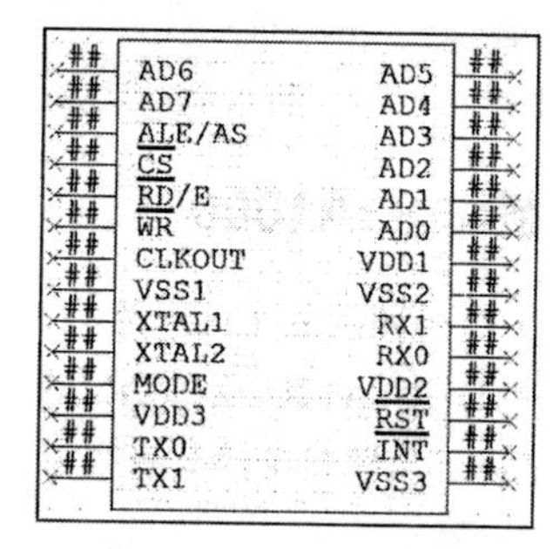

图 12-31 符号编辑结果

② 关闭该编辑器，返回“元器件向导-第 3 步，共 6 步”对话框，以显示符号信息，如图 12-32 所示。

（4）单击“下一步”按钮，显示第 4 步“设置管脚（引脚）参数”选择默认参数设置。

（5）单击“下一步”按钮，显示第 5 步“设置符号与布局印迹之间的映射信息”。单击“映射管脚（引脚）”按钮，弹出“高级管脚（引脚）映射”对话框。单击“自动分配”按钮，自动分配封装引脚与符号引脚之间的对应关系。单击“确认”对话框，返回“元器件向导-第 5 步，共 6 步”对话框，在“封装管脚（引脚）”列显示添加的封装引脚映射关系，如图 12-33 所示。

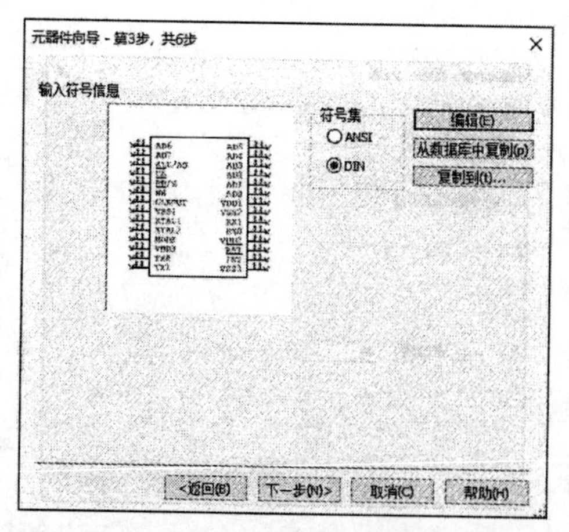

图 12-32 “元器件向导-第 3 步，共 6 步”对话框 2

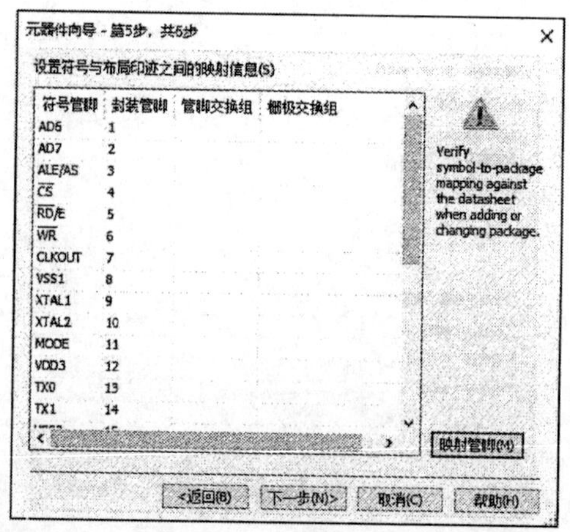

图 12-33 “元器件向导-第 5 步，共 6 步”对话框

（6）单击“下一步”按钮，显示第 6 步，显示创建的元器件的保存位置及系列名称“51CPU”，

如图 12-34 所示。

单击“完成”按钮，完成向导元器件 SJA1000T 的创建，如图 12-35 所示。

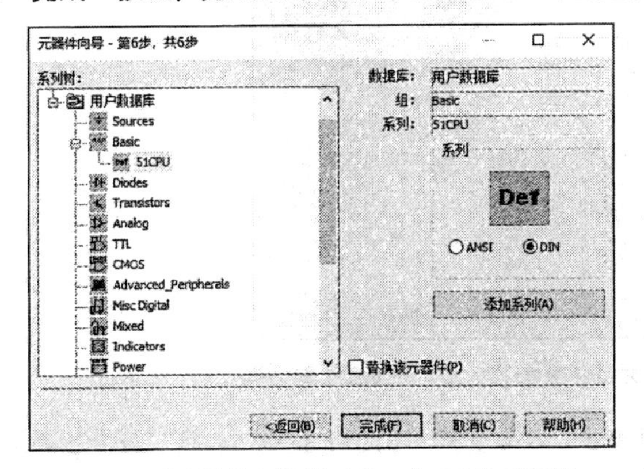

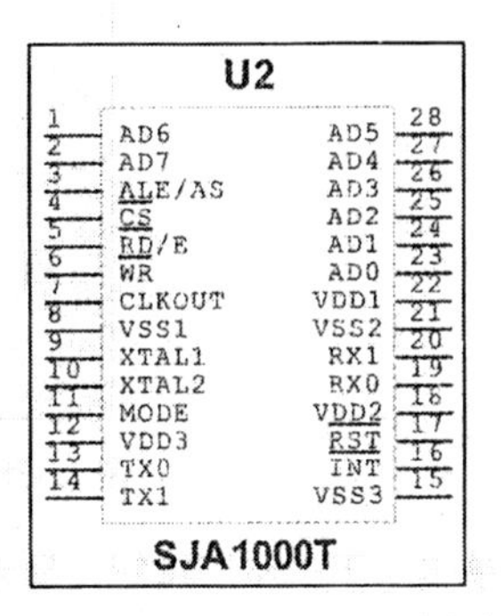

图 12-34 “元器件向导-第 6 步，共 6 步”对话框　　图 12-35 元器件 SJA1000T 编辑结果

12.3.3 制作 P82C250

P82C250 是 CAN 控制器和物理总线之间的接口，该元器件为 CAN 总线提供差动发送能力并为 CAN 控制器提供差动接收能力。

【操作步骤】

选择菜单栏中的“工具”→“元器件向导”命令，或单击“主”工具栏中的“元器件向导”按钮，弹出“元器件向导-第 1 步，共 6 步”对话框。

（1）首先进行第一步“输入元器件信息”设置，如图 12-36 所示。输入元器件名称 P82C250，选择“仅布局（印迹）”，如图 12-36 所示。

（2）单击“下一步”按钮，显示第 2 步“输入印迹信息”，选择元器件为“单段式元器件”，选择印迹类型为“SO-8”，如图 12-37 所示。

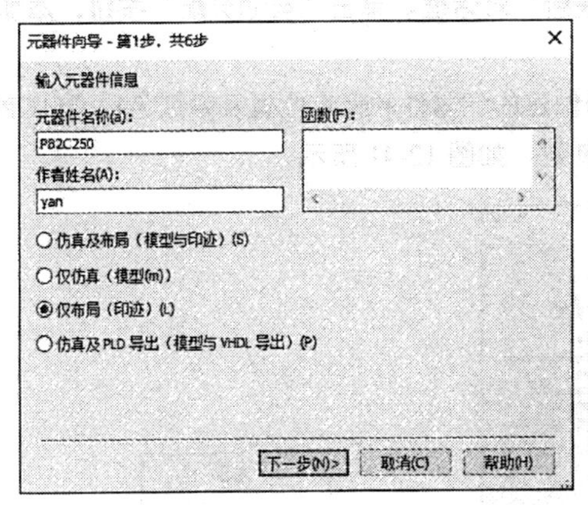

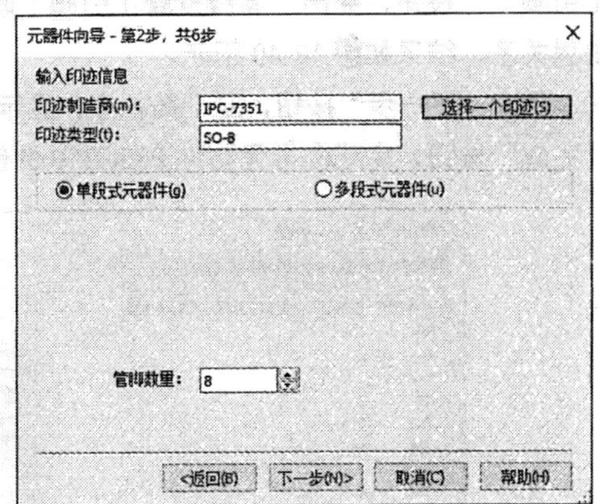

图 12-36 “元器件向导-第 1 步，共 6 步”对话框　　图 12-37 “元器件向导-第 2 步，共 6 步”对话框

（3）单击“下一步”按钮，显示第 3 步“输入符号信息”，在左侧显示符号外观预览图，在右侧显示符号的编辑与复制，单击“编辑”按钮，打开符号编辑器，拖动鼠标指针调整边框大小，如图 12-38 所示。

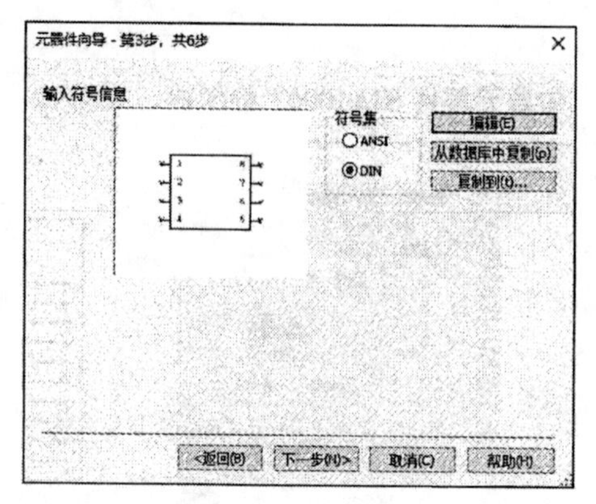

图 12-38 “元器件向导-第 3 步，共 6 步”对话框

（4）单击“下一步”按钮，显示第 4 步“设置管脚（引脚）参数”，在“符号管脚（引脚）”列修改引脚名称，如图 12-39 所示。

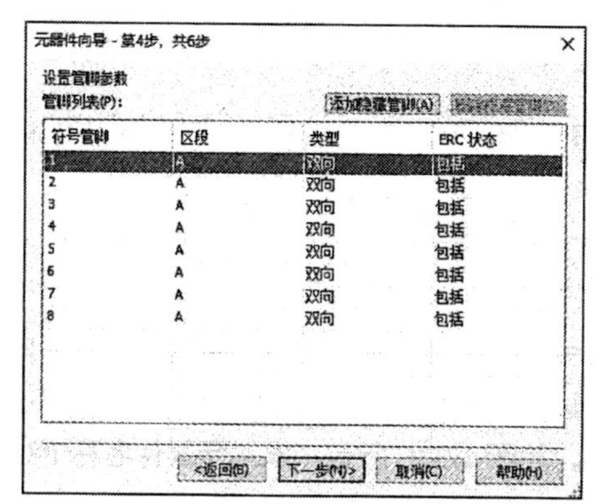

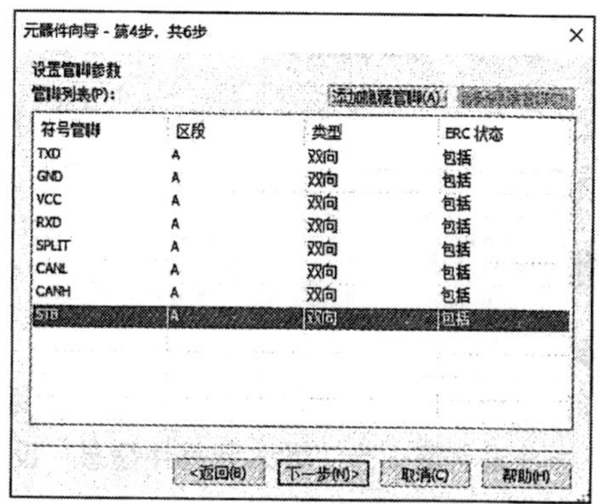

图 12-39 “元器件向导-第 4 步，共 6 步”对话框

（5）单击“下一步”按钮，显示第 5 步“设置符号与布局印迹之间的映射信息”。单击“映射管脚（引脚）”按钮，弹出“高级管脚（引脚）映射”对话框。单击“自动分配”按钮，添加封装引脚映射关系，结果如图 12-40 所示。

（6）单击“下一步”按钮，显示第 6 步，显示创建的元器件的保存位置及系列名称“51CPU”，单击“完成”按钮，完成向导元器件 P82C250 的创建，如图 12-41 所示。

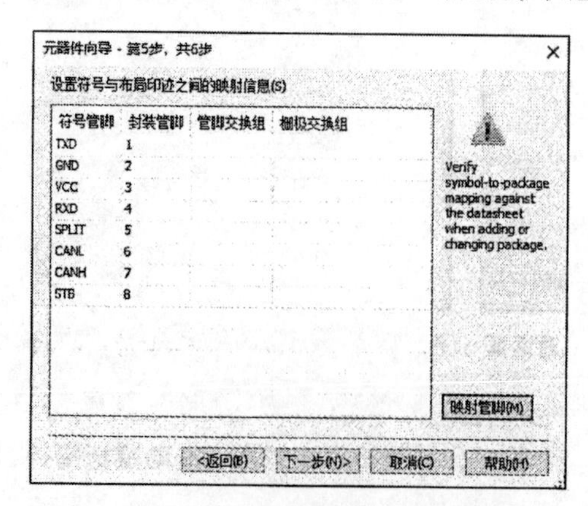

图 12-40 “元器件向导-第 5 步，共 6 步”对话框

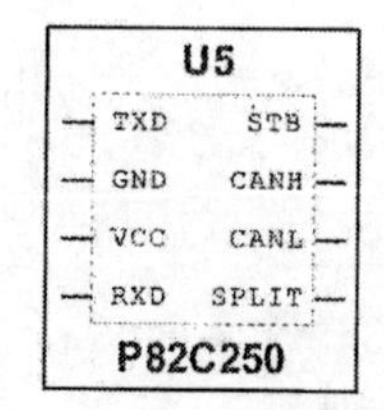

图 12-41 元器件 P82C250 编辑结果

12.4 绘制电路原理图

为了更清晰地说明电路原理图的绘制过程，采用模块法绘制电路原理图。

12.4.1 微控制器电路模块

图 12-42 所示为微控制器 STC89C52RC 电路和按键及 LED 显示电路。左上角的 LED 和 R 组成了 LED 驱动电路，右侧的 R 和 S 组成按键电路，R 为上拉电阻，S 为控制按键。中间部分为微控制器 STC89C52RC 电路，STC89C52RC 是 STC 公司生产的一种低功耗、高性能的 CMOS 8 位微控制器，具有 8KB 系统可编程 Flash 存储器。

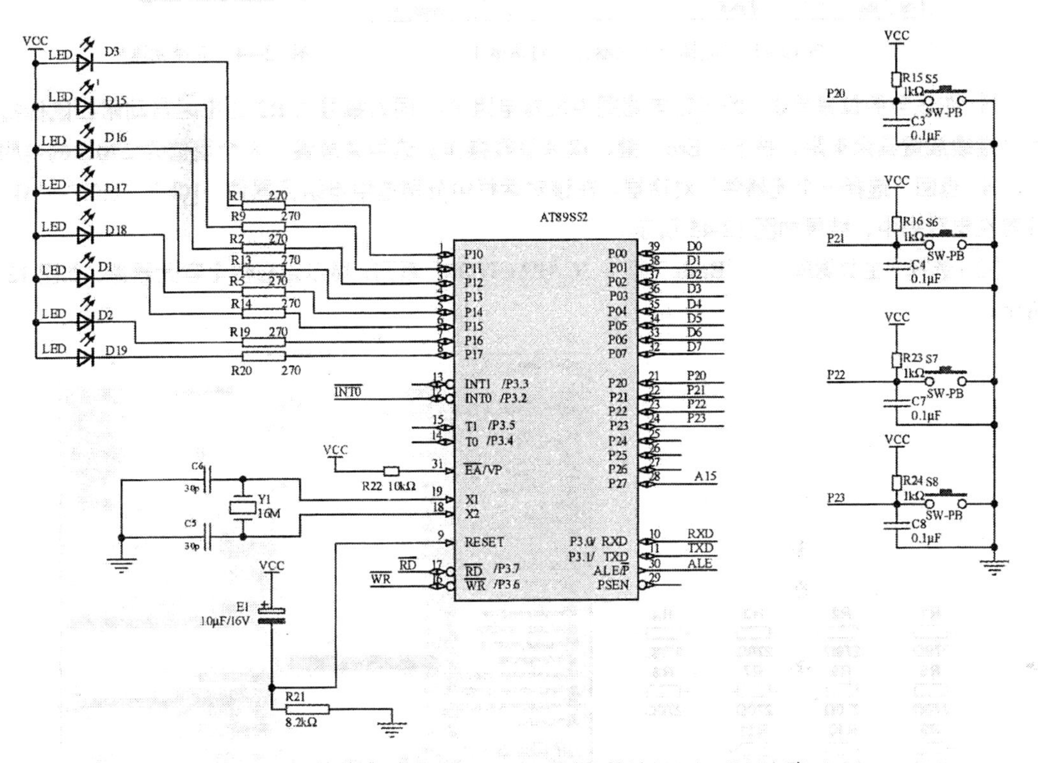

图 12-42　微控制器 STC89C52RC 电路和按键及 LED 显示电路

1. 放置元器件

（1）选择菜单栏中的“绘制”→“元器件”命令，打开“选择一个元器件”对话框，选择“主数据库”→“Basic”组→“RESISTOR”系列，元器件库中的电阻均为真实元器件，包括不同阻值的电阻，一个参数值对应一个唯一的元器件。

① 在“元器件”列表中选中电阻元器件“270（表示阻值为 270Ω）”，在“印迹制造商/类型”列表中选择元器件封装“IPC-7351/Chip-R0805”，如图 12-43 所示。

② 双击该元器件或单击“确认”按钮，然后将鼠标指针移动到工作窗口，进入图 12-44 所示的电阻放置状态。

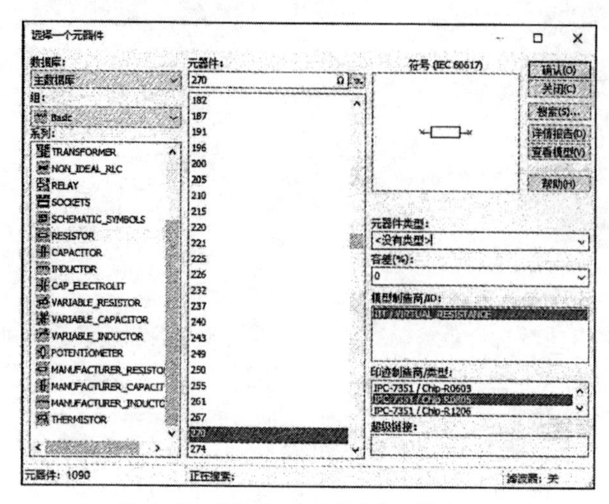

图 12-43 “选择一个元器件”对话框 1

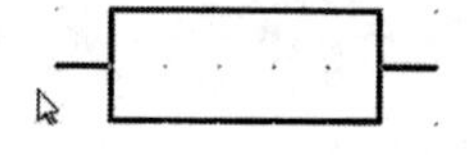

图 12-44 选择元器件

③ 在适当的位置单击，即可在电路图中放置电阻 R1，同时编号为 R2 的电阻自动附在鼠标指针上，继续放置其余电阻，按下“Esc”键，取消放置操作。这里共放置了 8 个阻值为 270Ω 的电阻。

④ 返回“选择一个元器件”对话框。在该对话框中分别选中电阻元器件“10k”“8.2k”“1k”，放置在电路图中，结果如图 12-45 所示。

（2）选择“主数据库”→“Basic”组→“CAPACITOR”系列，显示无极性电容元器件，如图 12-46 所示。

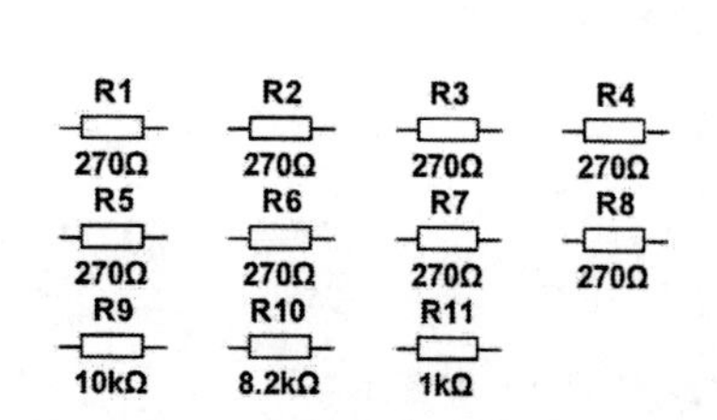

图 12-45 放置电阻元器件

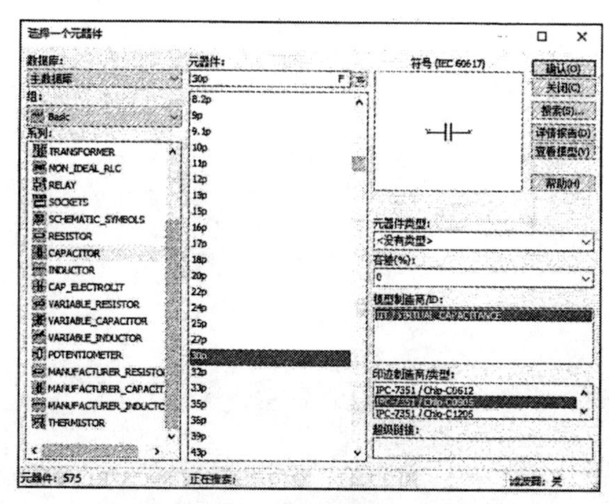

图 12-46 “选择一个元器件”对话框 2

① 选择值为 30pF 的电容（印迹为“IPC-7351/Chip-C0805”），双击该元器件或单击“确认”按钮，然后将鼠标指针移动到工作窗口，放置该电容元器件，如图 12-47 所示。

② 继续放置不同值的电容元器件，该电路中还包括 3 个无极性电容，有 0.1μF 电容，放置结果如图 12-48 所示。

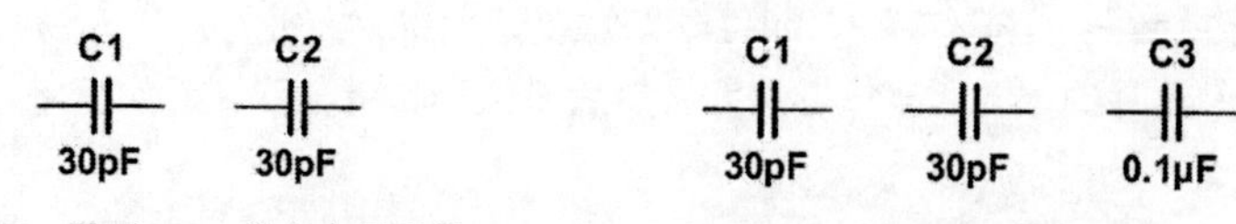

图 12-47 放置 30pF 的电容元器件　　图 12-48 放置无极性电容

（3）选择“主数据库”→“Basic”组→“CAP_ELECTROLIT”系列，显示极性电容，如图 12-49 所示。

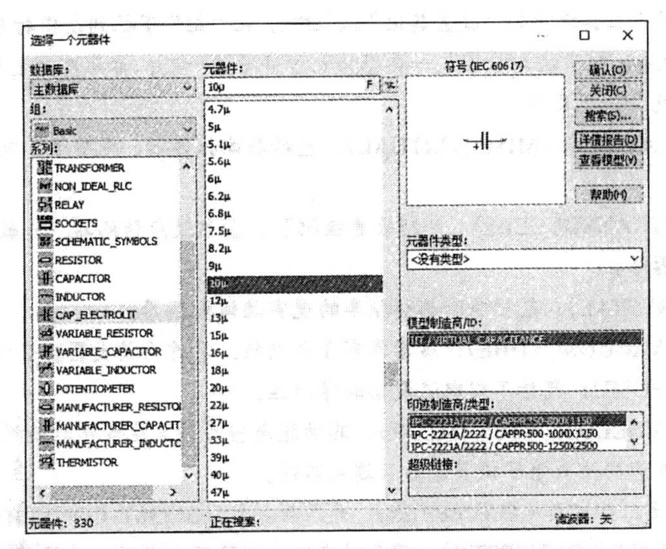

图 12-49 “选择一个元器件”对话框 3

① 选择值为 10μF、印迹为“IPC-2221A/2222/CAPPR350-800X1150”的电容。

② 双击该元器件或单击“确认”按钮，然后将鼠标指针移动到工作窗口，放置 1 个 10μF 的极性电容，如图 12-50 所示。

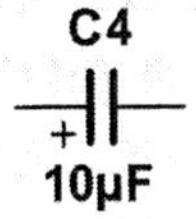

图 12-50 放置 10μF 的极性电容

（4）选择“主数据库”→“Basic”组→“SWITCH”系列，选中开关元器件“DIPSW1”，在电路图中放置 S1。

（5）选择“主数据库”→“Diodes”组→“LED”系列，选中发光二极管元器件“LED_blue”，在电路图中放置 LED1。

（6）选择“主数据库”→“Misc”组→“CRYSTAL”系列，选中晶体振荡器元器件“HC-49/U_15MHz”，如图 12-51 所示，在电路图中放置 X1。

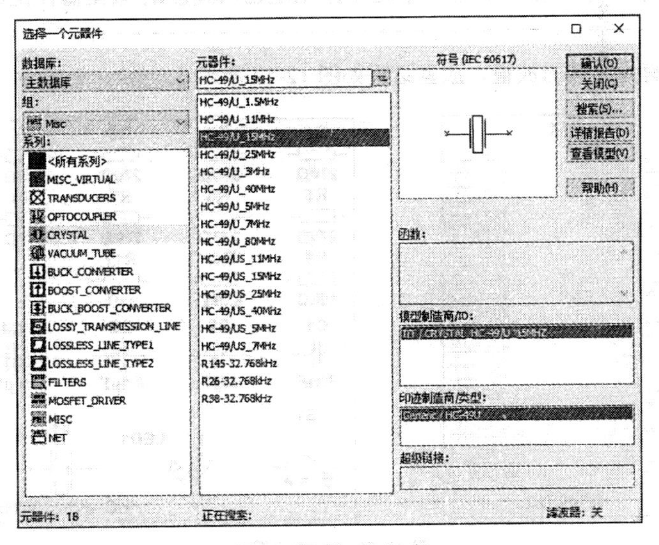

图 12-51 “Misc”库

提示

单击“元器件”工具栏中的“放置其他”按钮MISC，在“组”下拉列表中打开“Misc”库（其他元件库）。Multisim 把不能划分为某一类型的元器件另归一类，称为其他元器件库。“Misc”库的“系列”栏包含以下几种。

- 多功能虚拟元器件（MISC_VIRTUAL）：包括晶体振荡器、保险丝、电机、光电耦合器等虚拟元器件。
- 传感器（TRANSDUCERS）：包括位置检测器、霍尔效应传感器、光敏三极管、发光二极管、压力传感器等。
- 晶体（CRYSTAL）：包括多个振荡频率的现实晶体振荡器。
- 真空管（VACUUM_TUBE）：该器件有 3 个电极，常作为放大器在音频电路中使用。
- 保险丝（FUSE）：包括不同电流规格的保险丝。
- 稳压管（VOLTAGE_REGULATOR）：其功能是当负载发生变化时能维持输出电压保持相对常数，通常使用的集成电压调节器是三端元器件。
- 降压转换器（BUCK_CONVERTER）、升压转换器（BOOST_CONVERTER）、升降压转换器（BUCK_BOOST_CONVERTER）：用于对直流电压降压、升压、升降压变换。
- 有损耗传输线（LOSSY_TRANSMISSION_LNIE）：相当于模拟有损耗媒质的二端口网络，它能模拟特性阻抗和传输延迟导致的电阻损耗。若将其电阻和电导参数设置为 0，就成了无损耗传输线，用这种无损耗传输线进行仿真的结果会更精确。
- 无损耗传输线 1（LOSSLESS_LNIE_TYPE1）：模拟理想状态下传输线的特性阻抗和传输延迟等特性，无传输损耗，其特性阻抗是纯电阻性的。
- 无损耗传输线 2（LOSSLESS_LNIE_TYPE2）：与无损耗传输线 1 相比，不同之处在于传输延迟是通过在其属性对话框中设置传输信号频率和线路归一化长度来确定的。
- 网络（NET）：这是一个建立电路模型的模板，允许用户输入一个 2～20 个引脚的网络表，建立自己的模型。
- 多功能元器件（MISC）：只含一个元器件 MAX2740ECM，该元器件是集成 GPS 接收机。

至此，完成所有元器件的放置，放置结果如图 12-52 所示。

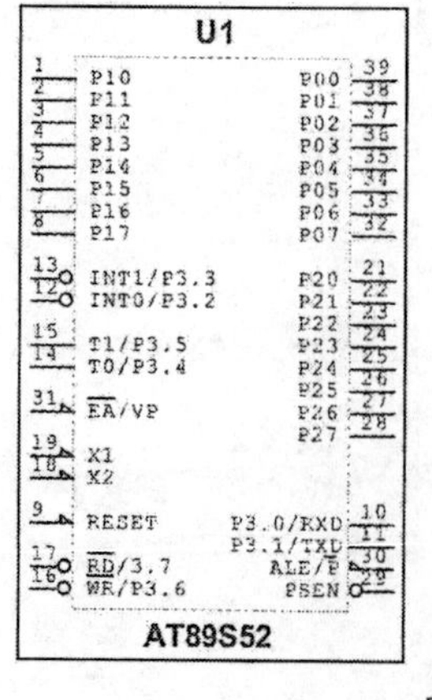

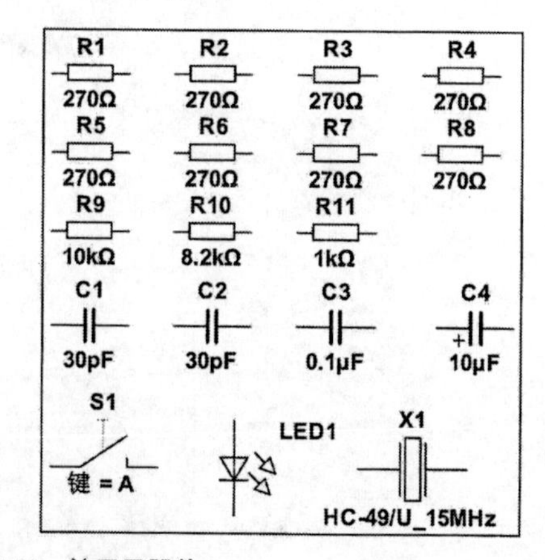

图 12-52　放置元器件

2. 布局元器件

元器件放置完成后，需要适当对元器件的放置位置进行调整，将它们分别排列在电路图中最恰当的位置上，这样有助于后续的设计。

① 单击选中元器件，按住鼠标左键进行拖动，将元器件移至合适的位置后释放鼠标左键，即可对其完成移动操作。在移动对象时，可以通过滑动鼠标中键来缩放视图，以便观察细节。

② 选中元器件，按下“ALT+X”组合键或“ALT+Y”组合键来镜像元器件，按下“Ctrl+R”组合键或“Ctrl+Shift+R”组合键旋转元器件。

③ 采用同样的方法调整所有元器件的放置位置，效果如图 12-53 所示。

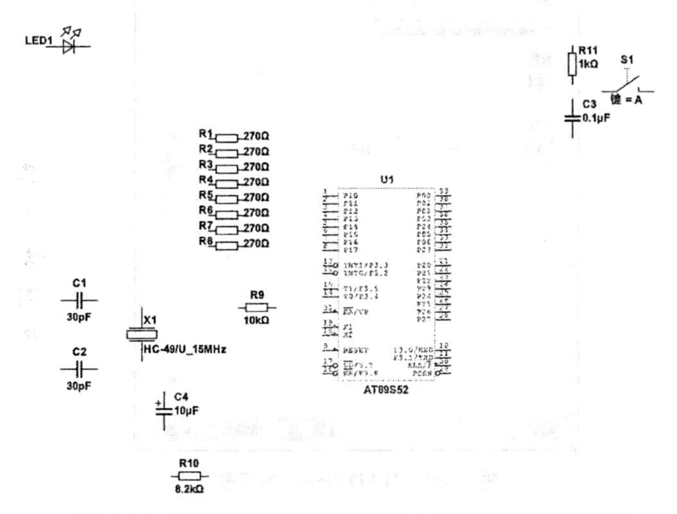

图 12-53 元器件放置位置调整效果（由软件绘制的电路图）

在本实例中，用到多组相同的元器件，因此在放置元器件时，只放置同类元器件的一个元器件，下面利用复制粘贴命令，复制同类元器件，结果如图 12-54 所示。

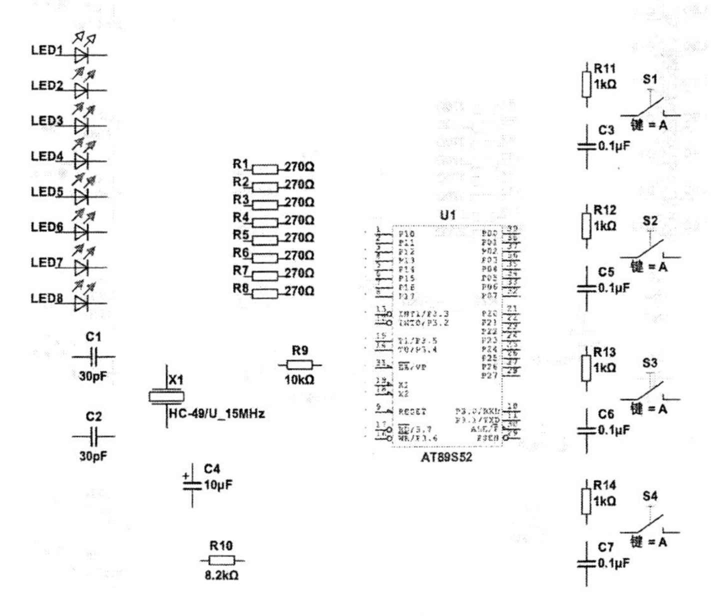

图 12-54 复制同类元器件（由软件绘制的电路图）

3. 编辑元器件属性

在本电路中，所有元器件均是不同参数值的真实元器件，因此不需要修改其参数值，只需要修改元器件标识符。

① 双击本电路中的发光二极管 LED1，系统会弹出相应的属性设置对话框，即“LED_blue”对话框，在“标签”选项卡中修改“RefDes”为 D1，在“标签”行输入“LED”，如图 12-55 所示。

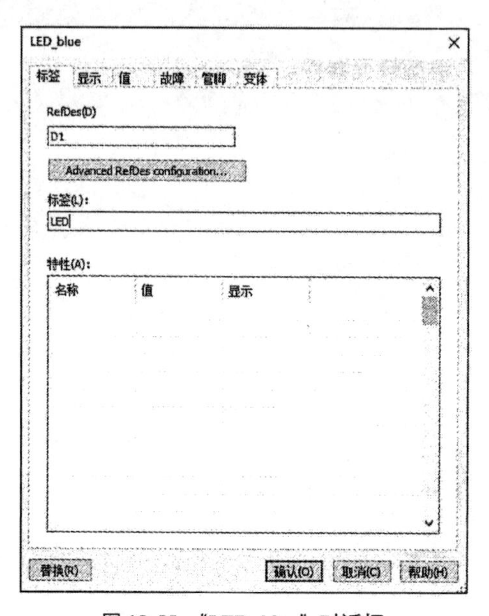

图 12-55 “LED_blue”对话框

② 按同样的方法修改其余元器件标识符，结果如图 12-56 所示。

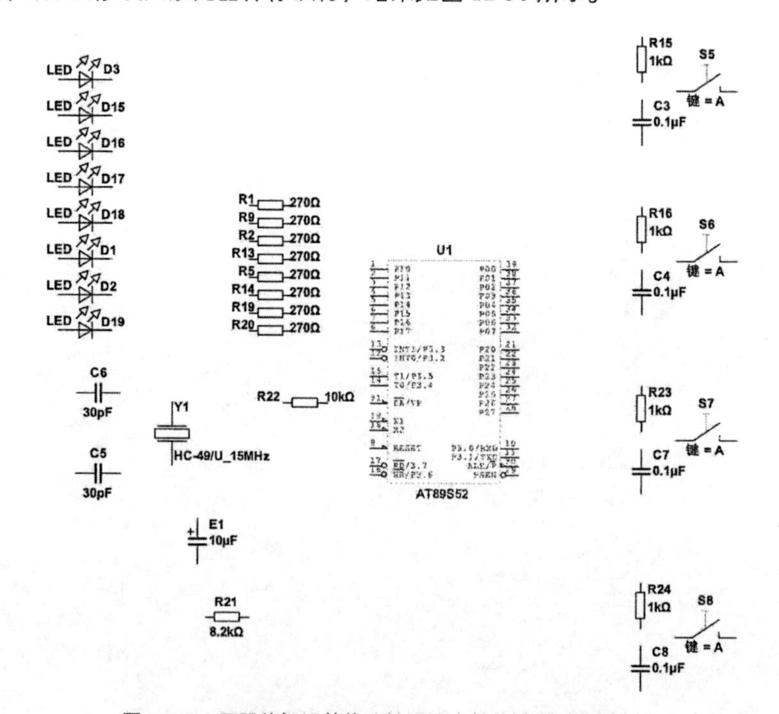

图 12-56 元器件标识符修改结果（由软件绘制的电路图）

4. 连接电路图

激活连线命令，鼠标指针自动变为实心圆圈状，单击并移动鼠标指针，执行自动连线操作，结果如图 12-57 所示。

5. 放置电源和接地符号

单击“功率源元器件”工具栏中的“放置 TTL 电源（VCC）”按钮和“放置地线”按钮，即将电源和接地符号放置到电路原理图中，如图 12-58 所示。

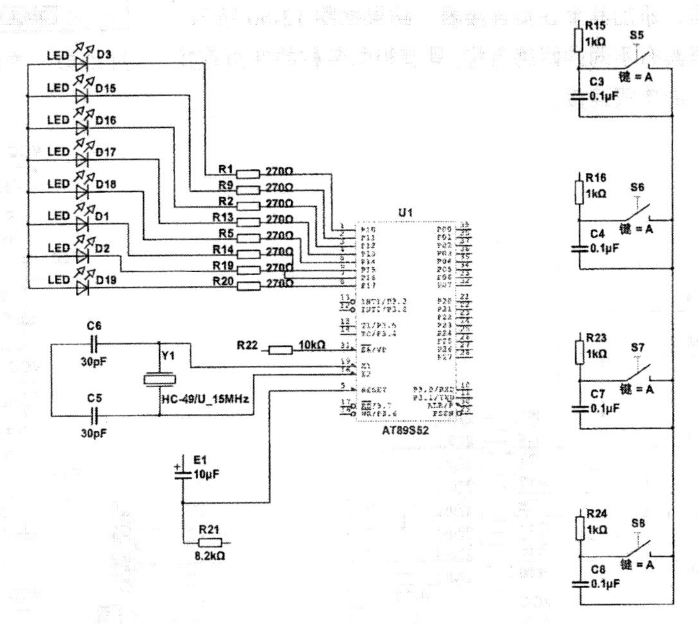

图 12-57　电路原理图绘制结果（由软件绘制的电路图）

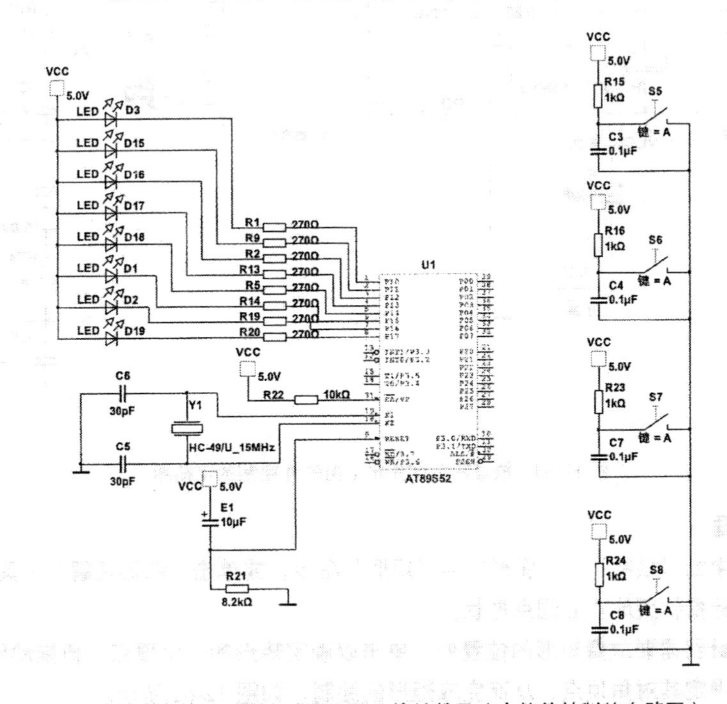

图 12-58　在电路原理图中放置电源和接地符号（由软件绘制的电路图）

6. 放置在页连接器

选择菜单栏中的“绘制”→“连接器”→“在页连接器”命令，或按下“Ctrl+Alt+O”组合键，鼠标指针变为状，在工作区域内单击，弹出“在页连接器”对话框，在该对话框中可以确定连接器名称D0，如图12-59所示。

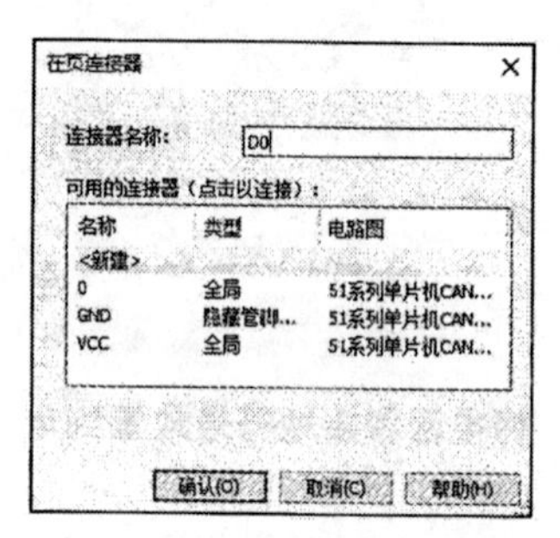

图 12-59 “在页连接器”对话框

单击“确认”按钮，在电路图中添加在页连接器D0。

按同样的方法，添加其余在页连接器，结果如图12-60所示。不同的在页连接器具有不同的网络名称。具有相同名称的在页连接器表示网络意义上的电气连接。

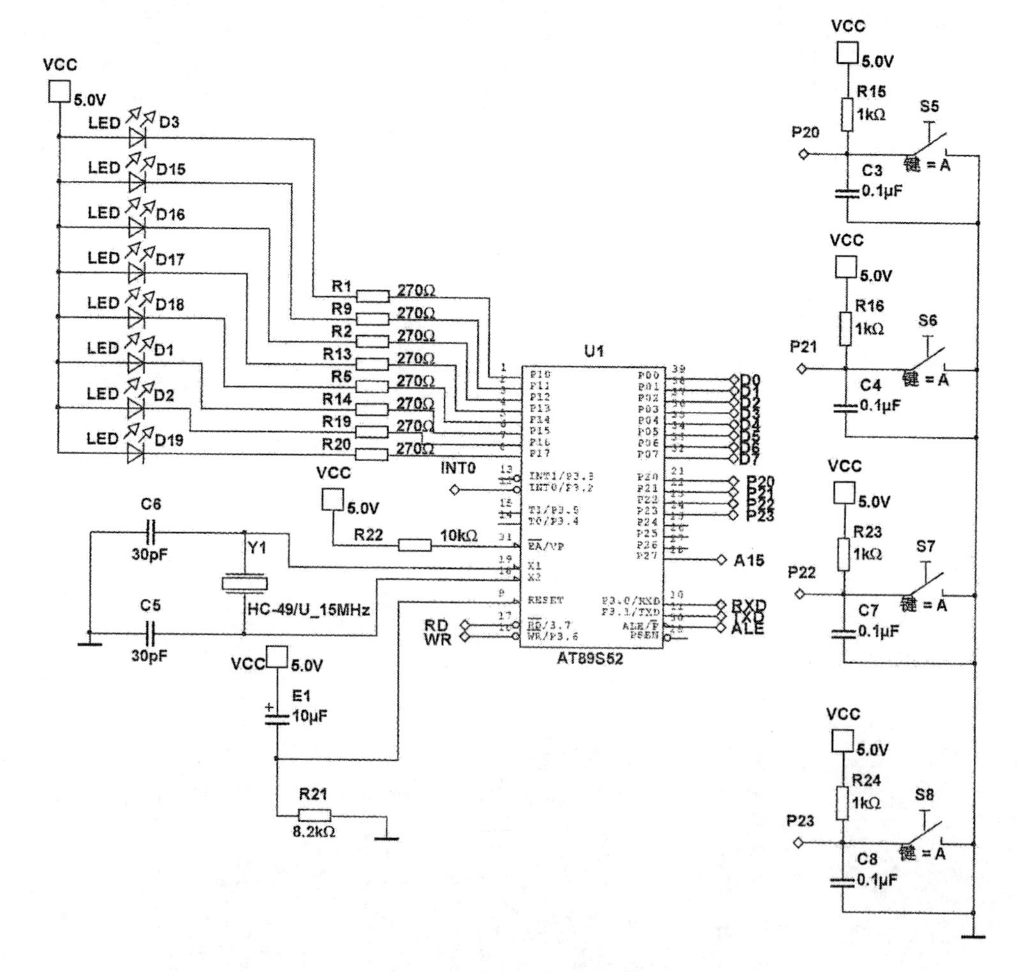

图 12-60 放置在页连接器（由软件绘制的电路图）

7. 绘制边框

选择菜单栏中的“绘制”→“图形”→“矩形”命令，或单击“图形注解”工具栏中的“矩形”按钮□，此时鼠标指针变成实心圆点形状。

移动鼠标指针到需要放置矩形的位置处，单击以确定矩形的一个顶点，再拖动鼠标指针到合适的位置放开鼠标确定其对角顶点，从而完成矩形的绘制，如图12-61所示。

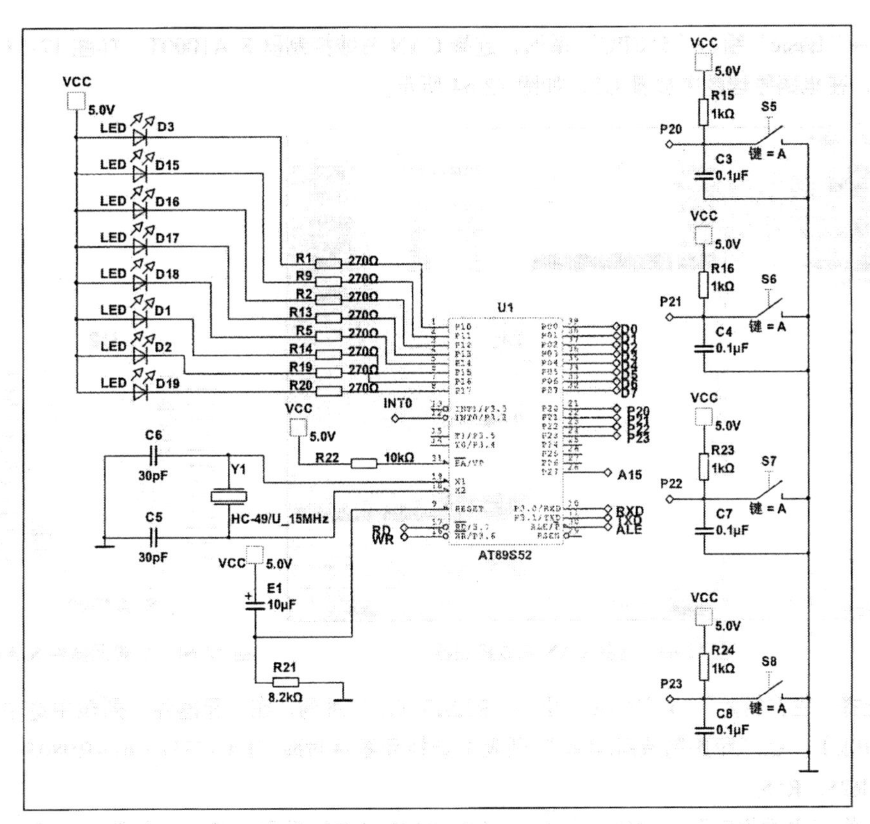

图 12-61　绘制矩形边框（由软件绘制的电路图）

12.4.2　CAN 总线控制器电路模块

CAN 总线控制器电路模块（见图 12-62）主要保证数据链路层和物理层的通信质量。

SJA1000 是一种独立的 CAN 总线控制器，SJA1000 有两种工作模式，即 BasicCAN 模式和 PeliCAN 模式。这两种工作模式下的 SJA1000 寄存器从数量、地址分配到功能等方面都有所区别。SJA1000 在复位状态下的默认工作模式为 BasicCAN 模式。

CAN 总线控制器在上述两种工作模式中又都有两种状态模式，分别被称为操作模式和复位模式，处在这两种不同状态模式中，对寄存器的访问操作功能是不同的。SJA1000 的控制寄存器、命令寄存器、状态寄存器、发送缓冲器（均为 8 位）等各种寄存器被分配在 0～31 地址单元中。设置各寄存器中的参数可实现不同的操作功能。

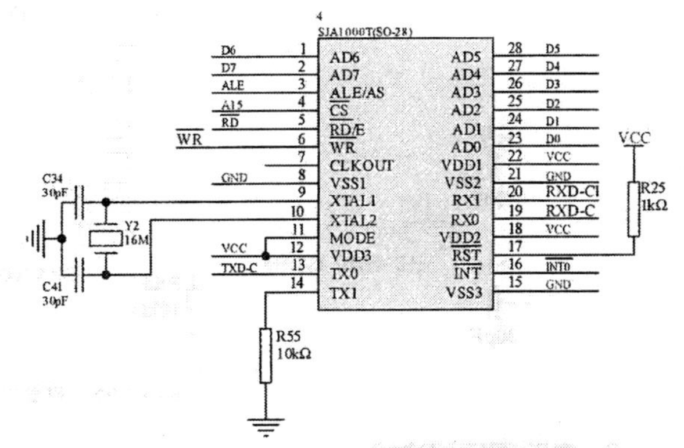

SJA1000 地址：0x7F00

图 12-62　CAN 总线控制器电路模块

1. 放置元器件

① 选择菜单栏中的“绘制”→“元器件”命令，打开“选择一个元器件”对话框，选择“用户

数据库”→“Basic”组→“51CPU”系列，选择 CAN 总线控制器 SJA1000T，如图 12-63 所示。双击元器件，在电路原理图中放置 U2，如图 12-64 所示。

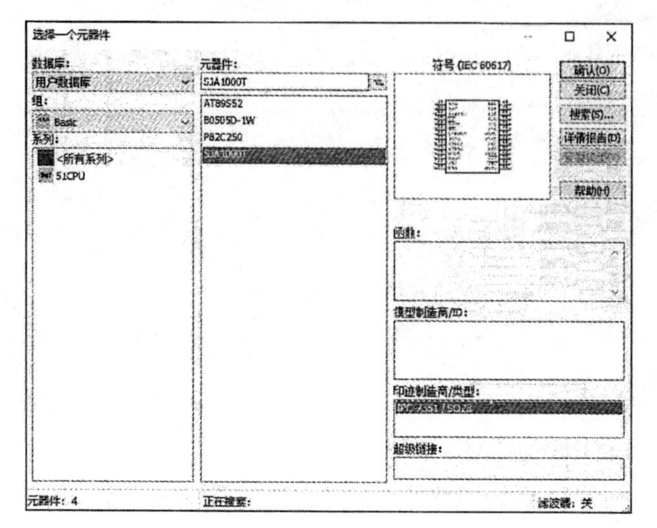

图 12-63　选择 CAN 总线控制器

图 12-64　放置元器件 SJA1000T

② 选择“主数据库”→“Basic”组→“RESISTOR”系列，在“元器件”列表中选中电阻元器件（1k、10k），在“印迹制造商/类型”列表中选择元器件封装“IPC-7351/Chip-R0805”，在电路图中放置 R25、R55。

③ 选择“主数据库”→“Basic”组→“CAPACITOR”系列，在“元器件”列表中选中值为 30pF 的电容（印迹为“IPC-7351/Chip-C0805”），在电路图中放置 C34、C41。

④ 选择“主数据库”→“Misc”组→“CRYSTAL”系列，选中晶体振荡器元器件“HC-49/U_15MHz”，在电路图中放置 Y2。

至此，完成所有元器件的放置，在元器件的放置过程中适当对元器件放置位置进行调整，结果如图 12-65 所示。

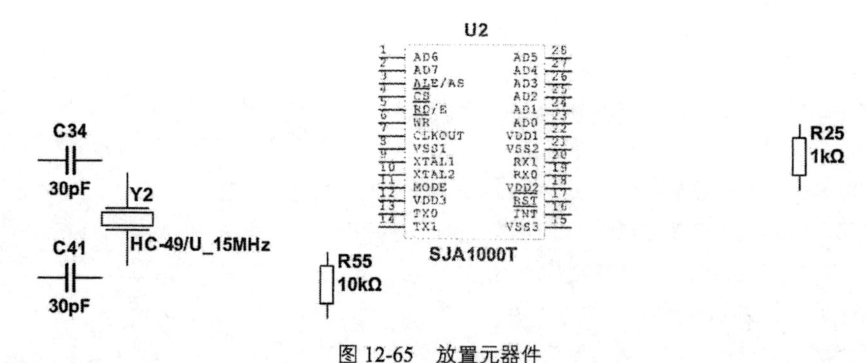

图 12-65　放置元器件

2. 电路图网络连接

① 单击“功率源元器件”工具栏中的“放置 TTL 电源（VCC）”按钮和“放置地线”按钮，把它们放置到电路原理图中。

② 选择菜单栏中的“绘制”→“连接器”→“在页连接器”命令，或按下“Ctrl+Alt+O”组合键，鼠标指针变为状，在电路图中添加在页连接器。

③ 激活连线命令，鼠标指针自动变为实心圆圈状，单击并移动鼠标指针，执行自动连线操作。

④ 选择菜单栏中的“绘制”→“图形”→“矩形”命令，或单击“图形注解”工具栏中的“矩形”按钮 □，在电路图模块外绘制矩形，结果如图 12-66 所示。

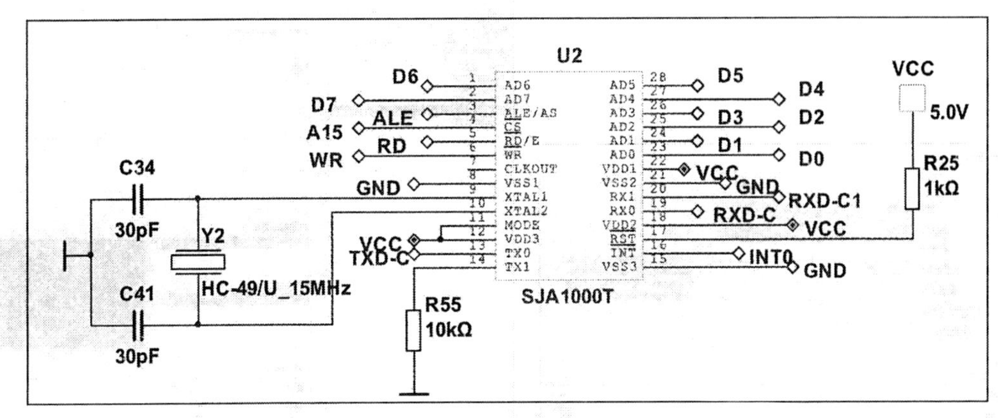

图 12-66 网络连接结果

12.4.3 串口通信接口电路

串口芯片 MAX202E 和单片机 AT89S52 的 UART 端口构建的串行通信接口电路模块，如图 12-67 所示。

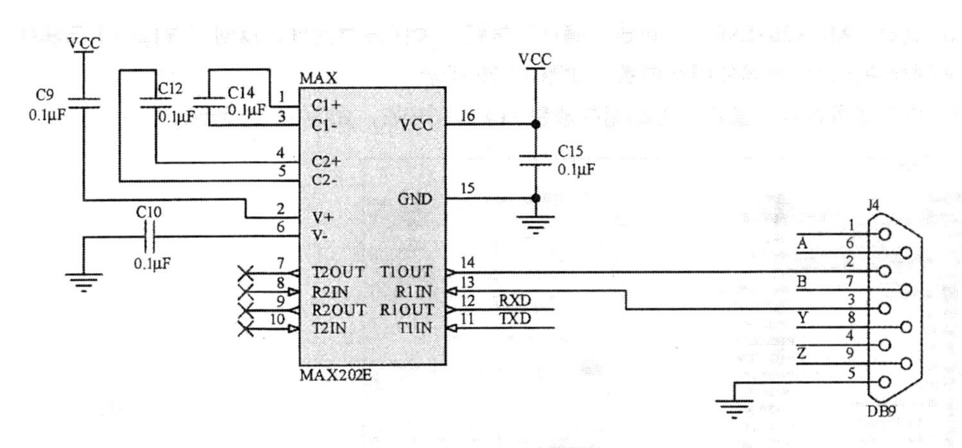

图 12-67 串行通信接口电路模块

1. 搜索元器件

① MAX202E 是一个单片机的 RS232 芯片，它可以将单片机的低电平输出转换为 RS232 的标准电平输出，以便与其他设备进行通信。它支持 RS232 的数据传输速率为 1 200bit/s、2 400bit/s、4 800bit/s、9 600bit/s、19 200bit/s、38 400bit/s、57 600bit/s、115 200bit/s。但是它不支持双向通信，因此只能用于单向通信。

② 由于不知道 MAX202E 在元器件库的位置，需要使用搜索命令来搜索 MAX202E。

③ 单击“元器件”工具栏中的“放置基本”按钮，打开“选择一个器件”对话框，单击“搜索”按钮，弹出“元器件搜索”对话框，在“元器件”栏中输入“MAX202E”，如图 12-68 所示。

④ 单击“搜索”按钮，弹出“搜索结果”对话框，在列表中显示符合关键字的元器件，如图 12-69 所示。

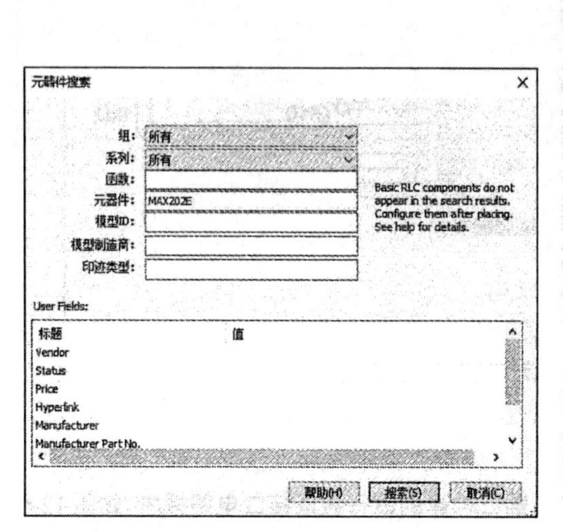

图 12-68 “元器件搜索”对话框

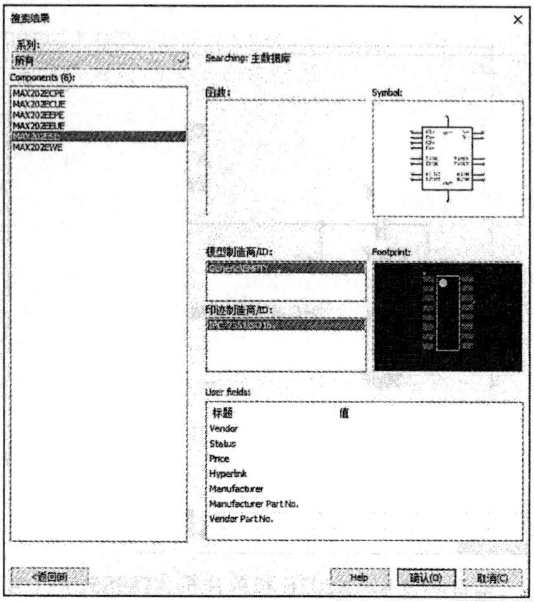

图 12-69 “搜索结果”对话框

⑤ 选择“MAX202ESE”，单击“确认”按钮，关闭该对话框，返回“选择一个元器件”对话框，在列表中显示该元器件所在位置，如图 12-70 所示。

⑥ 双击该元器件，直接在电路图中放置 MAX202ESE，如图 12-71 所示。

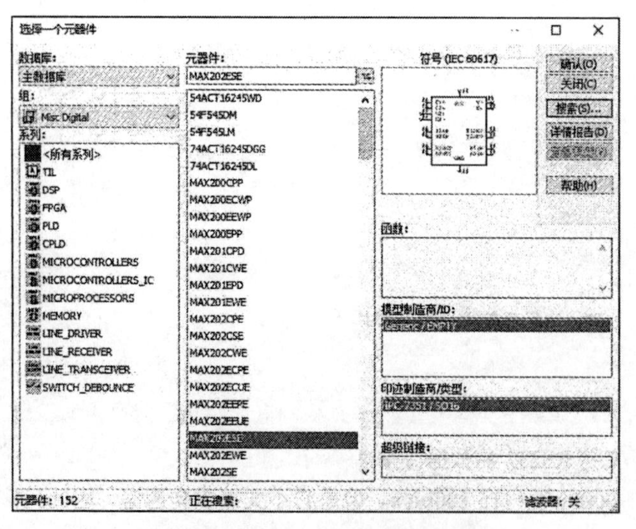

图 12-70 “选择一个元器件”对话框

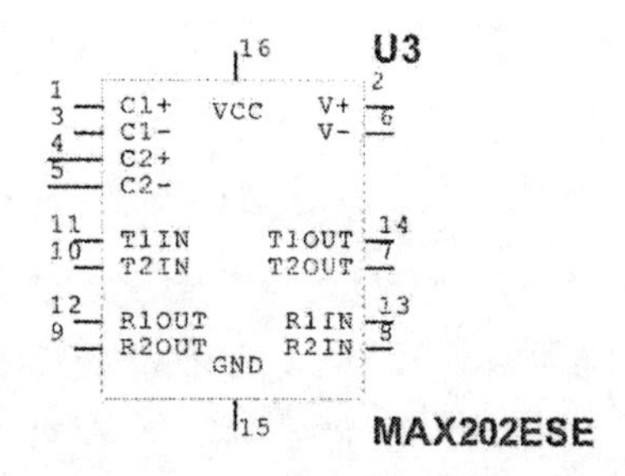

图 12-71 放置 MAX202ESE

⑦ 选择“主数据库”→“Basic”组→“CAP_ELECTROLIT”系列，在“元器件”列表中选择值为 1μF 的电解电容（印迹为“IPC-7351/Chip-C0805”），在电路图中放置电容元器件 C9、C10、C12、C14、C15（修改值为 0.1μF）。

⑧ 选择“主数据库”→“Connectors”组→“DSUB”系列，在“元器件”列表中选择“DSUB9F”

（印迹为“Generic/DB9F”），在电路图中放置连接器 J4。

⑨ 双击连接器 J4，弹出“DSUB”对话框，打开“显示”选项卡，勾选“显示印迹管脚（引脚）名称”复选框，如图 12-72 所示。单击“确认”按钮，显示印迹引脚名称，如图 12-73 所示。

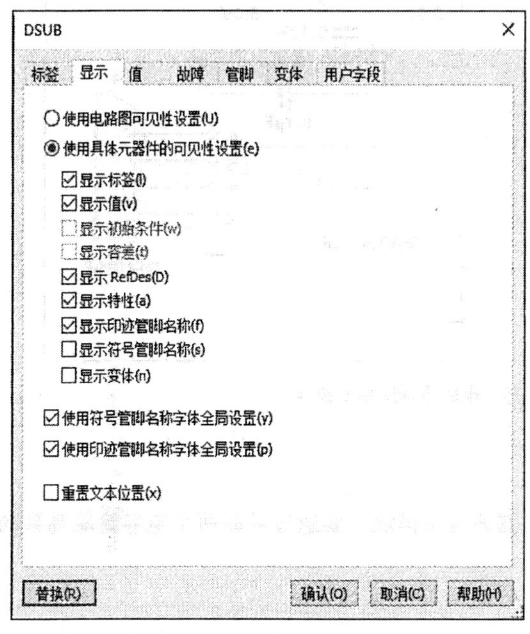

图 12-72 “DSUB”对话框

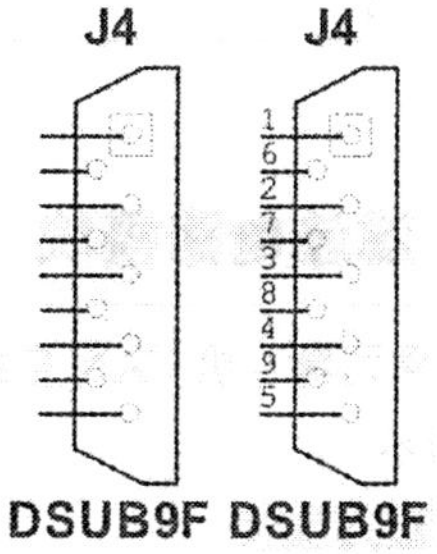

J4 J4

DSUB9F DSUB9F

图 12-73 隐藏/显示印迹引脚名称

至此，完成所有元器件的放置，在元器件放置过程中适当对元器件放置位置进行调整，结果如图 12-74 所示。

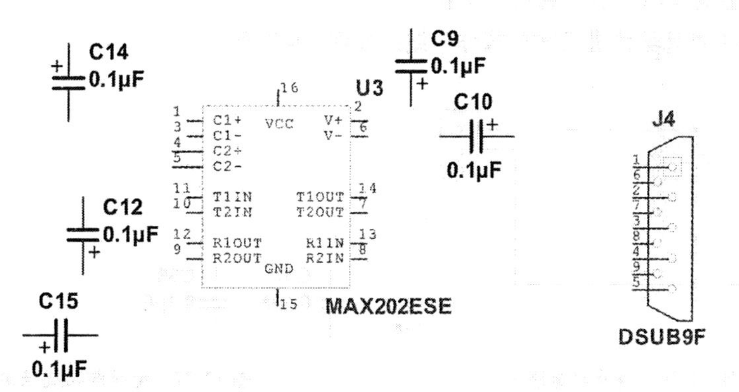

图 12-74 放置元器件

2. 电路图网络连接

① 单击“功率源元器件”工具栏中的“放置 TTL 电源（VCC）”按钮和“放置地线”按钮，把它们放置到电路原理图中。

② 选择菜单栏中的“绘制”→“连接器”→“在页连接器”命令，或按下“Ctrl+Alt+O”组合键，鼠标变为状，在电路图中添加在页连接器。

③ 激活连线命令，鼠标指针自动变为实心圆圈状，单击并移动鼠标指针，执行自动连线操作。

④ 选择菜单栏中的“绘制”→“图形”→“矩形”命令，或单击“图形注解”工具栏中的“矩

形”按钮口，在电路图模块外绘制矩形，结果如图 12-75 所示。

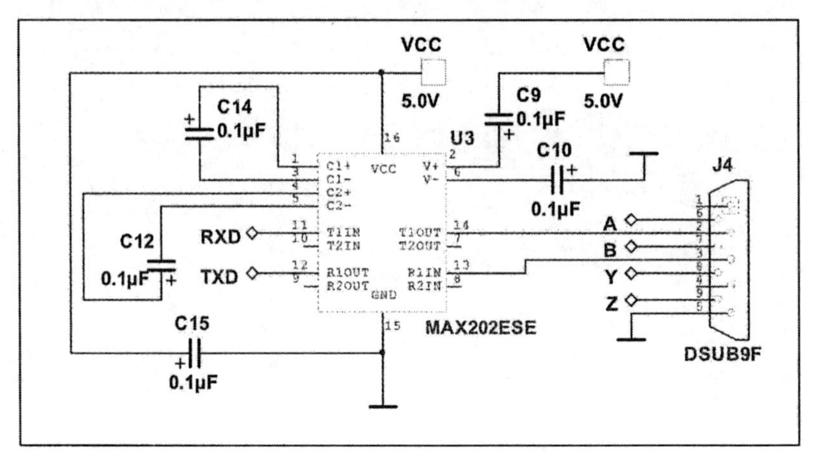

图 12-75　电路原理图绘制结果

12.4.4　滤波电路模块

在 51 系列单片机 CAN 总线电路中，滤波电路模块主要通过并联两个电容滤除高频的杂波，如图 12-76 所示。

1. 放置元器件

① 选择“主数据库”→“Basic”组→“CAPACITOR”系列，在“元器件”列表中选中值为 0.1μF 的电容（印迹为“IPC-7351/Chip-C0805”），在电路图中放置 C37、C38。

② 选择“主数据库”→“Connectors”组→“HEADERS_TEST”系列栏中的“HDR1X2”，在电路图中放置插接件 J5（1 排，每排两个孔）。

按照电路要求对元器件进行布局操作，结果如图 12-77 所示。

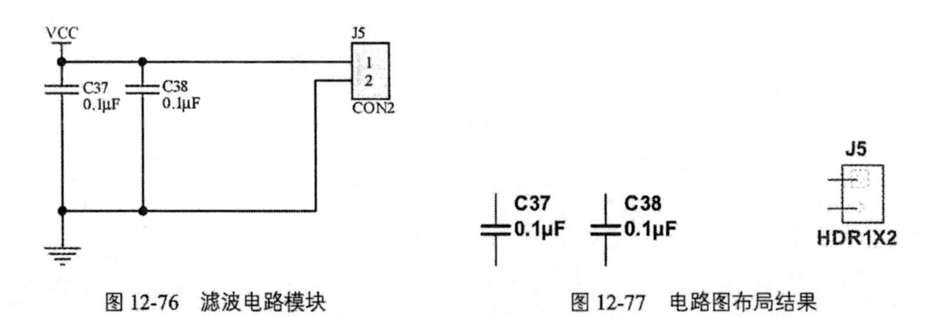

图 12-76　滤波电路模块　　　　图 12-77　电路图布局结果

2. 自动连线

① 单击“功率源元器件”工具栏中的“放置 TTL 电源（VCC）”按钮和“放置地线”按钮，把它们放置到电路原理图中。

② 将鼠标指针放置到元器件引脚附近，激活连线命令，单击并移动鼠标指针，执行自动连线操作。

③ 选择菜单栏中的“绘制”→“图形”→“矩形”命令，或单击“图形注解”工具栏中的“矩形”按钮口，在电路图模块外绘制矩形，结果如图 12-78 所示。

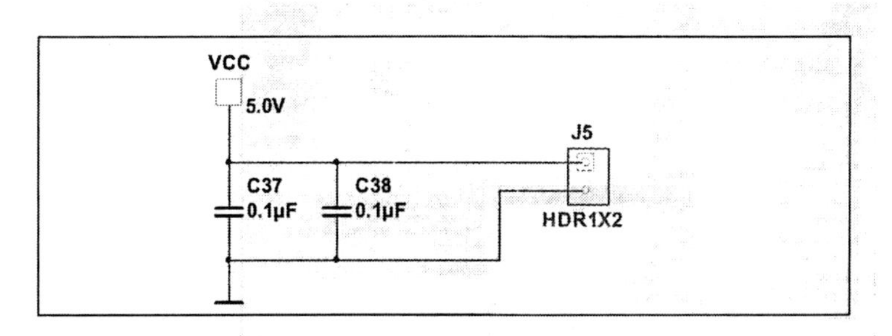

图 12-78　完成电路原理图布线

12.4.5　DC/DC 电源隔离电路模块

51 系列单片机 CAN 总线电路选用 B0505D-1W DC/DC 电源隔离电路模块，如图 12-79 所示。B0505D-1W 芯片输入定电压，输出隔离非稳压单路，被广泛应用于低频模拟电路、继电器驱动电路、数据交换电路等分布式电源系统中，作为隔离电源使用。

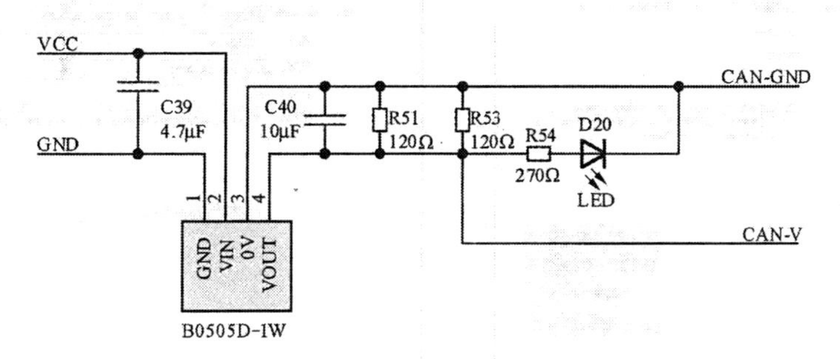

图 12-79　B0505D-1W DC/DC 电源隔离电路模块（由软件绘制的电路原理图）

1. 编辑元器件

① 由于在系统所带的元器件库中找不到所需要元器件 B0505D-1W 的电路图符号，自己绘制电路图符号又过于烦琐，因此在元器件库中选择外形相似的元器件，并进行符号外形与印迹编辑，得到该元器件。

提示

Multisim 把电源类的元器件全部当作虚拟元器件，因而不能使用 Multisim 中的元器件编辑工具对其模型及符号等进行修改或重新创建，只能通过自身的属性对话框对其相关参数进行设置。

② 单击“元器件”工具栏中的“放置连接器”按钮，打开“Connector”库，选择“TERMINAL_BLOCKS（接线端子）”系列中的“282834-4”，如图 12-80 所示，双击该元器件，将其放置在电路图中，如图 12-81 所示。

③ 选中元器件 J1，单击鼠标右键，选择“属性”命令，弹出“TERMINAL_BLOCKS”对话框，打开“值”选项卡，如图 12-82 所示。

④ 单击“在数据库中编辑元器件”按钮，弹出“元器件属性”对话框，打开“常规”选项卡，在“名称”栏输入芯片名称“B0505D-1W”，如图 12-83 所示。

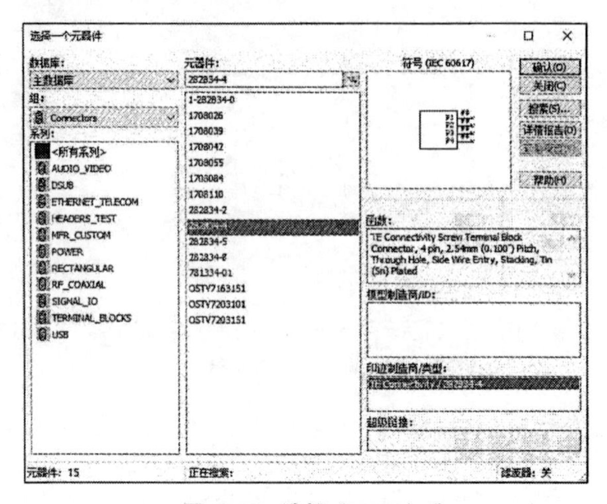

图 12-80 选择“282834-4”

图 12-81 放置“282834-4”

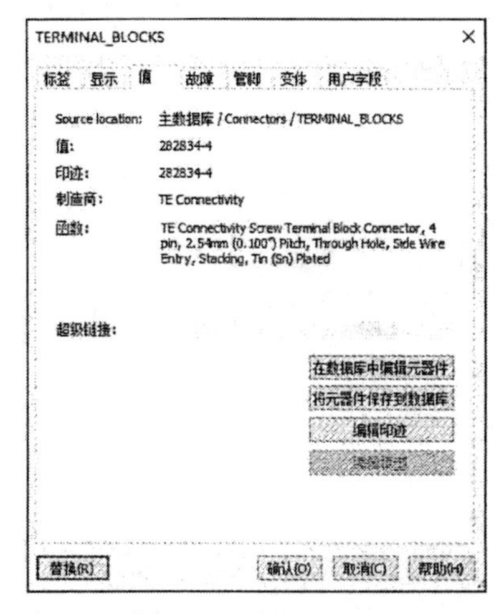

图 12-82 “值”选项卡

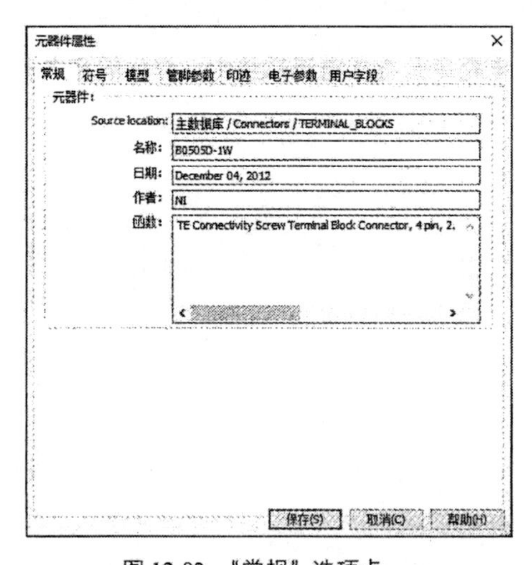

图 12-83 “常规”选项卡

⑤ 打开“符号”选项卡，如图 12-84 所示，单击“编辑”按钮，打开“符号编辑器”窗口，如图 12-85 所示。

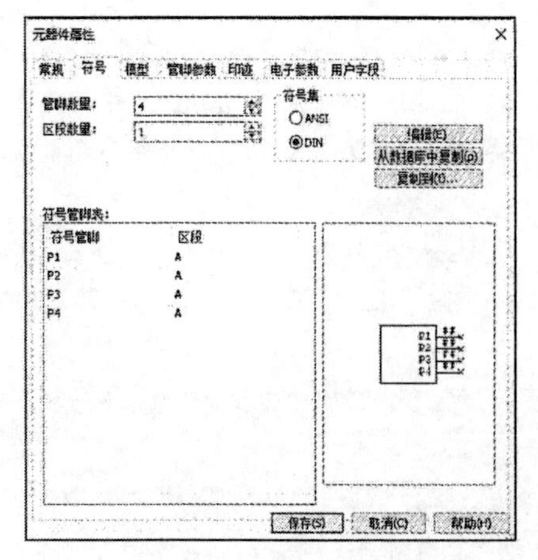

图 12-84 “符号”选项卡

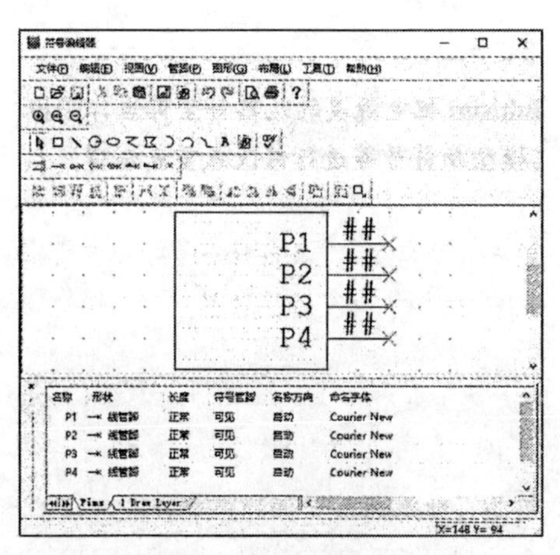

图 12-85 “符号编辑器”窗口

⑥ 在“符号编辑器”窗口下方的“电子表格”栏选择“Pins（引脚）”选项卡，在“名称”列修改引脚名称（GND、VIN、0V、VOUT），结果如图 12-86 所示。

⑦ 关闭该窗口，弹出“元器件属性”对话框中的“符号”选项卡，更新图形符号编辑结果，如图 12-87 所示。

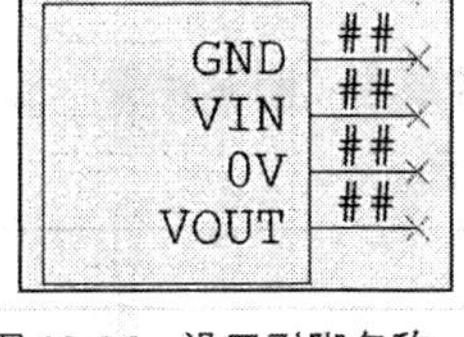

图 12-86 设置引脚名称

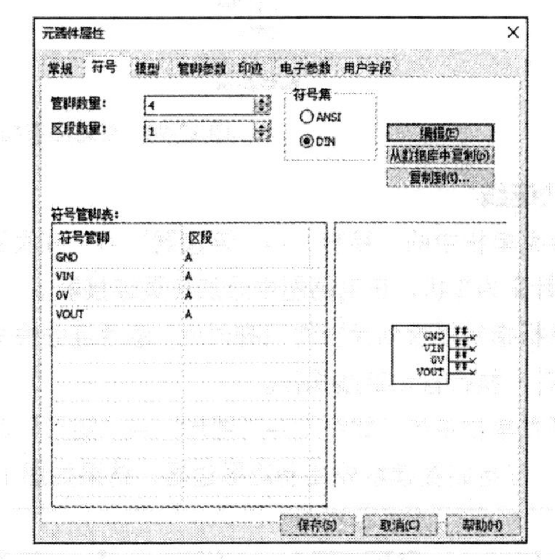

图 12-87 “符号”选项卡

⑧ 单击“保存”按钮，弹出“选择目标系列名称”对话框，如图 12-88 所示，选择编辑后的元器件位置。单击“确认”按钮，关闭该对话框，自动替换元器件 B0505D-1W 的编辑结果，如图 12-89 所示。

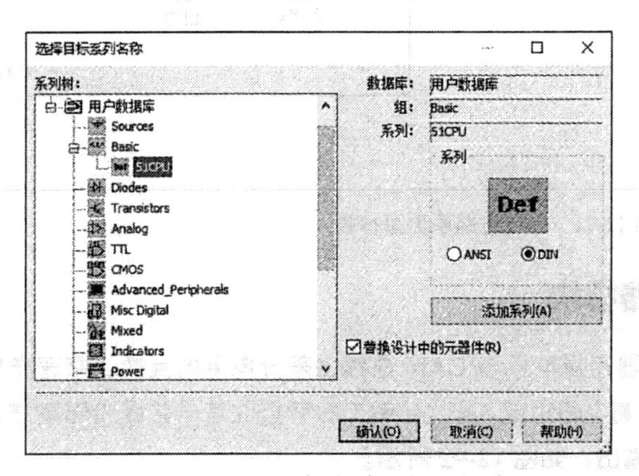

图 12-88 “选择目标系列名称”对话框

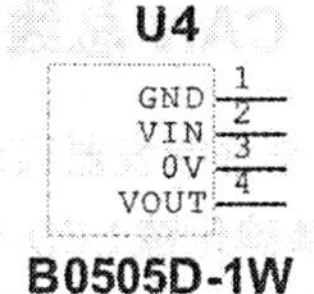

图 12-89 替换元器件

2. 放置元器件

① 单击“元器件”工具栏中的“放置基本”按钮，选择“主数据库”→“Basic”库→“RESISTOR”系列，在“元器件”列表中选中电阻元器件（120、270），在“印迹制造商/类型”列表中选择元器件封装“IPC-7351/Chip-R0805”，在电路图中放置 R51、R53、R54。

② 选择“主数据库”→“Basic”组→“CAPACITOR”系列，在“元器件”列表中选中值为 4.7μF、10μF 的电容（印迹为“IPC-7351/Chip-C0805”），在电路图中放置 C39、C40。

③ 选择“主数据库”→“Diodes”库→“LED”系列栏中的“LED_blue”，在电路图中放置发光二极管 D20。

按照电路要求对元器件进行布局操作，结果如图 12-90 所示。

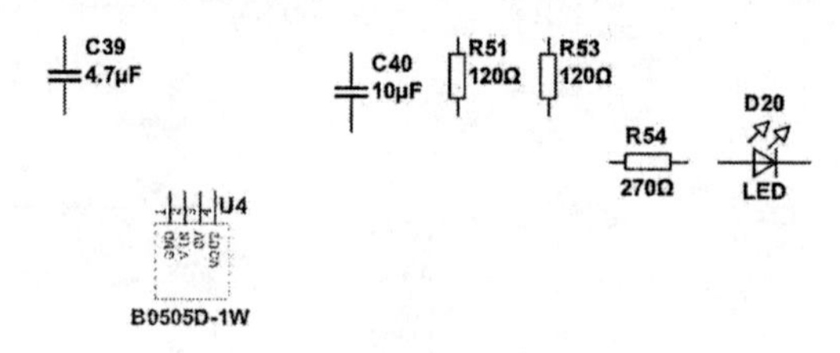

图 12-90　电路图布局结果

3. 自动连线

① 选择菜单栏中的“绘制”→“连接器”→“在页连接器”命令，或按下“Ctrl+Alt+O”组合键，鼠标指针变为 状，在电路图中添加在页连接器。

② 将鼠标指针放置到元器件引脚附近，激活连线命令，鼠标指针自动变为实心圆圈状，单击并移动鼠标指针，执行自动连线操作。

③ 选择菜单栏中的“绘制”→“图形”→“矩形”命令，或单击“图形注解”工具栏中的“矩形”按钮□，在电路图模块外绘制矩形边框，结果如图 12-91 所示。

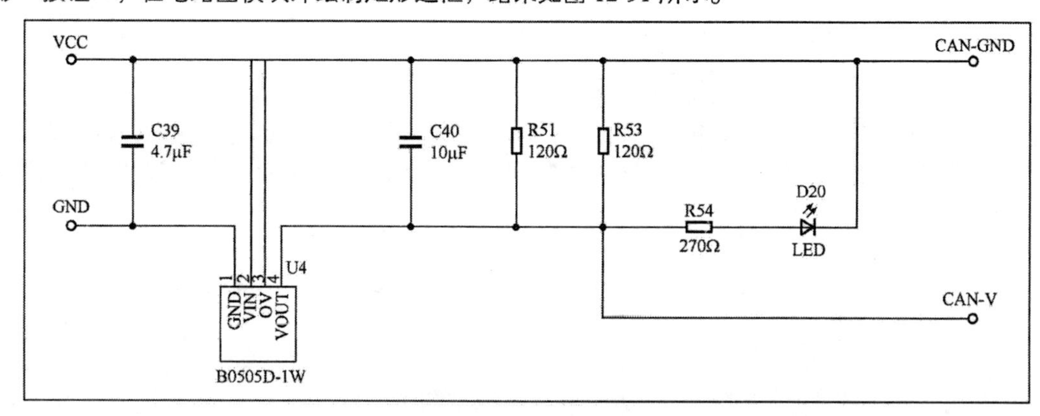

图 12-91　完成电路原理图布线

12.4.6　CAN 总线收发器电路模块

CAN 总线收发器实现 CAN 控制器逻辑电平与 CAN 总线上差分电平的互换。高速光电耦合器 6N137 由磷砷化镓 LED 和光敏集成检测电路组成。通过光敏二极管接收信号并经内部高增益线性放大器把信号放大后，由集电极开路门输出，如图 12-92 所示。

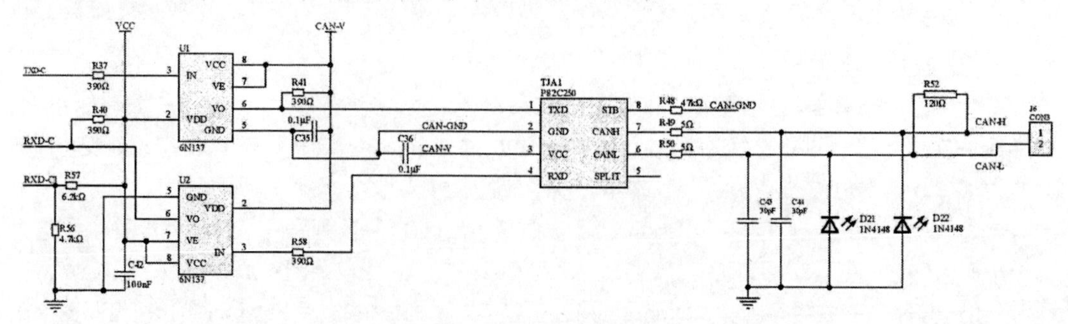

图 12-92　CAN 总线收发器电路模块

1. 放置元器件

① 选择菜单栏中的“绘制”→“元器件”命令，打开“选择一个元器件”对话框，选择“用户数据库”→“Basic”→“51CPU”系列，选择 CAN 总线控制器 P82C250，如图 12-93 所示。双击元器件，在电路原理图中放置 U5，如图 12-94 所示。

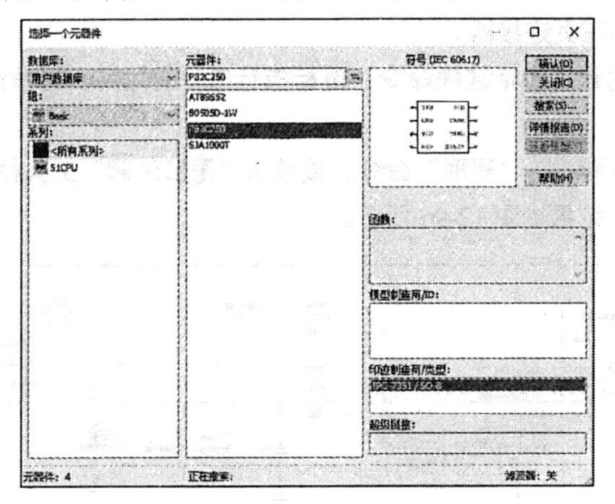

U5
TXD STB
GND CANH
VCC CANL
RXD SPLIT
P82C250

图 12-93　选择 CAN 总线控制器　　　图 12-94　放置元器件 P82C250

② 选择“主数据库”→“Misc”组→“OPTOCOUPLER”系列，选择高速光电耦合器 6N137，双击在电路图中放置 U6、U7。

③ 选择“主数据库”→“Basic”组→“RESISTOR”系列，在“元器件”列表中选中电阻元器件电阻值分别为 5Ω、120Ω、390Ω、4.7kΩ、6.2kΩ、47kΩ，在“印迹制造商/类型”列表中选择元器件封装“IPC-7351/Chip-R0805”，在电路图中放置 10 个电阻，分别为 R37、R40、R41、R48、R49、R50、R52、R56、R57、R58。

④ 选择“主数据库”→“Basic”组→“CAPACITOR”系列，在“元器件”列表中选中电容，在电路图中放置值为 30pF 的电容 C37、C44（印迹为“IPC-7351/Chip-C0805”），值为 100nF 的电容 C42，值为 0.1μF 的电容 C35、C36。

⑤ 选择“主数据库”→“Diodes”组→“SWITCHING_DIODE”系列，选中二极管元器件“1N4148”，在电路图中放置 D21、D22。

⑥ 选择“主数据库”→“Connectors”组→“HEADERS_TEST”系列栏中的“HDR1X2”，在电路图中放置插接件 J6（1 排，每排两个孔）。

至此，完成所有元器件的放置，在元器件放置过程中适当对元器件放置位置进行调整，结果如图 12-95 所示。

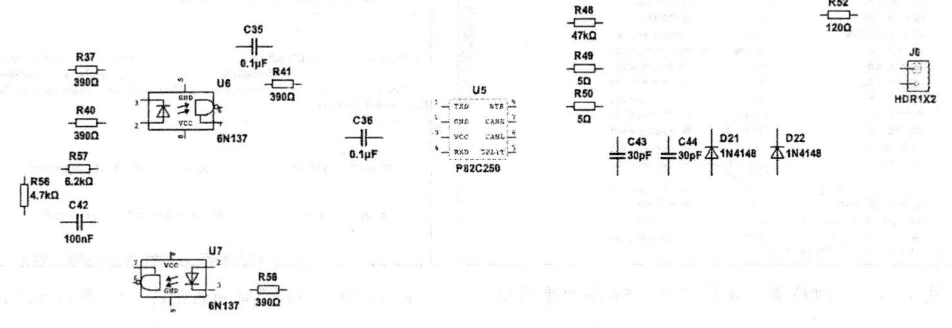

图 12-95　放置元器件

2. 自动连线

单击“功率源元器件”工具栏中的“放置 TTL 电源（VCC）”按钮和“放置地线”按钮，把它们放置到电路原理图中。

选择菜单栏中的“绘制”→“连接器”→“在页连接器”命令，或按下“Ctrl+Alt+O”组合键，鼠标指针变为状，在电路图中添加在页连接器。

将鼠标指针放置到元器件引脚附近，激活连线命令，鼠标指针自动变为实心圆圈状，单击并移动鼠标指针，执行自动连线操作。

选择菜单栏中的“绘制”→“图形”→“矩形”命令，或单击“图形注解”工具栏中的“矩形”按钮□，在电路图模块外绘制矩形，结果如图 12-96 所示。

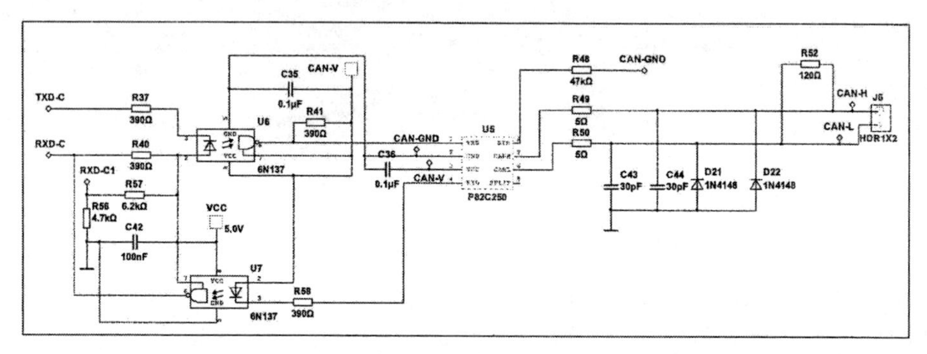

图 12-96　完成电路原理图布线

12.5 元器件清单

1. 生成材料报表

选择菜单栏中的“报告”→“材料单”命令，弹出图 12-97 所示的“材料单（来自文档：51 系列单片机 CAN 总线电路）”对话框，显示电路原理图中所有的材料清单，及使用的元器件种类及数量。

单击“保存”按钮，则产生一个当前电路原理图（51 系列单片机总线电路）的材料清单报表文件“51 系列单片机 CAN 总线电路.txt”，如图 12-98 所示。

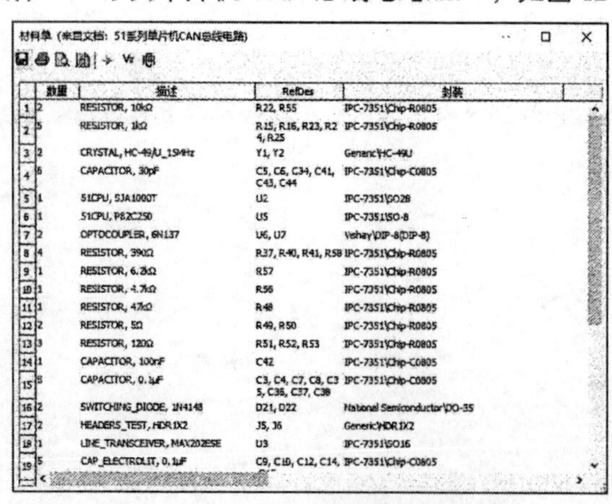

材料单 (来自文档：51系列单片机CAN总线电路)

	数量	描述	RefDes	封装
1	2	RESISTOR, 10kΩ	R22, R55	IPC-7351\Chip-R0805
2	5	RESISTOR, 1kΩ	R15, R16, R23, R24, R25	IPC-7351\Chip-R0805
3	2	CRYSTAL, HC-49/U_15MHz	Y1, Y2	Generic\HC-49U
4	6	CAPACITOR, 30pF	C5, C6, C34, C41, C43, C44	IPC-7351\Chip-C0805
5	1	51CPU, SJA1000T	U2	IPC-7351\SO28
6	1	51CPU, P82C250	U5	IPC-7351\SO-8
7	2	OPTOCOUPLER, 6N137	U6, U7	Vishay\DIP-8(DIP-8)
8	4	RESISTOR, 390Ω	R37, R40, R41, R58	IPC-7351\Chip-R0805
9	1	RESISTOR, 6.2kΩ	R57	IPC-7351\Chip-R0805
10	1	RESISTOR, 4.7kΩ	R56	IPC-7351\Chip-R0805
11	1	RESISTOR, 47kΩ	R48	IPC-7351\Chip-R0805
12	2	RESISTOR, 5Ω	R49, R50	IPC-7351\Chip-R0805
13	3	RESISTOR, 120Ω	R51, R52, R53	IPC-7351\Chip-R0805
14	1	CAPACITOR, 100nF	C42	IPC-7351\Chip-C0805
15	8	CAPACITOR, 0.1μF	C3, C4, C7, C8, C35, C36, C37, C38	IPC-7351\Chip-C0805
16	2	SWITCHING_DIODE, 1N4148	D21, D22	National Semiconductor\DO-35
17	2	HEADERS_TEST, HDR1X2	J5, J6	Generic\HDR1X2
18	1	LINE_TRANSCEIVER, MAX202ESE	U3	IPC-7351\SO16
19	5	CAP_ELECTROLIT, 0.1μF	C9, C10, C12, C14,	IPC-7351\Chip-C0805

图 12-97　“材料单（来自文档：51 系列单片机 CAN 总线电路）”对话框

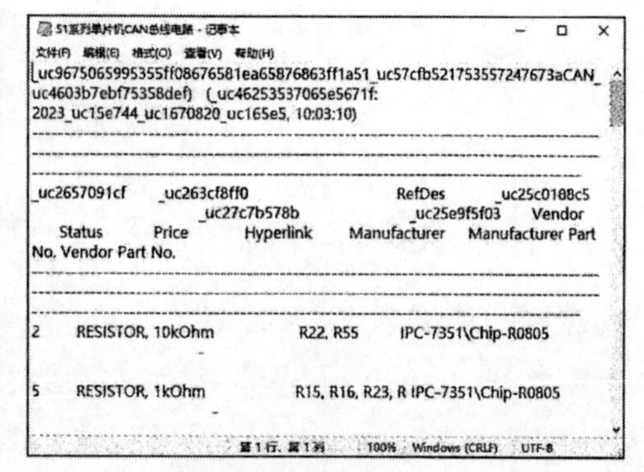

51系列单片机CAN总线电路 - 记事本

文件(F) 编辑(E) 格式(O) 查看(V) 帮助(H)

_uc9675065995355ff08676581ea65876863ff1a51_uc57cfb521753557247673aCAN_uc4603b7ebf75358def) (_uc46253537065e5671f:
2023_uc15e744_uc1670820_uc165e5, 10:03:10)

_uc2657091cf _uc263cf8ff0 RefDes _uc25c0188c5
_uc27c7b578b _uc25e9f5f03 Vendor
Status Price Hyperlink Manufacturer Manufacturer Part
No. Vendor Part No.

2 RESISTOR, 10kOhm R22, R55 IPC-7351\Chip-R0805

5 RESISTOR, 1kOhm R15, R16, R23, R IPC-7351\Chip-R0805

第1行，第1列 100% Windows (CRLF) UTF-8

图 12-98　材料清单报表文件“51 系列单片机 CAN 总线电路.txt”

单击“导出至 Microsoft Excel”按钮，则产生一个当前电路原理图（51 系列单片机总线电路）的材料清单报表文件“51 系列单片机 CAN 总线电路_材料单.xlsx”，如图 12-99 所示。

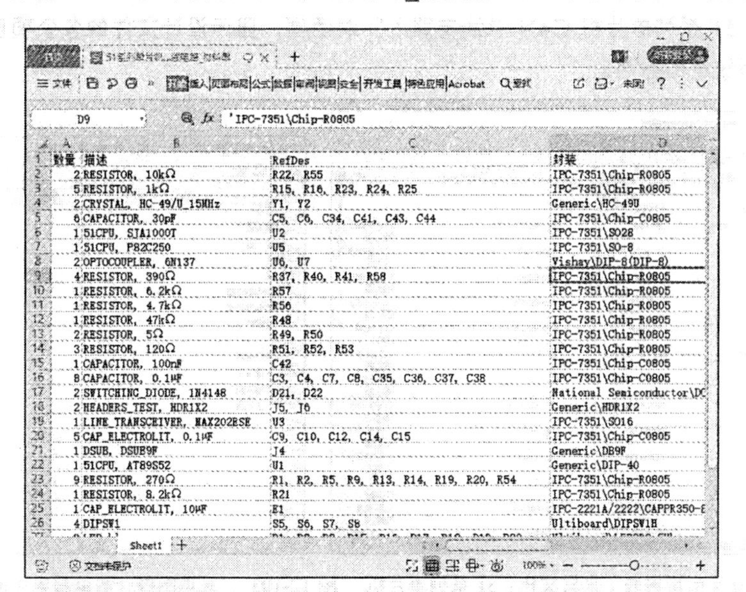

数量	描述	RefDes	封装
2	RESISTOR, 10kΩ	R22, R55	IPC-7351\Chip-R0805
5	RESISTOR, 1kΩ	R15, R16, R23, R24, R25	IPC-7351\Chip-R0805
2	CRYSTAL, HC-49/U_15MHz	Y1, Y2	Generic\HC-49U
6	CAPACITOR, 30pF	C5, C6, C34, C41, C43, C44	IPC-7351\Chip-C0805
1	51CPU, SJA1000T	U2	IPC-7351\SO28
1	51CPU, P82C250	U5	IPC-7351\SO-8
2	OPTOCOUPLER, 6N137	U6, U7	Vishay\DIP-8(DIP-8)
4	RESISTOR, 390Ω	R37, R40, R41, R58	IPC-7351\Chip-R0805
1	RESISTOR, 6.2kΩ	R57	IPC-7351\Chip-R0805
1	RESISTOR, 4.7kΩ	R56	IPC-7351\Chip-R0805
1	RESISTOR, 47kΩ	R48	IPC-7351\Chip-R0805
2	RESISTOR, 5Ω	R49, R50	IPC-7351\Chip-R0805
3	RESISTOR, 120Ω	R51, R52, R53	IPC-7351\Chip-R0805
1	CAPACITOR, 100nF	C42	IPC-7351\Chip-C0805
8	CAPACITOR, 0.1μF	C3, C4, C7, C8, C35, C36, C37, C38	IPC-7351\Chip-C0805
2	SWITCHING_DIODE, 1N4148	D21, D22	National Semiconductor\DC
2	HEADERS_TEST, HDR1X2	J5, J6	Generic\HDR1X2
1	LINE_TRANSCEIVER, MAX202ESE	U3	IPC-7351\SO16
5	CAP_ELECTROLIT, 0.1μF	C9, C10, C12, C14, C15	IPC-7351\Chip-C0805
1	DSUB, DSUB9F	J4	Generic\DB9F
1	51CPU, AT89S52	U1	Generic\DIP-40
9	RESISTOR, 270Ω	R1, R2, R5, R9, R13, R14, R19, R20, R54	IPC-7351\Chip-R0805
1	RESISTOR, 8.2kΩ	R21	IPC-7351\Chip-R0805
1	CAP_ELECTROLIT, 10μF	E1	IPC-2221A/2222\CAPPR350-E
4	DIPSW1	S5, S6, S7, S8	Ultiboard\DIPSW1H

图 12-99　材料清单报表文件“51 系列单片机 CAN 总线电路_材料单.xlsx”

2. 生成网络报表

选择菜单栏中的“报告”→“网表报告”命令，弹出图 12-100 所示的“网表报告”对话框，显示电路原理图中的所有网络。单击“导出至 Microsoft Excel”按钮，则产生一个当前电路原理图的网络报表文件“51 系列单片机 CAN 总线电路_网络报表.xlsx”，如图 12-101 所示。

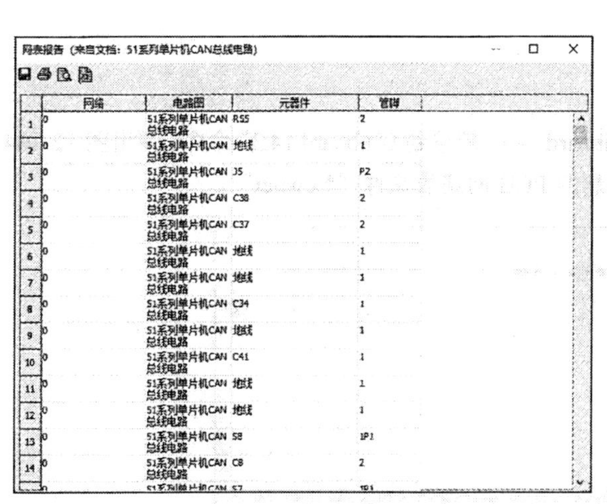

网络	电路图	元器件	管脚
0	51系列单片机CAN总线电路	R55	2
0	51系列单片机CAN总线电路	地线	1
0	51系列单片机CAN总线电路	J5	P2
0	51系列单片机CAN总线电路	C38	2
0	51系列单片机CAN总线电路	C37	2
0	51系列单片机CAN总线电路	地线	1
0	51系列单片机CAN总线电路	地线	1
0	51系列单片机CAN总线电路	C34	1
0	51系列单片机CAN总线电路	地线	1
0	51系列单片机CAN总线电路	C41	1
0	51系列单片机CAN总线电路	地线	1
0	51系列单片机CAN总线电路	地线	1
0	51系列单片机CAN总线电路	S8	1P1
0	51系列单片机CAN总线电路	C8	2

图 12-100　“网表报告（来自文档：51 系列单片机 CAN 总线电路）”对话框

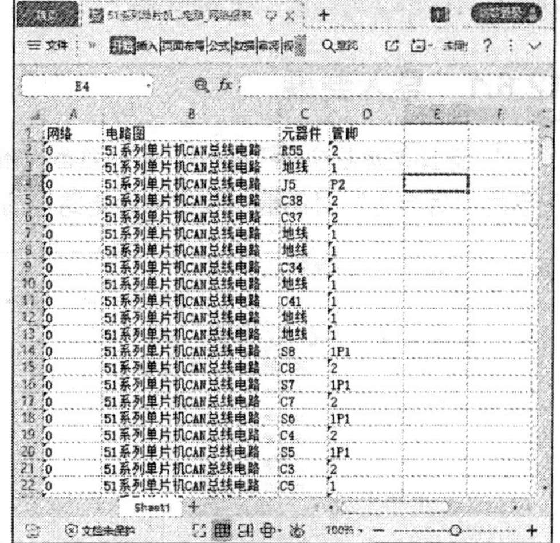

网络	电路图	元器件	管脚
0	51系列单片机CAN总线电路	R55	2
0	51系列单片机CAN总线电路	地线	1
0	51系列单片机CAN总线电路	J5	P2
0	51系列单片机CAN总线电路	C38	2
0	51系列单片机CAN总线电路	C37	2
0	51系列单片机CAN总线电路	地线	1
0	51系列单片机CAN总线电路	地线	1
0	51系列单片机CAN总线电路	C34	1
0	51系列单片机CAN总线电路	地线	1
0	51系列单片机CAN总线电路	C41	1
0	51系列单片机CAN总线电路	地线	1
0	51系列单片机CAN总线电路	地线	1
0	51系列单片机CAN总线电路	S8	1P1
0	51系列单片机CAN总线电路	C8	2
0	51系列单片机CAN总线电路	S7	1P1
0	51系列单片机CAN总线电路	C7	2
0	51系列单片机CAN总线电路	S6	1P1
0	51系列单片机CAN总线电路	C4	2
0	51系列单片机CAN总线电路	S5	1P1
0	51系列单片机CAN总线电路	C3	2
0	51系列单片机CAN总线电路	C5	1

图 12-101　输出的网络报表文件“51 系列单片机 CAN 总线电路_网络报表.xlsx”

3. 交叉引用元器件报表

选择菜单栏中的“报告”→“交叉引用报表”命令，弹出图 12-102 所示的“交叉引用报表（来自文档：51 系列单片机 CAN 总线电路）”对话框，显示交互参考表参数。

4. 电路原理图统计数据报告

选择菜单栏中的“报告”→“原理图统计数据”命令，弹出图 12-103 所示“原理图统计数据报告（来自文档：51 系列单片机 CAN 总线电路）”对话框，显示设计文件的各个项目（元器件、网络和页等）在系统中的数目。

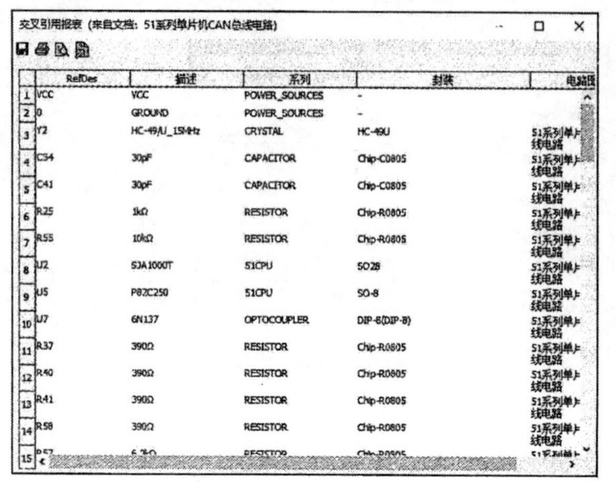

图 12-102 “交叉引用报表（来自文档：51 系列单片机 CAN 总线电路）”对话框

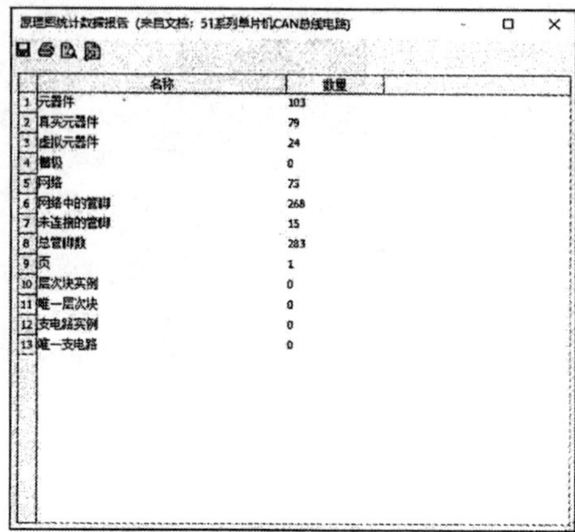

图 12-103 “原理图统计数据报告（来自文档：51 系列单片机 CAN 总线电路）”对话框

12.6 设计 PCB

在一个项目中，不管是独立电路图，还是层次结构电路图，在设计 PCB 时系统都会将所有电路原理图的数据转移到同一块 PCB 中。

12.6.1 导入封装

① 选择菜单栏中的“转移”→“转移到 Ultiboard”→“转移到 Ultiboard 14.3”命令，弹出图 12-104 所示的“另存为”对话框，保存包含电路图信息的 PCB 网络表文件“*.ewnet”。

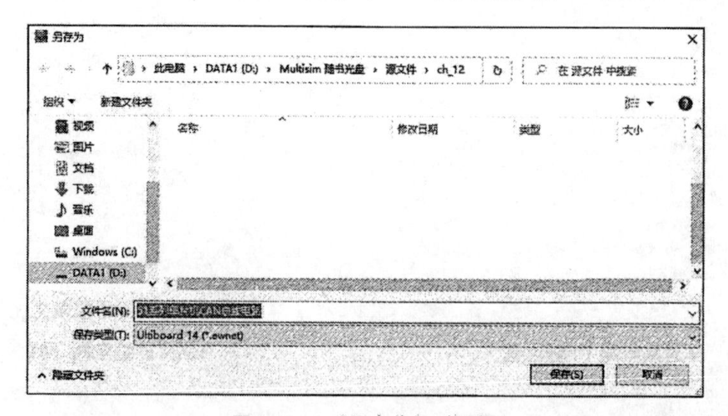

图 12-104 “另存为”对话框

② 单击“保存”按钮，在源文件目录下生成 PCB 网络表文件“51 系列单片机 CAN 总线电

路.ewnet”。同时自动打开 Ultiboard 14.3 用户界面，新建与电路原理图同名的 PCB 文件“51 系列单片机 CAN 总线电路.ewprj”，自动弹出“导入网表（网络表）”对话框，如图 12-105 所示，显示网络表信息。

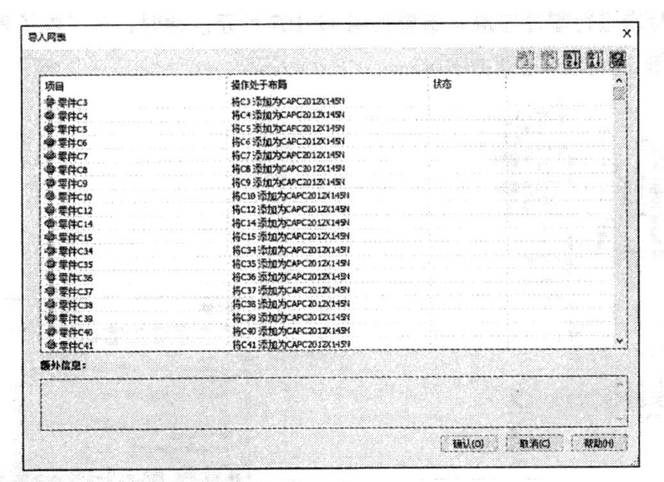

图 12-105 “导入网表（网络表）”对话框

③ 单击“确认”按钮，导入封装元器件。此时可以看到在 PCB 图上自动新建布线框，在边框的上方显示导入的所有元器件封装（零件），如图 12-106 所示。各元器件封装（零件）之间通过鼠线连接仍保持着与电路原理图相同的电气连接。

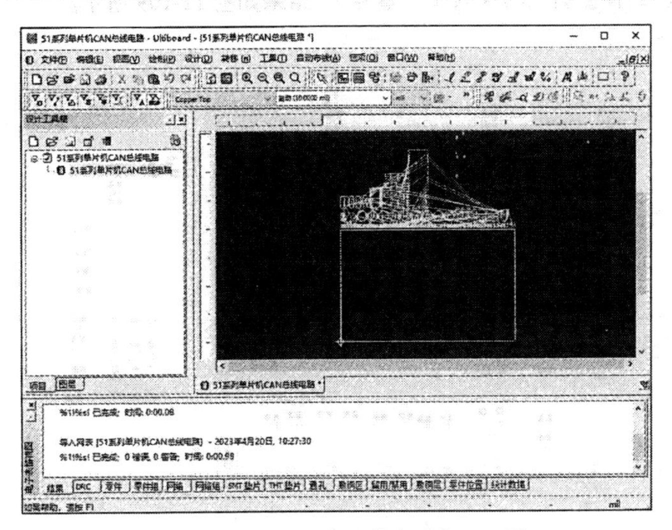

图 12-106 导入 PCB 网络表后的 PCB 图

12.6.2 零件布局

元器件封装和网络表导入后，下一步的工作就是 PCB 的零件布局和布线了。一般这两步工作都可以采用自动和手动相结合的方式来进行。首先采用系统自动布局，然后再手动调整零件布局。

1. 布局设置

在零件布局和布线过程中，考虑综合因素，打开网格显示和零线显示功能。

单击“选择”工具栏中的“启用选择零件”按钮和“启用选择特性”按钮，取消其余按钮的启用。在布局过程中，单击移动零件时，避免选中通孔或垫片，发生误操作。

2. 自动布局

选择菜单栏中的“自动布线”→“自动放置零件”命令，将系统板框外零件放置到板框内部，以布局面积最小为标准进行零件布局，结果如图 12-107 所示。此时，在“电子表格视图”窗口中显示成功自动布局结果，如图 12-108 所示。

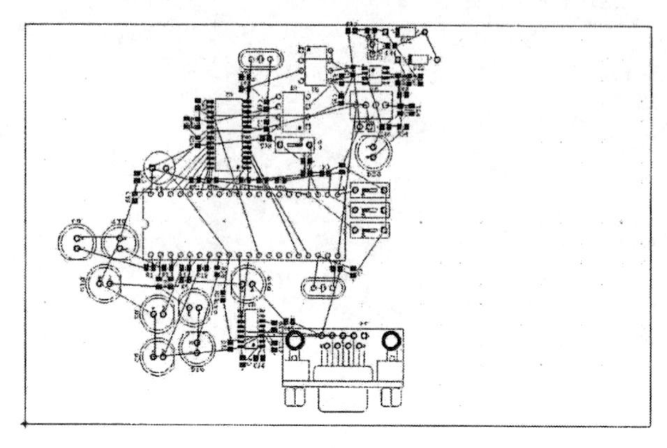

图 12-107　零件自动布局结果

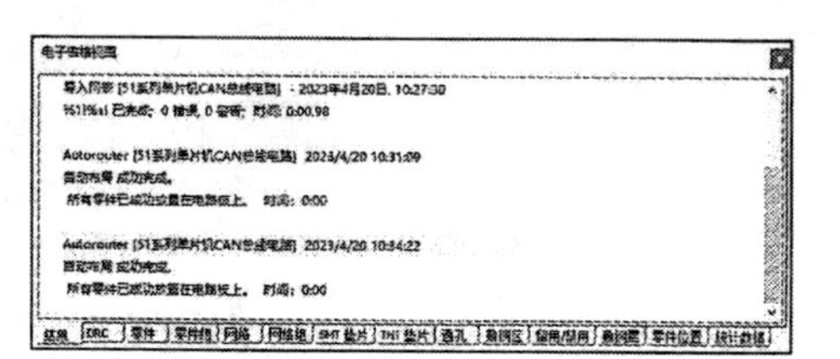

图 12-108　“电子表格视图”窗口

3. 中心零件布局

手动布局的原则是将中心处理元器件放在中间，将外围电路元器件就近放置。手动调整元器件的自动布局结果，移动需要的元器件封装（零件），结果如图 12-109 所示。

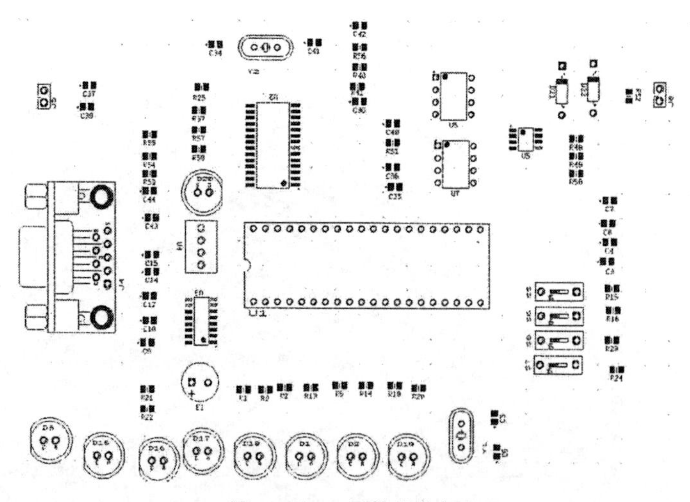

图 12-109　零件分类布局

4. LED 零件布局

① 将同类 LED 排列在一起，如图 12-110 所示。发现二极管系统默认的零件 LED9R2_5Vb 外形过大，可以替换为 LED1_8R2_5V。

② 在 PCB 中选中 LED 零件 D3，选择菜单栏中的“工具”→“替换零件”命令，弹出“替换零件”对话框，在“可用零件”列表中选择 LED1_8R2_5V，如图 12-111 所示。单击“确认”按钮，弹出提示信息对话框，如图 12-112 所示，提示是否替换同类零件，单击“是”按钮，将 8 个二极管零件替换为 LED1_8R2_5V，替换结果如图 12-113 所示。

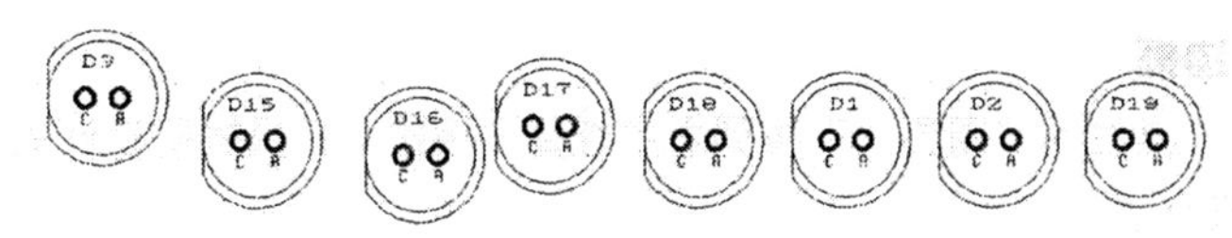

图 12-110 选择同类二极管零件排列

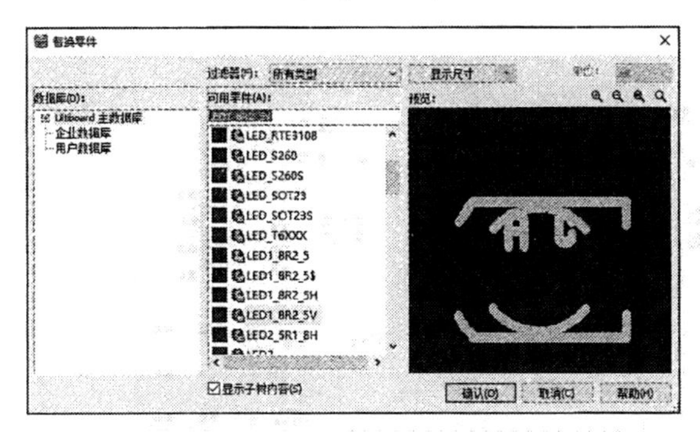

图 12-111 “替换零件”对话框

图 12-112 提示信息对话框

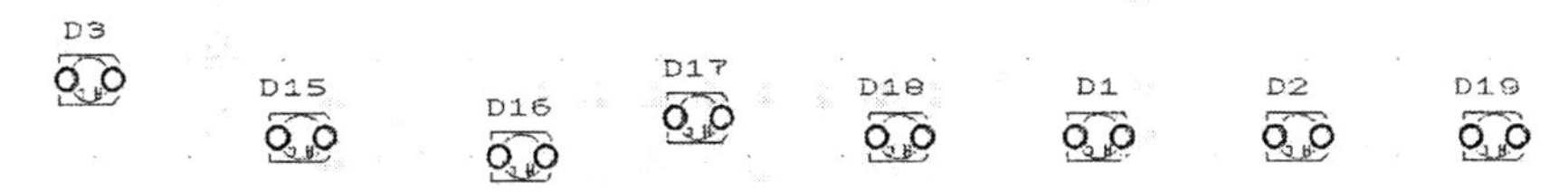

图 12-113 替换零件

③ 选择整组（8 个二极管）零件，选择菜单栏中的“编辑”→“对齐”→“底对齐”命令，将整组（8 个二极管）零件底部对齐。按同样的方法，底部对齐整组（8 个二极管）零件标识符，结果如图 12-114 所示。

④ 选择整组（8 个二极管）零件，选择菜单栏中的“编辑”→“对齐”→“水平分布”命令，设置整组（8 个二极管）零件水平间距相等，结果如图 12-115 所示。

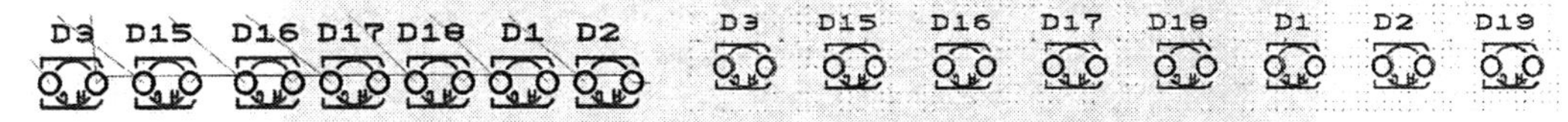

图 12-114 零件底对齐 图 12-115 零件水平分布

⑤ 用同样的方法对齐其余零件，结果如图 12-116 所示。

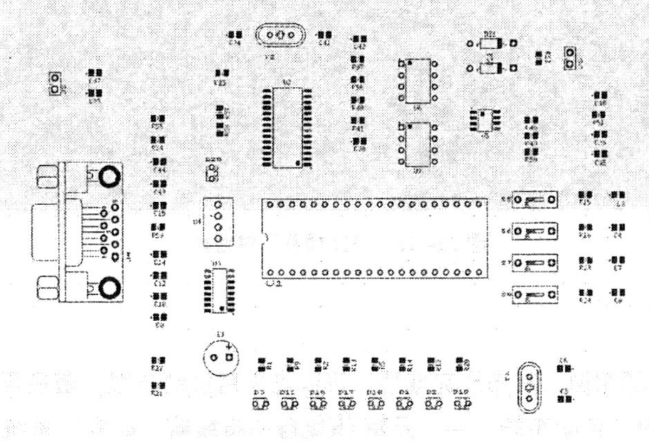

图 12-116 零件手动布局结果

5. 绘制 PCB 边框

在“绘图设置”工具栏的“图层”下拉列表中选择“板框”，根据所设计的 PCB 所占空间大小确定 PCB 的外形与尺寸。

选择菜单栏中的“绘制”→“图形”→“矩形”命令，以坐标原点为第一个角点，绘制一个封闭的矩形边框，如图 12-117 所示。

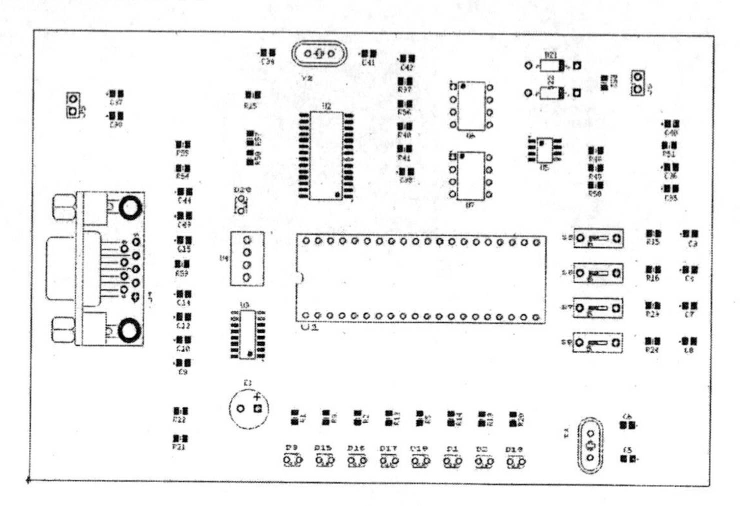

图 12-117　绘制 PCB 边框

6. 3D 预览

选择菜单栏中的“视图”→“3D 预览”命令，系统打开“3D 预览”对话框，如图 12-118 所示

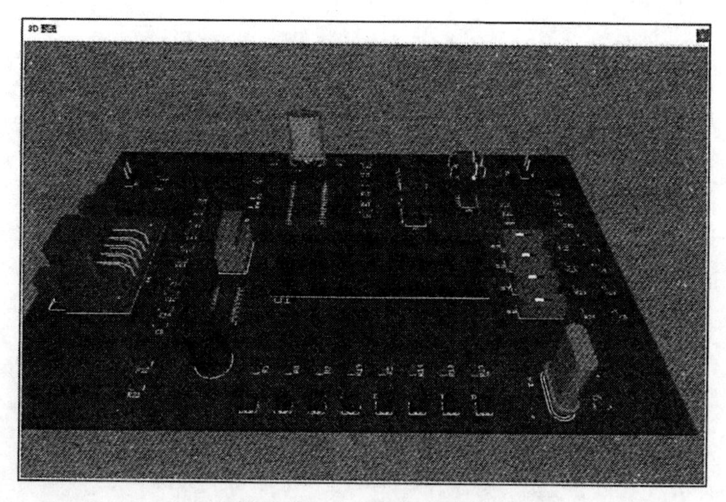

图 12-118　“3D 预览”对话框

12.6.3　零件布线

PCB 布线和布局步骤相似，在布局完成后，可以先采用自动布线，最后再手动调整布线。

① 选择菜单栏中的“自动布线”→“开始/恢复自动布线器”命令，系统即可进入自动布线状态，在“电子表格视图”窗口中提供自动布线的状态信息，如图 12-119 所示。

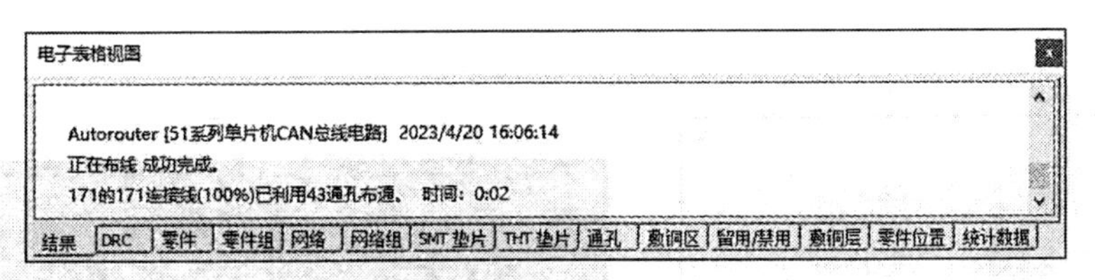

图 12-119 “电子表格视图”窗口

此时，自动布线后的 PCB 图如图 12-120 所示。

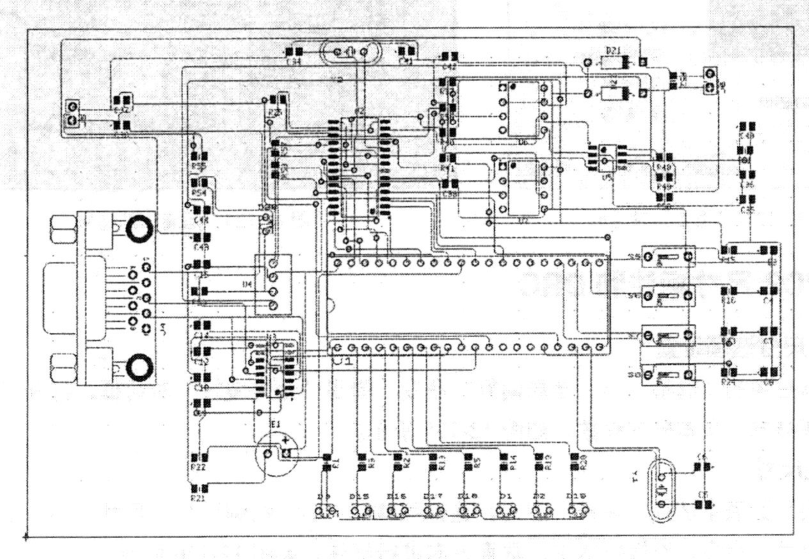

图 12-120 自动布线后的 PCB 图

② 选择菜单栏中的“绘制”→“电源层”命令，系统弹出的“为电源平面选择网络和图层”对话框，如图 12-121 所示。

③ 在“网络”下拉列表中选择敷（覆）铜连接到 VCC 网络，单击“确认”按钮，自动以边框为边界，执行敷（覆）铜命令，结果如图 12-122 所示。

图 12-121 “为电源平面选择网络和图层”对话框

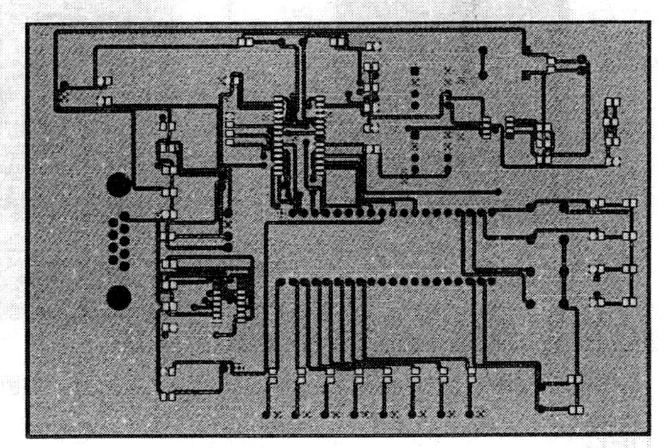

图 12-122 敷（覆）铜结果

④ 择菜单栏中的“设计”→“添加泪滴”命令，系统弹出“泪滴”对话框，如图 12-123 所示。

⑤ 选择默认设置，单击“确认”按钮，完成对象的泪滴添加操作，结果如图 12-124 所示。

图 12-123 “泪滴”对话框

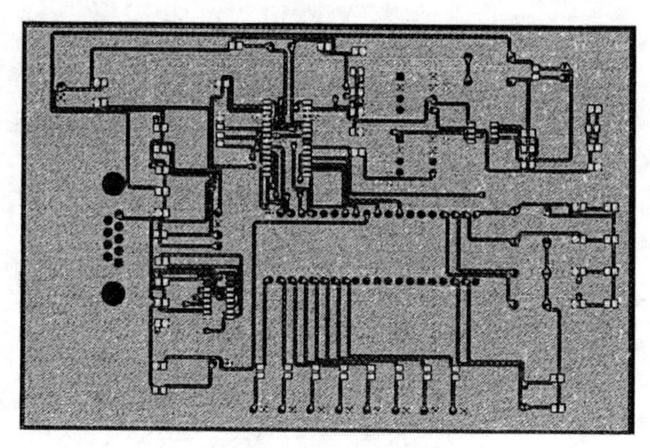

图 12-124 泪滴添加结果

12.6.4 PCB 尺寸标注和 DRC

1. 标注尺寸选项设置

选择菜单栏中的“选项”→“全局偏好”命令，弹出“全局偏好”对话框，打开“尺寸”选项卡，设置箭头样式、文本样式参数，如图 12-125 所示。

2. 标注尺寸

在“图层”列表中选择“注释”图层，选择菜单栏中的“绘制”→“尺寸”→“水平尺寸”命令、“垂直尺寸”命令，对板框水平、垂直方向进行标注，如图 12-126 所示。

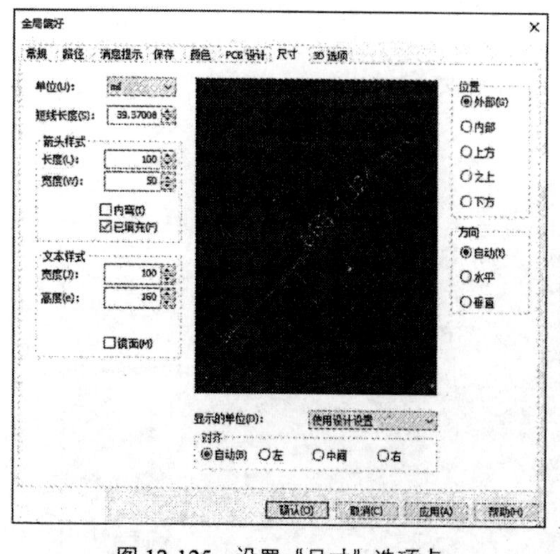

图 12-125 设置“尺寸”选项卡

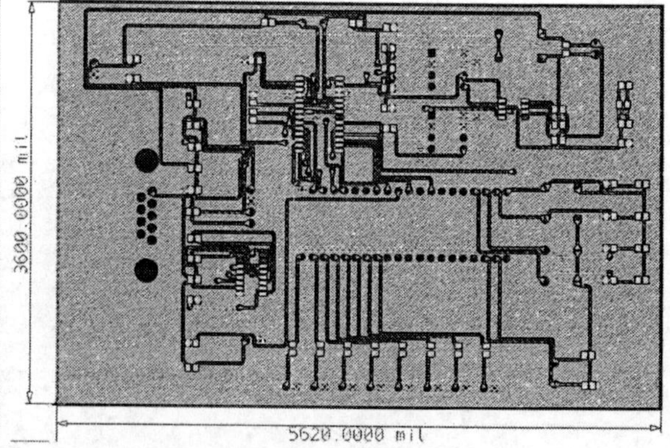

图 12-126 标注尺寸

3. DRC

选择菜单栏中的“设计”→“DRC 及网表检查”命令，系统执行 DRC 及网表检查，在“电子表格视图”窗口中的“结果”选项卡下显示检查结果，发现 0 个设计规则错误。“DRC”选项卡显示、信息列表，如图 12-127 所示。

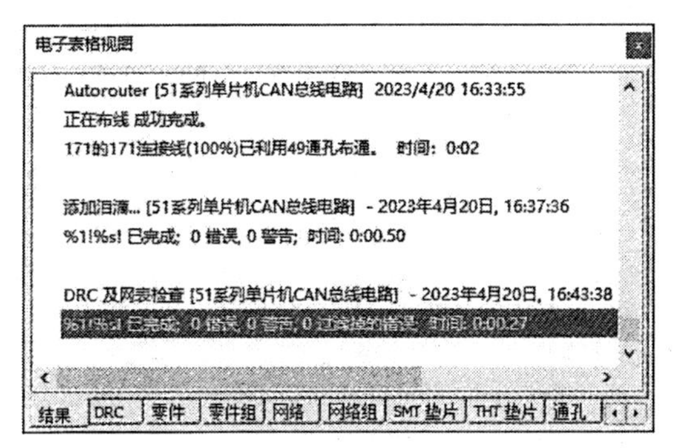

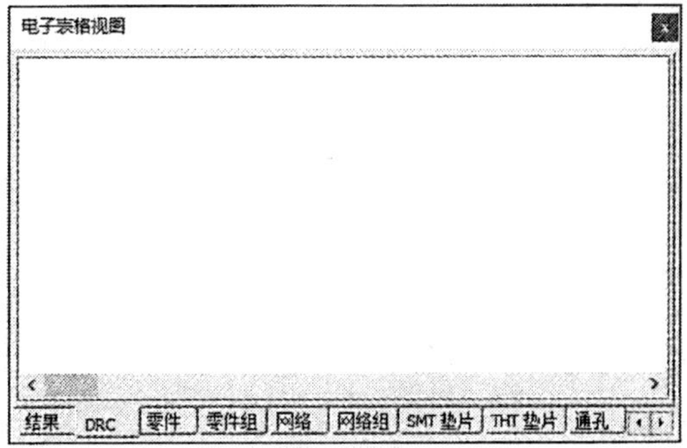

图 12-127 显示检查结果